物理学系列

粒子图像测速仪实用指南

Particle Image Velocimetry: A Practical Guide (Second Edition)

M.Raffel（马库斯·拉斐尔） C.E.Willert（克里斯蒂安·威勒特）
S.T.Wereley（史蒂夫·韦雷利） J.Kompenhans（于尔根·科恩彭汉斯） 著

王璐 李小斌 苏文涛 郑智颖 韦同舟 张鑫 译

李凤臣 阳倦成 周文武 张彦 审

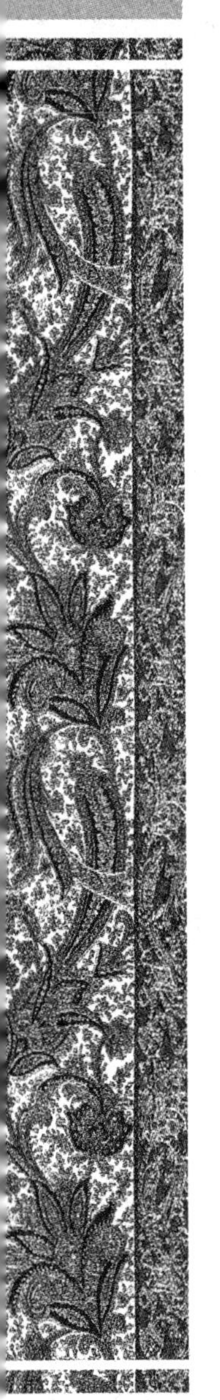

HITP
哈尔滨工业大学出版社
HARBIN INSTITUTE OF TECHNOLOGY PRESS

黑版贸审字 08 - 2017 - 022 号

内容简介

本书是粒子图像测速仪(PIV)技术领域的经典书籍,也是学习 PIV 技术基础知识以及测试完整过程的入门书籍。全书分为 10 章:第 1 章介绍了 PIV 技术的发展历史和过程;第 2 章和第 3 章介绍了 PIV 技术的物理背景以及评估的数学背景;第 4 章介绍了 PIV 采集技术;第 5 章和第 6 章介绍了 PIV 图像评估和后处理方法;第 7 章和第 8 章介绍了不同类型的 PIV 技术;第 9 章介绍了大量应用 PIV 技术的实例;第 10 章介绍了其他与 PIV 技术相关的技术。文后还有附录和符号表:附录介绍了稍微复杂的数学方法;符号表介绍本书中各个符号的表示意义。

本书适用于学习 PIV 技术的初学者,也可为已掌握 PIV 技术的相关技术人员提供参考。

图书在版编目(CIP)数据

粒子图像测速仪实用指南:第二版/(德)马库斯·拉斐尔(M. Raffel)等著;王璐等译. —哈尔滨:哈尔滨工业大学出版社,2017.8

书名原文:Particle Image Velocimetry: A Practical Guide:(Second Edition)

ISBN 978 - 7 - 5603 - 6577 - 0

Ⅰ.①粒… Ⅱ.①马… ②王… Ⅲ.①流速仪 - 数字图象处理 - 指南 Ⅳ.①TH815 - 39

中国版本图书馆 CIP 数据核字(2017)第 087934 号

Translation from the English language edition:

Particle Image Velocimetry. A Practical Guide by Markus Raffel, Christian E. Willert, Steven T. Wereley and Jürgen Kompenhans.

策划编辑 刘培杰 张永芹
责任编辑 刘 瑶
封面设计 孙茵艾
出版发行 哈尔滨工业大学出版社
社 址 哈尔滨市南岗区复华四道街 10 号 邮编 150006
传 真 0451 - 86414749
网 址 http://hitpress.hit.edu.cn
印 刷 哈尔滨市工大节能印刷厂
开 本 787mm × 1092mm 1/16 印张 28.25 字数 521 千字
版 次 2017 年 8 月第 1 版 2017 年 8 月第 1 次印刷
书 号 ISBN 978 - 7 - 5603 - 6577 - 0
定 价 78.00 元

◎ 序言

粒子图像测速仪(Particle Image Velocimetry,PIV)作为一种可在极短时间内获取整个流场速度信息的测量技术,其发展始于20世纪80年代。1998年本书首次出版之际,PIV技术从实验室进入到了基础和工业研究应用中,同时完成了从图像图形技术向视频采集技术的转变。因而本书成为面向日益增加的用户的PIV技术实用指南。

PIV技术的早期进展应来源于当时在德国宇航中心(DLR)开展空气动力学研究时获得的实践经验。20世纪80年代,PIV技术走出实验室并首次应用在风洞测试中,其主要特征时间尺度为:建立实验系统和获取聚焦良好的PIV图像需要2~3天,处理胶卷需要0.5~1天,通过光学评估方法处理单帧PIV图像需要24~48小时。本书于1998年第一次出版时,已可采用数字相机和计算机实现即时聚焦,在每秒内获取若干图像,并在数秒内完成数字图像的处理。在一个典型的PIV测量中,其原始数据记录便可轻易达到100 GB左右。

此后,PIV技术的发展仍然基于硬件和软件水平的快速发展,改良的相机、激光系统、光学元件和软件使其性能大幅提升。因此,此版书中我们对基本原理的章节仅做适量的更新,另外加入有关显微测量、高速测量和三维测量的信息以及对先进评估技术的叙述。Steve Wereley作为作者之一,对于本书的更新起到了关键作用。

经过多年的发展,PIV 技术可能的应用范围也得到了显著的扩展。PIV 目前已应用到不同领域,从空气动力学到生物学、从基础湍流研究到航天飞机中的应用、从燃烧到管内两相流,在微器件及系统中也有很多应用。由于 PIV 具有广泛的应用范围,全世界应用 PIV 技术的研究团体由 20 世纪 80 年代初期的屈指可数发展到现在的上千个。由于 PIV 应用的多样化以及种类繁多的照明方法、拍摄技术和评估手段,人们已经针对 PIV 技术开发了众多的改造技术。

本书涵盖的大多数内容都已经在会议论文集或科学期刊上发表,但是这些信息涉及广泛,对于需要采用 PIV 技术解决特殊问题的用户来说并不容易获得,而且大多数文献只从特定的观点出发阐明问题。因此,我们认为需要及时地再次撰写 PIV 的基本原理及其实践指南。

Markus Raffel
Christian E. Willert
Steve T. Wereley
Jürgen Kompenhans
2007 年 3 月于哥廷根

◎本书结构

本书旨在探讨在一般意义下与 PIV 技术应用相关的各个方面。在 PIV 发展的 20 多年间所积累的经验以及 DLR 移动 PIV 系统在空气动力学及相关领域的百余类应用都为其打下了良好基础。其中涉及的相关领域从亚声速到跨声速流动、从湍流研究到化学反应流动研究、从小型测试设备到大型工业风洞,书中内容架构与 1993 年哥廷根德国宇航中心开设的 PIV 年度课程类似,并考虑了该课程参与者的反馈。PIV 在微流动中应用的基本原理与在宏观尺度流动中有一些不同,本书的第四作者是微尺度研究领域的带头人,将为本书贡献该方面的内容。此外,对 PIV 技术的典型应用实例章节做了显著扩展,与 PIV 特定应用相关的问题及其解决方法均可在这章寻求答案,世界上众多 PIV 专家均在本章贡献了他们在众多领域的流动研究中获得的专业知识。

本实用指南精练地给出了如何规划、施行和理解与 PIV 实验相关的大多数信息。主要面向已经掌握流体力学和非侵入式光学测量技术基本知识的工程师、科学家及学生。对于计划利用 PIV 开展工业和科学应用研究的很多研究人员和工程师来说,PIV 仅是一项具有独特功能和具有吸引力的研究工具,可以帮助他们获得对于流体力学问题的新见解,这些人通常在他们研究之前对该领域并不感兴趣。另外,只有很好地理解 PIV 的一些基本性能,才有可能对实验结果进行正确的阐释。

我们希望本书能将作者多年来积累的技术知识简单地传递给读者。本书可帮助读者避免一些初学者的错误，使他们在研究工作的初期便可正确使用PIV以获得高质量的结果。对于那些已经从事PIV领域研究工作的人员来说，本书可对其后续发表更多细致的论文提供参考。就所有文献来说，本书涵盖的信息有限，因此无法完整地呈现全部信息。但是，我们尽全力汇集了与PIV实际工作相关的信息。

Markus Raffel

Christian E. Willert

Steve T. Wereley

Jürgen Kompenhans

2007年3月于哥廷根

◎ 作者介绍

Markus Raffel　1990 年于卡尔斯鲁厄工业大学获得机械工程学士学位,1993 年于汉诺威大学获得工学博士学位, 2001 年于克劳斯塔尔工业大学获得讲师资格(特许任教)。1991 年在哥廷根德国宇航中心开始从事 PIV 研究,主要开发 PIV 拍摄技术在高速流动方面应用。在此过程中,他主要将 PIV 技术应用到与旋翼飞行器研究相关的一系列空气动力学问题中。Markus Raffel 目前任汉诺威大学教授和哥廷根德国宇航中心空气动力学和流动技术研究所技术流动部门主任。

Christian E. Willert　1987 年于加州大学圣地亚哥分校(UCSD)获得应用科学理学学士学位,在 UCSD 就读研究生期间,从事实验流体力学研究,开发了若干应用到水中的非侵入式测量技术(粒子追踪、三维粒子示踪和数字 PIV)。1992 年获得工程科学博士学位后,先后在 UCSD 非线性科学研究所(INLS)和加州理工大学(Caltech)研究生航空实验室开展博士后工作。1994 年通过 Caltech 与德国宇航中心的交流项目加入哥廷根德国宇航中心测量科学小组。1997 年在 DLR 推进技术研究所从事平面测速技术(PIV 和多普勒全场测速仪(DGV))的开发工作,现在主管 DLR 发动机测量技术部门。

Steven T. Wereley　1990 年于威斯康星州阿普尔顿的劳伦斯大学获得物理学士学位,同时于圣路易斯的华盛顿大学获得机械工程的理学学士学位。1992 年和 1997 年于伊利诺伊州埃文斯顿的西北大学分别获得理学硕士和理学博士学位。此后，在加州大学圣芭芭拉分校的机械与环境工程系工作两年，期间针对微尺度领域的研究开发了 PIV 算法。1999～2005 年在普渡大学机械工程学院担任助理教授，2005 年始任副教授。Wereley 的研究主要面向应用于生物物理和生物工程的 μPIV 技术以及微机电系统。

Jürgen Kompenhans　1976 年于乔治－奥古斯都－哥廷根大学获得物理学博士学位。30 年来一直在哥廷根 DLR 工作，主要从事针对空气动力学研究的非侵入式测量技术的开发和应用，并于 1985 年开始 PIV 技术方面的工作。目前是哥廷根德国宇航中心空气动力学与流动技术研究所实验方法部门主任。该部门开发了诸如压敏涂料、温度敏感涂料、PIV、模型形变测量技术、密度测量技术及声场测量技术等基于图像的实验方法，并将其应用于实际，如大型工业风洞中的移动系统。作为若干欧洲研究机构的协调员，Jürgen Kompenhans 在促进基于图像测量技术在工业研究中的应用做出了贡献。

Markus Raffel
Christian E. Willert
Steve T. Wereley
Jürgen Kompenhans
2007 年 3 月于哥廷根

◎ 译者序

实验、理论及仿真是人类认知自然界的三种重要手段，而实验观测是最为直观的方法。20 世纪 80 年代，随着测量技术及设备的日新月异，学者们获得的可视化实验信息越来越丰富，极大地促进了对相关领域的深度理解。粒子图像测速仪(PIV)的出现在很大程度上改变了人们对流体流动的认识，使得速度测量变得直观和明确。

随着硬件和软件的不断发展，PIV 技术从最初的胶片采集发展为数字采集，不仅大大缩短了采集时间，而且提高了图像采集的质量及数据量。为了使 PIV 初学者尽快熟悉 PIV 技术，并且为已经从事 PIV 领域研究的人员提供准确的 PIV 方法及更为全面、细致的 PIV 信息，德国科学家 Markus Raffel、Christian E. Willert 和 Jürgen Kompenhans 于 1998 年合著《粒子图像测速仪实用指南》(*Particle Image Velocimetry: A Practical Guide*)，此书一经出版便成为 PIV 技术领域的经典书籍。之后，PIV 技术发展迅猛，其应用领域不断扩张，并出现了新的测量和评估方法。因此，2007 年出版了《粒子图像测速仪实用指南(第二版)》，添加了许多先进的 PIV 测量方法、评估方法以及应用实例。美国普渡大学的 Steven T. Wereley 加入此版书籍的撰写工作。在此版中着重介绍了 PIV 微尺度测量、三维测量、评估方法以及一些新的应用实例的信息。第二版内容更加丰富，综合了国际上绝大多数科研机构及高校的研究成果，可为初学者提供进行 PIV 实验的完整教程，且为已掌握 PIV 技术的人员提供一些测量的新方法。

《粒子图像测速仪实用指南（第二版）》从 PIV 测量原理出发，注重实例分析，深入浅出，内容涉及面广，包括材料、光电、传感器、统计及图像处理等多方面的内容。为了能使相关领域的科研人员及从业人员从此书中获得教益，我们特将此书译成中文，以飨读者。

《粒子图像测速仪实用指南（第二版）》共 10 章，第 1 章介绍了 PIV 技术的历史背景、原理及其近 20 年的发展过程；第 2 章和第 3 章介绍了 PIV 技术的物理背景以及评估的数学背景；第 4 ~ 8 章介绍了 PIV 的不同采集技术以及后处理方法；第 9 章介绍了 PIV 技术的应用实例；第 10 章介绍了与 PIV 相关的技术。本书具体分工如下：哈尔滨工程大学王璐翻译了第 3 章、第 5 章和第 6 章，并负责全书的统稿工作；哈尔滨工业大学李小斌和苏文涛负责本书的编排工作；哈尔滨工业大学郑智颖翻译了第 9 章；哈尔滨工业大学韦同舟翻译了第 4 章、第 7 章、第 8 章和第 10 章；美国 TSI 公司张鑫翻译了第 1 章和第 2 章。衷心感谢西安交通大学阳倦成副教授、爱荷华州立大学周文武博士和北达科他州立大学张彦副教授对本书的校译。

本书包含大量讲解 PIV 原理、评估、后处理方法和应用实例的公式及图表，因此译著力求接近原著者的风格，尊重原书内容和结构，照顾到公式和图表在书中的位置。由于译者水平有限，书中不足之处在所难免，恳请广大读者批评指正。

译　者

2016 年 11 月

◎ 致谢

Steve T. Wereley 感谢亚历山大·冯·洪堡基金会对作者面谈的部分支持。没有他们的支持,本书手稿的完成会困难很多。

在过去的几十年间,包括技术人员、学生和科学家在内的很多同事对本书第一版的成功撰写做出了贡献,尽管他们中的一些人在本研究小组工作的时间有限。我们特别感谢 Karl - Aloys Bütefisch、Klaus Hinsch、Hans Höfer、Christian Kähler、Hugues Richard、Olaf Ronneberger、Andreas Schröder 和 Andreas Vogt。我们的研究工作由哥廷根德国宇航中心及其他国内和国际研究机构提供资金支持。

Jerry Westerweel、Mory Gharib 和 Thomas Roesgen 同我们就相关技术方面进行了卓有成效的讨论,在此特表示感谢。

本书第一版中讨论的 PIV 风洞测量在不同研究机构的设施内展开,如 DLR、德国 - 荷兰风洞(DNW,获得其前任主管 Hans Ulrich Meier 的特别支持)、法国 - 德国圣路易研究所(ISL)和其他研究机构。

感谢 R. I. Sujith 教授(印度理工学院马德拉斯分校宇航工程系)对本书的仔细审阅以及 Kolja Kindler(DLR)对本书的组织工作。他们对文字和图表的改进提供了很多有价值的建议。此外,特别感谢 R. I. Sujith 教授,是他鼓励我们开始本书第二版的撰写工作;特别感谢 Kolja,没有他的帮助,我们无法完成本书第二版的撰写工作。十分感谢 Fulvio Scarano、Bernhard Wieneke 和 Gerrit Elsinga 对新兴的层析评估技术的描述。

本书第二版,甚至第一版,都基于许多科学家的补充研究工作。我们十分感激来自世界各地的众多研究人员,他们对与 PIV 技术相关专题的撰写工作提供了很大的帮助,从而使本书涵盖了宽广的应用领域。下面将给出这些作者的名字及其所在的研究机构。对于仍活跃在 PIV 领域的作者给出了他们近期的联系地址。

以下人员参与了本书第二版的撰写工作:

C. Böhm
应用空间技术和微重力中心
不莱梅大学
Am Fallturm,28359 不莱梅,德国

J. Bosbach
空气动力学与流动技术研究所
德国宇航中心
Bunsenstraβe 10,37073 哥廷根,德国

A. Delgado
流体力学研究所,技术学院
埃尔朗根-纽伦堡大学
Cauerstraβe 4,91058 埃尔朗根,德国

U. Dirksheide
LaVision GmbH 公司
Anna-Vandenhoeck-Ring 19,D-37081 哥廷根,德国

R. du Puits
机械工程系
伊尔梅瑙工业大学
100565 信箱,98684 伊尔梅瑙,德国

G. E. Elsinga
宇航工程系
代尔夫特工业大学
Kluyverweg 1,2629 HS,代尔夫特,荷兰

D. Favier
空气动力学与运动生物力学实验室
法国国家科学研究院,LABM,163
吕米尼大道 918 信箱,13288 马赛企业邮件号 09,法国

C. Gharib
航空和生物工程系
加州理工大学

	1200 East California Boulevard,205 -45, 帕萨迪纳,加利福尼亚州 91125,美国
E. Göttlich	热涡轮机和机械动力研究所 格拉茨工业大学 Inffeldgasse 25,8010 格拉茨,奥地利
R. Hain	流体力学研究所 布伦瑞克工业大学 Bienroder Weg 3,38106 布伦瑞克,德国
J. T. Heineck	NASA Ames 研究中心实验物理分部 Moffet Field,加利福尼亚州 94035,美国
M. Herr	空气动力学与流动技术研究所 德国宇航中心 Lilienthalplatz 7,38108 布伦瑞克,德国
R. A. Humble	宇航工程系 代尔夫特工业大学 Kluyverweg 1,2629 HS,代尔夫特,荷兰
C. J. Kähler	流体力学研究所 布伦瑞克工业大学 Bienroder Weg 3,38106 布伦瑞克,德国
H. Kinoshita	生产技术研究所 东京大学 4 -6 -1 Komaba,目黑区,东京 153 -8505,日本
K. Kindler	空气动力学与流动技术研究所 德国宇航中心 Bunsenstraβe 10,37073 哥廷根,德国
C. Klein	空气动力学与流动技术研究所 德国宇航中心 Bunsenstraβe 10,37073 哥廷根,德国
R. Konrath	空气动力学与流动技术研究所 德国宇航中心 Bunsenstraβe 10,37073 哥廷根,德国
W. Kowalczyk	流体力学研究所,技术学院

埃尔朗根－纽伦堡大学
Cauerstraβe 4,91058 埃尔朗根,德国

H. Lang
热涡轮机和机械动力研究所
格拉茨工业大学
Inffeldgasse 25,8010 格拉茨,奥地利

T. Lauke
空气动力学与流动技术研究所
德国宇航中心
Lilienthalplatz 7,38108 布伦瑞克,德国

C. D. Meinhart
机械与环境工程系
加州大学圣芭芭拉分校
圣芭芭拉,加利福尼亚州 93106,美国

M. Oshima
生产技术研究所
东京大学
4－6－1 Komaba,目黑区,东京 153－8505,日本

H. Petermeier
信息技术
慕尼黑工业大学
Am Forum 1,85354 弗赖辛,德国

P. Rambaud
环境与应用流体部门
冯·卡门流体动力学研究所
72 Chaussee de Waterloo 1640Rhode St. Genèse,比利时

C. Resagk
机械工程系
伊尔梅瑙工业大学
100565 信箱,98684 伊尔梅瑙,德国

H. Richard
空气动力学与流动技术研究所
德国宇航中心
Bunsenstrasse 10,37073 哥廷根,德国

M. Riethmuller
环境与应用流体部门
冯·卡门流体动力学研究所
72 Chaussee de Waterloo 1640Rhode St. Genèse,比利时

C. Rondot
空气动力学与运动生物力学实验室

法国国家科学研究院,LABM,163
吕米尼大道 918 信箱,13288 马赛企业邮件号 09,法国

O. Ronneberger　空气动力学与流动技术研究所
德国宇航中心
Bunsenstrasse 10,37073 哥廷根,德国

F. Scarano　宇航工程系
代尔夫特工业大学
Kluyverweg 1,2629 HS,代尔夫特,荷兰

C. Schram　环境与应用流体部门
冯·卡门流体动力学研究所
72 Chaussee de Waterloo 1640 Rhode St. Genèse,比利时

E. T. Schairer　NASA Ames 研究中心实验物理分部
Moffet Field,加利福尼亚州 94035,美国

A. Schröder　空气动力学与流动技术研究所
德国宇航中心
Bunsenstr. 10,37073 哥廷根,德国

A. Thess　机械工程系
伊尔梅瑙工业大学
100565 信箱,98684 伊尔梅瑙,德国

B. van der Wall　飞行系统研究所
德国宇航中心
Lilienthalplatz 7,38108 布伦瑞克,德国

B. W. van Oudheusden　宇航工程系
代尔夫特工业大学
Kluyverweg 1,2629 HS,代尔夫特,荷兰

M. Voges　推进技术研究所
德国宇航中心
Linder Höhe,51147 科隆,德国

C. Wagner　空气动力学与流动技术研究所
德国宇航中心

Bunsenstr. 10,37073 哥廷根,德国

S. M. Walker　　NASA Ames 研究中心实验物理分部
Moffet Field,加利福尼亚州 94035,美国

B. Wieneke　　LaVision GmbH 公司
Anna – Vandenhoeck – Ring 19,D – 37081 哥廷根,德国

J. Woisetschläger　　热涡轮机和机械动力研究所
格拉茨工业大学
Inffeldgasse 25,8010 格拉茨,奥地利

M. Yoda　　George W. Woodruff 机械工程学院
佐治亚理工大学
771 Ferst Drive, 亚特兰大, 佐治亚州, 30332 – 0405,美国

我们深深感谢来自全世界 PIV 研究团体的所有朋友和同事,正是通过他们近年来的工作、论文、会议发表以及私下讨论,帮助我们更好地了解 PIV 技术的各个不同方面。

Markus Raffel
Christian E. Willert
Steve T. Wereley
Jürgen Kompenhans
2007 年 3 月于哥廷根

◎

目录

第1章 绪论

1.1 历史背景

人类对观察自然备感兴趣,因为一直以来其对人类的生存至关重要。人类的感官能很好地适应并认知运动的物体,因为在许多情况下,这些运动的物体意味着极端的危险。可以想象,对运动的观测促使人们使用自然界中简单易得的设备和工具开启了第一次简单的实验。现在,若一个小孩从桥上将小木块扔到河流中,观察木块顺流而下,这显然就是为了观测而进行的一种最原始行为。即便这个实验布置得十分简单,也可以粗略地了解水流的速度,探知水流的结构,如旋涡、障碍物后的尾迹和射流等。

但是,使用这种实验工具来描述水流特性仅限于定性特征。即便是如达·芬奇(Lenardo da Vinci)这样出色的艺术家、自然界细致的观察家,也仅能通过详细观测描绘出一个流动的结构。

为了提取流动信息,人们用精心设计的可视化技术替代了上述对自然的被动观测,大大促进了对流动结构的研究。作为该技术的著名推动者,普朗特(Ludwig Prandtl)是流体力学领域的杰出代表之一,他设计并利用水槽内的流动可视化技术,研究了翼型和其他物体后方产生的非定常分离流动。

图1.1所示为1904年普朗特在他研制的水槽前通过人力旋转叶轮实现驱动水流[26]。水槽被一个水平板分为上、下两部分,水流从上层明渠槽道流向下层封闭槽道,在上层明渠槽道内可观察流动形态。圆柱、棱柱和翼型等二维模型能够很容易地垂直固定在上层槽道中,并延伸至水平面的液位之上。

图 1.1　1904 年普朗特在水槽前进行流动可视化实验

通过在水面散布悬浮的云母颗粒实现对水流的观察。普朗特利用这个实验装置研究了定常和非定常(流动开始时)水流的结构[65]。

因为能够改变实验的许多参数(模型、入流角、流速及定常 - 非定常流动),普朗特观测了非定常流动的许多基本特性。然而在当时仅能对流动进行定性描述,还不能获取流动速度等定量信息。

如今,在普朗特实验的一个世纪后,从普朗特实验同类型的图片中可以方便准确地提取瞬时流动速度场的定量信息,如图 1.2 所示。在普朗特水槽的复制品中,使用照明用的闪光灯和摄像机,通过在水面散布铝颗粒的方式实现了流动的可视化。

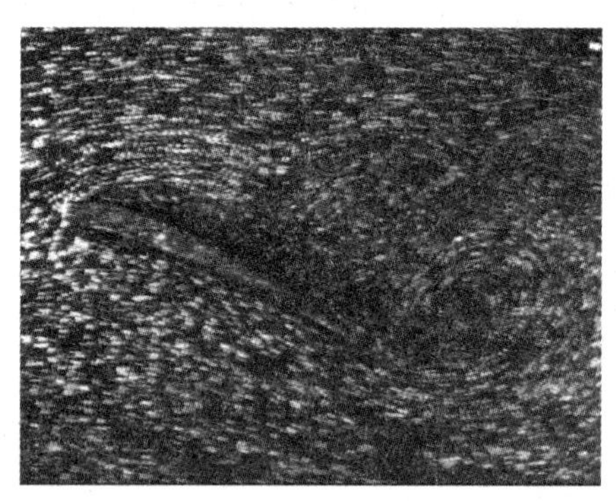

图 1.2　在普朗特水槽的复制品中使用现代实验设备进行可视化测量得到的翼型后方的分离流动

采用评估图像的方法(将在后面进行详细阐述)可以获得如图 1.3 所示的瞬时速度场矢量图。这说明定量可视化技术的基本理论已被世人所知很长时间了,这也是这本书的主题。

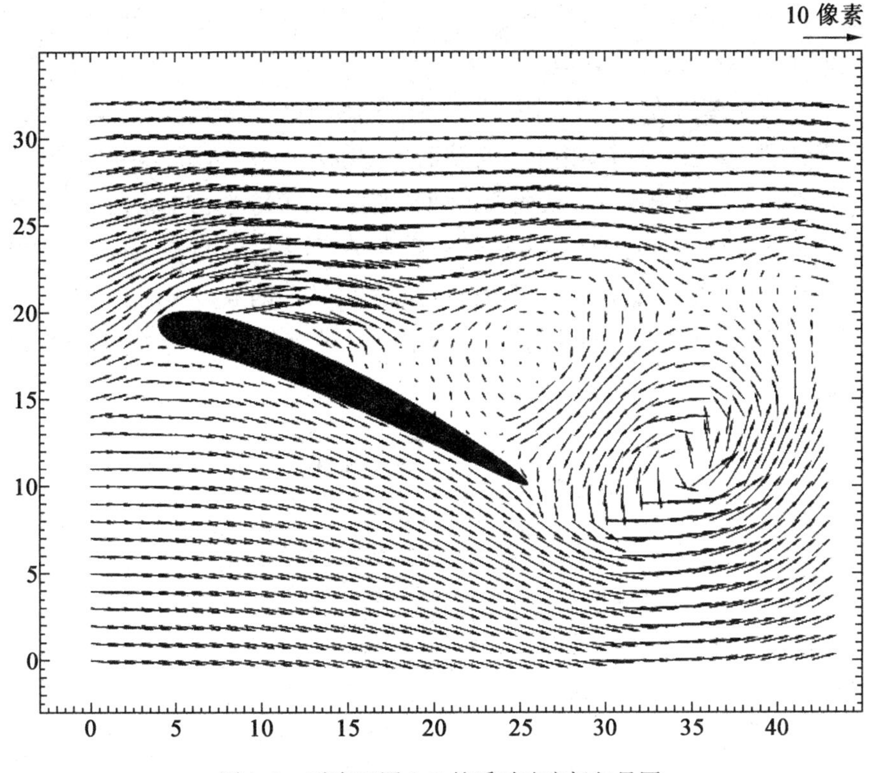

图 1.3 对应于图 1.2 的瞬时速度场矢量图

尽管如此，在过去的 20 年中，光学、激光、电子、视频和计算机技术等均取得了极大的进步，这对发展定性的流动可视化技术是十分必要的，这项技术可以被用于复杂瞬时速度场的定量测量中。

1.2 粒子图像测速的原理

下面将简要描述这项测量技术的基本特性，该技术又被称为“粒子图像测速仪”或者“PIV(Particle Image Velocimetry)”①。

PIV 实验系统是由几个典型的子系统组成。在大多数应用中，必须向流动中添加示踪粒子，这些粒子将在极短的时间间隔下在同一流动平面上被至少照亮两次，而使用单帧或者多帧图像来记录粒子产生的光散射。通过 PIV 图像的

① 早期该项技术也使用“激光散斑测速”“粒子图像位移测速”等名称。

后处理,可确定两次激光脉冲间的粒子图像的位移。为了处理 PIV 实验得到的大量数据,需要复杂的后处理。

图 1.4 简单描绘了在风洞中进行 PIV 采集的典型设备。在流动中添加示踪粒子,使用激光照亮流动中的一个平面(片光源)两次(两次光照的时间间隔取决于平均流速和图像的放大倍数),通常假定在两次照亮之间示踪粒子随着局部流动速度移动。对于示踪粒子的散射光,使用高质量的镜头记录在单帧或两个单独帧上,该镜头常安装在具有特定互相关功能的数字相机上。随着技术的发展,扫描仪将 PIV 采集的图像数字化,并将数字传感器的输出直接转换为计算机存储。

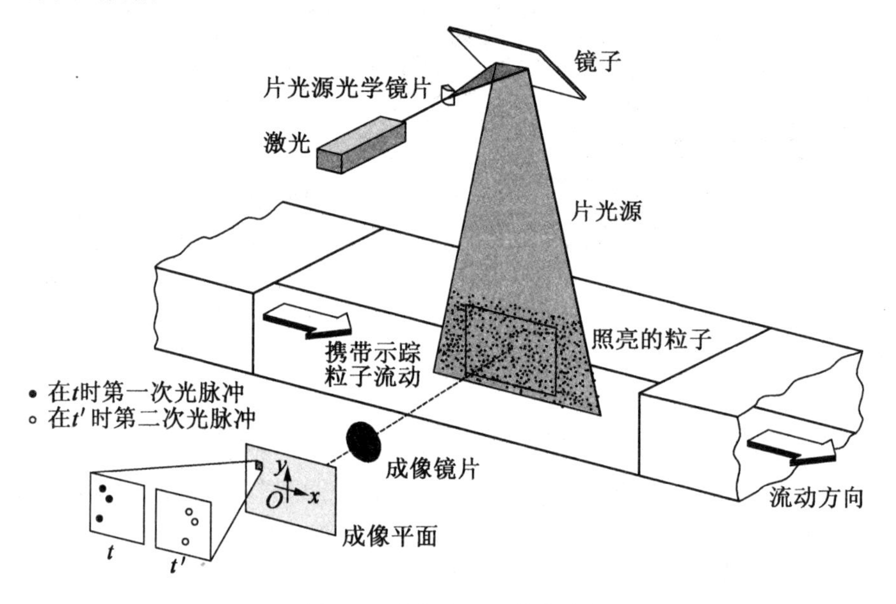

图 1.4 风洞中 PIV 的实验布置

在 PIV 数据处理中,数字 PIV 图像被分为称为“查询区域”的各个更小的子区域。通过统计学方法(自相关和互相关),可确定每个查询窗口中第一次和第二次被照亮的示踪粒子图像的局部位移矢量。这里假定了在两次照明之间每个查询区域中的所有粒子都是均匀移动的。计算局部流动速度矢量在片光源平面上的投射(二分量速度矢量)时,需要考虑两次照明之间的时间间隔及图像的放大倍数。

PIV 的数据处理将对所有查询区域重复该过程。使用现代的电荷耦合器件(CCD)相机(1 000 × 1 000 传感器像素或更高),每分钟可获得 100 多幅的 PIV 图像。互补金属氧化物半导体(CMOS)传感器甚至可以实现在千赫兹范围内进行高速采集。使用标准计算机处理时，处理具有数千个瞬时速度矢量的数字 PIV 图像（取决于采集大小、查询区域和处理算法）大概需要 1 s。如果是对更高速度的流动在线监测，从商业角度来说可使用降低精度的专门软件算法在几分之一秒内完成处理。

在进一步详细介绍 PIV 技术之前，为易于理解后面特定的技术方法，须先讨论一些普适的内容。

（1）非接触式速度测量。与使用探针（如压力管或热线）技术测量流速相比，PIV 技术为非接触的光学技术。这样即使是对具有冲击的高速流动或近壁附近的边界层流动，仍然可以使用 PIV 进行测量，而使用探针将会干扰流动本身。

（2）间接速度测量。如激光多普勒测速技术，PIV 技术通过测量实验中放入流动中的示踪粒子速度来间接测量流体微元的速度。对于两相流动，粒子早已存在于流动中。在这种情况下，也可以测量粒子自身的速度以及流动的速度（额外添加小示踪粒子）。

（3）整个领域技术。PIV 技术可以采集到气态和液态介质中流场大部分区域的图像，并从这些图像中提取相应的速度场信息，这也是 PIV 技术的独特特性。除了多适用于高速空气流动测量的多普勒全场测速（DGV，也称平面多普勒测速）[46,468,470,471]和分子标记测速（MTV）[469]，其他所有速度测量技术均仅允许对流动中单点速度进行测量，即便它们大多数具有高时间分辨率。PIV 的空间分辨率很大，但时间分辨率（PIV 图像采集的帧速率）受目前技术所限。在比较 PIV 技术和传统技术得到的结果时，这些特性需要谨记。PIV 技术的瞬时图像捕捉和高空间分辨率可以实现非定常流动中空间结构的检测。

（4）速度滞后。由于在测量时需要使用示踪粒子，因此需要仔细检查每个实验中粒子是否如实地跟随流体微元运动，至少要达到测量所要求的程度。小粒子会更好地跟随流动。

（5）照明。对于气流，为了更好地曝光由光散射照亮的图像底片或者传感器，需要高功率光源照亮微小的示踪粒子。然而，为了获得更好的光散射效率而采用较大的粒子，与为了获得更好的流场跟随性而采用较小的粒子的要求是矛盾的，在绝大多数应用中需要一定的折中选择。在液体流动中，通常使用较大的粒子，这样可以散射更多的光，因此可以使用较低峰值功率的光源。

（6）照明脉冲的持续时间。为了避免得到模糊的图像（“无纹线”），照明光脉冲的持续时间必须足够短以确保“冻结”住粒子在脉冲曝光中的运动。

（7）照明脉冲间的时间延迟。照明脉冲间的时间延迟必须足够长，才可以在足够的分辨率下确定示踪粒子图像间的位移。同时,该时间间隔也必须足够短来避免粒子在后续曝光中离开片光源平面,从而产生平面外的法向速度分量。

(8)流动中示踪粒子的分布。对于定性的流动可视化研究,可在流动中添加示踪粒子(烟或染色剂)来标记流管,以观察流动的特定区域。根据投放粒子装置的位置,示踪粒子将被夹带到流动的一些特定区域(边界层、模型后的尾迹等)。通过定性流动的可视化,可以研究这些结构及其时间演化。对于PIV来说,情况有所不同:为了获取最佳结果,高质量PIV图像采集需要示踪粒子浓度适中且均匀分布。高质量PIV图像采集中不能直接检测到流场的任何结构。

(9)示踪粒子图像的密度。图1.5定性地给出了三种不同的粒子密度图像。对于低粒子密度图像(图1.5(a)),可以检测单个粒子的图像,还可以识别来源于不同光照的同一粒子的图像。低粒子密度图像需要使用粒子追踪方法进行评估。因此,该情况可称为粒子追踪测速(Particle Tracking Velocimetry,PTV)。在中等粒子密度图像(图1.5(b))中,也可以检测单个粒子的图像。然而,通过视觉观察已不可能识别图像中的粒子对。中等粒子密度图像需要应用标准统计的PIV评估技术。在高粒子密度图像(图1.5(c))中,更加不可能检测单个粒子图像,因为在大多数情况下粒子会相互重叠继而形成斑点。这种情况被称为激光斑点测速(Laser Speckle Velocimetry,LSV),在19世纪80年代也被用于中等粒子密度图像的情况,因为这两种图像密度的(光学)评估技术非常相似。

(a)低粒子密度图像(PTV)

(b)中等粒子密度图像(PIV)

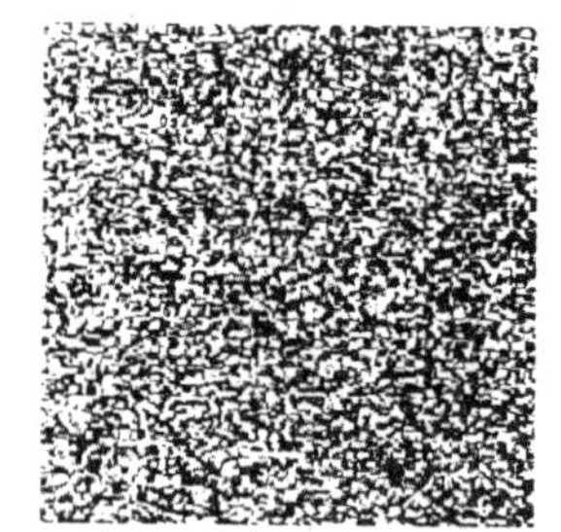
(c)高粒子密度图像(LSV)

图1.5　三种形式的粒子密度图像

(10)每次采集照明的数量。对于照片和电子成像技术,我们必须清楚是否可以存储每次照明下的不同帧的示踪粒子图像,或者是否将多次照明下得到的所有粒子图像存储在单帧中。

(11)速度矢量分量的个数。由于流场是被平面照明,因此标准两分量PIV

(2C - PIV)只能确定速度矢量的两个分量(平面内)。而使用一定方法可以提取速度矢量的第三个分量(立体技术、双平面 PIV 和自身三维的全息采集[38,39]),这些可以标识为 3C - PIV。这两种方法均可以应用于流场的平面域(2D - PIV)。

(12)观测体积的拓展。在大多数情况下,通过全息技术(3D - PIV)拓展观测体积[210]。其他方法,例如在一个观测体积中建立多个平行片光源[38]或者以时间序列扫描某观测体积[87,225],应称为 2 + 1D - PIV。

(13)时间分辨率。大多数的 PIV 系统允许在高时间分辨率下采集,但相应的帧速较低。然而,高速激光和高速相机的发展可以实现大多数液体和低速空气动力流动的时间分辨测量。

(14)空间分辨率。PIV 图像处理的查询窗口尺寸必须足够小,从而不会对速度梯度的测量结果产生较大影响。此外,它也决定了独立速度矢量的数量,所以在采集中使用给定空间分辨率的传感器可以获得速度图的最大空间分辨率。

(15)评估的重复性。在数据处理的早期,除了脉冲之间的时间延迟以及图像的放大率,PIV 中有关流动速度场的信息在采集时被存储。令人兴奋的是,这样 PIV 图像能够很容易使用不同技术进行评估及后处理。PIV 的采集图像包含的关于流速的信息可以完全在不重复实验的条件下被发掘出来。

本节简略地介绍了 PIV 技术的主要特性,有助于理解其独特性质。PIV 为流体力学尤其是非定常流动提供了新的视野,因为它可以捕捉整个瞬时流场。然而,其他的定量流动可视化技术[19]提供了其他有关流体物理特性的重要信息,如密度、温度和浓度等,已广为人知且得到了广泛使用,并且用来测量模型表面参数如压力或变形的新型光学方法已被开发出来。因此,通过结合不同的技术,未来对复杂流场的完整实验描述将成为可能,并可与数值模拟计算结果相比较。

1.3　PIV 技术在近 20 年的发展

在过去的 20 年中,PIV 技术发展的最大特征是模拟采集和评估技术被数字技术所替代。即使这些模拟方法在 PIV 技术发展之初的贡献极大,但对这些技术的讨论并不是本书的重点,我们更多地关注现阶段最新的 PIV 技术。

在历史发展中,有很多关于 PIV 基本原理的资料。因此,读者可以参考

1994 年由 Grant 编辑的 *SPIE Milestone Series* 第 99 卷论文集[35]来获取更多信息。该卷论文集包含 70 多篇发表于 1932 年与 1993 年之间的原创论文，其中大多数来源于 20 世纪 80 年代，包括描述现代 PIV 的起源（如斑纹干涉测量）、Meynart 的早期工作[42]、低和高图像密度 PIV 的发展及光学相关技术的发展等内容。Lauterborn 和 Vogel（1984）[41]和 Adrian（1986，1991）[30,31]的综述性论文也被部分收录在 *Milestone Series* 中[35]，阐述了近十年来 GO PIV 的快速发展历程以及相关知识。

1993 年，Hinscn 在 *Speckle Metrology* 中的"粒子图像测速"章节，从光学角度对 PIV 技术进行了介绍[37]。该部分对了解 PIV 光学方面的特性尤为有益，其中也包含了 104 篇关于 PIV 技术的其他参考文献。

对 PIV 图像进行评估，光学方法和数字方法为了更好的处理性能而发生了激烈的竞争。1993 年 Westerweel[51]在其博士论文 *Digital particle image velocimetry—Theory and practice* 中详细地描述了数字粒子测速的基础理论。该论文包括 100 多篇参考文献。

1997 年 Grant 发表了名为 *Particle image velocimetry：a review* 的综述性文章，其中总结了 PIV 照明、采集和评估技术的不同实施方法。该篇文章中的许多方法并未在本书中涉及。该篇文章包含 188 篇参考文献。

如上所述，之前介绍的四本著作包含了关于 PIV 的详细参考文献，如果读者需要了解本书未涉及的 PIV 某特殊领域的相关信息，可以参考这几本书。Adrian[32]已经编译了包含 1 200 篇关于 PIV 的参考目录，可通过购买获取。

综述文章中列举的大量参考文献表明，当今粒子图像测速已经成为适用许多不同领域中流场观测的绝佳工具。这也意味着需要发展 PIV 技术以实现不同的应用，例如在生物或涡轮机械中的应用[47,49]。

另一有关 PIV 发展和应用的综合资源来自于 von Karman 研究所，该研究所从 1991 开始提供大量关于 PIV 的系列讲座以及相关专著[43-45]。

如今 PIV 已经广泛地应用于流体力学领域观测空气和水流动。近年来的进展促使 PIV 技术普遍应用于空气动力学以及相关领域的研究中，且新的应用领域还在不断出现。这意味着在当今如果审视在空气动力学或水流中的应用需求，PIV 技术可说是接近完整和稳定的。水流研究中的技术问题与空气流动十分相似，但却不如后者严苛。

在特殊领域中应用 PIV 遇到的大多数的技术问题也会在其他应用中出现，所以许多基本的要点可以轻松地转移到其他应用上。

1.3.1　空气动力学中 PIV 技术的应用

对于现代空气动力学，PIV 技术的运用十分引人注目，因为其有助于理解非定常流动现象，如在大攻角绕流中的分离流动等。PIV 能够在很短的时间内对瞬时速度场进行空间测量，能够检测流动速度场中大尺度和小尺度的空间结构。现代空气动力学的另一需求为大量高质量的流动数值模拟计算需要充足的实验数据验证其数值模拟代码，从而判定该物理问题是否被正确地模拟。针对该目的，必须和数值计算的科学家紧密合作来仔细地设计实验过程。为了与大量的数值模拟数据进行对比，流动的实验数据必须在时空上具有高分辨率。PIV 技术十分适合这种实验需求，尤其在需要获得瞬时速度场信息时。

测量风洞中气流的 PIV 系统不仅要适用低速流动（例如，在边界层中流速小于 1 m/s），也要适用高速流动（例如，含有激波的超音速流动中流速高达 600 m/s）下的空气流动。经过固体、运动或变形的模型的扰流也常需要被研究，而在大型工业风洞中 PIV 的使用存在一些特殊问题，如在很大的观测区域、观测区域与光源和拍摄相机之间的长距离、测量的规定时间以及风洞的高运行费用等。

对上述问题的描述引出了在空气动力学领域使用 PIV 技术时应满足的要求。首先，为了求解流动中大尺度和小尺度结构，流场数据需要较高的空间分辨率，这就直接影响采集设备的选择。其次，为了和数值模拟结果进行有意义的对比，则需要高密度的实验数据。因此，示踪粒子图像密度（即单位查询区域中的粒子数量）必须足够大。针对该目的，需要一台动力足够的粒子撒播装置（甚至在高速流动中测量体积内也具有高浓度的示踪粒子）。由于流速是通过测量流体中示踪粒子的速度间接得到的，因此示踪粒子要如实地跟随流体流动。这就需要使用非常小的示踪粒子，然而小的示踪粒子反射的光很少。这就产生了 PIV 在空气动力学应用中的第三个重要条件：需要强有力的脉冲激光来照明流场。

1.3.2　PIV 的重大技术里程碑

前面已经给出了一些 PIV 发展历程的参考文献。在本手册中，将更多地关注 PIV 的技术层面，我们以里程碑式的技术为线索，介绍 PIV 在复杂流体中应用的重要发展历程。

对于过去应用 PIV 时的一些技术瓶颈及对其解决方法的理解，对 PIV 技术的入门者来说是有帮助的。其中，评述一些较老文献中的技术问题时，其解决方法现在看起来有些“奇怪”，尽管这些技术问题现今已不复存在。

根据过去作者们在工作中所经历的技术进步，挑选并介绍以下一些里程碑式的成就。因此，该选择是较为主观的。

（1）现代 PIV 技术的可行性。20 世纪 80 年代早期，位于布鲁塞尔的 von Karman 研究所的 Meynart 等人阐述了应用粒子图像测速技术测量水或空气流速场的可行性[42]。当时的图像评估方法基于流场的斑点干涉测量（见参考文献[35]）。

（2）应用于空气流动测试的可靠大功率光源。通过使用双振荡器 Nd：YAG 激光（两个谐振器、双倍频率、获得波长 $\lambda = 532$ nm 的可见光），首次实现了以两束相同、能量恒定的激光脉冲来照亮流场平面，且实验中激光脉冲发生频率为10 Hz量级[59]，极大地提升了片光源的对准以及图像采集能力。

（3）歧义消除。特别是在胶片图像记录时，在大多数情况下很难将第一次和第二次照明的粒子图像分开两次进行记录，因此将无法区分图片上示踪粒子图像的时间顺序，这就不得不开发消除速度矢量符号歧义的方法（见参考文献[35]）。最广泛使用的技术是图像偏移，该技术甚至后来被成功应用于高速流动。由于能够对复杂、非定常三维流场进行观测，因此这项技术极大地提高了风洞使用者和工业领域对 PIV 的兴趣。

（4）流动中示踪粒子的生成和分布。强大的喷雾发生器的发展，以及在流场中均布确定尺寸示踪粒子的专门技术，显著地提高了 PIV 记录的粒子图像密度和质量。

（5）计算机硬件。计算机硬件（主要是处理器速度及内存容量）仍在遵循 Moore 定律而不断提升。处理这些图片只需要几分之一秒的时间。

（6）改进的峰值检测。相比于胶片图像记录，数字 PIV 受到传感器尺寸和分辨率的限制。利用高斯函数的亚像素峰值位置估计能够进一步提高位移测量的精度[174]。因此，可以在数字 PIV 中使用更小的查询窗口，从而达到更高的空间分辨率（向量的数量）。

（7）互相关摄像机。现今，渐进式扫描的摄像机允许用户存储每次照明下记录在单独帧上的一对示踪粒子图片，且帧间间隔可小于 1 μs[109]。这种特性使得高速流动中的矢量歧义问题立即得到解决。2 000 × 2 000 像素或更大像素的传感器的出现，以及具有出色信噪比的互相关评估方法的应用，已经可以达到过去仅在胶片记录时才能获得的质量。

（8）高速 CMOS 相机。PIV 应用的另一项最新技术进步是具有主动式像素传感器（APS）技术的 CMOS 传感器的发展，该传感器中除光电二极管外，每个像素都加入了一个读出放大器。它可以将光电二极管积累的电荷转变为电压,该电压可在像素内被放大,然后以连续的行和列方式轻移至更多的信号处理电路。该传感器连同高通量的读出电子存储装置,可以在可接受噪声水平下以每秒几千帧的速度采集和处理图像。大多数 CMOS 传感器的另一优势是能够在无光晕下采集高对比度的图像。

(9)高频 Nd:YAG 和 Nd:YLF 激光器。千赫兹级别 CMOS 相机的引入促进了对高频激光光源的需求,即可在每秒 1 000 帧的帧速率下运行。因此,二极管泵浦激光器被用于高速 PIV,这些激光器最初用于材料加工和作为更复杂科学激光器的泵浦。特别是,近来也引入了专门为高速 PIV 设计的高频双振荡激光器。该激光系统可以调节脉冲间隔时间使其小于两个连续脉冲间的时间间隔,同时保证具有可接受的激光束剖面和稳定性。这样,可以使用高频 PIV 实现对更广泛的空气和水流速度场实验测量。

(10)微尺度 PIV 采集。在过去五年中,微米级分辨率粒子图像测速(μPIV)的发展和应用已取得了很大进展。这项技术的发展已将 PIV 典型的空间分辨率从 1 mm 量级拓展到 1 μm 量级。这些进步得益于仪器硬件和后处理软件新颖的改进。μPIV 已经应用于微通道、微喷管、生物微机电系统和细胞周围的扰流等测量中。这项技术最初是为了测量微尺度的速度场,现在已经扩展至壁面位置的测量(精度可达几十纳米)、水凝胶的变形、微粒子的温度测定和红外线 PIV。

(11)适应性评估算法。标准的评估算法提供可靠的速度矢量。然而,由于在复杂流动区域粒子图像对的缺失,测量的精确性有限。作为解决该问题的直接方法,第二个查询窗口可以用第一个图像中的有关窗口代替,或者不同窗口大小结合直接相关算法[84]。更加复杂的算法将多次评估图像,首先使用较大的查询窗口来寻找局部平均位移,然后使用较小的窗口及更大的空间分辨率。很多 PIV 算法使用之前的位移信息来确定两次光照之间查询体积的真实变形,还可以相应地变形第二次采集的图像。

(12)PIV 的理论认识。在 PIV 发展的初始阶段,对这门技术的理解更多的是凭直觉获知的。而进展通常需要反复试验来获取。在过去的几年中,对 PIV 技术基本原理的理论认识有了巨大的提升。这些理论思考以及采集和评估过程的模拟为在 PIV 试验中选择重要参数提供了有用信息。

本章简要地介绍了 PIV 的基本理论以及需要谨记的一些问题和技术限制。

在接下来的章节中将更详细地讨论相应的不同主题。首先我们将会提供最重要的物理原则作为背景,之后将会讨论 PIV 评估的数学背景。基于上述知识，可以很好地理解 PIV 的采集、评估和后处理方法。此外还会介绍立体和双平面 PIV 技术的发展现状，即平面域速度矢量的第三分量的获取方法。最后一章将介绍一些 PIV 的应用实例，从而解释由所观测流动的不同特性所决定的一些特定实验问题。

物理和技术背景

第2章

2.1 示踪粒子

从 PIV 原理可以看出,与热线或压力探头技术相比,PIV 测速技术基于对两个基本参量——长度和时间的直接测量。另外,该技术为间接测量,因其测量的是粒子的速度,而非流体的速度。因此,为了避免流体和粒子运动之间出现严重偏差,必须检查粒子的流体力学特性。

2.1.1 流体力学特性

误差的一项主要来源是流体密度 ρ 和示踪粒子密度 ρ_p 不一致时对重力的影响。虽然在很多情况下可以忽略这种影响,但为了介绍粒子在加速时的运动行为,将会从斯托克斯阻力定律(Stokes's drag law)推导重力引起的速度 $\boldsymbol{U}_g$。因此,假设球形粒子存在与低雷诺数下的黏性流体中有

$$\boldsymbol{U}_g = d_p^2 \frac{(\rho_p - \rho)}{18\mu} \boldsymbol{g} \tag{2.1}$$

式中,$\boldsymbol{g}$ 为重力引起的加速度;μ 是流体的动力黏度;d_p 为粒子的直径。

类比式(2.1),可得到连续加速流体中粒子速度滞后的估计值为

$$\boldsymbol{U}_s = \boldsymbol{U}_p - \boldsymbol{U} = d_p^2 \frac{\rho_p - \rho}{18\mu} \boldsymbol{a} \tag{2.2}$$

式中,$\boldsymbol{U}_p$ 为粒子的速度。如果粒子密度比流体密度大很多,则 $\boldsymbol{U}_p$ 的阶跃响应遵循指数定律:

$$\boldsymbol{U}_{\mathrm{p}}(t)=\boldsymbol{U}\left[1-\exp\left(-\frac{t}{\tau_{\mathrm{s}}}\right)\right] \tag{2.3}$$

式中，τ_{s} 为弛豫时间，即

$$\tau_{\mathrm{s}}=d_{\mathrm{p}}^{2}\frac{\rho_{\mathrm{p}}}{18\mu}\left(\simeq\frac{d^{2}}{v}\right) \tag{2.4}$$

如果流体加速度不是常数或者斯托克斯阻力公式不再适用(如在较高的流速下)，粒子运动方程将变得很难求解，且其速度解不再是简单的指数衰减形式。然而，τ_{s} 仍然是对粒子尽可能与流体保持速度平衡的趋势的一个便捷测量。图2.1给出了式(2.3)的结果，表示在强减速空气流动中不同直径粒子的响应时间。

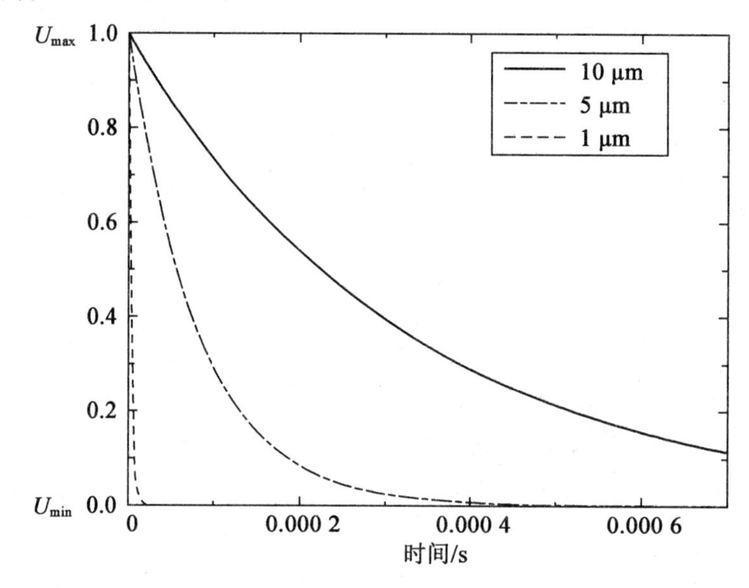

图2.1　在减速空气流动中不同直径油粒子的响应时间

当PIV应用于液体流动时，粒子密度匹配的问题通常并不严重，且常可找到具有足够好的流体力学特性的固体粒子。通常可在粒子悬浮于液体中之前确定它们的尺寸，且后续其尺寸也不会改变。表2.1和表2.2列出了常用的示踪粒子。然而，PIV技术的早期应用已经证实，相比液体流动，为气体流动提供高质量的粒子分布是非常困难的[55,58,64,68,70]。这些问题与激光多普勒测速仪所面临的问题非常相似。从式(2.2)可以看出，由于流体和示踪粒子之间存在密度差，因此示踪粒子的直径应非常小以确保对流体运动的良好跟随性。但是，粒子的直径不应该太小，因为粒子的光散射特性也需要考虑，这部分将在下面进行介绍。因此，显然须找到一个妥协方法，该问题在众多文献中已被详细

讨论[71,72,74,75,76]。表2.2给出了PIV在气体流动中最常用的示踪粒子。在大多数空气动力学的应用中,常使用由Laskin喷嘴(图2.10)产生的平均直径约为1 μm的油滴或DEHS粒子作为示踪粒子。通过对气体流动的LDV测量可知,从气溶胶发生器至测量区域的流动期间粒子的直径和分布会发生变化。因此,可以明确地获得粒子的相关信息,特别是从观察区域直接得到的速度滞后信息。图2.2给出了该问题的实验结果之一。

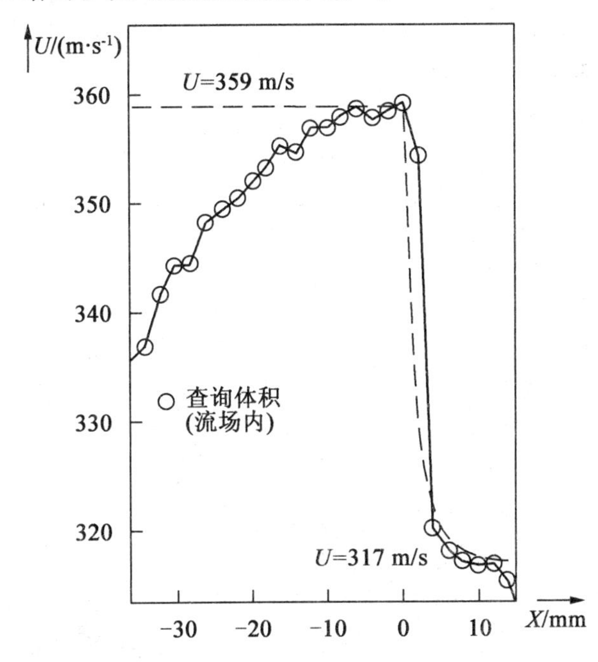

图2.2 钝头圆柱体穿越激波时流场中某测量线上的瞬时速度 U 分量的PIV实验结果和理论结果(虚线表示直径为1.7 μm的粒子)的比较

图2.2绘制了PIV测量超音速流动时流场中某测量线上的瞬时流速 U 分量的变化。测量的流速 U 从激波前的359 m/s在8 mm的距离内锐减至317 m/s。由于查询区域尺寸的限制(当投影到流动中尺寸为2~3 mm,如图2.2中圆点所示),不能得到激波的真实边界(约为 10^{-3} mm)。然而,通过理论方法,对直径为1.7 μm的粒子计算了其速度后,考虑到示踪液滴的可压缩性、变形和高雷诺数的影响[67],理论计算获得的速度-距离关系与PIV测量结果类似(比较图2.2中虚线)。因此,对于该实验,使用直径小于1 μm的示踪粒子意义不大,这是因为在PIV图像处理时对每个查询窗口内的速度做了平均计算。于是,若需要在激波附近的高空间分辨率时,则有必要使用更小的示踪粒子。

除了可能引入的固有误差,在流动的临界区域如涡核、剪切流动或边界层流动中,较大粒径的示踪粒子会引起数据的缺失。在某些情况下,涡离心力引起的速度滞后仅产生很小的测量误差,但是从旋涡生成到激光面照明的整个过程中,粒子密度有时太低不足以满足测量要求。

2.1.2 光散射性能

本小节将会总结一些由示踪粒子产生光散射的最重要特性。因为所获得的粒子图像强度以及 PIV 图像的对比度直接与散射光功率成正比,所以为提高图像强度,选择更为合适的散射粒子比通过增加激光功率更为经济和有效。通常被微小粒子散射的光是粒子与周围介质折射率之比、粒子尺寸、形状和方向的函数。此外,光散射还取决于激光偏振性和观测角度。对于直径 d_p 大于入射光波长 λ 的球形粒子,可以应用 Mie 散射理论进行分析。文献[13]给出了详细的描述和讨论。图 2.3 和图 2.4 给出了根据 Mie 散射理论入射光波长 λ = 532 nm 时空气中不同直径油粒子的散射光强度的极坐标分布。图中强度为对数尺度绘制,从而相邻圆环强度相差 100 倍。Mie 散射可用标准直径 q 表征,即

$$q=\frac{\pi d_p}{\lambda}$$

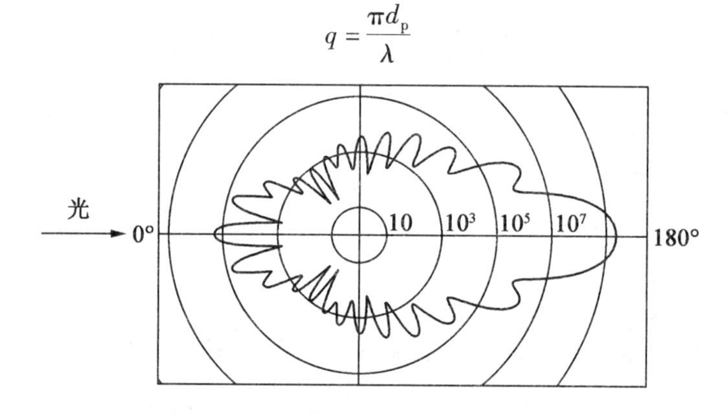

图 2.3　空气中 1 μm 粒径油滴的光散射

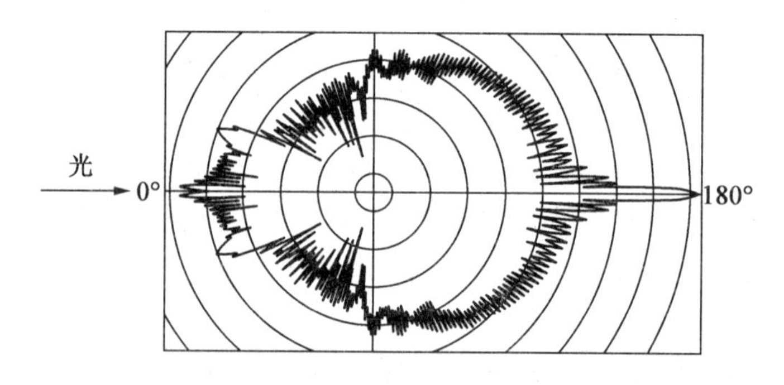

图 2.4　空气中 10 μm 粒径油滴的光散射(强度尺度如图 2.3 所示)

如果 $q>1$,q 的局部极大值出现在 0° ~ 180°的角分布处。如果 q 增大,向前和向后的散射强度之比会迅速增大。因此,记录向前的光散射最有效,但由于景深的限制,常在 90°方向进行图像采集。一般来说,从线性偏振入射波的近轴光散射(即在 0°或 180°)在相同方向上也是线性偏振的,但其散射效率不依赖于偏振。与之相反,对于大多数其他观察角度来说,散射效率则强烈依赖于入射光的偏振。此外,对于 0° ~ 180°的观察角度,偏振方向可部分转变。对于一些必须使用基于散射光偏振的图像分离或图像偏移场合,这一点是特别重要的。因此,这类技术只适用于某些特定粒子,如空气中 1 μm 粒径的油滴。

随着粒子直径的增大,散射光的强度明显增强。然而需要注意,光散射的局部最大值和最小值的数目与无量纲标准直径 q 成正比,那么仅考虑特定观察角度的情况下散射光强与粒径的函数变化将出现快速振荡。这意味着高光强的粒子图像并不总表示粒子穿过了测量体积的中心。因此,通过图像上已知的强度分布来分析片光源平面中粒子的位置,来确定平面外粒子的位移通常是不可行的。由于观察角度由观察距离及采集镜头光圈大小决定,因此对一定观察角范围的结果做平均运算时,获得的强度曲线非常平滑。平均光强大致随着 q^2 的增大而增强,并且如上所述,散射效率强烈地依赖于粒子与周围流体折射率的比值。由于水的折射率比空气大很多,相同尺寸的粒子在空气中的散射至少比在水中大一个数量级。因此,为了使粒子和流体的密度匹配更好,在水流测量实验中通常使用较大粒子。图 2.5 ~ 2.7 给出了根据 Mie 散射理论在 $\lambda=532$ nm 下不同粒径玻璃微珠在水中的归一化散射强度。

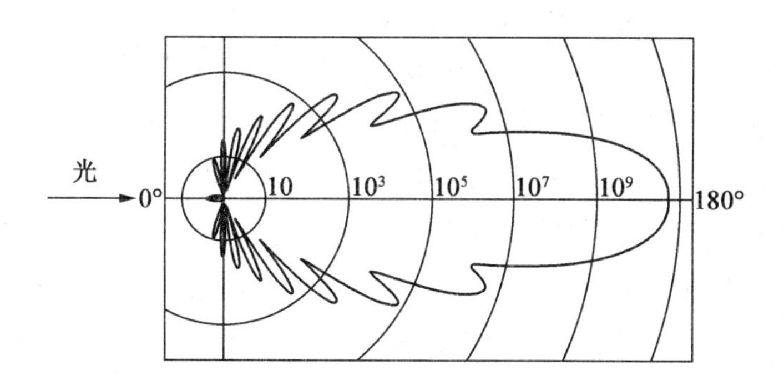

图 2.5　1 μm 粒径玻璃微珠在水中的光散射

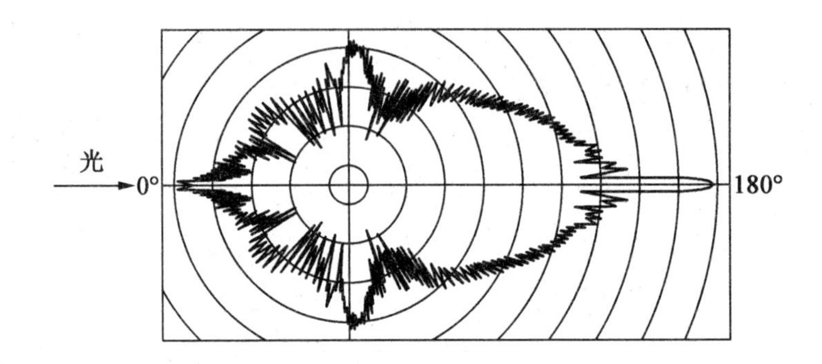

图 2.6　10 μm 粒径玻璃微珠在水中的光散射

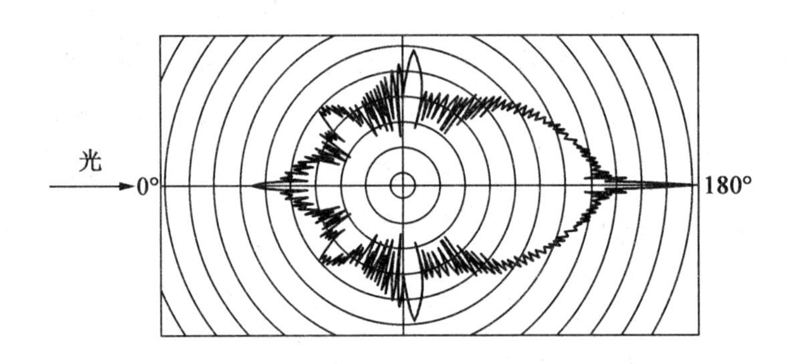

图 2.7　30 μm 粒径玻璃微珠在水中的光散射

从所有 Mie 散射图中可以看出,小粒子并不会阻挡激光,反而会将激光散射到所有方向。因此,片光源内的大量粒子将会产生大量的多次光散射现象。这样,由镜头所捕捉的光不仅有直接照明的光,还有由多个粒子所散射的光。在流动中投放高浓度的粒子会明显增强每个粒子的光散射强度,因为在 90°方向直接采集的光强相比向前散射范围内的散射强度要小多个数量级。

有趣的是,较大粒径的粒子和较高粒子浓度都可以增大散射效率。然而,有两个问题限制了其广泛使用。首先,背景噪声及其诱发的记录噪声会显著增大。其次,如果(也是通常情况)使用多分散性粒子(即粒子粒径大小不同),最终将不能确定可见粒子数目的增加是否是由于简单增加大粒子数目所引起的。由于较大粒子图像决定着 PIV 评估的结果,因此很难对有效的粒子尺寸和相应的速度滞后做出可靠的估算。

2.2　粒子的生成和供给

2.2.1　液体中粒子的投放

在许多科学著作中对粒子投放以及其特性进行了描述。然而,文献中对于示踪粒子向流动中投放的实用信息甚少。有时投放粒子很简单,有时甚至不需要投放粒子。若流动中有足够多可见的粒子作为PIV示踪粒子,则这种自然的示踪也是可行的。在大多数其他应用中,都需要投放示踪粒子来获得足够的图像对比度并同时控制粒子的尺寸。对于大多数液体流动,粒子的散布可通过在流体中悬浮固体粒子且对其搅拌以达到均匀分布来实现。

表2.1和表2.2分别列出了液体和气体流动中针对流动可视化、LDV和PIV测量的不同示踪粒子。对于油和水流动实验,图2.8给出了所使用的直径约为10 μm的空心玻璃珠图像(放大500倍和5 000倍)。这种示踪粒子提供了良好的散射效率和足够小的速度滞后。

表2.1　液体流动中所投放的材料

类　型	材　料	平均直径/μm
固体	聚苯乙烯	10 ~ 100
	铝粉片	2 ~ 7
	空心玻璃珠	10 ~ 100
	合成涂料微粒	10 ~ 500
液体	各种油	50 ~ 500
气体	氧气泡	50 ~ 1 000

表2.2　气体流动中的投放材料

类　型	材　料	平均直径/μm
固体	聚苯乙烯	0.5 ~ 10
	氧化铝	0.2 ~ 5

续表 2.2

类　型	材　料	平均直径/μm
固体	二氧化钛	1 ~ 5
	玻璃微珠	0.2 ~ 3
	玻璃汽珠	30 ~ 100
	合成涂料微粒	10 ~ 50
	苯二甲酸二辛酯	1 ~ 10
	烟雾	<1
液体	各种油	0.5 ~ 10
	癸二酸二异辛酯	0.5 ~ 1.5
	氦气肥皂泡	1 000 ~ 3 000

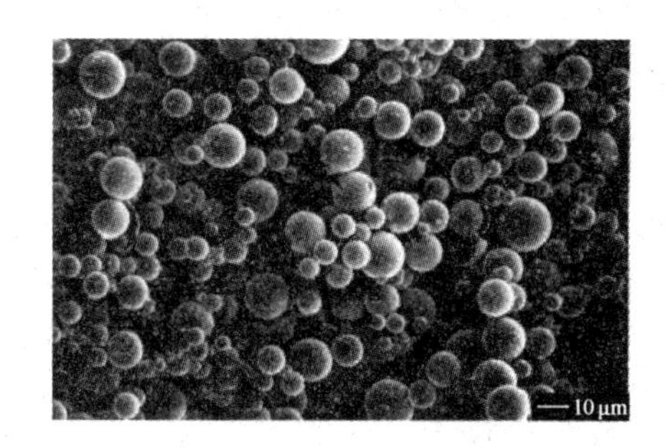

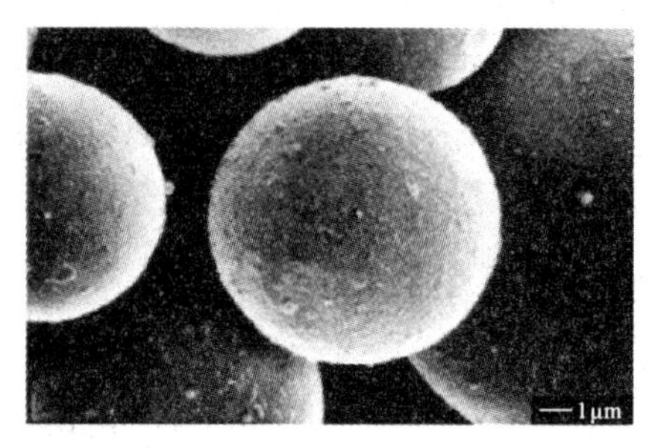

图 2.8　镀银空心玻璃珠放大 500 倍和 5 000 倍的显微图

对于小于光波波长 λ 的示踪粒子，当要减小观测区域尺寸并增大观测的光学分辨率时，显然示踪粒子的直径须相应减小。在 Rayleigh 散射区，粒子直径 d_p 比光波长小很多，即 $d_p \leqslant \lambda$，从一个粒子散射的光总量随 d_p^{-6} 变化。由于跟随流体运动的示踪粒子直径必须足够小以至于不与所测量流体相互作用，它们通常为 50 ~ 100 nm 的量级。这样其粒径为 1/10 ~ 1/5 倍的绿光波长 λ = 532 nm，因此接近 Rayleigh 散射标准。这极大地限制了图像采集，使得采集粒子图像变得极为困难。

这种成像问题的一个解决方法是使用荧光成像技术来采集荧光标记粒子所发出的光，即用特定波长的光学长通滤波器消除背景光，仅留下粒子的荧光。该技术已经多次成功应用于液体流动测量中，以采集直径为 200 ~ 300 μm 的荧光粒子图像[32,406]。荧光粒子非常适合于 μPIV 对液体流动的研究，但因为一些原因不适用于气体流动。首先，市售的荧光粒子通常是水性悬浮液，仅少数的制造商可提供干燥的荧光粒子,但粒径较大(>7 μm)。原则上,可以先将包含粒子的水性悬浮液进行干燥,然后将粒子悬浮在气体流动中。但这种方法往往是有问题的,因为粒子很容易获得表面电荷而附着在边界或互相粘连。对于气体流动,使用非荧光的舞台烟雾已成功实现流动测量[285]。此外,许多荧光粒子的发射光衰减时间是几纳秒量级,在高速流动中这可能会导致粒子图像的纹线(拖尾)效应。

2.2.2　气体中粒子的投放

在气体流动中,气态流体和粒子之间密度差的增大会导致明显的速度滞后。另外,实验中健康因素也很重要,因为(有些实验环境中)实验者可能会吸入投放过粒子的空气,例如在具有开放试验段的风洞等环境中。然而对于经常使用的粒子也常难以操控,因为很多液滴蒸发极快。对于固体粒子也难以进行分散,且容易聚团。通常情况下,要在气体介质进入测试区前的一小段距离内将粒子投放至流动中,且投放粒子时需要确保对流动无明显的扰动,并且在该位置处粒子可以均匀分布。由于在许多流动测试中,其湍流强度不足以充分混合流体和粒子,因此需要设置许多开口以投放粒子。常使用的这类分配器由许多布有大量小孔的小管道组成格栅状。因此,所需的粒子都需通过小管道。

有很多技术可用来在气体流动中生成并投放粒子[71,72,73,74,75,76]。干燥的固体粉末可以通过流化床或空气射流进行分散;液体可以先蒸发,然后在冷凝器内析出,或者液滴可直接由雾化器产生。雾化器也可以用来分散悬浮在蒸汽中的固体颗粒[77],或生成高汽化压力液体(如油)的液滴,这些液滴在使用时会与低汽化压力的液体(如酒精)先混合,而在进入测量段前,低汽化压力的液体将汽化。对于风洞中流动的示踪常使用冷凝器、烟雾发生器和以水 - 乙醇体系为载体射流的单分散聚苯乙烯或胶乳粒子来进行流动的可视化和 LDV 测试。

(1)空气流动中油滴的投放。对于大多数空气流动的 PIV 测量,常使用 Laskin 喷嘴发生器和油产生示踪粒子。这些粒子的优点是没有毒性,在空气中可停留数小时,且在不同条件下粒径变化小。在循环风洞中,它们可对整个风洞空间进行全场粒子投放,或使用由几百个小孔组成的投放器对某一段管流进行局部投放。下面给出该雾化器的技术说明。

气溶胶发生器由具有两个空气进口和一个气溶胶出口的封闭圆柱形容器构成(图 2.9)。在顶部安装的四个进气管浸在容器内的植物油或类似液体中。这些进气管同总的空气进口相连,并各自配有阀门,且这些管道在下端是封闭的(图 2.10)。四个直径为 1 mm 的 Laskin 喷嘴在每个管道的圆周方向上等距分布[69]。

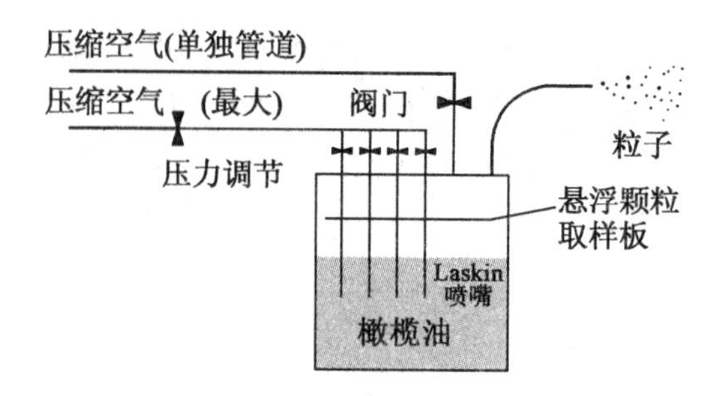

图 2.9 油滴投放生成器

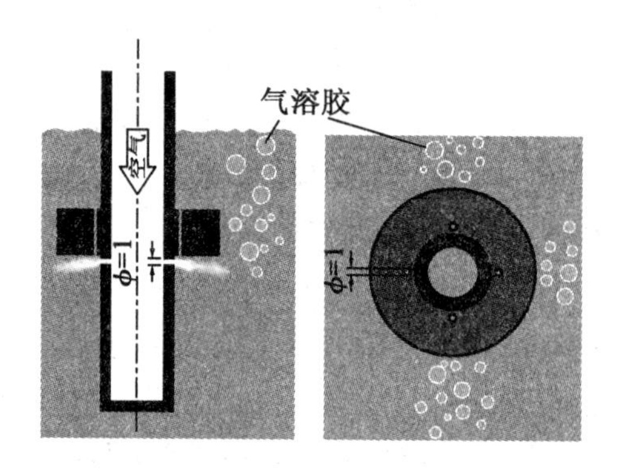

图 2.10 Laskin 喷嘴示意图

在容器中也水平安置了一个圆形冲击板，该板和容器内壁形成约 2 mm 的间隙。第二个进气口和气溶胶出口都直接与容器顶部相连。另外，设置两个仪表分别测量喷嘴入口压力和容器内的压力。压缩空气被通入 Laskin 喷嘴以在液体内产生气泡，其中压缩空气的压力与出口压力存在 0.5 ~ 1.5 bar (1 bar = 100 kPa) 的压力差。由于微小音速射流引起的剪切应力而形成小液滴，并包裹在气泡中被携带至油液表面。较大的粒子被冲击板阻挡，而小粒子将通过空隙到达气溶胶出口。通过喷嘴入口的四个阀门可以控制生成粒子的数量，而通过第二个进气口进行额外的空气补给即可减小粒子浓度。粒子的平均直径一般取决于被雾化的液体类型，但与喷嘴的工作压力仅有微弱的依赖关系。植物油是最常使用的液体，因为认为油滴比许多其他颗粒要健康一些，但不能吸入其他任何有毒或不能溶解于水的示踪粒子。大多数植物油（除不含胆固醇的油）获得的颗粒呈平均直径约 1 μm 的多分散分布[67]。

（2）空气流动中粉状粒子的投放。在温度升高或反应性流动环境中，示踪粒子材料的稳定性不能被保证，此时液滴投放撒播也是不可行的，在这种情况下必须使用固体颗粒投放。金属氧化物粉末尤其适合于这种场合，其原因是具有惰性、高熔点和低成本的特点。表2.2列出了二氧化钛、氧化铝和二氧化硅粉末的特性,其相应的显微照片如图2.11和图2.12所示。

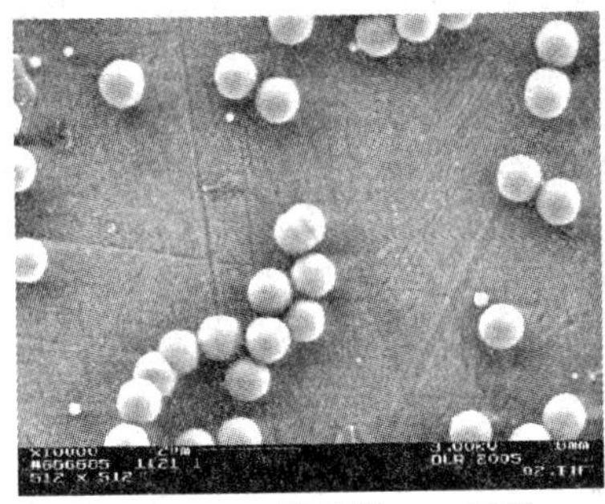

(a)800 nm单分散SiO_2微粒

(b)多孔SiO_2微粒的显微图

图2.11　800 nm单分散SiO_2微粒和多孔SiO_2微粒的显微图

(a)投放于反应流动中的Al_2O_3粉末[377]

(b)投放于超音速流动中的TiO_2粉末[313]

图2.12　投放于反应流动中的Al_2O_3粉末和投放于超音速流动中的TiO_2粉末

控制固体粉末的分散性要比液体材料更具有挑战性,因为固体粉末非常容易形成聚团,特别是在亚微米范围内的小晶粒尺寸。因此,其投放装置必须能够打破聚团,或者在进入设备前使用类似旋风分离器等将它们从气溶胶中移除[313,314]。

Wernet和Wernet[77]提出了消除粒子示踪材料团聚的另一种方法:通过控制粒子材料的悬浮液的酸度直接影响粒子间的凝聚力。建议使用pH为1的氧化铝/水或氧化铝/乙醇作为分散剂,并进一步使用液体雾化方法分散粒子。这样固体粒子在载体液体蒸发后仍会保留。

投放粒子和未投放粒子流动之间的相对质量流量使得液体粒子悬浮液并不总是可行的,特别是当流动受到蒸发、冷却和反应化学性而改变时。在这种情况下,必须由干燥粉末直接生成气溶胶。常用的方法是将固体粉末从底部通入垂直的管道,从而形成流化床。选择足够大的投放器流量使粒子流动起来,即携带小粒子进入流化床的上方区域(即自由空域),然后从出口进入待测设备。图2.13给出了用于高压下的简单流化床投放装置[377,378]。这种发生器有两个显著的特性:①在音速孔中存在的强烈剪切流动可以在出口处打碎较大的粒子聚团,然而孔的尺寸需要选得合适,以确保有足够的空气流量充入固体粉末;②可切换旁通管,即使在不需要投放粒子的情况下也可维持进入测试设备的质量流量恒定。

下面给出一些流化床粒子投放装置成功操作的建议:

①投放的粉末应保持干燥,最好在加入投放设备前通过加热去除材料中额外的水分。应使用干燥的空气或氮气来操作投放器。

②投放器和设备之间的管线应尽量短以防止形成团聚。如果可能,应使用额外的载体气体来降低相对的投放粒子浓度。

③投放系统的频繁搅动以降低在流化床内形成通道的概率。

④加入到流化床中的铜微粒(100 ~ 500 μm)与投放粒子材料之间的机械相互作用也有助于打破聚团。这种设备称为两相流化床。

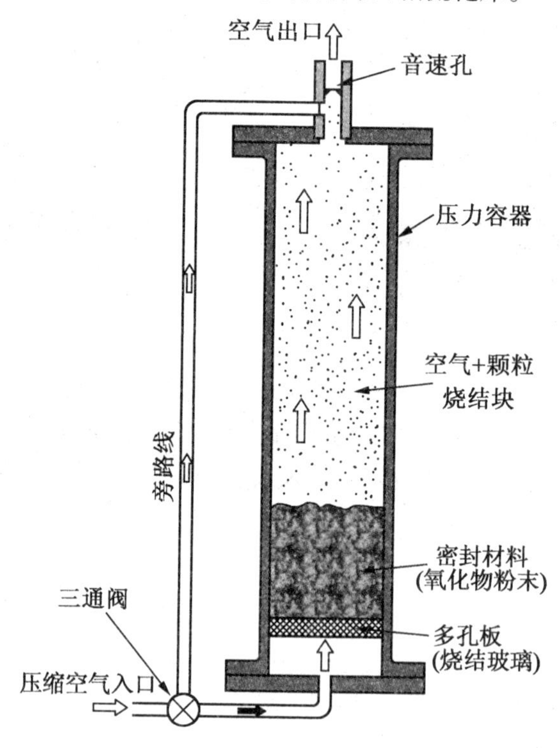

图 2.13　高压应用中的流化床粒子投放装置

空气流动中肥皂泡示踪①。在实际 PIV 测量中增大观测区域(FOV)常受示踪粒子有限的散射效率限制。例如,对于直径 $d=1\ \mu m$ 的油滴,当使用脉冲能量为 300 mJ 的 Nd:YAG 激光器实验时,FOV 被限制在大约 1 000 mm × 750 mm 内。

克服上述限制的一种可能方法为使用较大的示踪粒子。然而,粒子的质量至关重要,因为 PIV 需要理想的中性浮力粒子。可提供 1 ~ 3 mm 中性浮力粒子的成熟、有效的方法为生成氦气填充的肥皂泡,其中氦气的填充弥补了自身的重力。

生成这种气泡的不同方法在文献[63]中有详述。对于大尺度 Rayleigh - Bénard 对流实验(参见 9.6 节)使用了孔式喷嘴,如图 2.14 所示。氦气从中心管吹出,该管和第二根管同轴安装在一起。通过预先定义流量,生成的泡沫液(Bubble fluid solution, BFS)在第二根管内被驱动。这样便产生了小气泡,而通过附加空气管中的空气驱动将它们从管中分离。中性浮力气泡的产生依赖于氦气压力、空气压力、泡沫液流量和喷嘴帽与管道之间的距离 h 等因素的适当调节,如图 2.14 所示。BFS 通常是由水、甘油和肥皂组成的混合物。

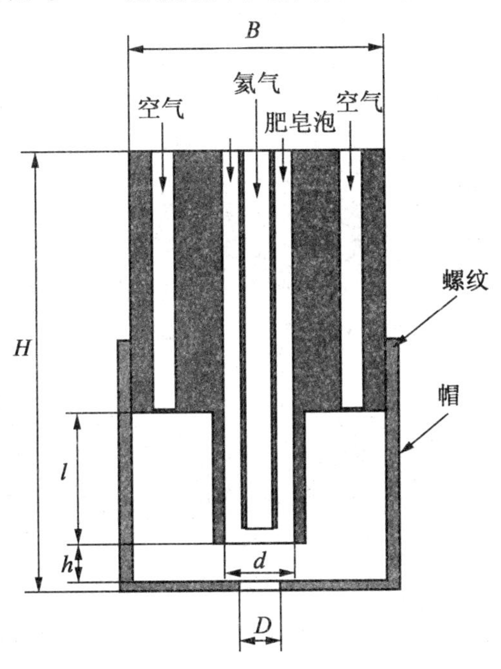

图 2.14　生成氦气肥皂泡的孔式喷嘴示意图[63]

① 关于气泡投放的描述是基于 Bosbach 等人的工作,参见 9.6 节。

为了给出用于气体和 BFS 的喷嘴,商业可行的发生器(图 2.15)和自制的发生器都被使用过。它们的功能基本上为泡沫液的存储、泡沫液的流动以及氦气和空气压力的调控。

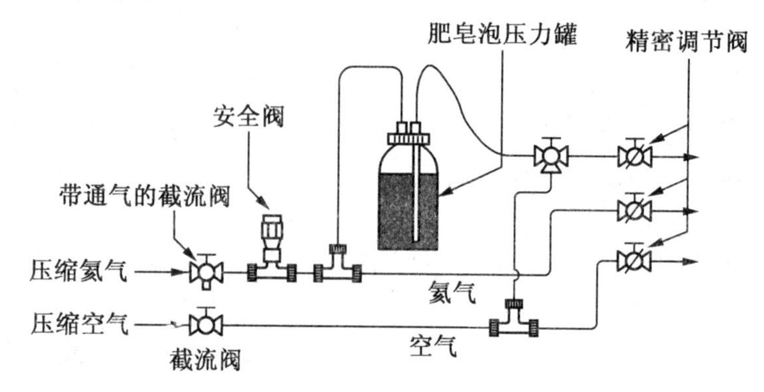

图 2.15　气泡发生器中空气、氦气和肥皂供给示意图[63]

2.3　光　　源

2.3.1　激光器

激光器广泛应用于 PIV 中,因其具有发射高能量密度单色光的能力,这种光可以很容易形成用于照明和采集示踪粒子图像的无色差薄片状光源。图 2.16给出了激光器的典型构成。一般而言,每个激光器由三个主要部分组成,分别为:

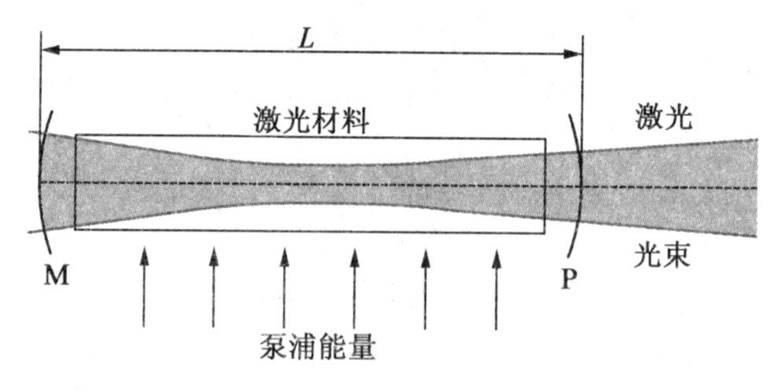

图 2.16　激光器示意图

(1)激光材料:由原子或分子气体、半导体或固体材料组成。

(2)泵浦:通过引入电磁或化学能来激发激光材料。

(3)布置的反光镜:也就是谐振器允许光在激光材料内振荡。

下面将介绍气体激光器的工作原理,并概述 PIV 应用的激光器。

从量子力学可知,每个原子都可以通过与电磁辐射的三种基本相互作用进入不同的能量状态。可以在能级图中举例说明,如图 2.17 所示,给出了一个具有两个可能能量状态的假设原子。在能级 E_2 的激发态原子通常在极短但不能被准确定义的一段时间后回到能级 E_1,并以随机定向光子的形式辐射出能量 $E_2 - E_1 = h\nu$(h 和 ν 分别为是普朗克常数和频率)。这个过程称为自发辐射。

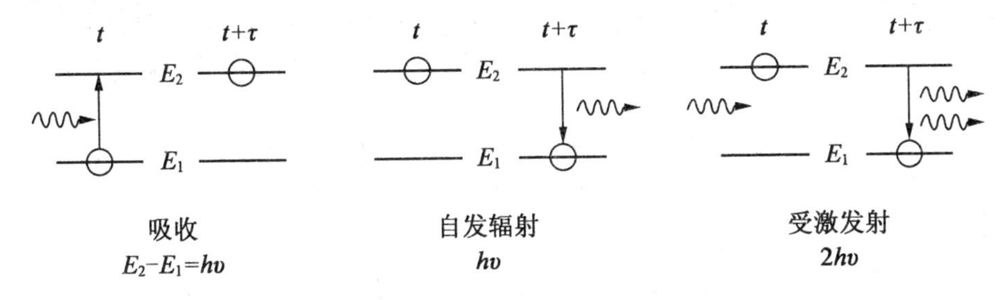

图 2.17　原子与电磁辐射之间的基本相互作用

然而,如果用“适当”频率 ν 的光子撞击原子,可能产生两种效果。在吸收的情况下,能级 E_1 的原子吸收能量 $h\nu$,从而跃升至能级 E_2;或入射光子激发在能级 E_2 的原子使其过渡到特定、非自发的能级 E_1。然后,加上入射光子,第二个光子将从前者能级辐射出来。因此这种冲击波是相干放大的(受激发射)。

对于大量的原子来说,吸收和受激辐射的其一占主导地位。当粒子能级密度倒转时,即 $N_2 > N_1$[原子数/m^3],受激辐射占主导地位;反之,$N_1 > N_2$ 时吸收占主导地位。

由于激光器只能在粒子能级密度强迫倒转($N_2 > N_1$)时才能发出,且原子通常处于基态,因此必须有外部能量传递给激光材料。通常,这可根据不同的激光材料选择合适的泵浦装置来达到目的。固体激光材料一般由电磁辐射进行泵浦,半导体激光器由电流进行泵浦,而气体激光器通过原子或具有有电子和离子的分子碰撞进行泵浦。

需要注意的是,在前面介绍的仅有两种能量状态组成的系统中不能实现粒子数反转,因为当 E_2 能级的原子数 N_2 与 E_1 能级的原子数 N_1 相同时,吸收和受激发射均有可能,并且材料在频率 $\nu = (E_2 - E_1)/h$ 下将会变得透明。换句话说,从高能级 E_2 转换到低能级 E_1 的数量和其反过程的平均概率相同。因此,为了实现粒子数反转,需要激光介质至少有三个能量级。然而,三能级系统并不是非常有效，因为需要激发系统中超过 50% 的原子来放大一个冲击光子。这意味着激发所需的这部分能量因该放大过程而损失。在四能级激光中较低激光能级 E_2 与基态 E_1 不一致，因此在室温下仍然空闲。通过这种方式更容易实现粒子数反转，而且四能级激光仅需更小的泵浦功率，如图 2.18 所示。举例来说，如果在频率 ν 下根据 $h\nu = E_4 - E_1$ 通过光学泵浦得到能级 E_4，然后迅速无辐射地跃迁至能级 E_3。原子在该亚稳态能级 E_3 将停留相对长过渡时间，然后才下降至空闲的低能级 E_2。

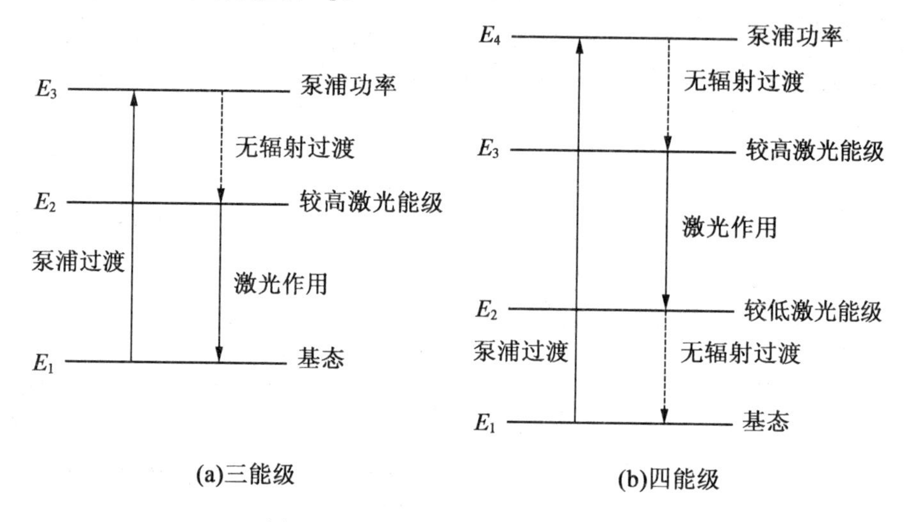

图 2.18　三能级和四能级激光原理图

通过泵浦机构能量传递产生粒子数反转，会在所有方向产生自发辐射，并激发更多的相邻原子。这将促使受激发射快速增长，因此获得辐射的连锁反应。

在激光材料为圆柱形的情况下，上述辐射的快速增加发生在确定的方向，因为放大随着激光介质长度的增大而增大。在光学谐振器（反光镜排列）中可以布置激光材料以形成振荡器。最简单的实现方法是在两个完全对齐的反射镜之间放置激光材料。在这种情况下，随机撞击两个反光镜之一的光子可以在激光材料中再次反射和放大。该过程可重复，且可以形成随着反射次数指数倍增的光崩塌，并最终呈现平稳。换言之，若谐振器长度符合以下条件，则可形成驻波：

$$L = \frac{m\lambda}{2n} \tag{2.5}$$

式中，n 为折射率；m 为整数，L 为谐振器长度。由于根据传送关系式 $\nu h = E_2 -$

E_1 获得的频率 v 并严格不对应某一波长，而是与取决于传送时间 τ 的特定频带宽度 $\Delta\nu$ 的光谱相对应，这些条件可以通过不同波长 λ 或频率 v 来实现，谐振器可以在不同频率下以众多轴模式振荡。

这些连续模式可以由频率恒差 $\Delta\nu = c/(2Ln)$ 分隔开来，其中 c 为光速。此外，激光束的横截面可以根据中间节点线分为反相位振荡的数个区域，即激光的不同横向模式可以同样保存持续（图2.19）。它们的产生取决于谐振器的设计和校准。最低阶横模（光斑输出模式）TEM_{00}（TEM = 横向电场模式；指数 = X 和 Y 方向的节点）最为常用，因为该模式具有均匀位相且沿横截面光强呈高斯分布。

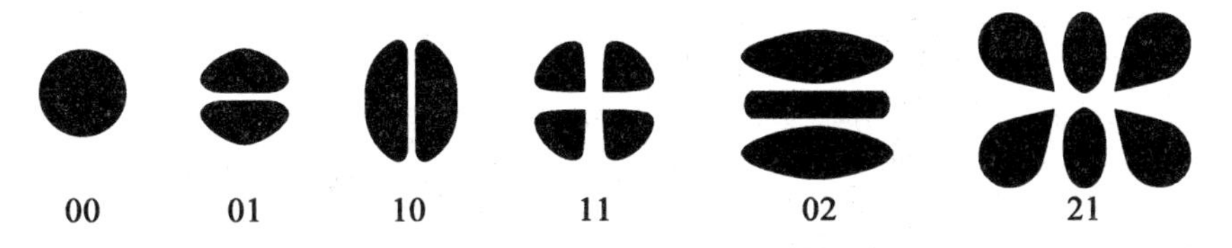

图2.19　不同横向模式的示例

对于谐振器，有各种具有不同镜面弯曲的谐振器类型。共焦谐振器（图2.16），十分稳定且易于调整。半球形谐振器使用一个平面镜和一个凹透镜，而临界谐振器使用两个平面镜。临界谐振器具有光束棒内无光腰的优点，因此可用整个体积来实现放大。然而，它们对于热透镜效应和对准较为敏感。

对于气体激光器，常用于连续操作（CW = 连续激光），自由电子被电场加速，诱发其他介质的激发。激发过程发生在等离子管内，并位于布儒斯特窗口（在偏振角方向倾斜安装的反光板）附近。因此，这些激光器发射线性偏振光。对于光学泵浦固体激光器，杆状闪光灯光线通过具有椭圆形横截面的柱状透镜集中在激光晶棒上。在一般由发光二极管组成的激光器中，两个抛光的平行表面可作为谐振器反射镜。由于孔径宽度较小，垂直于 P – N 结的激光较为发散。为了概述不同系统的功能和局限性，下面简要介绍一些 PIV 中常用的激光器。

氦氖激光器（He – Ne 激光器，$\lambda = 633$ nm）是在可见光范围内最常见，同时也是最高效的激光器。氦氖激光器主要用于对 PIV 拍摄图像的光学评估而不是对流场的照明。商用激光器的功率一般在小于 1 mW、大于 10 mW 的范围内。激光跃迁发生在氖原子上。在氦气和氖气混合物的放电过程中，氦原子通过与电子碰撞而被激发。在第二步中，通过与亚稳态氦原子的碰撞，使高能级的氖原子数聚集，这就是主要的泵浦机制。He－Ne 激光器的主要特性，如激光束的相干性和激光束强度的高斯分布（TEM_{00}），对于 PIV 图像的评估至关重要。如有必要，可进一步通过空间滤波器提高光束质量。

铜蒸气激光器（铜激光器，$\lambda=510$ nm 和 $\lambda=578$ nm）是 PIV 应用中最重要的中性金属蒸气激光器。铜激光器的波长介于黄色和绿色光谱间。商用铜激光器的性能见表 2.3。

表 2.3　商用铜激光器的性能

波　长	510.6 nm 和 578.2 nm
平均功率	50 W
脉冲能量	10 mJ
脉冲持续时间	15～60 ns
峰值功率	<300 kW
脉冲频率	5～15 kHz
光束直径	40 mm
光束发散度	0.6×10^{-3} rad

这类激光器具有平均功率高（典型为 1～30 W）和效率高达 1% 的特点。由于较低能级的激光寿命较长，因此不能实现激光的操作。在脉冲模式下可以实现在千赫兹范围内的重复频率。

该激光器在过去十年中得到快速发展，因为铜蒸气激光器是染料激光器的一个重要泵浦源。然而大多数激光器需要冷却，金属蒸气激光器需要热绝缘，其原因是蒸发的金属工作温度通常可以达到 1 500 ℃。两个电极位于热绝缘陶瓷管的两端，其间进行脉冲充电。为提高排放质量，填充了压力约为 3 000 Pa 的氖气作为缓冲气体。

氩离子激光器（Ar^+ 激光器，$\lambda=514$ nm 和 $\lambda=488$ nm）是气体激光器，和上述 He－Ne 激光器类似。在氩离子激光器中，使用高强度电流进行电离和激发。与 He－Ne 激光器相比，这在技术上更为复杂。这些激光器的典型效率在 0.1% 量级。这些激光器的大型产品可以提供超过 100 W 的蓝绿色光和 60 W 的近紫外光。通过使用宽频带的激光反射镜，激光器可以在数个波长上发射激光，其中单波长激光的选择可以通过谐振器内布儒斯特棱镜调节得到。通过旋转棱镜可以调节单个波长激光，其中最重要的波长是514.5 nm和488.0 nm。几乎所有常用的惰性气体离子都可提供TEM_{00}模式。尽管高强度电流作用于管子产生极端负载，激光器产品的工作寿命仍可达几千小时。由于LDV测量中频繁使用氩离子激光器，在流体力学实验室中经常可以见到这类激光器，在PIV中也可以用于测量低速的水流动。

半导体激光器具有紧凑的特点。其典型的激光材料尺寸约为长1 cm、直径1 mm量级。商用二极管激光泵浦的Nd:YAG和Nd:YLF系统的总效率约为7%。由于加热量大大减少，这些类型的泵浦激光器在TEM_{00}模式的连续操作期间可以提供超过100 mW的高质量光束。PIV中经常使用二极管激光器有两个原因：其高效率促使了高平均和峰值功率的Nd:YLF激光器的出现，尤其适用于高速度流动测量。由于具有产生高质量光束的能力，半导体激光器可用作种子激光，用以提升全息PIV应用中闪光灯泵浦Nd:YAG激光器的相干长度。一个尤为有趣的激光器变体即为二极管泵浦激光振荡器和闪光灯泵浦放大器的结合。连同其他光学元件，如真空针孔和相位共轭镜，这种设计可以提供性能优秀的光束，但同时它的最初购买成本较高。

红宝石激光器（Cr^{3+}激光器，$\lambda = 694$ nm）是历史上第一类激光器，使用含Cr^{3+}的红宝石晶体棒作为活性介质。它们通过闪光灯实现光学泵浦。正如上文所述，红宝石激光是三能级系统，其劣势为在粒子数反转前必须激发大约50%的原子。由于所需的泵浦能量很高，因此通常只能达到脉冲工作模式。红宝石激光的波长为694.3 nm。像其他固体激光器一样，红宝石激光器可以在正常或调Q模式下工作（调Q模式详见下文）。PIV中常使用红宝石激光器是因为它可以输出高脉冲能量，而且由于其良好的相干性，光束非常适合全息成像。它的缺点是低重复频率约束了光学对准，及发射的光位于可见光谱的边界。胶片通常对红光很不敏感，所以现代CCD相机会对较小波段的光进行优化。

钕-钇铝石榴石激光器（Nd:YAG激光器，$\lambda = 1\,064$ nm和$\lambda = 532$ nm）是PIV应用中最重要的固体激光器，其光束是由Nd^{3+}产生。Nd^{3+}可以被纳入不同的基质材料中。对于激光的应用，YAG晶体（钇铝石榴石）是最常用的。Nd:YAG激光器具有高放大性能以及良好的力学和热性能。可通过在宽能量带的光学泵浦以及向上一层能级的非辐射跃迁实现激发。

由于原子的晶格排列，固体激光器可以用白光作为泵浦。这种周期性排列可导致单个原子的高能级能量带。因此,系统的高能级并不像单个原子一样是离散的,而是连续的。

如上所述,Nd:YAG 激光器是四能级系统,具有相对较低激光阈值的优点。在标准操作温度下,Nd:YAG 激光器仅发射最强波长为 1 064 nm 的激光。在弛豫模式下,一旦达到阈值会发生粒子数反转,该阈值取决于激光器腔的设计。这样在闪光灯泵浦脉冲期间可获得许多连续的激光脉冲。通过激光器腔内的质量开关(调 Q),激光器可在触发模式下工作。调 Q 可以改变光学谐振腔的谐振特性。调 Q 模式时,如果使谐振腔在闪光灯周期内最大能量点工作,可以获得非常强的激光脉冲,即巨脉冲。调 Q 开关通常包含偏振器和普克尔盒,将改变依赖于普克尔盒电压的光学谐振腔质量。激光器的调 Q 模式引人注意,且常在 PIV 应用中。虽然调 Q 模式可以使得从一个谐振器产生很多巨脉冲,但 PIV 激光器大多设计为双振荡系统。这样用户可以调整与脉冲强度无关的两次示踪粒子照明之间的间隔时间。调 Q 激光器的光束是线偏振光。对于 PIV 和许多其他应用,1 064 nm 波长是使用特殊的晶体进行倍频获得的(关于 KD * P 晶体细节见 2.3.2 小节)。经过对倍频部分的分离可获得的激光能量约为初始能量的 1/3,其波长为 532 nm。通常在重复模式下驱动 Nd:YAG 激光器。由于激光器腔的光学特性随着温度的变化而变化,仅在标称的重复频率和闪光灯电压下才能获得高质量且恒定的光束。由于热透镜效应,与其他激光器相比质量较差的光束质量会在单脉冲模式下变得更差。这在望远镜谐振腔布置中并不关键,但对于现代谐振腔系统是十分重要的。脉冲式 Nd:YAG 激光器的相干长度通常是几厘米的量级。对于全息采集,需要使用具有较窄光谱带宽的激光器。这通常由部分反射镜将较小的半导体激光导入腔体中来实现,之后由该窄带宽的小种子脉冲建立激光脉冲,将获得 1 m 或 2 m 的相干长度。然而,为了达到该目的,主冷却回路需要十分精准的激光时序和温度控制。

钕-钇锂氟化物激光器(Nd:YLF 激光器,$\lambda = 1\ 053$ nm 和 $\lambda = 526$ nm)也广泛用于 PIV,包括高速 PIV 技术。高速 PIV 技术需要可靠的具有高平均功率的激光源来确保向可见光波长的高效频率转换。对于上述及其他的应用,已经开发了几种二极管泵浦固体激光器的变体,其中 Nd:YLF 激光器可产生最大的脉冲能量和平均功率,且重复率可从单脉冲至约 10 kHz,它们可以在不同的基本波长上运行。PIV 最常用的基本波长是 $\lambda = 1\ 053$ nm,与 Nd:YAG 激光器类似,采用频率倍增器可将其转换为 $\lambda = 526$ nm 的可见光。另一基本波长 $\lambda =$

1 047 nm,可通过旋转谐振腔内的一个偏振片获得。然而,λ = 1 053 nm 波长具有通过钕磷酸盐玻璃实现放大的优势。

2.3.2　PIV 激光器的特点和组件

商业的 Nd:YAG 激光晶体棒长可达 150 mm,直径可达 10 mm。通常从单个振荡器能够产生 400 mJ 或更大的脉冲能量。要达到这种效果,需要配备一个以上的闪光灯和具有平镜面的临界谐振器。使用这些谐振器达到高输出能量的代价是获得的光束截面分布较差,即容易出现热点和不同模式。为了改善光面分布,经常使用反射率随半径变化的输出透镜。然而,即便采用这些镜片,光面分布有时依然很差,在近场为 80% 高斯分布,而在远场为 95% 高斯分布。即使是同一厂商生产的两套激光系统通常也具有不同的光面分布特性,这取决于激光晶体棒属性和激光的校准。由于好的光面分布对于 PIV 应用至关重要(参见第 3 章),因此不能像大多数厂商那样仅用近场远场来确定规格,还要从离激光 2 ~ 10 m 的中场位置确定规格。光束强度分布不仅要与高斯分布匹配,还要基于最小和最大能量,以确保无热点、无空点的强度分布。

图 2.20 给出了激光器四个不同测距处沿片光源厚度测得的强度分布,在实验中产生片光源元件,如图 2.28 所示。强度分布的峰值被调节至接近于每个位置处(1.8 m、3.3 m、4.3 m 和 5.8 m)强度的满标度。可以看出,片光源的厚度随着离激光距离的增大而缓慢增大,在上述测点位置都会出现一个小的次峰,但是在位置 5.8 m 处消失。对于光强分布的波动,在 4.3 m 处波动最小。当评估这些片光源光强分布时,必须要考虑到在 PIV 图像评估过程中的相关计算损失主要受采集过程中片光源强度分布的影响(参见第 3 章)。在大多情况下,次峰中包含的能量将丢失,又因为在侧向上非常小的流动分量将把粒子从明面移至暗面,因而导致示踪粒子仅能被照明一次。对于无明显平面外流速分量的流场,片光源能够更加精确地聚焦,且在平面外方向可以获得更好、更类似于高斯分布的强度分布。

然而,即使在这种条件下,片光源高度方向的强度分布仍强烈依赖于激光束的特性。如果由于照明不充分而使观测区域的数据丢失,那么整个测量结果将会变得不可信。换言之,脉冲能量是片光源照明所需要的一个量度,但绝不是最重要的一个量。

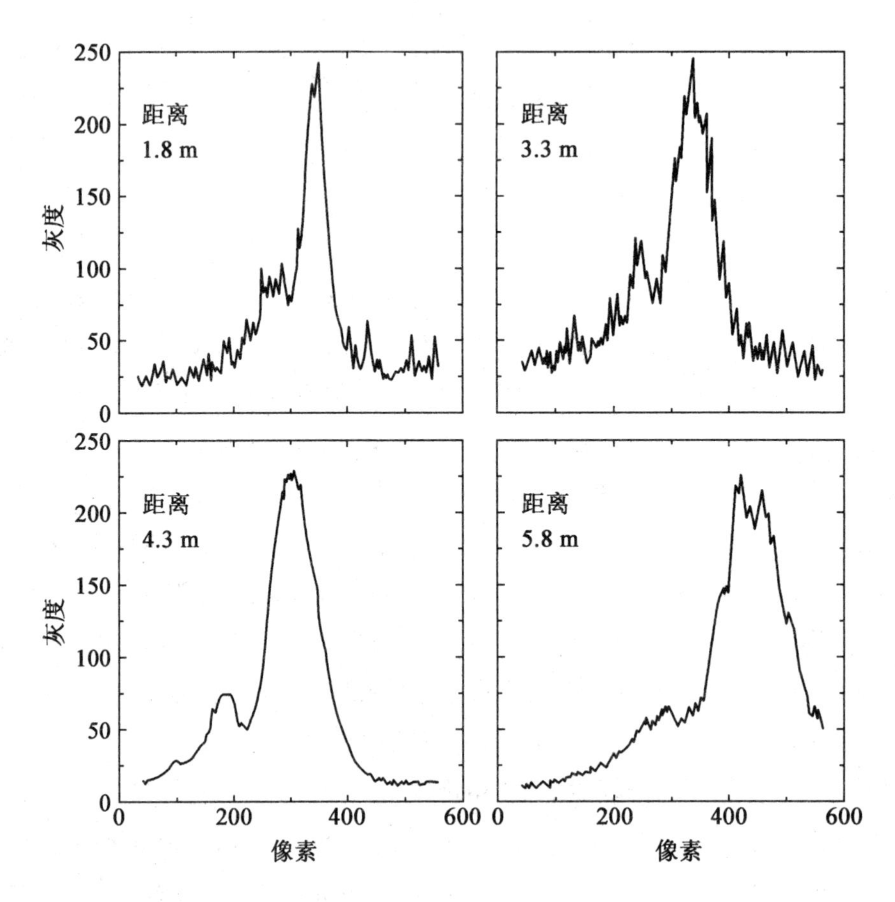

图 2.20　随着离激光距离的增加片光源光强分布的演变

表 2.4 给出了评估双振荡 Nd:YAG 激光器时必须明确的一些关键参数。除非另有说明，该激光系统及其所有的规格都依据 532 nm 波长以及 10 Hz 双脉冲重复率而定。激光器的所有触发信号应是 TTL 兼容的。

表 2.4　现代 Nd:YAG PIV 激光系统的特性与规格

重复率①	10 Hz
每个脉冲的脉冲能量	320 mJ
8 m 处激光输出的圆度②	75%
0.5 m 处激光输出的圆度③	75%
8 m 处激光输出的空间强度分布④	<0.2
0.5 m 处激光输出的空间强度分布④	<0.2

续表 2.4

线宽	1.4 cm^{-1}
8 h 的能量漂移⑤	<5%
能量稳定性⑥	<5%
光束指向稳定性⑦	100 μrad
激光光束共线性偏离度	<0.1 mm/m
激光输出光束直径	9 mm
发散角⑧	0.5 mrad
相邻激光脉冲光束抖动	2 ns
相邻激光脉冲延迟	0 ~ 10 ms
分辨率	5 ps
工作温度	15 ~ 35 ℃
冷却水⑨	10 ~ 25 ℃
电源要求	220 ~ 240 V,50 Hz

①10 Hz 的整数部分,例如 5 Hz、2.5 Hz 等;

②两个正交轴之比(长轴和短轴);

③如果激光光束为椭圆形,两个振荡器的长轴必须平行;

④$\frac{|I_{max}-I_{min}|}{|I_{max}+I_{min}|}$,其中 I 为空间分布的峰值强度,受两个振荡器的半峰直径限制;

⑤环境温度在 18 ℃ < T < 25 ℃下无须重新调整相匹配;

⑥射束到射束,峰到峰,100% 射束;

⑦RMS(均方根),在 2 m 透镜焦平面上 200 交替脉冲;

⑧在峰值 e^{-2} 处 200 束脉冲的全角度,总能量的 85%;

⑨第二回路:10 L/min,压力:1.5 ~ 3 bar

图 2.21 为一个具有望远镜谐振器的双振荡激光系统。它仅提供 2 × 70 mJ 的脉冲能量,但是具有高质量且稳定的束流分布。根据作者的经验,该激光的束流分布可以在超过十年的应用时间内保持稳定。

图 2.22 为一个具有临界谐振器的双振荡激光系统。该系统具有每脉冲 150 ~ 450 mJ 的能量。临界谐振器的缺点已在前文述及。必须一提的是,其光束特性非常依赖于制造商的专门技术以及每个独立激光的调谐。

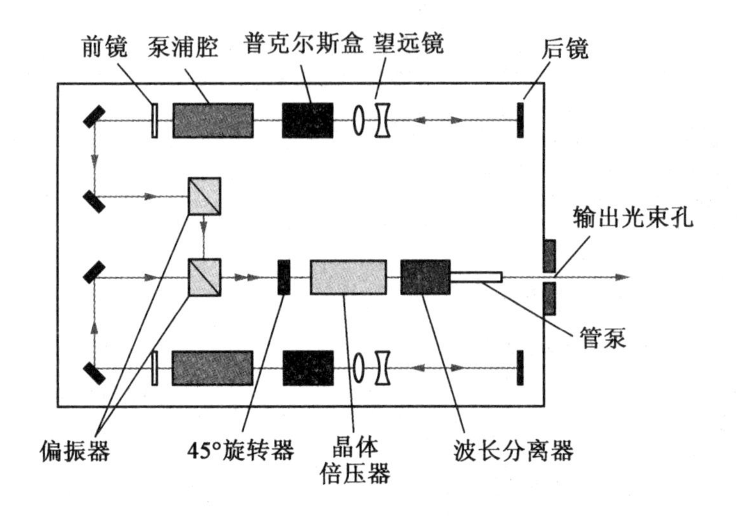

图 2.21　具有望远镜谐振器的双振荡器激光系统

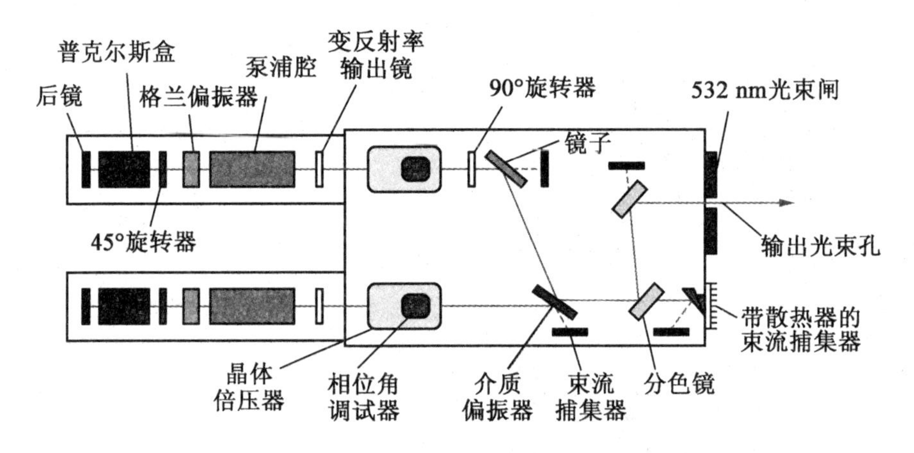

图 2.22　具有临界谐振器的双振荡器激光系统

下面将对基本的 Nd:YAG 和 Nd:YLF 激光器组件进行简短描述。

闪光灯泵浦腔包括激光晶体棒和线性闪光灯,各自连接在相应接口上,并使用 O 形圈密封。这两个组件周围环绕陶瓷反射体,陶瓷反射体为激光棒提供有效的光学泵浦。玻璃过滤片吸收闪光灯的紫外辐射线。闪光灯泵浦 Nd:YAG激光器仍然是传统 PIV 应用中最常用的激光器,在中等脉冲重复率下具有高脉冲能量。另外,半导体泵浦激光比闪光灯泵浦激光系统具有更好的稳定性和更高的可靠性。

半导体泵浦腔主要分为两种,即端面泵浦配置和侧面泵浦配置。端面泵浦配置的优势在于通过将散光半导体激光束重塑成圆对称光束以达到最佳质量。

其劣势在于太复杂，且不容易达到高平均能量输出。侧面泵浦配置的主要优势是简单、可靠和物理耐热性。大多数 PIV 应用的现代高速激光器都包含侧面泵浦设计，因为侧面泵浦能够有效地产生高平均能量以及有效形成 $\lambda=526$ nm 绿光所需的高质量光束。

在大多数情况下，输出镜具有面向腔室的部分反射涂层平面，其相对平面具有防反射涂层。在一些情况下，输出镜具有反射涂层从中心到边缘递减变化的圆弧表面。

背光镜具有朝向腔室的高反射表面。通常，该镜面略微弯曲。

谐振器内部的能量衰减可以用质量因子或 Q 因子来描述。该因子能够通过“Q－开关”进行改变。“Q－开关”通常由一个偏振片、一个温稳型普克尔盒水晶以及一个光路校准棱镜组成。它由高压驱动，通过快速改变谐振条件实现以大脉冲形式释放储存在激光棒中的能量。其工作原理如下：在闪光灯脉冲初始阶段，普克尔盒的双折射效应（取决于电压）使其表现为一个 1/4 波长的波片。穿过偏振片的光产生偏振，在穿过晶体指向反光镜的方向旋转 90°，然后再返回偏振片，因此反射光被偏振片阻挡，故不会产生激光振荡或光放大效应。当储存在激光棒中的能量达到最大值时，普克尔盒电压发生变化且越过光的偏振不再发生变化。此时激光立即开始振荡，存储的能量在几纳秒内以一个脉冲的形式释放。由于普克尔斯盒的双折射效应和温度相关，因此普克尔斯盒通常是温稳型的。

使用腔内望远镜来防止腔内产生高阶模式。这同样能补偿在激光棒中的热透镜效应。

二次谐波发生器（SHG）是一种非线性晶体，用于对 Nd：YAG 激光发射进行倍频。简单来说，它将 1 064 nm 波长的红外光转变为 532 nm 波长的可见绿光。倍频过程仅发生在定向晶体上，从而泵浦光束的传播方向和晶体轴呈一个特定角度，该条件被称为相位匹配。因此，晶体通常可以由用户进行角度调整，因为折射率及相应的相位匹配随温度的变化而变化，所以晶体必须是温稳型才能确保稳定的转换效率。由于大部分使用的晶体都具有吸湿性，因此要保持对晶体的持续加热以保护其表面不受湿度影响。最常用的晶体被称为 KD * P。其通常分为两种不同的类型（类型Ⅰ或类型Ⅱ），且必须根据激光的最终配置进行选择。对于Ⅰ类晶体，入射激光必须为线性，典型的为垂直或者水平的偏振光。倍频光将出现偏振，且偏振方向和泵浦辐射正交。这种用于 PIV 激光系统的倍频器具有两个偏振方向，如图 2.22 所示。为了产生相同偏振的绿光，通常使用Ⅱ类晶体。因此，红外激光必须具有两个偏振分量。第二个谐波器将有一个偏振方向和晶体决定的两个原始分量之一相平行。为了提供入射光的两个分量,使用偏振旋转器将线性偏振转换 45°。

偏振旋转器是可以连续旋转线性偏振光的偏振角的晶体(偏振光在其中传播),其旋转率取决于材料、厚度及波长。Ⅱ类倍频晶体通常采用 45°旋转器,当使用两个相同方向的振荡器时,通常在光束聚合镜前使用一个 90°旋转器(图 2.22)。

棱镜谐波分离器通过偏转到能量阱的方式来分离二次谐波。一般提供两个能量阱,一个用于基波,一个用于三次谐波。这些分离器用在只有一个偏振方向的场合时效率最高,因为对于一个偏振,棱镜表面的反射损失较低(图 2.21)。

分色镜对于给定的波长具有最大的反射率。基波以及任何多余的谐波通过该分色镜均会被导入额外的能量阱。

图 2.23 所示为一种现代高速 PIV 激光系统的复杂光路,在该设计中两束红外光束相结合。某领头的 PIV 激光生产商正在以此申请专利,该设计中提供了一种有效机制,即腔内倍频。其工作原理为:两个红外光束均由涂有涂层的输出镜反射,该输出镜反射红外光同时传播绿激光。两束红外光束均通过同一输出镜反射回二次谐波发生器(SHG)。两束光穿过二次谐波发生器,随后通过一个背光镜反射再次穿过二次谐波发生器,然后通过输出镜从激光头输出。光束在复合式谐振器中进行复合,因此,光束总是共线的。该倍频机制具有从红外光到绿光的高转化率。两个分离腔室在给定同一谐振器长度下能产生具有相同脉冲宽度的两束脉冲。

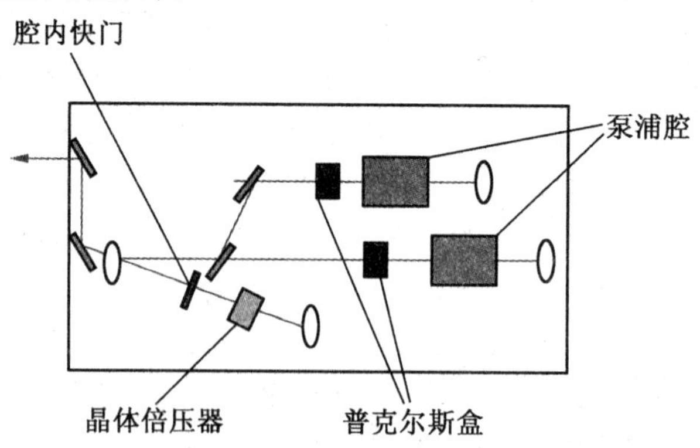

图 2.23　具有腔内倍频器的双振荡高速 PIV 激光系统

表 2.5 给出了高速 Nd:YLF PIV 激光系统的特性和规格。脉冲宽度和脉冲能量随着选定的重复率而变化。典型的脉冲能量值和脉冲宽度分布分别如

图2.24和图2.25所示。

表2.5　高速Nd:YLF PIV激光系统的特性与规格

重复率①	0.01～10 kHz
双脉冲中每个脉冲能量	15～3 mJ
4 m处激光输出的圆度②	75%
0.5 m处激光输出的圆度③	75%
4 m处激光输出的空间强度分布④	<0.2
0.5 m处激光输出的空间强度分布④	<0.2
1 kHz时的脉冲宽度	<180 ns
8 h的能量漂移	<5%
能量稳定性⑤	<1%
激光光束共线性偏离度	<0.1 mm/m
激光输出光束直径	2 mm
发散角⑥	<3 mrad
空间模式	多模式，M^2<6
冷却水	10～25 ℃

①每个腔室的重复率；

②两个正交轴之比(长轴和短轴)；

③如果激光光束为椭圆形，则两个振荡器的长轴必须平行；

④$\frac{|I_{max}-I_{min}|}{|I_{max}+I_{min}|}$，其中$I$为空间分布的峰值强度，受两个振荡器的半峰直径限制；

⑤RMS，预热10 min后，在2 kHz频率下；

⑥在峰值e^{-2}处200脉冲对的全角度，为总能量的85%

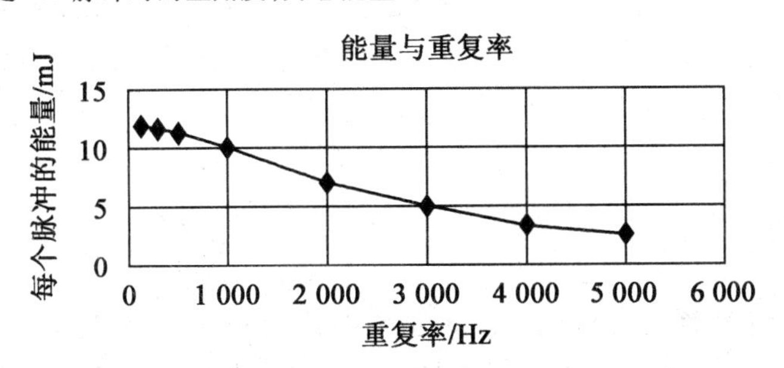

图2.24　现代双振荡高速PIV激光系统的脉冲能量与重复率的关系

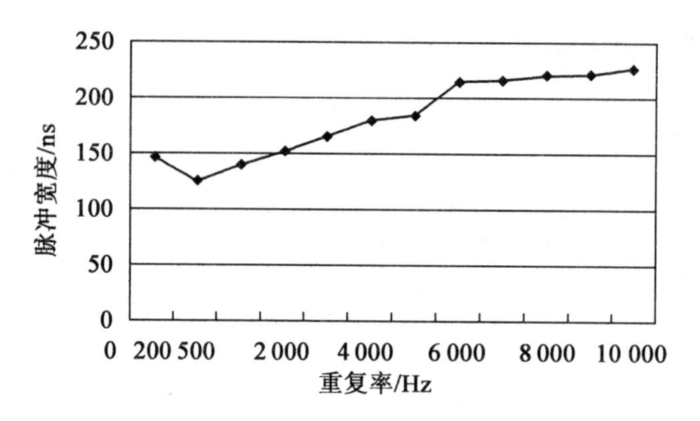

图 2.25　现代双振荡高速 PIV 激光系统的脉冲宽度与重复率的关系

2.3.3　白光源

虽然大部分 PIV 研究均使用激光片光源，但在一些情况下也会使用白光源。因为这些光源的有限扩展性以及白光源无法像单色光一样平行，显然它们具有自身的局限性。另外，由于具有类似的光谱灵敏度，像氙灯等光源的光谱输出适合 CCD 相机。该系统可以市售获得，且容易触发，并能够提供和视频速率相匹配的重复率。两个闪光灯能够通过光纤束相连以实现很短的脉冲间隔时间。如果光纤的输出是共线的，则可大大简化片光源的生成。除了成本较低，这些白光源的主要优势是其应用不会受到激光安全规则的限制。

2.4　片光源光学元件

本节将介绍对粒子照明的片光源光学元件。这里介绍在各种实验中使用的三种不同的透镜配置，而片光源强度分布的计算规则未在此处给出，因为对于给定镜片配置来说几何光学规则已经足够。这些规则无须特别说明，并可在任何一本关于光学的书中找到[11]。另外，更加复杂的基于高斯光学的计算通常需要某些假设，并且仅用于一些特殊情况。计算机程序能够用来预测更多的参数，如理论（几何）厚度为零的光束腰处光片厚度，这些内容不在本书讨论范围内。

用于光束传播的光纤可以改善系统的控制，或镜像系统不可行的实验情况。对于连续（CW）激光有多种系统可用，对其使用方法可参照生产商说明。因为脉冲激光和白光源仅仅限制了光重复率，可以使用光纤束对两种光源进行整合,以得到更短的脉冲间隔时间。新技术的发展已经实现每个脉冲传递超过10 mJ 的能量,并且仍在提升中[374]。尽管如此,使用光纤总会产生一定光强损失。

使用关节镜臂可以传输更高的脉冲能量,并允许激光照明控制和光束封装。这种光束传输的方法,在由于空间限制或危险因素而需要使激光远离实验的场合中尤为有效。紧凑型片光源光学元件的使用产生了能够安全传递高能激光脉冲的通用和独立照明系统。在大部分情况下,允许以六种自由度穿过片光源。

产生片光源的关键组件为柱状透镜。当使用光束直径和发散度足够小的激光,如氩离子激光时,一个柱状透镜足够产生合适形状的片光源。对于其他光源,如 Nd:YAG 激光,通常需要不同的透镜组合以产生高强度薄片光源,需要最少使用一个额外的透镜将光线聚焦到合适的厚度。该配置如图 2.26 所示,为了生成恒定高度的片光源,增加了第三个柱状透镜。

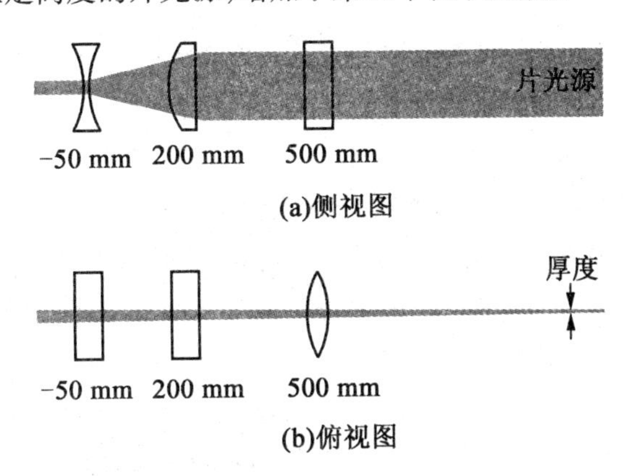

图 2.26　使用三个柱面透镜的片光源光学元件(其中之一具有负焦距)

上述布置中,先使用发散透镜是为了避免形成聚焦线。高能脉冲激光必须避免聚焦,否则靠近焦点的空气将会被电离。聚焦线通常不会电离空气,但是如果未覆盖或清空焦线附近的区域,粉尘颗粒可能被燃烧。两种情况都会产生声辐射,从而导致光束特性发生明显的改变。对于图 2.26 中的片光源,最小厚度的位置由光源的射束发散度及右侧柱状透镜的焦距决定,例如,图 2.26 中距离最后一个镜片 500 mm 处。

将一个柱状透镜与两个望远镜片相结合,使得该系统具有更强的通用性。使用球面透镜的片光源,因为更容易生产这种透镜,并且特别适用于需要短焦距的情况。图 2.27 所示的片光源高度主要由中间柱状透镜的焦距决定。也可以使用负焦距的发散透镜，因为焦线具有相对大的延伸，所以该配置也能用于脉冲激光。然而，片状光源的高度只能通过柱状透镜的改变来调节，而通过移动球面透镜的相对位置即可实现厚度调整。

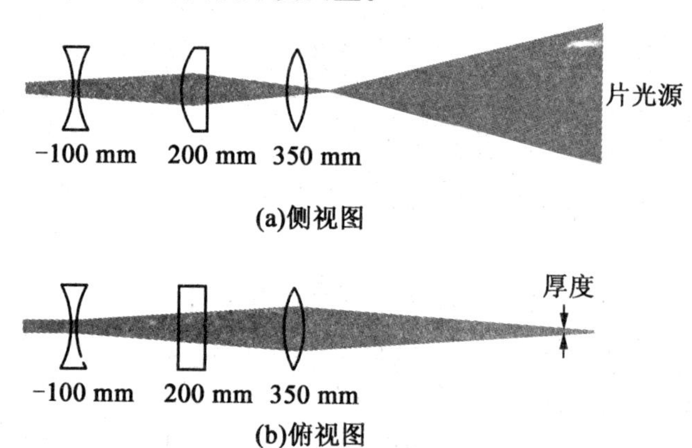

图 2.27　使用两个球面透镜（其中一个为负焦距）和一个柱状透镜的片光源光学元件

使用球面透镜通常无法独立地改变片光源的高度和厚度。可通过图 2.28 所示的光学配置来改变高度和厚度。此外，该设置还能够在每个位置产生比光束直径窄的片光源。因此可以在靠近最后一个透镜的位置生成很薄的片光源。这样厚度能够保持恒定且较小，但是这些配置中每单位面积的能量非常高。因此，必须遮住焦线附近的关键区域以防止粉尘或示踪颗粒反射。使用发散柱状透镜能够解决这些问题，但图 2.28 中的组合具有从透镜前方到观测区域之间的特定位置对光束剖面进行成像的优势，且能保持性质恒定。

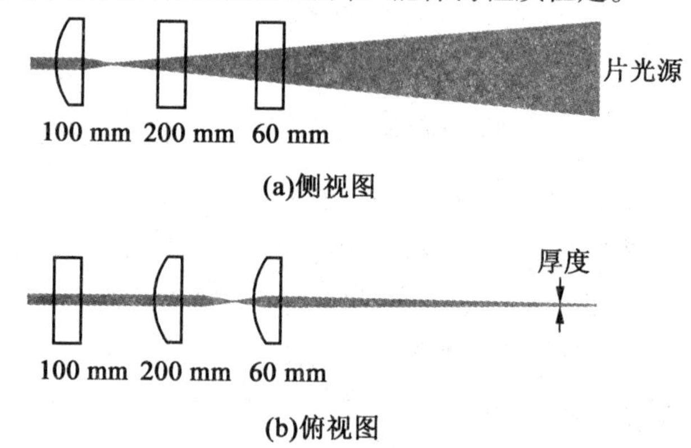

图 2.28　使用三个圆柱透镜的片光源光学元件

对于这些镜片组合，可以使用简单的几何计算来决定激光束从何位置成像，并且如果已知激光束剖面的状态，就可以对片光源强度分布进行优化。对于具有临界光束剖面的激光，可以提高有效数据的输出，因为片光源强度分布，特别是平面外方向，对测量质量是至关重要的（参见第3章）。在图2.20中，由类似图2.28中的透镜配置所产生的片光源剖面变化过程为至激光距离的函数。

下面给出一些通用规则。未涂层的透镜表面在空气中具有微小反射率 $[(n-1)/(n+1)]^2$。因为该值为普通透镜的4%左右，因此由反射产生的损失通常是可接受的。但是这些反射如果聚焦到其他光学组件上，就可能会产生损坏。在大部分情况下，可以使用图2.29中的向右透镜导向来避免上述问题。

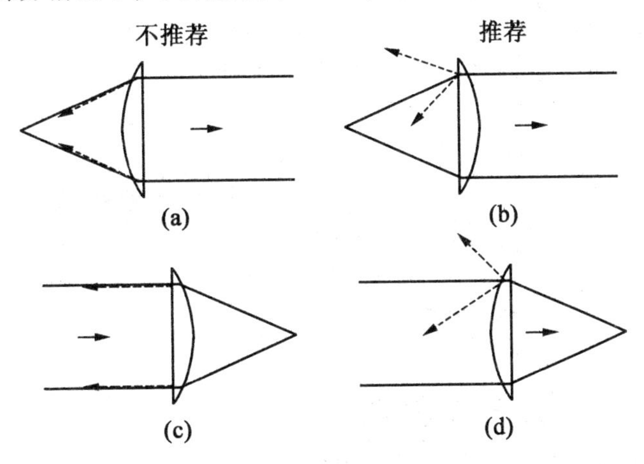

图2.29　片光源光学元件内透镜方向的一般考虑

另外，可以使用图2.29(c)和(d)中的方法使畸变最小化。对于其他情况，可以通过轻微倾斜透镜以防止对其他透镜或激光的反射，甚至反射至共振器中。

2.5　流动的体照明

尽管大部分传统的PIV测量采用片光源照明，但是对于微流动照明来说该光源并不实用，因为在形成片光源的光学元件中缺乏沿明显衍射的光通路。因此，流动必须使用体照明，这样对示踪颗粒可视化就有两种方法选择：使用景深超过测量流动深度的光学系统或者使用景深度小于测量流动深度的光学系统。两种技术均用于多种μPIV的应用。Cummings[281]使用一种大景深成像系统来研究动电流动及压力驱动流动。这种大景深光学系统的优势在于在光学视场内的所有示踪粒子均被良好聚焦，且均对相关函数具有相当的贡献。该方案的劣势在于丢失了每个颗粒的深度信息，从而导致最后的速度场是对深度方向完全平均而获得的。例如在压力驱动流中，速度剖面应该随深度呈抛物线分布，通道中间的高速运动粒子及通道壁面附近的低速流动粒子将被同时聚焦，测量得到的流速是所有成像粒子的加权平均速度。Cummings[281]针对此问题提出了一种先进的处理技术，但不在此进行讨论。

第二种方法是选择景深比流域深度小的成像系统，如图2.30所示。这种光学系统将很锐利地聚焦于成像系统中景深为δ的粒子，而不会聚焦其他粒子，这将或多或少地降低背景噪声。由于光学系统可用于定义测量域的厚度，准确确定景深或相关景深z_{corr}是非常重要的。景深和相关景深的区别是一个重要但很微妙的问题，所谓景深，就是某点光源偏移焦平面但仍然可以获得清晰聚焦图像的距离，而相关景深指的是粒子距离焦平面多远才能明显地影响相关函数。相关景深能够通过小粒子成像的基本原理计算得到[300,408]。

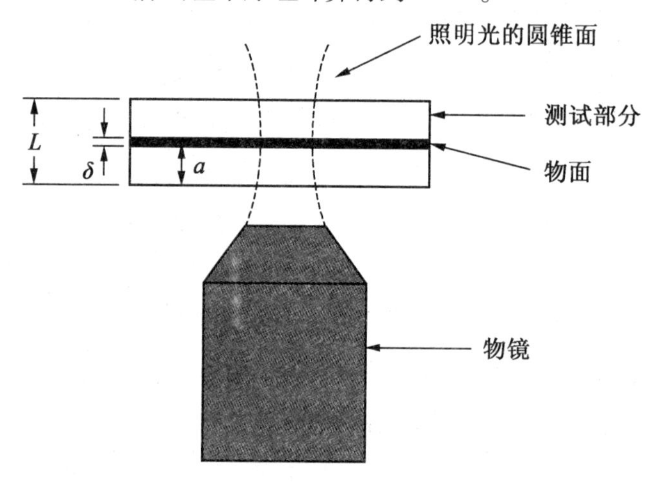

图2.30　PIV体照明的几何图图示(由物镜出射光照明流体中的粒子，即向上照明)

2.6　小粒子成像

2.6.1　衍射极限成像

本节将介绍衍射极限成像，衍射极限成像对光学仪器有现实意义，对PIV采集而言也尤为重要。下面将仅考虑一维函数对成像进行说明。

如果平面光波撞击一个包含圆孔的不透明面，在远处的观察屏幕将产生远场衍射图。通过使用透镜,例如相机中的物镜,这种远场图案能够在靠近圆孔的图像传感器上无差别成像。但是就算通过完美的无像差透镜成像[11],远处点光源(例如片光源中的小散射粒子)也不会在像平面上呈现一个点,而是会形成一个夫琅禾费衍射图案(Fraunhofer diffraction pattern)。在低曝光下将会形成圆形图案,也称为艾里斑(Airy disk),在很高曝光下能够观察到周围的艾里环(Airy rings)。

通过使用远场近似(夫琅禾费近似)方法,可以看出艾里图案的强度表示孔透射率分布的傅里叶变换[10,18]。考虑傅里叶变换的扩展定理,大孔径对应于小艾里斑,而且小孔径对应于大艾里斑,如图2.31所示。

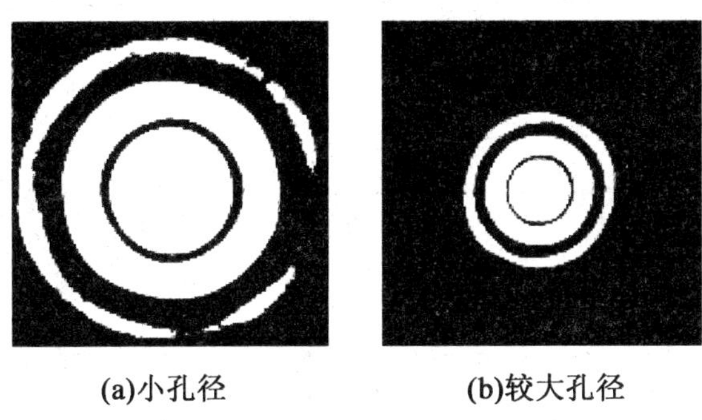

图2.31 小孔径和较大孔径的艾里图案

艾里函数为一阶贝塞尔函数(Bessel function)的平方。因此,表示艾里斑延伸的第一个暗环与图2.32中一阶贝塞尔函数的第一个0相对应。艾里函数表示无像差透镜的脉冲响应,即所谓的点扩散函数。接下来将确定艾里斑的直径 d_{diff},因为其表示了某给定的成像设置所能获得的最小粒子图像。

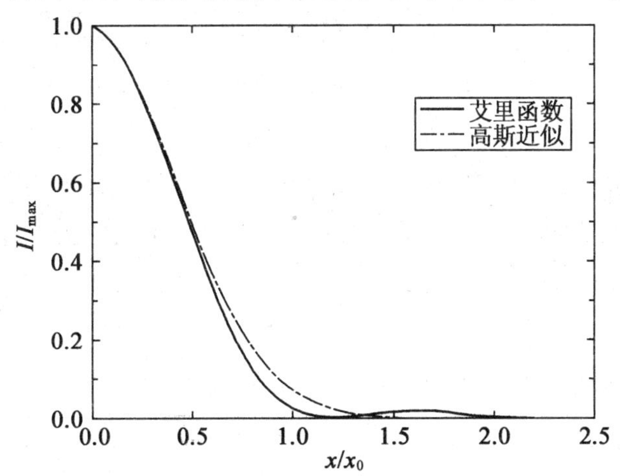

图2.32 艾里图案的归一化强度分布及其与高斯钟形曲线的近似

在图 2.32 中，对于给定的孔直径 D_a 以及波长 λ 可以得到艾里环的半径：

$$\frac{I(x)}{I_{\max}}=0\Rightarrow\frac{d_{\text{diff}}}{2x_0}=1.22,\quad x_0=\frac{\lambda}{D_a}$$

如果考虑物体在空气介质中成像，即成像透镜两侧为空气介质，则焦点判断（图 2.33）公式为

$$\frac{1}{z_0}+\frac{1}{Z_0}=\frac{1}{f} \tag{2.6}$$

式中，z_0 为成像平面到透镜的距离；Z_0 为透镜到物平面的距离。z_0 和 Z_0 构成了放大因子，即

$$M=\frac{z_0}{Z_0}$$

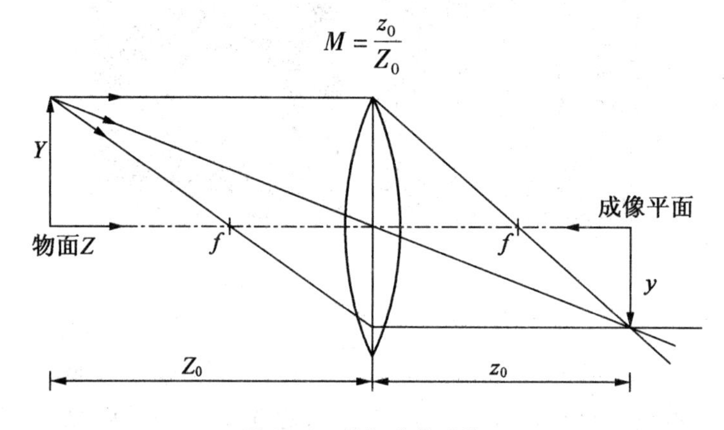

图 2.33　几何成像重构

用于计算衍射极限最小成像直径的公式为

$$d_{\text{diff}}=2.44f_{\#}(M+1)\lambda \tag{2.7}$$

式中，$f_{\#}$是f数，为焦距f与孔直径 D_a 的比值[10]。在 PIV 中，最小图像直径 d_{diff} 仅可在小放大倍数下拍摄大约几微米量级的小粒子时得到。对于大粒子和/或更大的放大倍数，几何成像的影响将越来越重要。通过点扩散函数和粒子几何成像的卷积可得到有限直径粒子的成像。如果忽略透镜像差，那么可以用艾里函数近似计算点扩散函数。用于估算粒子成像直径的公式为[53]

$$d_{\tau}=\sqrt{(Md_p)^2+d_{\text{diff}}^2} \tag{2.8}$$

该公式受控于衍射效应，且当粒子几何成像尺寸 Md_p 远小于 d_{diff}时，其值为常量 d_{diff}；而当几何成像尺寸 Md_p 明显大于 d_{diff}时，它由几何成像尺寸决定，即 $d_{\tau}\approx Md_p$。

在实际应用中，点扩散函数通常可用标准高斯曲线来近似，如图 2.32 所

示。其定义为

$$\frac{I(x)}{I_{\max}} = \exp\left(\frac{x^2}{2\sigma^2}\right) \tag{2.9}$$

其中,为了逼近衍射极限成像,σ 必须设定为 $\sigma = \frac{f_{\#}(M+1)\lambda\sqrt{2}}{\pi}$。这种近似非常有效,因为它大幅简化了调制传递函数求导过程中的数学运算,同样也包括了后面讨论的成像透镜中其他类型的像差。

在实际应用中,优化粒子图像直径有两个重要的理由:

(1)对 PIV 评估的分析说明速度测量的误差强烈依赖于粒子图像直径(见5.5.2小节)。对于大部分实际情况,可通过将图像直径 d_{τ} 及定位图像面心或相关峰面心最小化来降低该误差。

(2)清晰、小的粒子图像对获得高粒子图像强度 $I_{\max}$ 非常重要,因为对于相同的示踪粒子散射的光能量,单位面积上的光能量和图像面积的平方成反比变化($I_{\max} \sim \frac{1}{d_{\tau}^2}$)。这个事实同样解释了为什么提升粒子直径并不总是能补偿激光能量的不足。

式(2.8)说明当粒子直径远大于散射光波长($d_{\tau} \gg \lambda$)时,衍射极限变得不再重要,并且粒子图像直径随着粒子直径的增大而近似线性增大。因为在粒子直径大于波长的情况下(Mie 氏理论),散射光的平均能量与 $\left(\frac{d_{\mathrm{p}}}{\lambda}\right)^2$ 成正比,图像强度与粒子直径无关,因为散射光和图像面积与 d_{p}^2 成正比。

正如图2.34所示,物平面的一点仅在相空间的某确定位置生成清晰、锐利的图像,其中经由透镜不同部分传输的光线相交汇聚,该相交点,即最佳的聚焦位置可通过式(2.6)计算。如果透镜和图像传感器之间的距离调节不正确,几何成像将会模糊,其直径同样由几何光学计算。由透镜未对齐造成的图像模糊不取决于衍射或者透镜像差。然而,由衍射得到的最小图像直径 d_{diff} 也常作为几何成像的可接受直径(图2.34中的 Δd_{g})。因此,可通过式(2.8)获得粒子图像直径来估算景深 δ_Z[28],其公式为

$$\delta_Z = \frac{2f_{\#}d_{\mathrm{diff}}(M+1)}{M^2} \tag{2.10}$$

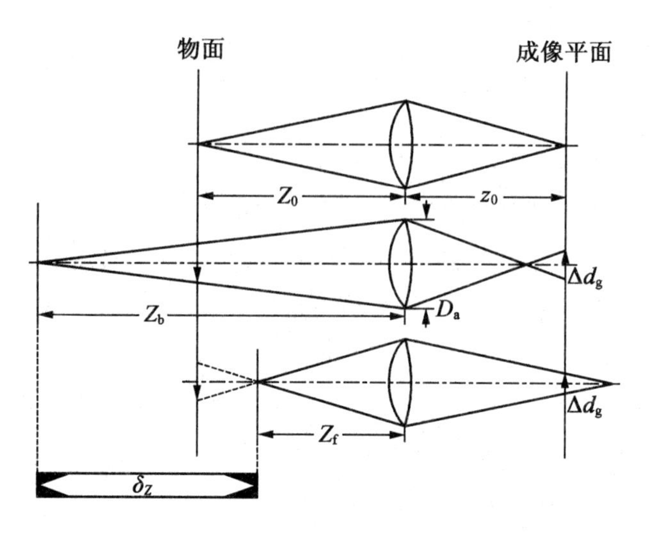

图 2.34 失焦成像

小粒子（$d_p \approx 1\ \mu m$）衍射极限成像的一些理论值见表 2.6（使用波长 $\lambda = 532$ nm 和放大倍数 $M = \frac{1}{4}$ 计算）。可以看出，为了从光面中的每个粒子获取足够的光强，进而产生惊喜的粒子图像，需要较大的数值孔径，其原因如图 2.31 所示，衍射图案的尺寸随孔直径的增大而减小。但是大的孔径会产生小的焦深，这在小示踪粒子成像中是个大问题。由于透镜像差随着孔径增大而变得越来越重要，这部分将在下文进行介绍。

表 2.6 小粒子衍射极限成像的一些理论值（$\lambda = 532$ nm, $M = \frac{1}{4}$, $d_p = 1\ \mu m$）

$f_\# = \frac{f}{D_a}$	$d_\tau / \mu m$	$\delta_Z / \mu m$
2.8	4.7	0.5
4.0	6.6	1.1
5.6	9.1	2.0
8.0	13.0	4.2
11	17.8	7.8
16	26.0	16.6
22	35.7	31.4

2.6.2 透镜像差

类比线性系统分析，光学系统的性能可用其脉冲响应（点扩散函数）或最高空间频率（以足够的对比度来传递）来描述。该上限频率，即分辨率极限，可以通过脉冲响应的特征宽度的倒数计算。根据该原理，物理尺寸是长度的倒数，通常描述为每毫米内可解的线对数量（lps/mm）。传统衡量透镜质量的方法是根据瑞利判据评估分辨率极限：当一个艾里斑的中心与其他点源的艾里斑的第一级暗环相重合时，则刚好能分辨出两个点源。这意味着理论分辨率极限 ρ_m 是艾里斑直径的倒数[11]：

$$\rho_m = \frac{1}{d_{diff}} = \frac{1}{1.22 f_\# (M+1)\lambda} \tag{2.11}$$

另外一个评估光学系统性能的实用参数为对比度或图像调制，其定义为

$$Mod = \frac{I_{max} - I_{min}}{I_{max} + I_{min}} \tag{2.12}$$

对于不同空间频率，图像调制比值 Mod 的测量导出了调制传输函数（MTF）。调制传输函数已经成为衡量透镜系统和感光胶片性能的普遍方法。

在实际应用中，调制传输函数可以由点扩散函数的反傅里叶转换近似得到。式(2.9)给出的高斯近似极大地简化了这个转换过程，如图2.32所示。下面仅考虑一维函数对成像过程进行简化说明。一维高斯函数的傅里叶变换FT如下：

$$\sigma\sqrt{2\pi}\exp(-2\pi^2\sigma^2 r^2) \Leftrightarrow \frac{1}{\sigma\sqrt{2\pi}}\exp\left(-\frac{x^2}{2\sigma}\right) \tag{2.13}$$

式中，σ 为高斯曲线的宽度；r 为空间频率变量。

图2.35为图像调制随空间频率变化曲线，给出了无球形畸变的假想透镜系统的三个孔径情况，该曲线由艾里函数的高斯近似再经过逆傅里叶变换得到。如表2.6所示，最小的图像直径随 f 数的减小而减小。因此，仅能在较小的 f 数条件下获得高空间频率，而对于给定的空间频率 r，较小的 f 数能够获得比较大的 f 数更好的分辨率。尽管这些曲线的形状仅和实际透镜系统的MTF形状近似，但仍可定性地看出其趋势行为。

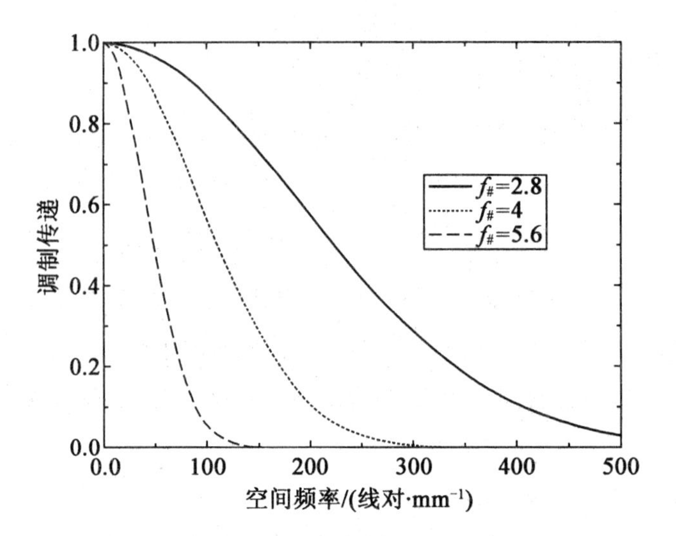

图 2.35　三种不同 f 数下无球面像差的假想透镜系统中图像调制与空间频率变化关系(高斯近似)

然而,考虑到透镜像差会造成 MTFs 的明显改变,尤其是在使用较小的 f 数的情况。图 2.36 给出了一个高质量的 100 mm 透镜的测量值和在最高频率下对测量数据的高斯曲线拟合。这些调制传输的值通常以透镜系统对应不同 f 数和放大倍数的数据表给出,也可通过图像调制和图像高度相关曲线进行估测。根据经验,这些值可以大致估计期望图像的直径,而不用考虑它们最初是使用白光进行测定而要计入色差的事实(对于单色激光则无须考虑该因素)。根据之前的讨论,假设可以使用正态图像强度分布 $\frac{I(x)}{I_{\max}}$ 的高斯近似的逆傅里叶转换来描述 MTF,其归一化形式为

$$\widetilde{M}_{\mathrm{TF}}=\exp(-2\pi^2\sigma^2r^2) \tag{2.14}$$

考虑空间频率($r'\approx d_\tau$)的特征值 r' 以及相应的 MTF 值 $\widetilde{M}_{\mathrm{TF}}$,可以用式(2.9)计算 σ,并获得该点的 MTF 函数(例如:图 2.36 中在 $r'=40$ 线对/mm 处 $\widetilde{M}_{\mathrm{TF}}(r')=0.55$):

$$\sigma=\sqrt{-\frac{\ln[\widetilde{M}_{\mathrm{TF}}(r')]}{2\pi^2r'^2}} \tag{2.15}$$

现在可以使用式(2.9)来近似图像的正态强度分布。相对于贝塞尔函数,高斯近似没有零点交叉(图 2.32),因此无法通过在第一个零点取 x 值的方法来得到图像直径,这就需要引入某种阈值。在胶片 PIV 中,该阈值表示采集和

接触复印中使用的胶片材料的非线性行为的开始。而为了减少胶片灰雾及后续光学评估的背景噪声,通常使用两步摄影过程。在数字 PIV 中,基于电子背景噪声,常使用一个确定的阈值。下面假设图像强度值后 20% 无法用于评估。该假设和式(2.9)一起可获得如下的圆形物体成像半径公式:

$$x' = \sqrt{-2\sigma^2 \ln 0.2} \tag{2.16}$$

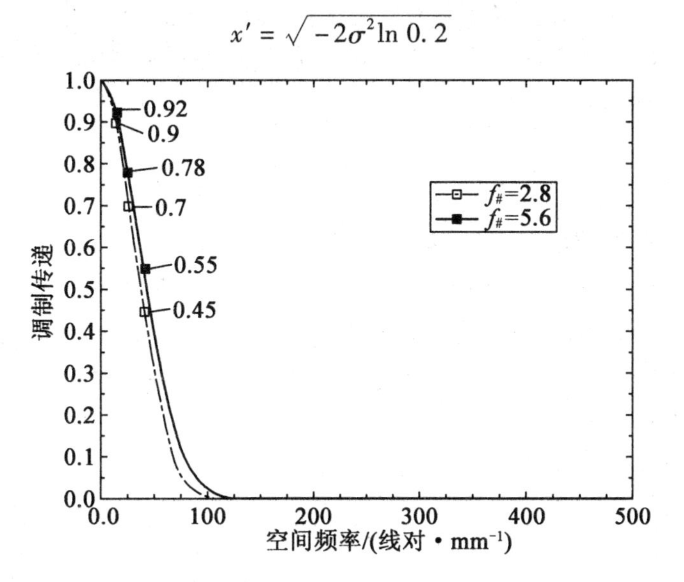

图 2.36　两个不同 f 数下对三种空间频率的高品质 100 mm 透镜调制传输数据以及在最高频率下对测量数据的高斯拟合

将式(2.15)代入式(2.16)可获得圆形物体对应的图像直径 d' 的近似值,含扩展项 $(2r')^{-1}$:

$$d' \approx 0.8\sqrt{-\frac{\ln[\widetilde{M}_{\mathrm{TF}}(r')]}{r'^2}} \tag{2.17}$$

对于更小物体的图像直径估算,可采用类似式(2.8)得到

$$d_\tau \approx \sqrt{-0.64\,\frac{\ln[\widetilde{M}_{\mathrm{TF}}(r')]}{r'^2} - \left(\frac{M}{2r'}\right)^2} \tag{2.18}$$

MTF 的定义是用来描述光学系统性能的实用方法。因为潜在的光学过程要复杂得多,若考虑相关的相移,则该表达会更加完整。但是,光学系统中的相移仅在离轴布置时发生,且没有 MTF 重要[11]。

对于许多实际应用,复杂光学系统的 MTF 可以简单地假设为各个独立组件的 MTF 之积。对于图像采集,在一个给定空间频率 r' 下胶片 MTF 值(图 2.45)必须乘以同样空间频率下的透镜 MTF 值,对于给定采集条件,式(2.18)

可用来估算图像的直径。实际经验表明，即使在苛刻的图像记录下，高灵敏度(3200ASA)胶片的分辨率也可用作高质量的 PIV 测量[60]。由式(2.18)估算的图像直径大约为 20 μm($M=\frac{1}{4}$,$f_{\#}=2.8$)，且和实验中得到的图像直径符合很好。然而，图像传感器记录的图像仍无法由这些模型充分描述，为了完整描述这些重要因素，对于基于像素常规排列的采样及其对 PIV 评估的影响，必须用不同的方法进行建模。

2.6.3 透视投影

为了清楚地解释垂直于片光源的速度分量对坐标系 x、y、z 中图像点位置的影响(图 2.37)，必须考虑通过透镜的成像。假设计算为理想成像条件，非理想透镜造成的图像畸变可通过扩展模型来考虑，但扩展模型不在本书讨论范围内(可见文献[9])。透视投影既可通过常规方式定义齐次坐标系统来建模，也可通过三角函数简单建模(图 2.37)。

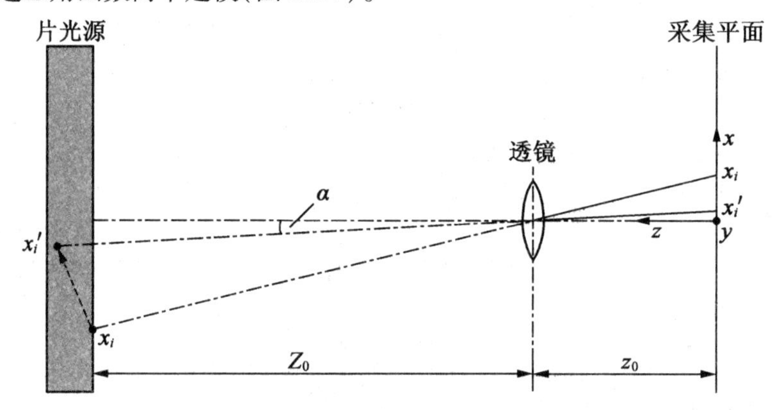

图 2.37 片光源内粒子在记录平面上的成像

定义 D 为激光脉冲间隔内的粒子位移(D_x、D_y、D_z)。根据位于 x_i 和 x_i'的粒子成像，可以得到采集平面上图像点位置间的关系：

$$\tan(\alpha)=\frac{x_i'}{z_0} \tag{2.19}$$

给定粒子位移 D，图像位移 $d=x_i'-x_i$ 可以通过以下公式获得：

$$x_i'-x_i=-M\left(D_X+D_Z\frac{x_i'}{z_0}\right) \tag{2.20}$$

$$y_i'-y_i=-M\left(D_Y+D_Z\frac{y_i'}{z_0}\right) \tag{2.21}$$

假设仅在 X 和 Y 方向存在粒子位移($D_Z \approx 0$),则可以极大地简化式(2.20)和式(2.21)。然后,将图像位移乘以"$-M$"可得到平面内粒子位移。在这个特例中,速度测量的唯一不确定因素为在计算图像位移和几何参数时的不确定性。然而在实际例子中,流场绝不会在整个观测区域保持严格的二维流动。此外,对于传统 PIV,最初用于测量流场时,是仅针对平面外速度分量较弱的情况开发的,但近十年 PIV 已经能够测量高度三维的流场。从式(2.20)和式(2.21)可以看出,Z 方向的位移会影响粒子图像的位移,特别是在观测场边缘处[62,66] x_i'和 y_i'的数值较大时。由于无法将该作用从平面内分量分离出来,因此该作用会引入平面内速度分量的不确定性。如果假设 PIV 在较大视角下仅测量平面内分量,该不确定性将转化为系统误差。对理想三维流场测量的简单分析表明,系统测量误差可达到平均流速的 15% 以上。

2.6.4　透视误差

以下讨论基于流动具有强平面外分量的假设。为了定性和定量地说明透视投影的影响,举例如下:假设存在一个有势涡流,类似于自然流动中的旋涡(风暴)和技术设备(旋风分离器)中流动。在等能量流的情况下,利用伯努利方程,速度分量 V 和 W 有

$$\sqrt{V^2 + W^2} = \frac{|U_{\max}|\tilde{X}}{\sqrt{X^2 + Y^2}}$$

式中,$U_{\max}$为涡流的最大速度;$\tilde{X}$ 为发生点至涡流轴的距离。

流动观察平面的 X 轴平行于涡流轴,且位于涡核之外,如图 2.38 所示。V 和 W 分量可以通过以上公式进行计算,而速度 U 分量假设具有点$(0,0,\Delta Z)$处其他速度分量大小的 20%。这样各个速度分量如下,即为 X、Y、Z 的函数:

$$U = |U_{\max}|\frac{1}{0.2\sqrt{2}}$$

$$V = -|U_{\max}|\cos\left[\arctan\left(\frac{Y}{\Delta Y}\right) + \alpha_0\right]\frac{\Delta Y}{\sqrt{\Delta Y^2 + Y^2}}$$

$$W = -|U_{\max}|\sin\left[\arctan\left(\frac{Y}{\Delta Y}\right) + \alpha_0\right]\frac{\Delta Y}{\sqrt{\Delta Y^2 + Y^2}}$$

在下面 PIV 采集过程的数值模拟中假设 $\alpha_0 = \frac{\pi}{4}$,这样观察区域左上方 $V = 0$,左下方 $W = 0$。图 2.39 中绘制了速度场 U 和 V 速度分量,这通常由 PIV 测量得到。然而,因为 PIV 要确定三维速度的透视投影,所以下面将介绍测量速度

分量的含义。

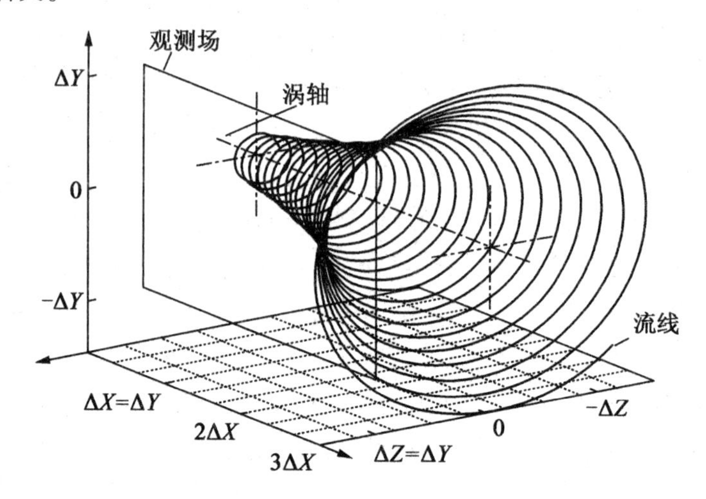

图 2.38　有势涡流的坐标系统、观测区域及流线

（仅给出 $\alpha_0 < \frac{\pi}{4}$ 以更好显示）的三维示意图

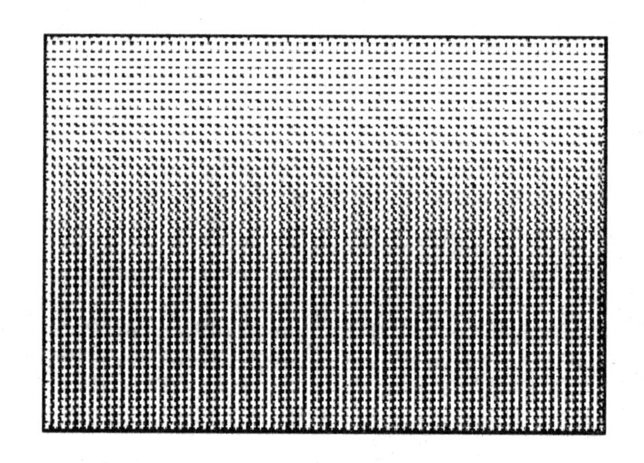

图 2.39　图 2.38 观测区域中的模拟有势涡流的 U 和 V 速度矢量图

图2.40 为由 PIV 测量的三维速度矢量在 XY 平面的分量，由以上的转换算法计算得到。该计算基于以下参数：放大倍数 $M = \frac{1}{4}$、相片尺寸 35 mm × 24 mm和物镜焦距 $f = 60$ mm，这些参数对于许多实际应用有实际意义。在理想条件下，实际 U、V 数据和计算的“PIV 采集”数据存在平均流速 16.6% 的偏差。为了得到准确数据，该偏离值显然只能被评估为明显的误差，但是其系统影响并不会在考察流动中的结构时妨碍对瞬时流场的研究，因此时应为随机误差。为了说明此情况，具有随机角度分布的同样大小的误差叠加在了已知的速度数

据上(图2.41)。

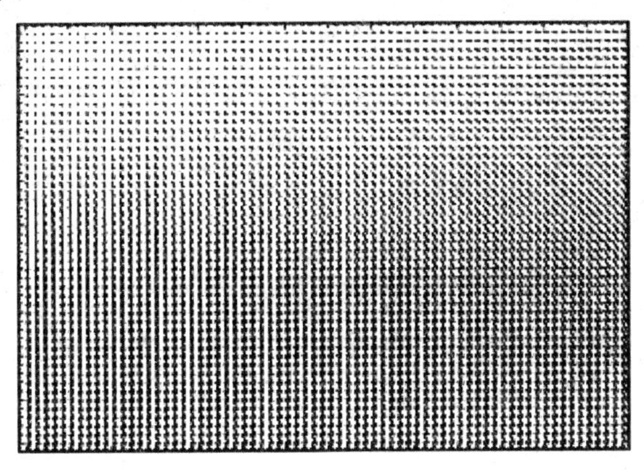

图2.40　通过图2.38中相同速度场的透视变换计算"PIV采集"得到的两个速度分量的矢量图($M=\frac{1}{4}$,35 mm胶片,$f=60$ mm)

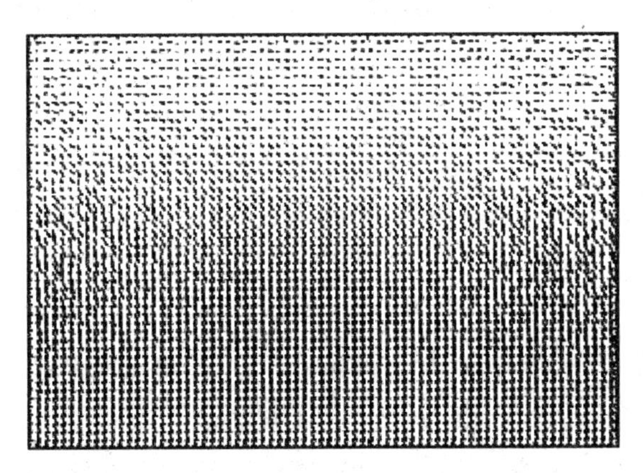

图2.41　叠加有图2.40中"PIV采集"相同随机误差的两个速度分量的矢量图

由于透视投影引入的误差并不在结果中出现,这就解释了它们通常可以被忽略。然而,避免该误差或不确定度的唯一方式(至少对强三维流动来说)就是去测量速度矢量的全部三个分量,比如使用立体测速技术(详见7.1节)。

2.6.5　显微成像基础

至今,由于生物微机电系统和微流体系统的应用,人们逐渐关注微米分辨率的PIV。从21世纪初开始,这两种应用越来越热门且向更多的领域发展。因此,本节将介绍显微成像的基本知识。

显微镜通常有两个放大阶段,即由物镜和目镜(有时指接目镜)组成。物镜由多种透镜组成,在测量时共同形成物体的中间影像。中间影像再由目镜进一步放大。一台显微镜的总放大倍率为目镜和物镜放大倍率的乘积。

物体照明是光学显微镜的重要环节之一。在传统显微镜中，采用白光源和聚光器进行照明，聚光器是一组能够产生均质照明光的透镜组合。照明通常基于光传输、光反射或者荧光。无论采用何种成像模式，图像的亮度由照明光强度和数值孔径决定。显微照明的亮度由聚光器工作的数值孔径面积决定，尽管图像的亮度和物镜数值孔径面积成比例。

显微物镜是光学显微镜最重要的组件，因为它决定了图像质量。标准的明视场物镜是使用传统照明技术研究中最为常见的对象，而更加复杂的方法常需要探头靠近后焦平面。具有高数值孔径的平场复消色差物镜或萤石物镜可以用于研究附着于玻璃基片上的固定组织薄切片，通常可得到高分辨率的图像。但是若想透过盖玻片得到流体中微米距离的图像细节，则通常存在严重的球面像差。使用水代替油能够减弱像差问题。大多显微物镜都需要和盖玻片同时使用。当物镜数值孔径为 0.4 mm 或更小时，0.17 mm 的厚度为最佳。但是当使用更高的数值孔径时，盖玻片仅仅几微米的厚度变化都可能因为像差问题产生严重的图像失真，并且随着盖玻片厚度的增大而产生更大的影响。校正环可以调节中心透镜组的位置以匹配盖玻片厚度的变化，也可以补偿该误差。

在现代宽场荧光显微镜和在后续介绍的激光扫描共聚焦显微镜中，二次发射光的采集和测量由物镜进行，可由光电二极管、CCD 或 CMOS 传感器来完成。

类比于 2.6.2 小节中描述的传统物镜成像，显微镜通常存在五个常见的像差问题，即球面像差、色差、像场弯曲、彗形像差及像散像差。在立体显微镜中必须要额外考虑几何畸变。所有光学显微镜，包括传统的宽场显微镜和后面介绍的共聚焦显微镜均受限于其能达到的分辨率。正如 2.6.1 小节所述，在一个完美的光学系统中，分辨率与对比度受限于光学组件的数值孔径以及光波长。在实际荧光显微镜中，对比度由信号的动态范围、成像系统的光学相差、由荧光基团收集的光子数量（如使用荧光）以及单位面积的图片元素数量（像素[①]）确定。

显微镜物镜的数值孔径决定了其采集光和解析特定物体距离精细细节的性能。但是显微镜系统总的分辨率还取决于显微镜台下聚光器。

目镜与显微镜物镜相结合可进一步放大中间图像。文献中通常根据透镜和孔径光阑排列把目镜分为两类，即具有内部孔径光阑的负目镜和孔径光阑位

---

① 像素（Pixel）为图像元素（Picture element）字母缩略词，为数字成像或数字传感器中单个图像元素。在图像中每个像素均由一个数值的强度值来描述局部灰度值或色彩。

于目镜透镜之下的正目镜。目镜通常和物镜共同工作以消除色差。

显微镜台下聚光器采集显微镜光源中的光，并将其集中到一个光锥，从而使被测物体在整个视场内得到统一强度的照明。聚光器的性能是显微镜获得高品质图像的最重要因素之一。

反射光显微镜中采用倾斜光或落射光照明（从上照明），用于研究包括半导体、陶瓷、金属、聚合物以及许多其他不透明物体。除了反射光，为了完成物体部分发射光的成像，也可采用荧光。常用于 μPIV 的激光相比于采集散射光的 PIV 需要具有更大的脉冲宽度。关于现代显微成像的更多信息可以参考文献[14]。

2.6.6　显微成像的平面内空间分辨率

对于无限大光学校正显微物镜，Meinhart 和 Wereley[289]发现：

$$f_{\#}=\frac{1}{2}\left[\left(\frac{n}{NA}\right)^{2}-1\right]^{\frac{1}{2}} \tag{2.22}$$

数值孔径定义为 $NA=n\sin\theta$，其中 n 为记录介质（被观察物体与透镜之间的介质）的折射率；θ 为记录透镜孔径的对向半角。由于使用不同的浸入介质，在显微镜中使用数值孔径更加方便。在拍摄中，通常空气是唯一的浸入介质，因此 $f_{\#}$ 是足够的。为了避免混淆，在阅读 μPIV 文献时须注意：对于浸入介质为空气（$n_{\text{air}}\approx1.0$）且数值孔径较小的情况，式(2.22)简化为

$$f_{\#}\approx\frac{1}{2NA} \tag{2.23}$$

这是一种小角度的近似，当 $NA\leqslant0.25$ 时精确到 10% 以内，但当 $NA\geqslant1.2$ 时将产生 100% 的误差[289]。该近似用于如文献[294]、[297]的情况。综合式(2.7)和式(2.22)，可得到直接以数值孔径表达的衍射极限点尺寸的表达式：

$$d_{\text{diff}}=1.22M\lambda\left[\left(\frac{n}{NA}\right)^{2}-1\right]^{\frac{1}{2}} \tag{2.24}$$

如上所述，实际的采集图像可以采用点扩散函数和几何图像（式(2.8)）的卷积进行估算。

2.6.7　用于微 PIV 的典型显微镜

最常见的显微镜物镜可从 $M=60$，$NA=1.4$ 的衍射极限油浸透镜到 $M=10$，$NA=0.1$ 的低放大倍数空气透镜。表 2.7 给出通过圆形孔径采集，随后投

射回流体时有效的粒子直径$\frac{d_\tau}{M}$。使用传统显微镜光学器件、数值孔径为 $NA=1.4$ 的油浸透镜,在粒子直径 $d_p<0.2\ \mu m$ 时可以得到$\frac{d_\tau}{M}\sim 0.3\ \mu m$ 的粒子图像分辨率。当粒子直径 $d_p>0.3\ \mu m$ 时,图像的几何分量将降低粒子图像的分辨率。当粒子直径 $d_p<1.0\ \mu m$ 时,低放大倍数的空气透镜 $M=10$,$NA=0.25$ 为其衍射极限。

表 2.7 投影回流体时有效的粒子图像直径$\frac{d_\tau}{M}$

M	60	40	40	20	10
NA	1.4	0.75	0.60	0.50	0.25
n	1.515	1.00	1.00	1.00	1.00
$d_p/\mu m$	有效粒子图像直径$\frac{d_\tau}{M}/\mu m$				
0.01	0.29	0.62	0.93	1.24	2.91
0.10	0.30	0.63	0.94	1.25	2.91
0.20	0.35	0.65	0.95	1.26	2.92
0.30	0.42	0.69	0.98	1.28	2.93
0.50	0.58	0.79	1.06	1.34	2.95
0.70	0.76	0.93	1.17	1.43	2.99
1.00	1.04	1.18	1.37	1.59	3.08
3.00	3.01	3.06	3.14	3.25	4.18

有效数值孔径。在需要尽可能高空间分辨率的实验中,研究者们通常选择高数值孔径的油浸透镜。这些透镜非常复杂,并能够将来自试样的光尽可能多地导出,而不允许光进入折射率像空气($n_{air}\approx 1.0$)一样低的介质(图 2.42)。当工作流体的折射率小于浸入介质时,由于总的内部反射率,物镜的有效数值孔径将低于厂商给出的规格。Meinhart 和 Wereley[289]通过光线追迹过程分析了数值孔径的减小。

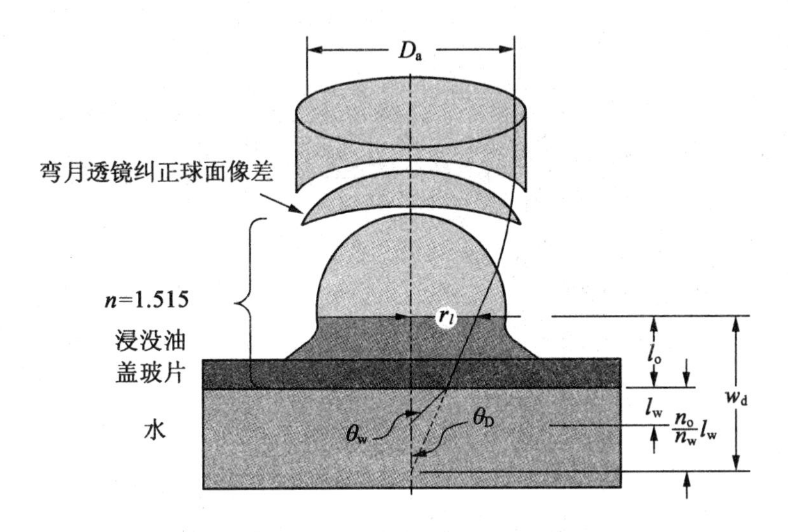

图2.42　高数值孔径油浸透镜的几何尺寸，油、盖玻片和水作为工作介质。点光源从水中 l_w 深度射出，在距离透镜 w_d 处出现[289]

作为特例，使用60倍放大倍数、数值孔径 $NA_D = 1.4$ 的油浸透镜时，170 μm厚盖玻片为优化选择，同时使用浸入油时，最大工作距离 w_d 为200 μm，浸入油的折射率 n_o 和盖玻片相匹配，而工作流体（水）具有较小的折射率 n_w。这是μPIV的一种常见情况，参见文献[406]。以下分析并不限于这些特定参数，而是使用任意浸入介质和工作流体，只要浸入介质的折射率大于工作流体。

通过复杂的光线追迹过程，Meinhart 和 Wereley[289] 得到了焦平面所处流动深度（也称为成像深度 l_w）与有效数值孔径 NA_{eff} 的隐式表达式，即

$$\frac{w_d}{\left[\left(\frac{n_o}{NA_D}\right)^2-1\right]^{\frac{1}{2}}}=\frac{l_w}{\left[\left(\frac{n_w}{NA_{eff}}\right)^2-1\right]^{\frac{1}{2}}}+\frac{w_d-\frac{n_o}{n_w}l_w}{\left[\left(\frac{n_o}{NA_{eff}}\right)^2-1\right]^{\frac{1}{2}}} \tag{2.25}$$

式中，n_o 和 n_w 分别为油和水的折射率；w_d 为透镜工作距离。由于式(2.25)无法获得封闭的分析解，以 NA_{eff} 表达的成像深度可以数值求解 l_w。

图2.43为 $n_o = 1.515$ 和 $n_w = 1.33$ 时式(2.25)的数值解。当成像于盖玻片边界，即仅轻微入水时，有效数值孔径约等于水的折射率，为1.33。有效数值孔径随着成像深度的增大而减小。当成像深度达到最大时，有效数值孔径减小到大约1.21。有效数值孔径和衍射极限点尺寸为成像介质和成像深度的函数，见表2.8。即使焦平面正好位于玻璃表面，水/玻璃界面折射率的变化也会明显降低透镜的有效数值孔径。这反过来又提高了衍射极限点的尺寸，降低了

μPIV 技术的空间分辨率。

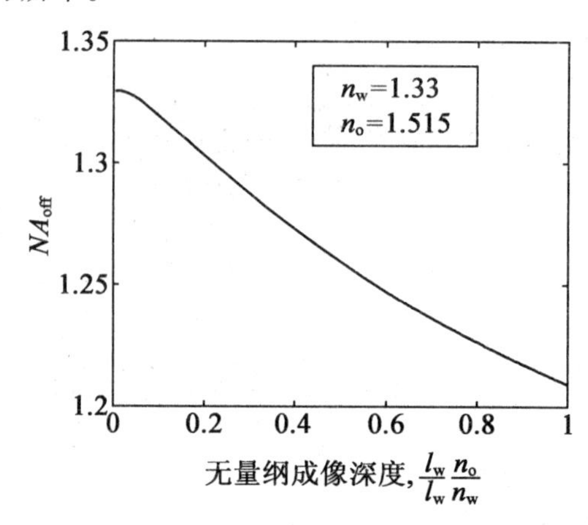

图 2.43　水中成像时油浸物镜的有效数值孔径与无量纲成像深度之间的函数关系[289]

表 2.8　不同成像介质的衍射极限点尺寸 d_{diff} 估计值与成像深度 l_w 的函数关系[289]

成像深度 l_w	成像介质	NA_{eff}	d_{diff}
所有深度	油	1.40	18.8
0 μm(最小)	水	1.33	24.8
200 μm(最大)	水	1.21	34.2

在工作流体为水的实验中,使用 $NA=1.0$ 的水浸透镜,可达到类似的衍射极限点尺寸 $d_{\mathrm{diff}}=39.8$ μm;和油浸透镜相比,水浸透镜仅能达到有效数值孔径 $NA_{\mathrm{eff}}\approx 1.21$, $d_{\mathrm{diff}}=34.2$ μm。具有 $NA_{\mathrm{D}}=1.2$ 的水浸透镜具有 $d_{\mathrm{diff}}=21.7$ μm,比油浸透镜性能更好。此外,水浸透镜当对水流成像时具有比油浸透镜更好的成像效果。

2.6.8　共聚焦显微成像

激光扫描共聚焦显微成像(LSCM)技术与传统的光学显微成像相比具有许多优势。这种显微镜具有景深可控、消除非聚焦图像失真的特性,并具有对相对厚物体的一系列光学切面成像的能力。Marvin Minsky 提出了其基本理念,并于 1957 年申请专利[292]。如前所述,在传统宽场显微镜中,物体绝大多数使用白光源照明。与之相比,激光共焦显微镜的成像方法完全不同。通过扫描激光束穿过物体实现照明。在典型情况中,该束激光通过物镜聚焦,而从物体发出的一系列光电点由光电倍增管通过小孔探测到,其信号输出形成图像并在计算机上显示。数字图像处理方法应用于图像序列之后,能够显示不同景深和三维形式的图像序列,也可显示四维成像时三维数据的时间序列。物体内部反射光也能够用于荧光成像。最新一代的共焦仪器具有可调滤波器,用于控制激发光的波长范围和强度。它们可以逐像素控制强度,同时保持较高的扫描速度。

2.7　胶片采集

2.7.1　化学过程的简要描述

在过去几十年里,胶片被广泛用于光学系统中探测和储存光学信息。在许多情况下,因其具有高空间分辨率和易获取性,所以仍被使用。下面将对从曝光到定影的化学过程进行简要说明,并介绍常用于确定胶片性能的图线。

未曝光的胶片乳胶主要在胶质基础上加极小的卤化银颗粒构成。进行撞击的光子与胶片乳胶的相互作用由随机事件组成。光子撞击卤化银颗粒的概率由颗粒密度决定。当颗粒吸收足够数量的光子后,将形成极小块的金属银。这些小块也称为"显影中心"。在显影过程中,化学物质从胶质表面进行扩散。单个显影中心将卤化银转化成银,而未经曝光的颗粒继续保持原状,并在"定影"过程中移除。

2.7.2　性能图线介绍

照相乳胶在显影后的局部强度透射率定义为[10]

$$T(x,y)=\text{local average}\left[\frac{I_{\text{trans}}(x,y)}{I_{\text{inc}}}\right] \tag{2.26}$$

式中,I_{inc}为显影后照明记录的光源强度;I_{trans}为穿透记录的局部透射光强度。相对于胶片颗粒的尺寸,局部平均(Local average)区域面积较大,但是相对于透射强度明显改变的面积来说较小。除了其他过程参数,$T(x,y)$的局部变化由先前曝光E的局部变化引起,而E为单位面积强度在曝光时间内的积分,即

$$E=\int_{\Delta t} I\mathrm{d}t \tag{2.27}$$

Hurter 和 Driffield 说明了强度透射率的对数 $\log\left[\frac{1}{T(x,y)}\right]$、照相密度 D_{photo}

与曝光透明度单位面积内的银的质量呈比例关系。因此,照相密度和曝光对数 log E 的相关曲线通常也被称为 Hurter – Driffield 曲线。在胶卷的数据表中通常给出此关系。图 2.44 给出了两种不同灵敏度胶卷的图线,这两种胶卷广泛应用于黑白摄影中。如图 2.44 所示,当曝光低于一定水平时,密度为最小值,被称为“浓雾”。照相密度随着曝光的增大而增大,也就是所谓的“足尖”曲线。进一步增大曝光,其与曝光的对数呈线性比例关系(图 2.44)。直线区域的斜率为摄影 Gamma 值 γ。当进一步增大曝光时,曝光曲线趋于稳定,维持在一个恒定水平。该区域为 Hurter – Driffield 曲线的“肩膀”。PIV 采集常在该曲线的线性区域进行。若胶片 Gamma 值 $r=2$ 或以上,称为高对比度胶片;而若 $\gamma<1$,称为低对比度胶片。摄影的 Gamma 值还可以随着显影时间的变化而变化。由 Hurter – Driffield 曲线描述的此效应以及照相乳胶的非线性特性也可用于其他的照相过程,即接触晒印[①],其可在评估后进行,能够降低 5.3 节提及的光学 PIV 评估中的噪声。

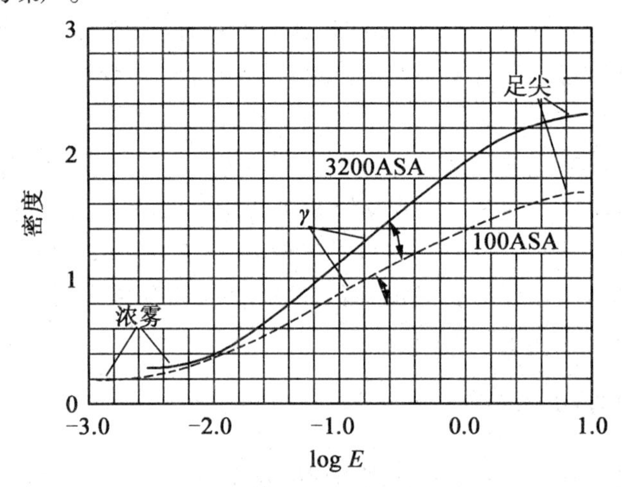

图 2.44　两种标准黑白胶片的照相密度的 Hurter – Driffield 曲线

到目前为止,假设采集过程中任何入射光的空间变化都会被传递到胶片上产生相应的空间密度变化。然而,这不适用于曝光变化的空间尺度过小的情况。一般来说,给定的照相乳胶仅有一个有限空间频率响应。因此,在足够对比度下能够进行采集的最高空间频率将是胶片的另外一个重要规格参数。但是对于许多应用来说,仅基于空间频率响应上限评估胶片分辨率特性是不充分

① 接触晒印是最初胶片 PIV 采集时的高对比度底片,通过使用探测激光提高光学评估过程中的信噪比。

的，特别是对于需要较高分辨率的 PIV 应用，胶片在整个操作频率范围内的响应信息更为有用。图 2.45 分别为 100ASA 和 3200ASA 敏感度的黑白胶片的空间频率响应，可以看到高灵敏度的胶片具有较低频率分辨率。该频率响应图线（MTF's）已经成为一种广泛使用的描述胶片和透镜系统性能的方法。2.6 节已经详细介绍了 MTFs 的概念以及其对可获得粒子图像直径影响的分析。在 PIV 采集选择合适胶片中，另一个重要图线为光谱灵敏度曲线。该灵敏度定义为曝光 E 的倒数，为获得一定摄影密度这是非常必要的。图 2.46 为两种标准黑白胶片的光谱灵敏度曲线。该曲线根据给定的照相密度给出，即为在胶片浓雾时的照相密度加 1 时给出，换言之，它们表示了用来获取胶片透过率的对数值$\log \frac{1}{E}$，该胶片透过率为胶片浓雾时透过率的 1/10。从图可以得到 3200ASA 胶片具有更高的灵敏度，尤其对于绿光。这也是 532 nm 波长（图 2.46 中的垂直线）的倍频 Nd:YAG 激光在 PIV 领域变得相当受欢迎的原因之一。

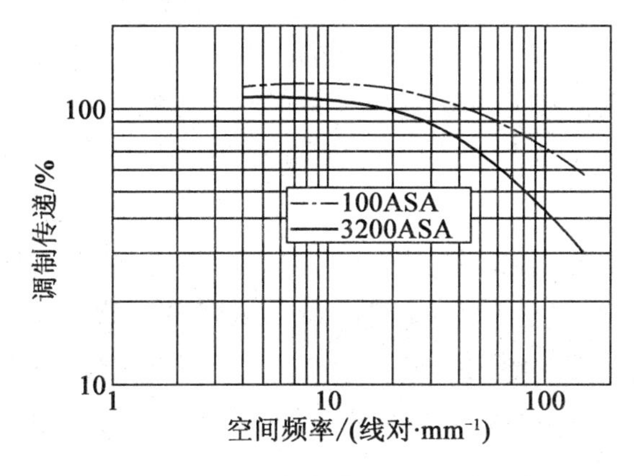

图 2.45　两个标准黑白胶片的空间频率响应（MTF）

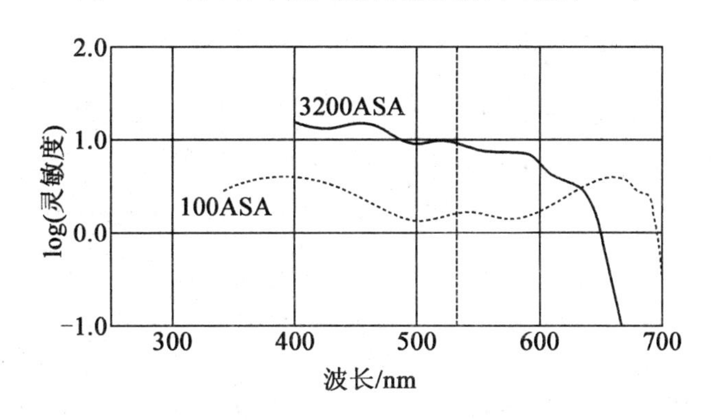

图 2.46　两种标准黑白胶片的光谱灵敏度

2.8 数字图像采集

电子成像的最新发展已促使胶片成像边缘化。照片中的即时成像、即时反馈仅是电子成像众多优势的一部分。以当前的发展趋势,在不远的将来电子采集将取代大尺寸胶片相机以及全息感光板。基于上述原因,我们将把更多的篇幅放在电子记录上,尽管该领域的发展非常迅猛。然而,基于对当前传感器架构和其在 PIV 中可能的应用之间的依赖关系的理解,未来引入的传感器的各种潜在应用是可被评判的。由于传感器的光学和电学性质可直接影响 PIV 采集技术和附带的误差来源,本节将主要描述电子传感器的操作和特性。它们在 PIV 采集中的应用将在 4.2 节进行描述,包括不同架构的 CCD 和 CMOS 传感器。文献[94]给出了 CCD 和 CMOS 的 PIV 相机性能的对比。

时至今日已经有多种电子图像传感器,但在此仅讨论固态传感器。尽管基于光导管的电子成像在引入超过 50 年的时间内已经达到了很高的发展水平,但是该项技术对于典型成像应用的重要性已经随着固态传感器的出现明显降低。

最常见的是电荷耦合装置(或称 CCD)、电荷注入装置(CID)以及 CMOS 装置。在过去 20 年时间里,CCD 得到了最广泛的应用。然而,随着 20 世纪 90 年代初芯片技术的快速发展,生产商已经有能力制造出具有改进信噪比和分辨率的 CMOS 传感器。数年来它们被越来越多的用于数字成像、机器视觉以及同样重要的高速 PIV 应用。

2.8.1 CCD 传感器的性能

通常来说,CCD 是一种能够将光(即光子)转换为电荷(即电子)的电子传感器。提到 CCD 传感器,通常指的是由许多单个 CCD 组成的阵列,可以是线形阵列(行扫描相机),也可以是矩形阵列(当然也有其他形状的阵列)。传感器中独立的 CCD 元件也称为像素,其尺寸通常为 10 μm×10 μm 或 100 像素/mm。

像素的工作过程如图 2.47 中的横截面示意图所示。CCD 位于半导基底上,通常为硅,表面有金属导体、一层绝缘氧化层,在其下为 n 层(阳极)和 p 层(阴极)。金属导体和 p 层之间的电压在半导体内产生电场。电场中形成于像素中心下方的局部极小值和电子缺乏相关,被称为势阱。本质上势阱等同于一个电容,因此可以储存电荷,即电子。当合适波长的光子进入半导体 p－n 结合层时,将生成一个电子空穴对,物理学上把该效应称为光电效应。空穴被认为是正电荷的载体,在 p 层被吸收后,产生的电子(或电荷)将沿电场梯度方向迁移至电势最低处(即势阱)进行储存。在像素曝光于光中时电子持续积累。但是像素的储存容量是有限的,通常用满阱容量来描述,用每个像素上的电子数进行度量。通常 CCD 传感器的满阱容量为每像素 10 000 到 100 000 电子。当曝光过程超过满阱容量(过曝)时,额外的电子将迁移至附近的像素中,导致图像晕光。可以通过现代 CCD 传感器的特殊防晕光架构显著降低该效应:当满溢的电荷迁移至相邻的 CCD 像素时将被导体捕获。

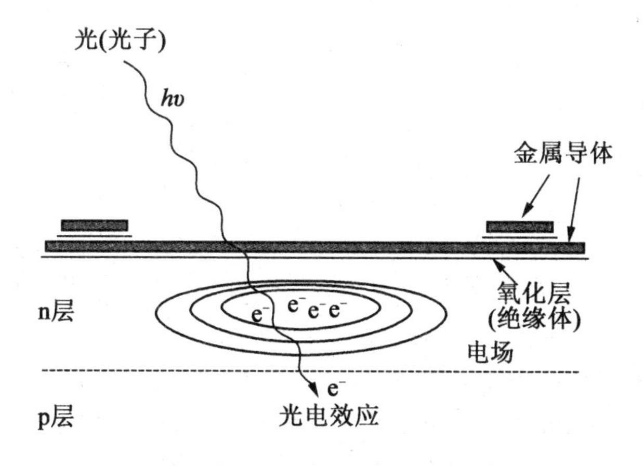

图 2.47　(CCD)像素的简化模型

像素的另一特性是其填充系数或孔径,定义为光敏面积和整体面积的比值。该数值对于一些特殊的科研级背光传感器可达 100%,而对于复杂的行间转移传感器也可能低至 15%,这将在后续章节进行介绍。大多数像素的有限孔径主要因为在传感器表面存在暗域,或是用于形成势阱、协助积累电荷向读出端口传输的金属导体,或是被读出前的局部储存电荷的临时屏蔽区域。有两种方法用以提高填充系数:背部减薄方法将基底背面移除至仅几十微米,这样传感器能够从背面曝光,因而这是一种昂贵的处理方法。背面减薄的 CCD 是定制的,通常用于天文学和光谱学领域。同样,该技术无法用于所有的 CCD 架构,因为暗域通常需要用来暂时储存收集的电荷。另一种提高填充系数的可替代且更经济的方法是将微透镜阵列沉积在传感器上,使得每个像素可以收集更多的入射光。这样对于每个像素的光灵敏度,无论是 CCD 还是 CMOS 传感器,都将提高三个量级。

2.8.2 CMOS 传感器的性能

在大部分 CMOS 传感器中,每个像素均有潜在的电子 - 光学过程,即光电二极管,如 2.8.1 小节所述。它们与类似光电门或光电晶体管等技术相比的主要优势为其灵敏度高且噪声相对低。但是和 CCD 像素相比,CMOS 传感器中的光电二极管可通过场效应晶体管(MOS - FET)分别控制。从 21 世纪初开始,CMOS 技术得到了迅猛发展,并且相对于 CCD 技术提供了许多有意义的优势。高速传感器市场的突破伴随着光刻技术的进步,从而使得大规模集成技术(VLSI)用于 CMOS 传感器。它们特殊的架构能够将电光转换过程以及后续信号的电子处理过程直接整合于芯片上。

CMOS 传感器的基本原理如图 2.48 所示。每个独立的像素包含一个电子回路。这种活跃的像素架构以及对每个像素的单独访问提供了许多重要的优势,让其可以将放大、非线性信号转换以及模数转换等基本相机功能集成到芯片上。此外,还可以通过定义子域或感兴趣区域(ROI)来选择需要激活的像素。这样能够通过降低图像分辨率的方式提高帧率。CMOS 无法完全取代 CCD 的主要短板在于每行列中相对长电线的容量,这将会产生明显的电子噪声,因为用于读取场效应晶体管的噪声随着连接到门电路的电容的增大而增大。这对于 PIV 中经常使用的更大传感器来说更为严重。解决这一问题的方法为使用主动像素传感器(APS),这种传感器的每个像素都有一个独立的电子放大器。该种传感器类型将在 4.2.5 小节做更详细的说明。

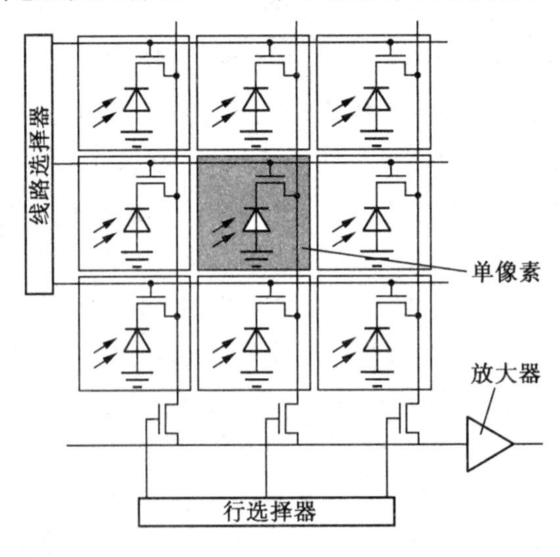

图 2.48 CMOS 传感器的简化模型

2.8.3 噪声源

对于任何电子设备,电子图像传感器都有电子噪声。众多电子成像应用中,噪声仅仅扮演着造成图像视觉失真的次要角色。在 PIV 实例中,可以在黑色背景上理想地捕捉到来自小粒子的散射光。但由于小示踪粒子有限的光散射效率,随着观测区域和观测距离的增大,采集的信号有时仅略大于传感器的背景噪声。

噪声主要来自热效应,热效应也产生了无法从光电效应分离的电子空穴对,结果是效果较差的粒子图像无法与噪声区分。由于在给定温度和曝光条件下电子空穴对的产生速率是恒定的,这种暗电流(无照电流)或暗计数可以通过在电荷-电压转换器输出端减去恒定的偏置电压来考虑。然而,暗电流大小可能会随着时间波动而产生噪声,故称为暗电流噪声或暗噪声,通常会随着温度的增加而增大,并且数值大约为暗电流的平方根。温度每提高6~7 ℃都会使其产生率倍增,这也是为什么在科研级成像中需要使用冷却传感器的主要动机。在天文学领域使用的低温冷却 CCD 传感器,在每个像素中每秒将产生少于一个电子。

噪声另一来源是读出噪声(Read noise)或散射噪声(Shot noise),它们直接产生于读出序列时电荷-电压的转换过程中。通常来说,读出噪声随着读出频率的增大而增大,这也是为什么许多科研应用要求慢扫描相机。在标准操作条件下,一台普通的 CCD 相机的噪声水平在综合操作期间(1/25 s 或 1/30 s)每个像素产生几百个电子。对转换电路、读出频率降频及传感器冷却做了严格优化后,能够将读出噪声限制在每个像素几个电子的 RMS。到目前为止,由于这些定制相机成本过高,在 PIV 采集领域不大可行。尽管如此,基于帕尔贴制冷(即电子冷却)CCD 传感器的相机在 PIV 中使用得越来越多。

具有多种放大器的相机所成的像通常包括固定模式噪声(FPN),例如后面将会讨论的主动像素 CMOS 相机以及高速 CCD 相机。固定模式噪声包括前面提到的散射噪声以及暗电流噪声。在 CMOS 相机中将会出现额外的尖峰噪声(Spike noise)并被计入固定模式噪声中。尖峰噪声是一种在脉冲输入时输出至场效应晶体管栅电容的视频线路上所发生的开关噪声。该噪声很大一部分是恒定的,因此可以在 PIV 计算之前从每个像素值中消除(平场校正)。

2.8.4 光谱特性

和光敏胶片类似,数字传感器也具有灵敏度和光谱响应。像素的灵敏度或量子效率 QE,定义为所采集光电子的数量和每个像素入射光子数量的比值,可以通过基于光强度的采集电荷 Cb(单位为 $J \cdot cm^2$)进行度量。另一种选择是使用基于入射能量 $P = E/(\Delta t \cdot \text{Area})$ 的单位电流 $I = Q/\Delta t$,表达为 A(单位为 $W \cdot cm^2$)。更大程度上,该数值取决于像素的架构,即孔径(即填充系数)、材料和光敏区域的厚度。依据硅和传感器基底材料的频变带宽的宽度与位置,不同频率的光子将穿透传感器,从而获得与波长相关的传感器量子效率。图2.49给出了不同传感器的光谱响应示例。

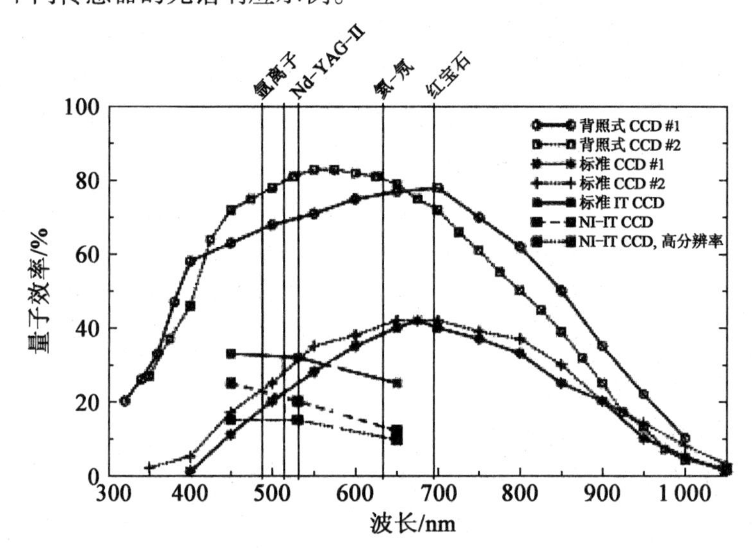

图 2.49　多种 CCD 传感器的量子效率。最常用激光光源的主频率如图中垂直线所示(IT 为隔行传输传感器架构,NI－IT 为非交错隔行传输传感器架构)

为了降低对红外光的敏感度,许多商用 CCD 和 CMOS 相机在传感器前装备了红外滤光片。当然也会装备一些其他的滤光片以匹配人眼的光谱特性。

传感器元件的响应率表示在给定照明条件下有效信号电压和曝光之间的比值。该数值同时取决于量子效率以及芯片上电荷－电压的转换。

2.8.5　线性度和动态范围

由每个被势阱捕捉的每个电子都将为累积电荷增加线性度,单个像素的输出信号电压实际上和收集电压直接呈正比例关系。过度曝光或者输出放大器的设计不合理会导致 CCD 图像具有非线性。相对于 CCD 传感器,CMOS 传感器允许非线性放大以及在芯片上完成信号转换。但是对于 PIV 用的大部分相机来说,信号是线性放大和编码的。如果设计合理,可以达到低于 1% 偏离的线性度。在小粒子成像精确定位到半个像素以下时,PIV 采集中的线性度非常重要。在采集中任何非线性行为都会损害一个亚像素①中测量粒子图像位移的性能,尤其是在 PTV 中定位和追踪粒子时,采集信号和散射光之间的线性依赖非常重要。

传感器的动态范围定义为满阱容量和暗电流噪声的比值。由于暗电流噪声与温度相关,CCD 的动态范围随着温度的降低而增大。在室温中工作的标准视频传感器通常具有 100 ~ 200 灰度的动态范围,超过人的感知范围。一旦数字化,有效信号的深度为 7 ~ 8 位。当具有额外的冷却处理以及细致的相机设计时,动态范围可能超过 65 000 灰度(16 位/像素)。对于数字 PIV 采集的电子成像,6 ~ 8 位的动态范围可允许使用小查询窗口(32 × 32 像素),并达到合理的低于 0.1 像素的测量不确定性(见 5.5 节)。

2.9　标准视频和 PIV

经常出现的问题是消费级的视频设备附加标准的模拟视频格式(即 NTSC 或 PAL)是否能用于 PIV。答案既非"是"也非"否",因为这个问题给出的条件并不充分。潜在的 PIV 用户首先需要明确其使用 PIV 的用途是什么。这需要考虑以下问题:

(1)空间分辨率是否重要？使用等尺寸的 32 × 32 像素的查询窗口并结合标准视频设备(商用级)仅能提供 22 × 16 个离散向量;而一个 1 000 × 1 000 像素传感器能够提供超过 30 × 30 个离散向量,且如果使用胶片摄影技术能够产生更多。

(2)测量精度是否重要？PIV 系统是被用作定量可视化工具还是用于精确估算涡量或环量？由于标准视频信号的模拟本质,在数字化过程中帧与帧之间的小幅抖动会造成像素位置的轻微偏离,这反而会增加位移数据(即速度数据)的测量不确定性。在使用标准(模拟)录像机时,该问题会更加严重。

(3)时间分辨率是否重要？标准视频设备最主要的优势在于其能够使用标准设备采集 25 Hz(PAL)或 30 Hz(NTSC)的图像序列。如果研究的流体速度足够慢,则能在该帧率下瞬时解析,在这种低分辨率下的 PIV 测量可能会比较

---

① 亚像素常用来表示数字图像空间分辨率极限——即一个像素——以下的长度尺度,称为亚像素。例如,粒子图像的强度分布和亚像素精度可以用来预估其位置。

有意义。另外,如果 PIV 图像能够在采集时数字化储存起来,PIV 数据就可以同时达到较好的测量精度。

2.10 视频标准

视频是一个描述电视类型影像的通用术语,通常和图像模拟传输相关,这些模拟图像包含了获取时的时间及其逐行编码信息。如今使用的视频标准派生于美国国家电视标准委员会(NTSC)于 1948 年建立的标准,例如 NTSC - 1。帧率、行计数以及其他特性均根据当时技术被确定下来。黑白视频标准的特性见表 2.9。

表 2.9 黑白视频标准的特性

主要的使用区域	欧　洲	北美和日本
黑白 彩色	CCIR PAL/SECAM	RS - 170 (EIA) NTSC
格式	4:3 比例 每帧 2 交错区域	4:3 比例 每帧 2 交错区域
帧率	25 帧/s 50 帧/s	29.97 帧/s 58.94 帧/s
分辨率	625 行 574 行可见	525 行 484 行可见
行扫描时间	15.625 kHz⇔64 μs 52.48 μs 活动 11.52 μs 活动	15.734 kHz⇔63.55 μs 52.80 μs 活动 10.75 μs 活动
带宽	5.5 MHz	4.2 MHz

现今,标准(电视)视频信号通过隔行格式传输,在这种格式中图像的奇数或偶数行交变场以两倍于图像帧率的速度传输。该过程能提供给观看者统一的图像表现,而无须提高视频信号的带宽。图 2.50 中的传输机制被应用于显示器图像显示、采集相机读出或其他任何采用视频信号传输的设备。当视频图像数字化时,例如,在第二个偶数场的第一个偶数行被采样(图 2.50(a))之前,

奇数场(即奇数行)会从上到下进行数字化。结果是垂直相邻的像素总是在一个场的时间间隔内被采样,即第$\frac{1}{50}$s(PAL)或第$\frac{1}{60}$s(NTSC)。最常见的视频相机用类似的方式提供信号,这样最终数字化的图像实际上由两幅图像构成,这两幅图像具有一半的垂直分辨率,且存在一个场的时间延迟。在模拟显示屏上图像会闪烁,甚至对于大部分视频格式的电子快门、CCD 传感器均是基于场到场进行工作。本质上,隔行视频使得单曝光双帧 PIV 的实现比原想的更加困难。尽管如此,已经有一些在 PIV 采集时成功使用视频的方法,将在下一部分进行说明。新视频标准(HDTV 或数字电视)的引入可能会减少许多由旧标准造成的问题,但是也同样可能带来新的问题(如压缩失真)。

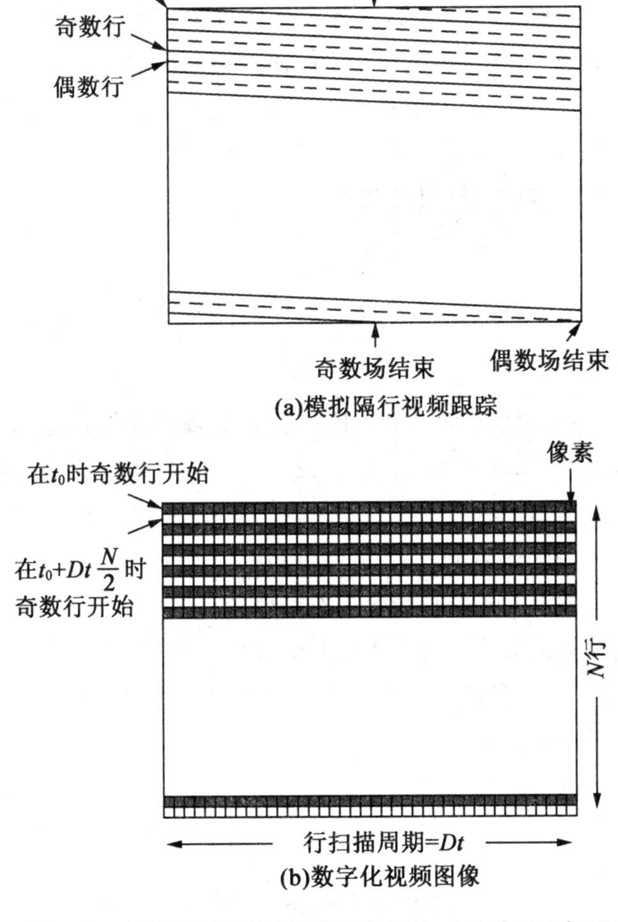

图 2.50　标准视频设备中图像是隔行的,由两个独立场组成;数字化时保留了模拟图像的隔行本质

统计 PIV 评估的数学背景

第 3 章

Adrian[78]已经对统计 PIV 评估做了详细的数学描述。始于 1988 年早期工作主要为自相关方法,后来扩展为互相关分析方法[84],其中介绍了统计 PIV 评估的绝大部分特点和其局限性。Westerweel[51]也给出了至今最为完整和细致的数字 PIV 的数学描述。本章将介绍 PIV 图像采集和后续统计评估的简单数学方法,为了便于说明,其中相关性的二维空间评估值称为相关。首先,分析单曝光双帧图像的互相关,之后将其扩展为对双曝光采集图像的评估。关于 PIV 评估中使用自相关和互相关方法的动机将在第 5 章进行介绍。

3.1 粒子图像位置

在评估过程中,PIV 采集的图像通常被划分为很多查询区域,在光学观察中,这些区域称为查询点,而在数字采集时称为查询窗口①。由于一些原因(将在后续阐述),在互相关分析中这些查询区域并不需要位于 PIV 采集时的相同位置。它们在片光源上的几何投影称为查询体积(图 3.1),用于统计评估的两个查询体积一起定义为测量体积。现在,若只考虑单曝光采集,其由粒子图像的随机分布组成,相当于在流动中 N 个示踪粒子的如下形式:

① PIV 图像中用来确定速度矢量的局部采样称为查询点或者查询窗口,其大小决定了所得到速度场的空间平滑度。在光学观察系统中,查询点或查询窗口是由探测激光束的直径定义;在数字系统中,矩形像素网格即为矩形窗口。

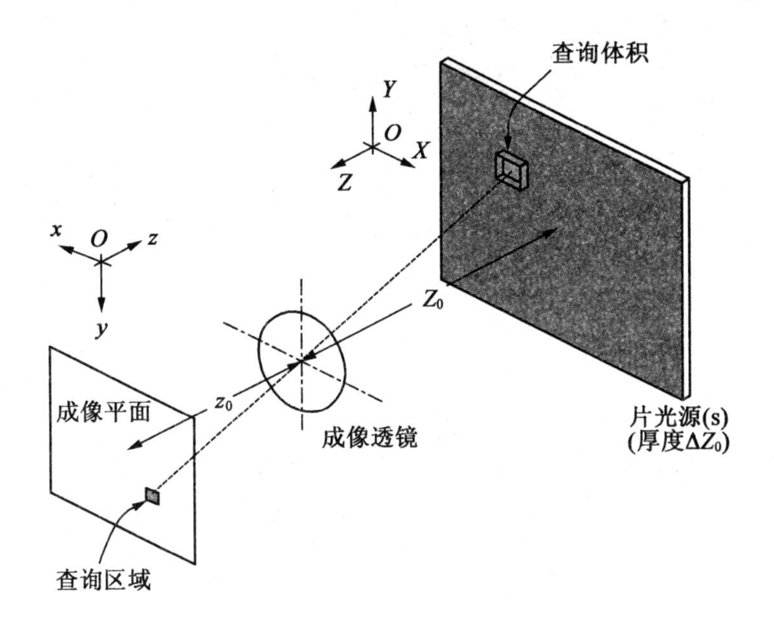

图3.1 几何成像示意图

$$\boldsymbol{\Gamma}=\begin{pmatrix}\boldsymbol{X}_1\\\boldsymbol{X}_2\\\vdots\\\boldsymbol{X}_N\end{pmatrix},\quad \boldsymbol{X}_i=\begin{pmatrix}X_i\\Y_i\\Z_i\end{pmatrix}$$

上式为一个示踪粒子在 $3N$ 维度空间的位置。$\boldsymbol{\Gamma}$ 描述了 t 时刻的体系状态,$\boldsymbol{X}_i$ 为 t 时刻粒子 i 的位置矢量。更多关于示踪粒子体系的数学描述请参照文献[51]。图3.1中小写字母表示图像平面的坐标,即

$$\boldsymbol{x}=\begin{pmatrix}x\\y\end{pmatrix}$$

为在该平面的图像位置矢量。

下面为了简化说明,假设粒子位置和图像位置与恒定的放大因子 M 有关,即

$$\boldsymbol{X}_i=\frac{\boldsymbol{x}_i}{M},\quad \boldsymbol{Y}_i=\frac{\boldsymbol{y}_i}{M}$$

如2.6.3小节中所述,可以使用更复杂的几何成像方法来考虑透视投影效应。

3.2 图像强度场

本节将介绍在图像平面内强度分布的数学描述。假设图像可以用几何图形、成像系统的脉冲响应和点扩散函数的卷积来很好地描述。对于无限小的粒子和完全无像差且聚焦很好的透镜,点扩散函数的振幅在数学上可用一阶贝塞尔函数(也为艾里函数)描述(参见2.6节)。

更复杂的成像模型必须要考虑透镜、胶片或者传感器的缺陷。对于透镜和胶片来说,包含衍射的主要效应可通过分析它们的调制传递函数(MTF's)进行估量(参见2.6.2小节)。对于CCD传感器,详细的分析需要更复杂的方法,这些方法在目前的PIV文献中尚无充分的描述。极小物体数字成像的描述至关重要,这是因为传感元件的系统布置可引起统计粒子图像位移估计的显著偏离误差(参见5.5节中峰值锁定)。

在下列分析中,假设成像透镜 $\boldsymbol{\tau}(\boldsymbol{x})$ 的点扩散函数关于坐标 x、y 为高斯分布(见附录A.2),该假设在文献中为常见习惯,也是对实际透镜系统点扩散函数的很好逼近[51,78],所以 $\boldsymbol{\tau}(\boldsymbol{x})$ 和示踪粒子几何图像在 X_i 处的卷积描述了在 X_i 处单个粒子的图像。此外,将分析限制于无限小几何粒子图像,也就是在小放大倍率下小粒子的成像情况。因此,采用转变到 X_i 位置处的狄拉克 δ 函数来描述粒子图像的几何部分。如图3.2所示,第一次曝光的图像强度场可以表示为

$$I = I(\boldsymbol{x},\boldsymbol{\Gamma}) = \tau(\boldsymbol{x}) \sum_{i=1}^{N} V_0(\boldsymbol{X}_i)\delta(\boldsymbol{x} - \boldsymbol{x}_i) \tag{3.1}$$

式中,$V_0(\boldsymbol{X}_i)$ 为传递函数,它将查询体积 V_I 中单个粒子 i 的图像的光能量转换成电子信号或者光学透射率①。对于每个粒子的位置,$\boldsymbol{\tau}(\boldsymbol{x})$ 视为相同。一个粒子的能见度取决于许多因素,例如,粒子的散射特性、粒子位置处的光强、采集光学器件、传感器或胶片在相应图像位置上的敏感度。然而,我们设定在每个位置上的粒子具有相同的散射特性,并且采集光学器件以及媒介在图像平面具有恒定的敏感度。

---

① 严格地讲,式(3.1)仅对非相干光有效。对于相干光,必须考虑粒子图像的重叠干扰[51]。在大多数实际情况下,粒子图像并不会重叠。因此,我们同样对相干照明使用式(3.1)。

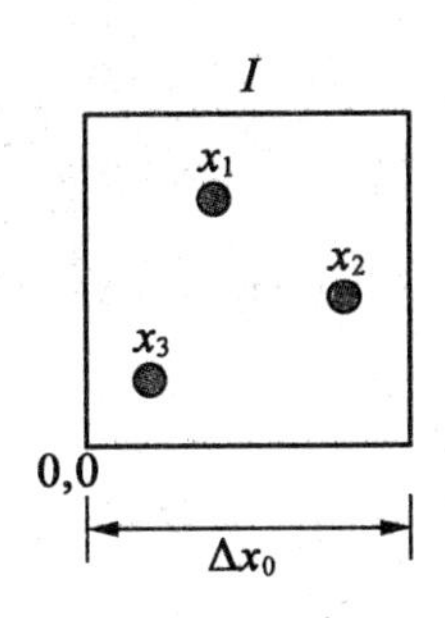

图 3.2　一个强度场 I 的实例(单曝光)

在许多情况下,查询区域内的不同位置分配有不同的权重,在数字评估情况下,可以通过对采集的图像强度乘以加权核得到,而在光学评估情况下,隐式地由查询激光束的空间强度分布得到。更进一步,假定 Z 为观测方向,查询体积中的光强度仅为 Z 的函数,且由于加权函数,最终分析获得的图像强度仅取决于 X 和 Y。因此,$V_0(\boldsymbol{X})$ 只描述了实际查询体积的形状、延展和位置:

$$V_0(\boldsymbol{X}) = W_0(X,Y)I_0(Z) \tag{3.2}$$

式中,$I_0(Z)$ 为 Z 方向上激光片的强度剖面分布;$W_0(X,Y)$ 为几何后投射回片光源上的查询窗口函数。在数学上,因为没有考虑和点扩散函数的卷积,故这是不正确的。对于矩形查询窗口,这意味着在数学描述中忽略了对查询区域边缘的部分不整齐图像的影响。然而,我们在流动中仍使用这种查询体积的简单模型,这也简化了对 PIV 评估的描述。

$$I_0(Z) = I_Z \exp\left[-8\frac{(Z-Z_0)^2}{\Delta Z_0^2}\right]$$

上式用于描述激光面的高斯强度剖面,其中 ΔZ_0 为在 e^{-2} 处测得的片光源的厚度;I_Z 为片光源的最大强度。通过类似的方法,如果考虑计入在 X_0 和 Y_0 处具有最大加权相似 W_{XY} 的高斯窗口函数,$W_0(X,Y)$ 可描述为

$$W_0(X,Y) = W_{XY}\exp\left[-8\frac{(X-X_0)^2}{\Delta X_0^2} - 8\frac{(Y-Y_0)^2}{\Delta Y_0^2}\right]$$

由于 PIV 中许多脉冲激光器具有更接近于高斯函数的强度分布,而非高斯分布,且由于数字化的采集通常使用矩形查询窗口进行分析,$V_0(\boldsymbol{X})$ 可以定义为一个矩形盒子,即

$$I_0(Z_i) = \begin{cases} I_Z, & |Z-Z_0| \leqslant \dfrac{\Delta Z_0}{2} \\ 0, & \text{其他} \end{cases} \tag{3.3}$$

$$W_0(X,Y)=\begin{cases}W_{XY}, & |X-X_0|\leqslant\frac{\Delta X_0}{2}\text{和}|Y-Y_0|\leqslant\frac{\Delta Y_0}{2}\\0, & \text{其他}\end{cases}\tag{3.4}$$

式中，$I_0(Z_i)$表示流动中从粒子i得到的光量，且位于距激光片光源的中心平面$|Z-Z_0|$处；ΔZ_0为片光源的厚度以及在Z方向上查询体积的延展；$\Delta X_0=\frac{\Delta x_0}{M}$和$\Delta Y_0=\frac{\Delta y_0}{M}$分别为$X$和$Y$方向上查询体积的延展。在$\tau(\boldsymbol{x}-\boldsymbol{x}_i)=\tau(\boldsymbol{x})\times\delta(\boldsymbol{x}-\boldsymbol{x}_i)$（见附录A.1）和待查粒子图像不重叠的假设下，式(3.1)可写为

$$I(\boldsymbol{x},\boldsymbol{\Gamma})=\sum_{i=1}^{N}V_0(\boldsymbol{X}_i)\tau(\boldsymbol{x}-\boldsymbol{x}_i)\ \text{（见附录A.1）}\tag{3.5}$$

在下列章节中，将多次使用该图像强度场表达式。下面将通过任意给定的三个粒子的图像采集为例，对强度场的不同表达和它们之间的相关性进行阐述。

3.3 单曝光采集的平均量、自相关和方差

本节将确定平均量的空间估计值以及图像强度场的方差，因为在互相关的归一化时将使用这些量。此外，还将介绍单曝光强度场的自相关和自协方差。下面使用的主要方程来自于Papoulis[20,21]，其空间平均定义为

$$\langle I(\boldsymbol{x},\boldsymbol{\Gamma})\rangle=\frac{1}{a_I}\int_{a_I}I(\boldsymbol{X},\boldsymbol{\Gamma})\mathrm{d}\boldsymbol{x}$$

式中，a_I为查询区域。根据式(3.5)可得到

$$\langle I(\boldsymbol{x},\boldsymbol{\Gamma})\rangle=\frac{1}{a_I}\int_{a_I}\sum_{i=1}^{N}V_0(\boldsymbol{X}_i)\tau(\boldsymbol{x}-\boldsymbol{x}_i)\mathrm{d}\boldsymbol{x}$$

强度场的平均量可近似表示为

$$\mu_I=\langle I(\boldsymbol{x},\boldsymbol{\Gamma})\rangle=\frac{1}{a_I}\sum_{i=1}^{N}V_0(\boldsymbol{X}_i)\int_{a_I}\tau(\boldsymbol{x}-\boldsymbol{x}_i)\mathrm{d}\boldsymbol{x}$$

类似地，可得到单曝光强度场的自相关，即

$$\begin{aligned}R_I(\boldsymbol{s},\boldsymbol{\Gamma})&=[I(\boldsymbol{x},\boldsymbol{\Gamma})I(\boldsymbol{x}+\boldsymbol{s},\boldsymbol{\Gamma})]\\&=\frac{1}{a_I}\int_{a_I}\sum_{i=1}^{N}V_0(\boldsymbol{X}_i)\tau(\boldsymbol{x}-\boldsymbol{x}_i)\sum_{j=1}^{N}V_0(\boldsymbol{X}_j)\tau(\boldsymbol{x}-\boldsymbol{x}_j+\boldsymbol{s})\mathrm{d}\boldsymbol{x}\end{aligned}$$

式中，$\boldsymbol{s}$为相关平面上的分离矢量。当$i\neq j$时，表示在相关平面上不同粒子图像的相关以及随机分布的噪声；当$i=j$时，表示每个粒子图像与自身的相关。

因此,可以得到

$$
\begin{aligned}
R_I(\boldsymbol{s},\boldsymbol{\Gamma}) = & \frac{1}{a_I}\sum_{i\neq j}^{N} V_0(\boldsymbol{X}_i)V_0(\boldsymbol{X}_j)\int_{a_I}\tau(\boldsymbol{x}-\boldsymbol{x}_i)\tau(\boldsymbol{x}-\boldsymbol{x}_j+\boldsymbol{s})\mathrm{d}\boldsymbol{x} + \\
& \frac{1}{a_I}\sum_{i=j}^{N} V_0^2(\boldsymbol{X}_i)\int_{a_I}\tau(\boldsymbol{x}-\boldsymbol{x}_i)\tau(\boldsymbol{x}-\boldsymbol{x}_j+\boldsymbol{s})\mathrm{d}\boldsymbol{x}
\end{aligned}
$$

根据 Adrian 提出的分解形式,可写为

$$
R_I(\boldsymbol{s},\boldsymbol{\Gamma}) = R_C(\boldsymbol{s},\boldsymbol{\Gamma}) + R_F(\boldsymbol{s},\boldsymbol{\Gamma}) + R_P(\boldsymbol{s},\boldsymbol{\Gamma})
$$

式中,$R_C(\boldsymbol{s},\boldsymbol{\Gamma})$为 I 的平均强度卷积;$R_F(\boldsymbol{s},\boldsymbol{\Gamma})$为脉动噪声部分,$R_C(\boldsymbol{s},\boldsymbol{\Gamma})$和$R_F(\boldsymbol{s},\boldsymbol{\Gamma})$均来源于 $i\neq j$,$R_P(\boldsymbol{s},\boldsymbol{\Gamma})$为相关平面上(0,0)处的自相关峰,其来源于每个粒子图像与自身相关的部分($i=j$)。图3.3给出了实际粒子图像数据的自相关,并且清楚地展示了被底部噪声围绕的强烈中心自相关峰。

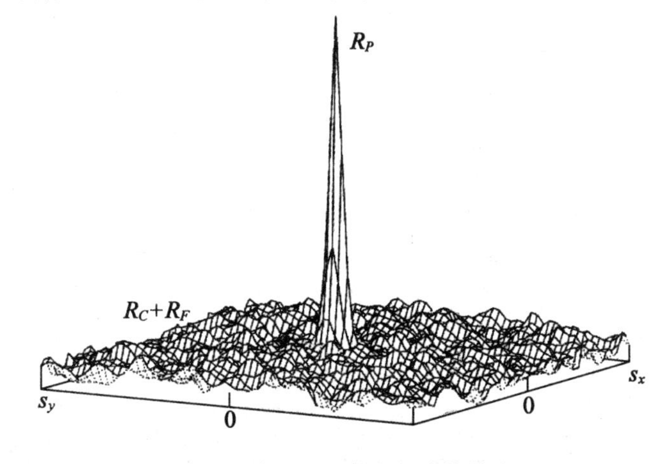

图3.3 自相关函数中的峰值构成

为了评估其特性,将关注于中心峰。对于高斯粒子图像强度分布有

$$
\tau(\boldsymbol{x}) = K\exp\left(-\frac{8|\boldsymbol{x}|^2}{d_\tau^2}\right)
$$

可以发现自相关 $R_\tau(\boldsymbol{s})$ 也是一个宽度为$\sqrt{2}d_\tau$ 的高斯函数(见附录A.3)。因此,$R_P(\boldsymbol{s},\boldsymbol{\Gamma})$可表示为

$$
R_P(\boldsymbol{s},\boldsymbol{\Gamma}) = \sum_{i=1}^{N} V_0^2(\boldsymbol{X}_i)\exp\left[-\frac{8|\boldsymbol{s}|^2}{(\sqrt{2}d_\tau)^2}\right]\frac{1}{a_I}\int_{a_I}\tau^2\left(\boldsymbol{x}-\boldsymbol{x}_j+\frac{\boldsymbol{s}}{2}\right)\mathrm{d}\boldsymbol{x}
$$

下文将使用如下表达形式:

$$
R_\tau(\boldsymbol{s}) = \exp\left[-\frac{8|\boldsymbol{s}|^2}{(\sqrt{2}d_\tau)^2}\right]\frac{1}{a_I}\int_{a_I}\tau^2\left(\boldsymbol{x}-\boldsymbol{x}_j+\frac{\boldsymbol{s}}{2}\right)\mathrm{d}\boldsymbol{x}
$$

该式考虑到表达形式的特点与非高斯形式的 $\tau(\boldsymbol{x})$ 大体相同,即 $R_\tau(\boldsymbol{s})$ 的

最大值出现在 $|\boldsymbol{s}|=0$，并且其形状特征由粒子图像形状给出。因此，R_P 写为

$$R_P(\boldsymbol{s},\boldsymbol{\Gamma}) = R_\tau(\boldsymbol{s})\sum_{i=1}^{N} V_0^2(\boldsymbol{X}_i)$$

图 3.4 给出了某样本强度场 I 的自相关图示，相关峰（R_P 和 R_F）出现的位置由粒子图像位置间的矢量差给出，它们的强度与所有可能确定相关峰位置的差值的数量成正比。对于具有零平均量的强度场，自相关相当于自协方差。对于具有非零平均量的强度场，自协方差 $C_I(S)$ 为[20]

$$C_I(\boldsymbol{s}) = R_I(\boldsymbol{s}) - \mu_I^2$$

强度场方差的估计量为

$$\sigma_I^2 = C_I(\boldsymbol{0},\boldsymbol{\Gamma}) = R_I(\boldsymbol{0},\boldsymbol{\Gamma}) - \mu_I^2 = R_P(\boldsymbol{0},\boldsymbol{\Gamma}) - \mu_I^2$$

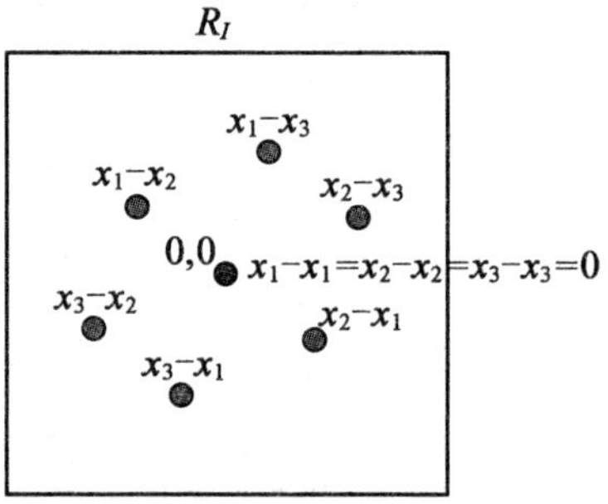

图 3.4　图 3.2 中强度场 I 的自相关示意图

3.4　两个单曝光采集对的互相关

前面提到，PIV 采集通常用示踪粒子体系单次曝光的两帧图像的局部互相关来进行评估。该技术的数学背景阐述如下。

在本节中，假定查询体积中所有粒子具有恒定位移 D，故在 $t' = t + \Delta t$ 时刻第二次曝光时粒子位置为

$$\boldsymbol{X}_i' = \boldsymbol{X}_i + \boldsymbol{D} = \begin{pmatrix} X_i + D_X \\ Y_i + D_Y \\ Z_i + D_Z \end{pmatrix}$$

另假设粒子图像的位移为

$$\boldsymbol{d} = \begin{pmatrix} MD_X \\ MD_Y \end{pmatrix}$$

其为透视投影的简化，且仅对位于光轴附近的粒子有效（参见2.6.3小节）。

对于第二次曝光，图像强度场的表达式为（图3.5）

$$I'(\boldsymbol{x},\boldsymbol{\Gamma}) = \sum_{j=1}^{N} V'_0(\boldsymbol{X}_j + \boldsymbol{D})\tau(\boldsymbol{x} - \boldsymbol{x}_j - \boldsymbol{d})$$

式中，$V'_0(\boldsymbol{X})$为在第二次曝光中的查询体积。首先，如果（在第二次曝光中）片光源和窗口特性完全相同，两个查询区域的互相关函数为

$$R_{II}(\boldsymbol{s},\boldsymbol{\Gamma},\boldsymbol{D}) = \frac{1}{a_I}\sum_{i,j} V_0(\boldsymbol{X}_i)V_0(\boldsymbol{X}_j + \boldsymbol{D})\int_{a_I}\tau(\boldsymbol{x} - \boldsymbol{x}_i)\tau(\boldsymbol{x} - \boldsymbol{x}_j + \boldsymbol{s} - \boldsymbol{d})\mathrm{d}\boldsymbol{x}$$

式中，S为相关平面上的分离矢量。类似于之前的过程，可以得到

$$R_{II}(\boldsymbol{s},\boldsymbol{\Gamma},\boldsymbol{D}) = \sum_{i,j} V_0(\boldsymbol{X}_i)V_0(\boldsymbol{X}_j + \boldsymbol{D})R_\tau(\boldsymbol{x}_i - \boldsymbol{x}_j + \boldsymbol{s} - \boldsymbol{d})$$

当$i \neq j$时，其表示在相关平面上不同随机分布的粒子的相关性以及主要的噪声；当$i = j$时，其包含了想要得到的位移信息。因此，可以得到

$$R_{II}(\boldsymbol{s},\boldsymbol{\Gamma},\boldsymbol{D}) = \sum_{i \neq j} V_0(\boldsymbol{X}_i)V_0(\boldsymbol{X}_j + \boldsymbol{D})R_\tau(\boldsymbol{x}_i - \boldsymbol{x}_j + \boldsymbol{s} - \boldsymbol{d}) + R_\tau(\boldsymbol{s} - \boldsymbol{d})\sum_{i=j} V_0(\boldsymbol{X}_i)V_0(\boldsymbol{X}_j + \boldsymbol{D})$$

依然将相关分解为三部分，如图3.6所示：

$$R_{II}(\boldsymbol{s},\boldsymbol{\Gamma},\boldsymbol{D}) = R_C(\boldsymbol{s},\boldsymbol{\Gamma},\boldsymbol{D}) + R_F(\boldsymbol{s},\boldsymbol{\Gamma},\boldsymbol{D}) + R_D(\boldsymbol{s},\boldsymbol{\Gamma},\boldsymbol{D})$$

式中，$R_D(\boldsymbol{s},\boldsymbol{\Gamma},\boldsymbol{D})$表示互相关函数的分量，对应于第一次曝光得到的粒子图像与第二次曝光得到的粒子图像（$i = j$）之间的相关：

$$R_D(\boldsymbol{s},\boldsymbol{\Gamma},\boldsymbol{D}) = R_\tau(\boldsymbol{s} - \boldsymbol{d})\sum_{i=j} V_0(\boldsymbol{X}_i)V_0(\boldsymbol{X}_j + \boldsymbol{D}) \tag{3.6}$$

对于给定粒子分布的流动，在$\boldsymbol{s} = \boldsymbol{d}$时位移相关峰达到最大值。因此，如期望的结果，最大值位置处产生平均的平面内位移，继而产生流动中的速度分量U、V。

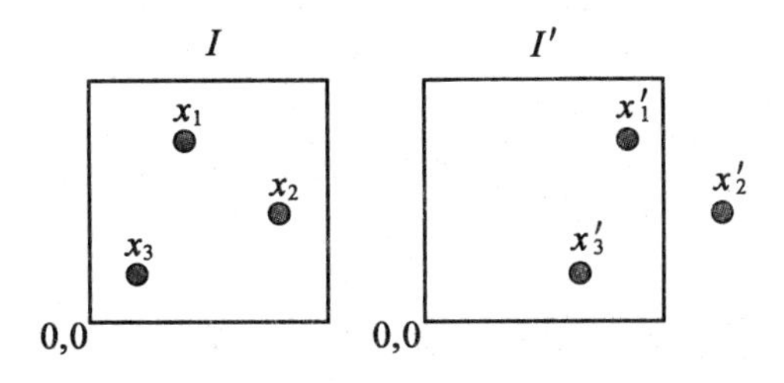

图3.5　t时刻采集的强度场I和在延迟Δt的t'时刻采集的强度场I'

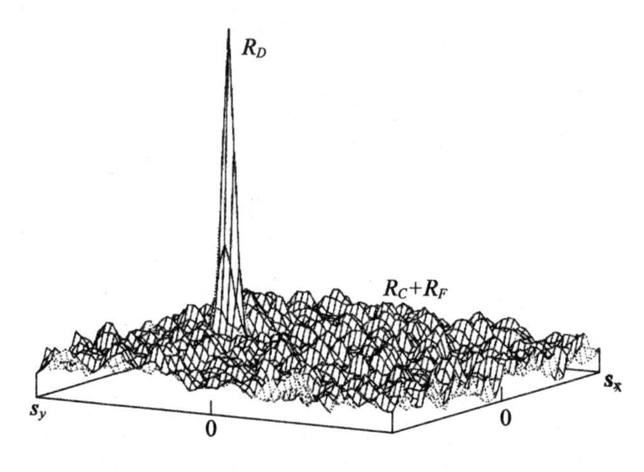

图 3.6　互相关函数的峰值构成

图 3.7 给出了样本强度场 I 和 I' 的互相关示意图。可看到出现了与图 3.4 自相关几乎相同的相关峰，但其所在位置偏移了 $\boldsymbol{d}$。这里并没有出现 $\boldsymbol{x}_2'$ 的相关，因为该图像位于查询窗口之外（图 3.5）。

由式（3.6）可知，位移相关是随机变量 $(\boldsymbol{X}_i)_{i=1,\cdots,N}$ 的函数。因此，它是随机变量本身，而且对于在相同条件下的不同体现形式，位移估计量的不同特性取决于示踪粒子体系的状态。为了获得位移估计量的全局优化规则，将在 3.6 节确定位移相关的期望值。

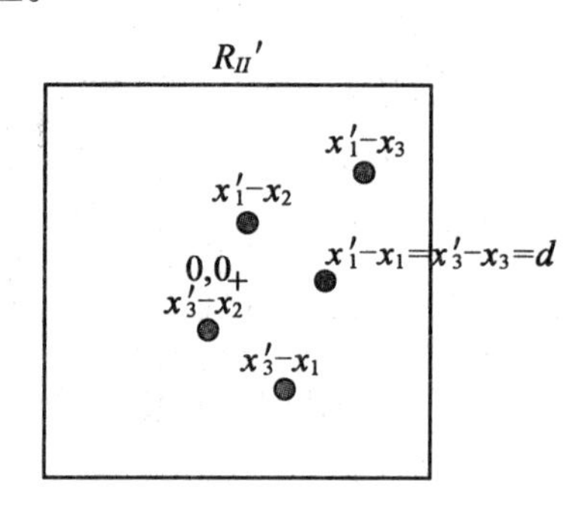

图 3.7　图 3.5 中强度场 I 和 I' 的互相关示意图

3.5　双曝光采集的相关

双（或多）曝光采集相关函数的推导过程与单曝光采集相关函数类似。但与 I 和 I' 的互相关不同，这里要考虑强度场 $I^+ = I + I'$ 与自身的相关。如图 3.8

所示，假设片光源和窗口特性完全相同，双曝光的强度场 I^+ 可写为

$$\begin{aligned} I^+(\boldsymbol{x},\boldsymbol{\Gamma}) &= I(\boldsymbol{x},\boldsymbol{\Gamma}) + I'(\boldsymbol{x},\boldsymbol{\Gamma}) \\ &= \sum_{i=1}^{N} [V_0(\boldsymbol{X}_i)\tau(\boldsymbol{x}-\boldsymbol{x}_i) + V_0(\boldsymbol{X}_i+\boldsymbol{D})\tau(\boldsymbol{x}-\boldsymbol{x}_i-\boldsymbol{d})] \end{aligned}$$

可以看出 I^+ 的自相关由四项组成：

$$R_{I^+}(\boldsymbol{s},\boldsymbol{\Gamma},\boldsymbol{D}) = R_I(\boldsymbol{s},\boldsymbol{\Gamma}) + R_{I'}(\boldsymbol{s},\boldsymbol{\Gamma}) + R_{II}(\boldsymbol{s},\boldsymbol{\Gamma},\boldsymbol{D}) + R_{II}(-\boldsymbol{s},\boldsymbol{\Gamma},\boldsymbol{D})$$

可以进一步将该估计值分解为

$$\begin{aligned} R_{I^+}(\boldsymbol{s},\boldsymbol{\Gamma},\boldsymbol{D}) = {} & R_C(\boldsymbol{s},\boldsymbol{\Gamma},\boldsymbol{D}) + R_F(\boldsymbol{s},\boldsymbol{\Gamma},\boldsymbol{D}) + R_P(\boldsymbol{s},\boldsymbol{\Gamma}) + \\ & R_{D^+}(\boldsymbol{s},\boldsymbol{\Gamma},\boldsymbol{D}) + R_{D^-}(\boldsymbol{s},\boldsymbol{\Gamma},\boldsymbol{D}) \end{aligned} \tag{3.7}$$

式中，$R_C(\boldsymbol{s},\boldsymbol{\Gamma},\boldsymbol{D})$ 为 I^+ 的平均强度卷积；$R_F(\boldsymbol{s},\boldsymbol{\Gamma},\boldsymbol{D})$ 为脉动噪声；$R_P(\boldsymbol{s},\boldsymbol{\Gamma})$ 为位于相关平面中心的自相关峰，其来源于由每个粒子图像与自身相关引起的分量，$R_{D^+}(\boldsymbol{s},\boldsymbol{\Gamma},\boldsymbol{D})$ 和 $R_{D^-}(\boldsymbol{s},\boldsymbol{\Gamma},\boldsymbol{D})$ 表示由第一次曝光和第二次曝光（完全相同条件）图像之间的相关函数，反之亦然。

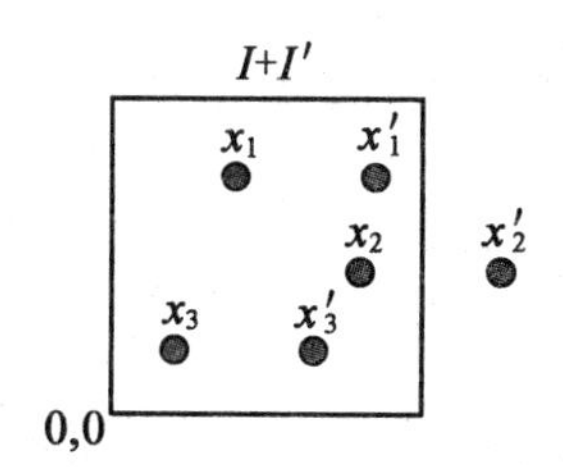

图3.8　同一帧中 t 和 t' 时刻示踪粒子体系采集的强度场 I 和 I'（图3.5）的总和

在比较双曝光采集的相关与一对单曝光采集的相关时，可得如下说明：R_{I^+} 相对于其中心峰 R_P 对称。图3.9中出现了两个完全相同的位移峰 R_{D^+} 和 R_{D^-}，因而不能确定位移的符号。因此，如果整个采集的位移场不是单向的，双曝光采集的相关就不是确定的。另一个问题就是，如果场中有位移接近零，则会出现位移峰与中心峰重叠的问题。然而，这些问题在采集时必须解决。为了使不同曝光下相同粒子的图像不会重叠且其位移符合能够被确定，必须采取一些措施。如果待测流场包含逆流或者相对较慢速度的区域，必须应用像位移的方法（参见4.3节）。由图3.9可知，双曝光采集的相关包含了超过两倍数量的随机分布噪声峰。

从图3.10可以看出，在单曝光采集互相关得到很好结果的情况下，双曝光采集的相关包含了具有位移峰强度的噪声峰。所以，为了得到与单曝光采集相同程度的结果，多曝光采集的评估必须采用多粒子图像对。为了达到该目的，

可使用多种方法，如增大粒子密度、曝光数量及片光源厚度。除了与这些方法有关的其他问题外，它们的应用还受到存储在传感器上有限数量的不明显重叠的粒子图像的限制。因此，在大多数情况下，相比于使用相同传感器尺寸时单曝光的低空间分辨率测量，其查询区域的尺寸必须增加。

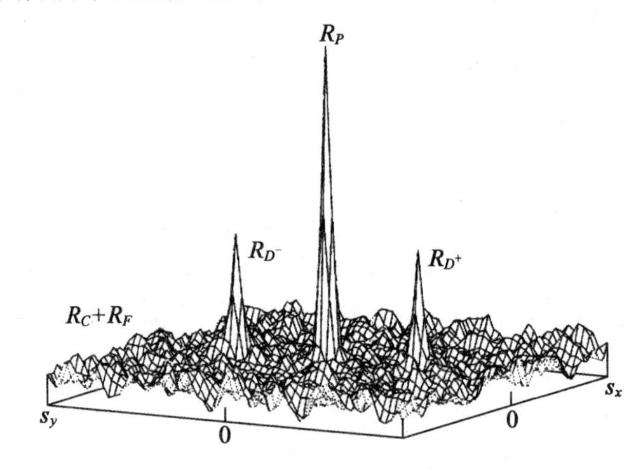

图 3.9　自相关函数的组成

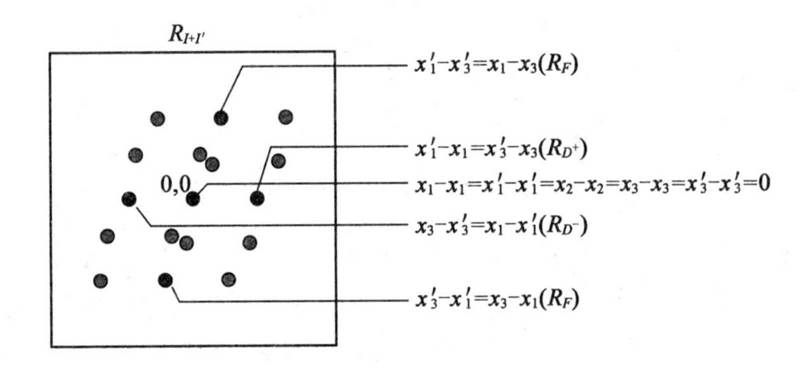

图 3.10　图 3.8 给出的强度场 $I+I'$ 的自相关图示

3.6　位移相关的期望值

为了获得位移估计量的全局优化规则，本节将确定对于所有体现形式 $\boldsymbol{\Gamma}$ 中的位移相关 $E\{R_D\}$ 的期望值。具体做法是：利用 N 个粒子计算所有可能“模式”下的平均相关函数，根据式(3.6)可以得到

$$E\{R_D\} = E\{R_\tau(\boldsymbol{s}-\boldsymbol{d})\sum_{i=1}^{N}V_0(\boldsymbol{X}_i)V_0(\boldsymbol{X}_i+\boldsymbol{D})\}$$
$$= R_\tau(\boldsymbol{s}-\boldsymbol{d})E\{\sum_{i=1}^{N}V_0(\boldsymbol{X}_i)V_0(\boldsymbol{X}_i+\boldsymbol{D})\}$$

定义$f_l(\boldsymbol{X})=V_0(\boldsymbol{X})V_0(\boldsymbol{X}+\boldsymbol{D})$，则有

$$E\{R_D\} = R_\tau(\boldsymbol{s}-\boldsymbol{d})E\{\sum_{i=1}^{N}f_l(\boldsymbol{X}_i)\} \tag{3.8}$$

附录 A.4 中已证明

$$E\{\sum_{i=1}^{N}f_l(\boldsymbol{X}_i)\}=\frac{N}{V_F}\int_{V_F}f_l(\boldsymbol{X})\mathrm{d}\boldsymbol{X}$$

式中，$\int_{V_F}f_l(\boldsymbol{X}_i)\mathrm{d}\boldsymbol{X}$ 为体积分，即

$$\iiint f_l(X,Y,Z)\mathrm{d}\boldsymbol{X}\mathrm{d}\boldsymbol{Y}\mathrm{d}\boldsymbol{Z}$$

因此，有

$$E\{R_D\} = \frac{N}{V_F}R_\tau(\boldsymbol{s}-\boldsymbol{d})\int_{V_F}f_l(\boldsymbol{X})\mathrm{d}\boldsymbol{X} \tag{3.9}$$

由于 N 为体系中所有粒子的总数量，则 V_F 为添加粒子后流体的总体积。根据上述$f_l(\boldsymbol{X})$的定义，更实际地说，必须在包含所有粒子的体积上进行体积分，也就是在第一次或第二次曝光时的查询体积。对$f_l(\boldsymbol{X})$的积分可写为

$$\int_{V_F}f_l(\boldsymbol{X})\mathrm{d}\boldsymbol{X} = \int I_0(Z)I_0(Z+D_Z)\mathrm{d}Z\times\iint W_0(X,Y)W_0(X+D_X,Y+D_Y)\mathrm{d}X\mathrm{d}Y$$
$$= \int_{V_F}V_0^2(\boldsymbol{X})\mathrm{d}\boldsymbol{X}\cdot F_O(D_Z)F_I(D_X,D_Y)$$

其中

$$F_I(D_X,D_Y) = \frac{\iint W_0(X,Y)W_0(X+D_X,Y+D_Y)\mathrm{d}X\mathrm{d}Y}{\iint W_0^2(X,Y)\mathrm{d}X\mathrm{d}Y} \tag{3.10}$$

$$F_O(D_Z) = \frac{\int I_0(Z)I_0(Z+D_Z)\mathrm{d}Z}{\int I_0^2(Z)\mathrm{d}Z} \tag{3.11}$$

Keane 和 Adrian[82-84] 定义 F_I 为表示平面内粒子对丢失的参数，F_O 为表示平面外粒子对丢失的参数。当不存在平面内和平面外的粒子对丢失时，上述后两项为 1，则式(3.9)为

$$E\{R_D(\boldsymbol{s},\boldsymbol{D})\} = C_R R_\tau(\boldsymbol{s}-\boldsymbol{d})F_O(D_Z)F_I(D_X,D_Y) \tag{3.12}$$

式中,常数 C_R 定义为

$$C_R = \frac{N}{V_F}\int_{V_F} V_0^2(\boldsymbol{X})\mathrm{d}\boldsymbol{X}$$

3.7 相关的最优化

在 PIV 测量时第一个需要优化的参量为连续光脉冲间的脉冲间隔时间。除了目前的技术限制,也必须考虑一些普遍的效应。根据 PIV 原理,测得的速度取决于连续光脉冲间所测得粒子位移的两分量 D_X 和 D_Y 与脉冲间隔时间 Δt 的比值。粒子位移是 Δt 的函数,且取决于粒子图像位移 $D_X(\Delta t) = \frac{d_x(\Delta t)}{M}$ 和 $D_Y(\Delta t) = \frac{d_y(\Delta t)}{M}$,且所测图像位移包含残留误差 $\varepsilon_{\text{resid}}$。故定义局部测量速度的量为

$$|\boldsymbol{U}| = \frac{|\boldsymbol{d}(|\Delta t|)|}{M\Delta t} + \frac{\varepsilon_{\text{resid}}}{M\Delta t} \tag{3.13}$$

当记录装置给定时,粒子图像的位移随着脉冲间隔时间线性减小,式(3.13)中的第一项在无脉冲间隔时为常数:

$$\lim_{\Delta t \to 0}\frac{|\boldsymbol{d}(|\Delta t|)|}{M\Delta t} = |\boldsymbol{U}|$$

相比之下,测得的图像位移中包含残留误差在脉冲间隔减小到一定程度时将不再减小,因为在确定粒子图像位置时的不确定性不会受影响。因此,式(3.13)中使用$\frac{1}{\Delta t}$权重的测量误差的第二项随着脉动间隔的减小而迅速增大:

$$\lim_{\Delta t \to 0}\frac{\varepsilon_{\text{resid}}}{M\Delta t} = \infty$$

通过以上考虑可知,PIV 测量的精度可通过在一定范围内增大曝光间隔时间来提高。然而,Δt 增大,测量噪声也随之增大,这可从式(3.12)中位移相关的期望值中清晰看出。由于粒子位移 $\boldsymbol{D}(\Delta t)$,平均信号强度由粒子图像对丢失进行加权。对于很大的间隔时间,随 Δt 线性增大的粒子位移将超出查询体积。这样就没有粒子被第二次照明,也就无法获得图像的相关。什么措施可以提高这种情况呢?首先,减小脉冲间隔时间,这将直接减小粒子的位移和粒子对的丢失。

图3.11说明了 Δt 的选择对PIV数据质量有两方面影响。点状曲线 g 表示残留误差随 Δt 的加权效应,实曲线 f 表示粒子对丢失的影响。最佳 Δt 值因此可由质量函数 Q_{PIV} 的最大值决定,如曲线 f 和 g 的乘积(图3.11中的虚线)。

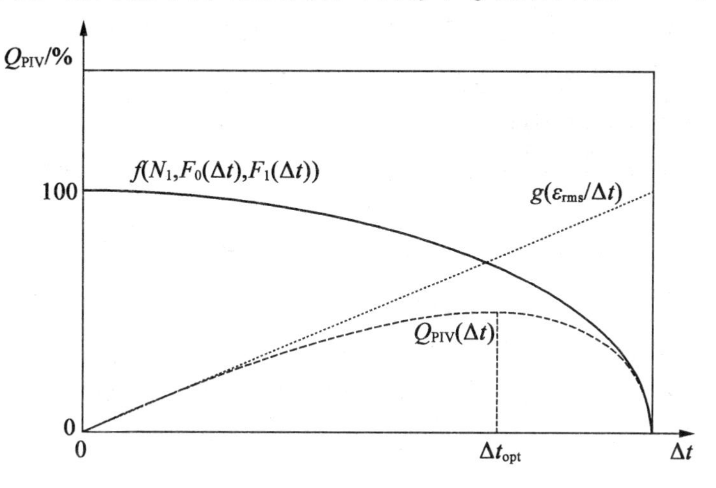

图3.11 脉动延迟时间的最优示意图

然而,由于很难定义衡量测量质量的通用值,曲线 f 的形状是任意选择的。若使用在测量可即时反馈的数字设备,其最优状态可通过交互式地缓慢增加脉冲间隔时间直至向量图中的明显异常值[①]数量增加的方法来获得。然而,有效数据的数量仅为获取质量参数中的一个,并不是一个准确度量值。

若可用评估软件进行分析,用于优化的另一个参数为归一化的位移相关强度。互相关系数表达式为

$$c_{II}=\frac{C_{II}}{\sigma_I\sigma_I'}=\frac{R_{II}-\mu_I\mu_I'}{\sigma_I\sigma_I'}$$

在使用胶片采集时,所有采集系数的选择只取决于实验者的经验,因为有效数据如互相关系数,或者在光学评估时的Young条纹的可视度,仅能在数小时后才可进行评估。

另一种减少粒子对丢失的方法就是改变查询体积大小和(或)为了补偿平均粒子位移而适当地互相替换。平面外方向上的查询体积的延展由片光源的厚度确定。只有给定足够的激光功率,该参数才可能增大。如果两个可能的平面外方向中的一个占主导地位,则对平均流动的连续照明之间将用片光源取代。使用双振荡器系统时,可由光束组合光学器件的轻微不对准达成。在CW

① 异常值是描述在某特定验收准则下数据异常的一个普通术语。

激光模式下，位移测量需要辅助设备（参见9.5节）。在平面内方向上查询体积的延展与位置是由评估时查询区域的尺寸和采集时的放大过程所确定的。互相关分析时，查询窗口互相之间的位置可能发生变化，这是互相关的一个主要优势，也是经常用来对单帧采集评估时替换自相关分析的原因。

在第一次曝光 $\boldsymbol{X}_0=(X_0,Y_0,Z_0)$ 和第二次曝光 $\boldsymbol{X}_0'=(X_0',Y_0',Z_0')$ 时，查询体积的位置效应可使用通用形式（式(3.12)）描述：

$$E\{R_D(\boldsymbol{s},\boldsymbol{D},\boldsymbol{X}_0'-\boldsymbol{X}_0)\}=C_R R_\tau[\boldsymbol{s}-\boldsymbol{d}-(\boldsymbol{x}_0'-\boldsymbol{x}_0)]\times F_O[D_Z-(Z_0'-Z_0)]\times F_I[D_X-(X_0'-X_0),D_Y-(Y_0'-Y_0)]$$

由上式可清楚地看出查询窗口偏移 $\boldsymbol{x}_0'-\boldsymbol{x}_0$ 的效应，即峰值位置被偏移量所改变，平面内相关的丢失对峰值强度的影响也发生变化。相关丢失的影响也取决于查询体积的绝对延展，在前面给出的 F_O 与 F_I 的公式（式(3.10)和式(3.11)）中也暗示了该影响。但是，也应使用下述方程进行阐述，该方程是由高帽片光源剖面（式(3.3)）及矩形查询窗口（式(3.4)）推导而得：

$$E\{R_D(\boldsymbol{s},\boldsymbol{D},\boldsymbol{X}_0'-\boldsymbol{X}_0)\}=C_R R_\tau[\boldsymbol{s}-\boldsymbol{d}-(\boldsymbol{x}_0'-\boldsymbol{x}_0)]\times\left[1-\frac{D_X-(X_0'-X_0)}{\Delta X_0}\right]\cdot\left[1-\frac{D_Y-(Y_0'-Y_0)}{\Delta Y_0}\right]\times\left[1-\frac{D_Z-(Z_0'-Z_0)}{\Delta Z_0}\right]$$

一般而言，较强的峰值可获得更好的峰值检测概率，并减小噪声分量在确定峰值位置时的影响。在许多情况下，基于平均流动主位移的先验知识或像移位可被用于提高评估结果。在其他情况下，为了利用这种效应，应采取更为复杂的算法。软件可以多途径或采用不同尺寸的查询窗口工作以进行相关计算。在这两种情况下，测量分辨率与精确度均可显著提升，但需花费更多的计算时间。关于在使用互相关评估时如何选择正确查询窗口尺寸及位置的各方面信息将在5.4节进行详细阐述。根据作者的经验，在对实验参数优化采集时可以使用快速评估方法，且为了在实验后可进行优化评估，也可以存储原始采集。

PIV 采集技术

第4章

本章主要介绍不同种类的 PIV 数据采集技术。值得注意的是，不同方式的数据采集并不只取决于测量的媒介。例如，无论使用胶片还是数码采集都可以得到相同的结果。PIV 的数据采集模式主要分为以下两类：①以单帧图像捕捉一直被照亮的流场；②为每个照明脉冲提供单独的照明图像。在后文中将介绍这些方法：单帧（图 4.1）和多帧（图 4.2）。

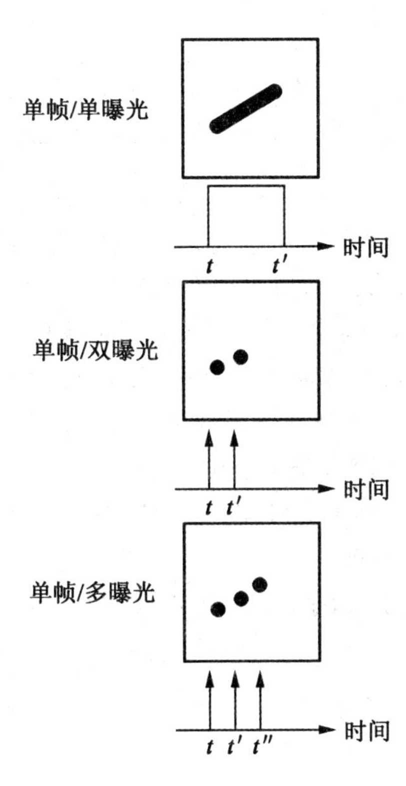

图 4.1　单帧技术

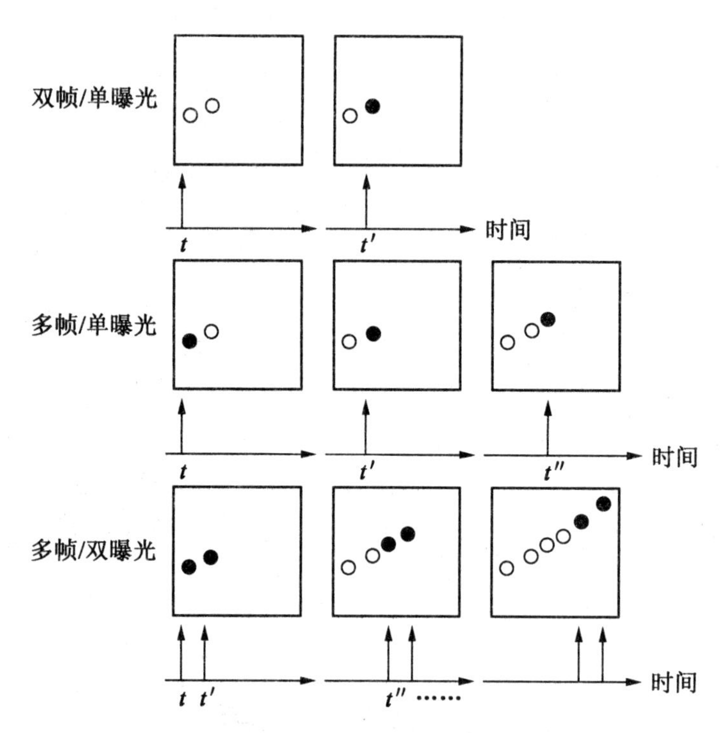

图 4.2　多帧技术(空心圆代表粒子在之前的帧所在的位置)

这两种方法的主要区别在于,第一种方法在不引入其他方法的测量过程中不保留照明脉冲的时间序列信息,这将会引起位移矢量的方向歧义。因此,需要采用其他方法解决位移方向的不确定性,如位移偏移法、图像偏移法(如使用旋转镜片或双折射晶体)以及脉冲标记或颜色编码法①[57,86,91,93,98,99]。

与此相反,多帧/单曝光 PIV 数据采集方法保留了测量过程中粒子图像的时间序列信息,因此在技术需求能够满足的前提下视为首先选择的方法。此外,这种方法在数据评估方面也相对简单。

历史上,单帧/多曝光 PIV 数据采集最初是与摄影技术结合使用。尽管高速运动相机使多帧/单曝光 PIV 数据采集成为可能,但还是有诸如帧间配准等其他问题出现。随着电子成像技术在过去十年中的不断发展,多帧/单曝光的 PIV 数据采集技术已经成功扩展到超高速流场流速测量领域。

关于 PIV 数据采集,本章结构如下:在介绍经常使用的相机后,将讨论单帧数据采集和图像偏移的优点以及相关问题。第二部分主要介绍多帧 PIV 数据

① 严格地说,颜色编码是多帧/单曝光 PIV 的一种:颜色采集被分别存储在不同颜色的通道中,各个通道分别含有单次曝光粒子图像信息。

采集的数码图像部分。

在这里无法给出所有的 PIV 数据采集技术。在过去的几年中,文献中提到很多种构思精巧的 PIV 数据采集方法,它们在一些具体的应用中有着特殊的优势。显然,考虑到不同应用过程中的不同需求差异,我们无法确定哪种方法是最好的。因此,这里描述的数据采集技术不一定是最好的,但是最常见的。

综上所述,设计一套 PIV 实验装置,首先要达成以下目标:

(1)拍摄的流场具有高的空间或时间分辨率。

(2)对于速度波动具有足够的分辨率。

(3)各次 PIV 测量之间的时间间隔。

(4)哪些组件在实验室中已经拥有或花费适当的成本可以获得。

根据上述优先选择目标,可以配置一套合适的 PIV 采集系统。然而,必须牢记不是每个需求都可以满足,这主要由实验仪器的技术参数限制导致的,如可利用的激光能量、脉冲重复率、相机帧数等。与此同时,数据采集系统的选择也会影响位移不确定去除的方法,因此也需使用评估方法。现如今,已经使用了很长一段时间的具备数据采集质量的照相采集和机械图像位移方式可能不再是首选。视频采集在实验过程中具备即时反馈以及质量优化等诸多优点。这对于大多数应用在运行成本上有更高的利益。

4.1　PIV 胶片相机

以目前的技术水平,数码数据采集可以获得与 35 mm 胶片相当的空间分辨率。但是,如果使用更大尺寸的胶片相机,其分辨率可以比数码图像得到的分辨率大一个量级。对于需要无峰值的高空间分辨率的 PIV 应用,胶片照相技术就是一个选择方案。胶片照相技术的一个主要缺点为很难采集不同帧下示踪粒子的图像,特别是对于需要采集脉冲时间间隔在几微秒量级的高速研究。这也表明,对于胶片图像 PIV,定向模糊去除的问题已经被一种可靠、灵活的方式解决,例如即将介绍的图像偏移。

4.1.1　PIV 胶片相机示例

初始的 PIV 实验表明,为了减少系统确定方向的时间,高质量的可靠的聚焦设备是必要的。为达到此目的,胶片相机需要安装一个快速对焦装置。例如,胶片平面上的一小块区域可以通过 CCD 相机观测后壁面的孔口来观察,从而达到控制对焦的目的[58]。这种对焦设备运行良好，有助于减少必要的调整时间。文献[60]、[68]中也提到其他具有技术优势的解决方法。

低成本的 CCD 传感器安装在单镜头反光照相机的取景器上，可以用于快速可靠地对焦（图 4.3）。必须要妥善放置 CCD 传感器，以保证镜头和 CCD 传感器之间的距离与镜头和胶片的距离一致。光斑和胶片平面之间的距离可以通过移动横动台上的整个相机系统来调整，由此观察监视器上最小颗粒图像的直径。

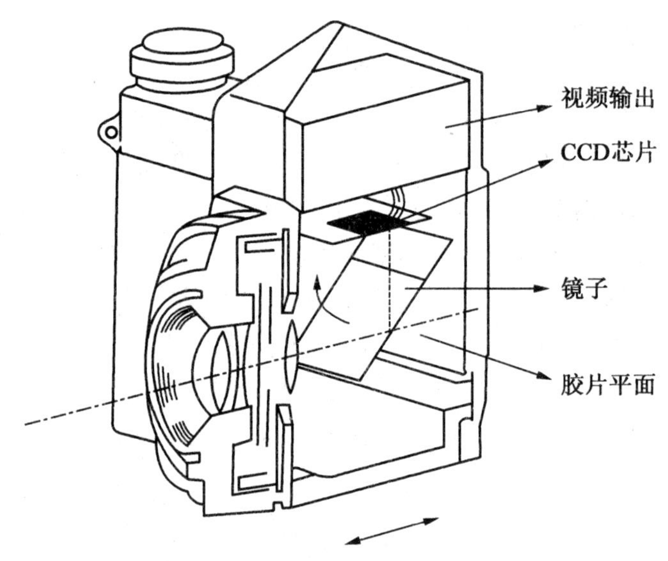

图 4.3　装有用于快速对焦的 CCD 传感器的胶片相机

4.1.2　高速胶片相机

第一台高速相机发明于第二次世界大战前夕[96]。最开始，这项发明由连接到机动快速驱动的标准组件组成，可以快速地更换胶片。旋转棱镜生成投影图像的周期性转换，从而保证更长的曝光时间。这些方案的限制因素为加速力和机械胶片的性能。这种相机的最高帧数可以达到 1 000 帧/s。

通过鼓轮摄像机可以获得更高的帧数。高速鼓轮摄像机由旋转镜片组成，图像由初级物镜投射产生，如图 4.4 所示。镜片与旋转轴线成 45°倾斜。在旋转透镜周围有一对次级透镜，连接在圆柱的内壁上，它们将图像投影到相机胶片上。这类相机解决了一些当前科学研究需要的主要技术问题。首先，电机需要连接并在采集之前供给一个大加速度，以达到高速持续采集。其次，必须避免在加速和恒定转动期间由振动以及高结构负荷引起的共振。最后，需要一个

非常复杂的光 - 机械或光 - 电快门。

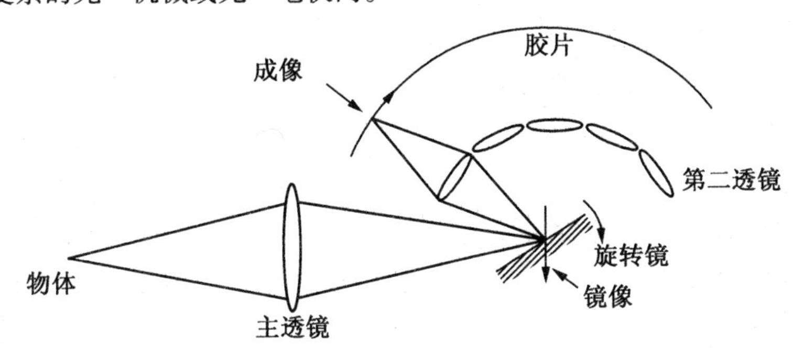

图 4.4　高速鼓轮摄影机结构简图

尽管在过去的几十年间并未深入开发高速鼓轮摄影机,但高达 10^7 帧/s 的帧数以及相机感光材料的高空间分辨率使其仍优于现代高速数码相机。由于达到高脉冲速率所需的大量振荡激光器的费用过高,并且操作较为复杂,因此降低了它的应用率。

4.2　PIV 数字相机

在过去的十年中,基于 CCD 的数码相机成了几乎所有需要中度或无时间分辨率的科学技术 PIV 应用的工作模块。双振荡器闪光灯 Nd:YAG 激光能够提供高脉冲能量,并且可以与大多数市场购买的 CCD 相机的帧数相匹配。CCD 相机有两个显著的优点:一个是可以增加空间分辨率;另一个是电子结构允许同一台相机进行双 PIV 数据采集,时间间隔在微秒量级(参见 4.2.4 小节)。因此,下面将对 CCD 的传感器进行详细介绍。

2.8 节已经介绍了 CCD 作为图像传感器。下面将介绍在 PIV 数据采集中应用到的各类 CCD。图 4.5 给出了一个 CCD 传感器的布局简图。各个像素通常排列成矩形阵列,形成光敏感区(也存在线性、圆弧或六角形的形式)。应该指出的是,与大多数 CMOS 传感器相比,CCD 传感器阵列的像素不能被随机处理,而是存储在计算机中加以处理。更确切地说,读出阵列有两个步骤:在传感器曝光后积累的电荷(即电子)垂直移动,每次移动一行,进入在传感器活跃区域下边缘的模拟位移寄存器。模拟位移寄存器的每行会按像素确定,通过电荷 - 电压转换器赋予每个像素电压。像素流电压和各种同步脉冲流构成实际的

(模拟的)视频信号。根据采用的图像传输格式,传感器的读出可以是连续的(也被称为逐行扫描)也可以是交错的,其中所有的奇数行在偶数行之前被读出。后者是标准视频设备的通用格式(参见2.10节)。由于逐行扫描方法可以保留图像的完整性,这对于PIV数据采集以及其他成像应用有很大帮助,例如机器视觉。

4.2.1~4.2.4小节将着重介绍各种类型CCD传感器的使用方法以及在PIV数据采集中的应用。4.2.5小节将论述最近开发的有源像素COMS传感器,其将用于高速PIV传感器的设计。4.2.6和4.2.7小节将会介绍可以用于高速数据采集的相机类型,考虑到用于PIV数据采集的视频设备的水平,2.9节和4.4.1小节有待商榷。2.8.1小节已经介绍了PIV中关于数码相机的一些必要功能。

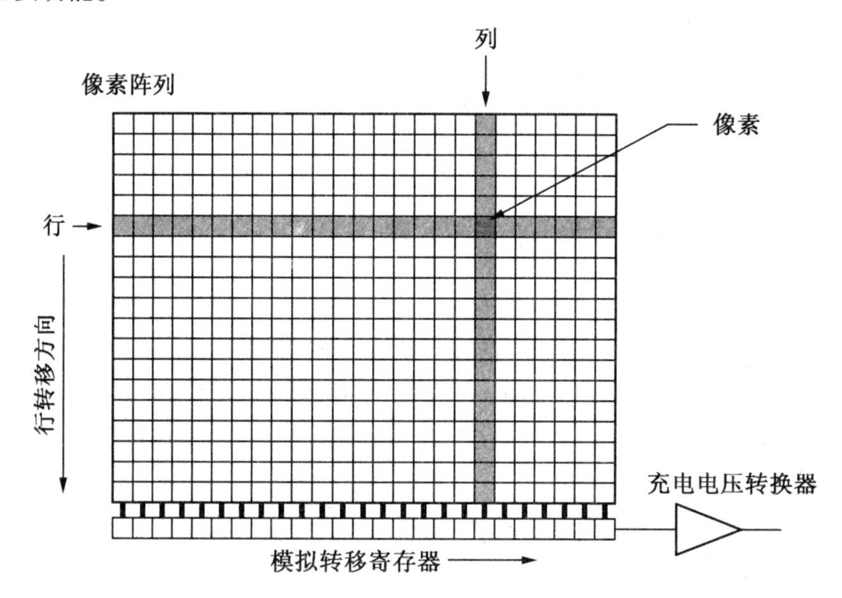

图4.5 经典CCD传感器示意图

4.2.1 全帧CCD

全帧CCD传感器代表了CCD传感器的经典形式(图4.5)。首先曝光像素的感光区,然后按顺序一行接一行读出,与标准视频不同的是图像不会分成两个单独交错的区域。自19世纪60年代发明以来,这种传感器广泛应用于天文学、光谱学、遥感技术的成像领域。其特征为大量的填充因子可以使特殊的背部减薄的背照传感器[①]达到100%。由于具有充足的冷却以及缓慢的读出速度，成像产生的噪声等级很低并且具有很高的动态变化范围（高达16位）。这种传感器最显著的优点为阵列可以达到超过千万的像素（7 000×5 000像素）。

然而，使用这种传感器也有一些缺点。为了实现读出噪声低以及动态变化范围大，像素的读出速率很低。即使在标准视频中读取数据速率也限制在10～20 MHz，这导致随着像素数量的增加，帧数减少。对于较大的传感器，小于1 Hz的帧数并不少见。因此有时需要使用多个数据端口，这就带来了校准各个电压－电荷转换器的问题。另一个缺点是传感器在读出期间会一直工作。除非快门放置在传感器的前面，否则也会捕捉落在传感器上的光，最终导致图像出现覆盖。

由于其极高的空间分辨率，全帧CCD传感器可以直接代替胶片相机。这种传感器经常加在35 mm单反相机内。在PIV中包含多个粒子曝光图像（$n_{exp} \geq 2$）的单一图像可以使用这种拍摄方法进行采集。相同地，在胶片相机中使用的模糊去除方法（旋转镜、双折射晶体），在这里也可以使用。对于这种传感器，如果研究的流动相比相机传感器帧数慢，那么可以获得单曝光PIV的数据。这种情况不需要进行模糊去除。图4.9（a）和（b）的时序图总结了粒子照明脉冲如何放置才能够产生单曝光或多曝光的PIV图像。

4.2.2　帧转移CCD

帧转移CCD传感器（图4.6）的像素结构与全帧CCD传感器基本相同，不同点在于屏蔽其每行的下半部分不能用入射光进行曝光。一旦曝光，积累电荷的行以$\Delta t_{row-shift} = 1\ \mu s$每行的速度迅速转变为屏蔽区域。由此整个图像会被遮蔽$\Delta t_{transfert} = 0.5 \sim 1$ ms，该时间取决于竖直关闭速度以及竖直图像面积。而在垂直转移时间内传感器保持工作则会发生覆盖现象。然而，遮蔽区域存储的电荷在转移之前就会丢失。一旦转移完成，读出的顺序和全帧CCD传感器的相同。

帧转移CCD传感器在PIV数据采集中有两种应用。积累电荷快速转移到存储区，允许在同一时间延迟内捕捉两个单曝光PIV图像，且该时间延迟可以长于转移时间，即$\Delta t \geq \Delta t_{transfer}$。为了达成这一目标，设置曝光脉冲，从而使在转

---

① 在背照式CCD下，光活性部件通过硅酮基材料由后面照射。因此，该设备的背面需要减薄到10 μm，并需要涂层以避免反射。

移事件的帧之前第一次脉冲立即发生(例如第 n 帧),第二次脉冲在之后的帧立即发生(例如第 $n+1$ 帧,如图 4.9(c)所示)。相对于 CCD 传感器的固定曝光周期,激光脉冲的设置有时也被称为帧跨越。在标准视频分辨率下,拍摄 20 cm的可视区域,可以测量高达 5 m/s 的流速。在这种情况下,PIV 的帧数是相机帧数的一半(例如,NTSC 视频 15 Hz,PAL 视频 12.5 Hz)。

帧转移 CCD 传感器也可以用于施加图像转移,以消除双曝光单帧 PIV 数据采集的位移偏移。这是通过在垂直转移时间开始之前或开始时布置第一次照明脉冲实现的(图 4.9(d))。第二次照明脉冲设置在第一次曝光积累的电荷转移到遮蔽区域的时刻。例如,在每行转移速率为 $\Delta t_{row-shift}=1\ \mu s$ 时,脉冲延迟 $\Delta t=10\ \mu s$ 将产生最多 10 次图像转移。在这种操作模式下,PIV 的帧数等于相机的帧数。在这方面,标准的 CCD 传感器也能执行这种类型的位置偏移。

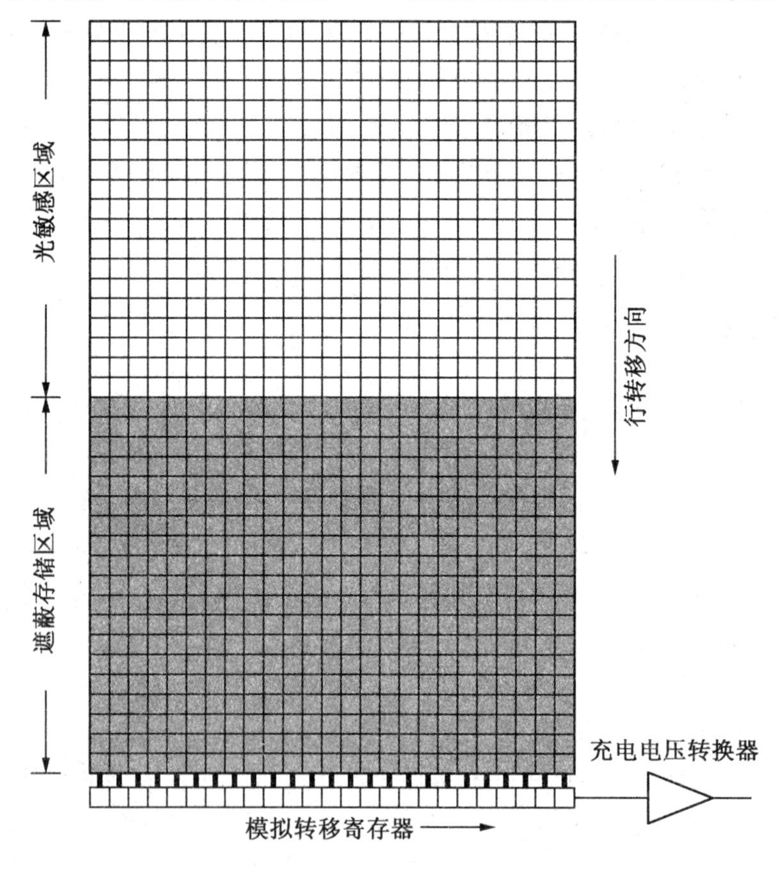

图 4.6　帧转移 CCD 传感器示意图

4.2.3　行间转移 CCD

行间转移 CCD,需要在有效像素之间附加额外的垂直转移寄存器。通常,两个垂直相邻的像素在垂直转移寄存器上共用同一个公用存储网点,如图 4.7(b)所示。

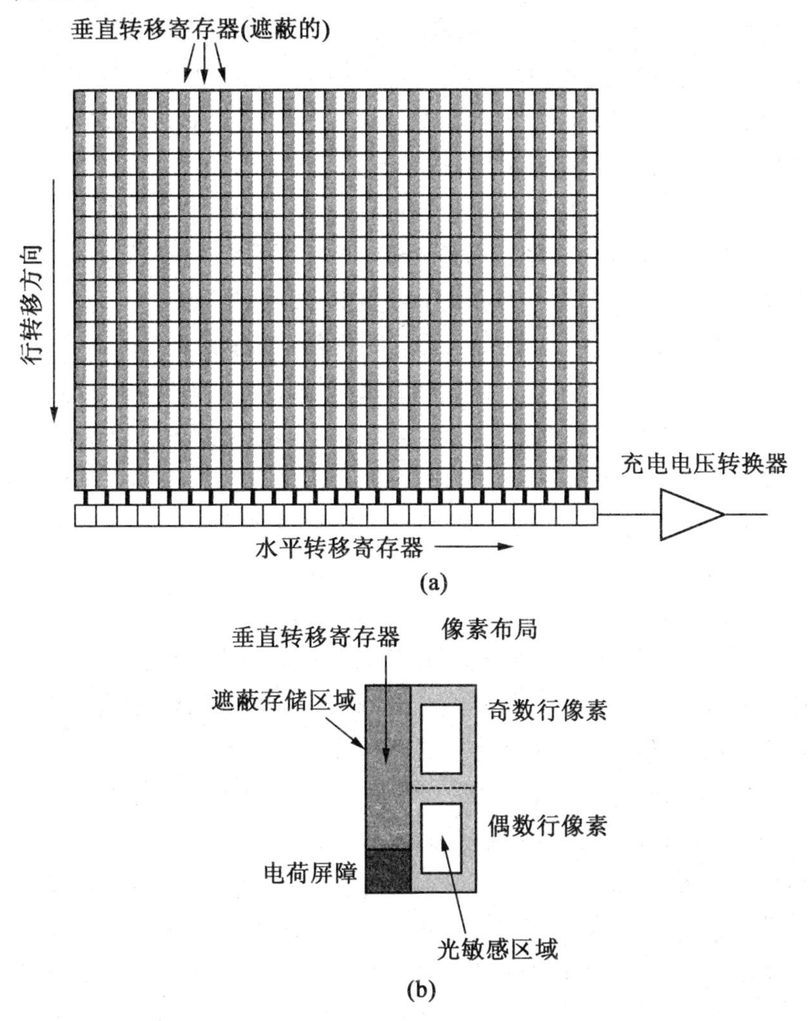

图 4.7　行间转移 CCD 示意图

在像素有效区域积累的电荷能够迅速转移到上述存储区域($\Delta t_{\mathrm{transfer}}$ < 1 μs)。这种快速的电荷倾泻功能也使传感器领域的全电子快门成为可能。这种传感器类型常见于消费者购买的视频产品中,尽管也使用高分辨率,但很容易满足标准视频分辨率(表 2.9)。与之前描述的成帧 CCD 传感器不同,这种

行间转移 CCD 传感器对于光谱的蓝绿色区域更加敏感(图 2.49)。

这种传感器的主要缺点为:由于在每个感光区域旁边都要设置存储单元,将导致填充因子数量减少。在传感器表面添加微透镜可以提高它的光收集能力。背部减薄方法不能用于该传感器,因为其额外的存储单元需要保持对光的遮蔽。

由于传感器要提供有效像素数量一半的电荷存储单元,图像存储只能有一半的垂直分辨率。这种存储模式是标准视频传输的加工品,可以使整个图像帧分成只包含偶数或奇数行的不同区域(参见 2.10 节)。因此在这种百叶窗式的操作模式下,传感器可以只提供一半的垂直分辨率。例如,如果传感器读出捕捉图像数据的奇数行,偶数行就会存储电荷,反之亦然。其结果是,奇数行和偶数行在不同时间段都是活跃的,对于相邻的视频行,同一时间内一个区域的图像数据捕捉是交错的,即运动物体的捕捉图像似乎是晃动的。

行间转移 CCD 传感器相机在电子 PIV 数据采集中主要有两个应用。这种电子快门可以用来控制连续激光器,例如氩离子激光器(图 4.9(e))。这种电子快门是由每个像素的嵌位电压方法来实现的,嵌位电压可以抑制 CCD 相机中大多数帧之间的光子到电荷的转化,在电子转移发生之前只给光子收集留下很短的时间。由于光敏感期的时间位置相对于相机的场速率是固定的,因此有效脉冲延迟 Δt 就相当于场速率(例如,对于 CCIR,$\Delta t = 20$ ms,对于 NTSC,$\Delta t = 16.7$ ms)。这种方法在低速应用中的限制可以通过控制时间来解决。

在百叶窗式的操作模式下,电子快门已经完全停止工作,只有短暂的电荷转移还在进行。在这种情况下,实施帧跨越方法,双照明脉冲的第一次脉冲在电子转移前发生,第二次脉冲在电子转移后发生。由此,可以采集两个单曝光图像的一半垂直分辨率,两次采集之间只存在一个很短的有效脉冲延迟,只有 1 ~ 2 μs 为电子转移时间。Wernet[110] 首先使用该技术,他使用了 CW 激光和行间转换 CCD 相机测量流速为 100 m/s 的射流。此外,这种方法还有很多其他应用[97,100,106,111]。由于两个场构成一帧,有效 PIV 帧速率和相机帧速率相同(例如 CCIR 为 25 Hz,NTSC 为 30 Hz),因此给出脉冲激光就可以提供脉冲频率。交错图像的 PIV 数据采集只有当粒子图像足够大时才是有效的,这样粒子图像才不会在第二次曝光的图像中消失,反之亦然。

4.2.4 全帧行间转移 CCD

全帧行间转移 CCD 传感器是之前介绍的行间转移 CCD 的衍生物,不同之处在于每个有效像素都有自己的存储位置(图 4.8(b))。20 世纪 90 年代基于逐行扫描传感器的相机在机器视觉领域迅速普及,因为它可以去除隔行视频成像的所有组件。电子快门也可以应用到整个图像而不只是行间转移CCD的领域之一。同时,微透镜在各个像素的帮助下将有效填充因子由20%提升至60%。

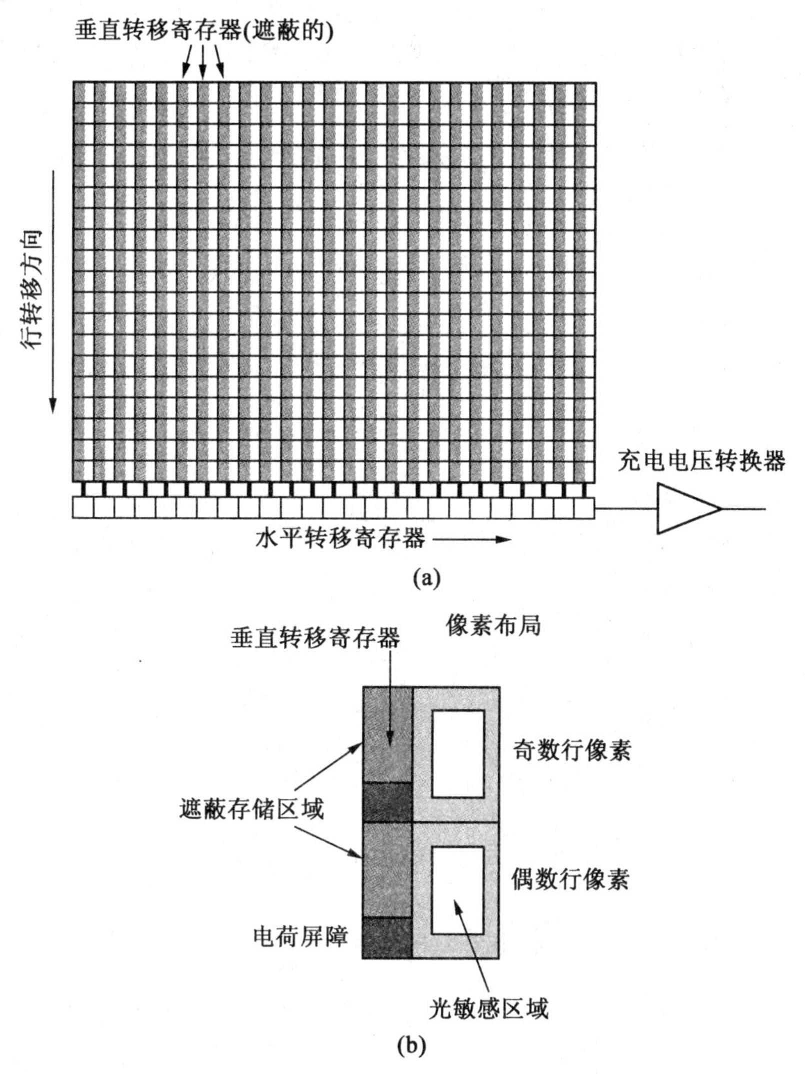

图4.8 循序扫描,行间转换CCD示意图

整个曝光图像在几微秒内快速转移到相邻的存储单元内,并结合更高的分辨率格式,这已经从标准视频分辨率分离,其应用已经从单曝光双帧PIV图像扩展到跨音速的流动速度域内。PIV图像帧数的最大速率仍旧是相机帧数速

率的一半,脉冲延迟低至 $\Delta t = 1\ \mu s$。由于这些相机还有异步复位的可能性,因此是应用范围最灵活的 CCD 系统,具体信息将在下文进行介绍。基于该传感器的 PIV 数据采集的时序图如图 4.9 所示。

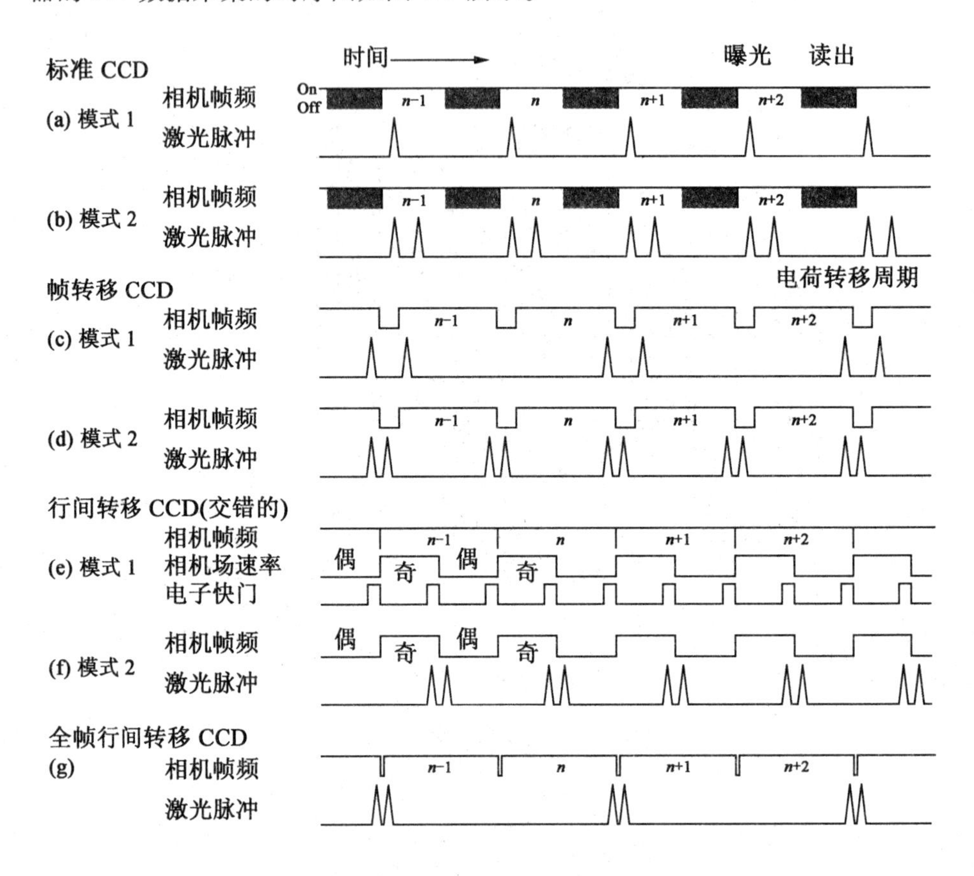

图 4.9　不同种 CCD 传感器的 PIV 数据采集的时间序列

4.2.5　有源像素 CMOS 传感器

与 PIV 应用最相关的 CMOS 传感器是基于有源像素传感器(APS)技术,其中除了光电二极管,读出放大器加至每个像素。这个转换通过光电二极管将积累的电荷转变为电压,在像素中放大并逐行逐列地转换成可以被电路处理的信号(详见 2.8.2 小节)。在图 4.10 中可以看到,每个像素包含一个光电二极管、一个三元组晶体管、复位光电二极管和转移电压的垂直列总线,其中三元组晶体管可以将积累的电荷转化为可测电压。除此之外,有的 CMOS 传感器每个像素还包含快门晶体管。放大晶体管就是通常被称为源极跟随的输入设备。将光电二极管生成的电荷转换成输出到列总线上的电压。复位晶体管控制积分时间,每行选择的晶体管将像素输出连接到用于读出的列总线。

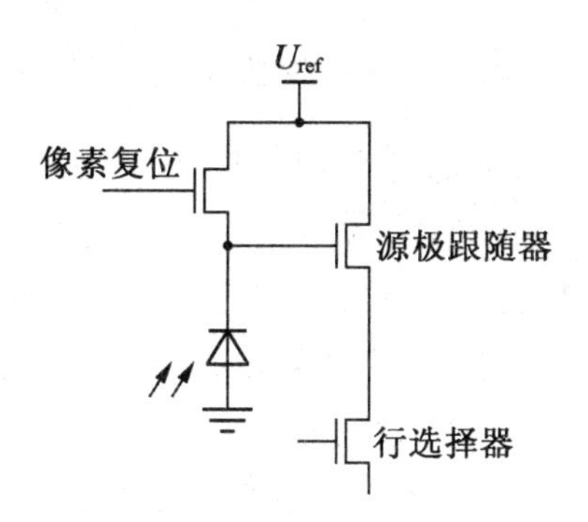

图4.10 带有集成电路放大器(源极跟随器)的APS-CMOS示意图

在传感器的操作过程中,首先初始化复位晶体管以便从感光区域渗漏电荷。之后,积分时间开始,来自光电二极管的电子被存储在表面下方的势阱内。积分时间结束后,行选择晶体管将所选像素的放大晶体管连接到其负载,并形成源极跟随器,这样光电二极管的电荷会转换成列总线的电压。这个过程循环读出每行从而形成图像。

PIV数据采集经常出现的问题是PIV采集图像接近CCD相机模型表面时会出现绽放现象(参见2.8.1小节)。在这种情况下,表面散射的高强度光会导致电子迁移到相邻像素,从而无法采集这些区域的粒子图像。CMOS传感器的一个主要优点就是可以采集这些高对比度的图像且不会发生绽放。

4.2.6 高速CCD相机

4.2节介绍了不同类型的传感器。这些传感器特别是全帧行间转移CCD,主要用于最普通的中等速率的PIV应用。然而,也有一些基于CCD技术的特殊发明可以用于高速PIV应用。

要达到高帧速率以及高空间分辨率,需要使用PIV获得大量数据,这些数据将从芯片转移到存储单元。这需要高响应速度和可以读出电子设备的高带宽。传感器的高带宽会增加噪声同时降低效率。这些问题导致传感器需要设计分成更小的段,各个段并行读出。因此读出速度也随着分离通道的数量增加而减少。此外,大多数高速相机的CCD传感器都包含一个所谓的分帧存储单元,使一半的图像从芯片的顶部读出,另一半从底部读出。尽管做了很多努力,通过并行传输和存储来增加像素的读出速率比传统相机快很多,考虑到其噪声,读出的电子设备仍需要仔细优化。现如今的商用高速相机,在像素为512×512的分辨率下已经可以达到1 000帧/s的速度。

4.2.7 用于PIV采集的高速CMOS相机

用于PIV的高速相机的最主要优势为具有CMOS传感器。在之前已经介绍,CMOS传感器具有并行结构,这比其他种类的传感器允许更多的通道。用于高速PIV的COMS相机通常具有32个或更多的通道。对于时速率CMOS传感器可以提供更高的像素速率,因为CMOS的像素可以在一次时脉冲读出,而普通的CCD需要二或四次时脉冲才能读出。与大多数CCD传感器相比,高速CMOS传感器在每个像素上都有电子快门。前面已经介绍,CMOS一般不会出现绽放现象,但可能会发生饱和效应。高像素强度影响图像的方式和普通CCD传感器不同。之前介绍的用来读取CMOS传感器阵列的较小子窗口的窗口法,可以在产生高帧数速率的同时缩小图像分辨率。此功能用于大多数的高速CMOS摄像机以及高速PIV数据采集,因为其允许大多数高速激光使用非常高的重复速率。一些CMOS相机可以使传感器更加灵活地读出。这种传感器具有数百种可选的分辨率,帮助用户获得最大性能所需的分辨率。与旧设计相比,先进的CMOS传感器每个像素使用的元件更少,并且元件的尺寸更小。这也使其比大多数CCD高速相机具有更好的感光度。此外,最新的CMOS高速相机的图像质量也有显著改善。事实上,一些单反数码相机的生产商在一些产品中也提供CMOS传感器,这种趋势仍在继续。

现如今的商用高速CMOS相机在过万的像素分辨率下可以达到超过3 000帧/s的速率,在512×512的像素分辨率下仍然可以达到10 000帧/s的速率。为了保存在几秒内得到的大量数据,现在许多相机的内存都高达16 GB,在数据导入计算机前直接保存在相机的内存中。

4.3 单帧/多曝光采集

当使用胶片相机或单帧数码相机进行PIV数据采集时,相同的粒子可能经过两次或更多的曝光,并存储于一次数据采集中。由于无法确定图像是来源于第一次还是第二次曝光脉冲,因此不能唯一确定每个查询窗口内的粒子运动方向。虽然许多应用中可以通过流动知识获得速度符号,但一些涉及流动逆转的工况,如分离流动,则需要通过其他技术来获得正确的位移方向。

4.3.1　图像偏移特性

在很多领域中,PIV 测量都需要一个灵活的方法来去除产生多种情况的不确定性。尤其是在空气动力学中的高速流动,每次曝光之间只存在几微秒的时间间隔。文献[86]、[89]、[98]提及的方法是通过图像偏移技术去除方向模糊。图像偏移在第二次照明时给所有的示踪粒子图像添加一个恒定的附加位移。其他模糊去除方法都需要一种特殊的或至少一种专门适用的计算方法,而图像偏移法在计算过程中保持计算方法不变。

方向模糊性的去除。图 4.11 给出了一种通过图像转移的两个示踪粒子的方向模糊的去除方法,一个示踪粒子移动到右侧,另一个移动到左侧(流动逆转)。这里引入一个附加的图像偏移,d_{shiftt}, 流动使粒子图像位置由 d_1 移动到 d_2,情况发生改变。通过选择的附加位移 d_{shift},保证它总是大于流动方向的最大值(例如 d_2),也保证第二次曝光的粒子图像总是位于第一次曝光粒子图像位置的“正”方向。方向模糊去除并不取决于观察面的方向,如果相应的逆转流动单元的最大值达到预期数值,则发生偏移。这样位移矢量的方向就有了一个明确的判定。通过提取位移矢量并减去“人为”贡献来获取位移矢量 d_1 和 d_2 的值与正确符号。

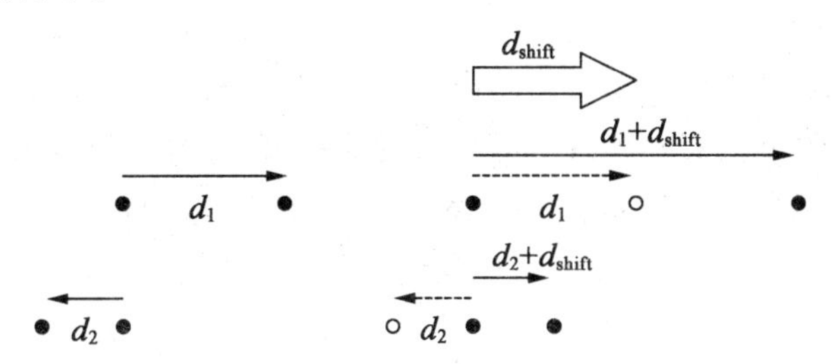

图 4.11　在观察平面内矢量位移方向的消除

4.3.2　通过图像偏移 PIV 采集自相关方法的优化

第 3 章已经介绍了单帧/多曝光数据采集的两个子区域使用互相关方法代替一个子区域的自相关方法,增加了 PIV 系统的灵活性。这种计算方法不能去除速度矢量的定向模糊,也不能处理粒子图像直径顺序的图像位移。然而,脉冲分离时间可以适用于更广的范围,因为两个查询窗口的尺寸和它们的位置都可以在计算后调整。

如果计算方法不足够灵活,从而允许略微偏移的查询区域的互相关计算,则双曝光 PIV 采集的评估过程必须由自相关分析。当使用光学计算提高信噪比时,会经常出现这种问题。除了去除定向模糊,图像偏移还可以优化自相关运算的数据。对于图像偏移的详细内容请参考 Raffel 和 Kompenhans 的文章[104]。

4.3.3 图像偏移概述

图像偏移最广泛使用的实验方法包括在观测区域添加旋转镜片使流动成像到相机采集区域上。示踪粒子图像的位移大小取决于反射镜的角速度、光板面和反射镜之间的距离、成像系统的放大率以及两次照明脉冲的时间延迟[98]。使用旋转镜片的实验装置已经广泛使用,并取得了良好的实验结果,例如对动态流动分离(逆流尾流)的研究[61]。

光电方法采用不同的偏振光照明以达到提高偏移速率的目的,并且已经由 Landreth 和 Adrian[99]、Lourenco[101]、Molezzi 和 Dutton[64]进行了实验验证,通过适当厚度的双折射晶体实现了粒子图像的持续偏移。Reuss 阐述了该方法的相关问题,例如“去除偏移效应”[105]。

Wormell 和 Sopchak 提出了可以解决方向模糊问题的另一种方案,在传感器第一次和第二次激光脉冲的时间周期内,已知第一次照明得到的电荷的电子移动。这种方法需要大约 40 μs 的最小脉冲时间间隔。在哥廷根德国宇航中心已经有很多使用旋转镜系统进行图像偏移的应用,下面将详细介绍该系统。

用于图像偏移的旋转镜片具有以下优点:它可以使用现有装置很容易实现单帧/多曝光的数据采集;对粒子的散射特性没有额外的要求(可以忽略不计光偏振效应);偏移的速度可以满足问题的需要;可以通过移动整个相机实现高偏移速度。

需要指出的是,旋转镜片技术的最大帧速率受镜片的角速度与镜片表面数量的乘积限制。帧速率也会成为一个限制因素,例如在低流动速度下需要较高的时间分辨率的情况。此外,镜片以恒定的速率旋转,也不可能进行非周期性流动工况实验。

4.3.4 旋转镜片系统的布置

图 4.12 给出了在哥廷根德国宇航中心使用的用于图像偏移的高速旋转镜片系统。其偏移速度高达 500 m/s,并且没有明显的图像质量损失。

高速旋转镜片系统由以下几部分组成:安装精密轴承的轴,连接在轴一端的反射镜架和连接在轴另一端的光学编码器。反射镜片组件由一个频率范围为1～100 Hz的步进电机驱动。传送带保证传动,连接到旋转轴的旋转转子为电机驱动引起的速度波动提供补偿。光学编码器是一种市面可售的角度编码器,它使用扭转轴将离合器与主轴相连,可以为激光触发及角频率检测提供信号。即使在嘈杂的工业环境,这种精密加工的装置也能保证物镜和观察平面成90°。

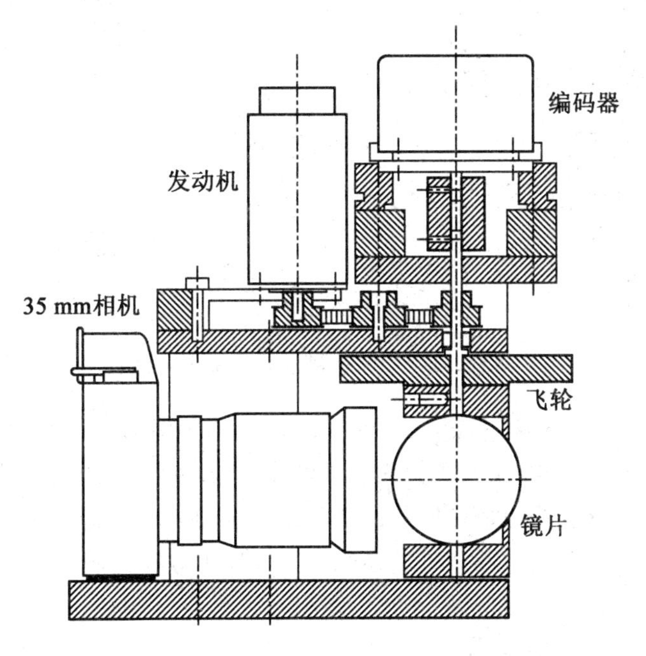

图 4.12　高速旋转镜片系统示意图

从角度编码器到脉冲激光重复速率的信号频率的适用性可由数字分频器达成,如图 4.13 所示。反射镜在图像捕获时的角度位置由数字控制器保持恒定,并锁定到激光脉冲的触发器上。这种设计方式是为了处理步进电机或处于风洞环境产生的严重电子噪声。

控制观察角的过程如下:信号(a)是编码器的增量信号。编码器每转传递1 000次脉冲的分辨率是充足的。信号(b)是编码器的参考信号,通常每转提供一个倒脉冲。在角度控制器中,信号(a)和(b)由逻辑符 AND 连接在一起。得到的信号(c)和来自于激光脉冲的信号(d)由逻辑符 OR 连接在一起。信号(e)用于控制数据采集中的激光和相机。如果参考信号(b)与光脉冲信号(d_{I})不重合(事件Ⅰ),则激光(e_{I})和镜片控制器(a)获得不同的脉冲频率。这会引起相位转移直到参考信号(b)与脉冲信号(d_{II})重合为止。在这种情况下(事件Ⅱ),编码器增量信号(a)和激光控制信号(e_{II})的脉冲速率相同,并且控制误差为零。包含在信号链中的数字分频器使镜片转动,并且使帧速率发生变化。这种图像偏移装置的主要优势在于易操作,并且可以灵活调节偏移的速度,仅通过“按下按钮”的操作步骤便获得大范围的选择区域。

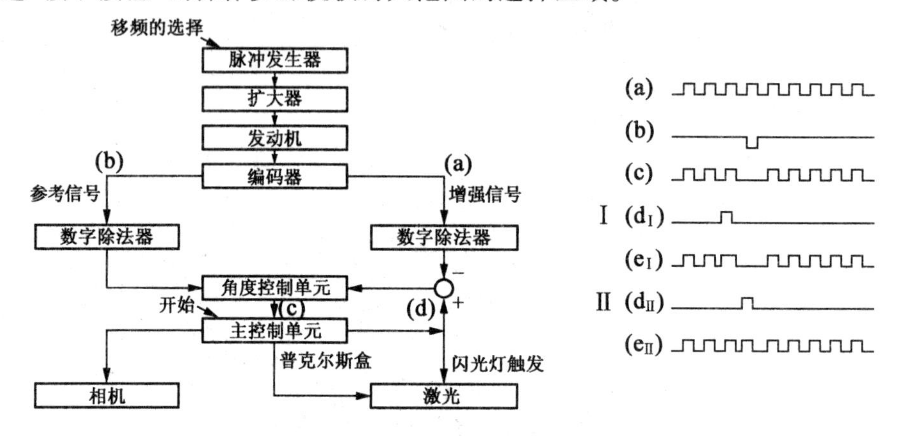

图 4.13　角度控制的流程图和脉冲图

本小节介绍了如何创建一个可以被激光脉冲相位锁定的旋转镜片系统。然而,反射镜片系统也会产生误差。特别要注意的是,通过旋转镜片形成的是示踪粒子的虚像。由于旋转镜片的运动是完全均匀的,粒子的图像也会在局部发生变化。下面将根据系统的光学几何特性导出方程,实现给予镜片系统误差完整补偿的算法。

4.3.5　镜像偏移的计算

在文献[92]中,由镜片旋转产生的虚像运动是由二维光学几何关系导出的。为了估计粒子图像散焦参数的影响,需要测定光斑上场域中心的位移。通常在整个观察区域假设粒子图像的转移位移 d_{shift} 为恒定:

$$d_{\mathrm{shift}} = 2\omega_m Z_m M \Delta t \tag{4.1}$$

式中,ω_m 是旋转镜片的角速率;Z_m 是光平面与镜面轴线之间的距离(Z_m 为常数);M 是放大率(图像尺寸/实物尺寸);Δt 是激光脉冲之间的时间延迟,$\Delta t = t' - t$。实际上,镜片轴和光平面上点的距离不是恒定的,但是在经典实验条件下,x 坐标的方程会给平均的图像偏移带来超过 1% 的误差。虚像移动的方向还会带来更加错误的结果。因为在虚拟粒子图像的透视投影影响下,虚拟粒子图像偏移的 z 分量在虚拟观察边缘区域变大,同时对于 x 和 y 分量也有影响。为了充分描述在 x、y、z 坐标系下在图像点位置垂直于虚拟片光源的偏移分量的影响,一定要考虑通过透镜成像。

数学计算过程的详细信息参见文献[104],可以得到镜片旋转的图像位移 $d=x'-x$(式(4.2)和式(4.3))。文献中给出的由旋转镜片产生的示踪粒子图像转移位移的式(4.1)可以由以下假设得到精确解:

- Δt 接近0;
- 镜片的旋转轴位于光轴上;
- 粒子图像接近图像中心处。

由于位移角 $2\omega_m\Delta t$ 通常小于0.1°,可以忽略第一个假设产生的误差。将关系式 $\sin(2\omega_m\Delta t)=2\omega_m\Delta t$ 和 $\cos(2\omega_m\Delta t)=1$ 代入以下计算粒子图像转移的方程中:

$$d_x(x,y)=\frac{x-MZ_m2\omega_m\Delta t}{(x+X_mM)2\omega_m\Delta tf^{-1}(1+M)^{-1}+1}-x \tag{4.2}$$

$$d_y(x,y)=\frac{y}{(x+X_mM)2\omega_m\Delta tf^{-1}(1+M)^{-1}+1}-y \tag{4.3}$$

式中,$1/f=1/z_0-1/Z_0$,$M=z_0/Z_0$(参见2.6.1小节)。

以上公式可以在计算旋转镜片系统中图像偏移位移时使用。

在通常情况下,镜片轴和透镜光轴之间的距离 X_m 可以调节至零。然而,对于使用较小反射镜的非对称装置,其距离 X_m 远大于零。

粒子图像接近图像中心处的假设($x\cong0$; $y\cong0$)会在测量位移数据时产生系统偏移误差。在PIV图像评估时必须考虑该误差 $\varepsilon=(d_x-d_{\text{shift}},d_y)$,并且该误差可以通过式(4.2)和(4.3)计算。例如,由镜片旋转产生的示踪粒子图像位移(d_x,d_y),以及观察平面中心处的粒子图像位移 d_{shift},可以计算它们之间的差异。下面给出一些经典的实验数据:放大率 $M=1:4$,脉冲间隔 $\Delta t=12\ \mu s$,旋转镜片轴线到光平面的距离 $Z_m=512$ mm,镜片旋转速度 $\omega_m=62.8$ rad/s,焦距 $f=100$ mm。图4.14也表明图像位移在测量平面中心处仅有194 μm,而在测量平面边缘处增大至200 μm。

4.3.6 镜像偏移的测定

在PIV数据采集中,使用旋转镜片系统的图像偏移造成的粒子图像偏移误差可以通过实验方法来确定。为了达到此目的,在静止的空气中进行PIV测量实验。在观察区域内,将示踪粒子注入空气中。实验装置设计的参数和4.3.5小节中计算示例的参数相同。受对流或重力作用产生的粒子运动很微弱,因此相对64 m/s的转移速度可以忽略不计。图4.15给出了实际粒子图像偏移和观察区域中心处粒子图像偏移的差别。矢量场的缩放比与图4.14相同。

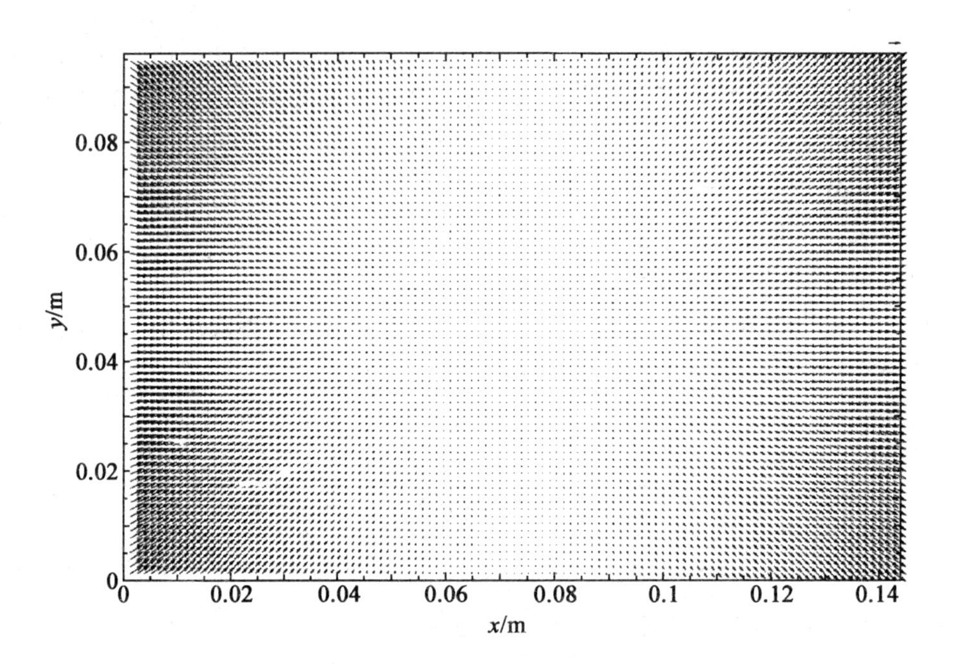

图 4.14　由透视变换得到的粒子图像位移($d_x - d_{shift}, d_y$)的示意图

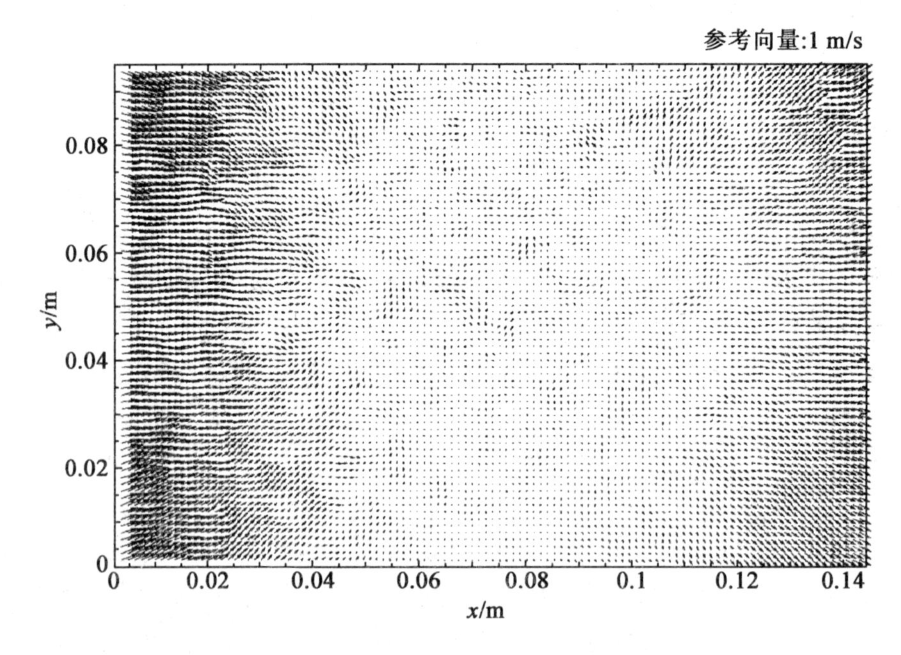

图 4.15　静止粒子图像偏移位移($d_x - d_{\text{shift}}, d_y$)图(实验和计算采用的参数相同)

实验值和通过式(4.2)和式(4.3)计算得到的理论值的偏差值在 PIV 系统的测量分辨率之内。因此可以放心假设旋转镜片－相机系统的建模是正确的。

正如文献中描述的,常规实验假定粒子图像偏移位移在整个图像上都是恒定的,即使对于小观察角度,也会与真实的粒子图像偏移存在2% ~3% 的系统误差。而虚拟位移通常会选择更大的平均流速。这也使得最终平均流速存在高达10% 的误差。式(4.2)和式(4.3)表明粒子图像的位移取决于放大率 M、透镜的焦距 f 及镜片轴的位置。这些参数均在实验中保持不变。因此,为了能够适当校准实验结果,局部变化的粒子图像位移只能由通过公式计算给出的实验装置决定。

已经实现的另一种实验方法不使用式(4.2)和(4.3)中的准确测量参数。通常在实验结束后,偏移镜片继续以一个恒定的角速度工作,流体静止。静止流体($U_{residual} \ll U_{shift}$)的 PIV 数据采集只需要测量图像偏移的影响。通过第二次最小二乘法拟合获得虚拟流场,可以很好地测出由镜片产生的失真,并且随后可以用来校准之前实验的实际 PIV 数据。这种通过直接拟合预期方程的直接校准方法还可以用于其他装置非均匀图像偏移的分析与补偿(例如 Reuss 的双折射晶体的不均匀图像偏移[105])。

4.2 节已经阐述了逐行扫描 CCD 的可应用性,大多数双帧模式的 PIV 数据采集都采取这种方式。然而,如果相机不允许在脉冲间隔时间内进行帧传输,则通过图像偏移方法去除模糊的装置仍是有使用价值的。

4.4　多帧 PIV 采集

下面将给出不同种多帧 PIV 数据采集技术的简短介绍。4.4.1 小节将详细介绍频繁使用的基于视频实现的双帧/单曝光数据采集。将采集的光分割成不同帧的主要优势如下:它解决了定向模糊性,可以适应更宽范围的脉冲间隔时间,在相同查询窗口尺寸下可以适用更高的信噪比。在大多数情况下,改善信噪比可以计算更小查询窗口内的位移,因此在相同采集分辨率下可以提高空间分辨率。

可以通过对不同偏振光进行编码来区分不同的照明光[88,95],也可以使用彩色相机和彩色编码片光源来区分[87,90,91]。在一些情况下,这两种方法均可行,但由于这些方法都存在额外的光学问题,因此它们都不是通用的解决方法。应该考虑玻璃窗口和模型表面散射以及较大粒子偏振的消除。首先,在空气中使用双色激光和彩色胶片对较小的示踪粒子进行 PIV 数据采集,该测试表明绿色光的聚焦平面相对于红色光的聚焦平面有高达 20 mm 的位移。

相比于照明,不同的曝光间隔也可以通过图像采集的时序获得。这一点是可以实现的,例如,将高速胶片相机装置和铜蒸汽激光器相结合,或者使用多振荡器 Nd:YAG 激光。然而,这些实验装置很难操作并且只适用于特定工况,例如活塞式发动机流动的研究。基于视频相机时序的更普通方法将在下文给出。

基于视频的双帧/单曝光 PIV 的实现

如果空间分辨率不是首要考虑的问题,那么低成本的标准视频装置的频繁可用性以及基于计算机图像采集卡就成为 PIV 使用时最关注的问题。下面将简单介绍三种可以提供单曝光粒子图像采集图像对的模式。

模式一:第一种模式只能在慢速流动中使用,这使得该方法只能在水流动中使用,实质上它等同于 DPIV 的最初实现方式,可参见 Willert 和 Gharib 的文章[174]。正如图 4.16(a)所示,激光恰好和相机的帧数频率相同。如果不能通过相机获得垂直同步脉冲,则可以使用同步分离器获得。来自持续激光波的光脉冲持续时间应不超过 1/4 帧的时间(大约 8 ms),以避免在数据采集中出现过度的粒子图像条纹。

模式二:基于视频成像的 PIV 数据采集的第二种模式利用了现如今摄影机频繁使用的电子快门。然而,正如之前提到的,这种快门经常以一个场接一个场工作,使所采集的 PIV 图像只有垂直分辨率的一半。视频的互锁性质可以给使用者提供包含一对 PIV 图像的各个视频帧。奇数视频域(即所有奇数行)组成第一次 PIV 数据采集,而偶数视频域(即所有偶数行)则对应第二次 PIV 数据采集。数据采集和光脉冲延迟之间的时间延迟 Δt 相当于 1 s 的第 1/50 或 1/60 的场间隔,和模式一相比可以达到两倍的时间分辨率以及最大的可测量速度(图 4.16(b))。这种模式的另一个优势为利用电子快门可以使用连续光源。快门时间要足够长,给予传感器充足的曝光时间,同时也要足够短,以避免产生过度的条纹,通常要低于场速率的 1/4(例如 1/250 s)。为了处理数字化的视频帧,用户首先要将交错的图像分离成图像对,然后插入每个图像缺失的行。

模式三:该模式和第二种模式相似,不同点在于传感器上没有使用电子快门,并且照明脉冲由异步提供(即帧跨越,参见 4.2.3 小节)。这种模式扩展了基于视频的 PIV 数据采集,并可以测量更高流速流动的图像。相关的时序图如图 4.16(c)所示。

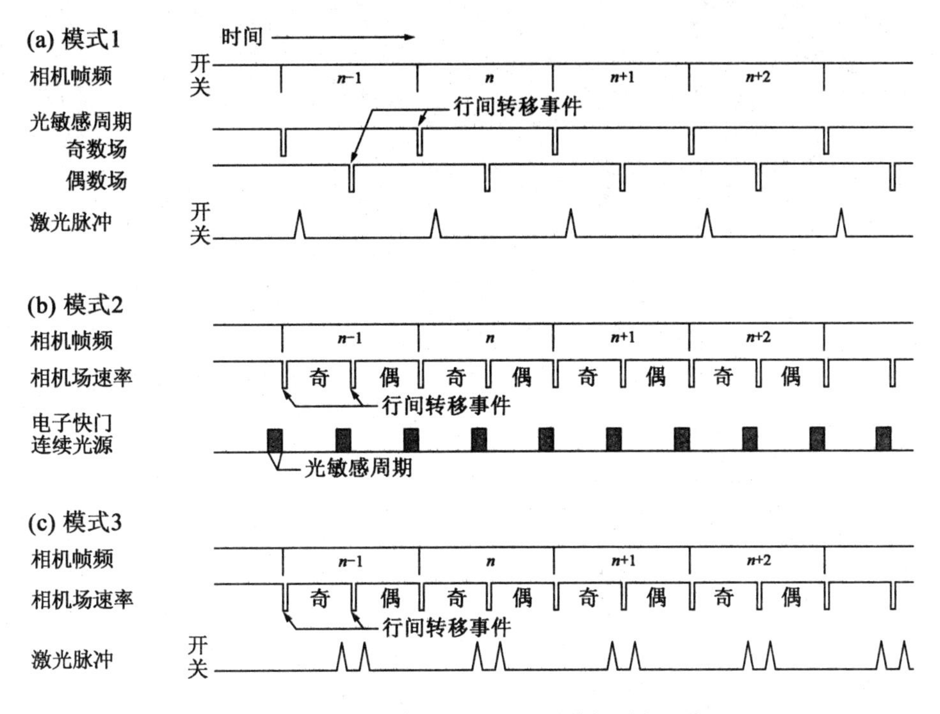

图 4.16　基于标准视频设备的 PIV 数据采集时序图

第5章 PIV图像评估方法

本章将介绍统计 PIV 评估的基本技术。尽管 PIV 评估系统的大多数实现方法相近,即使几乎所有情况都是采用数字的傅里叶算法,我们也将考虑光学技术,因为光学技术对目前设备的分类和理解有重要意义。

为了从 PIV 采集中提取位移信息,需要使用某种查询方法。最初,只能采用人工查询方法对具有稀疏粒子的图像选择跟踪其中的单个粒子,从而获得位移信息[125,178]。随着计算机和图像处理技术在实验中的普遍使用,粒子轨迹图像的自动查询过程成为可能[118,185,231,246]。然而,对于低粒子密度图像的情况,如图 1.5(a)所示,仅有追踪法适合,即在两次曝光之间对单个示踪粒子的查询。三维高速流动(如涡轮机械)或两相流经常出现这种低粒子密度图像,其中高速流动不能提供足够的示踪粒子,两相流则需要研究粒子自身的传递。此外,可使用追踪法确定流体元的拉格朗日运动[127,162,229]。

原则上 PIV 矢量图需要较大的数据密度,特别是在比较由 PIV 方法获得的实验数据与数值模拟数据时。在 PIV 采集时中等密度的示踪粒子图像可满足上述需求(尤其在空气流动中不可能得到大图像密度,因为当超过一定程度时,检测图像的数量不能随着流动中粒子浓度的增加而增大[53])。然而,在中等密度图像的情况下由连续照明得到的粒子图像匹配对不能通过 PIV 采集的目测来检测,如图 1.5(b)所示。因此,必须发展统计方法(将在下文介绍)。在进行统计评估后,采用追踪方法测量子窗口的空间分辨率,即超分辨率 PIV[179]。然而,因为从单个粒子图像提取位移信息需要空间分辨率较好的粒子图像采集,所以相对于数字采集,这些技术更适合于增加摄影 PIV 采集的空间分辨率。

在过去的几十年间，追踪法被不断地改善，如其中的像应用于神经网络[134,250]方法非常有前景。因此，在一些实际应用中，粒子追踪法是一个不错的选择，但本书还是将重点介绍统计 PIV 评估方法。对追踪法有兴趣的读者可以参考 Grant[36]的文章，由 Th. Dracos[34]编辑的“三维速度和涡量测量与图像分析技术”的讲座内容，以及 SPIE 系列中低粒子密度图像 PIV 的部分[35]。

最近，国际 PIV 挑战[48,50]给出了互相关方法与粒子追踪技术的比较和评价结果。

5.1　相关与傅里叶变换

5.1.1　相关

在中等粒子密度图像的情况下，PIV 采集统计评估主要是为了确定两幅保存为二维灰度分布的粒子图像间的位移。环顾其他区域的气象状态，这就是一个对单信号分析的实例，通过相关技术可确定两个几乎相同的时间信号间的时间偏移。目前，很多书[2,20]介绍了相关技术的数学规则、相关与不相关信号之间的基本联系以及相关技术的应用。相关的理论可以直接由一维（一维时间信号）延伸至二维（二维灰度分布）[4]。第3章已经介绍了统计 PIV 评估的自相关和互相关技术的应用。类似于光谱时间信号的表示，可以确定二维空间信号 $I(x,y)$ 的功率谱 $|\hat{I}(r_x,r_y)|^2$，其中 r_x 和 r_y 为正交方向的空间频率。对于二维情况，由时间信号理论得到的相关和傅里叶变换的基本定理也是有效的（结合适当的修改）[4]。

对于计算自相关函数存在两种可能：使用 Wiener - Kinchin 定理直接或者间接数值计算（数值地或光学地）[2,4]。Wiener - Kinchin 定理说明了自相关函数 R_I 的傅里叶变换以及强度场 $I(x,y)$ 的功率谱 $|\hat{I}(r_x,r_y)|^2$ 均为互相的傅里叶变换。

图5.1给出了互相关函数不仅可直接在空间控制体中确定（图中上部），也可使用傅里叶变换 FT 间接得到（图中左侧），其中乘法运算为在频率平面内系数的平方（图中下部），或由傅里叶逆变换 FT^{-1}得到（图中右侧）。

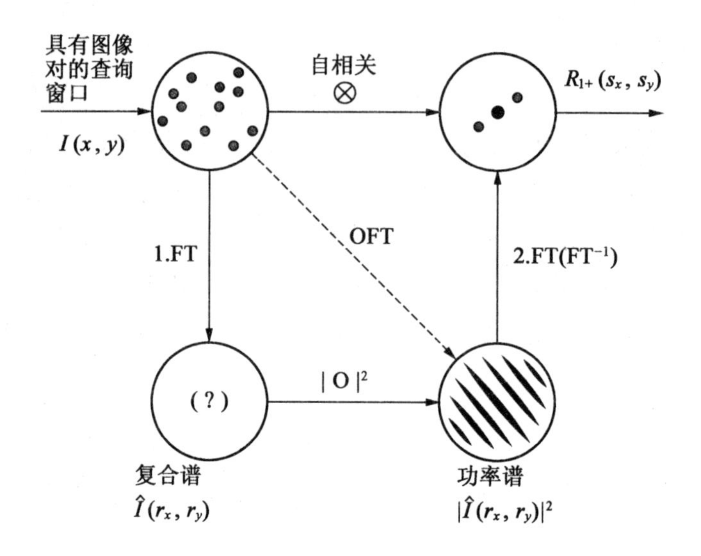

图 5.1　由 Wiener – Khinchin 定理得到的二维相关函数与空间谱之间的关系图
（FT 表示傅里叶变换，FT^{-1} 表示傅里叶逆变换，OFT 表示光学傅里叶变换）

5.1.2　光学傅里叶变换

2.6 节已经介绍，孔透射率分布的远场衍射图可由其傅里叶变换表示[10,18,102]。透镜可用于将远处的图像传至孔处。对于该理论的数学推导，需要给定一些 Fraunhofer 近似描述的假设。在实际光学设备的傅里叶变换中可使用这些假设（物体与图像平面距离大，相因素）。

图 5.2 给出了上述光学傅里叶处理的两个不同装置。左侧装置中存在一个包含可傅里叶转换透镜（如摄影 PIV 采集）的物体，该物体位于傅里叶透镜的前面。在第二个装置中物体位于透镜的后面。如 Goodman[10] 书中所述，两个装置仅在复合谱的相因素和尺度因素中存在不同。光敏元件（拍摄底片以及 CCD 相机）仅对光强度敏感，该强度相当于电磁场复杂分布的系数的平方，所以不能检测光波中的相位差。因此图 5.2 中两个装置均可用于 PIV 评估。光学傅里叶变换（OFT，图 5.1 中虚线）结果直接为透镜灰度分布的功率谱。

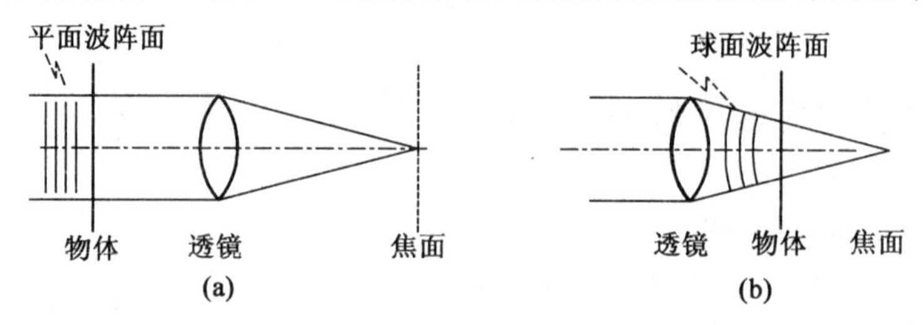

图 5.2　物体与傅里叶透镜不同位置的光学傅里叶处理

下面将使用一对双粒子图像的情况说明上述内容。在黑色(不透明的)背景上白色的示踪粒子(透明的)图像将在摄影PIV采集中形成双重孔。使用性能较好的透镜系统时,采集的示踪粒子图像的直径为20~30 μm。为了获得光学评估的最佳条件,两个示踪粒子图像之间的间隔为150~250 μm(比较4.3节)。图5.3给出了通过双孔径衍射图的最具代表部分(系数与PIV实验相似)。图5.3(a)展示了在包络线下光强度分布的多个峰,包络线表示具有相同直径的单个孔的衍射图(例如,艾里图形,参见2.6节)。强度分布将扩展至垂直方向的二维表示,从而形成条纹图形,也就是Young图形。条纹面向正常的孔径(示踪图像)位移方向。条纹间的位移与孔径(示踪图像)的位移成反比例。如果孔径(示踪图像)之间的距离减小,则条纹之间的间距增大。图5.3(b)说明了该现象,即两个孔径的间距仅为图中左侧的一半,可以发现条纹的间距受此影响而增大。由于傅里叶变换的尺度定理,同样的反比关系对于衍射图的包络线是有效的。如果孔径(粒子图像)减小,埃里图形的延长将增大(图5.3(c))。综上所述,在小孔径(粒子图像)形成的条纹图形中可以检测到更多条纹。这是在评估PIV采集时小且聚焦好的粒子图像会提高质量和检测性能的一个原因。由于傅里叶变换的移位定理,如果查询处粒子图像对的位置发生变换,强度图形的特征形状不会变化。粒子图像数量的增加也不会改变Young条纹图形。当然在只有两个图像对时并不成立,因为两个等强度的条纹系统会发生重叠,从而产生不正确的评估。

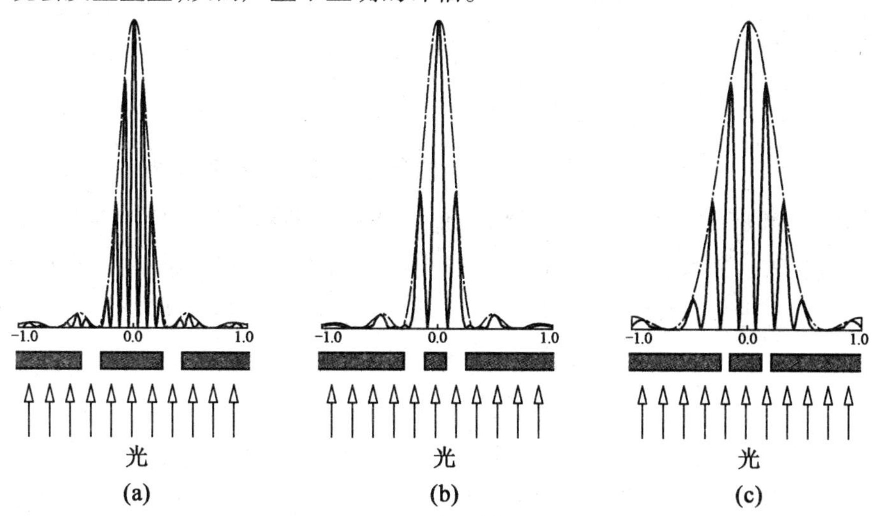

图5.3 三个不同双孔径的夫琅乐费衍射图(从左到右,首先孔径之间的间距减小,之后右侧孔径减小)

5.1.3 数字傅里叶变换

数字傅里叶变换是现代信号和图像处理的基本工具。大量书籍均对其进行了详细描述[2,4,15,29]。数字傅里叶变换的突破归功于快速数字计算机的发展以及其计算时有效算法的发展(快速傅里叶变换,FFT)[2,4,5,29]。对于理解数字PIV评估,5.4节将从各个方面介绍数字傅里叶变换。

5.2 PIV 评估方法的总结

下面将通过相关和傅里叶技术总结PIV采集评估的不同方法。

图5.4给出了全数字自相关方法的流程,这是由第3章方程得到的。PIV采集样本是在十分小的查询窗口(通常每个维度20~50个样本)下得到的。在每个窗口均计算自相关函数,并且确定位移峰的位置。在空间控制体(图5.1中上部分)或者通过使用FFT算法在频率平面上的旁路实现自相关函数的计算。

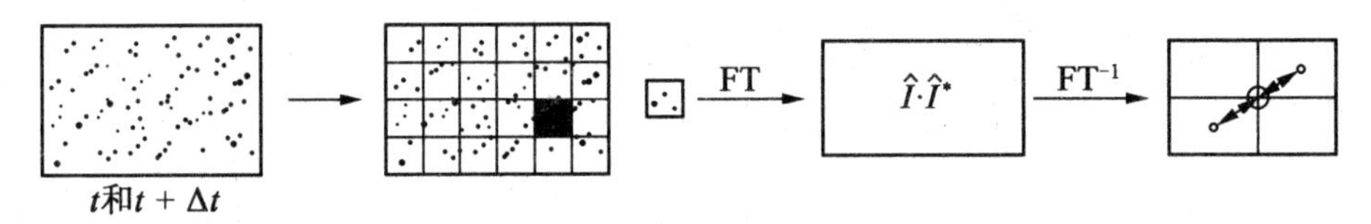

图5.4 基于全数字自相关方法对单帧/双曝光采集的分析

如果PIV采集系统允许使用双帧/单曝光采集技术,那么PIV采集的评估可以由互相关完成(图5.5)。在此情况下,可以计算采样中两个样本查询窗口间的互相关。如将在5.4节介绍的,根据两个照明间示踪粒子的平均位移,可以抵消这些样本。这将减小面内相关的耗损,并且增大相关峰的强度。通常使用有效的FFT算法数值计算互相关函数。

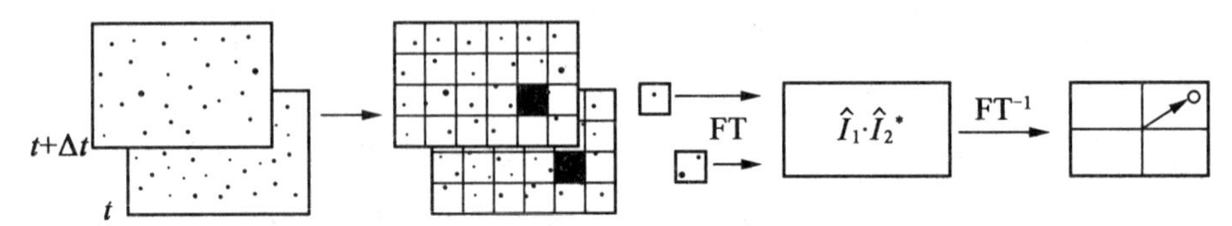

图5.5 基于数字互相关方法对双帧/单曝光采集的分析

代替自相关,通过互相关方法也可以评估单帧/双曝光采集。在该情况下,为了补偿由粒子图像的平均位移引起的平面内相关耗损,可以选择不同尺寸和/或彼此距离稍小的查询窗口。除了互相关峰,基于不同参数的自相关峰可能会出现在相关平面。图 5.6 给出了单帧/双曝光互相关方法的流程图。

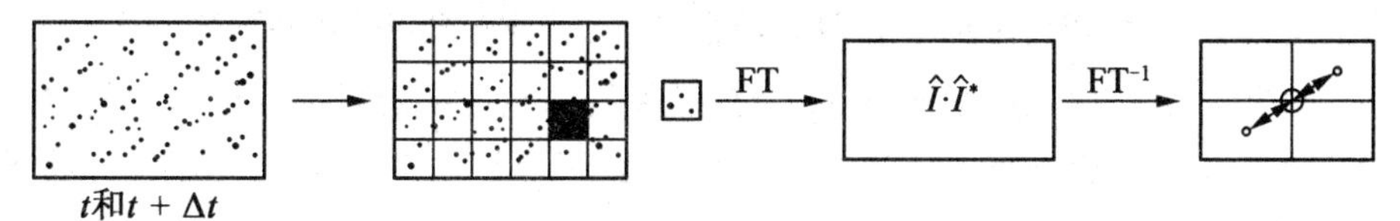

图 5.6　单帧/双曝光互相关方法的流程图

与使用自相关的全数字评估相对应的是使用光学傅里叶变换的评估系统。为了获得自相关函数,必须使用具有两个光学傅里叶处理的设备,如图 5.1 所述的通过频率面的旁路。为了存储首次傅里叶处理的输出以及充当第二次傅里叶处理的输入,需要一个空间光调制器,如图 5.7 所示。迄今为止,文献中还没有给定 PIV 评估的二维互相关函数的光学设备。

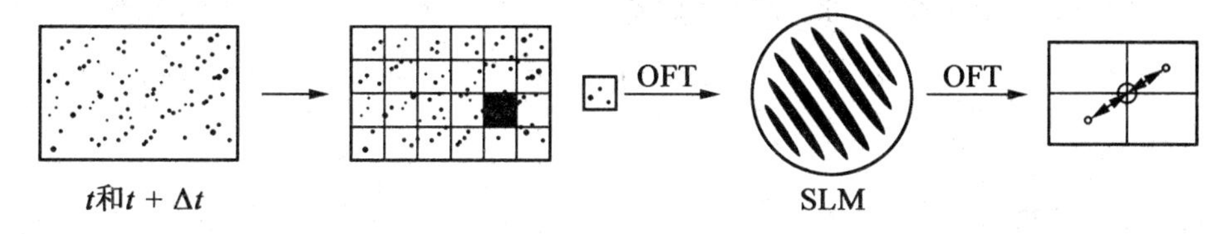

图 5.7　基于全数字方法对单帧/双曝光采集的分析

从 20 世纪 80 年代开始计算机存储以及计算速度成为限制的主要因素,光学评估方法大大促进了 PIV 的工作。最广泛使用的方法为 Young 条纹方法,该方法实际上为光学数字方法,在计算相关函数时使用光学以及数字傅里叶变换。其流程图如图 5.8 所示。

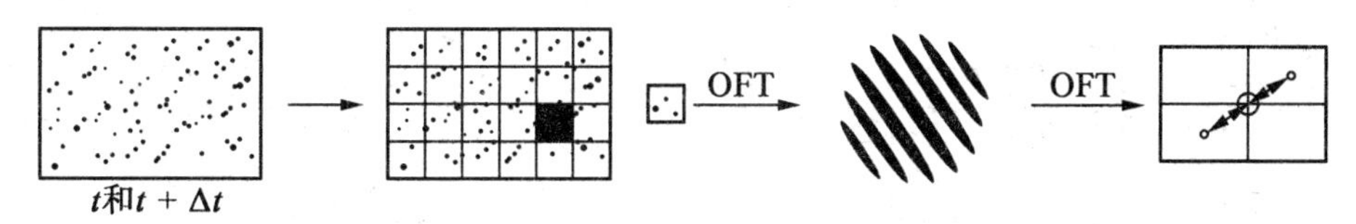

图 5.8　使用 Young 条纹技术的基于混合(光学和数字)方法对单帧/双曝光采集的分析

下面将介绍 PIV 评估中的全光学方法,这是为了对“旧”技术存在的问题进行阐述,全光学方法相比数字技术也存在一些优势。之后的部分将更详细地介绍最常用且十分复杂的数字评估方法。

5.3　光学 PIV 评估

为了在光学 PIV 评估中获得高质量结果,需要一些采集的前处理。

由于乳剂中存在颗粒成分,每个拍摄采集都包含拍摄噪声,除了粒子图像。该噪声妨碍了经典拍摄 PIV 采集的光学或数字评估。在拍摄底片颗粒上的激光束(颗粒噪声)以及变化的折射率(相位噪声)形成了光散射,从而形成了噪声。原则上,相位噪声可通过在折射率匹配的液体中浸泡底片消除,如 Pickering 和 Halliwell[122]报道的。然而,对于改进 Young 条纹能见度以及检测有效速度场数据的可能性,可以在 PIV 评估时采用两步拍摄方法[123]。查询原始 PIV 底片(明亮背景的示踪粒子图像),在 Young 条纹形成的傅里叶平面内的噪声相当大,这是因为具有最大透光率(背景)的底片区域具有持续的浓雾(图 2.44)。通过准备一个可用的底片复件可以得到正透光率(例如,在暗黑背景下示踪粒子的明亮图像)。通过利用复制时胶片的非线性行为,可以防止噪声转移到用于评估的可用复件上。因此,PIV 评估时,特别是在低密度图像的 PIV 采集区域,可以得到更好的信噪比。

Young 条纹方法

图 5.9 给出了用于实现 Young 条纹技术的实验装置。在该装置中,仅第一次傅里叶变换为光学的(与图 5.8 比较)。

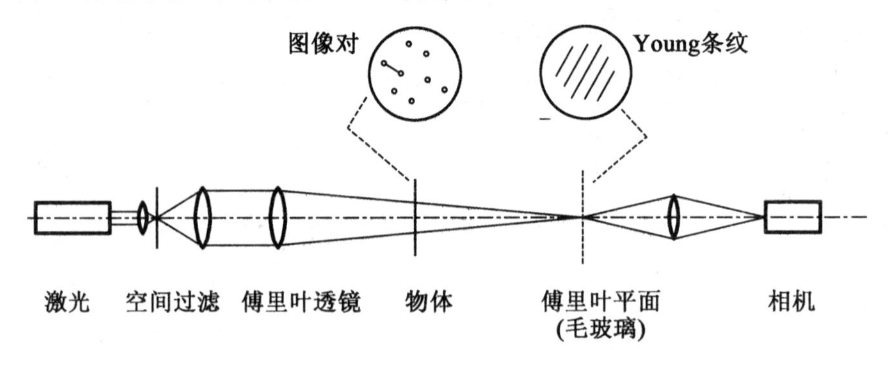

图 5.9　基于 Young 条纹技术的 PIV 评估装置

为了确定局部自相关,首次光学傅里叶处理的输入可通过简单地照明由氦氖激光束曝光的拍摄底片的一个小区域得到。通过图 5.2(b)中设备的光学傅里叶变换后,可在傅里叶平面获得 Young 条纹图形。摄像机记录傅里叶平面内光强度的分布。图像为数字图像,且存储于计算机中。条纹间距与图像对的位移呈反比例关系。条纹的方向垂直于位移的方向。因此,通过评估条纹和其方向之间的距离,可以确定流动中示踪粒子的大小以及速度场。对于评估 Young 条纹图像的第二种且适用范围更广的方法是基于 FFT 算法的第二傅里叶变换,而且该方法可使用计算机得到峰值。与数字－数字方法相比,该过程的主要优势为光学－数字方法速度快以及精度更高。像本节给出的装置已在 PIV 发展的前十年内广泛使用。文献[37]给出了 PIV 不同光学评估技术以及 Young 条纹方法的更多详细介绍。

全光学评估系统发展中的问题为将首次光学处理(如 Young 条纹)的输出存储为第二次光学傅里叶处理的输入。仅在应用易于使用且便宜的空间光调制器(SLM's)后,建立完全可操作的光学 PIV 评估系统成为可能。对于全光学 PIV 评估方法以及其实验实现的细节,读者可以参考文献[10]、[114]、[116]、[117]、[120]、[121]、[124]及[168]。

5.4 数字 PIV 评估

对于全光学 PIV 评估,光学部件的复杂度不仅包含对傅里叶光学的深刻理解,还需要使用机电系统部分(如平移台)、数字图像及计算机接口。随着计算速度以及存储能力的提高(大部分与其消耗成反比),在可完全进行数字查询之前,复杂度仅是时间问题。在拍摄采集的情况下,数字化的桌面滑动扫描仪以及连续分析的个人计算机可以完全替代光学查询。电子成像的发展允许其替代十分烦琐的拍摄采集过程。下面将介绍使用统计方法对 PIV 采集的全数字分析的必要步骤。最初,主要关注于通过互相关对单曝光图像对的分析,也就是单曝光/双帧 PIV。多曝光/单帧 PIV 采集可以作为特殊情况来分析。

5.4.1 PIV 评估中的数字空间相关

在介绍 PIV 图像评估的互相关方法前,首要任务应从线性信号或图像处理的角度出发进行定义。首先,假设给定一对包含像传统 PIV 采集中由片光源采集的粒子图像的图像。粒子被快速闪烁地照明,从而图像中不会产生条纹。流动中粒子发生移动时(忽略时间的影响,例如粒子延迟、三维性),在很短时间内采集第二幅图。给定图像对,期望测量粒子图像的直线位移,因为采集实例之间的曲率信息丢失。(同样不能从单个图像对中获得加速信息。)粒子密度太均匀以至很难匹配离散粒子。在一些情况下,可以观测到粒子组合的空间移动。图像对可以产生线性位移矢量场,其中每个矢量是通过分析粒子局部组合的移动得到的。实际上,这是由提取小采样或查询窗口以及分析统计特性得到的(图 5.10)。

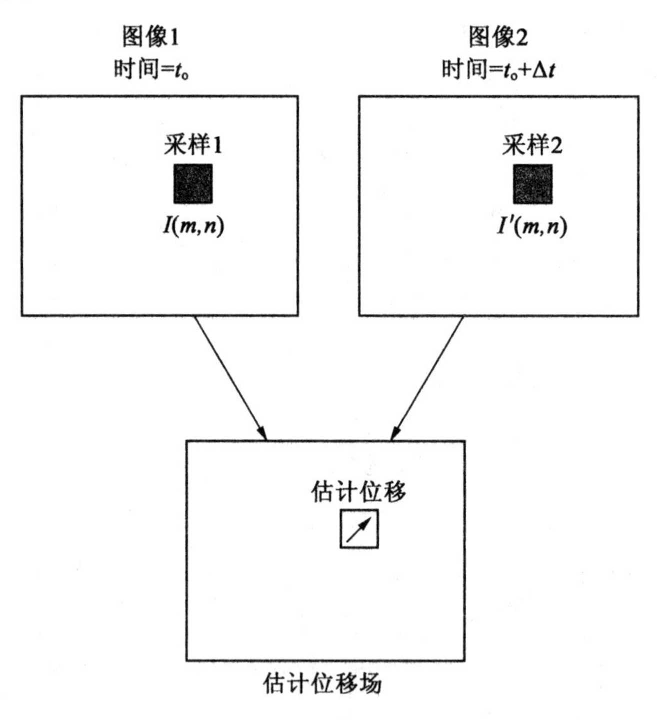

图 5.10　双帧/单曝光 PIV 中帧对帧图像采集的概念分布

从信号(图像)处理来看,应该考虑第一幅图像的系统输入,其输出即产生了一对图像的第二幅图像(图 5.11)。系统的传递函数 $\boldsymbol{H}$ 将输入图像 I 转化成输出图像 I',并且是由位移函数 $\boldsymbol{d}$ 和相加噪声 $\boldsymbol{N}$ 组成的。函数通过矢量 $\boldsymbol{d}$ 变化,因为其负责从一幅至下一幅替换粒子图像。该函数可以用例如 $\delta(x-\boldsymbol{d})$ 的卷积来表示。图 5.11 中相加噪声 $\boldsymbol{N}$ 的效应是由于采集噪声和三维流动。如果已知 $\boldsymbol{d}$ 和 $\boldsymbol{N}$,就可使用它们作为输入图像 I 的传递函数,进而产生输出图像 I'。若得到 I 和 I' 两幅图,则可估算除去噪声效应 $\boldsymbol{N}$ 的位移场 $\boldsymbol{d}$。信号(图像)是不连续的,即暗背景不能提供任何位移信息,这使得有必要通过基于局部查询窗口(或采样)的统计方法来估算位移函数 $\boldsymbol{d}$。

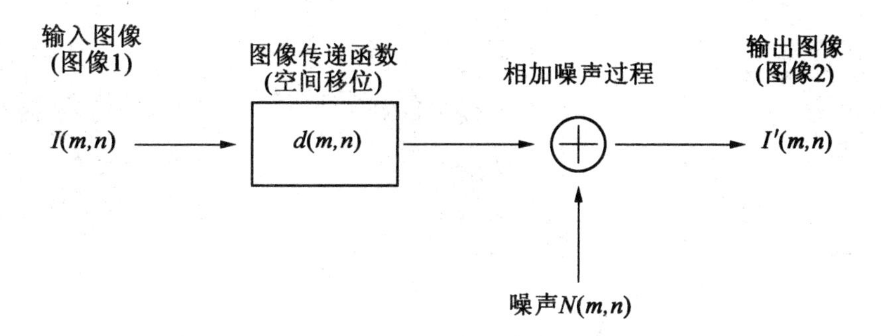

图 5.11　描述连续采集的两个粒子图像之间的功能联系的理想化线性数字信号处理方法

恢复局部位移函数的一个可能方法为对图像对进行去卷积,原则上可以通过分离各自傅里叶变换实现。该方法在信号中噪声是无关紧要时有效。然而,实际采集条件引起的噪声将快速降低数据量。同样,对于可靠的子像素位移估算,信号峰通常太强烈。

优于估算位移函数 $\boldsymbol{d}$,选择的方法为在统计下局部寻找最佳图像配对。这可通过离散互相关函数得到,其中第 3 章已经介绍了互相关的积分形式:

$$R_{II}(x,y) = \sum_{i=-K}^{K} \sum_{j=-L}^{L} I(i,j) I'(I+x,j+y) \tag{5.1}$$

变量 I 和 I' 为从图像中提取的样本(如强度量),其中 I' 大于模板 I。本质上,模板 I 是在没有超过 I' 边界的样本 I' 周围的线性移动。对于样本移动 (x,y) 的每个选择,所有重叠的像素强度的产物总和产生了一个互相关量 $R_{II}(x,y)$。通过在一定移动范围内($-M \leqslant x \leqslant +M$, $-N \leqslant y \leqslant +N$)应用该式,可以得到 $(2M+1) \times (2N+1)$ 的相关平面,如图 5.12 所示。对于采样粒子图像彼此配对的平移量,像素强度产物的总和将会大于其他区域,从而产生该位置处的大互相关量 R_{II}(图 5.13)。本质上互相关函数可在给定平移下统计测量两个采样之间的匹配度。相关平面内的最大量可作为粒子图像位移的直接估算,这将在 5.4.5 小节进行详细讨论。

根据互相关函数的直接实现检测,有两件事是很明显的:①每个相关量的乘法数量增大,且与查询窗口成正比例;②互相关方法仅可恢复线性平移。一阶方法不能恢复旋转及变形。因此,两个粒子图像采样间的互相关仅可在一阶下得到位移矢量,也就是查询窗口中粒子的平均线性平移。这意味着应该选择充分小的查询窗口,从而可以忽略二阶效应(如位移梯度)。后续将对此进行详细介绍。

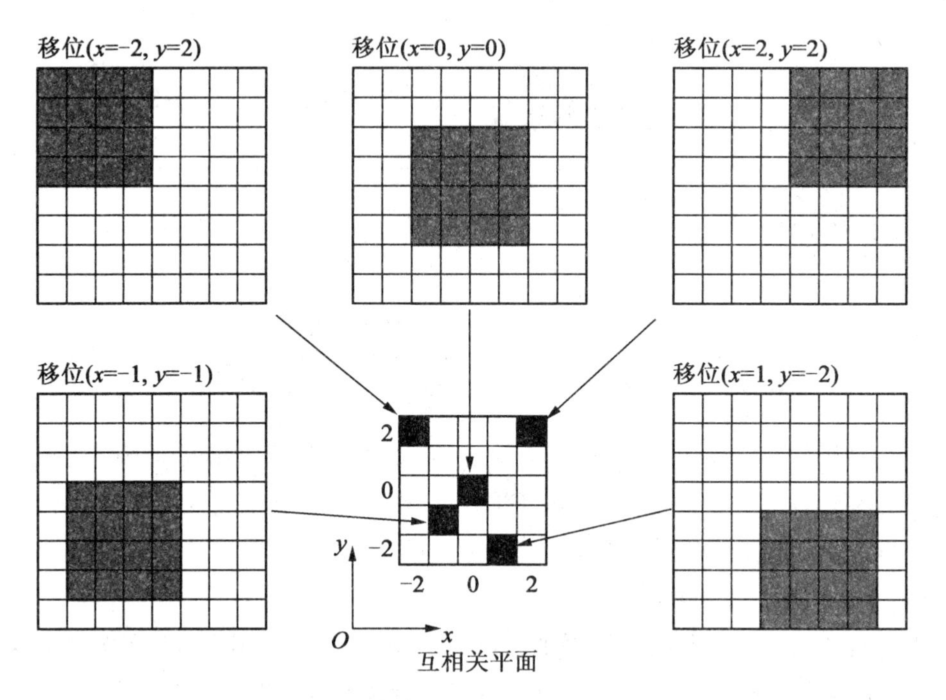

图 5.12　基于直接互相关的相关平面构成(4×4 像素模板与 8×8 像素样本相关，形成 5×5 的像素相关平面)

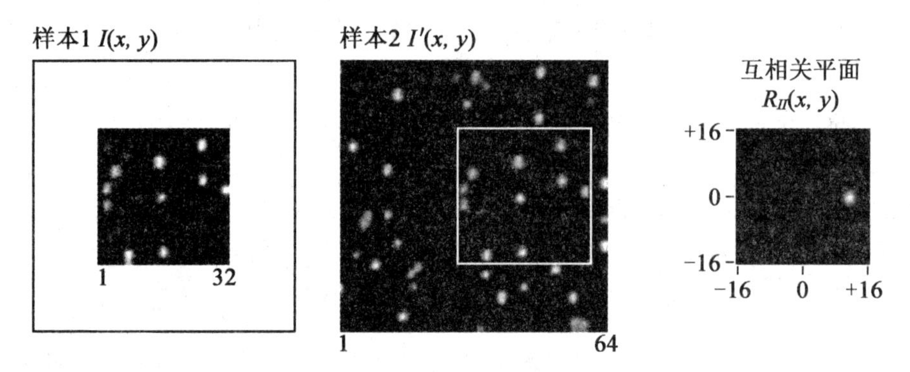

图 5.13　小模板 I(32×32 像素)与大样本 I'(64×64 像素)相关的互相关函数 R_{II}(右侧)(粒子图像的平均移动大约为向右 12 像素,I 和 I'的最佳匹配区域为白色矩形)

观察乘法和样本大小的二次增大需要消耗大量计算。在标准 PIV 查询中，采样窗口包含了数千个像素，而位移的动态范围可能是 ±(10～20)像素，形成一个相关平面就需要多至一百万的乘法以及总和。所以，考虑可由单个 PIV 采集获得数千个位移矢量，那么就需要计算相关函数的更有效方法。

1. **基于相关的频率范围**

直接使用式(5.1)计算互相关的另一种方法是利用相关定理,即两个函数的互相关等于其傅里叶变换乘法的复共轭:

$$R_{II} \Leftrightarrow \hat{I} \cdot \hat{I}'^{*} \tag{5.2}$$

式中,$\hat{I}$ 和 $\hat{I}'$ 分别为函数 I 和 I' 的傅里叶变换。实际上,对于离散数据,可使用快速傅里叶变换或 FFT 有效地完成傅里叶变换,即从 $O[N^2]$ 算子到 $O[N\log_2 N]$ 算子减小计算量。式(5.1)的冗长二维相关处理可以通过傅里叶系数的复共轭乘法简化为对两个相同图像样本量计算二维 FFT。然后利用傅里叶逆变换形成实际的互相关平面,该平面与两个输入采样一样具有 $N \times N$ 空间维数。对于二维相关的直接计算,与 $O[N^4]$ 相比较,处理减小为 $O[N^2\log_2 N]$ 算子。通过观察实际函数与其傅里叶变换之间的对称特性,即变换的实数部分是对称的,$\mathrm{Re}(\hat{I}_i) = \mathrm{Re}(\hat{I}_{-i})$,而虚部是反对称的,$\mathrm{Im}(\hat{I}_i) = -\mathrm{Im}(\hat{I}_{-i})$,可增大该方法的计算效率。实际上,需要两个实部转化为复数的二维 FFTs 以及一个复数逆转换为实部的二维 FFT,其中每个都需要大约标准 FFTs 的一半计算时间(图5.14)。计算速度可通过优化 FFT 路径进一步增大,例如,使用需要数据的查找表、重排和加权系数以及可微调的机械代码[132,133]。

对于互相关平面的计算,二维 FFT 具有很多必须处理的特性。

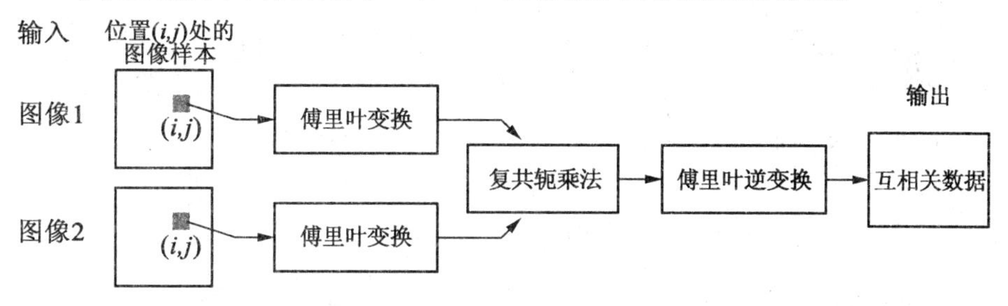

图5.14 基于快速傅里叶变换的互相关流程图

(1)固定样本大小。FFT 的计算效率主要来源于递归地实现离散傅里叶变换(Danielson - Lanczos 引理[5,23])奇偶系数间的对称特性。最普通的 FFT 需要输入 2^n 形式的数据(例如,32×32 像素样本或者 64×64 像素样本)。通常不能简单地填补 0 来形成 2^n 的样本。

(2)数据的周期性。通过定义,傅里叶变换是在从负无穷至正无穷的控制体上的积分(或总和)。然而,实际上均是在有限控制体中计算积分(或总和),

这时需要假设数据是周期性的,也就是在所有方向上信号(如图像样本)不断地重复。对于谱评估存在很多处理方法,例如开窗口,在互相关计算中使用这些将引入系统误差,甚至在噪声中隐藏相关信号。

这些方法中零补充为通过添加零点使样本大小变为原来4倍的方法,但是该方法表现得很差,其原因是通常数据在信号重叠区域包含非零(噪声)的背景。零补充过程中引入的边界不连续性以高频噪声污染了数据谱,这些噪声轮流恶化了互相关信号。FFT 数据窗的更先进技术消除了边界不连续效应,但导致了在相关平面内数据的非均匀加权以及位移矢量的偏向。处理该系统误差的措施将在下文进行详细介绍。

(3)混淆现象。由于假设 FFT 基础相关算法的输入数据为周期性的,则相关数据自身也是周期性的。如果长度 N 的数据包含一个超过一半样本大小$\frac{N}{2}$的信号,那么相关峰将被折回到相关平面内的对面。对于位移 $d_{x,\mathrm{true}} > \frac{N}{2}$,测量将为 $d_{x,\mathrm{means}} = d_{x,\mathrm{true}} - N$。在该情况下,违背了样本原则(奈奎斯特定理),从而产生虚假的测量。对此合适的解决方法为增大查询窗口尺寸或者减小激光脉冲延迟 Δt(若可能)。

(4)位移范围的限制。如前文所述,样本大小 N 限制最大可恢复位移范围为$\frac{\pm N}{2}$。然而,由于可能匹配粒子成比例地减小,实际上相关峰的信号强度将随着位移的增大而减小。早期研究表明,$\frac{N}{3}$是对位移矢量恢复的合适限制[174]。更为保守但广泛使用的限制为$\frac{N}{4}$,被称为四分之一法则[82]。

(5)固有误差。相关数据周期性的另一效应为相关估算具有偏向性。随着平移的增大,实际上与彼此相关的数据减少,因为相关模板的周期性连续数据对实际相关量并无贡献。在相关平面边界的量仅由重叠一半的数据计算得到,而且需要相应的加权处理。除相关量需要相应加权外,位移估算将偏向于更低的量(图 5.15)。为了达到该目的,5.4.5 小节将介绍适当的加权函数。

如果可以很好地控制上述所有部分,则 FFT 基查询算法(图 5.14)可以可靠地提供必要的相关数据,从而恢复位移数据。由于上述原因,与式(5.1)的线性互相关相比,互相关函数的实现可以称为循环互相关。

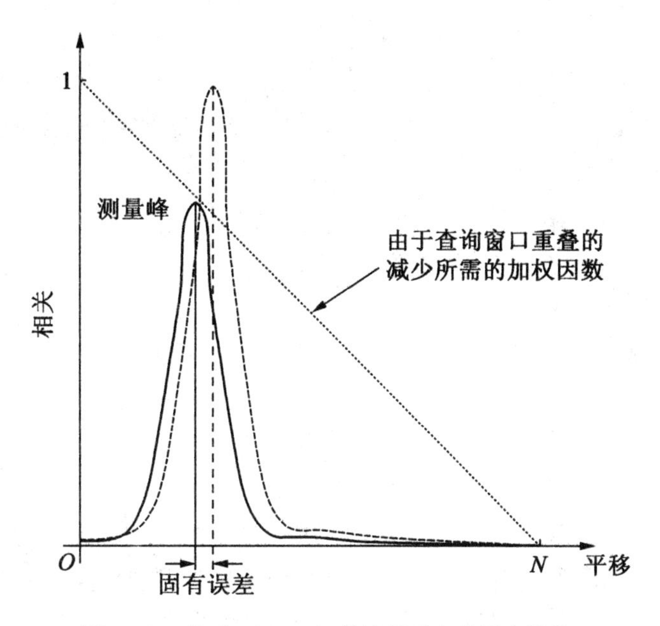

图5.15　基于FFTs互相关计算引入的固有误差

2. 相关系数的计算

对于多数情况,量化两个图像采集间的相关程度是很有用的。标准的互相关函数(式(5.1))对于同一程度的匹配会产生不同的最大相关量,这是因为函数并未标准化。例如,具有很多(或明亮的)粒子图像的样本比使用少量(或暗的)粒子图像的查询窗口可以产生更高的相关量。这使得单查询窗口之间的相关程度比较是不可能的。互相关系数函数可用来标准化式(5.1)的互相关函数:

$$c_{II}(x,y)=\frac{C_{II}(x,y)}{\sqrt{\sigma_I(x,y)}\sqrt{\sigma_{I'}(x,y)}} \tag{5.3}$$

式中

$$C_{II}(x,y)=\sum_{i=0}^{M}\sum_{j=0}^{N}[I(i,j)-\mu_I][I'(i+x,j+y)-\mu_{I'}(x,y)] \tag{5.4}$$

$$\sigma_I(x,y)=\sum_{i=0}^{M}\sum_{j=0}^{N}[I(i,j)-\mu_I]^2 \tag{5.5}$$

$$\sigma'_I(x,y)=\sum_{i=0}^{M}\sum_{j=0}^{N}[I'(i,j)-\mu_{I'}(x,y)]^2 \tag{5.6}$$

μ_I 为模板的平均,而且仅计算一次;$\mu_{I'}(x,y)$ 为在相同位置 (x,y) 处与 I 一致的 I' 的平均,需要计算每个 (x,y) 位置的量。通过FFT基方法很难实现式(5.3),而且通常在空间域直接计算该式。尽管式(5.3)的计算复杂,但其允许样本是不同大小的，这有利于小部分粒子的匹配。如果查询窗口的大小相同且无零填补，那么适当标准化的一阶近似是合理的。

步骤1：在期望位置对图像进行采样，并且计算每个平均标准偏差。

步骤2：从样本中除去平均。

步骤3：基于二维FFTs计算互相关函数，如图5.14所示。

步骤4：根据原始演变的标准偏差区分互相关量，由于标准化，因此得到量的范围为 $-1 \leqslant c_{II} \leqslant 1$。

步骤5：基于FFT基互相关的所有部分进行相关峰检测。

5.4.2 相关信号增强

1. 图像前处理

相关信号受图像强度变化的影响。通过更明亮的粒子图像与具有减弱效应的较暗粒子图像可以控制相关峰。由不均匀片光源或变化的脉冲引起的不均匀照明、不规则粒子图像以及平面外运动等均将在相关平面引入噪声。为此，在处理图像之前改善图像是有利的。应用过滤器的主要目的是提高粒子图像的对比以及将粒子图像强度引入相似信号电平，从而所有粒子图像在相关函数中具有相似的贡献[51,161,377]。

在图像改善的方法中，从PIV采集中除去背景的方法可以减小激光的光斑效应以及其他固定的图像特性。可以在无粒子的情况下采集背景图像，也可在从充分大量的原始PIV采集（至少20~50）中通过计算平均或在最小强度处采集背景图像。这些图像也可用于提取标识区域。

基于过滤的图像改善方法为高通滤波图像，从而除去低频背景变量，留下不受影响的粒子图像。实际上，这可以通过计算原始图像的低通版本，并从原始数据中除去来实现。这里过滤核宽度应该比粒子的直径大，即 $k_{\mathrm{smooth}} > d_{\tau}$。

在结合先前的高通滤波后，阈值转换法或图像二值化可产生所有粒子均具有相同强度的图像，使得所有粒子对相干函数的贡献相同。如将在5.5.5小节中介绍的，二值化导致了测量不确定性的增大。

窄宽的低通滤波器可适用于除去图像中的高频噪声（如摄像噪声、像素异常、数字化部件等）。这也使相关峰扩大，从而允许子像素峰合适算法有更好的表现（参见5.5.2小节）。在图像少于样本的情况下（$d_{\tau} < 2$），减小了所谓的峰锁效应（参见5.5.2小节），但增大了测量的不确定性。

范围剪裁是另一种提高数据的方法。有效且简单的强度限制技术[161]依赖于在超过一定阈值至另一阈值上设置强度。尽管最佳阈值随着图像内容而变化，但是基于灰度中值图像强度 I_{median} 以及其标准偏差 σ_I（$I_{\text{clip}} = I_{\text{median}} + \sigma_I$）可以计算全部图像的最佳阈值。比例因子 n 为用户定义，且在 $0.5 < n < 2$ 范围内。

类似于强度限制的算法可用于实现动态直方图拉伸，其中输出图像的强度范围受上、下阈值的限制。这些上、下阈值可由图像直方图计算，即从直方图的上端或下端除去像素的特定百分比。

前面两种方法提供了对比的标准化，Westerweel[51] 提出了最小或最大过滤方法，该方法也适用于对比图像的变化。该方法依赖于在给定网格大小上计算局部最小和最大强度的轨迹。每个像素强度可以通过使用轨迹的局部量延伸（标准化）。为了不影响图像的统计特性，网格大小应大于图像中粒子直径，足够小可以消除背景上的空间变化[51]。通常 7×7 像素至 15×15 像素是适合的。

当使用前面描述的任何一种对比增强的方法，需要注意图像强度的变动也会影响图像的统计特性，从而增大测量的不确定性。这必须与数据量的增大保持平衡。在低数据量区域，对比增强过滤器的选择应用为逻辑结论。

2. 纯相位相关法

相关信号的进一步改善是通过在谱域使用适当的过滤器得到的（图 5.16）。由于大多数 PIV 的相关实现依赖于 FFT 基处理，谱过滤可在很小的计算量下实现。Wernet[171] 近期提出的处理技术称为对称唯一相过滤（SPOF），它是基于在光学系统中的唯一相过滤技术。SPOF 可以提高 PIV 互相关中的信噪比。实际上，这些过滤器也将所有样本粒子图像的贡献标准化，而且提供对比标准化。此外，可以减小由壁面反射（条纹或线）和其他不期望部件产生的影响。根据文献[161]，SPOF 可以在直流背景噪声存在的情况下得到更为精确的结果，但是在减小亮斑和高空间频率的位移偏向影响下并不像强度限制技术（见本小节）那么适用。

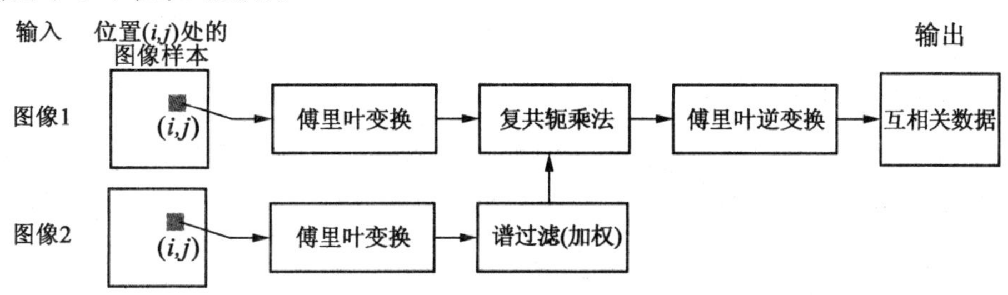

图 5.16　图 5.14 的互相关处理器的修正

3. **相关基校正**

提高相关平面内信噪比的另一种形式(例如位移峰检测率)是由Hart[139,141]提出的。涉及至少两个由附近样本得到的相关平面相乘的技术可由相关样本宽度的1/4或1/2抵消。如果样本间的位移梯度没有意义,那么相关平面的乘法将提高主要信号的相关峰,从而移除更加随意放置的噪声峰。相关平面平均是用相关平面的总和代替乘法,基于相关平面平均可以得到近似的结果,而且在结合的相关平面数量增多时该方法更加有效。

4. **全局相关**

当上述方法用于给定的PIV图像时,也可用于图像序列。这种PIV处理方法为全局相关,它是基于μPIV应用的框架发展而来的,该方法试图减小布朗运动的影响,因为布朗运动会在由单个PIV采集得到的数据中引入噪声。除了可得到每个单独图像对的位移数据,该技术还依赖于平均由图像序列得到的相同相关平面。随着帧数的增加,将累积每个相关平面内的单个相关峰,从而反映流动的平均位移[290,399,407]。尽管计算十分有效,但该方法的主要缺点是丢失了所有与流动不稳定性有关的信息(如无均方根量)。结合传统(宏观的)PIV采集,作者已验证了该方法,而且该方法似乎适合于平均流动的快速计算。由于其处理速度很快,因此具有作为在线诊断工具的潜力。

为了说明整体相关技术的有效性,Meinhart等比较了三个不同平均算法,将三个算法应用于处理由通过30 μm×300 μm玻璃微通道的稳定斯托克斯流动得到的一系列图像[407]。Meinhart等[406]介绍了不同流速下相同实验的更多细节。单对图像测量的信噪比相对降低,因为在每个16×64像素的查询窗口中仅平均了2.5个粒子。此时,测量的速度是杂乱的,而且大约20%是不正确的。比较三种不同的平均方法可得:

(1)图像平均:图像自身平均,从而产生相关的平均第一幅图和第二幅图。

(2)相关场平均:对所有图像对中每个测量点的相关函数进行平均。

(3)速度场平均:在每个图像对中每个测量点计算速度,之后对所有图像对进行平均。

通过分析不同数量的图像对(1~20),比较三种平均方法的相对性能。通过检测每点上流向速度与已知情况偏离大于10%的速度数量,可确定每种平均方法有效测量的部分。对于这种比较,已知情况为使用平均相关方法处理20个图像对,且光滑流动。根据平均实现的数量,图5.17给出了每种平均算法的有效测量部分。由图5.17可以看出,平均相关方法比其他两种方法更好,而且在平均8个图像对后不正确的测量率低于1%。平均图像方法可以得到大约 95% 的可靠速度，且在平均四个图像对后达到最大。平均图像对增多，平均粒子图像场的信噪比减小，而且由于非配对粒子图像间的随机相关，在相关平面会产生噪声。平均速度方法使用两个速度平均从而达到最大 88% 可靠的测量。而且由于偶然的不正确测量增大，平均数量增多，可靠测量部分减小。

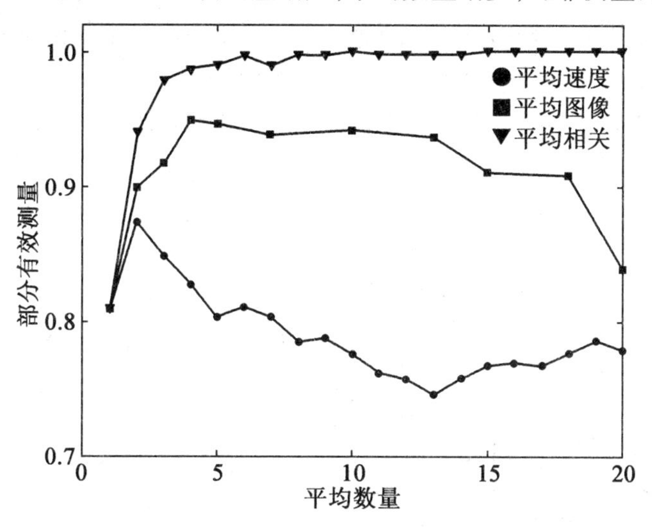

图 5.17　三种平均方法性能的比较

5. **单像素评估**

整体相关方法之前的关键点为查询中的信噪比仅随查询区域粒子数量的增多而增大，现在信噪比随着所得到的图像数量的增多而增大。实际上，信噪比在可接受值上为恒定不变量，而查询区域大小随着整体图像对数量的增多而减小。因此，在期望区域中存在数千幅图像的情况下，查询窗口可以从数千像素（例如，32 ×32 像素）减小至单像素，从而维持与传统空间互相关中相同的信噪比。研究表明：该方法可使用真实以及人造图像。在 μPIV 情况下，当拍摄粒子为 60 nm，物镜为 $M = 100$、$NA = 1.4$，CCD 摄像机的像素为 6 μm，希望得到60 nm的最终平面内分辨率。该方法的很多问题还未被研究，例如固有误差和峰锁。

5.4.3　双曝光 PIV 图像的自相关

尽管目前的趋势为使用单曝光或多帧形式的标准 PIV 采集方法，但仍可使用多曝光粒子图像的采集，特别是在高空间分辨率下进行拍摄采集。前文介绍了提取图像中位移信息的光学方法。然而，目前台式滑动扫描仪使拍摄底片数字化成为可能，从而使全数字评估成为可能。另外，高分辨率的单帧 CCD 传感器可以直接提供多曝光数字采集。

本质上在数字评估 PIV 图像对中使用的相同方法可以通过小改变从多曝光采集中提取位移场。在从位移评估图像中提取单样本的情况下(图 5.18 中情况 I),评估模式的主要偏差由所有信息包含在单帧中引起。基于该样本,自相关函数可以通过前面介绍的 FFT 方法计算得到。实际上,自相关可以视为互相关在样本完全相同下的特殊情况。不像从不同样本计算互相关函数,自相关函数总是在原点存在自相关峰(见 3.5 节中的数学描述)。在自相关峰周围对称的位置,小于 1/4 强度的两个峰可以描述查询区域中粒子图像的平均位移。在双(多)曝光/单帧采集方法中方向模糊的直接结果为出现两个峰。

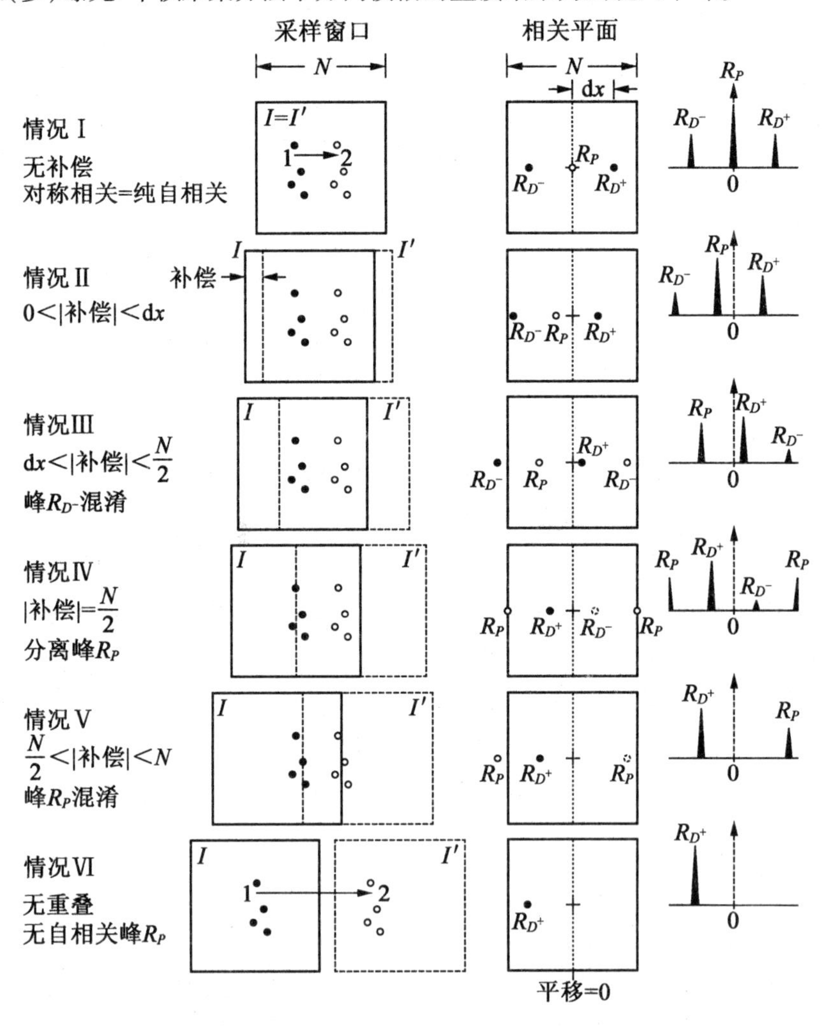

图 5.18 使用 FFT 基互相关对双曝光图像分析在相逢位置处的查询窗口偏置效应

(R_{D+} 为位移相关峰,R_P 为自相关峰,在该情况下假设存在水平位移)

为了提取自相关函数中的位移信息,峰检测方法必须忽略位于原点的自相关峰 R_P,而且专注于两个位移峰 R_{D+} 和 R_{D-}。如果存在优先的位移方向,无论从流动的本质还是位移偏置方法的应用,都可以预先确定峰检测的查询区域。另外,使用全局直方图算子可以提取正确的位移信息,从而可以保存一定数量的峰位置(参见6.11节)。

通过抽取根据平均位移矢量彼此抵消的两个位置处的图像,可以提高多曝光PIV采集的数字评估,这提供了增大粒子图像对数量以及减小不配对粒子图像数量的优势。平面内耗损对的最小限度增大了信噪比以及原则位移峰 R_{D+} 的检测。然而,查询窗口偏置量也改变了自相关峰 R_P 的位置,其远离原点,如图5.18所示中参情况Ⅱ~Ⅳ。

计算相关平面时FFTs的使用引入了一些额外的必须解决的混淆效应。随着查询窗口偏置量的增大,第一负相关峰 R_{D-} 和自相关峰 R_P 为虚假的,即折回至相关内(图5.18中情况Ⅲ~Ⅴ)。实际上,通过5.4.5小节描述的过程对两个强相关峰的检查可充分恢复正位移峰 R_{D+} 和自相关峰 R_P。该方法可以设计为自动检测自相关峰,因为自相关峰通常为查询窗口偏置量矢量的一个像素半径。

5.4.4　先进的数字查询技术

随着计算资源的提高,PIV从模拟(拍摄)信号采集到数字图像的转变引起了查询方法的巨大提高。这些不同的方法可以粗略地分为以下五种:

(1)单次扫描查询方法,由Willert和Gharib[174]提出。

(2)使用整数采样窗口偏置量的多次扫描查询方法[169,172]。

(3)由粗到精的查询方法(分辨率渐增[140,220])或适应分辨率方法。

(4)依赖于根据局部速度梯度的查询样本变形的二阶方法[159]。

(5)超分辨率方法和单粒子追踪[176,179,183]。

最近,广泛使用网格精炼与图像变形相结合的方法,因为该方法可以获得更好的数据,而且精度比一阶方法高。下面给出这些方法的简要概况。

1. 多次扫描查询

通过使用等于第二次查询中局部整数位移的窗口补偿,可以有效地增多查询过程中产生的数据[172]。根据平均位移补偿查询窗口,与不匹配粒子图像相比,匹配粒子图像的部分增大,从而使相关平面的信噪比增大(参见5.5.3小节)。在粒子图像位移小于正比于位移的像素的一半(例如,$|\boldsymbol{d}|<0.5$ 像素)时,位移的测量噪声或不确定性 ε 减小。对于单曝光/双帧PIV采集或者多曝光/单帧采集,查询窗口偏置量可在数字查询软件中相对容易地完成。查询过程可分为以下几步:

步骤1:使用接近数据中平均位移的查询窗口偏置量完成标准数字查询。

步骤2：使用6.1节介绍的预先验证原则扫描数据中的异常值，并且使用有效附近点的差值替换异常值。

步骤3：使用位移估算将局部查询窗口偏置量调整为最接近整数。

步骤4：重复查询直至整数偏置矢量收敛至±1像素，通常需要重复三次。

通过比较新的整数窗口偏置量与跳过不必要相关计算得到的之前量，可以有效地提高多重路径查询的速度，进一步通过在最后的查询路径中限制相关峰搜索区域来增大数据量。

如 Wereley 和 Meinhart[169]指出的，关于查询点的查询样本的对称偏置量与在时间上二阶精度的中心差分查询一致，而简单的向前差分方法仅仅对查询点进行补偿（图5.19）。

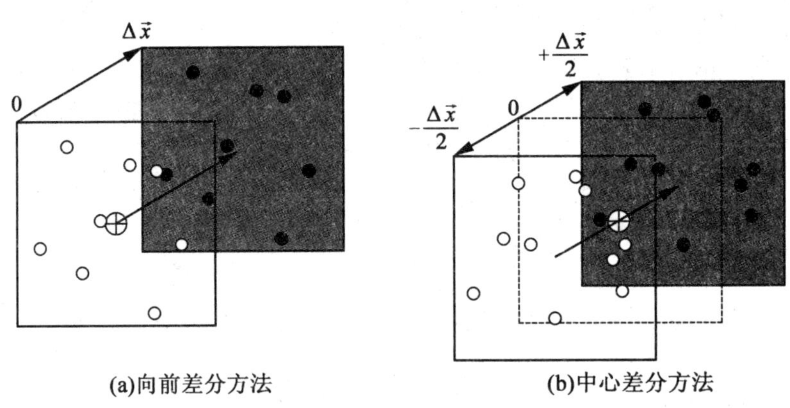

(a)向前差分方法　　(b)中心差分方法

图5.19　样本窗口平移[159]

2. **网格细化方法**

通过使用采样网格不断细化（同时查询窗口大小减小）的分级方法，可以进一步改善多重路径查询方法。该过程具有查询窗口尺寸小于粒子图像位移的能力，这使得在此过程中动态空间范围①增大。这对于在PIV采集位移中使用大图像密度和大动态范围特别有用。在该情况下由于位移较大，因此标准评估方法不能在丢失相关信号下使用较小的查询窗口。然而，分层网格加密方法比标准查询方法更难实现。该方法的步骤如下：

步骤1：开始使用大查询样本，因为大查询样本可以捕捉遵循四分之一规则（参见5.4.1小节）的观察区域内的全部位移动态范围。

步骤2：使用小或者无查询窗口重叠来实现标准查询。

① 动态空间范围（DSR）的定义为最大观测长度与最小观测长度（通常为查询窗口尺寸）的比值。动态速度范围可通过最大测量速度与最小分解速度的比值得到[54]。

步骤3:扫描异常值且用插入值进行替换,由于恢复的位移仅充当下次更高分辨率的评估,因此异常值的检测原则可以比通常使用的更严格,而且数据光滑化是很有用的。

步骤4:将估算的位移数据投射至下次更高分辨率的处理上,使用该位移数据来补偿彼此的查询窗口。

步骤5:增大分辨率,重复步骤1~步骤4直至达到实际图像分辨率。

步骤6:最后在期望的查询窗口尺寸以及取样距离(无除去和光滑化的异常值)上进行查询,通过限制相关峰的搜索区域,可进一步增大最终的数据量。

在最终的查询路径中,窗口偏置矢量通常收敛至测量位移的±1像素,从而保证了 PIV 图像的最佳评估。最终查询窗口尺寸的选择取决于粒子图像密度。查询区域内匹配图像对低于一定数量(通常 $N_1<4$)时,检测率将急剧下降(参见5.5.4小节)。图5.20给出了网格和查询细化每步的位移数据。

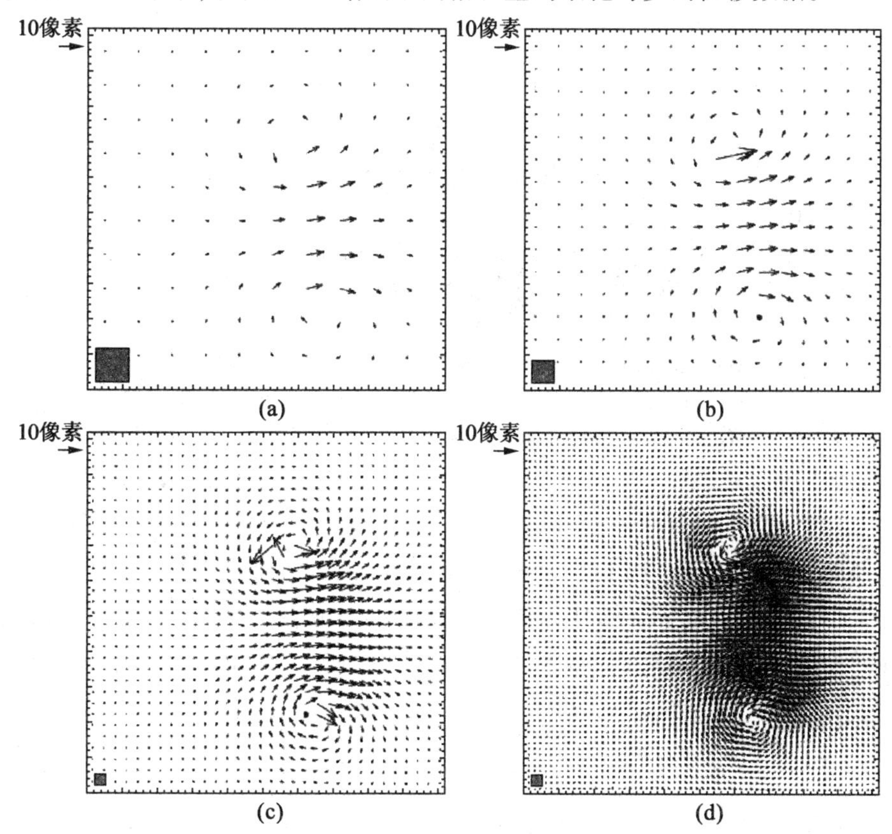

图5.20　多重路径和多重网格查询过程中的迭代步

(每幅图左下的灰度方框表示所使用的查询窗口)

在粗糙查询过后，通过缩减采样图像可有效提高处理速度。这可以通过巩固相邻像素得到，即将 $N \times N$ 区域的总和放置在单像素中。这允许使用更小的查询采样，从而可更快地对其进行评估。实际上，在忽略图像分辨率的情况下，可以使用恒定的查询窗口尺寸（例如，用 32×32 像素的采样窗口对四倍缩减的采样图像进行查询，这相当于在初始图像分辨率为 128×128 像素下进行采样）。

3. 图像变形方法

假设在查询窗口中粒子图像的运动是近似统一的，可以由互相关测得粒子图像的位移。实际上，该假设并不严格有效，在大多数流动中速度场在查询窗口中具有很大的变化。在这些情况下，由图像对和不同速度产生的互相峰变得更宽，而且在极限情况下窗口上的大速度偏差使得互相关峰可分为多个峰（图 5.21）。

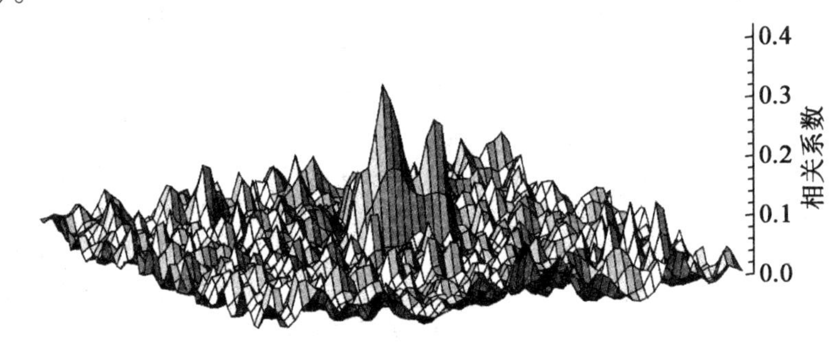

图 5.21　剪切流中离散空间相关图（查询使用一步相关，峰扩展且分成多个独立峰）

这样在大速度梯度下速度的测量受更大不确定性的影响，而且具有更大的矢量报废率。迭代窗口变形方法是为补偿平面内速度梯度和峰展宽效应而设计的，根据速度场对两个 PIV 采集进行迭代，从而可以大大降低平面内速度梯度和峰展宽效应。该方法可通过使用多重网格理论（参见 5.4.4 小节）来实现，而且相对于离散窗口平移方法，其优势为在高度剪切流动（如边界层流动、涡流和湍流）中具有增大的鲁棒性及精确度。图 5.22 给出了窗口变形方法的基本原则，即连续图像变形渐渐地朝向两个同时在 $t + \frac{\Delta t}{2}$ 的假设采集转变图像。

类似于离散窗口平移方法，该方法可用于窗口变形。然而，该方法的有效实现是基于完全 PIV 采集的变形，有时该方法也视为图像变形（图 5.23）。这两种方法是基于相同的概念。图像变形方法可以归纳为以下步骤：

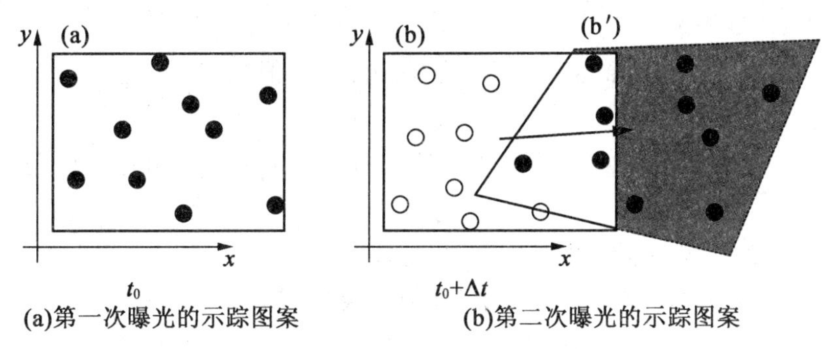

图5.22　窗口变形方法的原理
（黑点表示查询窗口中与第一次曝光相关的示踪粒子，
灰色变形区域为由之前查询估算的位移分布）

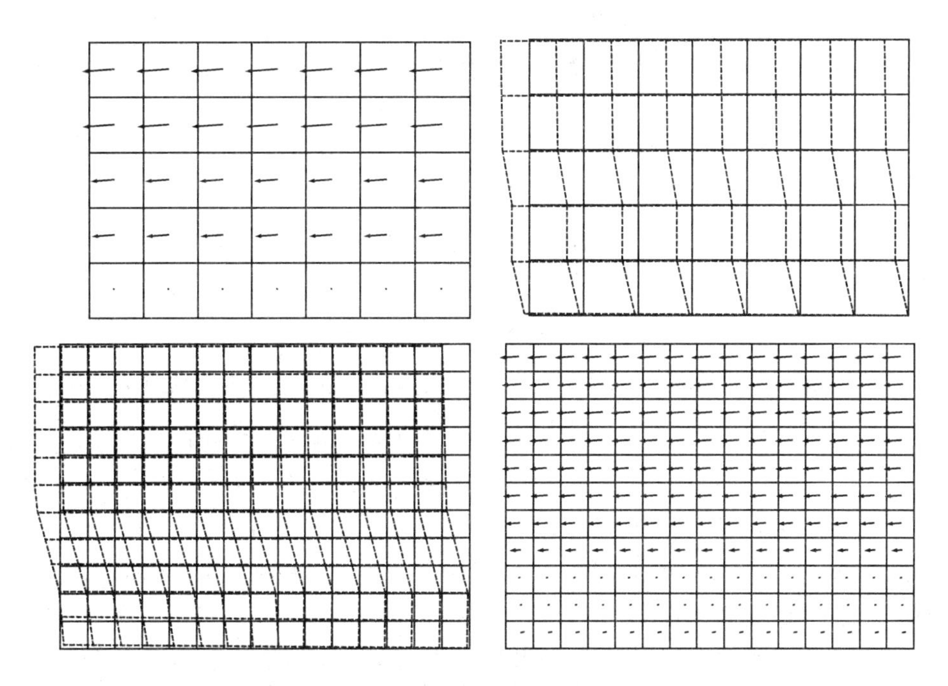

图5.23　基于图像变形方法的图解（实线为未变形查询窗口，虚线为变形的窗口）

步骤1：使用具有遵循四分之一规则（参见5.4.1小节）的查询窗口的标准数字查询。

步骤2：速度矢量场的低通滤波。相当于窗口尺寸的过滤核可充分光滑虚假脉动，并减小位于子窗口波长的脉动，移动平均过滤器或使用具有二阶最小二乘回归的空间回归是合适的选择[313]。

步骤3：根据过滤后速度矢量场以及中心差分方法进行PIV采集的变形。

图像重采样方法影响精度[126]，对于粒子图像直接为 2 ~ 3 像素的标准 PIV 图像，与低阶方法（线性插值）相比，高阶方法（基插值、B 样条）可以得到更好的结果[163,165]。

步骤 4：对变形图像以及遵循四对规则的查询窗口使用另一数字查询路径。

步骤 5：将相关结果添加至过滤后的速度场。

步骤 6：扫描速度矢量场中的异常值，并使用插值对其进行替换。

步骤 7：重复步骤 2 ~ 6，2 ~ 3 遍。随着迭代次数的增多，位移场的递增量减小。

类似于式（5.1）给出的标准互相关函数，用于变形图像空间互相关的表达式为

$$R_{II}(x,y) = \sum_{i=-K}^{K} \sum_{j=-L}^{L} \tilde{I}(i,j)\, \tilde{I}'(i+x, j+y) \tag{5.7}$$

式中，$\tilde{I}(i,j)$ 和 $\tilde{I}'(i,j)$ 为在中心差分方法中使用预计的变形场 $\Delta s(x)$ 得到的变形后重建的图像强度。

$$\tilde{I}(x) = I\left[x - \frac{\Delta s(x)}{2}\right] \tag{5.8}$$

$$\tilde{I}'(x) = I'\left[x + \frac{\Delta s(x)}{2}\right] \tag{5.9}$$

变形场 $\Delta s(x)$ 为空间分布，通常其并不是统一的，因此需要在图像中每个像素上进行插值。这里，泰勒级数的一阶截断充分适合实现局部位移的重建：

$$\Delta s_1(x) = \Delta s(x_0) + \nabla[\Delta s(x_0)] \cdot (x - x_0) + \cdots + O(x - x_0)^2 \tag{5.10}$$

x_0 表示查询窗口的中心位置。由于查询窗口的尺寸通常大于位移矢量（重叠 50% ~75%）的间隔，窗口中位移的分布为分段线性函数，从而产生窗口中流动图案的更高阶近似。

当多次重复步骤 2 ~ 步骤 6 时，粒子图像对之间的距离最小化，而且除了平面外的粒子运动和拍照间隔图像强度的变化，$\tilde{I}(i,j)$ 和 $\tilde{I}'(i,j)$ 趋于一致。综上所述，相关函数使峰回到相关平面中心。

除最小的平面内耗损对外，由于速度梯度，处理过程存在额外优势：首先，由速度梯度引起的峰展宽减小；其次，相关峰位于相关平面的原点且对称，由畸峰形状或不精确峰重建（图 5.24 和图 5.25）引起的不确定性减小；最后空间分辨率近似为标准查询的两倍。然而，如将在之后介绍的，选择查询趋于选择性地扩大波长，但小于查询窗口，这需要对低通滤波器过滤的中间结果进行补

偿[313]。

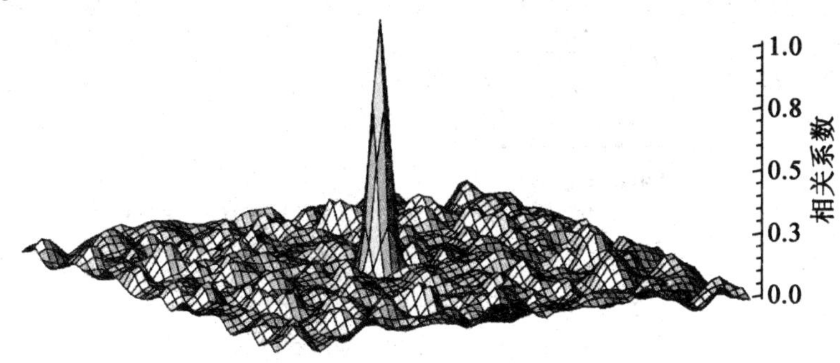

图5.24 基于多步相关和窗口变形的剪切流的相关图(可清楚地从相关噪声中区分具有99.5%相关系数的单个峰,对于不变形图像相关系数为27.3%)

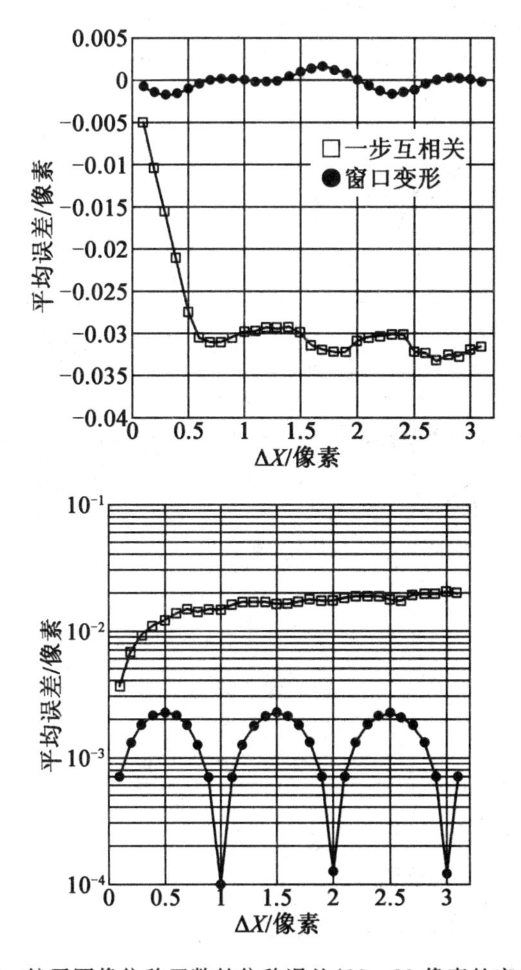

图5.25 粒子图像位移函数的位移误差(32×32像素的窗口大小)

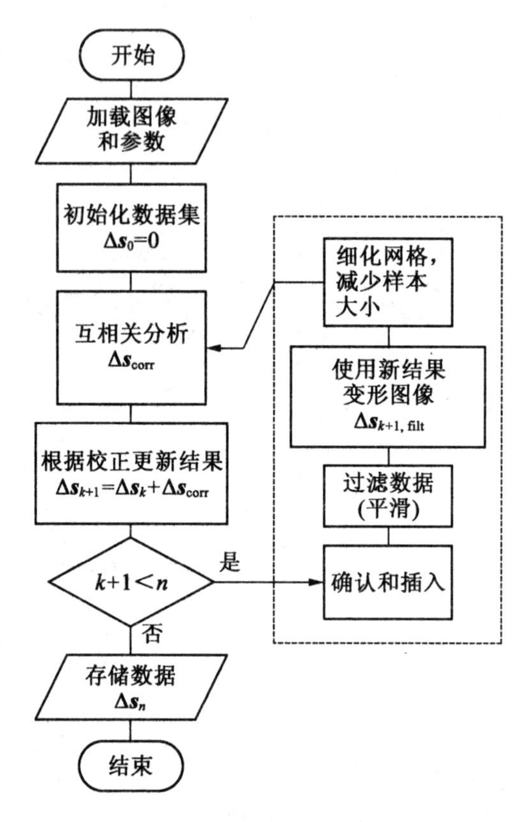

图 5.26　选择图像变形的查询方法的流程图

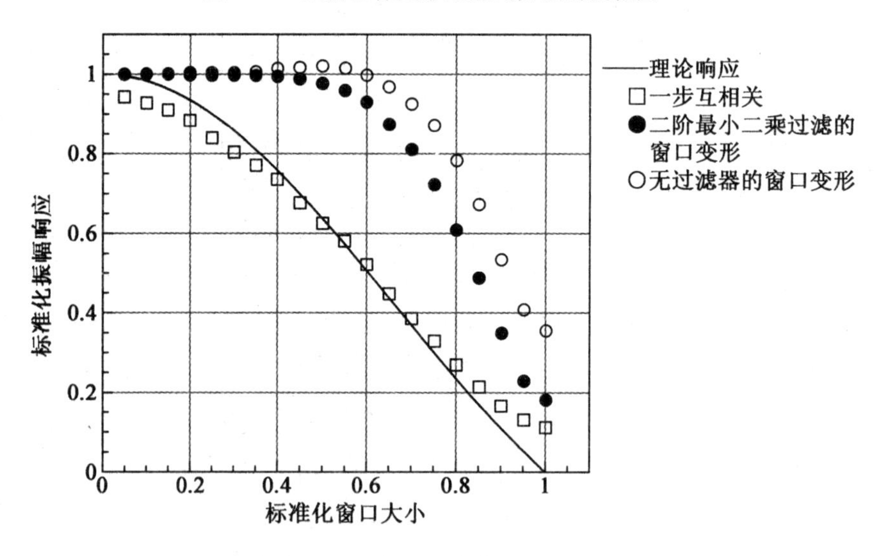

图 5.27　正弦波：标准化的振幅响应作为标准化窗口大小的函数

4. PIV 图像插值

由于变形场不断变化,图像强度必须在非整数像素位置处进行插值,因此增大了计算量。图5.28给出了不同插值下的固有误差。数据由合成图像与恒定粒子图像位移(采用5.5.1小节介绍的蒙特卡洛法)得到。根据图像插值方法的选择,与真实位移的偏差可能达到一个像素的1/5。由于移动的对称图像使用图像对中的两个图像,偏差最大可达到±1像素。这意味着当在±0.5像素下进行插值图像强度时,多项式插值表现极差,即该方法并不适合实现该目的。

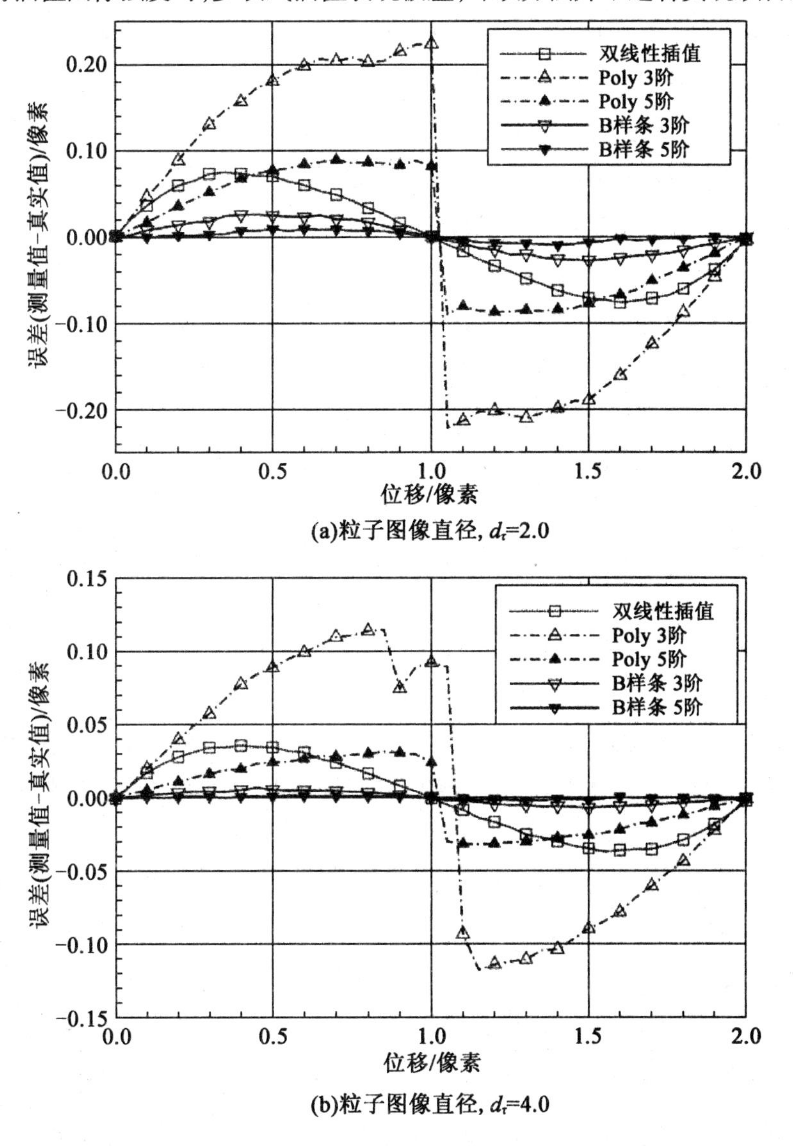

图5.28　基于三种图像插值方法的图像变形的固有误差

在图像处理中广泛地使用图像插值方法而发展了大量的插值方法。Thevenaz 等[163]给出了作为比较的医学成像的背景介绍,表明无插值基础函数的广义插值(例如 B 样条)比常用的多项式或限宽正弦基础插值更有利。文献[165]、[166]、[167]给出了 B 样条的更多理论和实现信息。

与许多其他图像应用相比,适当地采集 PIV 图像通常包含在接近样本极限的最短波长(如强烈的强度梯度)上几乎不连续的数据以及有效的信号强度,由于此图像插值应首先具有适当恢复陡峭强度梯度的能力。Astaria 和 Cardone[126]给出了 PIV 图像变形中不同先进图像插值的简明比较结果。与 Thevenaz 等[163]的分析一致,B 样条可以保持计算消耗与完成情况之间的最佳平衡。图 5.28 中的三阶和五阶 B 样条的固有误差可说明以上情况。如果需要更高精度,则应使用正弦基础插值,如惠塔克重构[158]或者具有大量点的 FFT 基插值方法[175]。但是,处理时间可能会增大一个数量级。

5. 选择 PIV 插值及其稳定性

PIV 采集的多步分析包含以下两个过程:

(1)查询窗口尺寸渐渐减小的多重网格分析。该处理方法可消除四分之一规则的约束,而且在使用所需的窗口尺寸(最小的)时可终止。

(2)在固定采样率(网格间隔)和空间分辨率(窗口尺寸)下的选择分析。该处理方法可进一步提高图像变形的精确度和空间分辨率。

本质上,可使用预测校正方法描述选择分析,其中预测校正方法受以下方程控制:

$$\Delta s_{k+1}(x) = \Delta s_k(x) + \Delta s_{\mathrm{corr}}(x) \tag{5.11}$$

式中,Δs_{k+1}表示第 k 次迭代的评估结果。相关项 Δs_{corr}可视为剩余项,可由插值变形图像得到,如对式(5.8)进行中心差分计算。该过程可以重复多次,然而对于获得收敛结果以及得到通过图像变形平面内粒子图像运动补偿的大部分,2~3 次迭代已经足够。

迭代方法是非常有逻辑性的,而且该方法简单,极容易实现,这也就解释了为什么在 PIV 中广泛使用该方法[131,142,157,158,169]。然而,在无任何速度场的空间过滤下使用选择插值,该方法将出现区域振荡,甚至产生偏离,除非在之前分析中图像处理中断。不稳定性来源于响应函数中正弦形状的变号,其中响应函数与查询窗口的高帽函数有关。例如,使用两个除人工噪声外完全相同的图像,位移场在多次迭代后在空间波长 $\lambda_{\mathrm{unst}} \approx \frac{2}{3} D_I$ 处开始产生振荡,而且形成波浪图案。

上述结果与高帽加权查询窗口的响应函数 $r_s = \dfrac{\sin \dfrac{x}{D_I}}{\dfrac{x}{D_I}}$ 一致。因此，在正弦函数负值范围内的波长被有条不紊地放大。通过对更新结果(图5.26)使用低通滤波器，迭代方法需要稳定，这将在波长小于窗口尺寸下抑制脉动的增长。移动平均过滤器和相当于查询窗口大小的核可以充分地稳定该方法。

然而，使用二阶最小二乘进行过滤，空间回归允许最大空间分辨率和最小的噪声。其他稳定方法均是基于查询窗口的加权技术(如高斯或LFC[150])。使用正弦调整的剪切流动数值模拟说明了单程互相关振幅调制(图5.27中的空正方形)在窗口尺寸大约为空间波长的1/4($\dfrac{D_I}{\lambda}=0.25$)时正弦函数具有10%的阶段发生。迭代查询(图5.27中的黑色实点)可以延迟截断至$\dfrac{D_I}{\lambda}=0.65$。这说明在32像素的窗口尺寸下单级互相关仅可准确恢复波长大于120像素的脉动；反之，最小的波长减小至50像素。无过滤器的迭代查询的最高响应仅为假设，原因是该方法不稳定，而且误差受放大波浪脉动控制。

基于以上讨论，可以说迭代分析的空间分辨率大约为单级或窗口移动过程的两倍。然而，分辨率的增大仅在更高空间速度场采样速率时有效，也就是相邻窗口间的重叠因子由50%增大至75%。

6. 自适应查询方法

迭代多重网格查询有助于通过减小最终的窗口尺寸来提高空间分辨率。然而，在很多情况下，流动和流动粒子在观测区域的分布并不均匀。在该情况下，查询的最优原则仅能在平均意义上满足，而且可能产生局部非优化条件，例如，相关性差的信号或者过低的流动采样率。此外，当流动沿优先方向变化，可以减小窗口过滤效应。例如，在接口处，查询体积形状和方向的适当选择将有助于获得进一步的改善，特别是在处理剪切层或冲击波时。

不依赖于互相关的图像运动估算方法可能会提供空间自适应方法。图像运动估算也被视为光学流动，其在低阶观测中为基础问题，而且在机器人导航、目标跟踪、图像编码或结构重构中为实质研究的主要对象[187,188]。这些应用通常面临分散闭塞(如透过树枝观察)或空间长度不连续的问题，这些问题类似于在流动中存在冲击波。

Quenot 等首次报道了 PIV 图像分析的光学流动,并且对水的热驱动流进行了研究[188]。Ruhnau 等[189,190]进一步给出了使用光学流动对 PIV 图像进行评估。“国际 PIV 挑战”对光学流动在获得高空间分辨率和精确度(产生大梯度区域)的潜力进行了说明[48,50]。计算机中光学流动方法可行的缺陷是在外平面粒子运动的不稳定性,这与图像通信的损失有关。因此,为了使其成功应用于 PIV 采集,应对方法进行额外的约束[189,190]。

7. 超分辨率和单粒子追踪

PIV 评估中空间分辨率可通过最终追踪单个粒子图像进一步提高,该过程如 Keane 等[179]采集双曝光图像所使用的超分辨率 PIV。Cowen 和 Monismith[129]在研究平板湍流边界层时对图像对使用了相似的过程。

在粒子轨迹测量(PTV)中常用的方法为先使用合适的粒子配对方法检测图像中单个粒子的位置[181]。尽管该方法对图像对适用,但在处理图像序列时该方法更可靠,原因是可以额外使用匹配粒子的预测校正方法[180,181,246]。

使用 PTV 处理单个图像对仅依赖于相邻信息以及其他约束,例如,粒子图像强度。使用 PIV 得到后续单个粒子图像轨迹的预测具有更广阔的前景,这是由于 PIV 方法具有广泛的应用。当许多实现依赖于配对前对粒子图像的检测和位移估算[126,176,181,183],其他方法倾向于使用检测单个粒子图像中间的小样本(通常为 8 ×8 像素)的互相关。匹配对的存在是由从第二个粒子图像开始的相反过程证实的。相关基础方法的主要优势为对重叠图像效果更好,而且更适合大粒子图像密度的数据。恢复的位移估算比纯粹的 PTV 方法更精确[50]。

5.4.5 峰值检测和位移估算

数字 PIV 评估的最重要但不容易理解的特性是可在亚像素精度下预测相关峰位移。第$\frac{1}{10}$至第$\frac{1}{20}$像素的预测精度对由八位数字图像得到的 32 ×32 像素的样本是可行的。模拟数据(如 5.5 节中给出的)可以用来量化给定图像设备的获取精度。

由于输入数据是离散的,相关量仅对积分变化存在。最大的相关量可以在 $\pm\frac{1}{2}$像素的不确定性下确定位移。然而,随着互相关函数变为最佳匹配的统计测量,相关量自身也包含了有用的信息。例如,如果一个查询样本包含了 10 个粒子图像对和 2.5 像素的移动,那么从统计的角度出发,五个粒子图像对将对具有2像素移动的相关量存在贡献,而其他五个粒子图像对将具有3像素的移动。结果2和3像素的相关量将具有相同的量。两个移动的平均产生2.5像素移动的估算量。尽管这是一个十分粗糙的例子,但它可以说明隐藏在相关量中的信息可以有效地用于估算查询窗口中的平均粒子图像移动。

目前已有很多方法可以预测相关峰的位置。质心定义为一阶矩与零阶矩的比值,其经常被使用,但需要开发包含相关峰区域的方法,通常通过设定一些从背景噪声中分离相关峰的阈值来实现。该方法与较宽的相关峰结合表现最好,在相关峰处许多量对矩法计算存在贡献。然而,从背景噪声中分离信号并不总是清楚的。

一个更加稳健的方法为将相关数据放入一些函数中。特别对于窄的相关峰,广泛使用仅利用三个毗邻量估算位移分量的方法。表5.1给出了这三点的最普通形式以及最常使用的高斯峰。对此最合理的解释为粒子图像自身(如果适当关注)描述了Airy强度函数,其可由高斯强度分布(参见2.6.1小节)近似。两个高斯函数之间的相关也可产生高斯函数。

表5.1 用于从亚像素的相关数据中确定位移的三点估算量

过滤函数	估算量
峰质心 $f(x)=\dfrac{一阶矩}{零阶矩}$	$x_0=\dfrac{(i-1)R_{(i-1,j)}+iR_{(i,j)}+(i+1)R_{(i+1,j)}}{R_{(i-1,j)}+R_{(i,j)}+R_{(i+1,j)}}$ $y_0=\dfrac{(j-1)R_{(i,j-1)}+jR_{(i,j)}+(j+1)R_{(i,j+1)}}{R_{(i,j-1)}+R_{(i,j)}+R_{(i,j+1)}}$
抛物线峰 $f(x)=Ax^2+Bx+C$	$x_0=i+\dfrac{R_{(i-1,j)}-R_{(i+1,j)}}{2R_{(i-1,j)}-4R_{(i,j)}+2R_{(i+1,j)}}$ $y_0=j+\dfrac{R_{(i,j-1)}-R_{(i,j+1)}}{2R_{(i,j-1)}-4R_{(i,j)}+2R_{(i,j+1)}}$
高斯峰 $f(x)=C\left[\dfrac{-(x_0-x)^2}{k}\right]$	$x_0=i+\dfrac{\ln R_{(i-1,j)}-\ln R_{(i+1,j)}}{2\ln R_{(i-1,j)}-4\ln R_{(i,j)}+2\ln R_{(i+1,j)}}$ $y_0=j+\dfrac{\ln R_{(i,j-1)}-\ln R_{(i,j+1)}}{2\ln R_{(i,j-1)}-4\ln R_{(i,j)}+2\ln R_{(i,j+1)}}$

对于从2~3像素直径范围的粒子图像中形成相对较窄的相关峰,三点估算函数表现得很好。图5.32所示的模拟表明了对于更大粒子图像获得的测量

不确定性增大，这可解释为当在每个相关量上的噪声接近相同时，对于提供可靠的移动估算，三个毗邻的相关量之间的偏差太小。换句话说，当相邻相关量之间的偏差减小时噪声水平增大。在这种情况下，质心方法可能更适用，因为相比三点估算函数其可使用峰周围的更多量；反之，粒子图像太小（$d_\tau < 1.5$ 像素），三点估算函数将表现得很差，主要因为毗邻峰的量隐藏在噪声中。

下面介绍三点估算函数的应用以及实现过程，该方法将用于本书中的绝大部分数据。下列过程可以用来检测相关峰，并且获得其位置处亚像素精确的位移估算：

步骤 1：为了得到最大相关量 $R_{(i,j)}$ 扫描相关平面 $R = R_{II}$，并存储其整数坐标(i,j)。

步骤 2：提取毗邻的四个相关量：$R_{(i-1,j)}$、$R_{(i+1,j)}$、$R_{(i,j-1)}$ 和 $R_{(i,j+1)}$。

步骤 3：使用每个方向的三个点来实现三点估算，通常为高斯曲线。表 5.1 给出了每个函数的公式。

本书也介绍了两个其他峰的位置估算，因为它们提供了比之前方法甚至更高的精度。首先，如 Ronneberger 等[155]介绍的，添加二维高斯可实现使用更多相邻相关最大值的最近量的能力，而且也可以恢复相关峰的横纵比以及倾斜。因此，它很适合估算非对称（如椭圆形）相关峰的位置。

$$f(x,y) = I_0 \exp\left[\frac{-(x-x_0)^2}{1/8d_{\tau x}^2} - \frac{(y-y_0)^2}{1/8d_{\tau y}^2} - \frac{k_{xy}(x-x_0)(y-y_0)}{d_{\tau x}d_{\tau y}}\right] \quad (5.12)$$

式(5.12)包含了六个需要求解的系数的总和，$d_{\tau x}$ 和 $d_{\tau y}$ 为沿 x 和 y 方向相关峰的宽度，k_{xy} 描述了峰的椭圆率。相关峰最大值位于坐标 x_0 和 y_0 处，而且其最大峰高为 I_0。式(5.12)仅可通过非线性回归方法求解，例如使用 Levenberg – Marquardt 最小二乘最小化方法[23]。如果仅使用 3×3 个点，式(5.12)中的系数也可由最小二乘法计算得到[148]。

第二个估算函数是基于信号重构理论，而且经常被视为 Whittaker 或基本重构[153,261]。底层函数为移动的正弦函数的叠加，其零点与样本点一致。样本点之间的量（如相关量）是由正弦函数的总和形成的。由于重构函数是连续的，样本点之间的峰值位置必须由如 Brent 方法[23]确定。原则上相关平面内的所有相关量均可用于估算，但是实际上其足以对行列使用一维填充形成交叉最大的相关量。

1. 多个峰检测

为了在相同相关平面内检测给定数量的峰 n，需要不同的仅将最大峰值分离的搜索方法。在该情况下,有必要基于某种相邻比较提取局部最大值。该过程对由单帧/多曝光 PIV 采集得到的相关数据特别有用。同样在最强峰与异常矢量相关的情况下,多个峰信息是有用的。这里给出了一个基于相邻5个或9个(3×3)相关量的简单方法。

步骤1:设置一个列表来保存像素坐标和 n 个最大相关峰的量。

步骤2:扫描相关平面,寻找基于局部相邻量(毗邻的4个或8个相关量)的局部最大量。

步骤3:如果检测到的最大值可放入列表,则重新排列列表,从而以强度大小对检测峰分类。继续执行步骤2直至完成相关平面内的扫描。

步骤4:对检测的 n 个最大相关峰使用表5.1中期望的三点峰估算函数,从而得到 n 个位移估算值。

2. 基于 FFT 基相关数据的位移峰估算

在5.4.1小节中已经介绍,数据采样的周期性假设和最终的相关平面均引入了各种各样的需要合理处理的人为因素。

其中最重要的是计算相关平面不包含无偏向的相关量,从而使位移偏向更小的量级(如固有误差,参见5.4.1小节)。位移偏向可由彼此样本加权函数的卷积确定,通常为查询窗口尺寸。例如,两个等大小均加权的查询窗口之间的循环互相关可产生相关平面内的三角加权分布。图5.29给出了一维情况的结果。

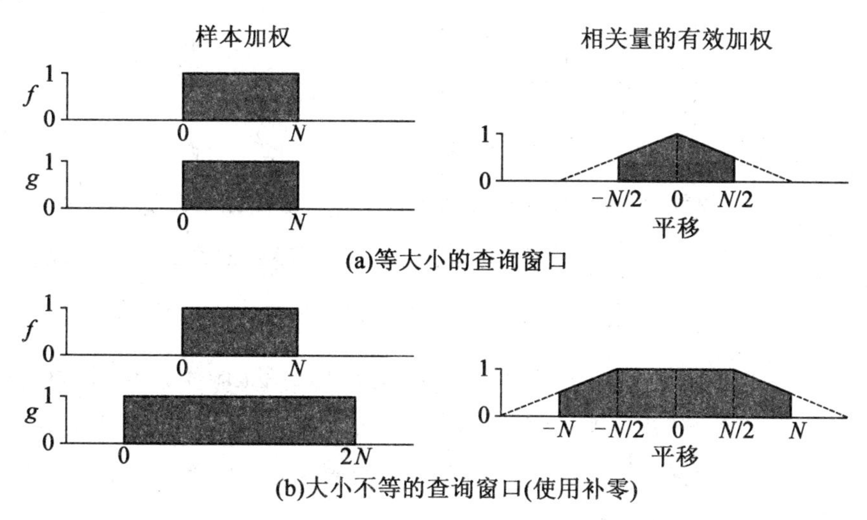

图5.29 FFT 基循环互相关计算中的有效相关量加权

中心相关量也需要统一加权。对于$\frac{N}{2}$的移动量，实际上仅有一般查询窗口的数据对相关量有贡献，这样其仅产生$\frac{1}{2}$的加权。当对数据使用三点估算函数，接近原点的相关量比远处的量要进行更多的加权，而且估算位移的大小也会很小。对此问题的解决方法是很直接的，即在使用三点估算函数前，通过选择相应的加权因子对相关量 R_{II}进行调整。加权因子可通过图像样本函数与自身的卷积得到，通常为统一加权（图 5.29（a）中的矩形函数）。在两个查询窗口不等的情况下，这两个样本函数之间的卷积将产生一个加权函数和在中心附近的同一加权（图 5.29（b））。该方法也可扩展至不均匀的查询窗口上。

需要注意的是，大多数 FFT 的实现可产生输出数据重组。通常在频率增大至指数（$\frac{N}{2}-1$）中的指数（0）处可以发现 DC 部分。实际上，下一个指数（$\frac{N}{2}$）为最大正频率和最大负频率。指数表示降序排列的负频率，这样指数（$N-1$）为最小的负频率部分。由于周期性，DC 部分重新出现在指数（N）处。为了在中间使用 DC 部分获得频率谱，整个数据集合必须以（$\frac{N}{2}$）指数旋转。图 5.30 给出的二维 FFT 数据必须通过相应方法展开。

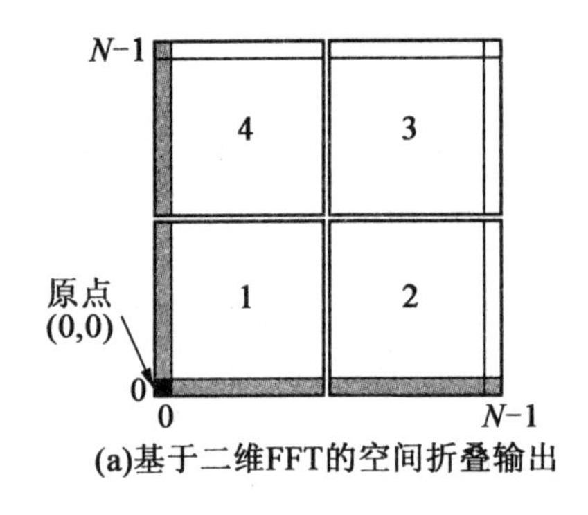

(a)基于二维FFT的空间折叠输出

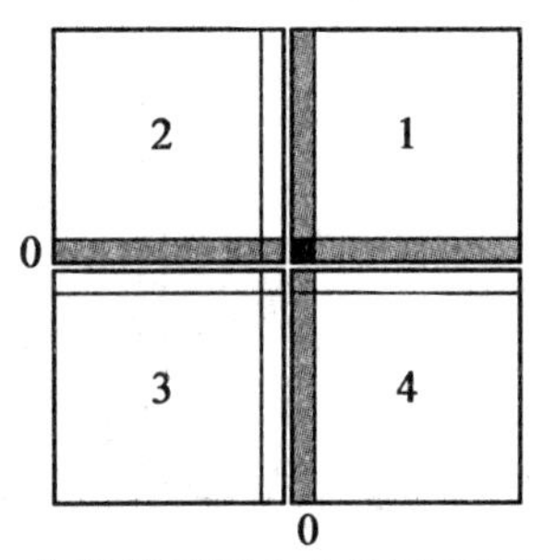

(b)在相关平面中心处展开至原点

图 5.30　基于二维 FFT 的空间展开方法

对于由二维 FFT 计算得到的相关平面，零移动量（例如原点）最初出现在左下角，这将使最终（周期的）相关数据的相似展开成为必要。若无展开，负位移峰将出现在相反一侧。然而，一个仔细的峰查找方法可以在不整理相关平面的条件下进行适当的峰检测以及移动估算。

5.5　测量噪声和精确度

PIV 的总测量精度是从采集处理至评估方法不同部分的结合。这部分重点分析在 PIV 采集的数字评估中的部分贡献因素。单个位移矢量的估算中绝对测量误差 ε_{tot} 可以分解为系统误差 ε_{sys} 和残留误差 ε_{resid}，即

$$\varepsilon_{tot} = \varepsilon_{sys} + \varepsilon_{resid} \tag{5.13}$$

系统误差包含所有在 PIV 采集评估中互相关统计方法的不充分引起的误差，例如，梯度区域的 PIV 采集评估或使用不适当的亚像素峰估算。这些误差的本质是它们的趋势一致，从而可以预测。通过选择不同的分析方法或修改已存在的方法使其适合特定的 PIV 采集，可以减小或甚至消除系统误差。

第二类误差，即残留误差，依然停留在测量不确定性的形式中，甚至当移除所有系统误差时。然而，实际上并不能总是完全分离系统误差 ε_{sys} 和残留误差 ε_{resid}，这样将总误差表示为固有误差 ε_{bias} 和随机误差或测量不确定性 ε_{rms} 之和，即

$$\varepsilon_{tot} = \varepsilon_{bias} + \varepsilon_{rms} \tag{5.14}$$

每个位移矢量与一定程度的估算有关，即固有误差 ε_{bias} 和某种程度的随机误差或测量不确定性 $\pm\varepsilon_{rms}$ 有关。

数字 PIV 评估中的测量不确定性和系统误差可以通过不同方法进行计算。一种方法为使用实际 PIV 采集，即已知位移数据的 PIV 采集。例如，静态（静止）流动的 PIV 采集可用于确定单曝光粒子图像对[111,174]和双曝光单图像[124]互相关评估中的测量不确定性。尽管该方法可能得到测量不确定性的最真实的估算，但其仅允许有限研究特定参数（如粒子图像直径和背景噪声）对测量精度的影响。

PIV 评估中评价测量精度的另一种方法是基于数值模拟的，很多研究使用该方法[51,82,83,84,124,129,179]。通过每次仅变化一个参数，可以形成已知内容的人工粒子图像采集，并对其进行评估，且可与已知结果进行比较。在提供可靠的测量精度估算中，粒子图像的随机位置和大量（O[1 000]）参数是很重要的。这些蒙特卡罗模拟的预测可与其他理论[51,172]或存在的数据[124]进行比较。下面将介绍评价 PIV 测量不确定性的蒙特卡罗模拟的方法论以及一些重要结果。

5.5.1 合成粒子图像的生成

数字 PIV 评估中基于测量误差估算的蒙特卡罗模拟的核心为形成充足的粒子图像采集。粒子图像生成器必须实现提供具有已知特性的人工图像，如直径、形状、动态范围、空间密度和图像长度。对于在此介绍的大部分模拟来说，单个粒子图像可由高斯强度分布图来描述，即

$$I(x,y)=I_0\exp\left[\frac{-(x-x_0)^2-(y-y_0)^2}{1/8d_\tau^2}\right] \tag{5.15}$$

其中粒子图像的中心位于(x_0,y_0)处，并在此具有 I_0 的峰强度。为了简化，物体平面与图像平面之间的扩大因数可选为统一，例如$(x,y)\equiv(X,Y)$。粒子图像直径 d_τ 可由高斯贝尔的 e^{-2}强度量定义，其中包含了 95% 的散射光。当粒子图像直径减小至 0，粒子图像将被 Δ 函数代替。I_0 为粒子位置 Z_0、片光源以及入射光的粒子散射效率 q 的函数。对于居中于 $Z=0$ 的具有高斯强度分布的片光源，典型的连续波氩离子激光，I_0 可表示为

$$I_0(Z)=q\exp\left(-\frac{Z^2}{1/8\Delta Z_0^2}\right) \tag{5.16}$$

式中，ΔZ_0 为在 e^{-2}强度点测量的片光源的厚度。进一步假设粒子直径比片光源厚度 ΔZ_0 小很多。对于高帽强度分布，I_0 的表达式为

$$I_0(Z)=\begin{cases}1, & |Z|\leqslant\frac{1}{2}\Delta Z_0\\ 0, & \text{其他}\end{cases} \tag{5.17}$$

为了形成粒子图像，随机数发生器设定在包含片光源的三维平板上的粒子位置(X_1,Y_1,Z_1)处，如图 5.31 所示。峰强度 $I_0(Z_1)$是由式(5.16)、式(5.17)或其他任何强度分布估算的。随后为了计算每个像素捕捉的光能，该量需代入式(5.15)。这里每个像素上式(5.15)的总和可以通过计算沿 X 和 Y 的误差函数(高斯函数的闭型积分)的结果进行简化。为了形成位移，人工流动将粒子位移移动至一个新位置(X_2,Y_2,Z_2)，在此位置可以计算新的粒子图像强度分布。需重复该操作直至得到期望的粒子图像强度 N。之后图像可以量化为期望的图像长度(如每像素色彩位数)，而且可以添加噪声来模拟如传感器的散射噪声。

下面将说明蒙特卡罗模拟在测试数字 PIV 评估中影响测量不确定性(随机误差)使用的参数。此处的目的并不是预测测量不确定性或特定参数的固

有误差。下面也将说明给定参数变化的误差。

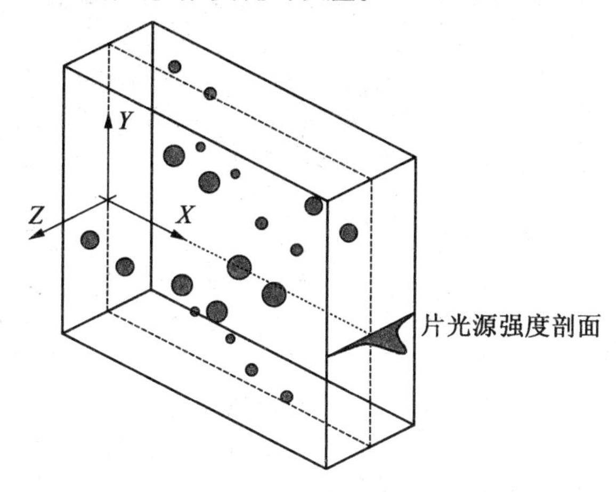

图 5.31　用于形成人工粒子图像的包含片光源以及粒子的三维体积

5.5.2　粒子图像直径的最优化

图 5.32(a)和图 5.32(b)预测了基于三点高斯峰近似方法的数字 PIV 评估中最优粒子图像直径的存在。对于两个图像之间的互相关,该直径稍大于 2 像素,而双曝光 PIV 采集具有 $d_\tau \approx 1.5$ 像素的理想粒子图像直径。尽管对蒙特卡罗模拟使用粒子图像形成和评估(如 FFTs、峰探测器等)的相同软件模块,但在最优粒子图像直径中也存在偏差,对此无合理的解释。

当粒子图像很小时,在模拟数据中出现了另一影响(图 5.33),即位移趋于偏向整数量。随着粒子图像的减小,该影响增强,这清楚地表明所选用的亚像素峰估算函数——三点高斯峰添加函数并不适用于该粒子图像直径。其他三点添加函数可能表现得更差[51,172]。在实际的位移数据中,"峰锁"①效应可以由位移直方图来检测,如图 5.34 所示。这样一个扭曲的直方图可以作为一个很好的指示器,即说明位移估算中系统误差(由峰添加方法引起的)比随机噪声大得多。作为结果,当随机噪声大于系统误差时可以得到一个光滑的直方图,所以必须对曲解直方图数据给予关注。在文献[152]中,该"击败"效应可视为"固有误差"。

① 峰锁项经常用来描述具有像素间隔周期性图案的位移固有误差。在大多数情况下,它是由不恰当的亚像素位移估算或传感器人工部件引起的。

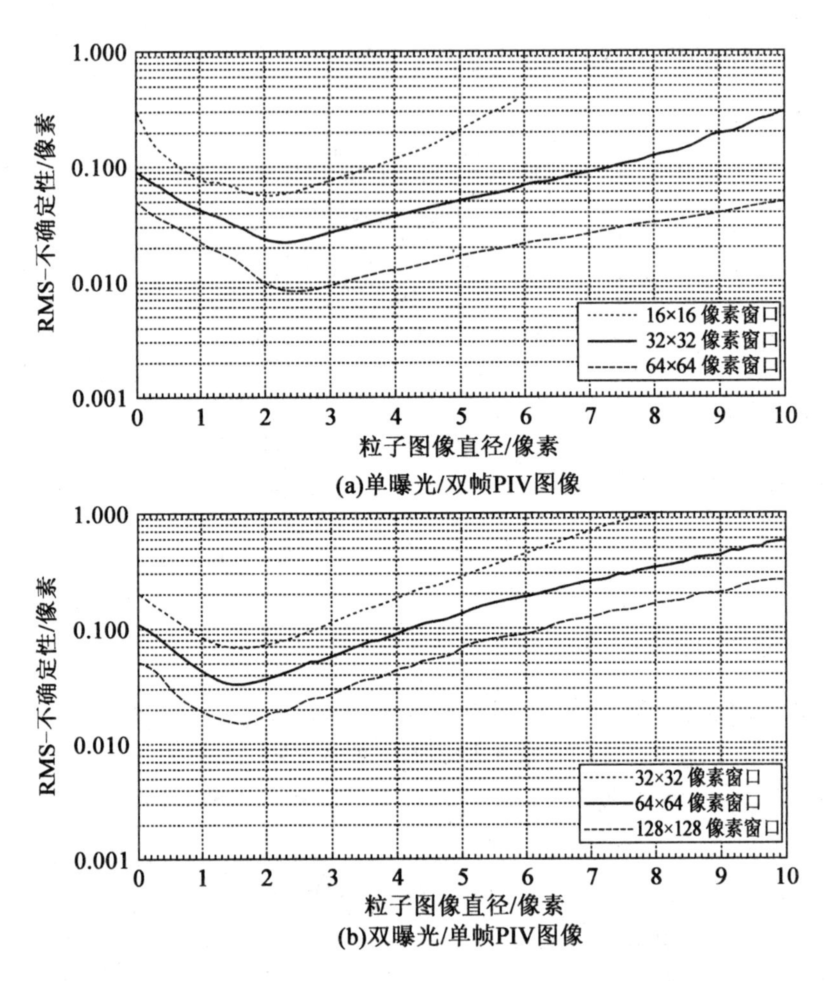

图 5.32 粒子图像直径变化的数字互相关 PIV 评估中的测量不确定性(RMS 随机误差)

(模拟参数:$QL=8$ 位数/像素,无噪声,优化曝光,高帽片光源,$N=\frac{1}{64}$像素$^{-1}$)

然而,该效应的来源不仅受限于不充足的粒子图像大小,也由减小的填充因子或甚至在单个像素范围内的空间变化照明引起。减小该效应有多种解决方法。首先,粒子图像直径 d_τ 可在采集过程中通过增大样本率或甚至使粒子图像散焦而增大。通过这种途径,可以取得合适的粒子图像样本($d_\tau>2$ 像素),而且在提供充足的光继续曝光传感器时粒子图像为选择方法。第二个选择为选择不同峰估算方法,即更适合较小粒子图像直径。第三个选择为使用优化粒子图像直径的过滤器和峰估算方法对图像进行预处理。最后,Roth 和 Karz[156] 提出了另一种方法,即对峰锁数据使用一个均衡传递函数。该传递函数可由位移数据的直方图计算得到,而且该函数也需要范围足够大的位移和位移矢量计算。

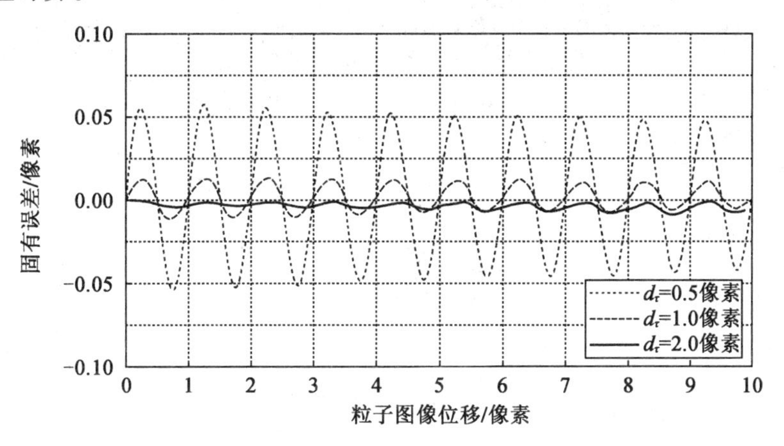

图5.33　三点估算函数中粒子图像直径太小引入的“峰锁”(参数与图5.32一致)

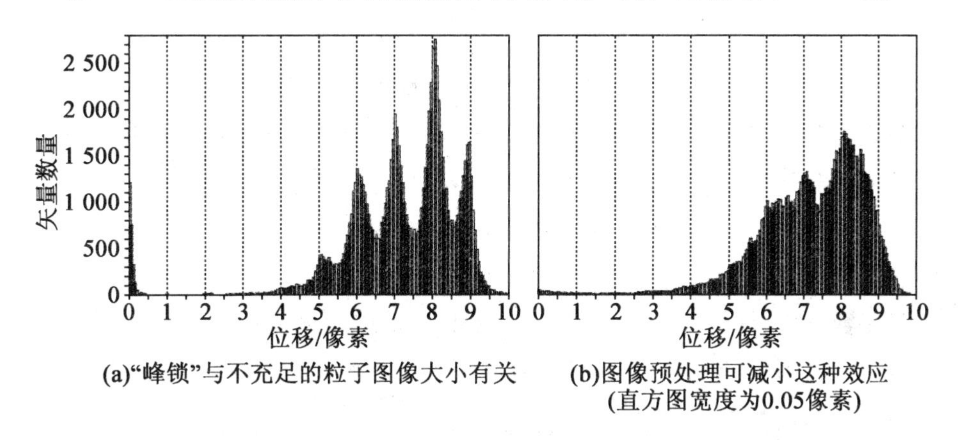

图5.34　由湍流边界层的10幅连续图像得到的实际PIV位移数据的直方图

先进的迭代过程方法依赖于图像变形,例如5.4.4小节介绍的方法可以用于减小像素锁定影响,原因是相关峰将位于相关平面原点的中心。因此,可以减轻不适当的亚像素峰估算方法的偏向效应[128]。

5.5.3　粒子图像偏移的最优化

图5.35给出了测量不确定性(RMS随机误差)的模拟结果,其为位移的函数。对于大多数位移,不确定性基本为常数,除了位移小于0.5像素处,在该处存在线性的依赖关系(图5.38),也可从通过实验获得的误差估算中观察到该现象[174]。可以用理论来解释该现象[172]。

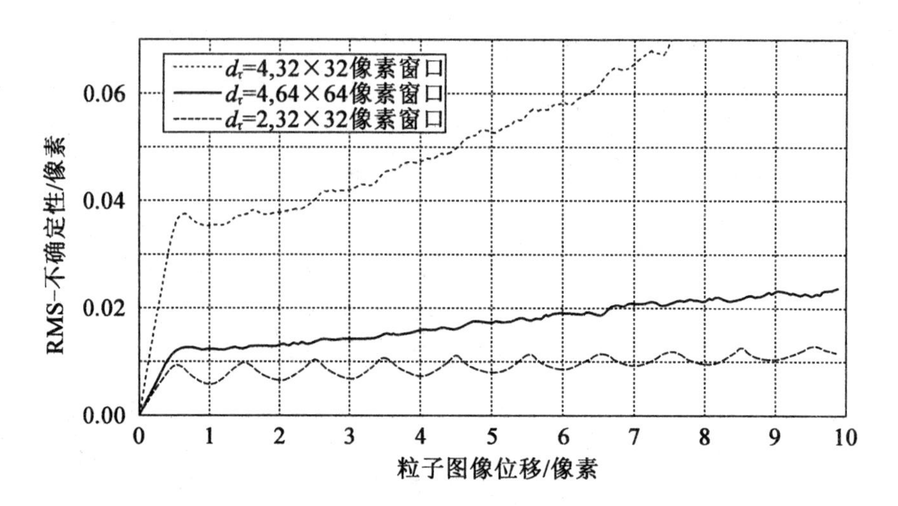

图 5.35　数字互相关 PIV 评估中测量不确定性的蒙特卡罗模拟结果
（为粒子图像位移的函数）

测量不确定性在 $|\boldsymbol{d}|<0.5$ 像素下急剧减小是因为根据查询窗口中的平均位移矢量对查询窗口彼此进行补偿。该补偿具有额外的副作用，即粒子匹配增多使相关峰的检测能力增强[84]。

图 5.36 给出了由平面内耗损对引起的位移偏向。根据 5.4.1 小节的介绍，总是低估测量的位移。通过在使用三点添加方法前从相关量中分配合适的加权函数，可以近似完全移除位移偏向，如图 5.36 所示。

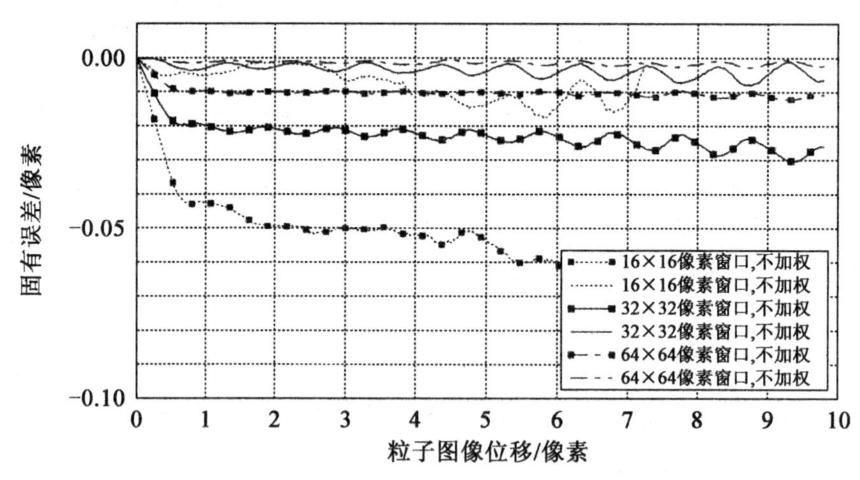

图 5.36　模拟结果说明实际和测量位移之间的偏差（为粒子图像位移的函数）
（偏差修正移除了位移偏向，模拟参数：$d_τ=2.0$，无噪声，高帽强度分布，$N=\frac{1}{64}$像素$^{-1}$）

5.5.4　粒子图像密度的影响

在PIV图像评估中粒子图像密度主要受两个因素的影响。首先,当相关计算使用更多的粒子图像对,有效位移检测的可能性增大。在查询区域捕捉图像对的数量取决于三个因素,即全部粒子图像密度$\mathcal{N}$、平面内位移的数量和平面外位移的数量。Keane 和 Adrian[82-84]定义了这三个量为有效粒子图像对密度,即查询点$\mathcal{N}_{\mathrm{I}}$、平面内耗损对F_{i}和平面外耗散对F_{o}。当不存在平面内和平面外的耗损对时,后两项相同。

三个量$N_{\mathrm{I}}F_{\mathrm{i}}F_{\mathrm{o}}$的产物可以表示查询点处粒子图像对的平均有效数量。Keane 和 Adrian 使用蒙特卡罗模拟说明了在$\mathcal{N}_{\mathrm{I}}F_{\mathrm{i}}F_{\mathrm{o}}>8$时双曝光/单帧PIV中有效检测的可能性超过95%,而三倍脉冲的单帧PIV仅需要$\mathcal{N}_{\mathrm{I}}F_{\mathrm{i}}F_{\mathrm{o}}>4$。相反地,单曝光/双帧PIV需要$\mathcal{N}_{\mathrm{I}}F_{\mathrm{i}}F_{\mathrm{o}}>5$,这与图5.37所示的数据一致。然而,依赖于验证的选择方法,概率曲线可以上下移动。描述至少给定粒子图像对存在的理论泊松分布曲线$P|n\geqslant i|$也绘制在图5.37中,其表明了查询点处至少存在三个粒子图像对与模拟数据相匹配。实际上,通过确定至少三个或四个粒子图像对,可以简单地优化数据。进一步的优化可以使用查询窗口的补偿,如5.5.3小节介绍的,其可以最小化平面内的耗损对,即$F_{\mathrm{i}}\to 1$。

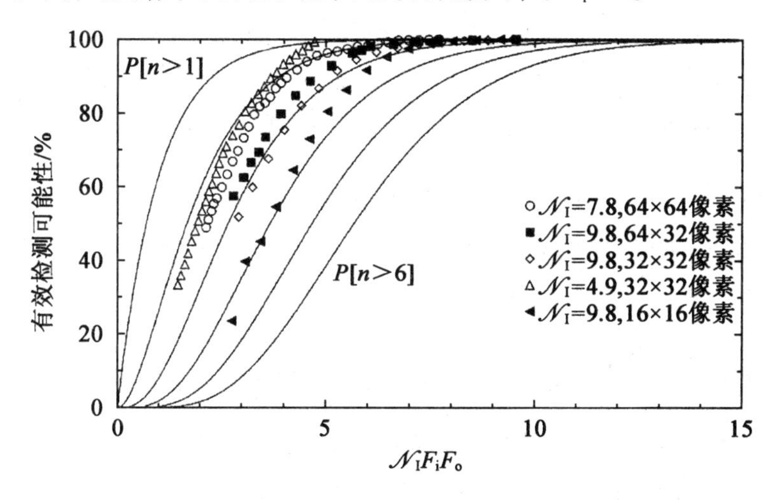

图5.37　矢量检测可能性(图像密度$\mathcal{N}_{\mathrm{I}}$、F_{i}和F_{o}的函数,实线为在查询点出具有至少给定数量粒子图像的可能性,见文献[84]中的图4)

粒子图像密度对 PIV 图像评估的第二个影响为对测量不确定性的直接影响。在图 5.38 中,测量不确定性绘制为在不同粒子图像密度 $\mathcal{N}_I$ 下粒子图像位移的函数。位移范围限制在一个像素范围,这可由查询窗口补偿来确保。对于位移小于 $\frac{1}{2}$ 像素,可以观测到如图 5.35 中的相同线性趋势。在 $|\boldsymbol{d}|>0.5$ 像素下,不确定性近似为恒定值。粒子图像密度 $\mathcal{N}_I$ 的根本影响为其可以大体减小测量不确定性,这可由更多粒子图像对增大相关峰的信号强度来解释。

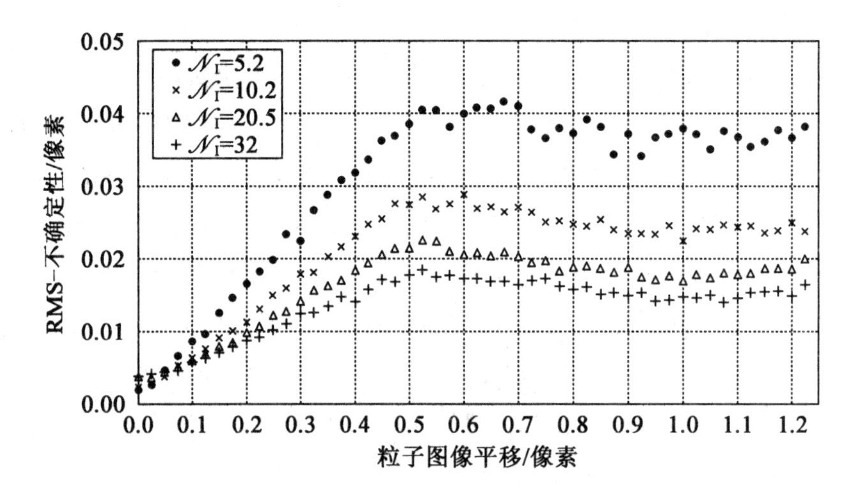

图 5.38 单曝光/双帧 PIV 的测量不确定性

(不同粒子图像密度 $\mathcal{N}_I$ 下粒子图像移动的函数,模拟参数:

$d_\tau=2.2$ 像素,$QL=8$ 位数/像素,32×32 像素,无噪声,最佳曝光,高帽片光源)

结合以上说明的影响,可以表明如果流动中含有高密度的粒子,那么在使用小查询窗口下可以获得有效的高检测率以及低测量不确定性,从而产生高空间分辨率。

5.5.5 图像量化水平的变化

Willert[111] 描述的双曝光/单帧 PIV 的蒙特卡罗模拟说明了图像量化(如位数/像素)仅对测量不确定性或位移固有误差存在较小影响。这将在后续单曝光/双帧 PIV 进行说明,如图 5.39 所示。

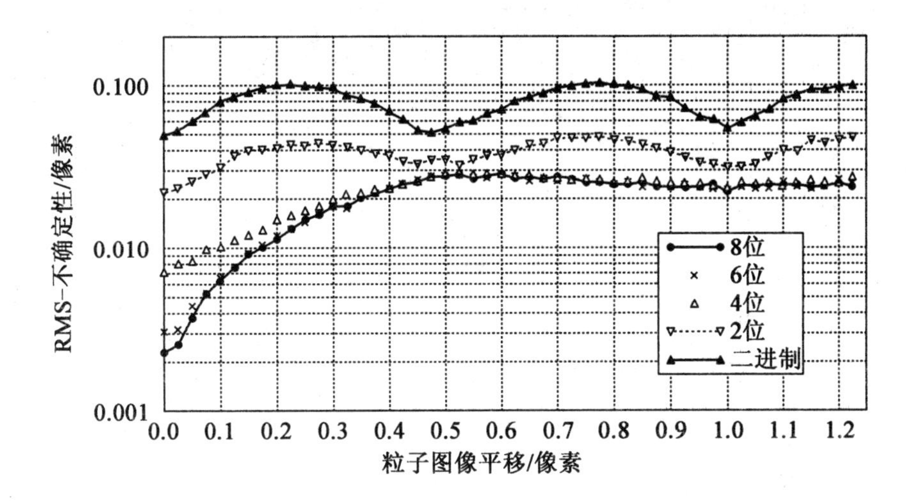

图5.39 单曝光/双帧PIV的测量不确定性(位移和图像量化的函数,模拟参数:$d_\tau=2.2$ 像素,$\mathcal{N}_\mathrm{I}=10.2$,32×32像素,无噪声,最佳曝光,高帽片光源)

有趣的是,量化水平从 $QL=8$ 位数/像素减小到 $QL=4$ 位数/像素并不会影响给定粒子图像密度的RMS误差。该效应可解释为FFT基相关计算引入的噪声受到控制,这也说明了大数量的图像量化水平并不能保证更好的PIV测量精度,除非可在相同时间移除由相关方法引起的噪声(例如,通过直接的线性相关)。然而,在较低图像量化水平 $QL<4$ 位数/像素下,测量不确定性增大至10倍。

当测量单粒子图像时,量化水平的数量是非常重要的,例如在粒子追踪测量或超分辨率PIV中。在这种情况下,当可以更好地得到粒子图像的像素强度量时,可以更精确地估算一个粒子图像的位置。图像量化水平的另一个值得注意的现象是,充足的粒子图像密度($\mathcal{N}_\mathrm{I}>30$)可以实现低噪声测量,甚至对于二进制图像(图5.40)。当需要节省存储空间时,该事实是有利的,因为二进制图像比标准八位数图像需要少于八倍的内存。然而,无损失的原始数据的二值化并不是不重要的(如不均匀背景、变化的粒子图像强度和直径等)。一旦二进制图像或运行长度编码的图像可行,就可以对大多数计算机处理器使用比特式或整数方法,从而完成极快的直接相关方法[124,138]。

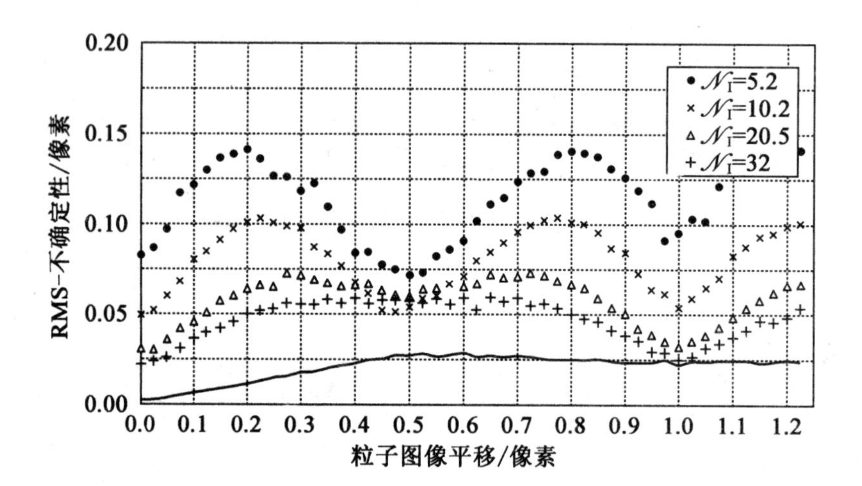

图 5.40　二进制图像对(例如,$QL=1$ 位数/像素)的测量不确定性(位移和粒子图像密度 $\mathcal{N}_I$ 的函数,实线为 $QL=8$ 位数/像素的测量不确定性,模拟参数除了 $\mathcal{N}_I$,其他与图 5.39 一致)

5.5.6　背景噪声的影响

图 5.41 给出了由背景噪声引起的测量不确定性的增大。在模拟中,将在图像动态范围内特定部分的标准正态分布(白色)的噪声线性地添加至每个像素。而且给定像素的噪声与其相邻或不同图像上与其匹配物完全无关。这两种并不总是实际图像传感器的情况。

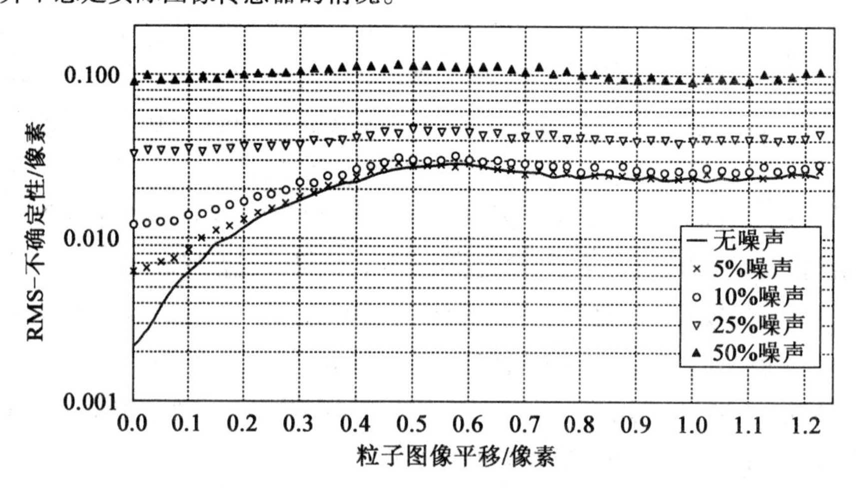

图 5.41　测量不确定性(位移与不同数量白色背景噪声的函数,模拟参数:$d_\tau=2.2$ 像素,$\mathcal{N}_I=10.2$,32×32 像素,最佳曝光,高帽片光源)

尽管该模拟不是完全现实的,但它说明了较小噪声对测量不确定性存在较小影响。由 FFT 基相关引起的噪声贡献是可控的。对于所选的模拟参数,噪声的10%相当于大概 $QL=4$ 位数/像素,可以产生较差的测量。这与图5.39中图像量化水平的变化是一致的。在该情况下,$QL>4$ 的图像量化对 RMS 误差影响较小。

5.5.7　位移梯度的影响

由于 PIV 是基于使用两个查询窗口间的相关对位移进行统计测量,窗口中的位移梯度可能产生偏向数据。这是因为即使说明了平均粒子图像位移,在第一个查询窗口中的所有粒子图像也不会全部存在于第二个查询窗口。对于无补偿的查询窗口,位移将偏向于更小的量,因为具有小位移的粒子图像比具有大位移(如平面内耗损对[84])的要更经常存在。在粒子追踪方法中该测量误差不会增大,因为该方法仅测量单个粒子图像的位移[129]。

在图5.42中测量的不确定性描绘为两个不同大小的查询窗口中的位移梯度的函数。从图中可以得到很有意思的结论,即较小的查询窗口可以包容更大的位移梯度。甚至在相同标准化的粒子图像密度 N 下,即较大窗口包含四倍的图像对,也不会补偿该影响。出现该现象的原因为在较大窗口中相关峰很宽,对于相同位移梯度,位移的动态范围可以先线性地衡量查询窗口的维数,从而产生相关峰宽度的正比例增大。综上所述,期望使用较小的查询窗口,从而粒子图像密度足够大。

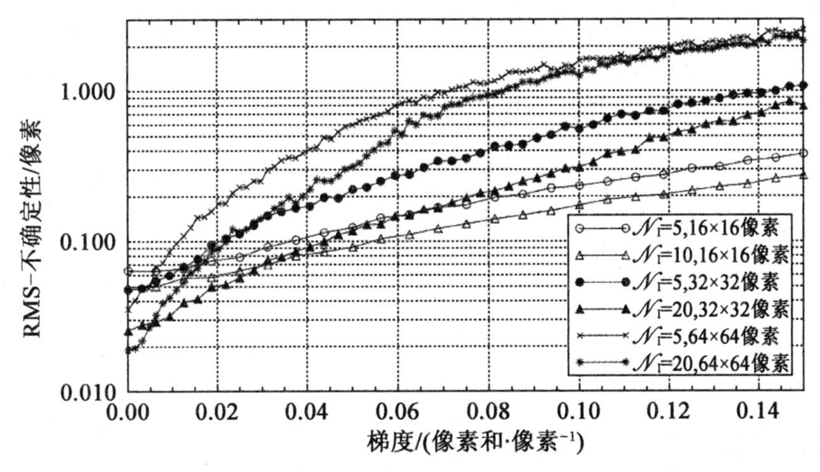

图5.42　测量的不确定性(不同粒子图像密度和查询窗口大小下的位移梯度的函数,模拟参数:$d_\tau=2.0$ 像素,$QL=8$ 位数/像素,无噪声,最佳曝光,高帽片光源)

通过估算每个查询窗口的平均粒子图像位置以及对该点设定位移估算值，可以说明由位移梯度引起的固有误差。后续的双线性插值方法可以用于估算查询窗口中心处的局部位移矢量[305]。原则上，平均粒子图像位置的估算仅需要使用对相关有贡献的配对粒子图像。这很难实现，但通常足以在每个样本中截取数据和计算余下像素强度的质心（如粒子图像）。需要注意的是，5.4.4小节中更高阶 PIV 处理方法有能力大大减小梯度区域引入的人工部分。

5.5.8 平面外运动的影响

通常 PIV 方法可以应用于高度三维的流动，甚至是垂直于片光源的平均流动。这些实例可能用于研究流动中的翼端旋涡或其他结果。在这种安排下，平面外耗损对是很有意义的，例如相关峰信号强度减小。这样有效峰检测的可能性减小。

对于补偿平面外的运动存在三种方法。首先，可以减小采集之间的脉冲延迟 Δt，这具有在测量中减小动态范围的副作用。第二，增厚片光源，从而适应给定脉冲延迟下的平面外运动。然而，这并不总是可能的，因为片光源的能量密度随着厚度的增加而成比例地减小。第三，平均平面外流动部分可以适应在流动方向上照明脉冲间片光源的平行补偿。当观测区域内平均平面外流动部分接近恒定时，该方法效果最好。通过结合以上三种方法可以得到最好的结果。正如平面内耗损对，一般方法为保持平面外耗损对足够小，从而确保查询窗口中存在最小数量的粒子图像（通常 $\mathscr{N}_{\mathrm{I}} \geq 4$，参见 5.5.4 小节）。

PIV 数据的后处理

第6章

前面已介绍了 PIV 图像的采集和评估。使用 PIV 技术测量时经常会产生需要大量后处理的图像。如果计算统计量,需要采集数千兆字节的数据,现在的计算机能够满足要求,未来期望可以在每次处理时使用更多的数据。因此,迅速、可靠和完全自动化的 PIV 数据后处理是必要的。

原则上,PIV 数据后处理可归纳为以下步骤:

(1)确认原始数据。在 PIV 采集自动评估后,可以通过原始数据得到一定数量的不太正确的速度矢量。为了消除这些不正确数据,必须验证原始流动场数据。为了达到该目的,有必要发展一些可自动工作的特殊算法。

(2)替换不正确数据。对于大部分后处理算法(如向量算子的计算)需要完整的数据场,就像数值模拟得到的数据。如果实验数据出现缺口(数据缺失),后处理算法将无法工作。因此,需要发展填补实验数据缺口的方法。

(3)数据简化。为了描述流动的结构特性,检测数百个速度矢量场是十分困难的。通常使用像平均(为了提取平均流动信息和其脉动场)、条件取样(为了区别流动的周期和非周期部分)和向量场算子(如提取流动中结构的涡量和散度)这样的技术。

(4)信息分析。目前,这是对于 PIV 使用者的最具挑战的工作。作为第一个提取完整瞬时速度矢量场的技术,PIV 考虑了流体力学的新旧问题。信息分析使用了类似本征正交分解(POD)[276]或神经网络[250]的分析方法。

(5)信息展示与动画。大量商业和自编的软件包可用于 PIV 数据的图像展示。通过观察可以容易理解流场的主要特性,这是极其重要的,可以通过等值线、颜色变化等实现。在 PIV

采集时间序列或三维信息时,PIV 数据信息有助于更好地理解流场特性。

下面各节将更深入地介绍 PIV 技术中后处理的各个步骤。

6.1 数据验证

相关评估后,涉及 PIV 原始数据的一些问题如图 6.1 所示,这里给出了在来流马赫数 $Ma=0.75$ 时 NACA0012 机翼上的瞬时流场。为了突出流场的细节,每个速度矢量均减去 PIV 采集的平均流动速度矢量(344 m/s)。从图中可以发现,在机翼边缘存在超音速流动区域以及具有大速度梯度的终止部分。

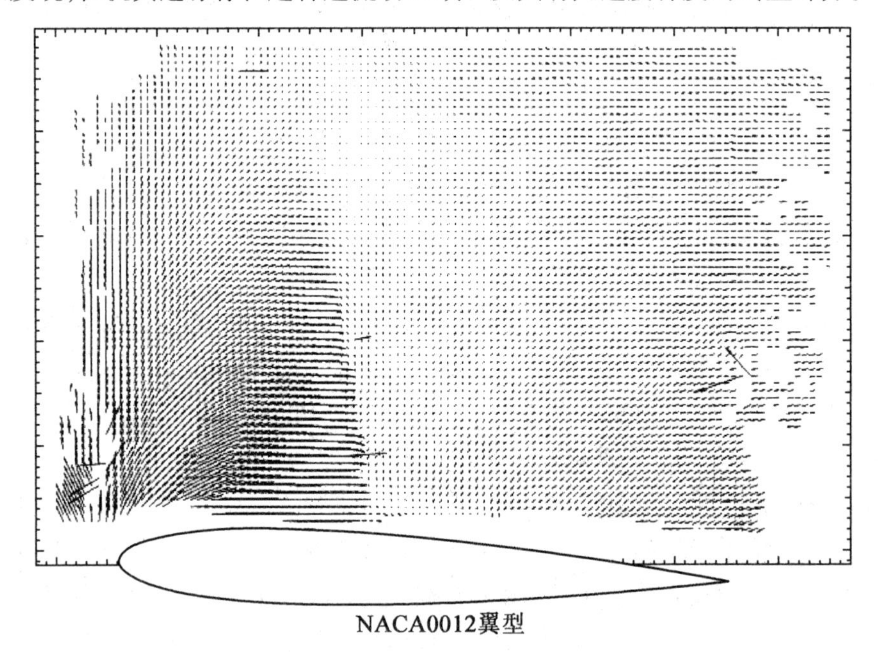

图 6.1 NACA0012 机翼上的瞬时流场($U-\bar{U},V$)速度矢量
($Ma=0.75,\alpha=5°,l_c=20$ cm,$\tau=4$ μs,$\bar{U}=344$ m/s)

第 9 章将给出实验更详细的信息。图 6.1 中观察到的不正确速度矢量的典型特性如下:

(1)速度量级和方向与其周围的差异很大。

(2)经常出现在数据场的边缘(模型表面附近、缺失区域边缘以及照明区域边缘)。

(3)在大多数情况下,以单个不正确矢量出现。

通过上述描述,不正确点就像是在评估过程中由噪声或人为因素(模型表面、不同来源的噪声等)引起的相关峰,而不是适当配对图像之间的相关。这些可疑或者假数据点称为坏点。通常坏点是观察到的不同于测量其他数据点的点。

检测坏点时,实验者的感知是有效的。对于少量的PIV采集,不正确的速度矢量可以与正确的进行互换,但不适用于需要评估的大量采集。然而,为了流场数据的后处理,必须移除不正确的数据。这些后处理方法可以局部提高和消除误差,还可以分离高质量数据,但所有对原始矢量数据使用微分算子的后处理方法仍然包含坏点,微分算子包括散度、涡量算子或者流场数值模拟结果与实验结果之间的偏差计算。与此相反,对大量数据进行平均的算子受少量不正确数据的影响较小,其中算子包括平均量、差值、湍流强度等。由此得到,所有PIV数据应该检测不正确数据。由于数据量较大,该过程需通过自动算法处理。处理瑕疵数据的指导原则如下:

(1)算法必须确保高准确度,以至于在最终的PIV数据中不存在有问题的数据。

(2)无论数据是否有效,如果不正确的数据不能通过算法来确定,则应该去除该数据。

通过应用有效算法,相比采集的数据量,PIV数据量应该减少0.1%~1.5%,减少程度取决于PIV采集的质量以及所测流体流动的形态。填补无有效数据的缺口(通过插入或外推法)应该在验证数据之后进行。需要再次强调,该过程防止不正确数据扩散到高质量数据的区域。基于相同理由,数据的不光滑应该在验证数据之前进行。

验证数据的重点为在有效数据移除和保留太多不正确矢量之间掌握好尺度。PIV数据验证的不同技术在文献[115]、[119]、[258]、[273]、[274]中进行了详细描述。然而,某种程度的数据验证可通过标准化的中值滤波器[275](参见6.1.5小节)实现。变量阈值方法确定了从无效数据集的过滤角度检测阈值[264,268]。

在应用中使用了很多算法,在不同实验情况下和对不同流动形态进行真实PIV采集时这些算法得到发展和验证[266]。一些算法模块是备用的,一些是成功应用的。其中全局直方图算法和动态平均量算法将在后面进行讨论,之后也会介绍验证方案。

为了后续讨论不同数据验证算法,需定义一些参量。在流场中形成规则网格的位置进行瞬时速度场(U,V)取样。图6.2给出了一部分网格,网格由X和

Y方向$I \times J$个网格点组成,两个方向上相邻网格点的间距为ΔX_{step}和ΔY_{step}。在i、$j(i=1,\cdots,I,j=1,\cdots,J)$处,二维速度矢量为$\boldsymbol{U}_{2D}(i,j)$。下面考虑中心速度矢量$\boldsymbol{U}_{2D}(i,j)$与其相邻的速度矢量$\boldsymbol{U}_{2D}(n)$之间的关系,邻近的速度矢量编号为$n(n=1,\cdots,N)$,通常$N=8$。中心速度矢量$\boldsymbol{U}_{2D}(i,j)$与其最相近速度矢量$\boldsymbol{U}_{2D}(n)$之间的距离为$d$,且$d$不是$\Delta X_{\text{step}}$和$\Delta Y_{\text{step}}$,而是$\sqrt{\Delta X_{\text{step}}^2+\Delta Y_{\text{step}}^2}$,这取决于其网格的位置。中心速度矢量$\boldsymbol{U}_{2D}(i,j)$与$\boldsymbol{U}_{2D}(n)$的矢量偏差为$|\boldsymbol{U}_{2D}(n)-\boldsymbol{U}_{2D}(i,j)|$。

为了介绍数据验证的不同算法,图6.3给出了图6.1中左下部分的流场。

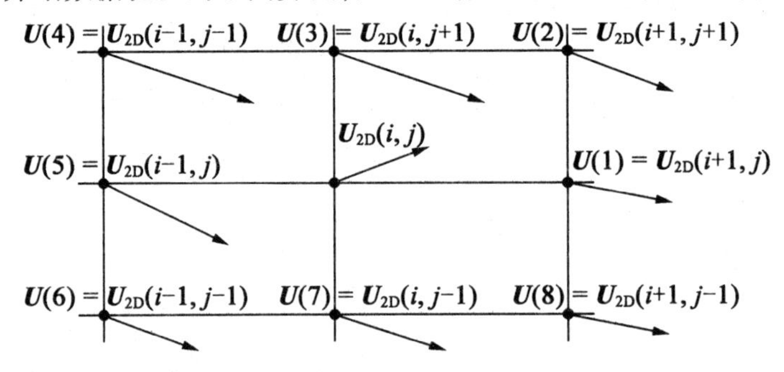

图6.2　矢量标注的数据网格

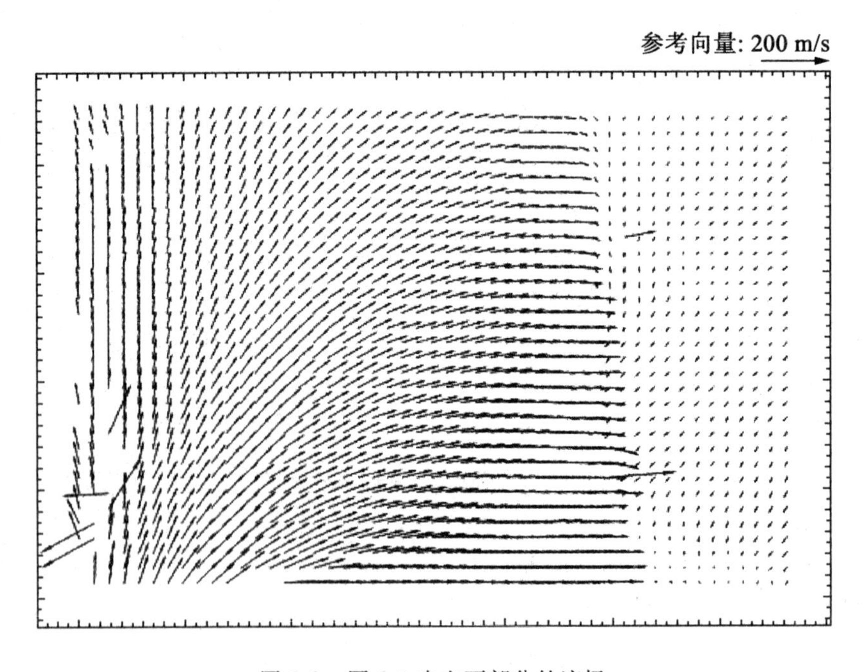

图6.3　图6.1中左下部分的流场

6.1.1　合成粒子图像的生成

1. **原则**

假设对于实际流场相邻速度矢量间的矢量偏差小于一定阈值，该假设在流动的长度尺度远大于相邻矢量之间的距离 d 时成立。因此，所有正确的速度矢量必须位于连续流动场 (u,v) 平面内的连续区域。该原则作为排除不正确数据的第一步。

2. **过程**

位移或速度的二维直方图可通过描绘相关平面内所有恢复的相关峰位置得到。换句话说，在相关平面内标识每个查询窗口内最大相关峰的位置，如图6.4所示。

从图中可以观察到累积相关峰（速度矢量）中的两个分离区域，即具有较大峰位置（如速度矢量）散射的区域Ⅰ和区域Ⅱ。可计算图中限制位移峰（速度矢量）最大积累的矩形区域。验证过程的下一步为单独检测每个查询窗口的位移峰，并将标识和去除在矩形外或其他适当范围内的所有位移峰（速度矢量）。

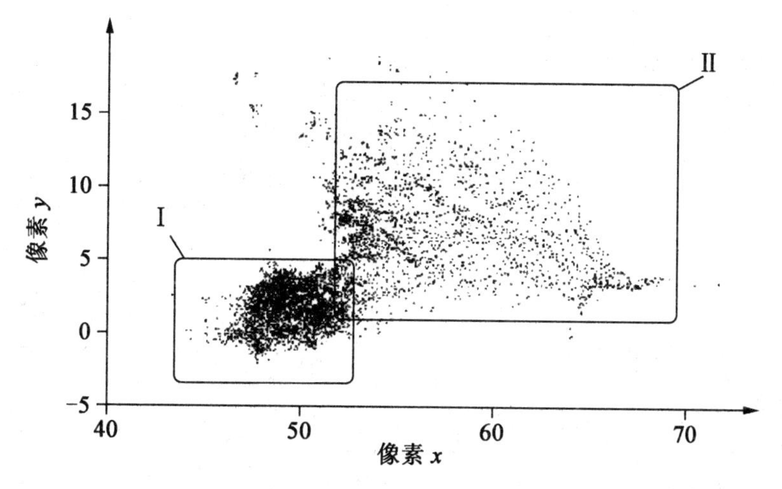

图6.4　相关平面内相关峰的位置（矩形表示似乎正确数据的区域，区域Ⅰ，$Ma<1$，区域Ⅱ，$Ma>1$）

3. **讨论**

在相关平面内由噪声引起的大部分坏点可通过简单算法去除。同样，如果使用自相关，源于相关平面原点相邻（零阶中央峰）的数据可通过选取零阶峰周围的另一个去除矩形消除（图6.4中并未表示）。采集过程产生的噪声集中在某一特定的光谱波段(如噪声来源于 AC 光源、查询时所用光学器件存在瑕疵、CCD 照相机的结构等),由于在大多数情况下噪声位于相关平面区域,而该区域并不与积累正确速度矢量的区域存在关联,因此可以检测并消除噪声。

图 6.4 也说明了在相关(速度)平面内存在两个或者多个积累峰值(速度矢量)的区域。如果流场不连续,将出现这种现象,例如,当流场嵌入冲击时的跨音速流场。在图 6.4 中,区域 I 是由流场的亚音速部分引起的,即图 6.3 右侧;反之,区域 II 是由在机翼前沿上流场超音速部分引起的。以上可总结为全局直方图算法使用了物理论证(可能流速的上下限)来移除所有不在流场中的数据。而且全局直方图检测提供了 PIV 评估质量的有效信息(如噪声引起的不正确数据量、流场的动态范围、通过选择照明时光脉冲之间的适当时间延迟进行 PIV 评估的最优范围的最大负荷等)。如果速度矢量在该验证阶段被去除,不论在相关平面内该网格位置处自动评估过程检测出多个峰,该过程也会自动检测(参见 5.4.5 小节)。如果是这种情况,不论是否满足以上原则,都会检测数据。对固定网格位置进行自动评估时,允许的峰的最大数应限制为 2 或 3。另外,在选择大量峰时,由于偶然满足选择原则,因此有相当大的机会提取由噪声引起的峰。

6.1.2 动态平均量算子

1. 原则

文献中介绍的许多 PIV 验证方案利用了平均量测试,这些算法通过比较 $|\boldsymbol{U}_{2D}(i,j)|$和相近量的平均量 $\boldsymbol{\mu}_U(i,j)$ 大小来单独检测每个速度矢量。下面以具有八个相近点的 3×3 网格点为例进行介绍。如果速度矢量与其附近点平均值的绝对差值大于特定阈值 $\varepsilon_{\text{thresh}}$,则可剔除所验证的速度矢量。测试可以发生变化,不仅应用于比较大小,也用于矢量的 U 和 V 分量,甚至使用大量相邻点做比较。

然而,对跨音速流的测试说明了若流场中存在冲击(流动速度不连续),则会产生一些问题。因此,对于具有速度梯度的流动而言,验证算法须通过局部改变阈值 ε 来提高。

2. 过程

具有 $N=8$ 个最相邻点的平均值表达式为

$$\boldsymbol{\mu}_U(i,j)=\frac{1}{N}\sum_{n=1}^{N}\boldsymbol{U}_{2D}(n) \tag{6.1}$$

则平均矢量与八个相邻点之间的矢量平均差值为

$$\boldsymbol{\sigma}_U^2(i,j) = \frac{1}{N}\sum_{n=1}^{N}[\boldsymbol{\mu}_U(i,j) - \boldsymbol{U}_{2D}(n)]^2 \tag{6.2}$$

数据验证的原则为

$$|\boldsymbol{\mu}_U(i,j) - \boldsymbol{U}_{2D}(n)| < \boldsymbol{\varepsilon}_{\text{thresh}} \tag{6.3}$$

式中，$\varepsilon_{\text{thresh}} = C_1 + C_2\sigma_U(i,j)$，其中 C_1 和 C_2 为常数。

当数据场存在缺失或者数据场边缘时将产生很多问题，也就是可用来比较的相邻点少于 $N=8$ 个。在使用全局数据场平均值填补缺失区域后，或者在数据场边缘添加双行或双列边缘数据后，将得到满意的结果。然而，人工生成的数据仅在应用局部平均量测试或者其他验证测试时保留。

3. **讨论**

图 6.5 给出了使用动态平均量算子引起的效应，其中粗矢量标识表示认定为不正确的速度矢量。图 6.5 清晰地标识了速度大小和方向均与相邻矢量不同的不正确速度，说明了该算子的效力。然而，该算子在应对具有冲击的大速度梯度时不会产生困难，换句话说，没有正确的数据被标识为不正确数据。因此，在验证时局部变化阈值，该算子可以处理具有大速度梯度的流动（图 6.6）。常数 C_1 和 C_2 必须通过一次实验确定，之后可应用于同样流动形式的一系列 PIV 采集。

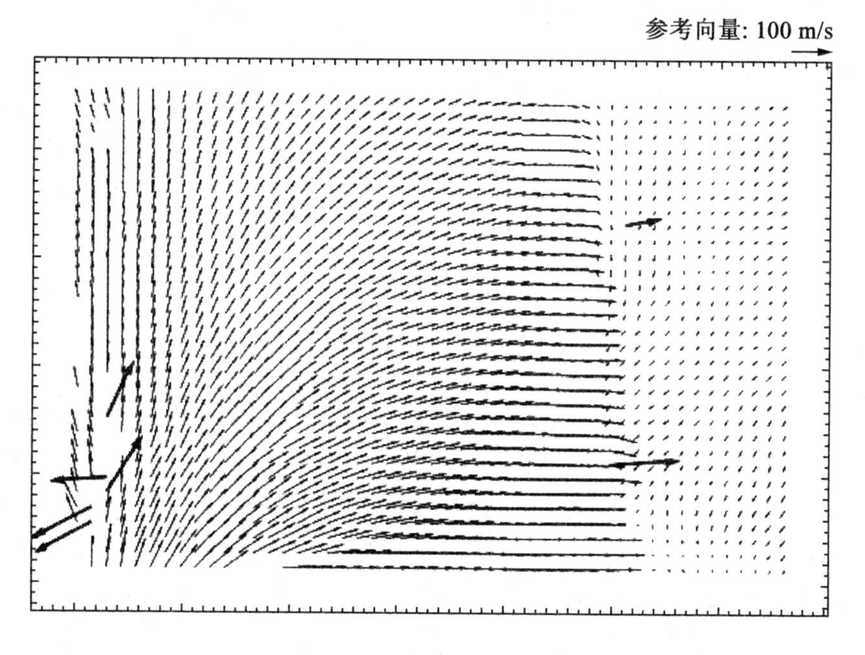

图 6.5　对图 6.3 应用动态平均量算子
（粗矢量标识表示被认定为不正确的速度矢量）

6.1.3 向量差测试

类似于之前的过滤，梯度过滤器或向量差过滤器计算矢量 $\boldsymbol{U}_{2D}(i,j)$ 与其相邻 4 个或 8 个 $\boldsymbol{U}_{2D}(n)$ 的向量差大小如下：

$$|\boldsymbol{U}_{\text{diff},n}| = |\boldsymbol{U}_{2D}(n) - \boldsymbol{U}_{2D}(i,j)| < \varepsilon_{\text{thresh}}, \varepsilon_{\text{thresh}} > 0 \tag{6.4}$$

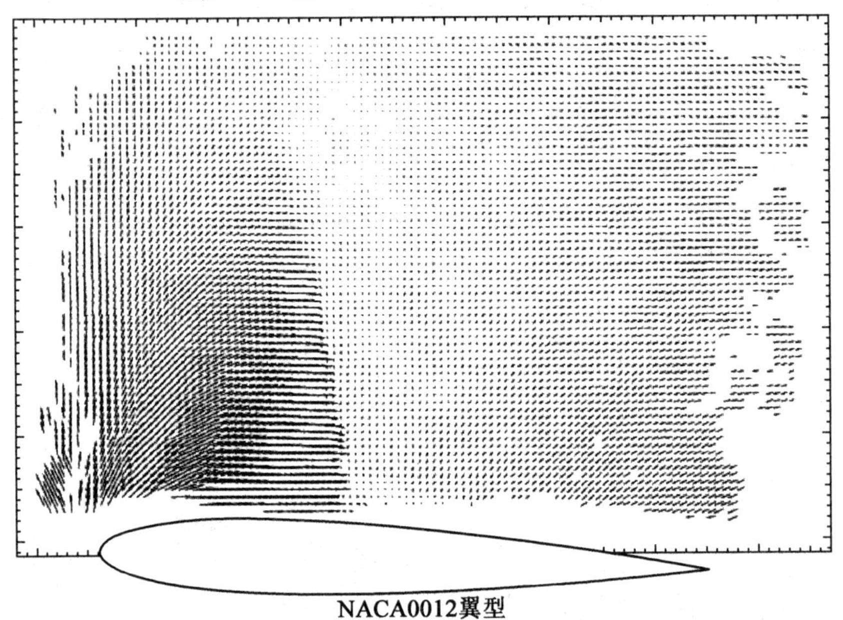

图 6.6 NACA0012 机翼上清除后的瞬时流场速度矢量图

相对于平均向量差，动态平均过滤器的思想是计算不满足验证原则的实物个数。当位移向量与其至少一半的相邻项冲突时，预测其为有问题量。

6.1.4 中值测试

通过中值过滤验证 PIV 数据是由 Westerweel[274] 提出的。中值过滤经常用于图像处理过程中去除虚假噪声，也可用于有效处理虚假速度矢量。简单地说，中值过滤为将所有相邻速度矢量 $\boldsymbol{U}_{2D}(n)$ 按速度矢量大小或者 U 和 V 分量线性分类。中心值(例如，八个相邻项的第四个或第五个)即为中值。如果满足 $|\boldsymbol{U}_{2D}(med) - \boldsymbol{U}_{2D}(i,j)| < \varepsilon_{\text{thresh}}$，检测 $\boldsymbol{U}_{2D}(i,j)$ 下的速度矢量为有效的。

6.1.5 标准化中值测试

中值测试的微小改变可产生更有效的虚假速度矢量的验证。Westerweel

和 Scarano[275]研究表明6.1.4小节中标准中值测试的标准化形式可对剩余项产生十分通用的概率密度分布函数,以至单个阈值可以用来有效地检测虚假矢量。标准化需要首先确定每个周围矢量$\{\boldsymbol{U}_i | i=1,\cdots,8\}$的剩余项 $r_i = |\boldsymbol{U}_i - \boldsymbol{U}_{\text{med}}|$。之后可确定八个剩余项的中值,并且可用来标准化标准中值测试,如下:

$$\frac{|\boldsymbol{U}_{2D}(\text{med}) - \boldsymbol{U}_{2D}(i,j)|}{r_{\text{med}} + \varepsilon_0} < \varepsilon_{\text{thresh}}$$

附加项 ε_0 可说明对静止不动或者均匀流的相关分析得到的剩余脉动。实际上,该量设定为0.1~0.2像素,相当于PIV数据的平均噪声程度[85](参见5.5节)。

Westerweel 和 Scarano[275]使用标准化的中值测试分析了不同雷诺数下的大量PIV实验结果,说明了该方法的有效性。图6.7给出了这些实验的标准以及标准化中值的概率密度分布函数。标准化中值的剩余项分布图说明了90%发生在 $r_{\text{med}} \approx 2$ 时。这意味着在所有实验中单个检测阈值标识为剩余的最大10%。对于阈值 $r_{\text{med}} > 2$,检测效力减弱,反之亦然。

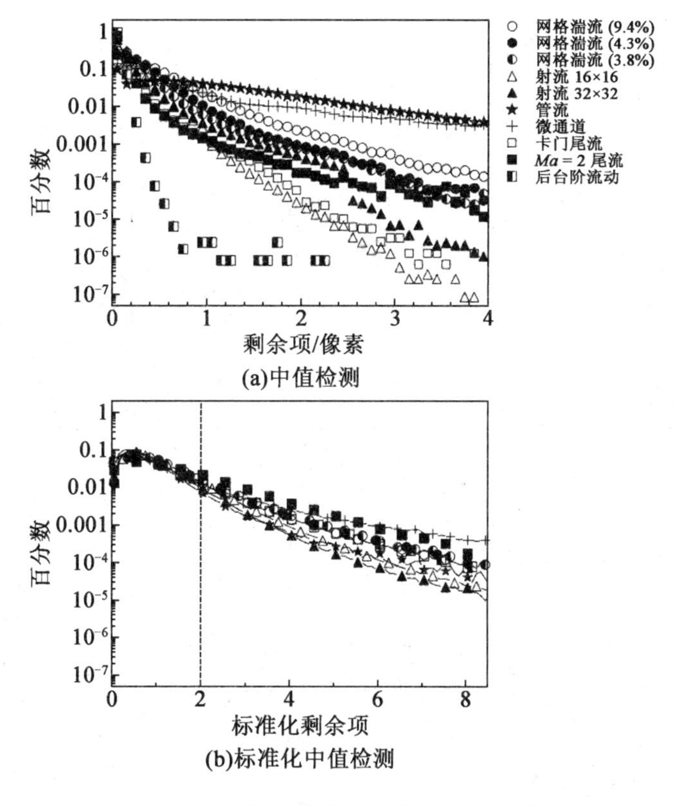

图6.7 不同实验数据的剩余项分布图

该检测方案的普遍性使其很好地适用于重叠 PIV 查询区域,例如 5.4.4 小节介绍的,并且该方法也适用于自动优化的 PIV 算法。

6.1.6 其他验证过滤器

虽然流体力学特性可以用来验证,但其通常仅间接使用,需假设通过使用相邻算法所测量流动必须具有一定程度的连续性或相干性。从时间分解、多帧 PIV 数据[323]或者其他视角,例如立体 PIV(参见 7.1 节)可以获得冗余信息。通过应用这些冗余信息,数据验证可以有其他形式。

下面将介绍一些因某些原因而不太重要的验证方法,表 6.1 给出了这些方法与之前介绍方法的比较结果。

表 6.1 不同验证过滤器的特性

验证过滤器	参数数量	检测效力	自动优化	参考
大小	1	差	简单	—
范围	2～4	中等	简单	161 页
动态平均	2	中等	难	162 页
偏差	1	好	可能	164 页
中值	1	好	可能	164 页
标准化中值	1	好	简单	164 页
最小相关	1	差	可能	166 页
相关峰比值	1	差	难	166 页
相关 SNR	1	差	简单	166 页
余量重建①	1	好	简单	192 页

①本表仅对立体 PIV 数据

1. 最小相关过滤器

如前所述,低相关系数可表示与粒子匹配的大耗损,而且也可能存在不同原因。因此,验证过滤器有助于在观察流场时检测有问题的区域。然而,这对于实际 PIV 数据的检测并不十分重要,因为低相关量不一定指向无效的位移数据。

2. 峰高比值过滤器

该方法是将在相关图中表示位移数据的相关峰与第一个噪声峰相比。低比率的峰高可能指向不适当的粒子区域以及提高不正确测量位移的可能性。对于验证,该方法并不那么有效,因为出现错误的区域具有高相关系数,特别是当示踪粒子浓度很低时。

3. 信噪比过滤器

相关平面内信号噪声比率定义为相关峰高与平均相关水平的比值,其可用来验证数据。然而,该方法的应用存在一定疑问,因为不正确的粒子图像或者固定的背景特性将引起高相关性。

6.1.7　数据验证算法的实现

由于不存在适用于所有应用的位移验证过滤器,因此通常连续地采用许多不同过滤器的结合。通过单独调整每个过滤器的验证参数,即使过滤器不在最优状况下也可获得高数据验证率。处理大量图像时,这种方法是最有效的。

成功的验证过程应该是尽可能收集流场的先前信息,并且以流体力学或者图像处理的形式表示这些信息。目前已经发展了第一个最简单的流体力学方法[88]。

6.2　替换方案

在获得所有验证后的 PIV 数据后,可使用像双线性插值的方法填补缺失的数据。Westerweel[274]指出在不正确矢量周围出现另一个不正确矢量的可能性是二项分布的。例如,如果数据包含 5% 的不正确数据,超过 80% 的数据可通过对四个有效相邻矢量进行连续双线性插值进行恢复。(双线性插值同样实现连续性)。继续消失的数据可以通过对周围数据进行加权平均来估算,例如 Agui 和 Jimenez[125]提出的适应高斯窗口技术。

一些后处理方法需要光滑的数据,因为相比数值模拟数据,实验数据受到噪声的影响。使用 2×2、3×3 或者更大光滑核的数据卷积是充分满足要求的。通过选择可使空间维数小于有效查询窗口尺寸的核大小,即可以减小速度场的附加低通滤波器。中值过滤器是减少虚假噪声的另一种有效方法。

在常规条件下,高质量 PIV 数据中的不正确矢量应少于 1%,对于具有很大挑战性的实验,应少于 5%。如果不正确矢量的数量(局部)大于上述百分比,那么不应该轻易使用替换方案。

6.3 矢量场算子

在许多流体力学的应用中,自身的速度场信息在物理描述时为次要信息,这主要是由于缺乏同时测量的压力和密度场。通常需要使用压力、密度以及速度场来完整恢复 Navier – Stokes 方程中的各项。

$$\rho \frac{DU}{Dt} = -\nabla p + \mu \nabla^2 U + F \tag{6.5}$$

式中,$\boldsymbol{F}$ 表示体积力的贡献,例如重力。获得除速度场外的其他量主要依靠目前的研究结果,其中一部分是由在并行(例如,PSP + PIV,见 9.8 节)中使用多种方法或者通过成像层析 PIV(参见 9.16 节)等体积捕捉方法实现的。但同时获取这些量仍是一个很大的挑战。由 PIV 获得的二维速度场可以通过微分或积分来估计其他流动物理相关量,这将在下面进行介绍。

在微分量中,涡量是很特殊的,因为其不像速度场那样依靠参考系。如果从时间上分析涡量,则涡量场要比速度场更有助于研究流动现象,特别是对具有大涡量的流动,例如湍流边界层、尾迹涡以及复杂的旋涡流动。对于不可压缩流体($\nabla \cdot \boldsymbol{U} = 0$)①,Navier – Stokes 方程可改写为涡量方程:

$$\frac{\partial \boldsymbol{\omega}}{\partial t} + \boldsymbol{U} \cdot \nabla \boldsymbol{\omega} = \boldsymbol{\omega} \cdot \nabla \boldsymbol{U} + \upsilon \nabla^2 \boldsymbol{\omega} \tag{6.6}$$

式(6.6)表示流体元涡量的变化速率(为了简化,$\boldsymbol{F} = 0$)。尽管式(6.6)中消除了压力项,从实际 PIV 数据中估算最后一项$\nabla^2 \boldsymbol{\omega}$是很困难的。由于在流体力学描述中经常使用涡量,因此从 PIV 数据估算的涡量为可行的微分形式,这将在下文介绍。

通过速度场同样可以获得积分量。由 PIV 获得的瞬时速度场可以通过路径积分得到单个量,也可得到另一个场量,如流函数。类似于涡量,由路径积分得到的环量有助于分析涡动力学,主要因为该量也不依赖于参考系。在控制体积分析中,其他 PIV 应用也许需要计算质量流率。积分分析的重要条件是视野需要适当的积分路径。本章之后的部分将会主要介绍积分。

---

① 对式(6.6),不可压缩性是十分严格的条件。然而,如果流体是正压的,即$\nabla \rho \mid \nabla p$,则压力项消失,保持式(6.6)的形式。

6.4　微分量的估算

在确定速度场数据微分的实际计算方法前,需要先确定通过二维速度场可以获得哪些参量。标准 PIV 数据只提供三维矢量场中的两个分量①,而更多先进的 PIV 方法,例如立体 PIV 可以提供所有三个速度分量。除同时采集多个片光源平面外,PIV 方法仅提供单个平面的速度场数据,所以无法计算垂直于片光源的梯度量。为了寻找可实际计算的微分量,全部速度梯度或应变张量$\frac{\mathrm{d}\boldsymbol{U}}{\mathrm{d}\boldsymbol{X}}$如下所示:

$$\frac{\mathrm{d}\boldsymbol{U}}{\mathrm{d}\boldsymbol{X}}=\begin{bmatrix}\frac{\partial U}{\partial X} & \frac{\partial V}{\partial X} & \frac{\partial W}{\partial X}\\ \frac{\partial U}{\partial Y} & \frac{\partial V}{\partial Y} & \frac{\partial W}{\partial Y}\\ \frac{\partial U}{\partial Z} & \frac{\partial V}{\partial Z} & \frac{\partial W}{\partial Z}\end{bmatrix} \tag{6.7}$$

该应变张量可以分解为对称和反对称部分,即

$$\frac{\mathrm{d}\boldsymbol{U}}{\mathrm{d}\boldsymbol{X}}=\begin{bmatrix}\frac{\partial U}{\partial X} & \frac{1}{2}\left(\frac{\partial V}{\partial X}+\frac{\partial U}{\partial Y}\right) & \frac{1}{2}\left(\frac{\partial W}{\partial X}+\frac{\partial U}{\partial Z}\right)\\ \frac{1}{2}\left(\frac{\partial U}{\partial Y}+\frac{\partial V}{\partial X}\right) & \frac{\partial V}{\partial Y} & \frac{1}{2}\left(\frac{\partial W}{\partial Y}+\frac{\partial V}{\partial Z}\right)\\ \frac{1}{2}\left(\frac{\partial U}{\partial Z}+\frac{\partial W}{\partial X}\right) & \frac{1}{2}\left(\frac{\partial V}{\partial Z}+\frac{\partial W}{\partial Y}\right) & \frac{\partial W}{\partial Z}\end{bmatrix}+$$

$$\begin{bmatrix}0 & \frac{1}{2}\left(\frac{\partial V}{\partial X}-\frac{\partial U}{\partial Y}\right) & \frac{1}{2}\left(\frac{\partial W}{\partial X}-\frac{\partial U}{\partial Z}\right)\\ \frac{1}{2}\left(\frac{\partial U}{\partial Y}-\frac{\partial V}{\partial X}\right) & 0 & \frac{1}{2}\left(\frac{\partial W}{\partial Y}-\frac{\partial V}{\partial Z}\right)\\ \frac{1}{2}\left(\frac{\partial U}{\partial Z}-\frac{\partial W}{\partial X}\right) & \frac{1}{2}\left(\frac{\partial V}{\partial Z}-\frac{\partial W}{\partial Y}\right) & 0\end{bmatrix} \tag{6.8}$$

使用变形量和涡量可表示为

---

① 这里忽略标准 PIV 仅可产生三维矢量的二维投影的事实。

$$\frac{\mathrm{d}\boldsymbol{U}}{\mathrm{d}\boldsymbol{X}}=\begin{bmatrix}\varepsilon_{XX} & \frac{1}{2}\varepsilon_{XY} & \frac{1}{2}\varepsilon_{XZ}\\ \frac{1}{2}\varepsilon_{YX} & \varepsilon_{YY} & \frac{1}{2}\varepsilon_{YZ}\\ \frac{1}{2}\varepsilon_{ZX} & \frac{1}{2}\varepsilon_{ZY} & \varepsilon_{ZZ}\end{bmatrix}+\begin{bmatrix}0 & \frac{1}{2}\omega_Z & -\frac{1}{2}\omega_X\\ -\frac{1}{2}\omega_Z & 0 & \frac{1}{2}\omega_X\\ -\frac{1}{2}\omega_X & \frac{1}{2}\omega_Y & 0\end{bmatrix} \tag{6.9}$$

因此,对称张量在对角线上为拉伸应变,在非对角线上为切应变的变形张量;反之,反对称部分仅包含涡量。

常用的二维 PIV 仅提供 U 和 V 速度分量,且 PIV 数据仅可在 X 和 Y 方向进行微分,所以仅可预测应变张量$\frac{\mathrm{d}\boldsymbol{U}}{\mathrm{d}\boldsymbol{X}}$的部分项:

$$\omega_Z=\frac{\partial V}{\partial X}-\frac{\partial U}{\partial Y} \tag{6.10}$$

$$\varepsilon_{XY}=\frac{\partial U}{\partial Y}+\frac{\partial V}{\partial X} \tag{6.11}$$

$$\eta=\varepsilon_{XX}+\varepsilon_{YY}=\frac{\partial U}{\partial X}+\frac{\partial V}{\partial Y} \tag{6.12}$$

因此,仅可获得垂直片光源的涡量、平面内剪切一阶拉伸应变。此外,由立体 PIV 获得的第三个速度分量 W 并不会产生其他的变形量或涡量。

假设流体为不可压缩,即$\nabla\cdot\boldsymbol{U}=0$,式(6.12)中平面内拉伸应变的总和可用来估算平面外的变形量 ε_{ZZ}:

$$\varepsilon_{ZZ}=\frac{\partial W}{\partial Z}=\frac{\partial U}{\partial X}-\frac{\partial V}{\partial Y}=-\eta \tag{6.13}$$

值得注意的是,η 仅表示平面外流体的存在,其并不能恢复平面外速度 W,该速度可由立体 PIV 来获取。

最新的多平面立体 PIV 技术(参见 9.18 节)可以获得所有速度矢量。该技术通过拍摄两个在 Z 方向平行且相近的平面,从而获得三个速度分量。这样可以使用中心差分获得平面外微分$\frac{\partial u_i}{\partial Z}$。

6.4.1 标准差分格式

由于 PIV 仅提供二维空间速度矢量场,速度梯度张量$\frac{\mathrm{d}\boldsymbol{U}}{\mathrm{d}\boldsymbol{X}}$的空间导数必须使用有限差分来估算。而且每个速度场数据 U_i 均受到噪声的影响,也就是存在测量的不确定性 ε_U。使用误差分析来估算在差分时的不确定性,尽管误差分析假设每个量的测量不确定性与其相邻点不存在关系，然而事实并不总是这样。例如，如果PIV图像采样过多，查询间隔（采样点）比查询区域小（$\Delta X < \Delta X_0$ 和/或 $\Delta Y < \Delta Y_0$），那么恢复速度的估算就不是独立的，因为相邻查询区域也采集了部分相同的粒子。在低粒子密度图像 N 下，该问题在大位移梯度下更为严重（图5.42）。为了简化问题，在下面章节介绍的差分均假设测量不确定性与其相邻点相互独立。

表6.2给出了计算一阶导数 $\frac{\mathrm{d}f}{\mathrm{d}x}$ 的有限差分形式，表中的“精度”反映了通过泰勒级数展开每个算子偏导的截断误差。差分估算中的实际不确定性，例如估算速度的不确定性 ε_U，可通过使用标准误差传递方法获得，此时应假定数据相互独立。

表6.2 X方向间隔恒定 ΔX 的数据的一阶导数

算　法	形　式	精度的不确定性
向前差分	$\left(\frac{\mathrm{d}f}{\mathrm{d}x}\right)_{i+\frac{1}{2}} \approx \frac{f_{i+1} - f_i}{\Delta X}$	$O(\Delta X) \approx 1.41 \frac{\varepsilon_U}{\Delta X}$
向后差分	$\left(\frac{\mathrm{d}f}{\mathrm{d}x}\right)_{i-\frac{1}{2}} \approx \frac{f_i - f_{i-1}}{\Delta X}$	$O(\Delta X) \approx 1.41 \frac{\varepsilon_U}{\Delta X}$
中心差分	$\left(\frac{\mathrm{d}f}{\mathrm{d}x}\right)_i \approx \frac{f_{i+1} - f_{i-1}}{2\Delta X}$	$O(\Delta X^2) \approx 0.7 \frac{\varepsilon_U}{\Delta X}$
理查森外推方法	$\left(\frac{\mathrm{d}f}{\mathrm{d}x}\right)_i \approx \frac{f_{i-2} - 8f_{i-1} + 8f_{i+1} - f_{i+2}}{12\Delta X}$	$O(\Delta X^3) \approx 0.95 \frac{\varepsilon_U}{\Delta X}$
最小二乘法	$\left(\frac{\mathrm{d}f}{\mathrm{d}x}\right)_i \approx \frac{2f_{i+2} + f_{i+1} - f_{i-1} - 2f_{i-2}}{10\Delta X}$	$O(\Delta X^2) \approx 1.0 \frac{\varepsilon_U}{\Delta X}$

理查森外推方法主要用来减小截断误差，而最小二乘法主要用来减小随机误差的效应，例如测量不确定性 ε_U。因此，最小二乘法适合处理PIV数据。特别是对于采样过多的情况，此时速度数据与其相邻点之间不再无相关，与最小二乘法相比，理查森外推方法表现差强人意。另外，最小二乘法可以尽量光滑估算差分，因为外数据 $f_{i\pm2}$ 要比内数据 $f_{i\pm1}$ 更为加权。

图6.8给出了相同速度场在不同网格下计算的涡量场，由此可以反映超量采样对差分量估算的影响。由于数据来源于层状涡对，希望涡量等值线尽量光滑（数据来源于文献[305]）。对于重叠50%的查询窗口，所有方法均可得到合

理的结果,因为相邻数据的相关性较弱。向前差分得到的估算量是最杂乱的,因为计算的数据之间具有相关性(50%重叠),对于中心差分则不会出现该问题。

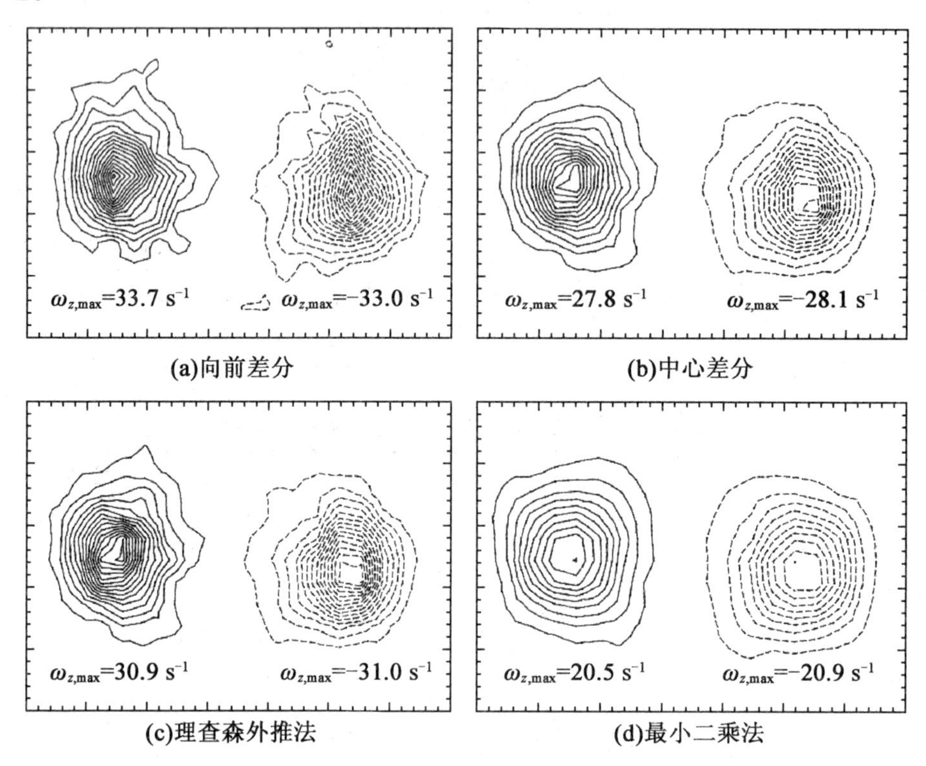

图6.8　两倍采样PIV数据得到的估算涡量场(例如,查询窗口重叠50%,涡对是层状的而且应该为光滑的涡量等值线)

通过采用两倍重叠的采样窗口,如图6.9所示,可以获得更杂乱的涡量场。产生该现象主要有两个原因:①网格间隔 ΔX 和 ΔY 受两倍重叠的影响而减小,然而速度场的测量不确定性 ε_U 保持不变,从而使涡量测量的不确定性加倍;②由于重叠部分增大,差分所用的所有数据或者部分数据之间将存在相关性。例如,速度梯度产生固有误差,同时速度梯度与其相邻点的相近,从而导致涡量的偏差估计。因此,必须优化速度场的差分量估算,如网格间隔。粗网格不仅可以减少杂乱的梯度量估算,还可以减小空间分辨率。

Foucaut 和 Stanislas[252]、Fouras 和 Soria[253] 以及 Etebari 和 Vlachos[251] 详细介绍了上述以及更多先进差分方法的噪声性能和频率响应。下面将介绍一些可选择的差分方法。

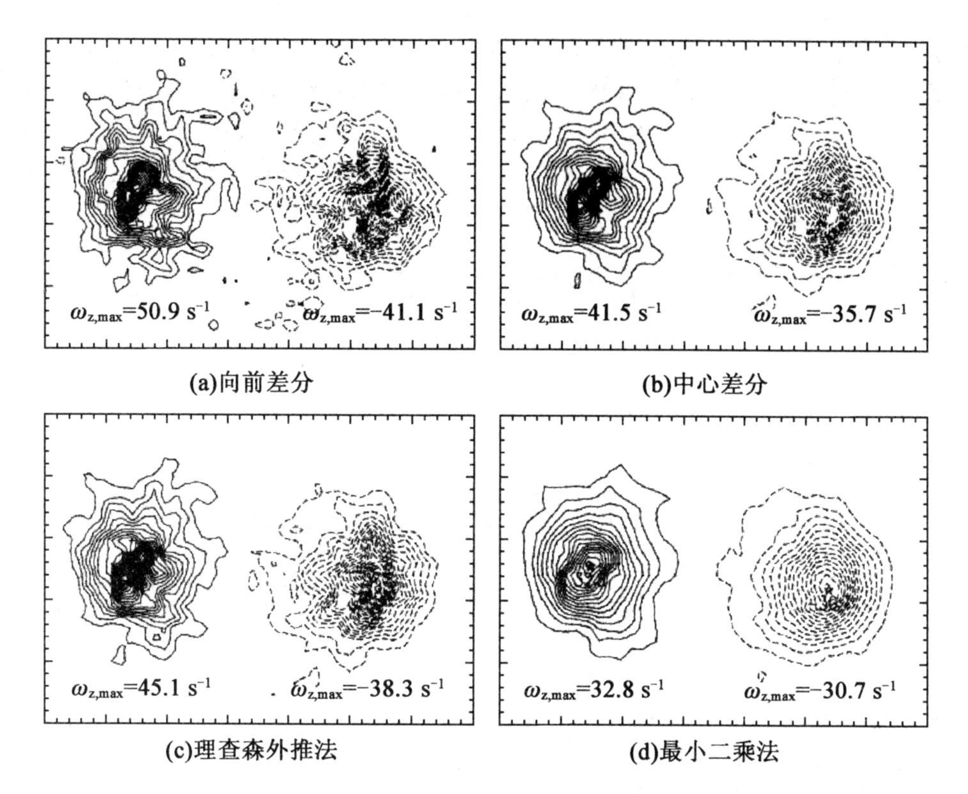

(a)向前差分　(b)中心差分

(c)理查森外推法　(d)最小二乘法

图6.9　四倍 PIV 数据采样量得到的估算涡量场(例如,查询窗口重叠75%)

6.4.2　可选的差分格式

表6.2给出的有限差分格式是由单个变量函数推导出的,也就是它们每次应用于一维空间。PIV 得到的速度数据是二维的,由此可得到差分量。因此,使用一维有限差分方法估算二维差分量是不合适的。以平面外涡量 ω_Z 的估算为例,介绍许多差分估算的可选择方法。

通过斯托克斯定理,涡量与环量有关。

$$\Gamma = \oint \boldsymbol{U} \cdot \mathrm{d}\boldsymbol{l} = \int (\nabla \times \boldsymbol{U}) \cdot \mathrm{d}\boldsymbol{S} = \int \boldsymbol{\omega} \cdot \mathrm{d}\boldsymbol{S} \tag{6.14}$$

式中,$\boldsymbol{l}$ 描述在表面 $\boldsymbol{S}$ 周围的积分路径。通过减小表面积 $\boldsymbol{S}$,可以发现流体的涡量,并且随着表面积减小,路径 $\boldsymbol{l}$ 变为0。

$$\hat{\boldsymbol{n}} \cdot \boldsymbol{\omega} = \hat{\boldsymbol{n}} \cdot \nabla \times \boldsymbol{U} = \lim_{S \to 0} \frac{1}{S} \oint \boldsymbol{U} \cdot \mathrm{d}\boldsymbol{l} \tag{6.15}$$

式中,单位向量 $\hat{\boldsymbol{n}}$ 垂直于表面 $\boldsymbol{S}$。(X,Y) 网格上的 PIV 速度场数据同样可以应用斯托克斯定理:

$$(\bar{\omega}_Z)_{i,j} = \frac{1}{A}\Gamma_{i,j} = \frac{1}{A} \oint_{l(X,Y)} (U,V) \cdot \mathrm{d}\boldsymbol{l} \tag{6.16}$$

式中，$(\bar{\omega}_Z)_{i,j}$反映了封闭区域内的平均涡量。实际上，式(6.16)是通过在使用标准积分形式（如隐式梯形积分）计算环量的周围选择一个小矩形等值线完成的（图6.10，如高、宽分别为两个网格）。在该区域，局部环量除以该封闭面积可以得到涡量。式(6.17)给出了在(i,j)点的涡量估算值，其是基于八个相邻点的环量估算值。

$$(\omega_Z)_{i,j} \triangleq \frac{\Gamma_{i,j}}{4\Delta X \Delta Y} \tag{6.17}$$

和

$$\begin{aligned}\Gamma_{i,j} = &\frac{1}{2}\Delta X(U_{i-1,j-1} + 2U_{i,j-1} + U_{i+1,j-1}) + \\ &\frac{1}{2}\Delta Y(V_{i+1,j-1} + 2V_{i+1,j} + V_{i+1,j+1}) - \\ &\frac{1}{2}\Delta X(U_{i+1,j+1} + 2U_{i,j+1} + U_{i-1,j+1}) - \\ &\frac{1}{2}\Delta Y(V_{i-1,j+1} + 2V_{i-1,j} + V_{i-1,j-1})\end{aligned} \tag{6.18}$$

使用式(6.18)估算的涡量场如图6.11所示。与图6.8和图6.9比较可以发现差分表现得极为出色，特别是对于四倍采集量的数据。其根本原因为在估算每个涡量时使用了更多的数据。对式(6.17)的进一步检查揭示了该表达式相当于使用中心差分法（表6.2）处理一个光滑（3×3核）的速度场[51]。虽然通过一维有限差分估算涡量仅需要4~8个速度数量，但该表达形式需要利用12个数据。涡量估算（假设速度数据互不相关）的不确定性减小至$\varepsilon_\omega \approx \frac{0.61\varepsilon_U}{\Delta X}$，相对于中心差分的$\varepsilon_\omega \approx \frac{\varepsilon_U}{\Delta X}$或者理查德森外推法的$\varepsilon_\omega \approx \frac{1.34\varepsilon_U}{\Delta X}$。过量采集数据的影响并不像简单的一维差分方法那么明显，因为直接使用的相邻数据没有偏差。

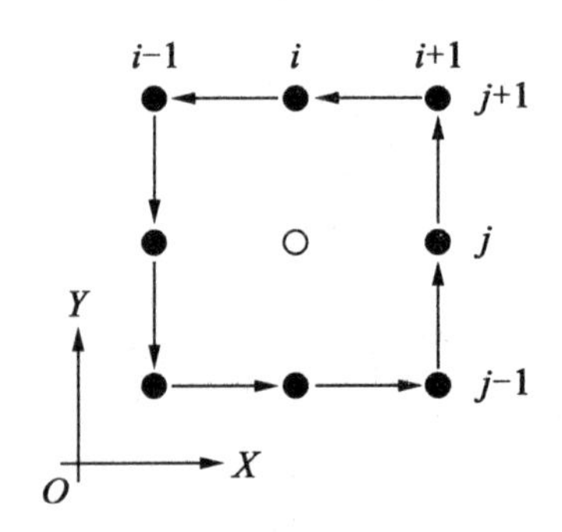

图6.10　估算(i,j)点涡量中的环量计算图

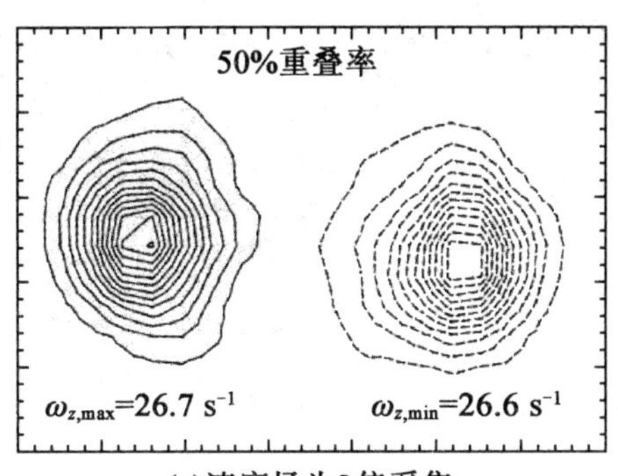

(a)速度场为2倍采集

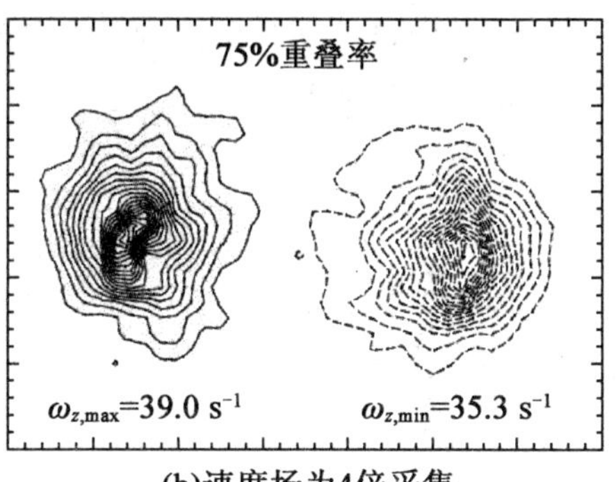

(b)速度场为4倍采集

图6.11　环量方法计算的基于PIV速度场的估算涡量场
(层状涡对的等值线应是光滑的,图中的非均匀由测量的噪声引起的)

切应变以及平面外变形量的估算可使用相似方法。

$$(\varepsilon_{xy})_{i,j}=\left(\frac{\partial U}{\partial Y}+\frac{\partial V}{\partial X}\right)_{i,j}\triangleq-\frac{U_{i-1,j-1}+2U_{i,j-1}+U_{i+1,j-1}}{8\Delta Y}+\frac{U_{i+1,j+1}+2U_{i,j+1}+U_{i-1,j+1}}{8\Delta Y}-\frac{V_{i-1,j+1}+2V_{i-1,j}+V_{i-1,j-1}}{8\Delta X}+\frac{V_{i+1,j-1}+2V_{i+1,j}+V_{i+1,j+1}}{8\Delta X}\tag{6.19}$$

$$-(\varepsilon_{zz})_{i,j}=\left(\frac{\partial U}{\partial X}+\frac{\partial V}{\partial Y}\right)_{i,j}\triangleq\frac{V_{i-1,j-1}+2V_{i,j-1}+V_{i+1,j-1}}{8\Delta Y}-\frac{V_{i+1,j+1}+2V_{i,j+1}+V_{i-1,j+1}}{8\Delta Y}+\frac{U_{i+1,j-1}+2U_{i+1,j}+U_{i+1,j+1}}{8\Delta X}-\frac{U_{i-1,j+1}+2U_{i-1,j}+U_{i-1,j-1}}{8\Delta X}\tag{6.20}$$

对于平面外应变或正应变,类似于涡量与环量的关系如下:代替环量,可计算边界处的净流量。然而,对于切应变并不存在这样的类比。图6.12生动地表示了三个差分估算方法。

除上述提到的PIV速度场数据的差分估算方法外,文献中也介绍了很多方法。初期,同一差分方法的估算不确定性ε_Δ正比于网格间隔($\Delta X,\Delta Y$),也就是$\varepsilon_\Delta=\frac{\varepsilon_U}{\Delta X}$。一旦查询窗口的重叠超过50%,差分中使用的速度场数据之间的相关性增大(偏向的),并且差分估算是有偏向的。基于以上原因,Lourenco和Krothapalli[261]建议使用适当的方法计算涡量。该方法基于理查德森外推法,并且结合许多不同网格上的涡量估算,旨在减小涡量估算的总误差。甚至通过在差分方法中包含最小二乘二项多项式近似,可以获得更好的结果。差分估算中一维方法的延伸是可行的。

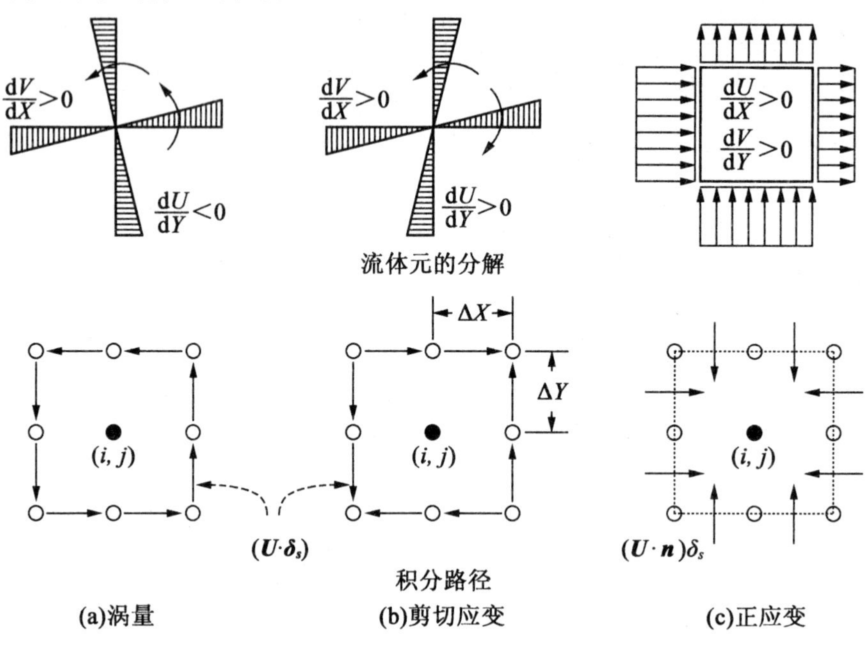

图 6.12　由二维 PIV 数据得到的三个主要差分量

Lecuona 等[259,264]提出了由速度场数据估算的差分也可通过对二维信号处理点进行研究。线性过滤理论用于推导和优化多种一维和二维差分过滤器,这些过滤器的性能在杂乱的 PIV 数据上进行测试。图 6.13 给出了从过滤器 f 估算的涡量。与式(6.17)的环量方法相比,该差分过滤器受过量采集的副作用影响更大,其原因是该方法是为在高空间频率下表现良好而设计的。

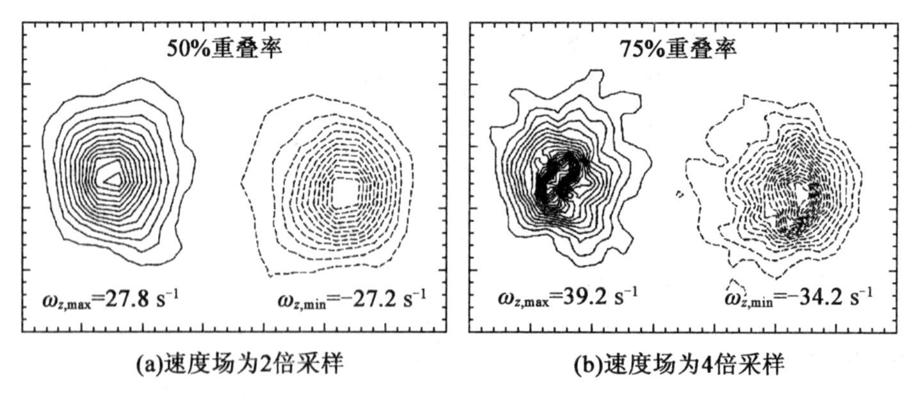

图 6.13　基于线性二维过滤器由 PIV 速度场估算的涡量场

6.4.3　差分估算的不确定性和误差

前面已经提到，差分估算的不确定性来源于各种因素。

1. **速度场的不确定性**

每个估算的PIV速度$U_{i,j}$均与测量的不确定性ε_U有关，测量的不确定性取决于很多方面的因素，如查询窗口的尺寸、粒子图像密度、位移梯度等（参见5.5节）。由于速度场数据的差分估算需要相邻数据的局部差分计算，因此噪声随着局部差分$U_b - U_a$的减小而增大，此时数据的间距$\Delta X = |X_a - X_b|$也减小。也就是差分的估算不确定性ε_Δ用$\dfrac{\varepsilon_U}{\Delta X}$来衡量。

2. **过量的速度数据**

PIV采集时，为了说明流动的小尺度特性，通常采集至少两倍的PIV数据。由于过量采集，估算相邻速度数据时会出现部分使用相同粒子图像的情况，因此数据之间产生相关性。因此，相邻数据可能偏向于相似程度，特别是在包含大速度梯度以及低粒子密度的区域（参见5.7节）。该局部速度的偏向将导致差分估算的偏向。通过比较图6.8和图6.9可以清楚地看到过量采集的效应。

采样先进的后处理方法可以部分减小过量采集产生的效应，例如5.4.4小节介绍的选择图像分解技术。为了说明，使用75%重叠的图像变形处理前面提到的涡对数据，并且涡对数据可用环量方法（式(6.17)）进行区分。尽管采样量过大，图6.14中的等值线如层流一样光滑。这也是在后处理的中间处理步骤时使用平滑化的直接结果。尽管如此，先进的后处理算法可以提供近似无偏向的数据，对于这些数据，后续选择的差分方法可以不那么挑剔。

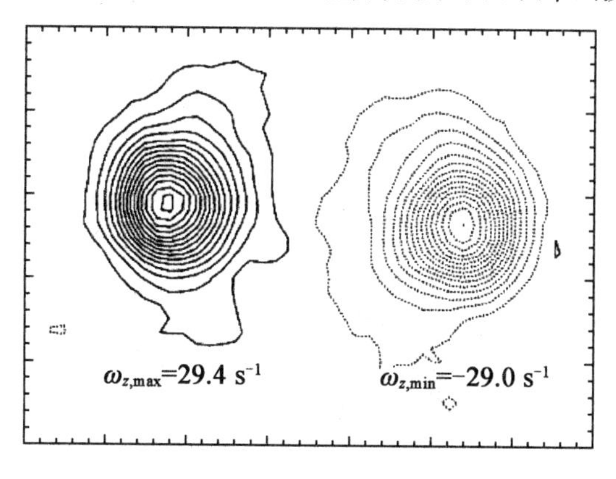

图6.14　基于式(6.17)由75%重叠的PIV数据估算的涡量

3. **查询窗口的尺寸**

在平面($\Delta X_0,\Delta Y_0$)内的查询窗口的尺度决定了恢复速度场数据的空间分辨率。速度场的空间分辨率限制了估算差分的空间分辨率。根据使用的差分方法,受光滑化效应的影响,空间分辨率会减小到一定程度。图6.15给出了对速度估算及涡量估算的影响。

4. **曲率效应**

标准PIV方法仅是对真实粒子图像位移的一阶近似。由于其仅依赖于两个照明脉冲,因此由加速和弯曲产生效应消失。在旋转流体的区域,直线近似低估了实际的粒子图像位移,从而低估了局部速度。差分估算同样有偏向低量级的趋势。通过减小照明脉冲延迟Δt,在差分估算时以增加噪声为代价,可以减弱该效应,这是由速度场测量的不确定性ε_U引起的。

如Wereley和Meinhart[169]所述,在迭代过程中查询窗口的对称补偿提供了二阶精度的位移估算,并且减小了曲率效应,其原因为位移矢量属于补偿点之间的中点。

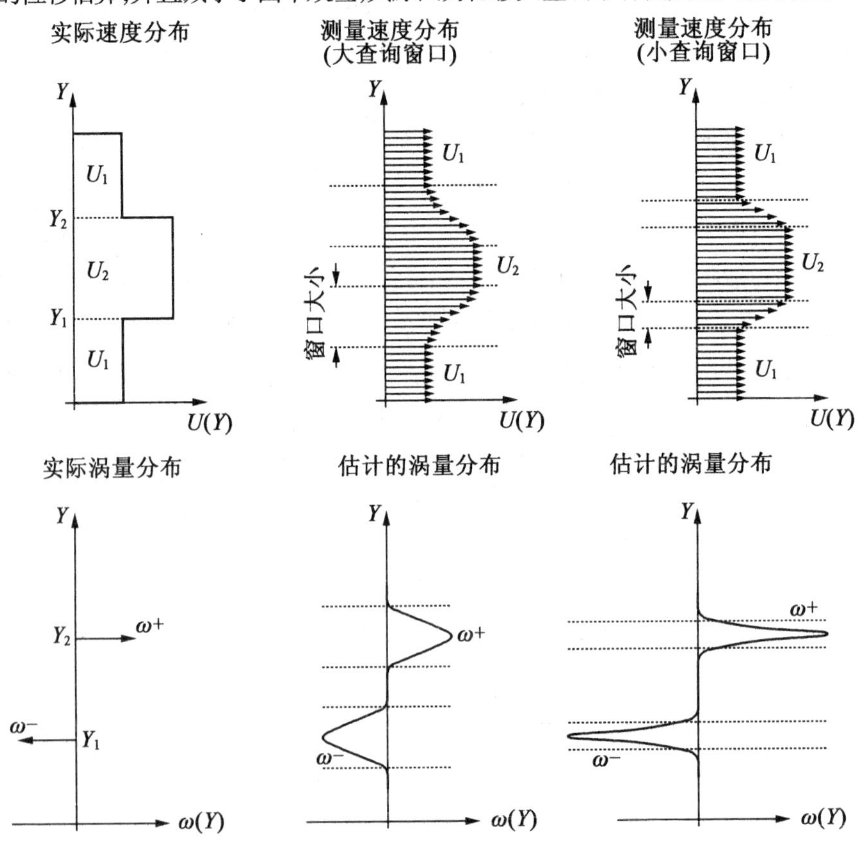

图6.15 空间分辨率对速度估算及涡量估算的影响

6.5　积分量的估算

6.5.1　路径积分——环量

在区域 A 上积分的涡量定义为环量 Γ。使用斯托克斯定理(式(6.14)),该算子简化为局部速度矢量 $\boldsymbol{U}$ 与增大路径元矢量 $\mathrm{d}\boldsymbol{X}$ 之间的点积的线性积分,其中积分路径定义为封闭区域 A 的边界 C,即

$$\Gamma = \int_A \boldsymbol{\omega} \mathrm{d}A \tag{6.21}$$

$$= \oint_C \boldsymbol{U} \cdot \mathrm{d}\boldsymbol{X} \tag{6.22}$$

对于 XY 平面的二分量速度数据 $\boldsymbol{U} = (U, V)$,上述方程可简化为

$$\Gamma = \iint_{A(X,Y)} \omega_Z \mathrm{d}X\mathrm{d}Y \tag{6.23}$$

$$= \oint_{C(X,Y)} \boldsymbol{U}(\boldsymbol{X},\boldsymbol{Y}) \cdot \mathrm{d}\boldsymbol{X} \tag{6.24}$$

$$= \oint_{C(X,Y)} U\mathrm{d}X + V\mathrm{d}Y \tag{6.25}$$

给定积分路径,使用积分方法可以直接评估式(6.25),例如体型近似或辛普森法则。对于确定涡结构周围环量,最大涡量位置处的环形积分路径是充分合适的。通过基于积分半径描绘环量,可发现结构环量的渐近收敛(没有其他涡包含积分等值线)。该收敛性与涡量远离涡核的衰减一致。

对于更为复杂的涡结构,选择合理的积分路径并不简单。对于涡结构,理想的积分路径应该由可区分其他涡结构的流线来定义。然而,基于不稳定速度场数据的流函数计算是重要的,但不是唯一的(参见 6.5.3 小节)。由于实际上环量是涡量的面积分,沿接近零的恒定涡量等值线进行积分,可以得到接近涡结构实际环量的量。例如,该方法可以用来评估卡门涡街数据,如图 6.16 所示。尽管该方法很有效,但是从涡量数据得到期望的封闭等值线存在一定困难。一旦等值线可用,对于式(6.25)的评估,速度场在等值线上的双线性插值是充分合适的。

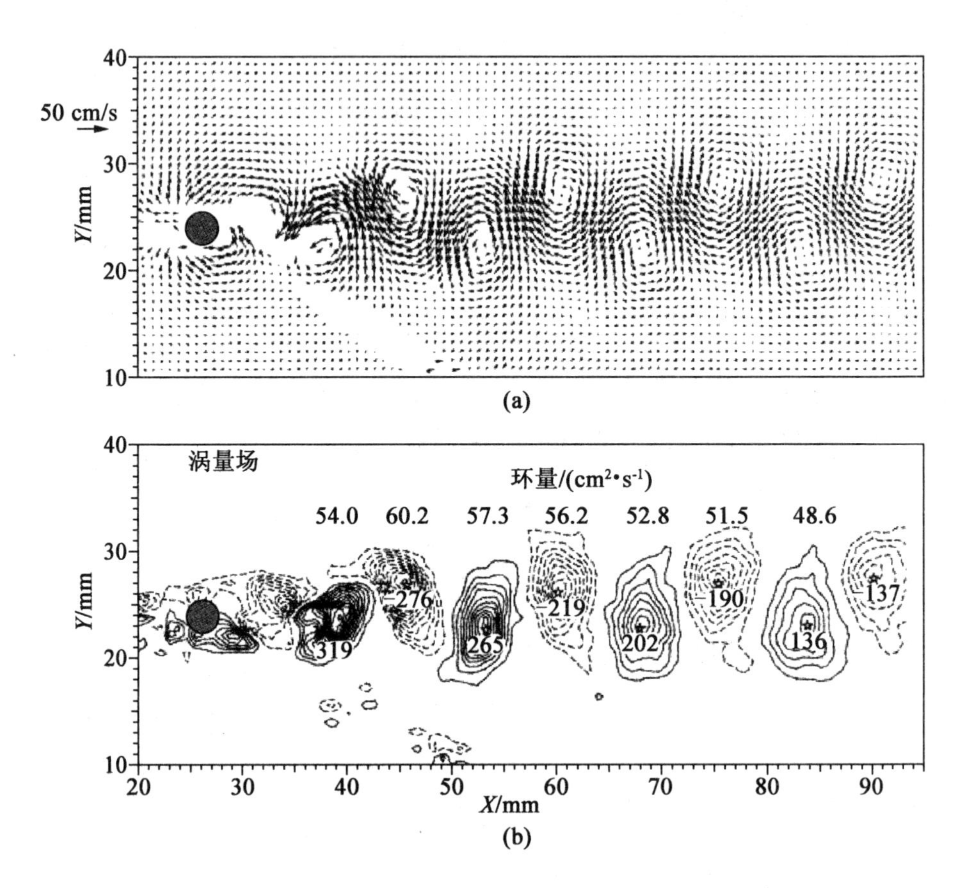

图 6.16　单个涡量的环量大小(环量的积分路径我涡量的等值线,数据来源于 Schröder[267])

6.5.2　路径积分——质量流量

在许多应用中,通过控制面 CS 的质量或者体积是值得关注的,并且其可以表示为面积分:

$$\dot{\boldsymbol{M}} = \frac{\mathrm{d}m}{\mathrm{d}t} = \iint_{CS} \rho(\boldsymbol{U} \cdot \hat{\boldsymbol{n}})\,\mathrm{d}S \tag{6.26}$$

对于 xy 平面的二维数据,表面积可以简化为类似于式(6.25)的路径积分,

$$\dot{\boldsymbol{M}}_{XY} = \frac{\mathrm{d}m_{XY}}{\mathrm{d}t} = \oint_{C} \rho(\boldsymbol{U}\mathrm{d}Y - V\mathrm{d}X) \tag{6.27}$$

$\dot{\boldsymbol{M}}_{XY}$的单位为单位长度的质量流量,如果 $\rho \equiv 1$,则式(6.27)表示单位长度的体积流量。对于式(6.27)的数值实现,可以使用类似于环量评估(参见6.5.1小节)的积分方法。

在得到平面内三维速度场数据的情况下，通过平面或部分的质量流量（或体积流量）可使用面积分得到：

$$\dot{M} = \iint_{A(X,Y)} W \mathrm{d}X \mathrm{d}Y \tag{6.28}$$

式中，W 为垂直片光源的速度分量。在该情况下，积分的近似比前面介绍的线积分更为复杂。

6.5.3　面积分

下面介绍的积分方法是基于假设所积分的流场是二维的且不可压缩。更进一步假设流场为无旋，此时势能理论（势能函数 $\boldsymbol{\Phi}$）将速度场 $U = (U(X,Y), V(X,Y))$ 与流函数 $\boldsymbol{\Psi}$ 联系起来：

$$U = \frac{\partial \boldsymbol{\Psi}}{\partial Y} = \frac{\partial \boldsymbol{\Phi}}{\partial X} \tag{6.29}$$

$$V = \frac{\partial \boldsymbol{\Psi}}{\partial X} = \frac{\partial \boldsymbol{\Phi}}{\partial Y} \tag{6.30}$$

其中势能函数可通过对控制体（例如 XY 平面）积分得到：

$$\boldsymbol{\Psi} = \int_Y U \mathrm{d}Y - \int_X V \mathrm{d}X \tag{6.31}$$

$$\boldsymbol{\Phi} = \int_X U \mathrm{d}X + \int_Y V \mathrm{d}Y \tag{6.32}$$

尽管这些动力学条件可以使应用 PIV 合理地研究流动，但是存在固有问题，即根据所选择的参考系，$\boldsymbol{\Psi}$ 和 $\boldsymbol{\Phi}$ 的计算方法并不唯一。这是因为式(6.31)和式(6.32)是由泊松方程简化得到的：

$$\nabla^2 \boldsymbol{\Psi} = -\omega_Z \tag{6.33}$$

对于拉普拉斯方程，在无旋条件（$\omega_Z = 0$）下 $\nabla^2 \boldsymbol{\Psi} = 0$。对式(6.33)积分是相当困难的，因为积分仅是速度场数据的近似（参见 6.4 节）。而且，在对式(6.33)积分前，须确定在观察区域边缘的边界条件。

图 6.17 给出了基于实际流动中涡对的式(6.31)的积分结果，其中假设涡对接近二维且有旋。根据参考系的选择，可以获得两个完全不同的结果。例如，如果去除涡结构移动速度，可以获得近似的 Kelvin 椭圆的边界流线，也就是随涡对移动的流体。这并不是在实验固定参考系下计算流线的情况（图 6.17(a)）。

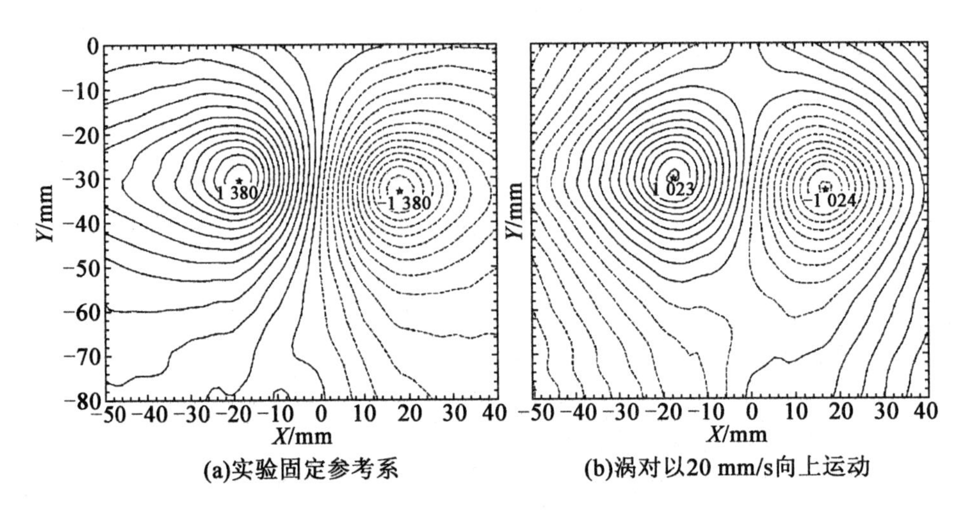

图 6.17　涡对速度场的二维流函数

由于式(6.31)和式(6.32)是独立路径积分，可以自由选择速度场的数值积分。在该情况下，可使用 Imaichi 和 Ohmi[256] 提出的积分方法。梯形近似用于两个相邻点之间的积分。为了开始积分，开始点 P_0 最好选择接近速度场中心的点，因为积分会扩散单个速度数据的误差。图 6.18 给出了两种主要的积分方法：列优先积分或行优先积分。在列优先积分中，积分沿 X 负方向远离开始点 P_0 进行，从而形成水平线上每个点的新积分量。这些评估量之后用作计算沿垂直方向上相反方向积分的初始值，从而得到控制体的积分评估量。行优先积分就是将列优先积分的顺序颠倒，即沿垂直方向计算相反方向的积分，包括开始点。之后，数学平均这两种方法得到的结果。

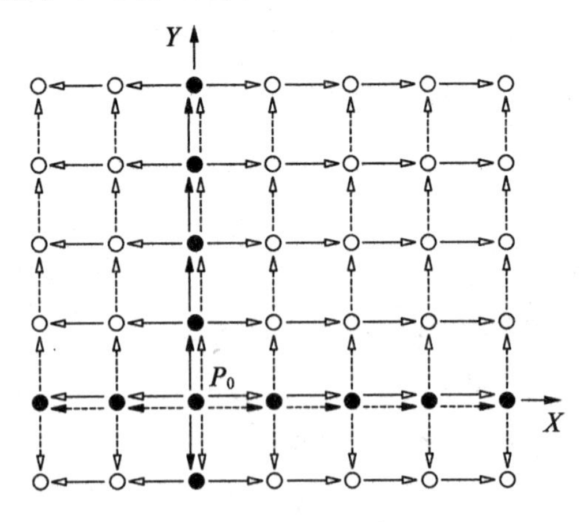

图 6.18　积分二维流函数、势函数以及压力时的积分路径
（虚线箭头和实线箭头分别为积分的两个路径）[256]

由于上述介绍的积分方法均有扩散由噪声或不正确数据引起的扰动的趋势,因此应使用更多复杂的积分算法,如多重网格方法。在该情况下,积分首先在具有高光滑度和子采样的流场中计算,之后随着采样网格的精细,积分更准确。

6.5.4 由PIV数据获得的压力和作用力

如果所测流场接近二维、稳定(例如,$\frac{\mathrm{d}U}{\mathrm{d}t}=0$)且不可压缩($\frac{\mathrm{d}\rho}{\mathrm{d}t}=0$),那么压力场可以通过二维稳态Navier - Stokes方程的数值积分来估算[256]:

$$U\frac{\partial U}{\partial X}+V\frac{\partial U}{\partial Y}=-\frac{1}{\rho}\frac{\partial p}{\partial X}+\upsilon\left(\frac{\partial^2 U}{\partial X^2}+\frac{\partial^2 U}{\partial Y^2}\right) \tag{6.34}$$

$$U\frac{\partial V}{\partial X}+V\frac{\partial V}{\partial Y}=-\frac{1}{\rho}\frac{\partial p}{\partial Y}+\upsilon\left(\frac{\partial^2 V}{\partial X^2}+\frac{\partial^2 V}{\partial Y^2}\right) \tag{6.35}$$

为了获得压力场,压力梯度$\frac{\partial p}{\partial X}$和$\frac{\partial p}{\partial Y}$可用速度梯度的有限差分来估算。压力梯度可从中心点开始积分,积分初值为p_0,并使用近似图6.18中的积分算法。

基于不可压缩PIV速度数据的压力估算还可通过在适当边界条件下对泊松压力方程积分得到[254,255]:

$$\nabla^2 p=-\rho\nabla\cdot(\boldsymbol{U}\cdot\nabla\boldsymbol{U}) \tag{6.36}$$

对于表面,压力的纽曼边界条件来源于Navier - Stokes方程[254,255,269]:

$$-\nabla p=\rho\frac{\mathrm{d}\boldsymbol{U}}{\mathrm{d}t}+\rho(\boldsymbol{U}\cdot\nabla)\boldsymbol{U}-\mu\nabla^2\boldsymbol{U} \tag{6.37}$$

如果环绕物体的外流动在较远区域是稳定的,可以使用狄利克雷条件$p=0$来设定外边界条件,其中狄利克雷条件允许式(6.36)在观察范围进行积分。该方法的可行性已在压缩圆管流动、冲击射流[255]以及振荡圆筒周围的流动[254]中进行验证。在所有情况下,如果式(6.37)中的加速项$\frac{\mathrm{d}U}{\mathrm{d}t}$为0,则限制了该技术的适用性。

Noca等[263]提出了使用控制体积法(图6.19)对由PIV数据估算压力和作用力可行性的进一步讨论,同样使用多种技术来估算圆筒周围低雷诺数流动的作用力。随时间变化的数据可用来正确计算式(6.37)中的加速项,Liu和Katz[260]在使用四帧PIV系统分析二维空腔湍流流场时说明了该问题。

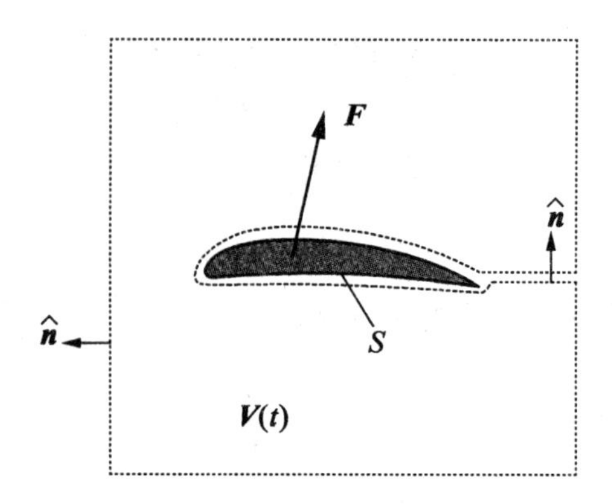

图 6.19　在二维流动中使用控制体积法确定积分作用力[263,270]

时间分解的数据可以适当处理式(6.37)中的加速度项,这已在 Liu 和 Katz[260]使用四帧 PIV 系统测试二维空腔湍流流动中得到证实。方柱上沿着周围压力场的不稳定作用力可通过随时间变化的 2C PIV 以及 1 kHz 的高速 PIV 系统得到(Kurtulus 等[257])。在该特殊情况下,当 Navier - Stokes 方程由黏性区域边缘的两边界点之间进行积分(如圆柱尾流),压力梯度可基于流动中非黏区域的势流理论来估算。

Van Oudheusden 等[270,271]提出可通过时间平均压力梯度对式(6.37)进行平均:

$$-\frac{\partial \bar{p}}{\partial x_i}=\rho \bar{u}_j\frac{\partial \bar{u}_i}{\partial x_j}+\rho\frac{\partial \overline{u_i' u_j'}}{\partial x_j}-\mu\frac{\partial^2 \bar{u}_i}{\partial x_j \partial x_j} \tag{6.38}$$

式中,u_i 为速度的张量符号;"—"表示平均量。由于式(6.38)中右侧所有项均可由统计平均 2C PIV 数据得到,因此通过适当积分可获得时间平均压力以及体作用力。Van Oudheusden 延伸他们的方法至稳定可压缩流体,并且通过在二维 $Ma=2$ 的凸形机翼周围的流动中验证了该方法的可行性[271]。

前面介绍的压力和作用力的估算方法大多数须假设流动为二维,且需要基于表面 S 的动量方程评估(式(6.37)),这极大地限制了这些方法的应用。对于该缺点,可能的解决方法为同步测量速度场以及表面压力,其中对于表面压力,可以通过压敏材料(PSP,参见 9.8 节)得到。这可以提供使用式(6.36)的压力场积分的更可靠边界条件,而且在仅可获得物体周围一部分流动的情况下,该方法是唯一合适的。

未来结合随时间和体积变化的速度数据可计算完整恢复压力分布的所有项。

6.6　涡结构检测

由 PIV 获得的速度场为分析复杂流动现象的中间结果。需要进一步通过后处理提取流体力学的重要特性。对于验证数值模拟方法以及特别是对空气动力学的研究,希望得到精确的涡流知识,这将体现在本书后部分的大量应用实例中。下面将简要介绍 PIV 在分析涡流时的应用。

尽管对涡结构的形态有共识,但其主要是由经验参数定义的,或者是非常主观的。通常涡结构是由角动量而产生的,而且并不需要假设简单的圆形,特别是涡结构之间的相互作用。例如,涡结构可以以其位置、环量、涡核半径、偏移速度、最大涡量及最大圆周速度为特征。

速度场通常有隐藏对流中涡结构的趋势。若可计算流线(参见 6.5.3 小节),流线是流场中涡结构的最好标识,如图 6.20 所示。在忽略参考系的情况下,由梯度张量得到的涡量场可表示涡结构的存在。作为由杂乱数据得到的有限差分,涡量场区域杂乱,特别是在确定涡结构中心时。涡量的平方或涡量拟能可以提高涡结构的能见度,但极易受噪声的影响。Vollmers[272] 和 Schram 等[340] 给出了获得涡结构特性的更为严密的分析方法。在众多可行的方法中,下面将简单介绍十分有效的 λ_2 方法。

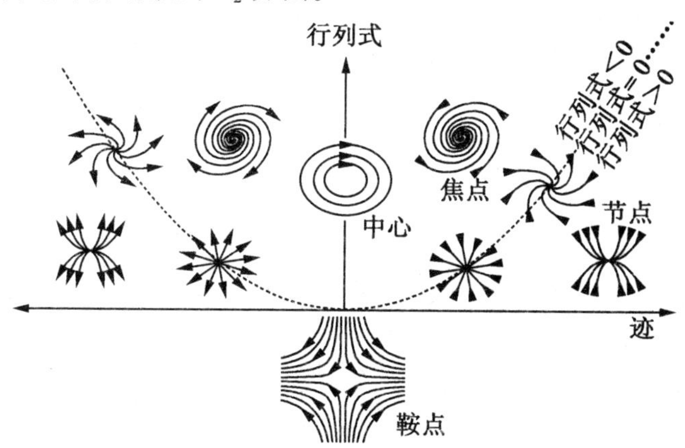

图 6.20　依赖于迹线和速度梯度张量的常微分方程[272]

根据 Vollmers[272],图 6.20 中的涡结构出现在梯度张量的非特征值处,

$$
\mathcal{G} = \frac{\mathrm{d}\boldsymbol{U}}{\mathrm{d}\boldsymbol{t}} = \begin{bmatrix} \frac{\partial U}{\partial X} & \frac{\partial V}{\partial X} \\ \frac{\partial U}{\partial Y} & \frac{\partial V}{\partial Y} \end{bmatrix} \tag{6.39}
$$

速度张量$\mathcal{G}$的非特征值的判别式 λ_2 可从其他图案中分离涡结构，其公式为

$$
\lambda_2 = (\mathrm{trace}\ \mathcal{G})^2 - 4\det(\mathcal{G}) \tag{6.40}
$$

$$
= (\frac{\partial U}{\partial X} + \frac{\partial V}{\partial Y}) - 4(\frac{\partial U}{\partial X} \cdot \frac{\partial V}{\partial Y} - \frac{\partial U}{\partial Y} \cdot \frac{\partial V}{\partial X}) \tag{6.41}
$$

具有负 λ_2 的区域表示涡结构。不同于涡量，判别式 λ_2 通常不会判定边界层和剪切层为涡结构。这使得该方法可以有效地检测涡结构位置，但不会提供旋转方向的信息，该信息可以通过分析周围速度场得到。

由于式(6.40)仅描述二维流动，应用于三维流动可能会产生错误的结果。如果可以得到全部的3C梯度张量，可以很容易将式(6.41)扩展为三维涡结构检测。通过变化式(6.40)同样可以用于9.9节和9.10节中实例的涡结构检测。这些实例均说明小波在涡结构检测和分析其特性时的可行性。

第7章 三分量 PIV 测量方法

尽管 PIV 技术有很多优势,但仍然有一些缺陷需要在现有设备的基础上进一步改进。其中一个缺点就是经典 PIV 方法只能得到速度矢量投影到光平面的速度分量,而丢失平面外的速度分量,考虑到 2.6.3 节提到的透视变换,对平面内的速度分量也会产生不可恢复的误差。对于高度三维流动,这就导致局部速度矢量的测量会产生极大的误差。该误差会随光学成像装置到主轴线距离的增加而增加。因此相比图像区域,我们通常会选择很大的可视区域从而使投影误差最小,通过使用长焦距镜头很容易实现。然而,目前越来越多的 PIV 测量需要平面外的速度分量信息。

文献中有很多测量速度各个方向分量的方法[38,210]。其中最简单但并非最容易实现的方法是用另一组 PIV 设备通过第二台相机从另一个方向采集速度数据,通常称为立体 PIV[198, 204, 205, 217, 218, 220]。实际上,速度矢量的三个分量的重构也受不同方向观测速度矢量的透视失真的影响。

大多数立体 PIV 设备使用两台相机,立体视图也可以只用一台相机获取,方法是在透镜前加一组反射镜[193]。全息 PIV 测量是另一种可以得到第三个方向速度分量的方法[213,228]。如果照明能源充足,照明的片光源可以扩展成厚的片光源,这样可以实现整个空间速度的三维 PIV 测量。还有一个完全不同的方法,称为双平面 PIV,在数据采集时给予片光源一个小量偏移,以获取速度矢量的第三个分量[208]。通过测量一个采集平面到另一个采集平面的各个相关峰值高度的变化,可以计算平面外的速度分量(参见 7.2 节)。类似的方法也用于对扫描片光源装置获得的 PIV 图像进行序列分析[87]。

前面讲述的三种三维/三分量 PIV 方法中,全息 PIV 方法可以得到最高的测量精度,但是就目前的发展来看并不适合实验,这种方法的时间设置、光纤接入以及观察的距离都是重要的影响因素。

从标准 PIV 扩展而来的用于低速流体流动测量的双平面 PIV 技术是最容易实现的,因为它只需要添加第三个激光脉冲并在光平面外部提供一个微小的位移。第三个速度分量的精度取决于片光源的连续性、已知形状以及片光源的分布强度,也有许多仍在研究之中的其他影响因素。除非采取特殊方法,为了提供合适精确度的外部平面速度信息,常用的双频 Nd:YAG 激光的强度分布是不够的。此外,现有的设备在短时间(微秒量级)内连续采集三分量速度图像也是不容易实现的,高速拍摄或录像也是必要的。除了气体涡环流动的研究[209],双面 PIV 技术还没有应用到中速或高速流动中,详见 7.2 节。

为了改善多平面 PIV 技术中的诸多限制,已经成功研制立体 PIV 技术的扩展。依靠四组激光脉冲和四台相机能够获得与标准 PIV 空间分辨率相同的两个相邻平面的速度场信息[392,393]。因此它可以用于计算变形张量中的所有分量。在 9.18.1 小节中能找到更多关于多平面 PIV 技术的使用示例信息。

将立体 PIV 与拍摄粒子匹配相结合的方法,也已经证实可以得到体积分辨的速度数据。三维混合立体 PIV 技术,对来自至少三台相机的冗余信息进行识别和匹配,从而得到三维速度信息。尽管这种方法归为 PTV 的一种,但它使用了三维互相关方法以及相机校准方法来恢复位移信息,这两者都是之后要介绍的多层 PIV 的基础。

最近的研究方向主要集中在使用多个数码相机成像以及层析成像重构,以恢复整个空间的数据组。体积 PIV 技术也称为层析成像 PIV,使用至少三个高分辨率相机从不同方向同时得到一定体积内的图像。经过确定图像数据的性质可以使空间内粒子的位置进行层析成像重构,这样在短时间内连续采集的一对体积图像就可以用于获取三分量速度数据的三维分布[230]。在实际应用中,该技术通常使用四台相机,相比于三台相机可以显著增加数据产率。对于空间照明,低照明强度需要更大的相机透镜孔,但这样又会限制景深,因此使用很厚的片光源将产生好的效果。正如在 9.16 节中给出的应用示例所述,体积流动的时间分辨测量使高速流动成像成为可能。

在接下来的部分,重点将集中在只使用两台相机实现同一平面上三分量速度数据的恢复。尽管这已经成为一个相当普遍的技术并且已经积累了很多相关知识,但在校准以及数据恢复方面仍存在许多不同的方法[193, 194, 202, 204, 206, 212, 217, 218, 219, 220]。

7.1　立体 PIV

下面介绍的立体 PIV 方法已经广泛应用于工业风洞环境中，并且该方法在液体流动的实验中也很容易操作，只需根据空气和水界面的折射率改变透镜平面和传感器平面之间的角度。更加详细的立体 PIV 在流体流动中的应用可以参考文献[204]、[205]、[215]和[216]。

随着两台相机之间的开度角接近 90°，平面外速度分量的测量精度增高，但是当观测距离较远时，两台相机不能安装在同一基座上，更不用保持对称布置，因此开发了关于不对称的数据采集以及相关的标定工作方法。

使用大焦距的成像透镜还会带来另一个问题：有限的孔径角在平移成像时会限制两个透镜的距离（图 7.1(a)）。设计以透镜光轴为中心的固定格式传感器时，大多数透镜不仅受光学孔径的限制，也受调制传递函数（MTF）的限制，可能会在朝向视场边缘时急剧减少。为了得到粒子充分小的图像，必须要求在小 f 数（$f_{\#}<4$）处有较好的 MTF（参见 2.6 节）。由于不存在具有倾斜主轴的镜头系统，因此图 7.1(a)所示的平移图像方法的偏离是不可避免的。由于最好的 MTF 通常都在主轴线附近，因此一种角位移方法是对准主观看方向的镜头。对于小 f 数以及拍摄域深度很小的要求，拍摄区域只能容纳额外一个倾斜的背面平面，根据 Scheimpflug 准则，每台相机的图像平面、镜头平面和物体平面都要相交于同一直线[38,205,211]。这样场景的斜视与 Scheimpflug 成像装置的透视失真相关联，并且该失真逐步增加。本质上，透视失真导致整个视场的放大系数不再恒定，并且需要附加校准。

下面首先介绍广义的非对称立体 PIV 成像技术，然后给出透视失真的校准方法。这种方法的可行性将在 9.4 节中加以论证。

7.1.1　几何重构

本小节主要介绍将两个平面投影位移场重构成三维位移场的几何构型。以前的立体 PIV 成像系统的扫描尝试使用对称排列[66,199,205,217,218]。现如今，两台相机可以放置在任何所需的位置而不用位于同一直线上。

2.6.3 小节定义了基础方程式(2.20)和(2.21)，可以用其将粒子图像位移假设为几何图像：

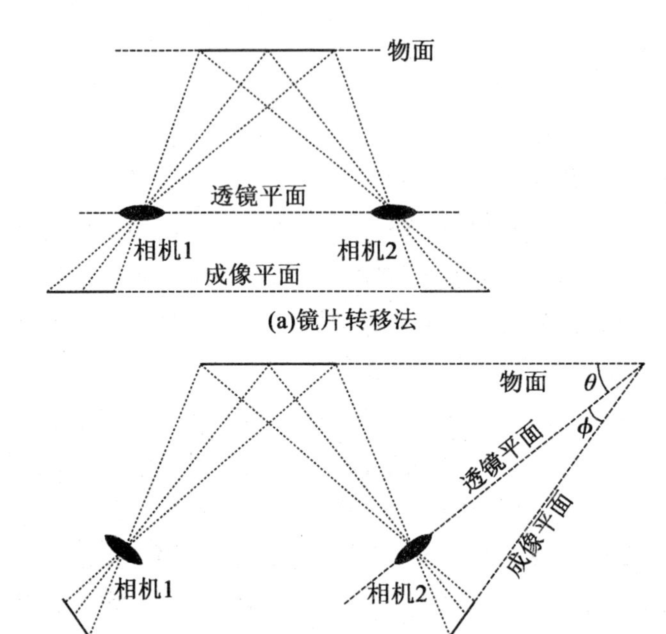

图 7.1　立体成像基本装置[201]

$$x_i' - x_i = -M\left(D_X + D_Z \frac{x_i'}{z_0}\right) \tag{7.1}$$

$$y_i' - y_i = -M\left(D_Y + D_Z \frac{y_i'}{z_0}\right) \tag{7.2}$$

α 角是在 XZ 平面内轴线 Z 与示踪粒子产生的从镜头中心 O 穿过到达采集平面的射线之间的夹角，如图 7.2 所示。与此相对应，β 是在 YZ 平面内的角度。

$$\tan \alpha = \frac{x_i'}{z_0}$$

$$\tan \beta = \frac{y_0'}{z_0}$$

左侧相机得到的速度分量为

$$U_1 = -\frac{x_i' - x_i}{M\Delta t}$$

$$V_1 = -\frac{y_i' - y_i}{M\Delta t}$$

也可以相应地确定右侧相机得到的速度分量 U_2 和 V_2。利用上述各式，三

个速度分量可以由这四个测量值重构。对于 $\alpha,\beta \geqslant 0$,可以得到

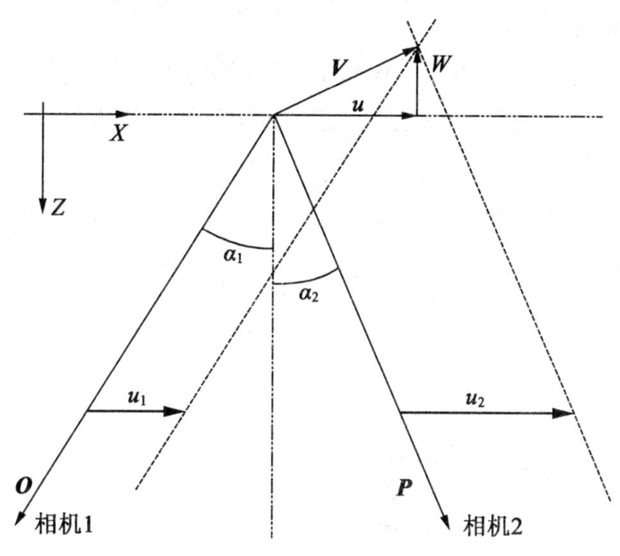

图 7.2　在 XZ 面上的立体几何视图

$$U = \frac{U_1 \tan \alpha_2 + U_2 \tan \alpha_1}{\tan \alpha_1 + \tan \alpha_2} \tag{7.3}$$

$$V = \frac{V_1 \tan \beta_2 + V_2 \tan \beta_1}{\tan \beta_1 + \tan \beta_2} \tag{7.4}$$

$$W = \frac{U_1 - U_2}{\tan \alpha_1 + \tan \alpha_2} \tag{7.5}$$

$$= \frac{V_1 - V_2}{\tan \beta_1 + \tan \beta_2} \tag{7.6}$$

这些公式一般适用于任何的成像几何。注意,这里有三个未知数和四个已知的测量量,因此这是超定方程组,可以使用最小二乘法求解(见下文)。此外,观测的轴线可以与两个位移投影中的任意一个在同一直线上,因此方程的分母可以接近零。例如在 9.4 节描述的装置,两台相机被放置在大致相同的垂直位置,该视图区域导致 β_1、β_2 角以及它们的切线 $\tan \beta_1$、$\tan \beta_2$ 都非常小。显然,W 分量只能通过式(7.5)计算得到更高的精度,而 V 分量可以通过式(7.5)重新计算,其分母并不只包括 $\tan \beta_1$ 和 $\tan \beta_2$:

$$V = \frac{V_1 + V_2}{2} + \frac{W}{2}(\tan \beta_1 - \tan \beta_2) \tag{7.7}$$

$$V = \frac{V_1 + V_2}{2} + \frac{U_1 - U_2}{2}\left(\frac{\tan \beta_1 - \tan \beta_2}{\tan \alpha_1 + \tan \alpha_2}\right) \tag{7.8}$$

如果 $\tan\beta_1$、$\tan\beta_2$ 都非常小,V 就变成 V_1 与 V_2 的算术平均值,并且对于平面外的分量 W 没有影响。

上文提到,由于方程组是一次超定,可以使用最小二乘法计算速度分量,也就是说,有三个未知的笛卡尔位移分量和四个已知的位移分量:

$$\begin{bmatrix} U_1 \\ V_1 \\ U_2 \\ V_2 \end{bmatrix} = \begin{bmatrix} 1 & 0 & -\dfrac{O_x}{O_z} \\ 0 & 1 & -\dfrac{O_y}{O_z} \\ 1 & 0 & -\dfrac{P_x}{P_z} \\ 0 & 1 & -\dfrac{P_y}{P_z} \end{bmatrix} \cdot \begin{bmatrix} U \\ V \\ W \end{bmatrix} \tag{7.9}$$

$$\boldsymbol{U}_{\text{meas}} = \boldsymbol{A} \cdot \boldsymbol{V} \tag{7.10}$$

$$\Rightarrow \boldsymbol{V} = (\boldsymbol{A}^{\mathrm{T}} \cdot \boldsymbol{A})^{-1} \cdot \boldsymbol{A}^{\mathrm{T}} \cdot \boldsymbol{U}_{\text{means}} \tag{7.11}$$

最小二乘法拟合的残差 ε_{resid} 可以用于三个分量测量结果的质量评测,在理想测量(无噪声)下它们应该消失。实际上,残差在 0.1 ~0.5 像素范围内是很常见的。相机视图之间未对准的增加会产生显著的残差,尤其是对于空间位置高度变化的流动。

使用上述的重构方法,位移数据组首先由图像平面转化为全局坐标系的真正位移,同时需要考虑所有的倍率问题。根据文献[219],主要有以下三种解决方法:

(1)每个视图的 2C 位移通过原始图像空间的规则网格来计算。使用插值法将矢量图投影到普通网格上,从而进行 3C 重构[206]。

(2)2C 位移通过原始图像相对于期望的空间坐标的位置来计算[194]。

(3)一般使用 2C 向量处理重合的对象位置,在进行分析之前,首先将原始图像映射到一个共同的图像空间。

第一种方法的处理时间短,主要缺点是会出现错误或不准确的矢量,导致其附近插值矢量出现问题,最终的重构也不可靠。第二种方法避免了插值过程,但在对象空间中通常要关联不同形状的查询窗口,除非使用精细处理的具有空间变化的非矩形查询样本。第三种方法,如图 7.3 所示,首先将两台相机图像绘制到同一个图像空间内,这样后续的 PIV 处理将始终使用同一个恒定样本尺寸的查询网格。不管选择哪种方法,都需要对投影到对象空间的公共网格的映射进行校准。

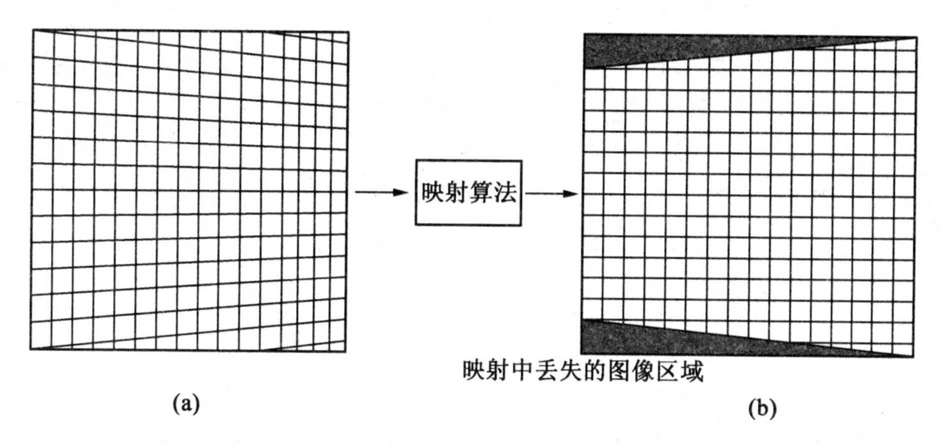

图7.3　反射影法(将图(a)的采集图像映射成图(b)的重构图像)

7.1.2　立体视图校准

为了重构局部位移矢量,需要知道每台相机在各个图像上每点的视线方向和放大倍数。图像(x,y)与物体面(X,Y)之间的对应关系可以通过几何光学来描述。然而,这需要一些拍摄参数的准确数值,例如,镜头焦距f、各个平面之间的角度θ、ϕ(图7.1(b))、透镜平面的确切位置(很难判断)以及放大倍数M_0(沿主光轴的放大率):

$$X=\frac{fx\sin\phi}{M_0\sin\theta(x\sin\phi+fM_0)}$$

$$Y=\frac{fy}{x\sin\phi+fM_0}$$

文献[217]给出了近似表达式,但并不包含如镜头失真等非线性量,同时对于每个参数的微小变化都很敏感。

一些学者[22,217]使用二阶图像映射的方式得到更健全的公式:

$$X=a_0+a_1x+a_2y+a_3x^2+a_4xy+a_5y^2+\cdots \tag{7.12}$$

$$Y=b_0+b_1x+b_2y+b_3x^2+b_4xy+b_5y^2+\cdots \tag{7.13}$$

基于现有的几何形状,上述公式并不能构成映射。尽管如此,如果给出至少六对物体图像点,则很容易通过最小二乘法求解12个未知参数。这种方法的优势是不需要确定诸如焦距、放大率等拍摄参数。此外,镜头的失真以及其他图像的非线性都可以通过高阶项来解释。

为了重构图像,需要透视投影的投影方程,详见文献[15]和[203]。使用齐次坐标,透视投影可以表示为

$$\begin{bmatrix} \omega_0 X \\ \omega_0 Y \\ \omega_0 \end{bmatrix} = \begin{bmatrix} a_{11} & a_{12} & a_{13} \\ a_{21} & a_{22} & a_{23} \\ a_{31} & a_{32} & a_{33} \end{bmatrix} \cdot \begin{bmatrix} \omega_i x \\ \omega_i y \\ \omega_i \end{bmatrix} \tag{7.14}$$

式中，ω_0 和 ω_i 是常量；$a_{33}=1$。在标准坐标系下，可以得到以下两个非线性表达式：

$$X = \frac{a_{11}x + a_{12}y + a_{13}}{a_{31}x + a_{32}y + 1} \tag{7.15}$$

$$Y = \frac{a_{21}x + a_{22}y + a_{23}}{a_{31}x + a_{32}y + 1} \tag{7.16}$$

映射投影的主要特性是可以把矩形映射成普通的四边形。换句话说，这种映射只保留了线的平直度。当 a_{31} 和 a_{32} 为零时，透视变换的方程就减少了仿射变换过程，只把矩形映射为平行四边形。

考虑到成像光学器件的不完善，可以将式(7.15)扩展为更高阶：

$$X = \frac{a_{11}x + a_{12}y + a_{13} + a_{14}x^2 + a_{15}y^2 + a_{16}xy}{a_{31}x + a_{32}y + a_{33} + a_{34}x^2 + a_{35}y^2 + a_{36}xy} \tag{7.17}$$

$$Y = \frac{a_{21}x + a_{22}y + a_{23} + a_{24}x^2 + a_{25}y^2 + a_{26}xy}{a_{31}x + a_{32}y + a_{33} + a_{34}x^2 + a_{35}y^2 + a_{36}xy} \tag{7.18}$$

$$a_{33} = 1$$

通过最小二乘法确定式(7.15)和式(7.17)中的未知量并不像式(7.12)中的二阶翘曲方法那么简单，因为方程不再由线性多项式构成，而是两个相同顺序的多项式的比值。强烈的偏差或错误点对使最小二乘法快速远离了“正确的”最佳匹配。为了找到7～8个未知量的最佳匹配，必须使用如 Levenberg - Marquart 方法等非线性最小二乘法。

Levenberg - Marquart 方法解决第一序列式(7.15)中的未知量，然后使用之前的初步计算结果求解式(7.17)中的高阶未知量。

所描述的投影方程可以用于任何 2C 位移数据图像的重构或是用于两台相机视图中物体空间的整个图像。在这里图像的反射影是有些经验的，因为操作者需要为重构图像定义一个公共图形放大系数(图7.3)。然而，由于透视失真，原始图像的像素可能没有在最佳采样距离进行映射，这就会导致采样过度、采样缺少或失真。这里建议使用放大系数以避免由于采样缺少而造成信号丢失。通过在原始图像中插入图像强度实现图像重构，使用之前给出映射函数的逆运算。这里插值选择的适当性对于重构位移数据的质量有直接影响。用于图像变形 PIV 算法的图像插值方法(参见5.4.4小节)在这里同样可以使用。

实际上,可以同时结合图像变形和图像反射影。

1. **相机标定**

目前所有描述过的校准程序都是给物体空间图像提供足够的映射,但是却没有提供足够的相机自身信息(如视线方向),而这些信息有可能用于重构三分量速度矢量。实用方法是测量每台相机相对于一个已知点的位置来校准目标,使用一个三角装置并假定每台相机都可以或多或少地从小孔得到图像,也就是说,假定所有的成像光线都通过一个点。实际上,小孔的位置直接沿相机镜头光轴,能够很容易估算出放大观察距离。

相机三角装置测量并不总是可行,特别是存在诸如观察窗、气液界面等障碍物的情况。为了得到相对于图像平面的相机位置,已经确定两种主要的标定溶液,一种已经在实验中使用[212],另一种也或多或少地在物理模型中提到[194,214,221]。第三种方法,即所谓的相机自标定,其来源于机器视觉,在这里不进行详细讨论,因为该方法试图找到足够的校准参数,因此需要整个体积内的大景深,而这不符合使用大孔径镜头经典 PIV 平面成像条件。尽管如此,相机自标定还是已经应用于层析成像 PIV、立体 PIV 甚至 μPIV。

通常立体 PIV 图像装置的标定方法是在片光源重合的平面得到标定物的图像。这些标定物品通常是那些经过简单图像处理[195,220]可以轻松检测的精确网格制品(如点、十字、线网格、格子板等)。平面校准物的一个图像就足够计算图像空间与之前提到的物体空间的完整映射,但是不能提供相机视角的信息,而这些信息在三分量位移重构的过程中是必要的。这个重要参数只能通过不共面的一组图像与实物的对应点来计算。通过采集与垂直于片光源方向上的已知位置略微偏移的一组图像,极容易生成这样的标定数据。另一种方法是使用具有不同高度参考标记的多级校准物(图 7.4)。

给出非共面的对应点组,可以将两个不同图像的平面二维位移与物体空间三维位移相关联。前面提到的经验方法,使用二维多项式的第二或第三项来连接物体空间坐标和平面图像坐标,从而简化立体 PIV 的矢量重构。该方法的缺点是空间重构要使用大量的多项式系数,这些系数并不都是与统计学相关的。实际上不充足的标定数据,尤其是在边缘区域,会导致映射函数出现不希望的振荡。

更多关于立体 PIV 物理驱动相机的标定方法来源于摄影以及图像视觉,就是使用所谓的相机模型来描述成像几何。最简单的相机模型在成像过程中减少小孔装置,因此从物体到传感器的所有光线都必须通过空间内的一个点(图 7.5)。该模型可以通过添加额外的参数进行扩展,例如在文献[214]、[222]中提到的考虑径向扭曲。标定过程涉及物体空间的标定特征点与给定功能之间的非线性拟合。拟合的相机参数可以用于检索传感器每个点的局部视角,因此非常适合立体 PIV。

图 7.4 立体 PIV 校准使用的具有点图案的精加工校准物

(不同层相差 2 mm,点间隔 10 mm)

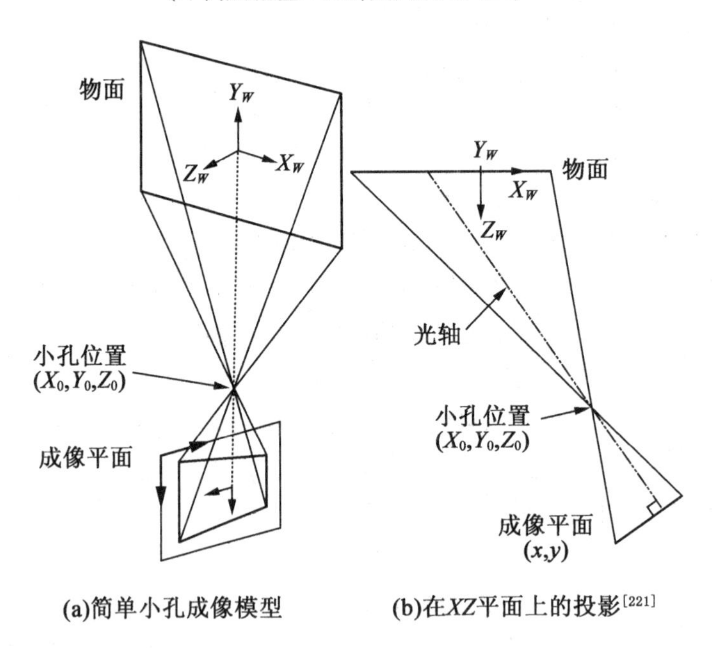

(a)简单小孔成像模型　(b)在 XZ 平面上的投影[221]

图 7.5 用于描述斜相机视图的简单小孔成像模型

文献[221]提供了 PIV 应用背景中两台相机模型的质量分析。本质上,只描述物理成像模型的几个参数对于标定独立于其他每个观察方向是必要的。相比于 Soloff 等[212]提出的使用基于多项式重构方法中的大量参数,经典方法只需要 11～12 个参数就可以描述各个视图。高阶扭曲也可以通过在底层模型添加额外的失真项进行修正。对于许多实际应用(标准镜头,窄视野场),使用小孔位置估计本身的局部视角是足够明确的(小于 0.1°)。因此图像的重构

(反射影)可以使用高阶函数来解决高阶扭曲,同时通过简单的成像模型可以很好地估算局部视角。由于相机模型试图去配合相应点数据中的干扰,因此会观察到相机模型的附加修正项,从而导致错误的结果。

图 7.5 给出了基于理想(无失真)成像系统的简单相机模型。其目的是找出对于物体到图像空间的映射,通过使用标定物的对应点可以估算出点的位置 $\boldsymbol{X}_0=(X_0,Y_0,Z_0)$。这些对应点由图像坐标 $\boldsymbol{x}_j=(x_j,y_j)$ 以及相关联的实物坐标 $\boldsymbol{X}_j=(X_j,Y_j,Z_j)$ 组成。文献[192]首先提出,将物体与图像空间之间进行直接线性转换(DLT),可以得到齐次方程组:

$$\begin{bmatrix} x_j\omega_i \\ y_j\omega_i \\ \omega_i \end{bmatrix}=\begin{bmatrix} a_{11} & a_{12} & a_{13} & a_{14} \\ a_{21} & a_{22} & a_{23} & a_{24} \\ a_{31} & a_{32} & a_{33} & a_{34} \end{bmatrix}\cdot\begin{bmatrix} X_j\omega_o \\ Y_j\omega_o \\ Z_j\omega_o \\ \omega_o \end{bmatrix} \tag{7.19}$$

这是式(7.14)给出的投影映射的一般形式。矩阵 $\boldsymbol{A}=a_{11},\cdots,a_{34}$ 也称为单应性矩阵,一共拥有 11 个自由度(3 个旋转,3 个平移,5 个固有参数)。这些系数可以通过归一化加权因子 $\omega'=\omega_i/\omega_o$ 和消除下面方程中这些结果得到:

$$x_j=\frac{a_{11}X_j+a_{12}Y_j+a_{13}Z_j+a_{14}}{a_{31}X_j+a_{32}Y_j+a_{33}Z_j+a_{34}} \tag{7.20}$$

$$y_j=\frac{a_{21}X_j+a_{22}Y_j+a_{23}Z_j+a_{24}}{a_{31}X_j+a_{32}Y_j+a_{33}Z_j+a_{34}} \tag{7.21}$$

$$a_{34}=1 \tag{7.22}$$

系数 a_{34} 是投影矩阵的任意比例因子,并且由于 a_{ij} 不能为 0,a_{34} 受公式 $a'_{ij}=a_{ij}/a_{34}$ 约束。通过标准的非线性最小二乘求解器,例如之前提到的 Levenberg - Marquardt 方法,可以求解 $a_{11},\cdots,a_{33}$。

图 7.5 中所示的小孔位置 $\boldsymbol{X}_0$ 可以用于估算当前的视线角(例如,3C 矢量重构),小孔位于 $\boldsymbol{x}$ 为零的图像坐标处:

$$\begin{bmatrix} a_{11} & a_{12} & a_{13} \\ a_{21} & a_{22} & a_{23} \\ a_{31} & a_{32} & a_{33} \end{bmatrix}\cdot\begin{bmatrix} X_0 \\ Y_0 \\ Z_0 \end{bmatrix}=\begin{bmatrix} a_{14} \\ a_{24} \\ -1 \end{bmatrix} \tag{7.23}$$

系数矩阵 $\boldsymbol{A}$ 可以进一步分解提取相机的内部参数 $\boldsymbol{I}$ 和外部参数 $\boldsymbol{E}$,详见文献[196]:

$$\boldsymbol{A}=\boldsymbol{I}\cdot\boldsymbol{E}=\begin{bmatrix} -f_x & 0 & x_c \\ 0 & -f_y & y_c \\ 0 & 0 & 1 \end{bmatrix}\cdot\begin{bmatrix} r_1^t & t_x \\ r_2^t & t_y \\ r_3^t & t_z \end{bmatrix} \tag{7.24}$$

式中，(f_x, f_y)是投影焦距；(x_c, y_c)为图像 $\boldsymbol{x}$ 平面的光学中心；变量 $\boldsymbol{r}_k^t$ 和 t_k 分别与旋转以及平移相关。

DLT 假设理想化的成像系统，考虑到真实实验环境的影响，例如径向失真，因此需要更先进的相机模型，详见 Tsai[214] 和 Zhang[222] 的文章。

使用相机模型进行标定需要注意：倾斜的相机图像可以只使用一组共面的标定点进行标定（共面标定[214]）。这在目前环境下是很有吸引力的，因为由于难以实现以及不可接受的影响，目标的平移是不可行的。在大多数情况下，估计的相机位置比由手工三角测量得到的位置更加可靠，但是也需要视角比普通状态大 10°。在接近普通视角的情况下，视角的缺少会影响相机模型的收敛数值。

2. 偏差修正

之前描述的相机标定法提供了从同一时刻不同位置的两个独立 2C PIV 数据重构 3C 矢量的一些信息。然而，这种重构方法假设标定物与片光源平面的中心对准。在实际操作中很难实现这种对准。因此平面外的轻微移动以及标定物的微小转动都会使图像片光源相对于彼此产生明显的偏差，如图 7.6 所示[194, 200, 201, 219, 220]。

探针体积和其校正的未对准，通常涉及视差的校正，在接下来的示例中会给出实际的测量。在这种情况下，通过立体 PIV 拍摄翼型尾部流场（尾涡），共使用两台相机，每台相机的视角都与片光源成 55°角。考虑恒流装置，片光源厚度为 2 mm。如前所述，将标定物放置在片光源平面上进行标定。每台相机的位移恢复以及 3C 重构如图 7.7 所示。两个视图的涡流中心有一个很小的偏差（约 3 mm），可以在相应的涡图像中清晰地看到。3C 重构图中涡形状为水平方向细长，涡图像中具有两个峰值以及一个最低值。

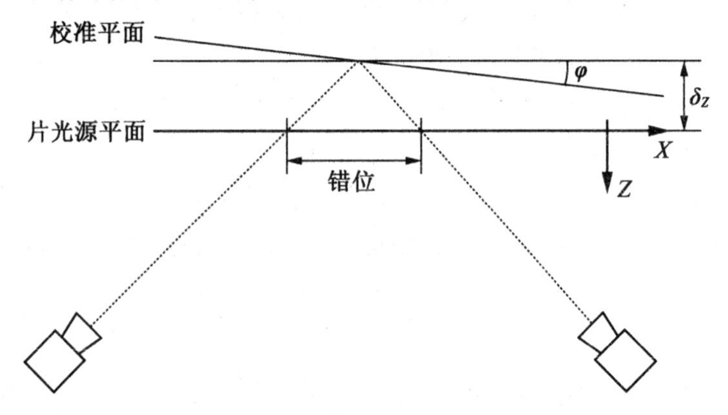

图 7.6　由实际图像区域的不匹配导致标定物与片光源平面之间的错位

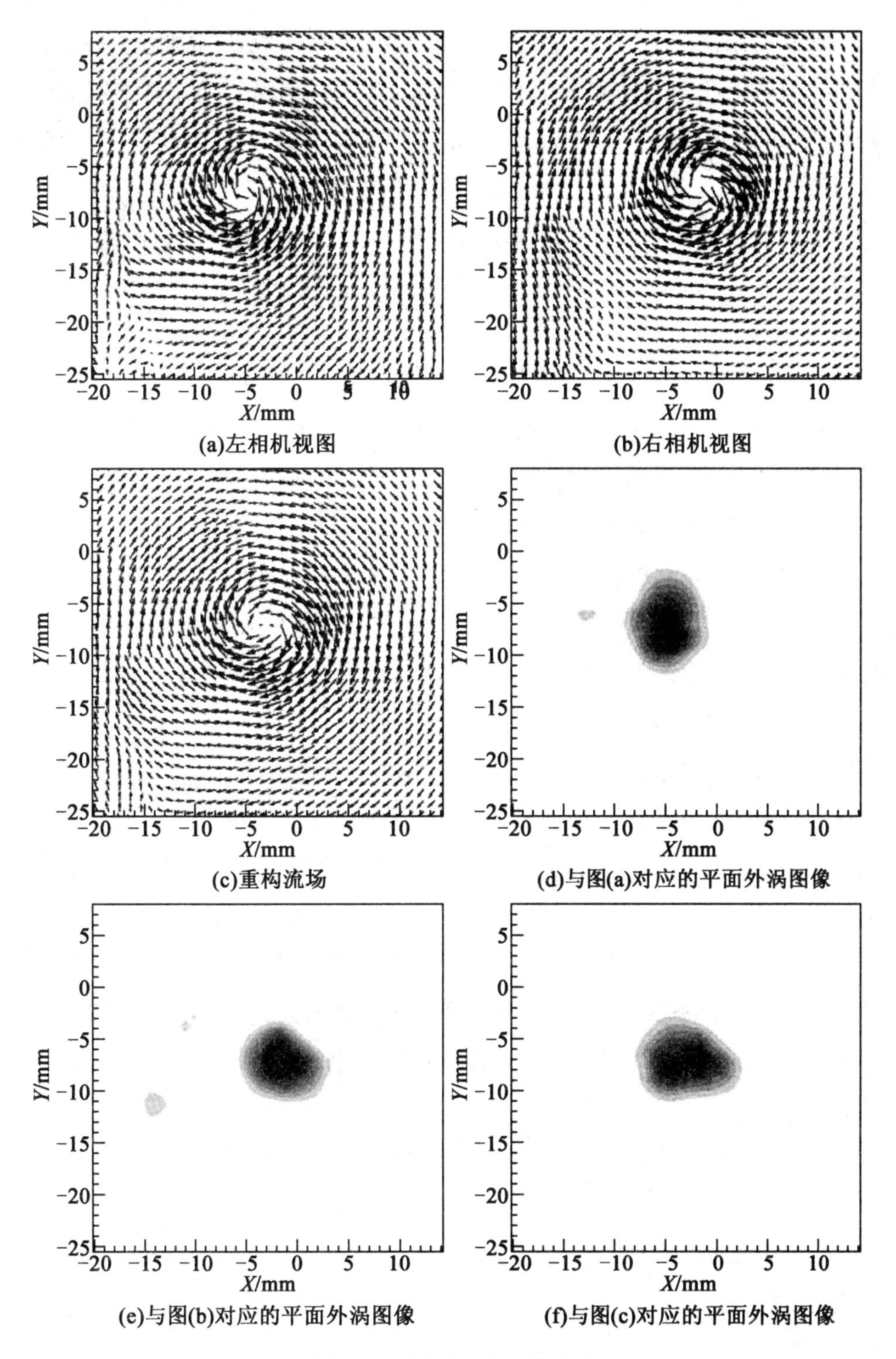

图7.7　偏差校准前的涡流图

图 7.8 展示了同一组数组使用偏差校正方法(后述)前后的图像。后者的旋涡中心重合,并且重构数据得到了一个单核的同一旋涡,与单独相机视图旋涡相匹配。除了旋涡中心的明显不匹配,视角偏差的指标就是矢量重构中的残差,正如 7.1.1 小节所述。由于视图之间矢量恢复的不匹配,视角偏差导致残差增加。目前,视图正确对准可以使残差降低 0.2 像素(图 7.9)。因此,理论上残差最小化可以用于相机图像之间的彼此对准(提供的流动有明显变化的视场)。

在之前的例子中,相机视图的偏差为沿水平方向 3.5 mm,对于 ±55°的相机视角,该偏差相当于标定物放置在光平面 1.3 mm 外。考虑厚度约为 2 mm 的片光源,标定物仅需要稍微偏移(观察距离约为 1 500 mm)。

流动结构的人工对比和残差最小化方法都可以用于对准视图,下面将介绍一个更加有效和可靠校正偏差的方法。这个方法依赖于两个视图的实际 PIV 数据。这些图像根据投影系数组合并且视图间进行互相关,也就是说,视图 A 的第一个图像与视图 B 的第一个图像相关。实际上,这种场位移的恢复代表了视图彼此之间的偏差。如今位移数据可以通过修改映射系数来校正偏差。实际上,如果相机静止,偏差图像的质量可以由第二次图像或图像的整个序列来改善。在这种情况下,需要使用 5.4.2 小节描述的平均或整体相关性。

仔细观察映射图像,如图 7.11 所示,会发现通过最小二乘法拟合数据得到的二维多项式足以描述整个图像。紧接着图 7.6,一个位移和两个角度可以定位相对于标定物的片光源位置。为了获得最佳性能,需要移动和旋转相机的位置,可以通过使用恢复相位角匹配片光源的坐标系统来实现。然而,实际上很少移动相机。尽管如此,之前的相机标定方式仍可以通过迭代来恢复片光源的位置[219]。

由于片光源厚度有限,即使视图完美对齐,视图之间的粒子图像也永远不会重合。因此,偏差校正过程中互相关峰值将扩展为长方形(图 7.10)。加宽的互相关峰值的长轴与穿过两台相机视图轴线的平面重合。其宽度与片光源厚度的投影相关。

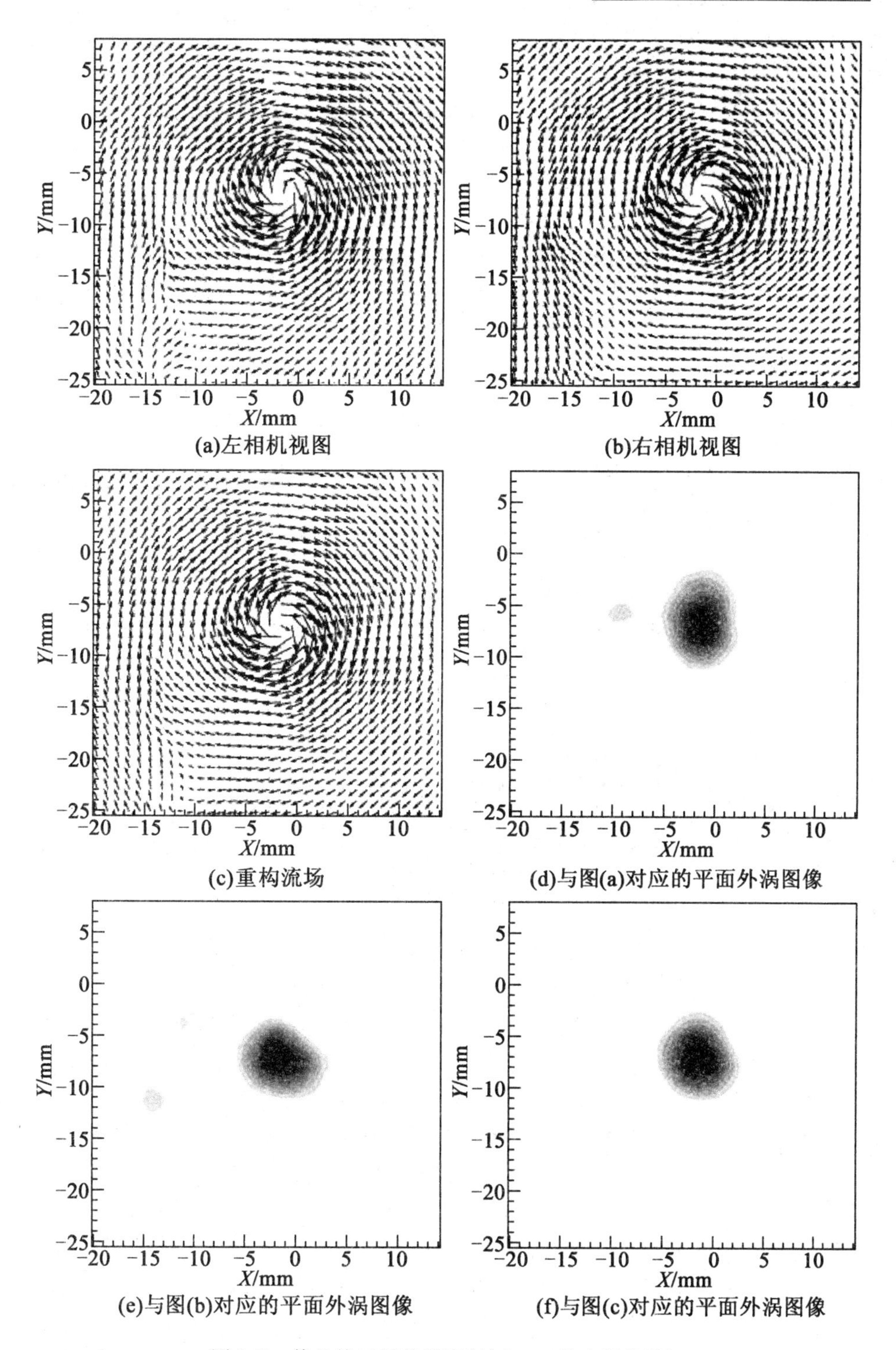

(a)左相机视图

(b)右相机视图

(c)重构流场

(d)与图(a)对应的平面外涡图像

(e)与图(b)对应的平面外涡图像

(f)与图(c)对应的平面外涡图像

图 7.8　偏差校正后的涡流(约 3 mm 的水平位移)

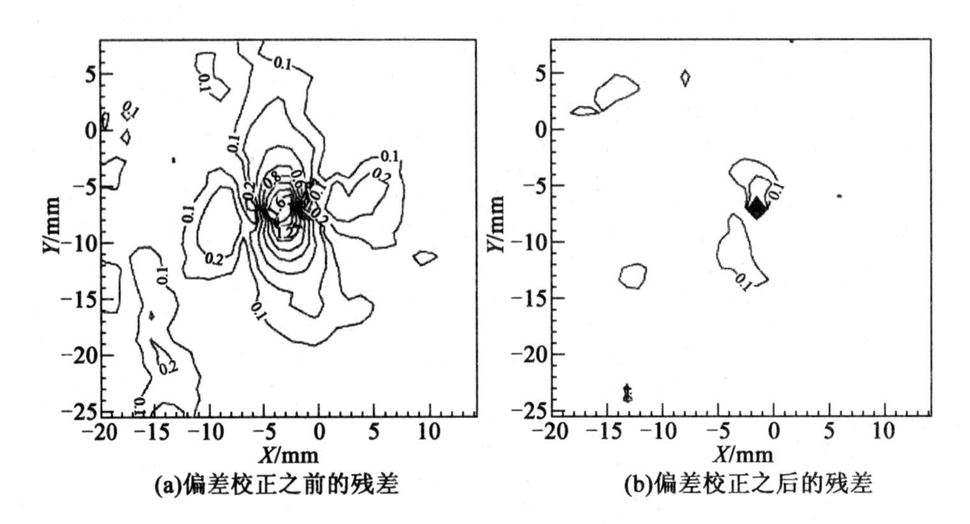

图 7.9　偏差校正之前和之后的 3C 矢量重构的残差

（轮廓的精度是 0.1 个、0.2 个、0.4 个、0.6 个……）

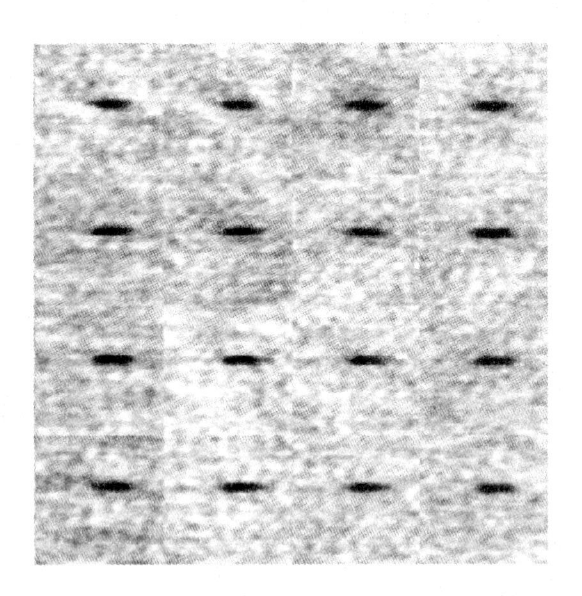

图 7.10　对应图 7.7，进行了偏差校正的大小为 64×64 像素的互相关图像

（平均偏差约为 30 像素（≈30 mm），相关峰值测量为 20×4 像素）

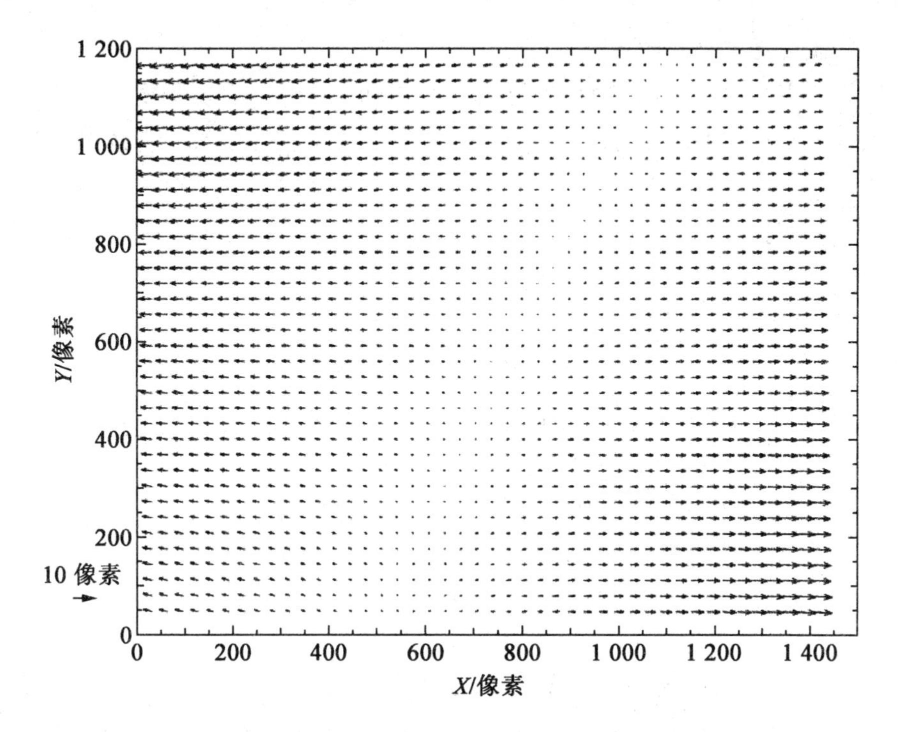

图 7.11　由于片光源校准网格的补偿和旋转引起的两个取景方向的未对准。移除恒定 6 像素的水平偏移

片光源的有限厚度也限制了空间分辨率：布置倾斜视角使两个较大取样菱形交叉点处的真实探针体积变小（图 7.12）。由于样品的体积变小，有效探针体积也降低到可能出现问题的尺寸。如果想要得到高空间分辨率，需要适当减少片光源的厚度 ΔZ_0 或者使用 3D 粒子示踪方法。作为经验原则，PIV 样品的最小尺寸至少与片光源的厚度相同，即 $\Delta X_0 \geqslant \Delta Z_0$。

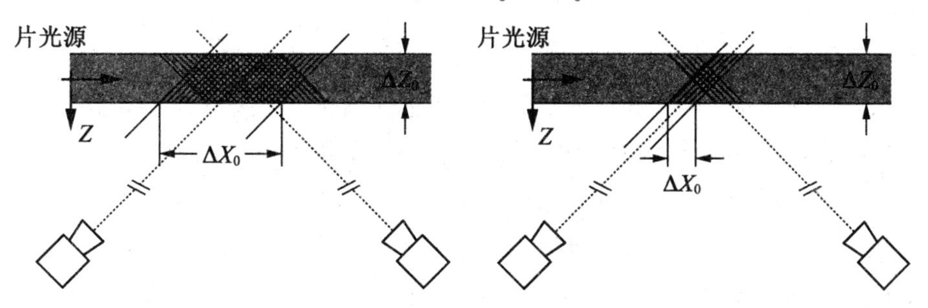

图 7.12　立体 PIV 的有效探针体积小于视图中的真实探针体积（图(b)：$\Delta X_0 < \Delta Z_0$ 时 3C 位移数据是存在问题的）

3. 使用立体 PIV 的建议

(1)多级或转移标定物可以提供较好的标定结果。在机器视觉中体积相机的标定通常是不必要的,也是不可能的,因为 PIV 使用的大口径透镜的景深有限。

(2)通过一个平面标定板进行标定是可行的,但是仅限在不能移动的情况(如密闭空间)。

(3)为了达到最佳的测量精度,两台相机视图的轴线所成的夹角应该接近 90°。

(4)不可避免的标定板与片光源之间的偏差可以使用偏差校正或实际粒子图像进行自校准。

(5)偏移校正也可以用于校正测量时相机的移动(如振动)。

(6)PIV 样品的最小尺寸应该至少与片光源厚度相同,即 $\Delta X_0 \geqslant \Delta Z_0$。

(7)3C 矢量重构的残差 $\varepsilon_{\mathrm{resid}}$ 可以作为 SPIV 测量的质量检测,并且其数值范围为 0.1 ~0.5 像素。

(8)在水中的 SPIV 实验,对于相机视图轴线经过空气 - 玻璃 - 水界面是很常见的,需要尽量减小散光。将合适的水棱镜安装在实验段,从而获得倾斜的视线[205,216]。

(9)图像重构应该使用适当的图像插值方法,如 5.4.4 小节所述。为了得到最好的结果,迭代图像变形以及图像的反射影可以在同一步骤内组合使用。

7.2 双平面 PIV

本节将介绍另一种获取平面外速度分量的方法,该方法基于分析相关平面峰值高度的信息。峰值高度的数值依赖于成对的粒子图像,其本身取决于平面外速度分量以及其他参数。为了规避其他参数的影响(如背景光、数量及图像尺寸),通过平行原片光源的另一个附加片光源形成的图像可以捕捉到归一化的峰值高度。这个方法被为称为“双平面”PIV 技术或“空间相关”技术。该技术的实验结果将在 9.5 节中给出。在 PIV 测量高度三维流动时会出现以下两个问题。

(1)显而易见,在测量过程中需要选择一个适当的脉冲时间间隔 Δt,该时间受平面外速度分量限制。这个限制是因为在两次曝光脉冲时间内垂直于片光源移动的粒子可能离开或者进入片光源平面，进行PIV数据分析时，这些粒子也不会相关联。这就导致能够检测出的粒子位移减少，并且已经在数值模拟（参见5.4节）中发现该现象。如果通过减少Δt的方式来增加检测的概率，则会使测量的噪声增大，详见第3章。

（2）在垂直片光源平面上添加一个显著的速度分量会产生额外的错误，因为相机镜头捕捉由透视投影得到的示踪粒子而不是通过平行投影得到的粒子。在测量高度三维流动时，避免这种错误的唯一方法是测量速度矢量的三个分量（参见2.6.3小节）。

最常用的测量平面内点三分量瞬时速度场的方法是立体PIV，这在7.1节已经论述。对于这种方法，平面外速度分量的测量所能达到的精度要小于平面内速度分量，在最好情况下平面外速度分量的误差可以达到1%以内（参见7.1节）。如前所述，立体PIV方法需要特殊的标定方法并且需要两台采集相机，这两者都需要接入测试系统，这就使得立体PIV比双平面PIV更难操作，尤其是在低速流动时。

7.2.1　操作方式

测量体积的三维视图如图7.13所示。流体单元（左侧）包含在$t=t_0$时刻查询窗口中第一次曝光的粒子。为了得到流体单元的平面外运动，将该流体单元分为$t=t_0$和$t=t_0+\Delta t$两个时刻。因此，已经离开片光源的粒子在$t=t_0+\Delta t$时刻就不会出现在图像内。在双平面PIV中，微小的平移片光源是额外生成的。如果片光源的位移与流体单元内的位移相对应，则粒子会被照亮并且会在第三帧$t=t_0+2\Delta t$时刻成像。

当在测量区域内处理足够多数量的粒子时，两帧的查询窗口内粒子图像对的数量可以用于计算平面外速度分量。这个数量和t时刻查询区域内粒子数量成正比，并且对于平面外运动，该数量会随着第二幅图像损失数量的增加而减少，对于平面内运动，也随着数量的增加而减少。使用具有恒定大小和查询窗口固定位置的计算方法，并且设定恒定的粒子密度，粒子图像对损失的数量与图7.13中黑暗区域成正比。现在，参照单平面PIV处理方法（参见第3章），在两对查询窗口$I(x,y)$、$I'(x,y)$和$I'(x,y)$、$I''(x,y)$之间获得以下图像$E\{R_{II'}(s=d)\}$和$E\{R_{I'I''}(s=d)\}$互相关的结果：

$$E\{R_{II'}(s=d)\}=C_R R_\tau(0)F_0(D_Z-Z'+Z)F_i(D_X,D_Y) \tag{7.25}$$

$$E\{R_{I'I''}(s=d)\}=C_R R_\tau(0)F_0(D_Z-Z''+Z')F_i(D_X,D_Y) \tag{7.26}$$

式中，C_R 为常数（在第 3 章定义）；R_τ 为图像自相关系数；F_i 为平面内相关损失；Z、Z' 和 Z'' 代表片光源在 Z 方向上第一次、第二次、第三次曝光的位置；F_0 为平面外移动产生的相关损失，是“双平面”计算的特有量。它由下式求得：

$$F_0(D_Z)=\frac{\int I_0(Z)I_0(Z+D_Z)\mathrm{d}Z}{\int I_0^2(Z)\mathrm{d}Z} \tag{7.27}$$

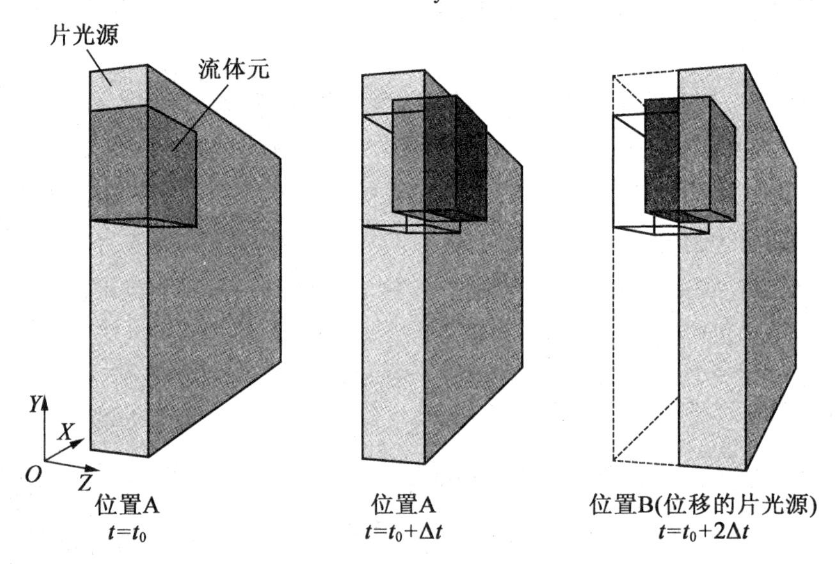

图 7.13　测量体积的三维视图（第一次光脉冲照亮的查询体积尺寸和位置以及粒子的位置，分别表示在片光源 A、位置 A 和位置 B 处第一次、第二次和第三次曝光时）

实际上，需要通过有限空间平均值计算相关的期望。因此，使用估算值代替期望（数学上是正确的）：计算的相关分别为 $R_{II'}$ 和 $R_{I'I''}$（为了符号简洁，省略了 S）。在已知 R_τ 和片光源的强度分布 $I_Z(Z)$ 下，原则上可以只通过 $R_{II'}$ 确定 $|D_Z-Z'-Z|$。然而，实际上 $|D_Z-Z'-Z|$ 的计算还涉及未确定的平面外运动的方向。为了得到任意片光源强度分布 D_Z 以及给定的位移 $Z''-Z'$ 和 $Z'-Z$，双平面 PIV 通过给出 $R_{II'}$ 和 $R_{I'I''}$ 的比例来避免这些复杂因素，可以得到与 D_Z 相关的表达式：

$$\frac{R_{II'}}{R_{I'I''}}=\frac{F_0(D_Z-Z'+Z)}{F_0(D_Z-Z''+Z')} \tag{7.28}$$

从式（7.28）可以看出，得到相关计算的比例也可以用于补偿平面内运动的相关损失。显然，求解式（7.28）中 D_Z 依赖于准确的片光源分布 $I_Z(Z)$。大多数 CW 激光器提供足够稳定的波束指向，其强度分布可以很容易地通过平面外速度和互相关数值的准确关系来确定。当使用固态脉冲激光系统时，例如 Nd:YAG 激光器，必须考虑高达 20% 的光束直径脉冲到脉冲的波束指向的变化。如果空间波束分布在时间上变化，可以同时确定强度分布，例如使用分束器和 CCD 传感器。

本节余下部分将讨论式(7.28)的两个特殊情况。情况 1：$Z = Z' < Z''$（符合 9.5 节中给出的情况）；情况 2：$Z = Z'' < Z'$（如果流动平面外分量是双向的，则会观察到这种情况）。为了简化分析，定义了高帽形状的片光源强度分布，其宽度为 ΔZ_0 的计算公式如下：

$$I_0(Z) = \begin{cases} I_Z, & |Z| \leqslant \Delta Z_0/2 \\ 0, & \text{其他} \end{cases}$$

和

$$F_0(Z) = \begin{cases} 1 - |Z|/\Delta Z_0, & |Z| \leqslant \Delta Z_0 \\ 0, & \text{其他} \end{cases} \tag{7.29}$$

当 $Z = Z' < Z''$ 时，平面外速度 $W = D_Z/\Delta t$，将式(7.29)中的 $F_0(Z)$ 代入式(7.28)，可得

$$W = \frac{\Delta Z}{\Delta t} \cdot \begin{cases} \dfrac{R_{I'I''} - O_Z R_{II'}}{R_{II'} - R_{I'I''}}, & -\Delta Z \cdot O_Z \leqslant D_Z \leqslant 0 \\ \dfrac{R_{I'I''} - O_Z R_{II'}}{R_{II'} + R_{I'I''}}, & 0 \leqslant D_Z \leqslant Z'' - Z' \\ \dfrac{R_{I'I''} + (2 - O_Z) R_{II'}}{R_{II'} - R_{I'I''}}, & Z'' - Z' \leqslant D_Z \leqslant \Delta Z \end{cases} \tag{7.30}$$

式中，$O_Z = 1 - (Z'' - Z')/\Delta Z_0$。对于 9.5 节描述的实验只考虑 $0 < D_Z < Z'' - Z'$ 的情况。

由于平面外流体的速度既可以是正也可以是负，因此必须考虑第一次和第二次以及第二次和第三次曝光之间的片光源位置的位移方向。如果两个方向位移的绝对值相同，那么式(7.28)可以按 $Z = Z'' < Z'$ 求解。在这种情况下，$F_0(Z)$ 还是由式(7.29)得出，与式(7.30)的求解公式略有不同，对于 $-(Z' - Z'') < D_Z < Z' - Z''$，其公式为

$$W = \frac{\Delta Z}{\Delta t} \frac{R_{I'I''} - R_{II'}}{R_{II'} + R_{I'I''}} O_Z \tag{7.31}$$

注意，该式中 D_Z 的变化范围是相对 $D_Z = 0$ 对称。以下给出上式的简化方案：

(1)已经设定片光源 Z 方向的高帽型强度分布,替换高斯分布,该设定将更适用于 CW 激光。$F_0(Z)$原本只是两个连续脉冲片光源在 Z 方向上强度分布的归一化相关系数,同时也是高斯函数,在该设定的影响下和三角函数近似。

(2)对于查询单元位移变化的影响,以及内平面移动引起的第二个图像损失的数量,假定这两者的相关性相同。这只是一个粗略近似,如果第二帧与第三帧不是同时捕捉,则需要更复杂的图像分离技术。

(3)忽略波动的噪声分量。可以通过相邻查询单元的平均值来减弱噪声对测量准确性的影响。然而,为了保持平衡,这也会降低空间分辨率。

7.2.2 总结

本节介绍了使用互相关函数得到的信息计算速度场平面外分量的方法。在其他方面的限制包括每个查询窗口需要的粒子图像数量多于普通的 PIV 方法。因此,该方法实际上可实现的最大图像密度比内平面测量、平面外测量结果的空间分辨率和(或)精确度更低。然而,这种方法的结果和易于实现的技术操作是可喜的。对于低速流体流动研究,双平面 PIV 的操作比立体 PIV 更简单,因为仅需要校准片光源的厚度与重叠度。此外,只需要一台相机。改变每次曝光后片光源位置的技术可以用于在 Z 正反方向上平面外分量的流动。关于这项技术的更多详细信息可以参见文献[209]。

7.3 体积内三分量 PIV 测量

7.1 节介绍的立体 PIV 技术是测量流动平面内所有三分量速度的标准方法。在工业测试设备的复杂实验(参见 9.11、9.12 节)中也是如此。在大多数应用中,立体 PIV 的限制因素不仅包括 PIV 装置或计算方法,还有设备只能射入有限的光线。这意味着立体 PIV(3C)的时间和空间分辨率或多或少与经典 2C PIV 相同。

然而,现在仍然没有合适的测量体积内流动速度场的通用方法,还不能研究更复杂的不稳定三维流动现象(如旋涡、边界层、分离流动等),这在基础研究以及工业研究中的重要性日益增强。其主要原因是缺少技术方法,没有合适的激光光源、相机、计算方法、计算能力等。因此,目前根据不同的实验需求,有很多不同的 PIV 实验方法。全息 PIV 方法(HPIV)适用于捕捉完全三维的流动速度场。使用高分辨率照相材料(光化学全息PIV(P－HIV))的粒子图像可以在中等大小的体积内提供高空间分辨率,但不提供时间分辨率。使用CCD传感器(数字全息PIV(D－PIV))可以在较小的体积内进行时间分辨率测量。一种新技术(体积PIV或层析成像PIV)通过同时观测几台相机不同视角的图像得到体积内的信息。

由于这些方法正处于高速发展阶段,其潜力在很大程度上取决于将来技术的发展,对于这些方法的描述超出了本书的范围。本书将给出一些目前最先进的可行实验方法的简要概述。

多平面立体PIV(9.18节详细介绍)要求同时照亮流场的几个平面。每个片光源上的粒子图像都由一个独立的立体PIV系统进行数据采集。通过不同波长照明光的偏振光学元件分离这些片光源。这种方法与立体PIV表现出相同的性质,但也不能得到完整体积内的速度场(图7.14(c))。在不同平面获得的速度场信息使速度梯度的判定与时空相关性成为可能。这种方法的缺点是高强度的实验操作。每个平面上完整的立体PIV系统都需要与光学分离元件(偏振,彩色滤光片)一同设置。

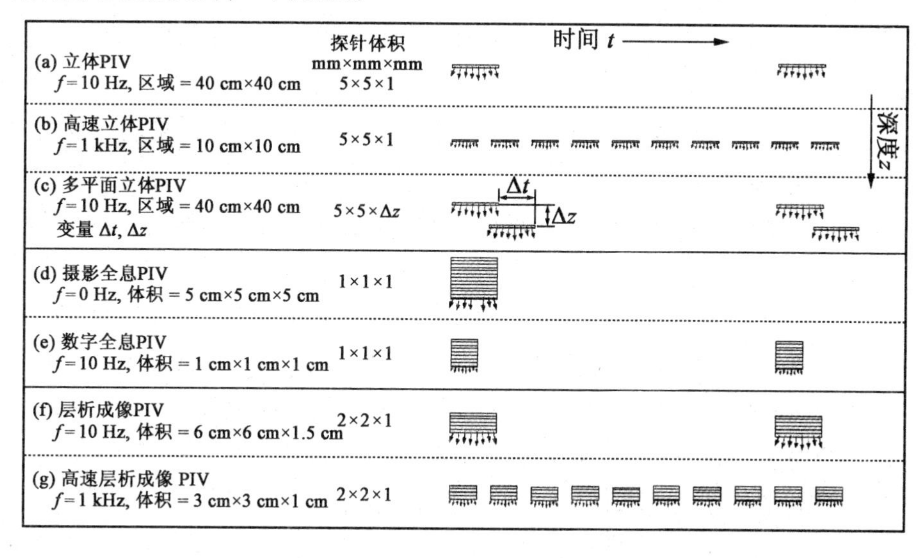

图7.14　不同种类典型时空分辨率PIV技术的示意图(符号表示每种方法时间与空间布置的三分量速度矢量)

更先进的方法是通过布置一些常规片光源装置在体积内进行快速扫描[87,226]。然而,这种方法只适用于时间平均测量或超低速测量(例如小于1 m/s,如水流动),其原因是体积内不同平面的速度场是在不同时间顺序下采集的。此外,该方法测量体积的深度还受相机景深的限制。

摄影测量方法可以用于捕捉瞬时体积内的流场。一束光脉冲照亮完整的空间体积。示踪粒子的图像由不同相机采集。这样将在不同的采集图像中确定单一粒子的位置,通过不同视图的摄影测量方法计算粒子在空间的位置。局部速度由粒子跟踪方法确定。流体中示踪粒子加入的浓度是受限的,以便得到单粒子的位移标示。原则上,该方法的空间分辨率比较低。还有一个问题是来自于景深的限制,这会导致较大的非聚焦粒子图像出现重叠。

目前只有全息方法利用激光的连续性,可以不通过检测粒子获得体积分辨率。粒子散射的光由相机采集介质基准波的光进行叠加。这使所得的干涉图案保留了强度以及来自于物体的光的相位。相机的介质必须具有很高的空间分辨率以正确存储干涉图案。全息相机板需要处理 3 000 行/mm。对于 50 cm × 50 cm × 50 mm 的体积,分辨率为 1 mm^3,对应得到 10^6 个速度,在该条件下可以成功使用光化学全息 PIV(P - HPIV)进行捕捉[223,224,240]。这个方法涉及湿化学处理,其缺点为只可以进行单次采集。对于高精度的实验工况,需要将几个采集信息存储在能够空间复用的感光板上。全息图像重构后,粒子图像通常由用于之后 PIV 估算的 CCD 传感器扫描获得,并由计算机以数字的方式运行。

另一种方法是使用电子传感器采集全息图。这种传感器的空间图像尺寸(例如5 μm)远大于光的波长,这里存在一些限制因素,只有一定角度范围内的入射光对信息有帮助,超出这个角度的入射光只会增加噪声等级。在实际应用中,这意味着参考波必须垂直于传感器(成直线),并且物体(粒子)必须离它足够远。此外,有效孔径的减少会降低深度分辨率。数字全息 PIV(D - HPIV)通常捕获 1 cm^3 体积的信息,并可以处理几千个速度[236,237]。全息最大空间的分辨率和观测体积的变化分别取决于图像传感器和感光板的性能(图 7.14(d)和(e))。在这种情况下,数字全息技术变得更有吸引力,因为目前图像传感器(CCD、CMOS)正在飞速发展。还有一些可以进一步增加全息系统能力的方法,例如,使用短相干长度来改善全息的信噪比(飞行中的光)[233],以及从不同方向观测从而改善深度分辨率[235,244,248]。

鉴于 3C - 2D 立体 PIV 已经成为一种标准方法,而目前没有可以用于捕捉三维非定常流动现象瞬时流场的合适通用方法(3D - 3C)。由于目前数值方法的不足,许多复杂流动仍需要实验研究,因此更需要深入发展 3D - 3C 功能的 PIV 技术,这样可以更好地描述和理解这些复杂流动。此外,3D - 3C 方法可以进行高空间、时间分辨率的时空相关性计算。然而,PIV技术在3D-3C方向的进一步发展在很大程度上取决于用户在其他方面推进技术的发展,例如消费市场。

下面将列出最近提出的使用层析成像方法的3D-3C技术。

层析成像 PIV 原理

1. 技术介绍

层析成像PIV① 测量技术可以处理三维体积内粒子的运动而不需要检测单个粒子。这项最近开发的方法[230]和立体PIV方法的结构相似,是基于在不同方向上设置的相机获得被照亮粒子的同步图像。这项技术的革新元素是用于重构各个视图图像的3D粒子速度场的层析成像算法。3D光强度离散地分布在三维像素阵列上,可以通过返回体积测量的瞬时三分量速度矢量场的3D互相关查询方法获得。

层析成像PIV已经应用至基础实验研究,目前还未实现其在工业风洞环境中的应用。尽管在2007年初几个欧洲实验室已经成功使用该技术在水以及空气流动方面开展十余个实验(代尔夫特理工大学,LaVision,哥廷根德国宇航中心,布伦瑞克大学,普瓦提埃大学)。层析成像PIV对时间分辨率的实现与平面PIV相同,并且已在低重复率的水流动层析成像PIV测量以及高重复率的气体流动边界层实验得到验证。

最重要的限制因素包括测量体积的深度(典型的深宽比为0.25)、体积照明需要的能量(通常比立体PIV实验高5倍)、采集数据的数字评估时间(通常每次拍摄几个小时)和相关的数据存储(比平面PIV大10倍)。最后,相对于立体PIV,需要一个稍微扩展的光线入口,因为观察方向通常只覆盖一个立体角,虽然线性配置也是一个可选项。

2. 工作原理

三维空间区域的脉冲光源照亮加入流体中的示踪粒子(图7.15)。使用CCD相机获得由几个观察方向的交点采集的粒子图像。图像平面、透镜平面和物体平面中心必须满足Scheimpflug条件,实际上,这是通过具有自由调节旋转轴的相机镜头的倾斜机制实现的。若后者的条件不充分,则在测量整个体积时将无法确保粒子图像聚焦。这需要选择合适的透镜来满足聚焦的深度。

---

① Fulvio Scarano、Gerrit E. Elsinga 和 Bernhard Wieneke 对层析成像PIV技术做出巨大贡献。

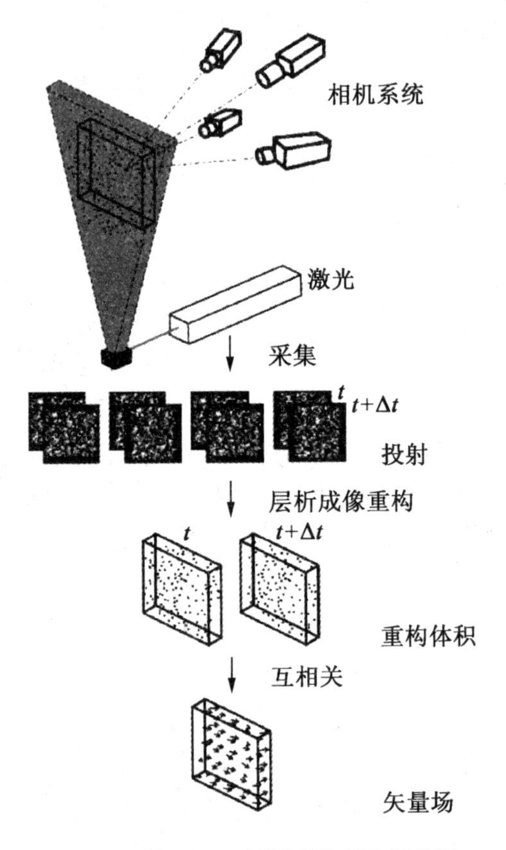

图 7.15　层析成像 PIV 原理图

由数字图像进行 3D 物体的重构，需要了解图像平面和物理空间之间的映射函数相关知识。这通过与立体 PIV 方法相似的校正过程实现。然而，这个过程需要把在立体 PIV 中用于平面映射函数的定义延伸至空间体积域内。在这种情况下，不需要标定物与测量平面对准，因为在层析成像 PIV 中不存在这样的平面，这也使实验操作相对于激光定位变得更容易。然而如图中其余部分所示，层析成像 PIV 技术相机之间的相对位置的精确度（粒子图像直径的 1/5）需要比平面立体 PIV 高。实际上，这是通过标定映射函数的后验校正来实现的（自标定技术，Wieneke[219]），与用于立体 PIV 的片光源偏差校正技术相似（参见 7.1.2 小节）。

三维光散射场（对象）重构为 CCD 阵列投影在物理空间 $E(X,Y,Z)$ 光强度分布的离散三维阵列。该重构是逆向的，并且通常具有不确定性，这意味着一组投影（即图像）可能来源于许多不同的 3D 物体。确定最有可能的 3D 物体来源是层析成像 PIV 的主要问题[232]。然而，对于发射器（或散射器）的稀疏区域可以解决信息密度不高的问题。图像坐标为(x_i, y_i)的第i个像素的强度和三维物理空间的第j个三维像素的光强度分布之间的关系，可以通过描述物体在图像上投影的线性方程得出：

$$\sum_{j \in N_i} \omega_{i,j} E(X_i, Y_j, Z_j) = I(x_i, y_i) \tag{7.32}$$

N_i是体积内第i个像素在(x_i, y_i)视线周围的三维像素的临近区域（典型的，截面为3×3像素的圆柱形）。加权系数$\omega_{i,j}$描述了三维像素j^{th}的强度分布$E(X_i, Y_j, Z_j)$对像素强度分布$I(x_i, y_i)$的贡献，它可以由三维像素的视线相交的体积分数计算。三维空间到图像的投影模型如图7.16所示。由于式(7.32)左半部分未知（即被积函数），因此该方程需要具有预测校正技术的迭代，并且需要一个非零的强度分布$E^0(X, Y, Z)$作为初始条件（例如，均匀分布），通过乘法修正该方程变为

$$E(X_i, Y_j, Z_j)^{k+1} = E(X_i, Y_j, Z_j)^k \left[\frac{I(x_i, y_j)}{\sum_{j \in N_i} \omega_{i,j} E(X_i, Y_j, Z_j)^k} \right]^{\mu \omega_{i,j}} \tag{7.33}$$

式中，标量松弛参数$\mu \leqslant 1$，当$\mu = 1$时达到最快收敛速率。修正的幅度由测量的像素强度分布I和当前物体$E(X_i, Y_j, Z_j)^k$投影的比值确定。加权系数的指数保证只有i^{th}像素的投影在$E(X, Y, Z)$中非零分量进行修正。

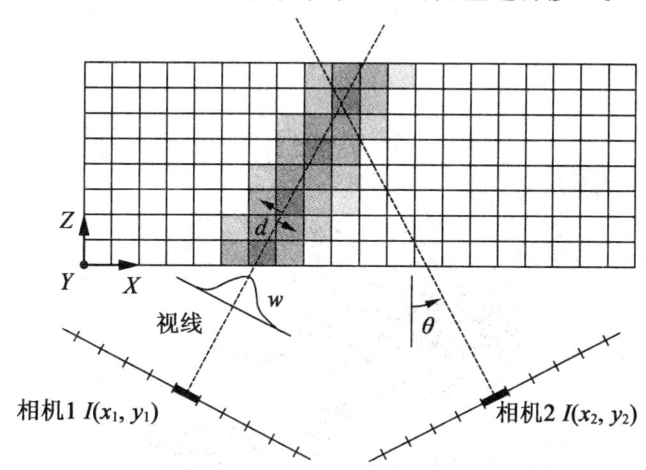

图7.16　三维空间到图像的投影模型

经过4~5次迭代过程即可，因为更多次数的迭代不会在测量中产生明显的差异。重构过程的精度主要取决于几个因素。最重要的是拍摄像机的数量以及图像中粒子的数量。MART算法的数值评估表明两台相机系统能够满足最低密度要求（每个像素低于0.01个粒子，像素处理管道（Pixel processing pipe,ppp)。相反地,最佳配置是使用四台相机,能够重构粒子图像密度 0.05ppp(即50 000粒子/百万像素)的速度场,其重构质量归一化系数 Q = 0.75(图7.17)。重构的准确性也部分依赖于观察视线方向之间的角度,该角度为15°~40°。

采用三维空间互相关分析方法评估重构粒子的形状位移。在这种情况下,归一化的互相关函数形式如下:

$$R(l,m,n) = \frac{\sum_{i,j,k=1}^{I,J,K} E(i,j,k,t) \cdot E(i-l,j-m,k-n,t+\Delta t)}{\sqrt{\text{cov}[E(t)] \cdot \text{cov}[E(t+\Delta t)]}} \tag{7.34}$$

该分析可以通过基于扩展至三维强度场的窗口变形技术的迭代方法实现,窗口变形技术的查询框是在之前查询窗口结果的基础上移动或变形得到的。第 $k+1$ 次迭代的变形体积的强度分布场由原始强度分布获得,预测速度场如下式所示:

$$E^{k+1}(X,Y,Z,t) = E\left(X - \frac{1}{2}\mu_d^k, Y - \frac{1}{2}\nu_d^k, Z - \frac{1}{2}\omega_d^k, t\right) \tag{7.35}$$

$$E^{k+1}(X,Y,Z,t+\Delta t) = E\left(X + \frac{1}{2}\mu_d^k, Y + \frac{1}{2}\nu_d^k, Z + \frac{1}{2}\omega_d^k, t+\Delta t\right)$$

式中,$\boldsymbol{V}_d^k = (\mu_k^d, \nu_k^d, \omega_k^d)$ 表示第 k 查询窗口获得的粒子形状变形场。

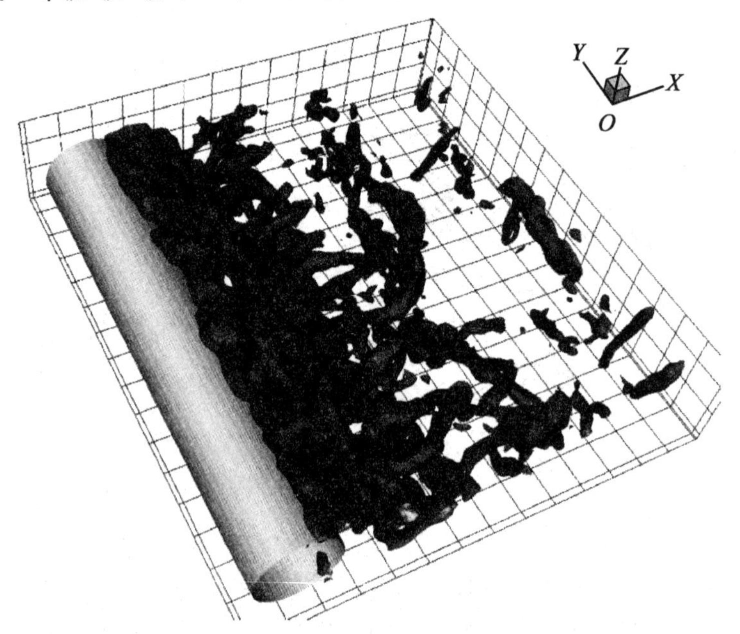

图7.17　在 Re = 5 500下圆筒尾流(瞬时涡量等值面)

3. 应用概要

尽管最近推出的层析成像 PIV 技术已经应用于更多学术研究的多种流动条件中,如圆柱尾流,也应用到许多具有挑战性的问题中,如低速湍流边界层流动以及马赫数为2的边界层激波效应。这项技术与高重复率硬件结合,也可以应用于边界层过渡到湍流的时间分辨率测量,在 PIV 应用章节中将详细描述。以上提到的实验主要参数见表7.1。

对于三维测量,其测量精度的估算可以基于质量守恒定律。对于不可压缩流体体系,速度发散的空间分布 $\nabla V = \partial\mu/\partial x + \partial\nu/\partial y + \partial\omega/\partial z$ 几乎无处不在。散度 $< V' >$ 的 RMS 变换构成了影响差动量(如涡和应变率)误差的适合标准。层析成像 PIV 实验的经典测量得到一个体积内的速度矢量场。速度场和涡量场的准确表示并不简单,需要使用三维计算机图形,如图7.17所示,给出了描述尾流后涡量涡幅度的等值面。

表7.1　应用中实验参数概述

	圆柱尾流(空气流动)	时间分解的圆柱尾流(空气流动)	冲击波边界层相互作用(空气流动)	时间分解的边界层(空气流动)
参考文献	[241]	[238]	[234]	[243]
流速/($m \cdot s^{-1}$)	5	0.02 ÷ 0.10	500	7
图像大小/像素	1 376 × 1 040	2 048 × 1 440	2 048 × 1 100	800 × 768
采集频率/Hz	1	10	2	5000
测量体积 $L \times H \times D$ /(mm × mm × mm)	37 × 36 × 8	88 × 59 × 16	70 × 38 × 8	34 × 30 × 19
空间分辨率/(三维像素 · mm^{-1})	18.2	23.6	30	24
粒子浓度/(粒子 · mm^{-3})(总数)	2.1 (23 000)	1.2 (98 000)	3 (65 000)	0.94 (18 000)
矢量数量①(总数)	77 × 79 × 15 (91 000)	174 × 117 × 32 (651 000)	140 × 76 × 18 (191 000)	46 × 41 × 24 (45 000)

①查询体积间存在75%重叠

第8章 微 PIV(Micro - PIV)

8.1 引　　言

在科学和工程的许多领域中确定微尺度的流场信息非常重要。微流体装置的工业应用已经出现在航空航天、计算机、汽车及生物医学行业中。例如,在航空航天领域有微米级的超音速喷嘴,直径约为 35 μm,专为 JPL/NASA 设计,用作微型卫星的微型发动机,用于 AFOSR/DARPA 时作为掌上微型飞机的流动控制装置[277]。在计算机工业,喷墨打印机占计算机打印市场的65%,其包含有直径为几十微米量级出口孔的喷嘴阵列。在生物医药业,目前已经开发使用微流体设备用于病人诊断、病人监护仪及药物输送。在医学界,i - STAT 装置(i - STAT 公司)是用于常规血液分析的第一个微加工流体设备。在生物医学研究领域的微流体装置应用案例包括用于癌细胞检测的微流体细胞计数器、用于 DNA 分离的微机械电泳通道以及用于 DNA 扩增的聚合酶链反应(PCR)腔室。在这些微小通道中的流体运动细节,与大分子、细胞和通道表面的物理状态之间耦合的非线性相互作用,将产生非常复杂的现象,很难使用数值模拟方法研究这些现象。

针对微流体实验研究已经发展了很多流动诊断技术。其中一些技术用来获取最高的空间分辨率及速度分辨率,也开发了一些其他技术用于非理想状态下流动测量,例如光路被限制[287]或存在高散射介质[280]。也有一些常规的宏观全场测量技术延伸到了微观尺度。例如,标量图像测速[467]和分子标记测速[469],当然,也有 PIV,其在微尺度流动中使用时被称为微

PIV 或 μPIV。

1998 年,Santiago 等[297]展示了第一台 μPIV 系统,该 PIV 系统具有足够小的空间分辨率,可以进行微尺度系统的测量。自此,这项技术飞速发展。截止到2007 年,已经有超过350 篇的期刊文章。由于信息量较大,且幅度超出了之前描述的技术,本章主要介绍在 μPIV 的应用与扩展。

第一台 μPIV 用于测量慢速流动,速度为每秒几百微米量级,空间分辨率为6.9 μm×6.9 μm×1.5 μm[297]。该系统使用落射荧光显微镜和增强型 CCD 相机来采集直径为300 nm 的聚苯乙烯示踪粒子的图像。粒子使用连续汞灯进行照明。选择连续汞灯是因为测量中需要的照明强度比较低(例如,含有活的生物样本的流动),并且流动速度足够小,这样粒子的运动可以被 CCD 相机电子快门冻结(捕捉,图8.1)。Koutsiaris 等提出了一种适用于缓慢流动的系统,其采用直径10 μm 的玻璃珠作为示踪粒子,并使用空间分辨率较低的高速视频系统采集示踪粒子图像,获得空间分辨率为26.2 μm。他们测量了直径为236 μm的圆形玻璃毛细管内的流动,发现其测量数据和解析解在测量不确定性范围内符合很好。

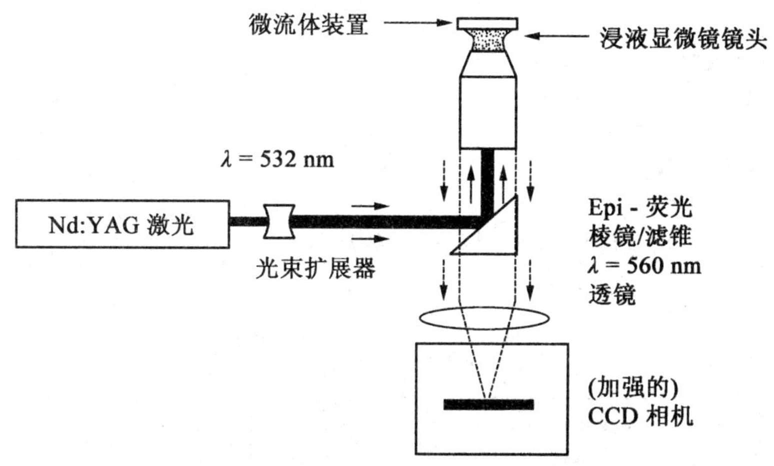

图8.1　μPIV 系统简图(Nd:YAG 激光用以照明直径为200 nm 的荧光示踪粒子,CCD 相机采集粒子图像)

μPIV 的后续发展逐渐转到了更高速度的流动,如典型的航空航天领域中的应用。汞灯被 NewWave 公司的双头 Nd:YAG 激光代替,以实现对亚微秒时间步长内单曝光图像对的互相关数据分析。在宏观尺度下,如此短的时间步长可用于超音速流动的分析。然而,由于高放大率,在该时间步长下测量的最大速度为每秒几米量级。Meinhart 等[406]使用 μPIV 测量流动速度场,在30 μm×

300 μm(高 × 宽)的矩形通道内,流量为 50 μL/h,对应的中心线速度为 10 mm/s。该实验装置如图 8.1 所示,流动图像放大 60 倍,$NA=1.4$,使用油浸镜头。直径为 200 nm 的聚苯丙乙烯示踪粒子足够小,比最小的通道尺寸还要小 150 倍,故可良好地跟随流动。之后 Meinhart 和 Zhang[291] 研究了微喷墨打印头内的流动,通过 μPIV 获得了高速流动流场。使用稍微降低的放大倍率(40 ×)从而降低了空间分辨率,这样可以进行高达 8 m/s 流速的流场测量。之后将给出 μPIV 技术的概述见表 8.1,并在第 9 章给出其应用的示例。

表 8.1　高分辨率测速技术的比较[288]

技术方法	作　者	观察的流动示踪空间分辨率		
LDV	Tieu et al. (1995)	—	5 μm × 5 μm × 10 μm	4 ~ 8 个条纹限制速度分辨率
光学多普勒层析仪(OPT)	Chen et al. (1997)	1.7 μm 聚苯乙烯微球	5 μm × 15 μm	通过高散射率介质成像
使用视频显微镜的光学流动	Hitt et al. (1996)	5 μm 血细胞	20 μm × 20 μm × 20 μm	体内血液流动的研究
使用 X 射线成像的光学流动	Lanzillotto et al. (1996)	1 ~ 20 μm 乳滴	20 ~ 40 μm	无光学途径下可成像
释放荧光染料	Paul et al. (1997)	染料分子	100 μm × 20 μm × 20 μm	分辨率受粒子扩散限制
粒子条纹测速	Brody et al. (1996)	0.9 μm 聚苯乙烯微球	约 10 μm	粒子条纹测速
PIV	Urushihara et al. (1993)	1 μm 油滴	280 μm × 280 μm × 280 μm	湍流流动
高精度 PIV	Keane et al. (1995)	1 μm 油滴	50 μm × 50 μm × 200 μm	粒子追踪测速
μPIV	Santiago et al. (1998)	300 nm 聚苯乙烯微球	6.9 μm × 6.9 μm × 1.5 μm	Hele - Shaw 流动
μPIV	Meinhart et al. (1999)	200 nm 聚苯乙烯微球	5.0 μm × 1.3 μm × 2.8 μm	微通道流动
μPIV	Westerweel et al. (2004)	500 nm 聚苯乙烯微球	0.5 μm × 0.5 μm × 2.0 μm	硅微通道流动

8.2　微 PIV 概述

μPIV 区别于宏观 PIV 的三个基本问题是:相比于照明光波长,示踪粒子尺寸很小,可和照明光的波长相比较;照明光源通常不是一个片光源而是照亮整个流动单元;由于粒子尺寸特别小,必须考虑粒子布朗运动的影响。

1. 三维衍射图

根据 Born 和 Wolf[3],某点源通过半径为 a 的圆孔成像,获得的三维衍射图强度分布可由一组无量纲衍射变量(u,v)表示为

$$I(u,v)=\left(\frac{2}{u}\right)^2\left[U_1^2(u,v)+U_2^2(u,v)\right]I_0 \tag{8.1}$$

$$I(u,v)=\left(\frac{2}{n}\right)^2\left\{1+V_0^2(u,v)+V_1^2(u,v)-2V_0(u,v)\cos\left[\frac{1}{2}\left(u+\frac{v^2}{u}\right)\right]-2V_1(u,v)\sin\left[\frac{1}{2}\left(u+\frac{v^2}{u}\right)\right]\right\}I_0 \tag{8.2}$$

式中,$U_n(u,v)$和 $V_n(u,v)$称为 Lommel 函数,可以通过第一类贝塞尔函数的无穷级数表示:

$$\begin{aligned}U_n(u,v)&=\sum_{s=0}^{\infty}(-1)^s\left(\frac{u}{v}\right)^{n+2s}J_{n+2s}(v)\\V_n(u,v)&=\sum_{s=0}^{\infty}(-1)^s\left(\frac{v}{u}\right)^{n+2s}J_{n+2s}(v)\end{aligned} \tag{8.3}$$

无量纲的衍射变量定义为

$$\begin{aligned}u&=2\pi\frac{z}{\lambda}\left(\frac{a}{f}\right)^2\\v&=2\pi\frac{r}{\lambda}\left(\frac{a}{f}\right)^2\end{aligned} \tag{8.4}$$

式中,f 是接近孔位置时的球面波的半径(可近似看作透镜焦距);λ 是光的波长;r 和 z 分别是平面内半径和平面外坐标,原点位于点源处(图 8.2)。

虽然式(8.2)和式(8.4)在焦点附近区域有效,常在几何阴影区使用式(8.2)以方便计算,其中$|u/v|<1$ 时在几何阴影内,而$|u/v|>1$ 时在几何阴影外,使用式(8.4)计算[3]。

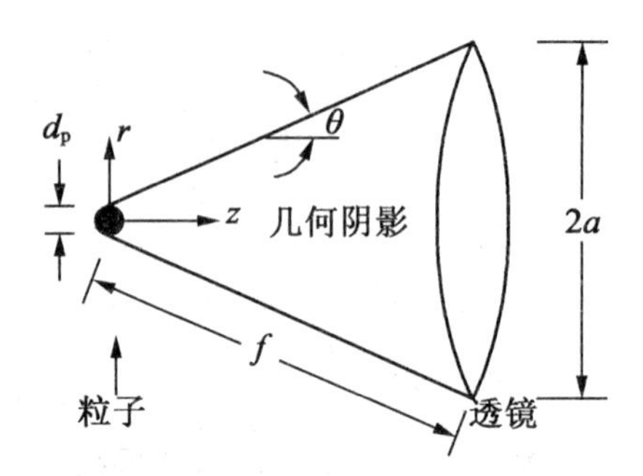

图 8.2　直径 d_p 的示踪粒子通过半径为 a 的圆孔成像几何示意图(透镜焦距为 f)

在焦平面内,将强度分布简化为预期结果:

$$I(0,v)=\left[\frac{2J_1(v)}{v}\right]^2 I_0 \tag{8.5}$$

式(8.5)为通过圆孔夫琅禾费衍射的艾里函数。沿光轴方向,强度分布简化为

$$I(u,0)=\left(\frac{\sin u/4}{u/4}\right)^2 I_0 \tag{8.6}$$

由式(8.2)和式(8.4)计算得到的三维强度分布如图 8.3 所示。焦点位于原点,光轴位于 $v=0$,而焦平面位于 $u=0$。最大强度 I_0 出现在焦点处。沿光轴方向,强度分布在 $u=\pm 4\pi$, $\pm 8\pi$ 处减小为零,在 $u=\pm 6\pi$ 处达到局部极大值。

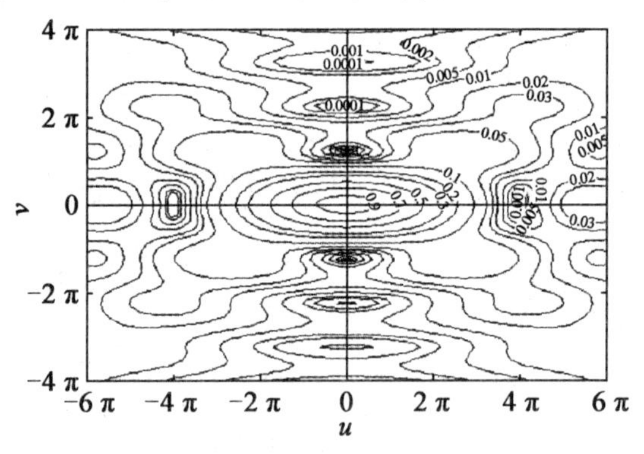

图 8.3　以衍射单元(u,v)表示的三维强度分布图,由 Born 和 Wolf 给出[3]。焦点位于原点,光轴沿 $v=0$,焦平面位于 $u=0$

2. 景深

Inoue 和 Spring[14] 给出了标准显微镜物镜的景深为

$$\delta_z=\frac{n\lambda_0}{NA^2}+\frac{ne}{NA\cdot M} \tag{8.7}$$

式中,n 是微流动装置与物镜之间流动介质的折射率;λ_0 是光学系统成像真空中光的波长;NA 是物镜的孔径数值;M 是系统总的放大倍数;e 是最小距离,可通过设置在显微镜像平面的检测器处理得到(对于 CCD 传感器来说,e 是像素间的距离)。式(8.7)是由衍射(右侧第一项)和几何效应(右侧第二项)所得的景深的总和。

对于衍射景深(式(8.7)右侧第一项)的截断值,根据惯例选择为三维点扩散函数两个极小值之间的平面外距离的 1/4,即 $u = \pm\pi$,如图(8.3)、式(8.2)和式(8.4)所示。代入 $NA = n\sin\theta = n \cdot a/f$ 和 $\lambda_0 = n\lambda$ 可以获得式(8.7)右侧第一项。

如果使用 CCD 相机采集粒子图像,式(8.7)的几何项可以用如下方式推导得出。首先将 CCD 阵列向流场投影,然后再考虑平面外的距离。CCD 传感器可以移动,直至点光源的几何阴影占据的面积多于一个像素。该推导只在较小的光收集角度下有效,即 $\tan\theta \sim \sin\theta = NA/n$。

3. **相关深度**

相关深度定义为粒子距物面距离的 2 倍,用 ε 表示。粒子在该位置时,沿光轴的强度是其聚焦强度的任意指定部分,超出该距离时,粒子的强度足够低,将不会影响到速度测量。

相关深度与光学系统的景深相关,因此区分这两者是很重要的。景深定义为距物面距离的 2 倍,在该位置处,物体的图像是没有聚焦的。在体照明的 μPIV 中,景深并非精确定义为测量平面的厚度。

未聚焦粒子对相关函数的理论贡献通过以下几点确定:①衍射的影响;②几何光学的影响;③粒子的有限尺寸。在目前的讨论中,选择轴上图像截止强度 ε 是聚焦强度的 1/10。其选择的原因是相关函数随着强度的平方变化,因此具有聚焦图像强度 1/10 的粒子图像可期望对相关函数的贡献低于 1%。

衍射的影响可以通过式(8.6)中沿光轴的点扩散函数的强度进行评估。如果 $\varepsilon = 0.1$,则截止强度会发生在 $u \approx 3\pi$。将式(8.4)代入 $\delta z = 2z$,并使用数值孔径的定义式 $NA = n\sin\theta = n \cdot a/f$,可以估算基于衍射的相关深度为

$$\delta_{cg} = \frac{3n\lambda_0}{NA^2} \tag{8.8}$$

几何光学对相关深度的影响可以通过考虑到物体平面的距离得到,在该条件下,直径 d_p 的粒子沿光轴的强度将减少 $\varepsilon = 0.1$,这是由于几何阴影中的扩散即透镜收集椎造成的。如果几何光影内的光通量保持恒定,则强度沿光轴会以 $\sim z^{-2}$ 变化。从图 8.3 可以看出,如果粒子图像由 CCD 阵列充分解析,对于

任意数值的 ε，几何光学引起的相关深度可以表示为

$$\delta z_{cd} = \frac{(1-\sqrt{\varepsilon})d_p}{\sqrt{\varepsilon}\tan\theta}, d_p > \frac{e}{M} \tag{8.9}$$

根据 Olsen 和 Adrian 的分析[294,295]，并从式(2.22)可知，对于从物面移动了距离 z 的粒子的有效图像直径，可以结合有效图像直径 d_τ 和几何近似来进行估计，进而说明由距离焦平面的位移所引起的粒子图像散播，有

$$d_\tau = \left\{M^2 d_p^2 + 1.49(M+1)^2\lambda^2\left[\left(\frac{n}{NA}\right)^2 - 1\right] + \left(\frac{MD_a z}{s_0 + z}\right)^2\right\}^{\frac{1}{2}} \tag{8.10}$$

式中，s_0 是物体的距离；D_a 是采集镜头的光圈直径。

从焦平面移动了距离 z 的粒子的相关贡献 ε 与位于焦平面的相似粒子相比，可表达为有效粒子直径比值的四次方：

$$\varepsilon = \left[\frac{d_\tau(0)}{d_\tau(z_{corr})}\right]^4 \tag{8.11}$$

使用近似 $D_a^2/(s_0+z)^2 \approx D_a^2/s_0^2 = 4[(n/NA)^2-1]^{-1}$，结合式(8.10)和式(8.11)，并计算 Z_{corr} 则可以得出相关深度的表达式：

$$z_{corr} = \left(\left(\frac{1-\sqrt{\varepsilon}}{\sqrt{\varepsilon}}\right)\left(\frac{d_p^2((n/NA)^2-1)}{4} + \frac{1.49(M+1)^2\lambda^2((n/NA)^2-1)^2}{4M^2}\right)\right)^{\frac{1}{2}} \tag{8.12}$$

由式(8.12)显而易见，相关深度 z_{corr} 强烈依赖于数值孔径 NA 和粒子尺寸 d_p，但与放大率 M 关系不大。表 8.2 给出了对于不同种显微镜物镜和粒子尺寸的测量平面的厚度 $2z_{corr}$。在这些参数中，对于 $NA=1.4$，$M=60$ 油浸镜头，粒子尺寸 $d_p<0.1\ \mu m$，最高的平面外分辨率为 $2z_{corr}=0.36\ \mu m$。对于这些计算需要指出，根据式(2.25)，当图像粒子悬浮于折射率小于浸入油的折射率的流体(例如水)时，油浸透镜的有效数值孔径减小。

另外，对于无论大景深还是小景深，都会使成像系统受到体积照明的影响，在照明体积内的所有粒子都对采集的图像有贡献。这就意味着，在深层流动中粒子的浓度需要达到最小值，则得到如下所述的低粒子密度图像。

表 8.2 典型实验参数设置下的测量平面厚度，$2z_{corr}$[μm][300]

M	60	40	40	20	10
NA	1.40	0.75	0.6	0.50	0.25
n	1.515	1.00	1.00	1.00	1.00

续表 8.2

$d_p/\mu m$	平面厚度 $2z_{corr}/\mu m$				
0.01	0.36	1.6	3.7	6.5	34
0.10	0.38	1.6	3.8	6.5	34
0.20	0.43	1.7	3.8	6.5	34
0.30	0.52	1.8	3.9	6.6	34
0.50	0.72	2.1	4.2	7.0	34
0.70	0.94	2.5	4.7	7.4	35
1.00	1.3	3.1	5.5	8.3	36
3.00	3.7	8.1	13	17	49

Olsen 和 Adrian[294] 利用小角度近似得到相关深度为

$$z_{corr} = \left\{ \left(\frac{1-\sqrt{\varepsilon}}{\sqrt{\varepsilon}} \right) \left[f_{\#}^2 d_p^2 + \frac{5.95(M+1)^2 \lambda^2 f_{\#}^4}{M^2} \right] \right\}^{\frac{1}{2}} \tag{8.13}$$

其中所有的变量都已在前文给出。因为使用 $f_{\#}$ 来替代 NA,因此该模型只适用于空气透镜,而不适用于油浸或水浸透镜。该相关深度模型已经通过实验间接得到了验证,这些实验中使用了低放大倍率($M \leqslant 20\times$)和低数值孔径($NA \leqslant 0.4$)的空气透镜。其相关深度并未被明确地进行评估,而是在模型中使用加权函数解决了粒子强度如何随距物面距离的变化,并已经通过实验证实[279]。

4. **粒子可见度**

μPIV 速度测量的质量取决于用于数据计算的采集粒子图像的质量。在宏观 PIV 实验中通常使用片光源照明,这样只有景深内的粒子会被拍摄。使用片光源有两个重要作用:它最大限度地减小聚焦平面外粒子的背景噪声;并确保了相机上每个可见粒子都被良好聚焦。然而,在 μPIV 中,微观尺度以及光路的接入限制使得必须使用体积照明。

使用 μPIV 的实验必须设计为:即使存在来自未聚焦粒子和测试区界面的背景光,被聚焦的必须能被观察到。由测试区域表面散射的背景光可以通过使用荧光技术进行去除,它可滤出弹性散射光(在相同的照明波长下),同时保持荧光(更长的光波)几乎不被衰减[297]。

未聚焦示踪粒子的荧光背景光不能轻易除去,因为它发生在与聚焦粒子图像信号相同的波长内,但是可以通过选择适当的实验参数使其减少到可接受的水平。Olsen 和 Adrian[294]提出了评估粒子可见度的理论。粒子可见度指聚焦粒子图像的强度与未聚焦粒子产生的背景光平均强度的比值。本节中涉及的各个尺度详见图 2.42 和 2.30。

假设来自粒子的光均匀射出,则任一个粒子的光在接近像平面时可以表示为

$$J(z)=\frac{J_{\mathrm{p}}D_{\mathrm{a}}^{2}}{16(s_{0}+z)^{2}} \tag{8.14}$$

式中,J_{p} 是一个粒子发出的总的光通量。以高斯函数来近似聚焦粒子图像的强度为

$$I(r)=I_{0}\exp\left(\frac{-4\beta^{2}r^{2}}{d_{\tau}^{2}}\right) \tag{8.15}$$

式中,未确定的参数 β 用来确定定义粒子图像边缘的截断水平。使用高斯分布来近似艾里分布,两个轴对称的函数域相等,则艾里分布的第一个零值对应于[53]

$$\frac{I}{I_{0}}=\exp(-\beta^{2})\approx\exp(-3.67) \tag{8.16}$$

将式(8.15)在整个粒子图像上进行积分,并使其等于式(8.14),则可计算 I_{0},同时式(8.15)可以改写为

$$I(r,z)=\frac{J_{\mathrm{p}}D_{\mathrm{a}}^{2}\beta^{2}}{4\pi d_{\tau}^{2}(s_{0}+z)^{2}}\exp\left(\frac{-4\beta^{2}r^{2}}{d_{\tau}^{2}}\right) \tag{8.17}$$

一个简单假设:位于距物平面 $|z|>\delta/2$ 外的粒子完全未被聚焦,并且产生了均匀的背景光强度,而距离 $|z|<\delta/2$ 的粒子被完全聚焦,这样背景光的总光通量 J_{B} 可以近似为

$$J_{B}=A_{v}C\left\{\int_{-a}^{-\frac{\delta}{2}}J(z)\,\mathrm{d}z+\int_{\frac{\delta}{2}}^{L-a}J(z)\,\mathrm{d}z\right\} \tag{8.18}$$

式中,C 是单位流体体积内的粒子数目;L 是装置的深度;A_{v} 是视野内的平均横截面积。结合式(8.14)和式(8.18),校正放大倍率的影响,并假定 $s_{0}\geqslant\delta/2$,背景光的强度可以表示为

$$I_{B}=\frac{CJ_{\mathrm{p}}LD_{\mathrm{a}}^{2}}{16M^{2}(s_{0}-a)(s_{0}-a+L)} \tag{8.19}$$

根据 Olsen 和 Adrian,聚焦粒子的可见度 V 可以通过综合式(8.10)和式(8.17),并除以式(8.19)得到,并令 $r=0,z=0$,有

$$V=\frac{I(0,0)}{I_{B}}=\frac{4M^{2}\beta^{2}(s_{0}-a)(s_{0}-a+L)}{\pi CLs_{0}^{2}\left\{M^{2}d_{\mathrm{p}}^{2}+1.49(M+1)^{2}\lambda^{2}\left[\left(\frac{n}{NA}\right)^{2}-1\right]\right\}} \tag{8.20}$$

从该表达式可以清楚地了解,对于给定的光学记录装置,可以通过减少粒子浓度 C 或减少测试区域厚度 L 来增加粒子可见度 V。对于确定的粒子浓度,可以通过减小粒子直径 d_p 或增加采集透镜的数值孔径 NA 来增加可见度。放大倍率和物体距离 s_0 对于可见度影响不大。

对于能够产生特定的粒子可见度的粒子,其在溶液中的体积分数可以通过重新排列式(8.20)并乘以球形粒子的体积得到:

$$V_{fr}=\frac{2d_p^3M^2\beta^2(s_0-a)(s_0-a+L)}{3VLs_0^2\left\{M^2d_p^2+1.49(M+1)^2\lambda^2\left[\left(\frac{n}{NA}\right)^2-1\right]\right\}} \tag{8.21}$$

对于高质量的速度测量,需要粒子的可见度超过 1.5。虽然这是凭经验给出的任意阈值,但在实践中效果很好。为了得到实验中的公式,假设感兴趣的是测量特征深度 $L=100\ \mu m$ 的微流动装置在中心线处的流动。表 8.3 给出了各种实验参数下的粒子最大体积分数,这些粒子加入到流体中后,可保持聚焦粒子的可见度大于 1.5。这里,物体的距离 s_0 可以通过透镜工作距离加上设计的盖玻片厚度进行估算。

表 8.3　粒子最大体积分数 V_{fr}(用百分比表示),拍摄深度 $L=100\ \mu m$ 装置的中心区域,保证可见度 V 大于 1.5[300]

M	60	40	40	20	10
NA	1.40	0.75	0.6	0.50	0.25
n	1.515	1.00	1.00	1.00	1.00
s_0/mm	0.38	0.89	3	7	10.5
d_p/μm	体积分数/%				
0.01	2.0E-5	4.3E-6	1.9E-6	1.1E-6	1.9E-7
0.10	1.7E-2	4.2E-3	1.9E-3	1.1E-3	1.9E-4
0.20	1.1E-1	3.1E-2	1.4E-2	8.2E-3	1.5E-3
0.30	2.5E-1	9.3E-2	4.6E-2	2.7E-2	5.1E-3
0.50	6.0E-1	3.2E-1	1.8E-1	1.1E-1	2.3E-2
0.70	9.6E-1	6.4E-1	4.1E-1	2.8E-1	6.2E-2
1.00	1.5E+0	1.2E+0	8.7E-1	6.4E-1	1.7E-1
3.00	4.8E+0	4.7E+0	4.5E+0	4.2E+0	2.5E+0

Meinhart 等[408]通过一系列已知粒子浓度和流动深度的实验验证了这些趋

势。粒子的可见度 V 可以通过对四个不同粒子浓度和四个不同流动深度拍摄一系列粒子图像进行估算。配置粒子溶液时，将粒径 $d_p = 200$ nm 的聚苯丙乙烯粒子稀释在去离子水中。测试实验段由夹在载玻片和盖玻片之间的两个已知厚度的测隙规组成。由 $M = 60$、$NA = 1.4$ 的油浸透镜进行图像采集。μPIV 系统的其余部分参见之前的描述。

实验测得的粒子可见度见表 8.4。正如所期望的，结果表明对于给定的粒子浓度，较薄装置内的流动，其粒子可见度更高。这是因为测试部分厚度的降低减少了未聚焦粒子的数目，而同时聚焦粒子的数目保持不变。此外，增加粒子浓度会降低粒子可见度，这也与预期相符。通常较薄的实验装置允许使用更高的粒子浓度，从而可以使用更小的查询区域进行分析。因此，必须合理选择加入的粒子浓度，使其既能获得期望的空间分辨率，又能保持足够的图像质量（粒子可见度）。

表 8.4 对于不同深度和粒子浓度下粒子可见度的实验数值

深度/μm	粒子浓度（体积）			
	0.01%	0.02%	0.04%	0.08%
25	2.2	2.1	2.0	1.9
50	1.9	1.7	1.4	1.2
125	1.5	1.4	1.2	1.1
170	1.3	1.2	1.1	1.0

8.2.1 μPIV 粒子投放

当加入的粒子很小时，粒子与一定数量的流体分子之间的碰撞引起的共同效应是不平衡的，这在一定程度上干扰了粒子对流动状态的跟随。这种现象通常被称为布朗运动，它对 μPIV 有两个潜在意义：一是在流速测量时产生误差；二是流动中示踪粒子的位置产生不确定性。为了充分了解布朗运动的效果，首先要建立粒子悬浮在流动中的行为方式。

1. 流动/粒子动力学

与许多宏观流体动力学实验形成鲜明对比，在微流体应用中通常不关注粒子的流体动力学尺寸（基于惯性力与阻力的比值来衡量跟随流动的能力），因为在小尺度下具有很大的面积－体积比。正如 2.1.1 小节所述，粒子对局部流速阶跃变化的相应时间的简单模型可以用于表征粒子的行为。基于对恒定流动加速(假设粒子阻力来自斯托克斯流动)的简单一阶惯性响应,粒子的相应时间 τ_p 为

$$\tau_p = \frac{d_p^2 \rho_p}{18\mu} \tag{8.22}$$

式中,d_p 和 ρ_p 分别是粒子的直径和密度;μ 是粒子的动力黏度。考虑典型的 μPIV 实验参数,如将直径为 300 nm 的聚苯乙烯乳胶球浸入水中,得到粒子响应时间约为 10^{-9} s。相应时间比任何实际的液体或低速气体流场的时间尺度都要小得多。

在高速气体流动条件下,设计微流动测量系统时,粒子的响应时间可能是一个重要的考虑因素。例如,将 400 nm 的粒子加入到气体微喷管中,该微喷管从喉部的声速在超过 1 mm 的距离时达到马赫数为 2($Ma = 2$),这样粒子将经历约 5% 量级的粒子 - 气体相对流速(假设加速度恒定,滞止温度为 300 K)。经过一个正常的激波,粒子对流体的响应会显著恶化。气体微通道内的另一个考虑因素是无滑移和连续性假设不再适用,因为粒子的 Knudsen 数(定义为气体平均自由路径与粒子直径的比值)会达到或超过 1。对于滑移流动状态的情况($10^{-3} < Kn_p < 0.1$),可以通过校正斯托克斯阻力方程来量化粒子动力学[278]。例如,MELLING 给出了粒子响应时间的校正关系式,即

$$\tau_p = (1 + 2.76 Kn_p) \frac{d_p^2 \rho_p}{18\mu} \tag{8.23}$$

2. 速度误差

Santiago 等[297]简单地考虑了布朗运动对 μPIV 测量精度的影响。有必要更深入地考虑布朗运动现象,从而解释它对于 μPIV 的影响。布朗运动是悬浮在液体中的粒子进行的随机热运动[296]。该运动是流体分子和悬浮粒子之间相互碰撞的结果。由于布朗运动,粒子的速度谱将包含过高频率而无法完全处理,通常建模为高斯白噪声[298]。另一个更易表征的是许多速度波动后粒子的平均位移。当时间间隔 Δt 远大于粒子惯性响应时间时,布朗位移动力学与惯性参数无关,例如,粒子和流体的密度;并且扩散的均方距离与 $D\Delta t$ 成比例,其中 D 是粒子的扩散系数。对于遵循斯托克斯阻力定律的球形粒子,扩散系数 D 首先由爱因斯坦[282]给出:

$$D = \frac{KT_a}{3\pi\mu d_p} \tag{8.24}$$

式中,d_p 为粒子直径;K 是玻耳兹曼常数;T_a 是流体的绝对温度;μ 是流体的动

力黏度。随机布朗位移导致粒子的轨迹关于流场的确定迹线波动。假设流场在测量时间内稳定且局部速度梯度很小，粒子布朗运动的图像可认为是通过粒子初始位置的流线波动。理想的非布朗运动（即确定的）粒子在一段时间内遵从有以下粒子流线。在 x 和 y 的位移为

$$\Delta x = u\Delta t$$

$$\Delta y = v\Delta t$$

式中，u 和 v 分别是时间平均的局部流体速度在 x、y 方向的分量。在二维流动粒子速度 x 和 y 分量测量中，由布朗粒子位移引起的相关误差 ε_x 和 ε_y 为

$$\varepsilon_x = \frac{\sigma_x}{\Delta x} = \frac{1}{u}\sqrt{\frac{2D}{\Delta t}} \tag{8.25a}$$

$$\varepsilon_y = \frac{\sigma_y}{\Delta y} = \frac{1}{v}\sqrt{\frac{2D}{\Delta t}} \tag{8.25b}$$

布朗误差建立了测量时间间隔 Δt 的下限。因此对于更短的时间，测量会由不相关的布朗运动主导。这些量（波动均方根（rms）值与平均速度的比值）描述了布朗运动的相对大小，可以称为布朗强度。由式（8.25a）和（8.25b）估算的误差表明相对布朗强度误差随测量时间的增加而减少。更大的时间间隔时，产生的流动位移与 Δt 成正比，而布朗运动粒子位移的 rms 值以 $\Delta t^{\frac{1}{2}}$ 增长。实际上，在流速小于 1 mm/s、追踪 50 ~ 500 nm 粒子的流动实验中，布朗运动是一个重要的考虑因素。对于速度达到 0.5 mm/s，粒子直径为 500 nm，时间间隔的下限大约是 100 μs，考虑布朗运动会造成 20% 的误差。为了减小这个误差，可以通过一个查询点的几个粒子的平均和对不同实现方法的系统平均进行评估。扩散的不确定性可减少 $1/\sqrt{N}$，其中 N 是平均粒子总数[2]。

式（8.25）表明，布朗运动对快速流动的影响较小。然而，对于给定的流动测量，当 u 增加时，Δt 一般需要减小。式（8.25a）和（8.25b）也表明，当所有的条件除了 Δt 都固定时，增大 Δt 会减小由布朗运动导致的相关误差。不幸的是，由于 PIV 测量是基于一阶精度近似得到的速度，较长的 Δt 会降低结果的精确度。使用二阶精度技术（中心差分查询（CDI））时可以采用较长的 Δt，而不会增加误差。

3. 粒子位置误差

除了与粒子位移测量相关的流速测量误差，曝光时间 t_{exp} 内发生的布朗运动对于粒子位置的确定也相当重要，特别是对于具有长曝光时间和小示踪粒子的流动。例如，在常温下 50 nm 的粒子在水中曝光 10 ms，均方根位移约为

300 nm。对于粒子图像,在曝光时间内投影到成像平面的布朗运动位移与由式(8.23)估算的图像尺寸处于同一量级(最佳远场条件,数值孔径为 1.4 的光学器件)。曝光时间内的随机位移会增加估算粒子位置的不确定性。对于较低速度梯度,粒子图像的质心将作为评估曝光过程中粒子平均位置的依据。当图像平面中典型布朗运动位移小于粒子图像直径,或扩散时间数值 $d_\tau^2/(4DM^2)$ 远小于曝光时间时,通常可忽略粒子位置的不确定度。对于以上的实验参数,典型的 Nd:YAG 激光,$d_\tau^2/(4DM^2)$ 为 300 ms,曝光时间为 5 ns。

8.2.2　μPIV 采集的特殊处理方法

当使用常规基于相关算法或图像－图案追踪算法对 PIV 采集数据进行评估时,查询窗口或追踪图像图案内需要有足够的粒子数目来确保测量结果的可靠与正确。然而,在许多情况下,特别是对于 μPIV,PIV 采集的粒子图像密度不够大(图 8.4(a))。这些 PIV 采集数据被称为低图像密度(LID)采集,通常使用粒子追踪算法来评估。当使用粒子追踪算法时,速率矢量仅由一个粒子来确定,因此该技术的可靠性与精确度有限。此外,插值过程通常是必要的,可以从随机分布的粒子追踪结果中获得所需的规则网格点上的速度矢量(图 8.5(a)),因此,其最终结果就会出现额外的不确定性。幸运的是,一些特殊的数据处理方法可以用于 μPIV 的数据评估,这样可以避免低图像密度引起的误差[299]。本小节将介绍两种提高 μPIV 精确度的方法,即使用数字图像处理技术及改善评估方法。

LID－PIV 数据采集的重叠。在早期的 PIV 使用中,多曝光成像技术曾用于增加 PIV 数据采集中的粒子图像数量。与单帧多曝光情况类似,也可以通过计算方法重叠若干 LID－PIV 图像来获得高图像密度(HID)的 PIV 采集图像:

$$g_0(x,y)=\max[g_k(x,y),k=1,2,3,\cdots,N] \tag{8.26}$$

式中,$g_k(x,y)$是总数 N 个的 LID－PIV 数据的灰度值分布;$g_0(x,y)$是其重叠采集数据。注意:在式(8.26)中粒子图像为正(即明亮的粒子和黑暗的背景),否则,图像需要反转或使用函数的最小值。图像重叠的粒子示例如图 8.4 所示,其为九张 LID－PIV 图像的重叠。图 8.5 中 PIV 图像的尺寸为 256×256 像素,对应的测量面积为 2.5 mm×2.5 mm。图像重叠的效果如图 8.5 所示。图 8.5(a)给出了使用粒子追踪算法的一对 LID－PIV 图像的评估结果[135]。图 8.6(b)给出了基于相关算法的重叠 PIV 图像的结果(九个 LID－PIV 采集图像)。图 8.5(b)的向量结果比图 8.5(a)更加可靠、更加密集,且分布更为规则。

(a)一个LID-PIV采集图像

(b)9个LID-PIV重叠图像

图 8.4　图像重叠示例

(图像尺寸:256×256 像素[299])(版权 2002,AIAA,转载许可)

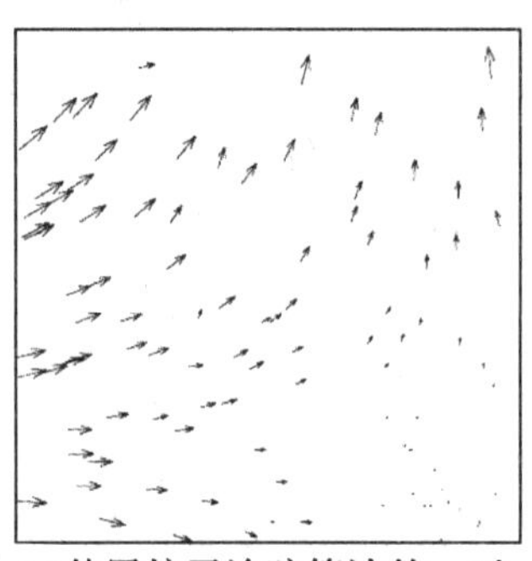

(a)使用粒子追踪算法的一对LID-PIV图像计算结果

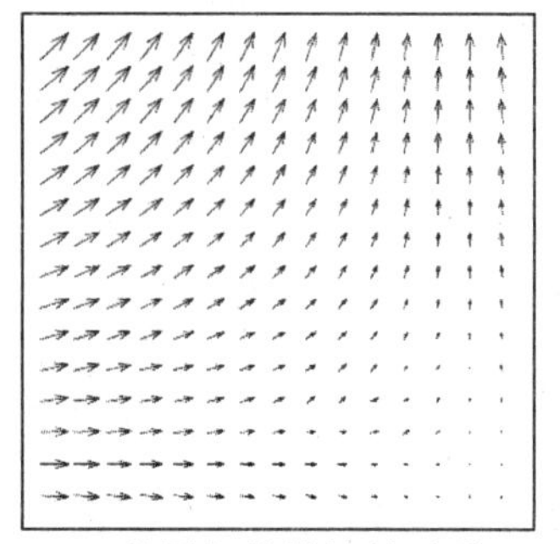

(b)使用相关算法的重叠PIV图像计算结果

图 8.5　图像重叠的效果[299](版权 2002,AIAA,转载许可)

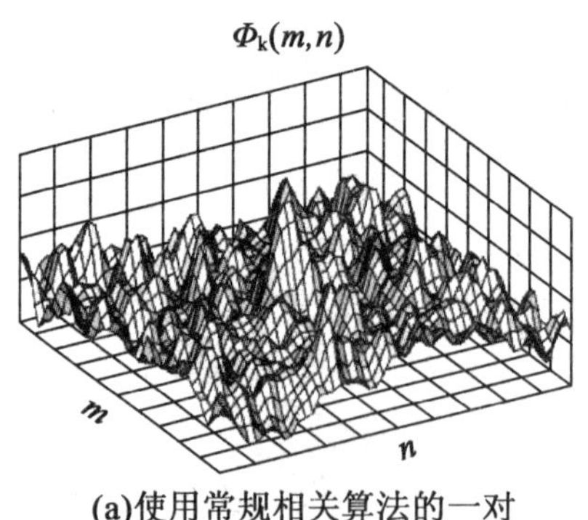

(a)使用常规相关算法的一对PIV图像计算结果

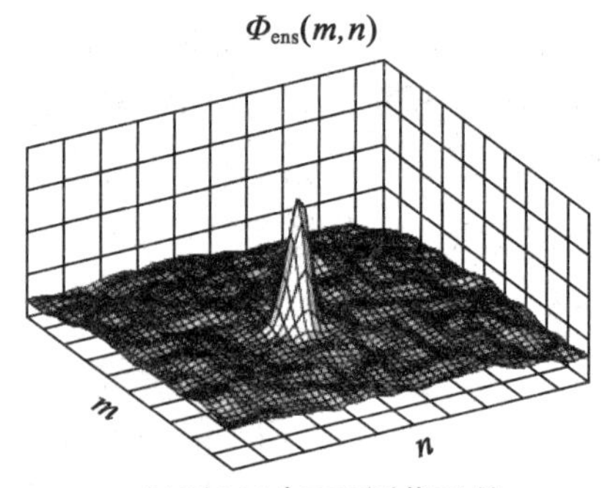

(b)对101个PIV图像对的系综相关结果

图 8.6　系综相关的效果[299](版权 2002,AIAA,转载许可)

图像重叠方法是基于微尺度流动的特征提出的,即通常具有较低的雷诺数,从而在数据采集期间流动可认为是层流且稳定。需要注意的是,该方法不能扩展到湍流或不稳定流动的测量中,同时对于 HID - PIV 重叠图像或过多的 LID - PIV 重叠图像可能效果不佳,因为粒子图像数量过多时,各个粒子图像之间会发生干扰。有必要进一步研究这种方法以量化这些限制,这种技术的前途是显而易见的。

8.2.3　μPIV 总结

目前,使用提及的这些先进技术,其最大空间分辨率大约为 1 μm。使用在更短波段发射荧光的更小的示踪粒子,这个限制可以减少 2 ~4 个数量级。通过 PIV 相关计算后加入粒子追踪步骤可以获得更高的空间分辨率。这样也可以达到更小数量级的空间分辨率。

本章描述的各种 μPIV 装置和算法已经表明可以进行 1 μm 量级尺度的流动测量,明显低于 Kolmogorov 长度尺度。在研究微流动或湍流最小尺度时,这种空间分辨率是必不可少的。将 μPIV 扩展到气体流动测量中时,最大的问题是粒子的加入。当有足够的示踪粒子时,此处讨论就可以扩展到气体流动。对于扩展到气体流动的显著问题,Meinhart 等[408]做了进一步讨论。

第9章 应用实例

本章介绍了若干 PIV 技术的应用实例,这些实例由世界各地不同的研究机构和大学的 PIV 专家提供,在本书开头的致谢中列出了 PIV 专家及其研究机构的完整名单。

给出这些应用实例的主要目的是为了说明 PIV 技术已经蔓延到了不同的研究领域,更重要的是,通过列出 PIV 技术在基础研究和工业研究中的不同应用,可以让读者对 PIV 测量有更多的了解。对于每个实验都将给出研究对象以及照明和数据采集设置等相关的重要参数,这些数据和实验的方法与技巧,以及具体提供的参考文献有助于解决读者在各自 PIV 技术应用中的问题。

9.1 液体流动

9.1.1 涡与自由表面之间的相互作用

(由 C. Willert 和 M. Gharib 提供)

本实例证明了 PIV 技术在低速流动中实现时间分辨测量的可能性,这对众多流体力学研究具有重要意义。只有当图像的帧频超过流动的时间尺度时,使用时间分辨率才是可行的。在本实例中,采用的视频设备的帧频为 30 Hz(RS - 170),这样采用跨帧方法得到的图像对采集速率为 15 Hz,同时流动的时间尺度大于 0.1 s。表 9.1 列出了具体的 PIV 参数。

为了了解涡结构与自由表面之间相互作用的基本原理,本实例研究了涡对流动[306]。涡对由一对反向旋转的挡板产生，挡板尖端之间的距离 $y \approx -10$ cm。当两挡板靠近时，两个尖端的分离涡会形成一对对称的涡对，涡对会在2 s内向自由表面移动。涡与自由表面之间的相互作用一般会在接下来的2～5 s内发生，这意味着PIV的帧频在单次作用过程中需要控制在10 s的量级。采用计算机的实时数据化硬盘阵列进行获取，可以转换为300个单独的PIV数据。

图9.1给出了从150个图像对序列中挑选出的四个瞬时速度场以及对应的涡量场。由于流动是可重复的，因此为了重构整个流场，对不同的平面进行拍摄。通过采用6.5.1节描述的环量测量方法，从速度图中可以获得涡结构的时间分辨环量，用于研究在自由表面的涡动力学特性，即涡的重联和耗散。进一步的细节及相关实验可以参考文献[305]和[304]。

表9.1 涡与自由表面相互作用的PIV采集参数

流动区域	激光面内的近似二维流动
最大平面内速度	$U_{max} \approx 10$ cm/s
视场	103 mm×97 mm
查询体积	6.4 mm×6.4 mm×1.5 mm　($H \times W \times D$)
动态空间范围	$DSR \approx 16:1$
动态速度范围	$DVR \approx 100:1$
观察距离	$z_0 \approx 1.5$ m（穿过玻璃/水）
采集方法	双帧/单曝光
模糊去除	帧分离（跨帧）
采集介质	帧转移CCD（512×480像素）
采集镜头	$f = 50$ mm，$f_{\#} = 1.8$
照明	5W CW氩离子激光，机械快门
脉动延迟	$\Delta t = 10$ ms
脉冲持续时间	2 ms
示踪粒子	涂银玻璃球（直径 $d_p \approx 10$ μm）

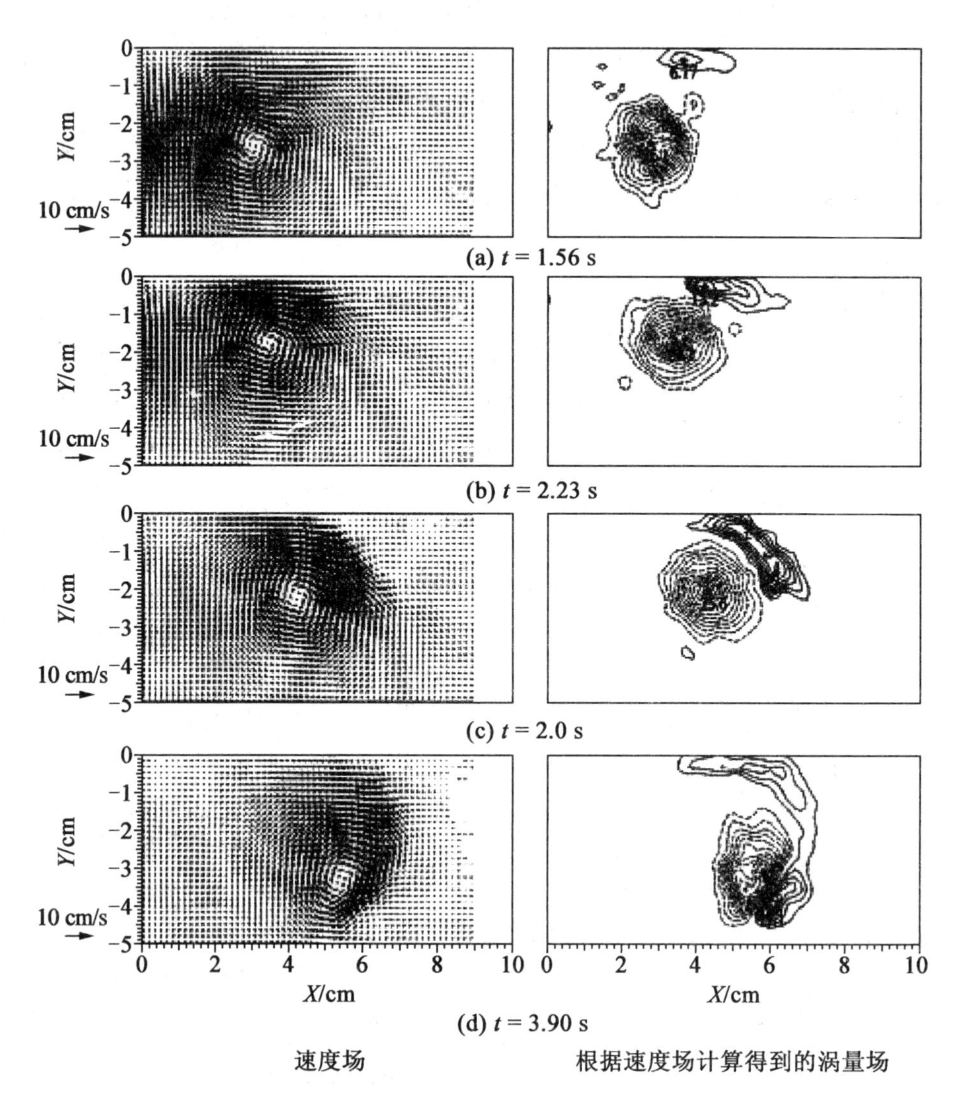

图 9.1　受污染自由表面(位于 $y=0$ 平面)的涡对中右侧涡核的时间分辨率 PIV 测量

9.1.2　热对流与库埃特流动研究

(由 C. Böhm、C. Willert 和 H. Richard 提供)

为了与数值模拟和 LDV 测量形成整体,哥廷根德国宇航中心同不莱梅大学的应用空间技术与微重力研究中心合作,针对热对流和库埃特流动开展了 PIV 实验研究。图 9.2 给出了实验装置,具体的 PIV 参数在表 9.2 中列出。

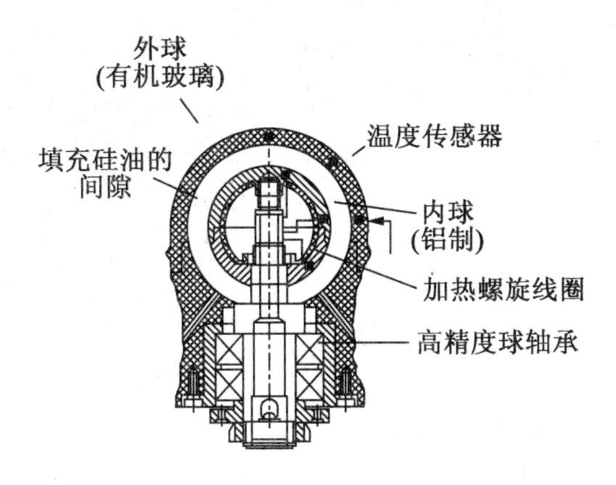

图 9.2　热对流和 Taylor 流实验装置

表 9.2　热对流 PIV 采集参数

流动区域	平行于激光面的速度为 U_∞ =0.5 cm/s 的流动
最大平面内速度	$U_{max}\approx 0.5$ cm/s
视场	50×40 mm^2
查询体积	1.6 mm×1.6 mm×2 mm($H\times W\times D$)
动态空间范围	$DSR\approx 24:1$
动态速度范围	$DVR\approx 200:1$
观察距离	$z_0\approx 1.5$ m
采集方法	双帧/单曝光
模糊去除	帧分离
采集介质	全帧隔行转移 CCD(782×582 像素)
采集镜头	f=100 mm,$f_\#$=2.8~22
照明	连续氩离子激光,1 W,相机内部快门
脉动延迟	Δt=40 ms
示踪粒子	玻璃球(直径 $d_p\approx 10$ μm)

在流动工质(M20 和 M3 硅油)中加入直径为 10 μm 的玻璃微珠作为示踪粒子,其密度接近 1.05 g/cm^3,折射率 n=1.55。将此流动工质填充到两个同心球的间隙之间,其中外球由两个有机玻璃材质的半球(折射率 n=1.491)组成,其半径为 40.0 mm 而内球半径为 26.7 mm 的铝球。为了减小由于模型曲率引起的光学变形,外球被放置在填充有硅油的矩形腔内,这样提供一个平整

的气液交界面以减小光学折射。

将内球均匀加热至 45 ℃,外球保持常温,从而形成热对流。六个温度传感器如图 9.2 所示安装在两球上。采用带内部快门帧率为 25 Hz 的 CCD 相机(两帧间隔 40 ms),与连续氩离子激光结合使用,由于研究的是低速流场(约为 0.5 cm/s),因此上述方案可行。使用焦距为 100 mm 的蔡司(Zeiss Makro Planar)物镜,测量过程中 $f_{\#}=2.8$。对于 1/4 ~ 1/2 的放大倍数且 $f_{\#}=11$ 的情况,粒子成像的直径范围为 22 ~ 18 μm,也就是说,最小测量不确定性为 2 ~ 3 像素。实验中采用的示踪粒子在 M20 硅油和 M3 硅油中的沉降速度分别为 2.9×10^{-7} m/s 和 3×10^{-6} m/s,其影响可以忽略不计。实验中片光源穿过球心,如图 9.3 所示。

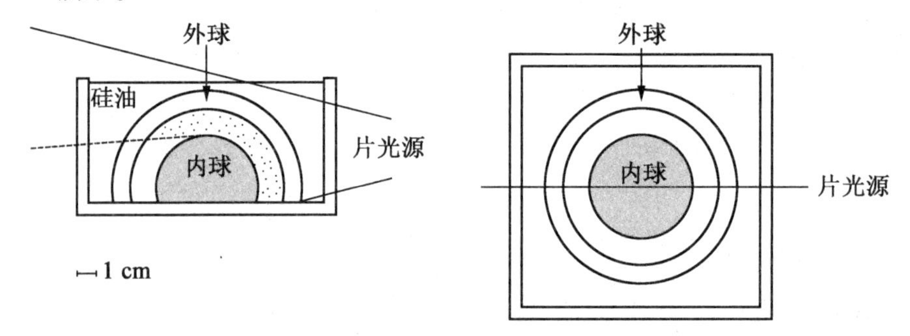

图 9.3　片光源位置

在内外球温差较小的情况下会形成层流热对流,PIV 测得的流场(图 9.4)与 Garg[302]数值计算得到的流线很好地吻合。流动工质在内球侧以 0.1 cm/s 的速度向上运动,在外球侧以 0.05 cm/s 的速度向下运动,二者之间的 2 至 1 比值同样与 MACK 和 HARDEE[303]的理论结果一致。在北极点处流体具有 0.2 cm/s的径向向外速度,而在球体中间的赤道位置存在速度为零的区域,与 Garg[302]的模型一致。

库埃特流动的速度范围为 5 ~ 10 cm/s,热对流中采用的两帧延迟对于库埃特流动来说过大,因而针对库埃特流动的研究需要使用另外的装置,将具有较大格式的摄像机与脉冲 Nd:YAG 激光同步使用,以满足脉冲延迟的需要。采用跨帧技术实现定向模糊去除。激光面位于极点上方 0.4 cm 处,如图 9.5 所示。实验中内球转速为 250 r/min,内外球温差为零。图 9.6 给出了速度矢量图,具体的 PIV 参数设置见表 9.3。

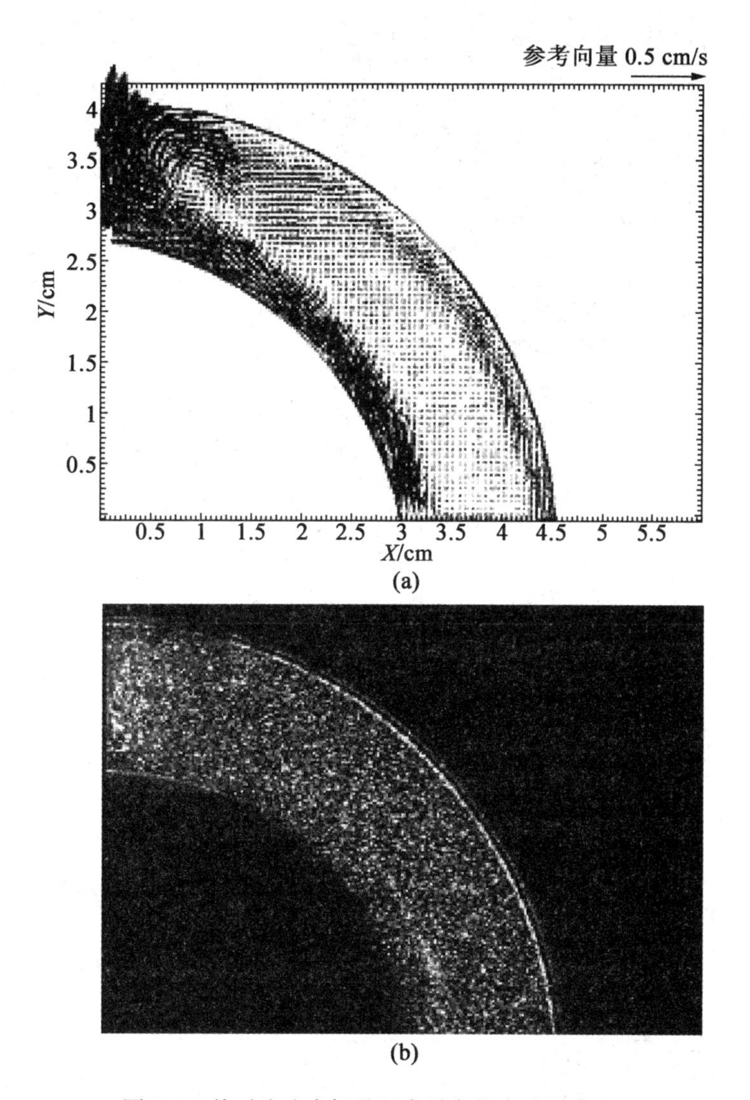

图9.4　热对流速度场及两次曝光的流动照片

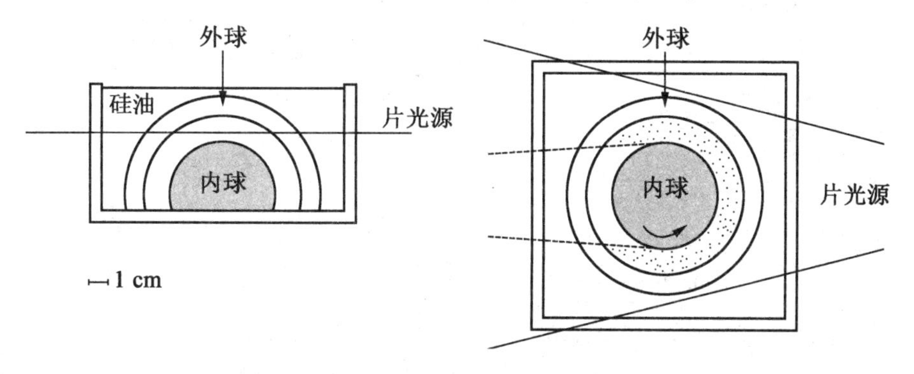

图9.5　片光源位置示意图(极点上方0.4 cm处)

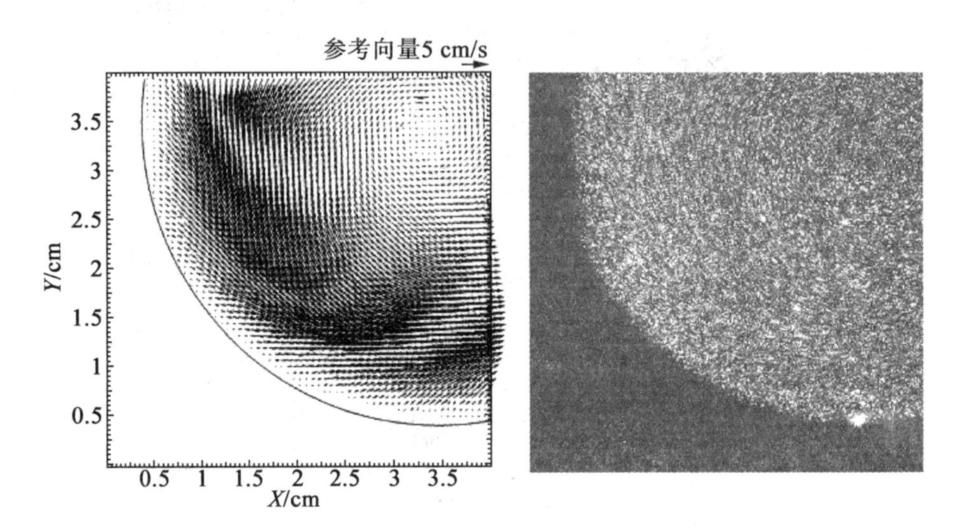

图 9.6 库埃特流动速度场及两次曝光的流动照片

表 9.3 库埃特流动 PIV 记录参数

流动区域	平行于激光面的速度为 $U_\infty=10$ cm/s 的流动
最大平面内速度	$U_{max}\approx 10$ cm/s
视场	50 mm × 50 mm
查询体积	1.6 mm × 1.6 mm × 2 mm($H\times W\times D$)
动态空间范围	$DSR\approx 31:1$
动态速度范围	$DVR\approx 200:1$
观察距离	$z_0\approx 0.5$ m
采集方法	双帧/单曝光
模糊去除	帧分离(跨帧)
采集介质	全帧隔行转移 CCD(1 008 × 1 018 像素)
采集镜头	$f=60$ mm,$f_\#=2.8\sim22$
照明	Nd:YAG 激光①,单脉冲能量 70 mJ
脉动延迟	$\Delta t=20$ ms
示踪粒子	玻璃球(直径 $d_p\approx 10$ μm)

①倍频

9.2　边界层

（由 C. Köhler, J. Kompenhans 提供）

下面介绍的两个实验在哥廷根德国宇航中心的 Eiffel 型低湍流度风洞（TUG）中开展。稳定段的蜂窝器和具有 15:1 高收缩率的收缩段可以使实验段（横截面为0.3 m×1.5 m）具有低湍流度。TUG 中实验段的基本湍流度经热线法测得为 Tu =0.06%，可以研究声激励引起的层流到湍流的转捩，以及在相对较长的实验段内发展形成的湍流边界层。流动从稳定段蜂窝器的上游引入，蜂窝器用于降低风洞内流动的湍流度。

9.2.1　边界层不稳定性

对于周期性流动，为了在相同相位角下记录瞬时速度矢量图，可以采用条件采样技术。周期性过程的激发和采集顺序必须经过相位锁定。作为条件采样的应用实例，在此描述了针对边界层不稳定性的研究。

边界层内的转捩过程是由不同不稳定性的形成和相互作用的机制决定的。小振动会引发初步不稳定，即二维的托尔明－施利希廷（TS）波。TS 波的发展会导致基流中流向周期性调制现象的发生，从而变得对三维展向周期性扰动敏感，这些扰动被放大后会导致 TS 波的三维扭曲，进一步向下游发展会生成三维 Λ 涡。随着对于上述机理的认识的不断扩展，对于流体机械工程中转捩的预测和控制就显得十分必要。

为了研究 TUG 风洞（图 9.7）中平板边界层的流动不稳定性行为，需要获得具有已知初始条件的速度场的定量信息。为了获得不稳定性发展的可重复性和恒定条件，必须知道在观察区域的起始位置处速度脉动振幅的初值[276]。在 Kähler 和 Wiegel 的实验中采用的实现方式是通过声激励装置引入可控制的扰动，该装置由一个输入可控制二维扰动的展向沟槽和 40 个输入可控制三维扰动的独立展向沟槽组成。边界层外缘的速度约为 U = 12 m/s，自由流平均湍流度为 Tu = 0.065%。片激光与平板平行，其在观察区域的厚度为 δ_Z = 0.5 mm。可以调整片激光与平板的距离，在本实验中通常设置为0.5 mm，观察区域为 70 mm×70 mm。具体的 PIV 参数设置在表 9.4 中列出。

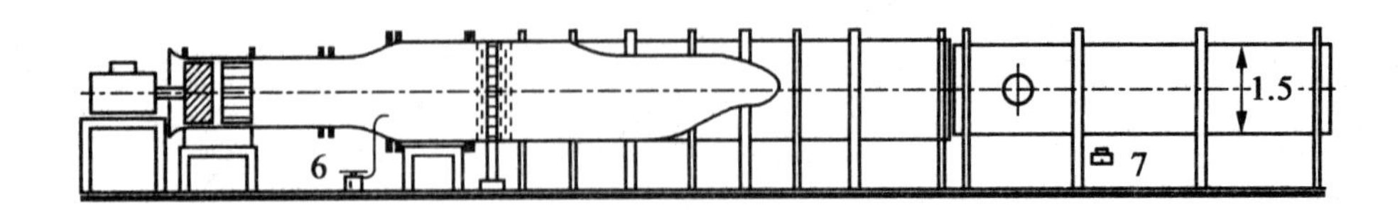

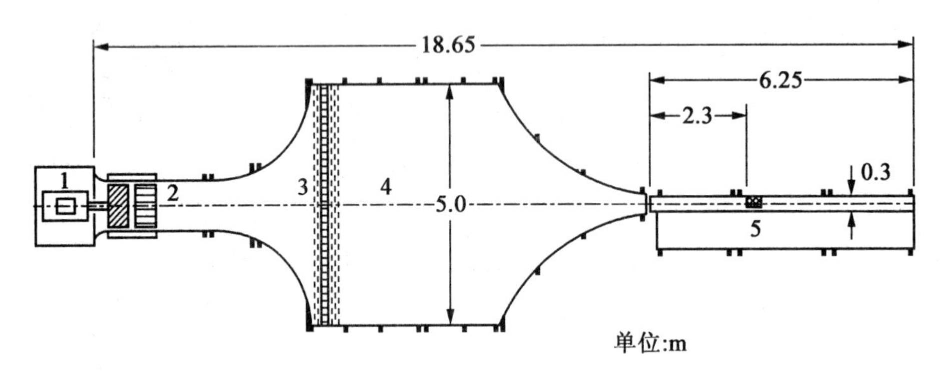

图 9.7　低湍流度风洞示意图

表 9.4　边界层不稳定性 PIV 记录参数

流动区域	平行于激光面和平板
最大平面内速度	$U_{max} \approx 12$ m/s
视场	70 mm × 70 mm
查询体积	1.9 mm × 1.9 mm × 0.5 mm($H \times W \times D$)
动态空间范围	$DSR \approx 31:1$
动态速度范围	$DVR \approx 137:1$
观察距离	$z_0 \approx 0.6$ m
采集方法	双帧/单曝光
模糊去除	帧分离(跨帧)
采集介质	全帧隔行转移 CCD
采集镜头	$f = 60$ mm, $f_{\#} = 2.8$
照明	Nd:YAG 激光①,单脉冲能量 320 mJ
脉动延迟	$\Delta t = 80$ μs
示踪粒子	油滴(直径 $d_p \approx 1$ μm)

①倍频

通过输入不同的声激励信号可以激发不同的转捩形式,在此分别命名为基本型、次谐波型和倾斜型。图 9.8 给出了由两种不同扰动激发在倾斜型情况下获得的相位锁定的瞬时脉动速度场($U-U_{mean}$,V)。Λ 涡呈现出倾斜的形状,且其展向波长(约为20 mm)与输入的可控制的三维波的波长一致。

流动方向从左至右,为了获得脉动速度矢量场,图中所有的速度矢量均减去了平均速度 U_{mean}(由采集的所有速度矢量的平均获得)。

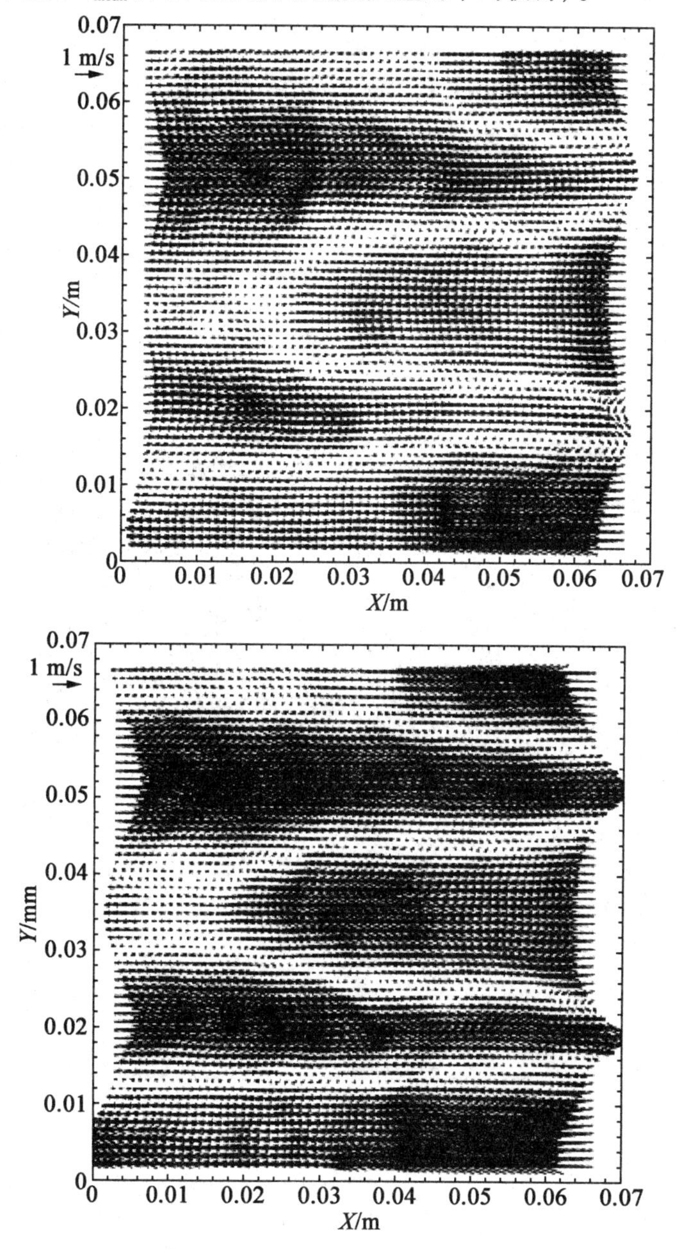

图9.8　两个具有不同幅值的输入信号下平板边界层不稳定性的瞬时脉动速度场

9.2.2 湍流边界层

下面介绍的 PIV 在平板湍流边界层的应用着眼于以下两个方面:近壁面 PIV 数据的获取以及在具有速度梯度的流动(由边界层内的速度分布引起)中恢复 PIV 数据。

本实验在哥廷根德国宇航中心的低湍流度风洞(图 9.7)展开,实验中的测量点位于截断区域下游 2.3 m 处[309]。在该位置处,湍流边界层的厚度 δ 约为 5 cm,在低于其 3 cm 的位置进行拍摄。对于自由流速度分别为10.3 m/s、14.9 m/s和 19.8 m/s 的工况,采集了 90 ~ 100 对 PIV 图像。通过在 PIV 数据中减去 U_{ref} = 8 m/s 的恒定速度分布,可以得到边界层内的小尺度结构,如图 9.9所示。需要注意的是,即使距离壁面如此之近,仍可实现速度信息的恢复。本研究中 PIV 参数的设置见表 9.5。

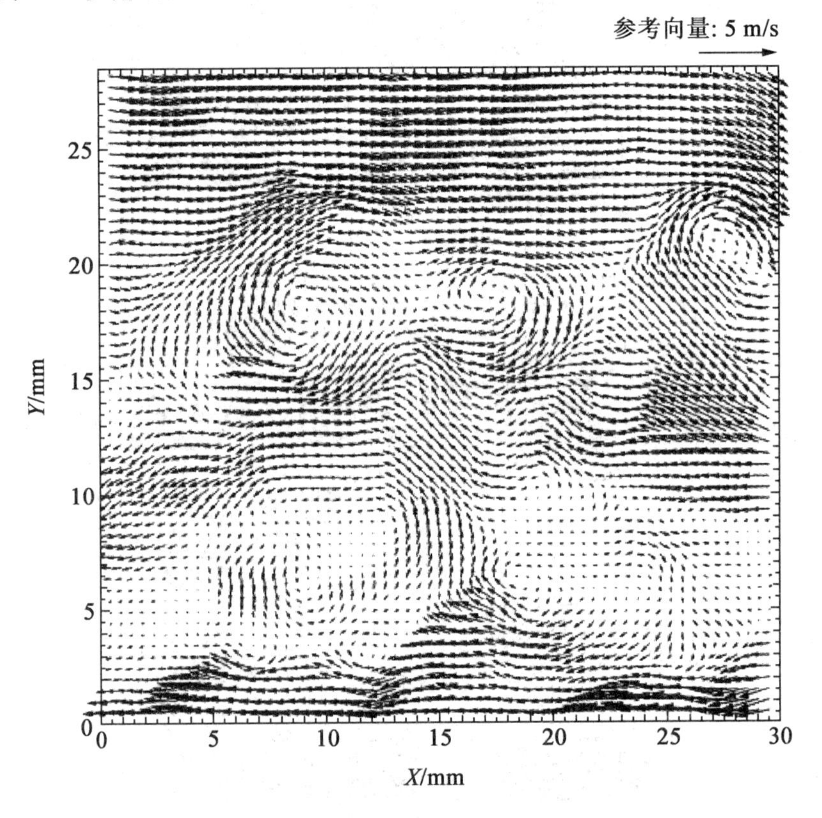

图 9.9 充分发展的湍流边界层中的瞬时脉动速度场$(U-U_{ref},V)$,壁面位置坐标为 $Y=0$

表9.5　零压力梯度平板湍流边界层PIV记录参数

流动区域	平行于激光面
最大平面内速度	U_∞ = 10.3 m/s、14.9 m/s、19.8 m/s
视场	30 mm × 30 mm
查询体积	2.0 mm × 2.0 mm × 1.0 mm($H \times W \times D$) 2.0 mm × 1.0 mm × 1.0 mm($H \times W \times D$) 2.0 mm × 0.5 mm × 1.0 mm($H \times W \times D$) 1.0 mm × 1.0 mm × 1.0 mm($H \times W \times D$)
动态空间范围	$DSR \approx 31:1$
动态速度范围	$DVR \approx 44:1$
观察距离	$z_0 \approx 1.5$ m
采集方法	双帧/单曝光
模糊去除	帧分离(跨帧)
采集介质	全帧隔行转移 CCD
采集镜头	f = 60 mm, $f_\#$ = 2.8
照明	Nd:YAG 激光①,单脉冲能量 70 mJ
脉动延迟	Δt = 7 ~ 20 μs
示踪粒子	油滴(直径 $d_p \approx 1$ μm)

①倍频

首先通过对所有PIV速度求平均值,计算得到边界层的速度分布和速度脉动的均方根。这些平均量与理论结果以及热线法得到的点态速度测量结果吻合很好。图9.10给出了无量纲化速度分布,该分布起始于黏性底层外缘($y^+ \approx 10$),延伸至边界层内的大尺度结构引起了对数律层($y^+ \approx 200$)偏离的区域。

正如上文提到的,近壁面查询区域内的大速度梯度主要有以下两方面影响:

(1)由于成对的粒子图像之间的不均匀位移,信号峰值 R_{D^+} 的振幅减小。此外,峰值的直径在剪切方向上增大。因此,近壁面区域的速度变化会降低检测到位移峰值的可能性。

(2)除了实验难点外,还需要仔细检查分布在查询窗口中心的速度矢量在速度梯度存在的情况下是否能真正代表该位置处的流动速度,例如通过对查询窗口进行平均化处理得到的速度(图6.15)。

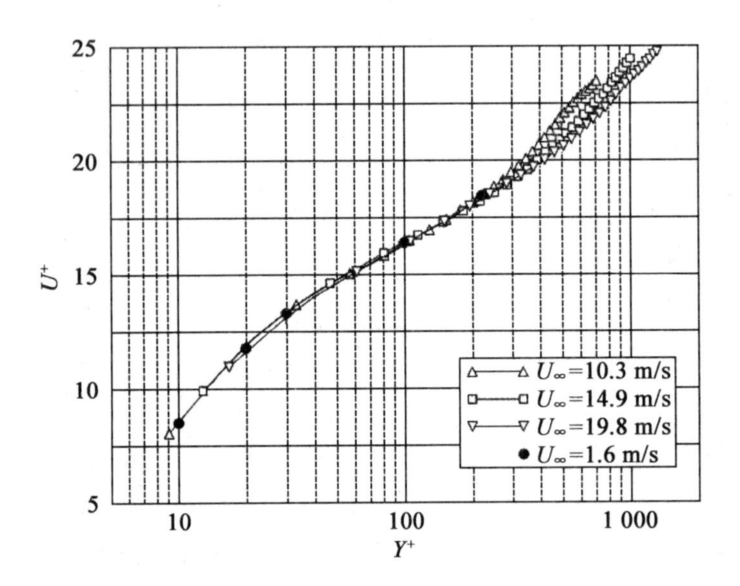

图 9.10　由内部变量无量纲化得到的平均速度分布(100 个 PIV 采集平均的结果)

为了研究不同查询区域尺寸对奇异点数目的影响,所有 PIV 数据都被使用四次,其结果见表 9.6(具体结果可参考文献[309])。从表中可以看出,大小为 64×32 像素窗口内的奇异点数量要少于其他窗口内的奇异点数量,这是由于该窗口内的粒子数量是其他窗口的 2 倍。64×32 像素窗口内奇异点的百分比只是最差情况的 1%,从而清楚地说明此测量技术的可靠性。

表 9.6　奇异点的数量随查询区域大小、形状以及自由流速度的变化

$\Delta x_0 \times \Delta y_0$/像素	奇异点/% (10.3 m/s)	奇异点/% (14.9 m/s)	奇异点/% (19.8 m/s)
32×32	1.07	1.00	1.26
64×16	0.72	0.58	1.03
64×32	0.20	0.21	0.30
64×64	0.14	0.19	0.17

图 9.11 给出了半对数坐标下平均速度随距壁面距离的变化,当距壁面的距离 $y \geq 2$ mm 时,三个不同速度工况(U_∞ = 10.3 m/s、14.9 m/s、19.8 m/s)下获得的平均速度均与查询窗口的大小无关。

然而,对于 $0 < y < 2$ mm 的区域,由于平均化的不同,三个工况下的速度分布曲线并不重合,其主要原因是查询窗口在 y 方向上进行扩展。与正方形窗口

相比，矩形窗口（平行于壁面扩展）具有更好的性能。

近些年，针对PIV评估发展起来的窗口变形技术对于边界层和剪切流数据的质量提升有显著的贡献。然而，需要强调的是，为了鉴定数据质量，需要测试速度数据的尺度敏感性（查询窗口的大小和形状）以及奇异点的数量。

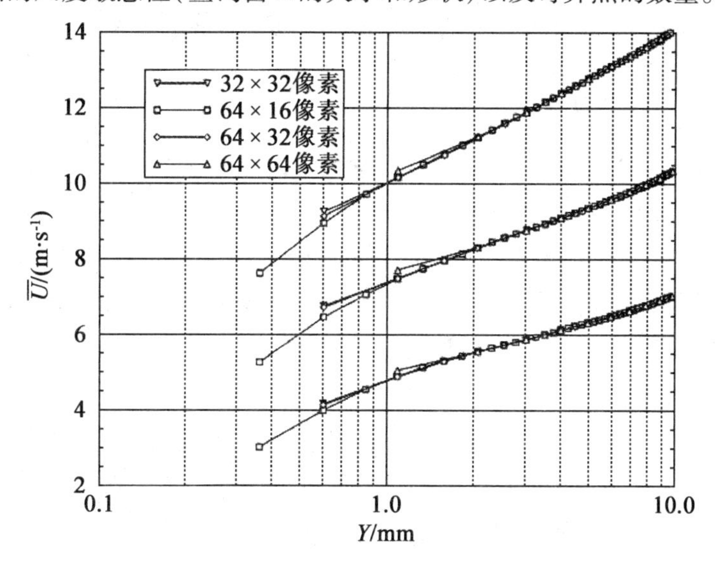

图9.11　近壁面区域空间分辨率的影响（100个PIV采集平均的结果）

9.3　跨声速流动

（由M. Raffel和J. Kompenhans提供）

PIV在风洞高速流动中的应用一般受限于光学通路，以及由于流动中振动和密度梯度引发的示踪粒子图像聚焦模糊等问题[60]。尽管如此，1996年就应用摄影PIV技术成功研究了直升机桨叶廓线上的瞬时流场和叶栅模型的尾流流动[310]。

时至今日，PIV可以应用到工业风洞内的跨声速流动研究当中，例如横截面为1 m×1 m的DNW－TWG风洞。现代的模型形变测量技术实现了模型精确位置和负载下形变的确定，同时可以对瞬时流场进行测量。此外，同时采用压敏涂料（Pressure Sensitive Paints，PSP）和PIV可以提升对复杂流场的认知，例如跨声速状态下的三角翼。因此，PIV同PSP或形变测量结合可以提供高质量的数据，以验证数值模拟程序（参见9.8节）。

接下来首先介绍在哥廷根德国宇航中心高速暂冲式风洞(HKG)中展开的两个实验。跨声速流动的速度通过将空气从大气吸入到大型真空罐中来实现,在此过程中,位于实验段下游的流速快速开启,从而形成跨声速流动。进入实验段前保持干燥的空气最多在 20 s 内流过展向宽度为 725 mm 的实验段。稳定段内的栅格和高收缩率使实验段的湍流度处于较低的水平。

9.3.1 带冷却空气喷射的叶栅

此实验研究的目的在于研究冷却空气喷射对叶栅模型尾流的影响。由于模型的上下方有经过特别改装的风洞壁面,而且模型上还有一个可调节的尾板,因此可以真实地模拟涡轮真机叶片的流场。使用胶片 PIV 采集系统进行拍摄,同时应用了高速旋转的反射镜以实现两个激光脉冲之间 2 ~ 4 μs 时间延迟内的图像偏移。具体的 PIV 参数设置见表 9.7。图 9.12(a)给出了 1.4% 冷却空气质量流率和 $Ma=1.27$ 自由流下平板(厚度为 2 cm)尾缘处的瞬时速度场,在图中可以清晰地看到膨胀波和终止激波。由于激光被模型遮挡,因此无法获得位于模型上方的数据信息。在模型下游区域也可以发现数据丢失,其主要原因在于评估时查询区域的尺寸无法进一步减小,而这部分数据对于圆满解决模型尾缘附近的大速度梯度是十分必要的。此外,该部分流场的大密度梯度会造成过宽的粒子成像。在没有冷却空气喷射的情况下,平板尾流会以涡街的形式出现[310]。而在有空气喷射的情况下,则在非定常涡结构的两侧会出现薄剪切层,如图 9.12(b)所示。

表 9.7 叶栅流动 PIV 记录参数

流动区域	平行于激光面,$Ma=1.27$
最大平面内速度	$U_{max}\approx 400$ m/s
视场	150 mm × 100 mm
查询体积	2.8 mm × 2.8 mm × 1 mm($H\times W\times D$)
动态空间范围	$DSR\approx 57:1$
动态速度范围	$DVR\approx 100:1$
观察距离	$z_0\approx 1$ m
采集方法	单帧/双曝光
模糊去除	图像平移/旋转反射镜
采集介质	35 mm 胶片,ASA 3200,100 lps/mm

续表 9.7

采集镜头	$f=100$ mm,$f_{\#}=2.8$
照明	Nd:YAG 激光①,单脉冲能量 70 mJ
脉动延迟	$\Delta t=2\sim4$ μs
示踪粒子	油滴(直径 $d_p\approx1$ μm)

①倍频

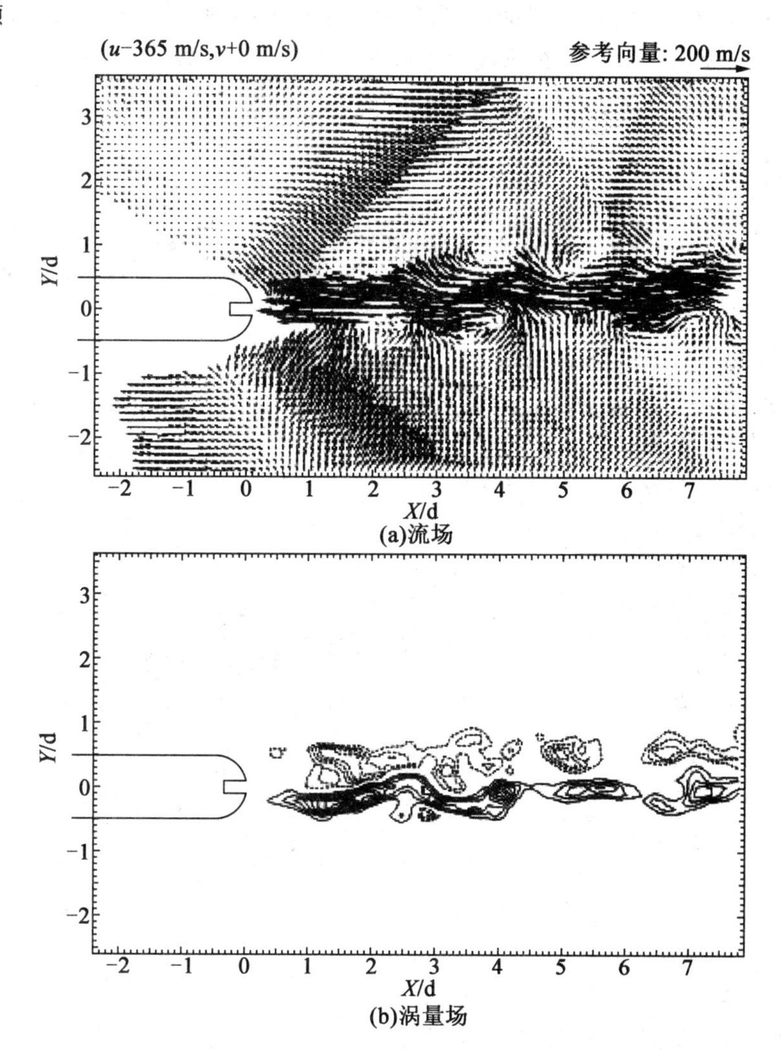

图 9.12　$Ma=1.27$ 和 1.4%冷却空气质量流率下叶栅尾部的流场和涡量场

9.3.2　翼型跨声速流动

PIV 在高速流动中的应用还存在以下两个难点:示踪粒子的行为特性以及

大速度梯度。

为了正确认识速度场图,知道示踪粒子在激波后方多远的距离会再次随周围流体流动是十分重要的。经验表明,如果该距离是查询区域的 1 ~2 倍,则可以获得粒子行为和光散射之间的合理搭配。

流动中的大速度梯度会导致查询区域内示踪粒子图像位移的变化,该影响可以通过图像平移来减小,即减小两个激光脉冲之间的时间间隔,并通过图像平移至最佳从而增大示踪粒子成像之间的位移。采用自相关和光学评估方法时,这尤其重要,其原因在于需要将示踪粒子的位移调整至最佳评估范围(约为 200 μm)。具体的 PIV 参数设置在表 9.8 中列出。

表 9.8　NACA0012 翼型跨声速流动 PIV 记录参数

流动区域	平行于激光面,$Ma=0.75$
最大平面内速度	$U_{max}\approx 520$ m/s
视场	300 mm × 200 mm
查询体积	5.6 mm × 5.6 mm × 1 mm($H\times W\times D$)
动态空间范围	$DSR\approx 57:1$
动态速度范围	$DVR\approx 150:1$
观察距离	$z_0\approx 1$ m
采集方法	单帧/双曝光
模糊去除	图像平移/旋转反射镜
采集介质	35 mm 胶片,ASA 3200,100 lps/mm
采集镜头	$f=100$ mm,$f_{\#}=2.8$
照明	Nd:YAG 激光①,单脉冲能量 70 mJ
脉动延迟	$\Delta t=3$ μs
示踪粒子	油滴(直径 $d_p\approx 1$ μm)

①倍频

对于光学评估方法,图像平移也有助于解决 PIV 采集中示踪粒子图像的位移变化过大的问题。成功的评估需要保证粒子图像位移为 150 $\mu m \leqslant d_{opt} \leqslant$ 250 μm。此最佳粒子图像位移的范围是由研究的具体流动决定的,且可以根据采集介质,并通过应用图像平移技术以及在平均流方向上添加一个额外的平移,从而调整至最佳范围,运用该方法可以减少数据丢失。

正如在跨声速风洞中所呈现的,大速度梯度会出现在包含激波的流场中。

图9.13给出了 $Ma_\infty = 0.75$ 下弦长 $C_l = 20$ cm 的 NACA0012 翼型的瞬时流场[103]，将所有速度矢量减去声速后可得到清楚的超声速流态和激波。由于应用了图像平移（平移速度 $U_{\text{shift}} = 174$ m/s），使得在最佳查询光斑直径为0.7 mm的情况下，即使在激波所在的位置也能满足脉动量不大于粒子图像直径的要求。而且在激波前后（流动速度 U 为280～520 m/s）的查询光斑内没有发生数据丢失。相关的PIV记录参数见表9.9。

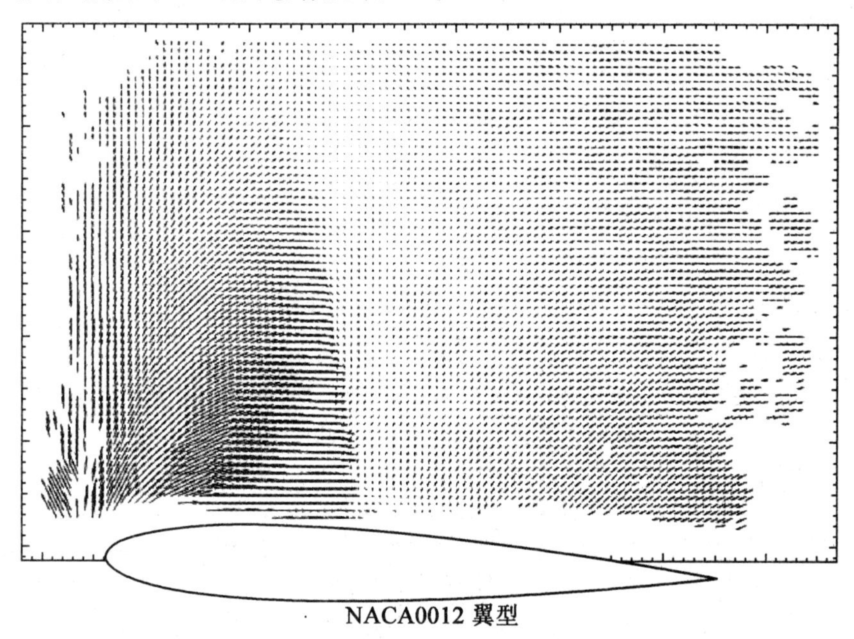

图9.13　$Ma_\infty = 0.75$ 和攻角 $\alpha = 5°$ 下弦长 $C_l = 20$ cm 的 NACA0012 翼型瞬时流场（平移速度 $U_{\text{shift}} = 174$ m/s）

表9.9　与图9.13所示瞬时流场相关的图像采集参数（$M = 1:6.7$，$N \approx 15$）

	$U_{\min}$ /(m·s^{-1})	$U_{\max}$ /(m·s^{-1})	Δt /μs	U_{shift} /(m·s^{-1})	ΔX_{shift} /μm	$\Delta X_{\min}$ /μm	$\Delta X_{\max}$ /μm
未应用图像平移	200	520	5	0	0	0	149
应用图像平移			3	174	78	78	167

上述两个应用实例说明了过去即使采用拍摄采集，通过一些实验工作仍可使用PIV应用解决跨声速流动相关的物理问题。而现在许多这样的问题已经有了更通用的解决方法，例如采用跨帧技术可以使激光的脉冲间隔远小于1 μs

(最佳粒子图像位移)。此外,先进的评估算法提供了局部高分辨率,即使在大位移梯度存在的情况下也同样如此,而且更强的脉冲激光可以提供更大的强度,即使风洞和 PIV 装置存在强振动的情况下,也可以对更大的视场或更小的光圈获得清晰的粒子图像。

9.3.3 激波与湍流边界层之间的相互作用

(由 F. Scarano、R. A. Humble 和 B. W. van Oudheusden 提供)

斜激波与湍流边界层之间的相互作用(SWTBLI)会产生一系列复杂的流动现象,例如非定常流动分离以及激波与湍流之间的相互作用,这些都对实验研究提出了独特的挑战[307, 313, 314]。PIV 在超声速流动中的应用对于准确描述激波存在情况下的高速流动以及定量评估示踪粒子动力学行为的必要性提出了特别的挑战[312]。此外,SWTBLI 问题还需要解决壁面附近的大速度梯度和高频湍流脉动等问题。表 9.10 列出了具体的 PIV 参数设置。

表 9.10 激波与平板湍流边界层之间的相互作用 PIV 采集参数
(第二套参数为边界层研究中采用的参数)

流动区域	平行于激光面
最大平面内速度	$U_{max} \approx 500$ m/s($Ma = 2.1$)
视场	124 mm × 39 mm(16 mm × 5 mm)($W \times H$)
查询体积	1.9 mm × 1.9 mm × 1.5 mm(0.7 mm × 0.08 mm × 1.5 mm)
动态空间范围	$DSR \approx 136:1$
动态速度范围	$DVR \approx 400:1$
观察距离	$z_0 \approx 600$ mm($z_0 \approx 150$ mm)
采集方法	双帧/单曝光
模糊去除	帧分离(跨帧)
采集介质	全帧隔行转移 CCD,1 376 × 1 040(432 活跃)像素
采集镜头	$f = 60$ mm,$f_{\#} = 8$($f = 105$ mm,$f_{\#} = 8$)
照明	双倍频 Nd:YAG 激光,532 nm 波长,单脉冲能量 400 mJ
脉动延迟	$\Delta t = 2$ μs(0.6 μs)
示踪粒子	二氧化硅(直径 $d_p \approx 400$ nm)

示踪粒子的松弛时间/长度是决定测量中空间和时间分辨率的关键参数,

通过测量穿过定常平面激波的粒子速度分布曲线可直接进行衡量。图9.14给出了法向速度随激波法向坐标 s 的分布，其中粒子松弛时间为 $\tau_{\mathrm{p}}=2.1\ \mu\mathrm{s}$，对应的频率响应为 $f_{\mathrm{p}}\approx 0.5$ MHz。斯托克斯数 $St=\dfrac{\tau_{\mathrm{p}}}{\tau_{\mathrm{flow}}}\left(\tau_{\mathrm{flow}}=\dfrac{\delta}{U_{\infty}}\right)$ 描述了特定流动实验中示踪粒子的准确度，本实验中 $St=0.06$，均方根跟踪误差低于1%。

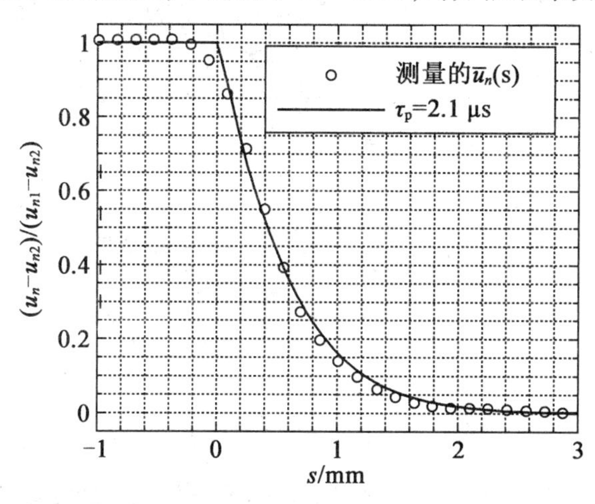

图9.14　法向速度随激波法向坐标 s 的分布

流动的统计学特性是在500幅PIV采集数据的基础上进行衡量，其中PIV数据采集是在超声速风洞内以10 Hz的频率获取的，风洞实验段的横截面积为270 mm×280 mm($H\times W$)。图9.15给出了经过内部变量无量纲化后的上游平均边界层($\delta_{99}=20$ mm，$Re_{\theta}=3.36\times10^{4}$)内的速度分布，实验结果与合成公式的结果在 $y^{+}\geqslant 200$ 的范围内符合很好。当采用高纵横比的查询窗口(61×7像素)进行衡量时，壁面法向的空间分辨率可将上述范围延伸到重叠区($y^{+}\approx 80$，$y<0.2$ mm)。

图9.16中的瞬时采集展示了由流动中密度的变化引起的示踪粒子浓度的非均匀性。通过增加示踪粒子的密度可以将入射激波和反射激波展现出来，而边界层则通过相对较低的示踪粒子密度水平展现。实验中可以通过沿几乎与壁面相切的方向进行照明，从而减弱激光在壁面上的反射。

图9.17(a)给出了瞬时流向速度分布。来流边界层具有明显的间歇性。对撞激波穿透边界层，转向、减弱直至在声速线消失形成了相互作用的总体结构。由激波形成的逆压梯度会引起亚声速层的扩张，从而导致在对撞激波的上游产生第二个压缩波系统。分离区域的不规则形状显示了湍流的相干结构，其大多来源于分离剪切层的不稳定性。在相互作用的下游，这些结构会加强动量

混合,从而推动边界层恢复。

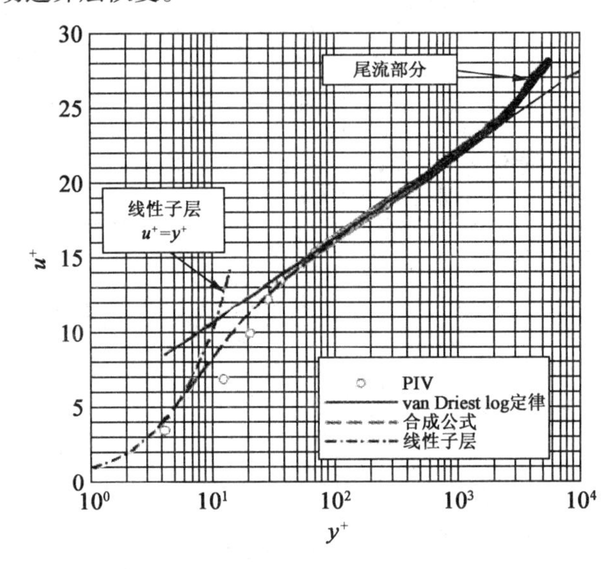

图 9.15 上游平均边界层速度分布

图 9.16 平均速度分布的单幅 PIV 采集

平均流动特征可通过平均速度场来描述,如图 9.17(b)所示。急剧的减速和方向的变化可以首先发现入射激波和反射激波,但是由于反射激波的非定常特性以及平均化效应,反射激波速度的空间变化更为平缓。然而,从平均速度矢量的分布中却没有发现逆流。在附着点之后,扭曲的边界层的厚度为之前的近两倍,且以较低的恢复率向下游发展。

图 9.17(c)给出了湍流强度大小$\frac{(\overline{u'^2}+\overline{v'^2})^{\frac{1}{2}}}{U_\infty}$的空间分布。从图中可以看出流边界层的湍流特性,通过相互作用区域后脉动的增强程度,以及相互作用区向下游的再发展。与入射激波相关的较高水平(接近 4%)的脉动在当前这些实验条件下是十分典型的,其原因是衰减的测量精度的联合影响以及激波位置的小波动。脉动程度的增大与入射激波穿过边界层这一现象相关,这是该区

域对流的湍流相干结构与入射激波相互作用的结果。反射激波表现出明显的非定常行为以及相对较大的脉动，但在此情况下不能看作湍流。反射激波下游的两个弱激波（一个与其平行，另外一个近似垂直于反射激波）是由可压缩流动中折射场的不均匀指数引入的光学畸变效应造成的[308]。

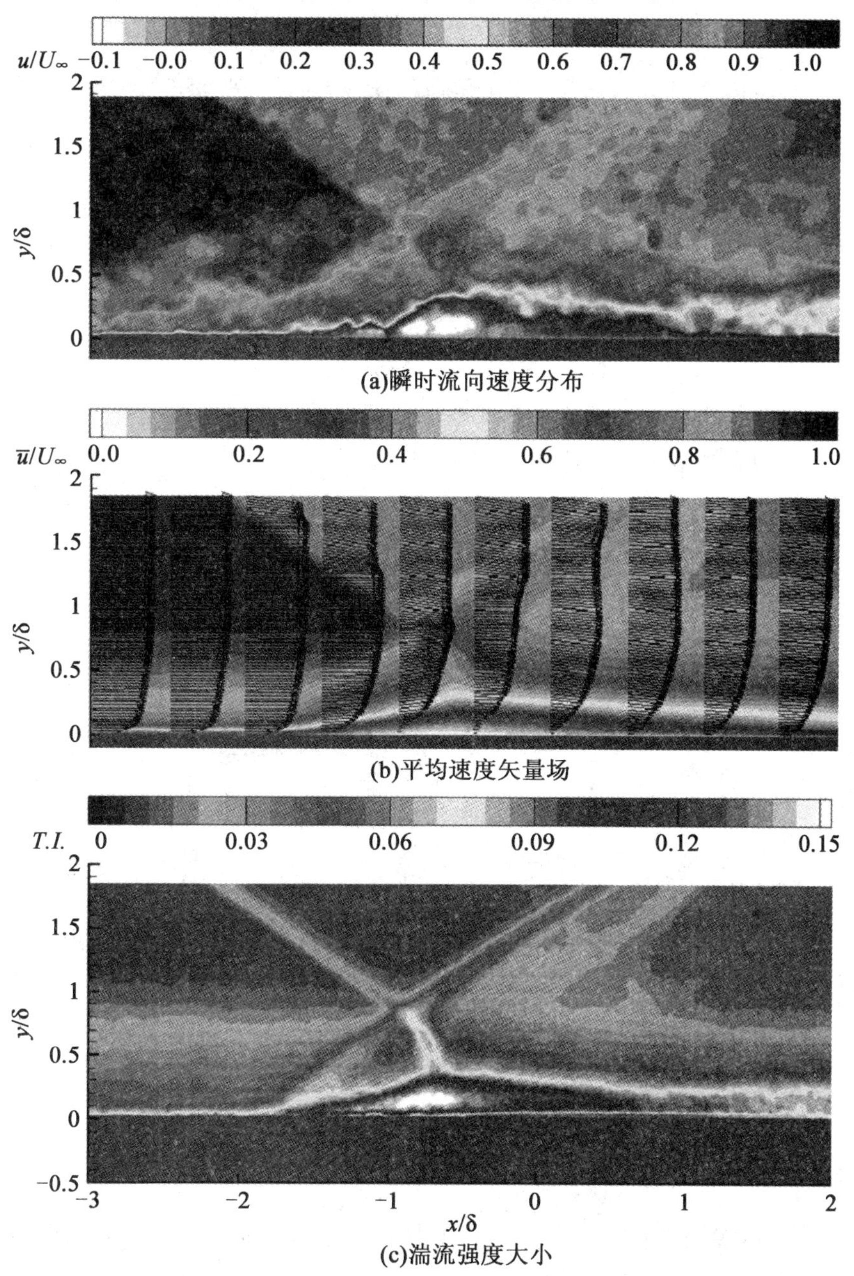

图9.17　瞬时流向速度分布、平均速度矢量场及湍流强度大小

9.4 涡环流立体 PIV 测量

(由 C. Willert 提供)

本节应用 7.1 节描述的不同的图像重构和标定方法对非定常涡环流流场进行测量。图 9.18 给出了涡环发生器的示意图,该涡环发生器结构简单,可以产生可重复的流动特性。通过一对扬声器对电解电容器组(60 000 μF)放电产生涡环,一对扬声器安装在木盒的两侧。对扬声器的振膜施力使其向内运动,空气受到冲击而被迫由木盒顶部的圆柱形尖锐喷嘴(内径为 34.7 mm)排出。由于供电电压的衰减,振膜恢复到平衡位置,在喷嘴尖端形成的剪切层卷起形成一个涡环并从喷嘴脱离。只要充电电压保持恒定,涡环的产生便具有可重复性。发生器上装有带单向阀的充气管道,从而允许木盒内部乃至涡环核心充气。

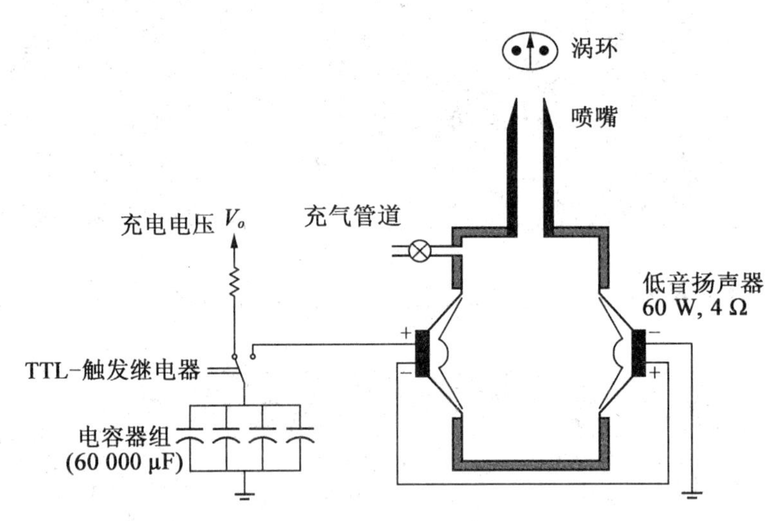

图 9.18 用于产生非定常可重复流场的涡环发生器示意图

9.4.1 成像配置和硬件

图 9.19 给出了成像配置的一个显著特点是相机放置在激光面的两侧,此种配置在 7.1 节中也用于估计误差。这种放置方式允许两台相机能够利用作

为示踪粒子的小油滴(1 μm)所具有的更高的前向散射特性。相机的主视轴与激光面法向所成的角度约为 35°,从而使得图像中心附近的联合张角接近 70°。

一对 $f=100$ mm、$f_{\#}=2.8$ 的物镜组成了采集光学元件,且通过特殊制造的倾斜适配器与两台 CCD 相机连接(图 9.20)。适配器上装有一对定位螺钉,从而物镜与传感器(成像平面)之间的角度可以方便且精准地进行调节以满足 Scheimpflug 成像准则(参见 7.1 节)。大焦距下粒子图像的实时显示可以实现几分钟内的准确调整。Scheimpflug 适配器的第一代原型存在 Scheimpflug 角度调整时视场发生变化的问题,第二代适配器对于传感器平面(CCD)在焦平面内旋转的情况下仍可对所需视场保持镜头固定,也是目前常用的方法。

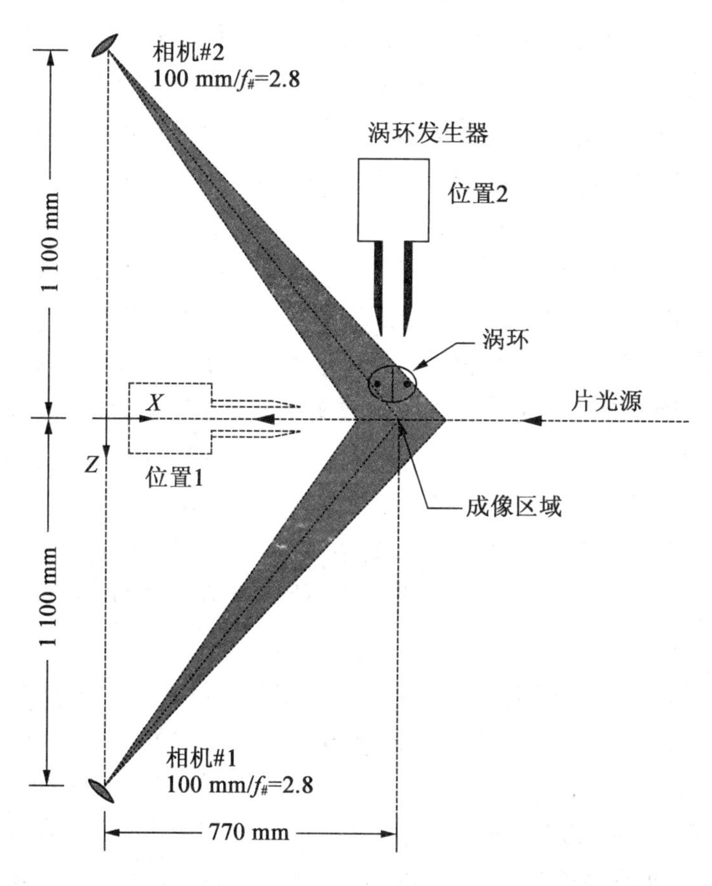

图 9.19　两台相机在前向散射模式下的立体成像配置

图 9.20　镜头与传感器之间特殊制造的倾斜适配器以允许根据 Scheimpflug 准则进行调整

图 9.19 给出的成像配置中 Scheimpflug 角度(图 7.1(b)中的 ϕ 角)经测量约为 2.7°,视场在水平方向和垂直方向上分别覆盖了图像中心 145 mm 和 115 mm的范围。由 Scheimpflug 成像配置引起的边缘丢失从一边到另一边的垂直距离约为 5 mm,但是由于两台相机近乎对称布置,因而视场吻合良好,从而允许在整个传感器区域内进行三维 PIV 测量,相比传统的立体布置而言这是一个优点。在传统立体布置中,由于三维重构中并没有利用到非重叠区域,因此两台相机只能在激光面的相同侧进行拍摄。

在本实验中采用的两台相机基于全帧隔行转移 CCD 传感器,分辨率为 1 008 ×1 018($H \times V$)像素。片激光由双腔 Nd:YAG 激光器(单脉冲能量超过 300 mJ)生成。相机与激光之间的同步通过多通道序列发生器实现。由于一台相机无法在触发模式下运行,因此其在整个 PIV 拍摄系统中提供主时间,另外一台相机则在异步触发模式下运行。两台单独的带接口板卡的计算机以 5 Hz 的拍摄频率通过相机拍摄图像对(原则上对于两台相机采用一个共同的计算机也是可行的),当开始获取图像时其中一台计算机为涡发生器提供触发脉冲。通过加入一个时间延迟(或者前后移动涡发生器)即可调整 PIV 拍摄中涡环的位置。

激光面的厚度设置约为 2.5 mm。当涡环沿激光面传播(图 9.19 中的位置 1)时,脉冲延迟 Δt 在 300 ~500 μs 范围内变化;当涡环垂直于激光面传播(图 9.19 中的位置 2)时,脉冲延迟 Δt =200 μs。在最大速度 3.5 m/s 的情况下,涡环在垂直于激光面方向上的最大位移为 0.7 mm。图像对的丢失有效地控制在 30% 以下,从而使得对于具有大速度的平面外区域也能保证数据的高产量。光圈设置为 $f_{\#}$ =2.8。

9.4.2 实验结果

首先,涡环发生器的喷嘴与激光面共线放置,从而可以测量涡环的横截面(图9.21),提供与涡环环量和稳定性相关的参考数据及信息。在第二种配置中,即图9.19中的位置2,发生器放置在与激光面垂直的位置。图9.22给出了在组合成三分量(三维)数据前的一对二分量(二维)速度场。立体视图清晰可见。采用式(7.3)、式(7.5)和式(7.8)进行立体重构,从而得到如图9.23所示的所需三分量数据集。

在数据处理方面选择了图像反投影法,从而使得经重构后所有图像中的放大系数都恒定为每毫米10像素,最终的图像尺寸为1 450(水平方向)×1 200(垂直方向)像素,大约比原图像大70%。选择重叠率(过采样)为66%的32×32像素的查询区域,尽管图中只给出1/4的矢量(即重叠率为33%)。在物理空间内,查询窗口覆盖了3.2 mm×3.2 mm的区域,而网格间距为1.0 mm×1.0 mm。足够大的粒子成像密度使得整个视场内的有效数据率超过99%。同时也可以发现通过将大多数粒子成像处理成相同密度水平,图像预处理(采用7×7像素的内核高通滤波器以及后续的二进制化实现自适应背景减除)可以显著提高数据产出率。

通过位移估计后的自动化异常值检测发现,每16 600个矢量数据中异常值数量为100的数量级。异常值中的大部分位于原图像域的边缘,而在原图像域的外面没有粒子成像,只有少数异常值(少于10个)在视场95%的中心范围内,尤其是在大梯度区域。检测出来的异常值随后通过再次线性插值,从而实现后续的三维重构。

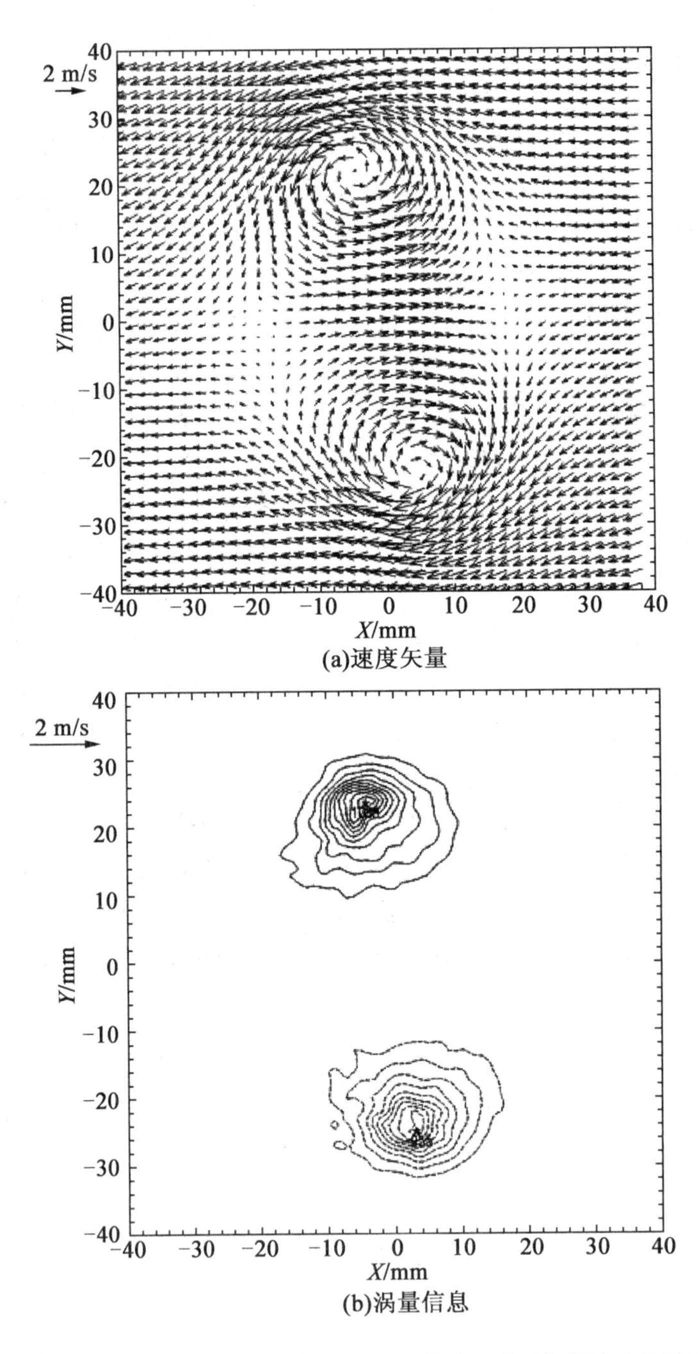

图 9.21　涡环对称面内的 PIV 速度矢量和涡量信息。为了加强流动特征的可视性,图中速度信息已减去大小为 $U=1.5$ m/s,$V=0.25$ m/s 的速度矢量。涡环从左向右传播,并存在稍微向上移动(喷嘴倾斜于水平方向)。涡量云图以 100 s^{-1} 为间隔给出,且不包括 0

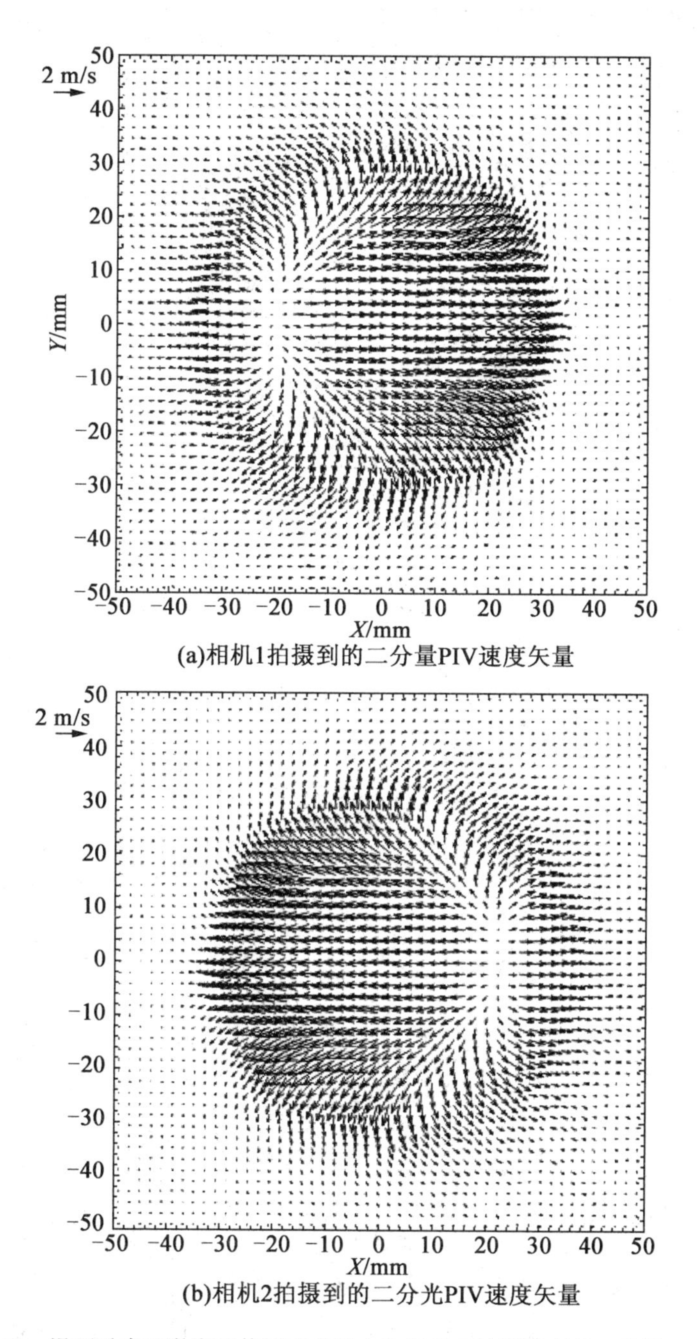

图 9.22　涡环垂直于激光面传播时相机 1 和相机 2 拍摄得到的二分量 PIV 速度矢量

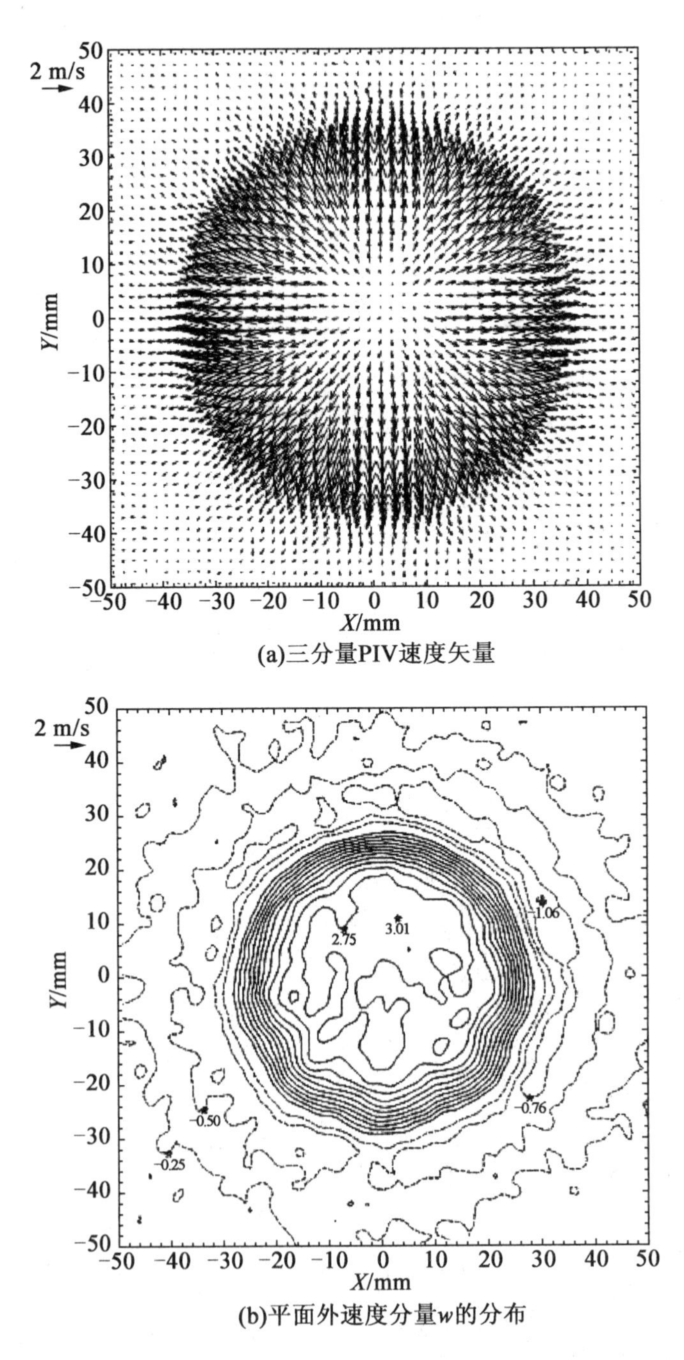

图 9.23　联合图 9.22 所示的速度经重构得到的三分量 PIV 速度矢量及平面外速度分量 w 的分布(等值线间隔为 0.25 m/s)

9.5　涡环流双平面 PIV 测量

(由 M. Raffel 和 O. Ronneberger 提供)

在接下来描述的实验中可以观察到水中的低速涡环流。直径为 10 μm 的玻璃微珠与水在有机玻璃箱中混合作为流体介质。涡环由 30 mm 的活塞产生,活塞将水从带尖锐边缘的圆柱形喷嘴中推到周围流体中。活塞通过直线横向移动机制和计算机控制的步进电机驱动。

在已有的众多实验中已经证实和测试了其流动特性,因此该装置产生的流动非常适合于三维测量[304]。正如前文提到的,由于流场十分复杂且可以合理再现,因此涡环实验对于三维测量技术提出了很好的挑战。

9.5.1　成像配置和硬件

图 9.24 给出了除激光面成型光学元件以及电子设备之外的该实验装置的主要部件。光学元件以及电气 - 机械设备的布置在图 9.25 中给出,并在下文中进行描述。

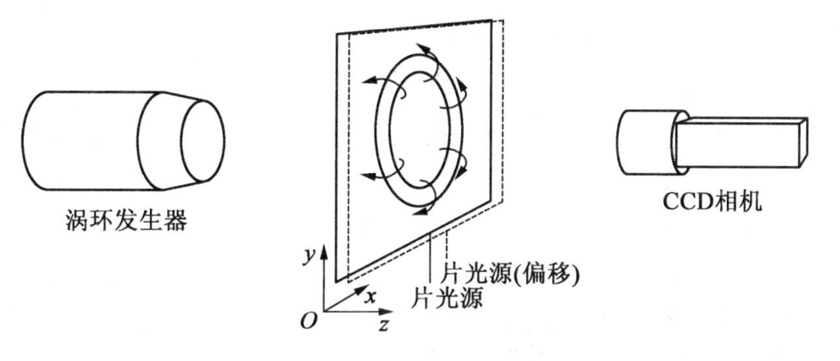

图 9.24　实验装置主要部件示意图

氩离子激光器产生输出功率约为 6 W 的连续激光束。由一个定时器控制的电气 - 机械快门产生脉冲持续时间 $t_e = 5$ ms、脉冲间隔时间 $\Delta t = 33$ ms 的光脉冲,快门与摄像机相位锁定,帧转移时间 $t_f = 2$ ms,快门和光圈大小的控制将激光束外部低强度区域隔绝在外。采用一个由计算机控制的微型步进电机和安装在轴一端的镜片作为扫描仪,与圆柱形扫描透镜(图 9.25)一同用于形成激光面的平行位移。另有一个圆柱形透镜位于扫描仪镜片前方,用于将光汇聚在镜面上。因此一个用于补偿扫描透镜的聚焦作用,从而产生厚度可变化的激光面。激光面成形透镜的焦距足够小，可以形成厚度为观察区域高度两倍的激光面，这样可以减小观察区域光强度的变化。

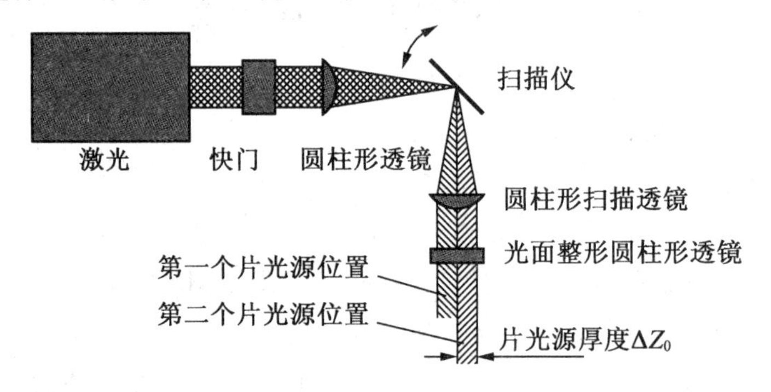

图 9.25　光学元件示意图

扫描仪被采集相机的视频信号相位锁定，且在每两次获取完整图像后改变激光面的位置（图 9.26）。与活塞的运动同步后可以获得三个连续的图像帧，其中两帧包含与涡环轴垂直的相同激光面内的示踪粒子成像（强度场 I 和 I' 分别在时刻 $t=t_0$ 和 $t'=t_0+\Delta t$ 下获取），第三帧包含与第一个激光面平行的激光面内的示踪粒子成像（强度场 I'' 在时刻 $t=t_0+2\Delta t$ 下获取）。激光面的平移距离为 $(Z''-Z')=2.5$ mm，从而激光面厚度（$\Delta Z_0=3$ mm）的重叠率为 $O_Z=17\%$。

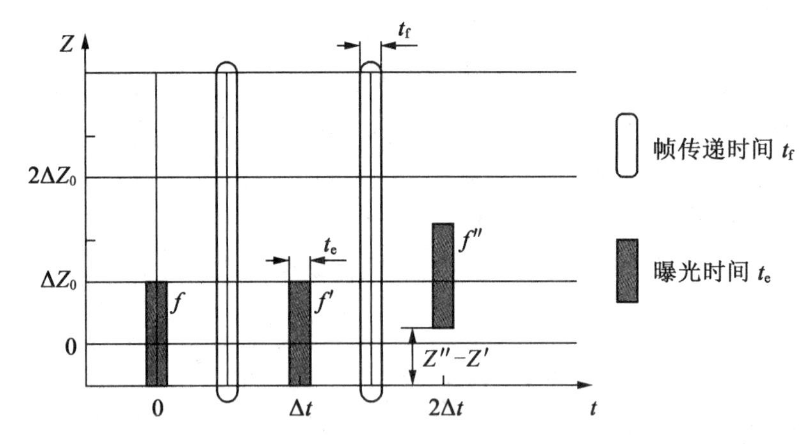

图 9.26　图像获取和激光面位置的时序图

9.5.2　实验结果

为了获得更多有关由上述装置产生的流场信息，首先获取沿涡环中心线的 PIV 数据，如图 9.27 所示。

沿图 9.27 所示直线的轴向速度分量分布可以给出有关平面外的速度分量

信息,这对观察垂直于涡环轴线的平面内流场是十分重要的。图9.28给出了平行于轴线的速度分量的大小。

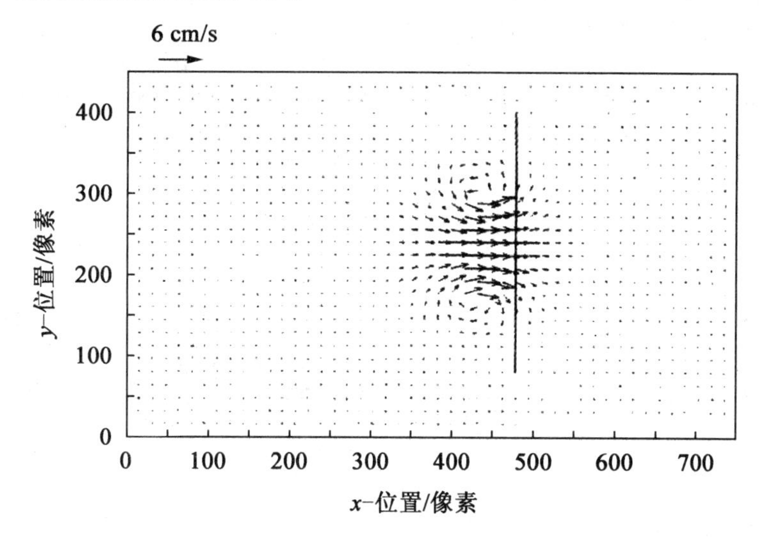

图9.27　涡环轴线上交叉点的流场

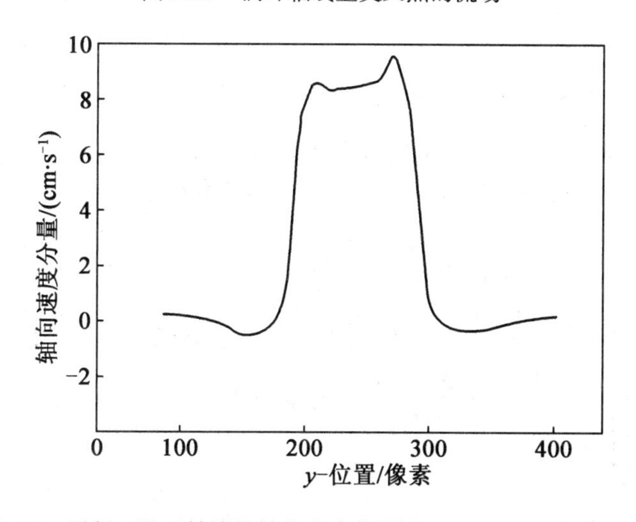

图9.28　平行于涡环轴线的轴向速度分量沿图9.27所示直线的分布

根据上述描述的方法,获取了两个平行的激光面内示踪粒子的三个不同图像帧。两个激光面均与涡环轴线垂直,如图9.24所示。这些图像帧通过将查询窗口 I 与 I' 以及 I' 与 I'' 相关联从而进行评估,进而检测较强峰值的位置并储存每个查询区域内位置 d 处两个相关平面的无量纲强度。查询窗口的大小为 32×32 像素,x 和 y 方向的查询步长均为16像素。查询窗口 I 与 I' 包含了相同激光面内的粒子成像,其评估结果给出了流场中心附近涡环内的异常值(图9.29)。该区域的检测概率较低,这是由涡环中心附近示踪粒子密度的降低以及观察区域中心的高速平面外运动引起的。

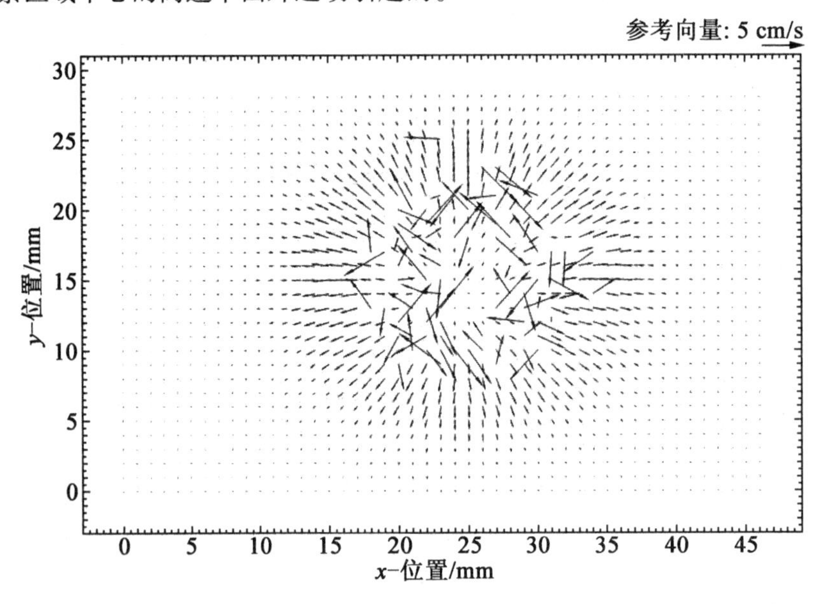

图 9.29 由相同激光面照亮的粒子成像得到的速度矢量图

互相关平面 $R_{II'}$ 内最高峰值的无量纲高度如图 9.30 所示,图中清晰地给出了平面外速度分量的影响(即涡环中心相关峰值高度的低值)。

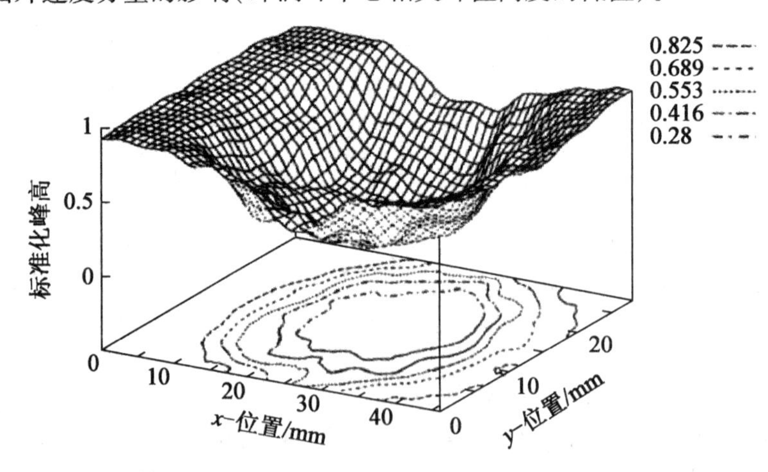

图 9.30 由相同激光面照亮的粒子成像的互相关系数 $c_{II'}$(此示例经过空间平均(3×3的内核)进行光滑)

查询区域 I'' 与 I' 的评估结果显示了涡环外侧的异常值(图 9.31),图 9.32

给出了相关平面 $R_{I'I''}$ 的无量纲高度。在该情况下平面外的速度分量增加了相关峰值高度。

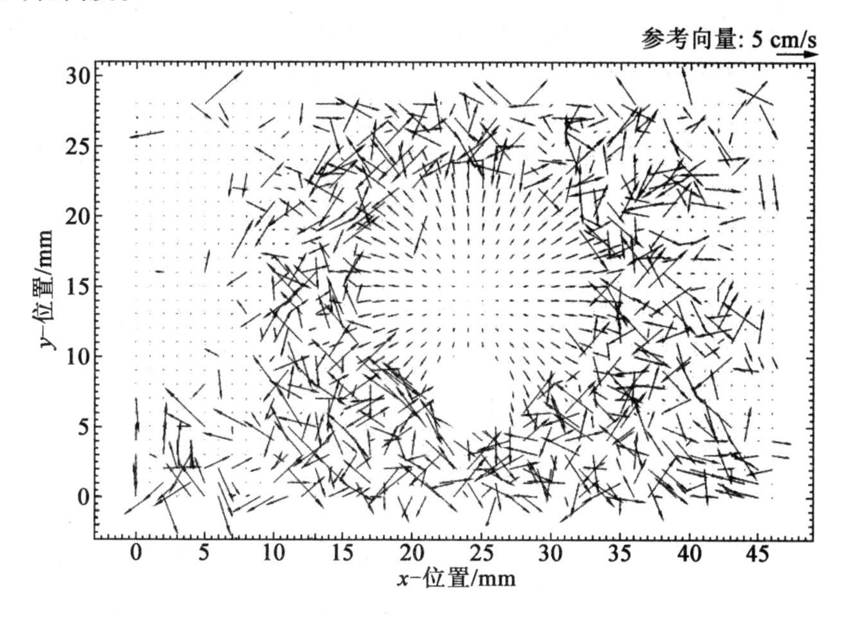

图 9.31 由两个平行的激光面照亮的粒子成像得到的速度矢量图

采用下述评估程序以利用在不同平面内获取的图像。为了获得 $c_{II'}$ 和 $c_{I'I''}$,计算查询窗口 I 与 I' 之间的相关 $R_{II'}$ 以及查询窗口 I' 与 I'' 之间的相关 $R_{I'I''}$,并进行无量纲化。然后采用包含查询单元最高峰值在内的分布,用于确定粒子图像的位移。

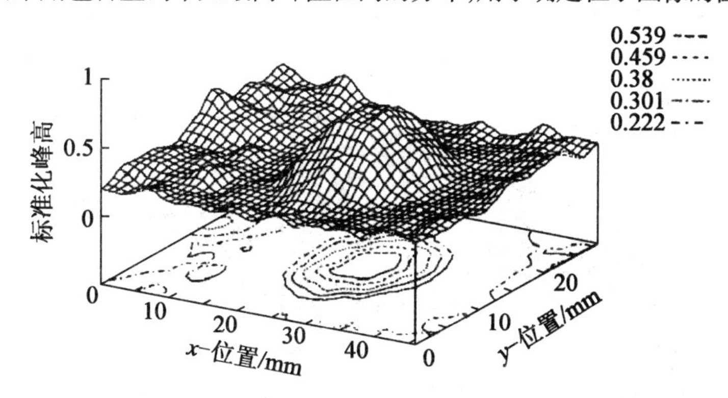

图 9.32 由两个平行的激光面照亮的粒子成像的互相关系数 $c_{I'I''}$(此示例经过空间平均(3×3 的内核)进行光滑)

该程序可以减少异常值的数量(图 9.33),说明相比于传统 PIV,对于相同的 Δt 可以包容更大的平面外分量。采用由此程序得到的峰值位置在两个互相关平面内均可以找到正确且相同的位置用于强度分析。根据7.2节描述的程序和式(7.30)得到的强度进行计算,获得了平面外速度的分布,如图9.34所示。与只评价两帧得到的结果(图9.30和9.32)相比,从图9.34中可以清晰地看到预期的流动结构。

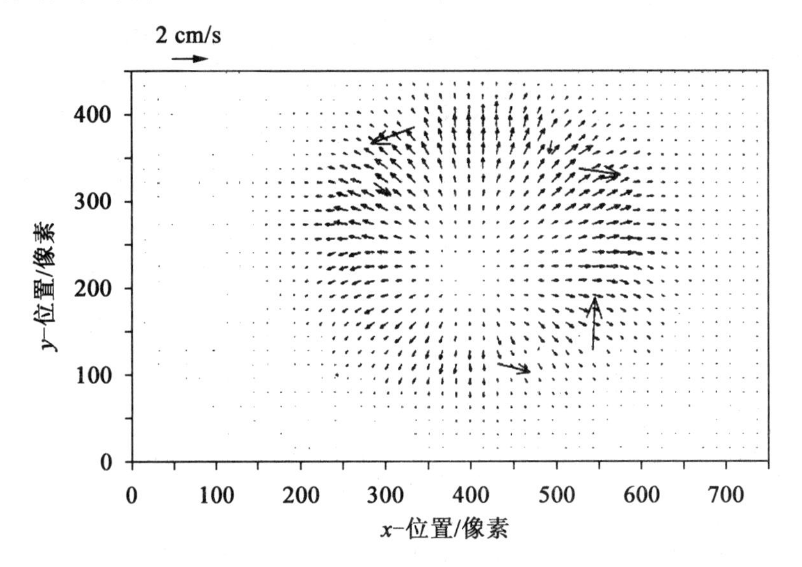

图9.33 考虑两个相关的最高峰值得到的平面内速度矢量图

由双平面相关技术得到的平面外速度的最大值为2.9 mm/33 ms = 8.79 cm/s,与图9.28所示的最大值一致,在两个情况下所测得的速度分布的最小值均趋近于零,最终结果以三维的形式在图9.35中给出。

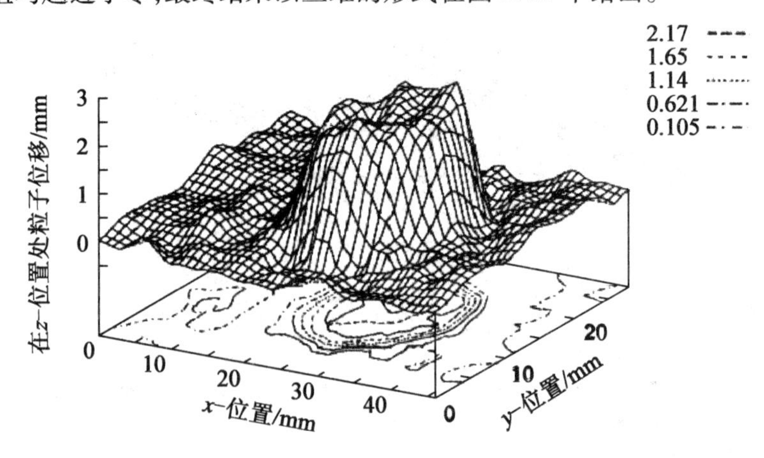

图9.34 通过对每个访问单元相关系数 $c_{II'}$ 和 $c_{I'I''}$ 的结果进行分析得到的出平面速度分布(此示例经过空间平均(3×3的内核)进行光滑)

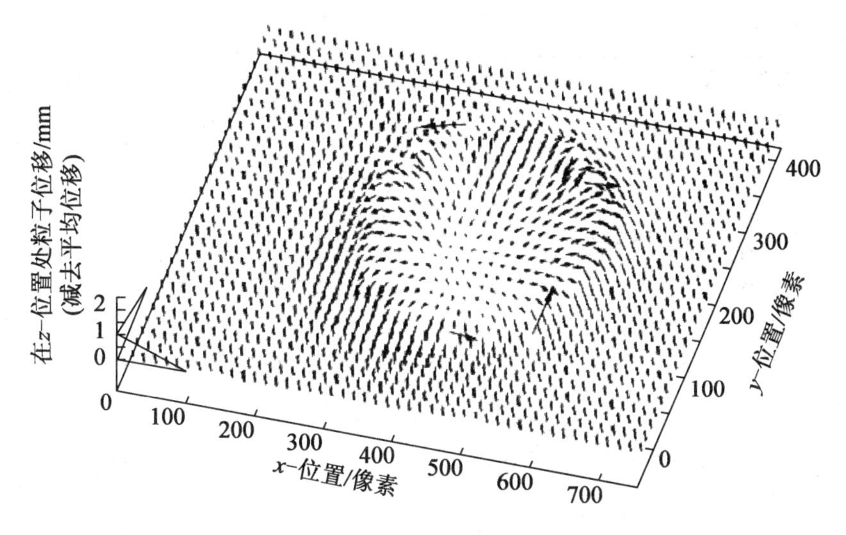

图 9.35　观察平面内速度矢量的三维显示(少数数据未经任何光滑、数据验证和插值)

9.6　大尺度瑞利 - 伯纳德热对流

(由 J. Bosbach、C. Wagner、C. Resagk、R. du Puits 和 A. Thess 提供)

9.6.1　引言

应用 PIV 测量大尺度流动是十分必要的,尤其对于空气对流的研究。将填充有氦气的肥皂泡作为示踪粒子,采用高电能质量交换固态激光器作为激光源,将二者结合可以使立体 PIV 的可测量尺度超过 10 m^2。该技术已经应用到大尺度瑞利 - 伯纳德设施中的自然对流,见表 9.11,用于检测下述特征对流模式。

表 9.11　大尺度瑞利 - 伯纳德热对流 PIV 采集参数

流动区域	从中心横向切割,一半的热对流单元
最大速度	0.4 m/s
视场	12.3 m^2
查询体积	96 mm × 96 mm × 40 mm
观察距离	3.4 ~ 5.9 m
采集方法	双帧/单曝光

续表 9.11

采集介质	CCD 相机
采集镜头	$f=8$ mm,$f_{\#}=1.3$
照明	Nd:YAG 激光器,单脉冲能量 160 mJ
脉动延迟	$\Delta t=30$ ms
示踪粒子	填充有氦气的肥皂泡(直径 $d_p \approx 1$ mm,…,3 mm)

空气湍流热对流不仅对于许多技术应用是必要的,例如车厢内[316,317,319,320]或居民楼的气候设计,而且对于大气升温和海水混合[318]也是必要的。特别是在强迫对流存在的情况下,这样的流动难以区分其尺度,因此全模型尺寸下的大尺度 PIV 是非常可取的。

9.6.2 伊尔梅瑙筒的立体 PIV

最著名的研究自然热对流的实验之一是瑞利-伯纳德实验。在该实验中,流体由底部加热,并由顶部冷却。立体 PIV 对大尺度瑞利-伯纳德热对流的测量在大尺度瑞利-伯纳德设施——伊尔梅瑙筒中进行。伊尔梅瑙筒是内径为 $D=7.15$ m,高度 H 可在 0~6.3 m 内变化的圆柱形容器。在筒的底部有加热板,顶部有冷却板,侧壁几乎绝热。采用环境空气作为流动工质。底部的加热板含有位于混凝土层中的加热丝,类似于电热地暖。为了减小透过底部的热损失,在加热层的下面布置了一层 300 mm 厚的隔热保温层。加热板的表面涂覆有铝箔,以阻止向冷却板和侧壁的辐射散热。底板的最高表面温度可达75 ℃。冷却板由 16 个独立的水冷段组成,水冷段由两个铝板制成,厚度为40 mm,铝板上含有相互连接的冷却盘管,水冷段与一个冷却系统和大蓄水池联合使用可以实现冷却板表面准确的温度分布规律,整个表面的最大温度偏差小于1 K。内侧壁由嵌入隔热保温层的玻璃纤维-环氧化合物制成,厚度为160 mm。为了减小热损失,内侧壁外覆盖了加热系统,用于热损失的主动补偿以及进一步的隔热保温,其厚度为 140 mm。在接下来的实验测量中,瑞利数为$Ra=1.2\times10^{11}$,底板温度设置为 60 ℃,顶板温度为 20 ℃,筒的宽高比为 $D/H=2$。

采用中性漂浮、填充有氦气的肥皂泡作为示踪粒子用于 PIV 测量,由直径为 1~3 mm 的两个气泡发生器产生。肥皂泡从顶部的两个小孔注入筒内。采用双腔 Nd:YAG 激光器作为照明,其单脉冲能量为 160 mJ。示踪粒子由带珀尔帖散热 CCD 芯片的两个 CCD 相机(Sensicam QE,PCO)以及分辨率为 1 376×1 040 像素的立体 PIV 进行检测,如图 9.36 和 9.37 所示。以 2.5 Hz 的重复频率进行采集。为了评估速度场,采用了 48×48 像素的查询窗口,其尺寸大小为 96 mm×96 mm。因此,为了适用于高度三维的空气热对流,激光面厚度与查询窗口尺寸的数量级相同。采用多通查询计算后续图像的查询窗口之间的相关性,通过对相关峰值的 3 点高斯拟合,由子像素精度确定了相关最大值。为了进一步地减少噪声,采用了双相关。查询窗口的重叠率设置为 50%。由于瑞利-伯纳德结构中的热对流对于不对称性十分敏感,因此伊尔梅瑙筒的光学通路受到了极大的限制。为了将激光耦合进入对流单元,在侧壁上布置了一个很小的视窗,并被圆柱形透镜覆盖,用以形成激光面,如图 9.36 和 9.37 所示。激光面厚度通过望远镜可调整至 3~5 cm。由于上文提及的光学限制,CCD 相机需安装在对流单元的内部。为了覆盖对流单元的一半空间,采用了焦距仅为 $f=8$ mm 的透镜。相机之间的角度设为 88°,如图 9.36 所示,相机对测量平面采用反向散射配置进行拍摄,覆盖了略多于对流单元一半的空间,如图 9.37 所示。在此,填充有氦气的肥皂泡所具有的高反向散射效率起到了极大的作用。测量中整个视场的大小为 12.3 m^2。

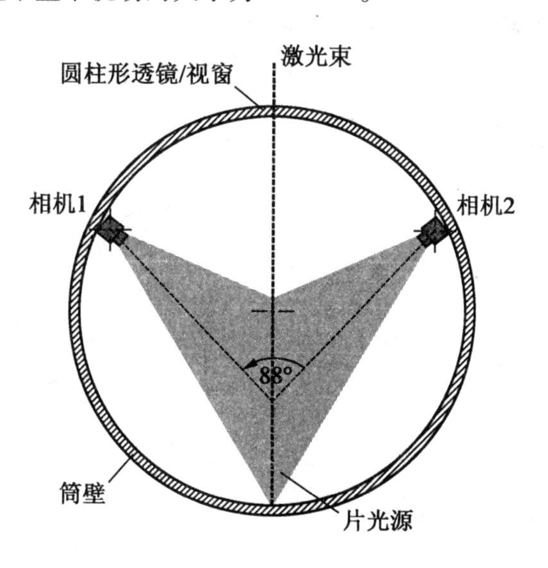

图 9.36　伊尔梅瑙筒内自然对流的立体 PIV 测量俯视示意图

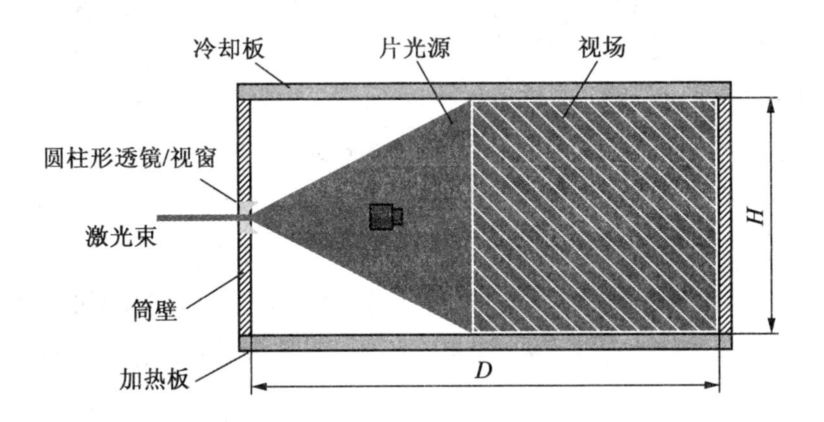

图 9.37 伊尔梅瑙筒内自然对流的立体 PIV 测量侧视示意图

通常在立体 PIV 中,CCD 芯片会倾斜于激光面放置,为了聚焦于整个图像平面内的示踪粒子,一般需要采用 Scheimpflug 适配器。然而对于本实验,在放大倍数 $M = 1.5 \times 10^{-3}$、粒子直径 $d_p = 1$ mm、光圈 $f_\# = 1.3$ 的情况下,视场深度为 $\delta_z = 2.6$ m,因此不需要采用 Scheimpflug 适配器以聚焦示踪粒子。由于在宽高比 $D/H = 2$ 的情况下,期望发生从类似于单个卷起的二维定常流动结构向具有多个卷起的三维流动结构变化的螺旋结构的过渡现象,其中流动结构呈现周期性的变化[321,322],因而测量的目的在于利用粒子图像捕捉到上述流动结构。为了识别这些典型的流动结构,评估瞬时速度的三个分量以及 114 个速度场的平均。

作为示例,图 9.38 和 9.39 分别给出了伊尔梅瑙筒内单个自然对流卷起结构的瞬时速度场和平均速度场。从图中可以清楚地看出,流体在底部向右朝侧壁运动,并沿侧壁向上运动,直至运动到顶部的中心。将以时均速度表示的均匀流动结构与瞬时速度场进行比较可以看到热羽流,即从加热底部喷出的空间变化的局部射流。除了由激光面内的速度分量主导的螺旋结构外,还检测到平面外速度分量占主导的流动结构[315]。

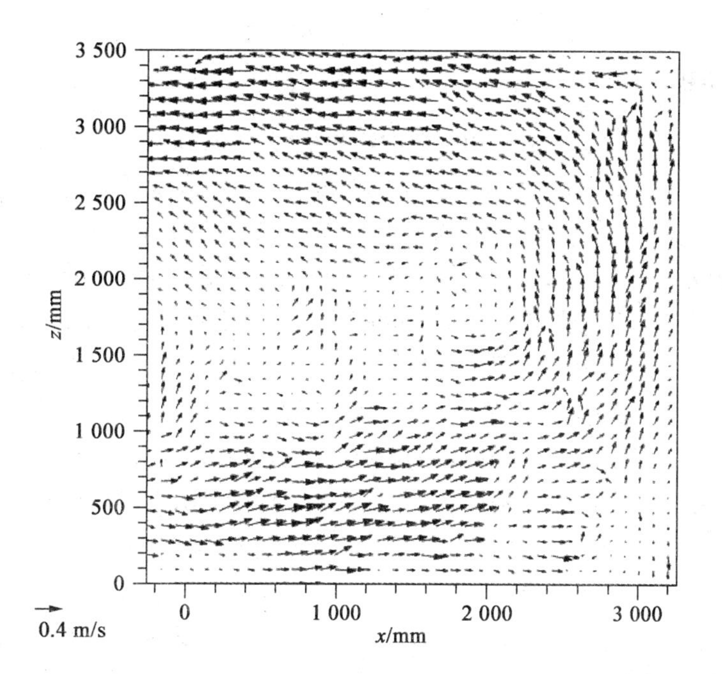

图9.38　宽高比 $D/H=2$ 的伊尔梅瑙筒内单个自然对流卷起结构瞬时速度场,筒中心位于 $x=0$,加热底部附近速度在空间上的脉动表明了热羽流的存在

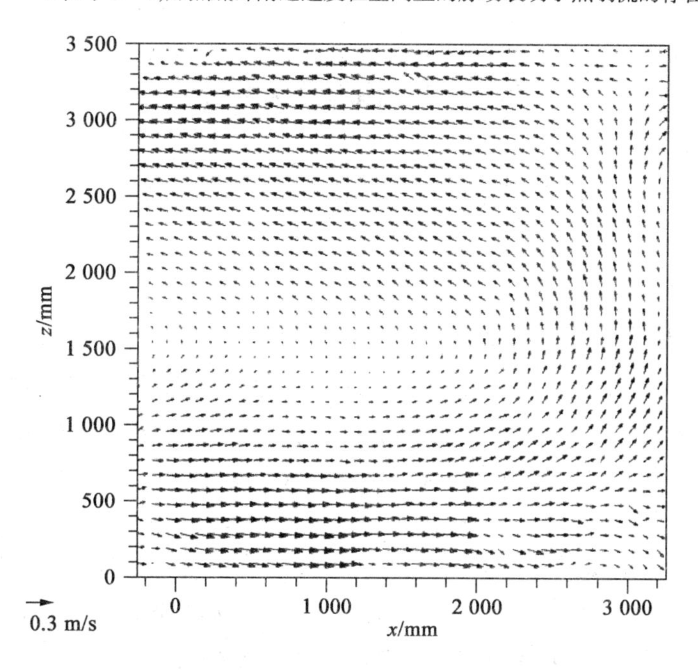

图9.39　宽高比 $D/H=2$ 的伊尔梅瑙筒内单个自然对流卷起结构114个速度场的平均,筒中心位于 $x=0$

9.6.3 结论

以中性漂浮的填充氦气的肥皂泡作为示踪粒子，以纳秒激光脉冲作为激光源，二者的结合对于大尺度空气流动的测量是非常有前途的方法。该方法的可行性已通过对大尺度瑞利－伯纳德自然热对流的立体 PIV 实验测量进行验证，实验中视场大小为 12.3 m^2。在本实验设置中，除了异常高的散射率，作为示踪粒子的填充氦气的肥皂泡所具有的高反向散射效率也起到了极大的作用。

利用大尺度 PIV 针对伊尔梅瑙筒内自然对流的测量，使对 RB 热对流中特征流型的识别成为可能。在宽高比 $D/H=2$ 的情况下，可以检测到预期的不同的流动结构。除了类似单个或两个对流卷起的螺旋结构，也观察到平面外速度分量占主导的流动结构。然而，对于利用 PIV 对伊尔梅瑙筒内瑞利－伯纳德对流进行模型预测的验证，两台相机最好安装在绝缘侧壁的内部，这样不会破坏流动和对流单元的热屏蔽。

尽管在此讨论了在基础研究设施中的应用，涉及氦气填充的肥皂泡的大尺度 PIV 可以是许多涉及大尺度空气流动的技术应用研究的强大工具，例如，汽车、火车、机舱[315]、净化室内的通气，甚至是风洞测试。

9.7 PIV 图像序列的分析

（由 R. Hain 和 C. J. Kähler 提供）

9.7.1 引言

所有传统双脉冲 PIV 系统原理上的缺点在于时间流动信息的缺失以及在粒子成像位移较小区域内相对较低的测量精度[79]。第一个问题目前可以通过以下方式解决，即高速 CMOS 相机与高重复率发光二极管激光器相结合。由于粒子成像位移需要局部调整以减小相对测量误差，因而第二个问题的解决则需要全新的评估和采集方法。

为此 KÄHLER 和 KOMPENHANS[200] 提出了一个评估方法，通过考虑信息的时间通量，扩大动态范围，从而提高测量精度。通过采用此评估方法，使动态速度范围很大的流动研究成为可能，如层流分离泡（图 9.40）和边界层流动[324]。举例来说，层流分离泡内部的典型流动速度（图 9.40）是外部流动速度的 1/40。在此所述的多帧 PIV（Multiframe PIV）评估的原理是粒子成像位移的局部优化,具体可参见文献[324]。该方法可以通过计算在空间和时间上具有二阶精度的局部位移来实现,其中一对图片模板(查询窗口)之间的时间间隔为决定性优化参数。该方法需要经过正确采样的流场。为了获得最大可能的粒子成像间隔以及测量精度,首先采用了传统多通查询与标准窗口偏移以及窗口变形技术相结合,估计了具有标准精度的局部位移。在下一次迭代中,通过正确选择相关判据,比如所需的粒子图像位移、信号强度和信噪比,其中需要考虑梯度、曲率和加速的影响,上述位移场决定了每个矢量位置的查询窗口之间的时间间隔[323,324]。在下一通中,对每个位置的优化时间间隔进行了重复评估,并在给定的时刻附近对称地选择了相关计算所需的空间模板。由于时间间隔会影响相关峰值的信号强度,例如平面外图像对损失和梯度影响,因此所需的动态范围会在不满足验证判据时自动减小,在精度进一步提高时自动增大。这种方法最终会得到优化位移场,根据预定判据,此优化位移场具有最高精度。在 t 时刻经过此评估后,上述步骤在 $t+n\Delta t$ 时刻进行,其中,需要选择合适的 n 值以实现时间流动现象的正确采样。

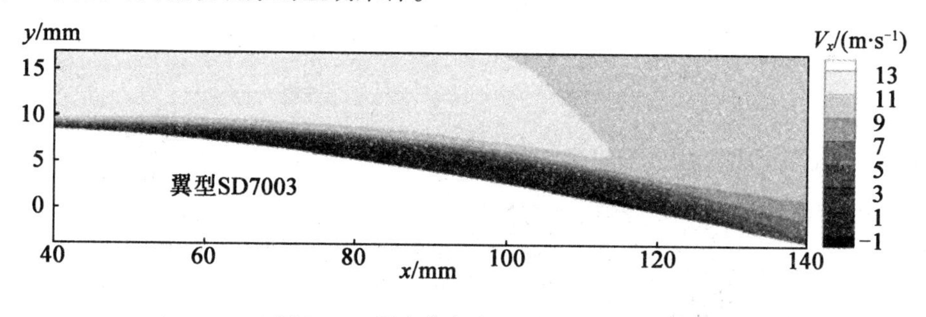

图9.40　层流分离泡(平均速度场)

9.7.2　模拟 PIV 图像序列的评估

为了定量地证实上述分析方法的能力,根据对带有转捩和湍流再附着的层流分离泡的直接数值模拟(DNS)[325]求解,形成了一个合成图像序列[323]。气泡内外流动速度的最大差距可以从图9.41中清楚地看出。图9.42给出了传统评估方法(图9.42(a))和多帧评估方法(图9.42(b))与DNS精确解之间的相对偏差。

对于传统评估方法,气泡内和转捩区域的测量误差超过40%,若采用多帧评估方法,该误差的平均值会减小至原来的1/15。由于该区域内的高速平面外运动,只有少数矢量无法改进(即总的信息缺失)。

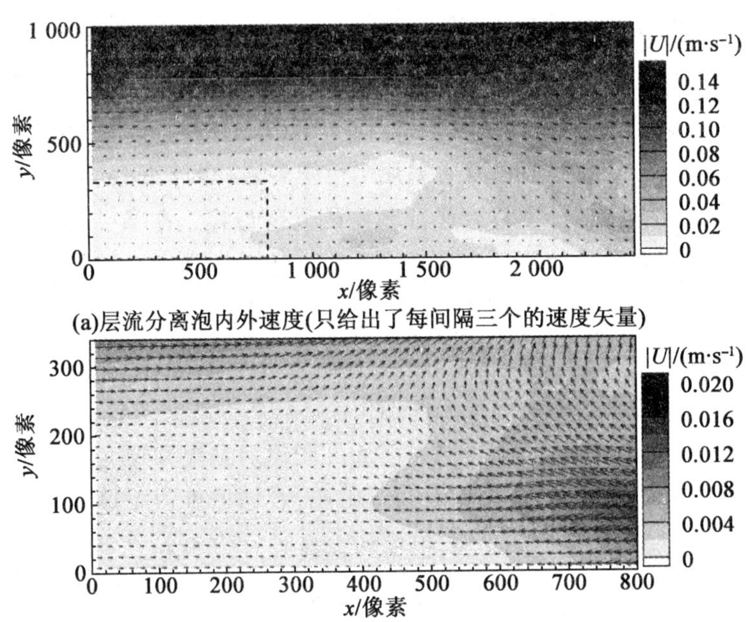

(a)层流分离泡内外速度(只给出了每间隔三个的速度矢量)

(b)左下角的放大图(给出了每个速度矢量,矢量长度为图(a)中的30倍)

图 9.41　数值模拟

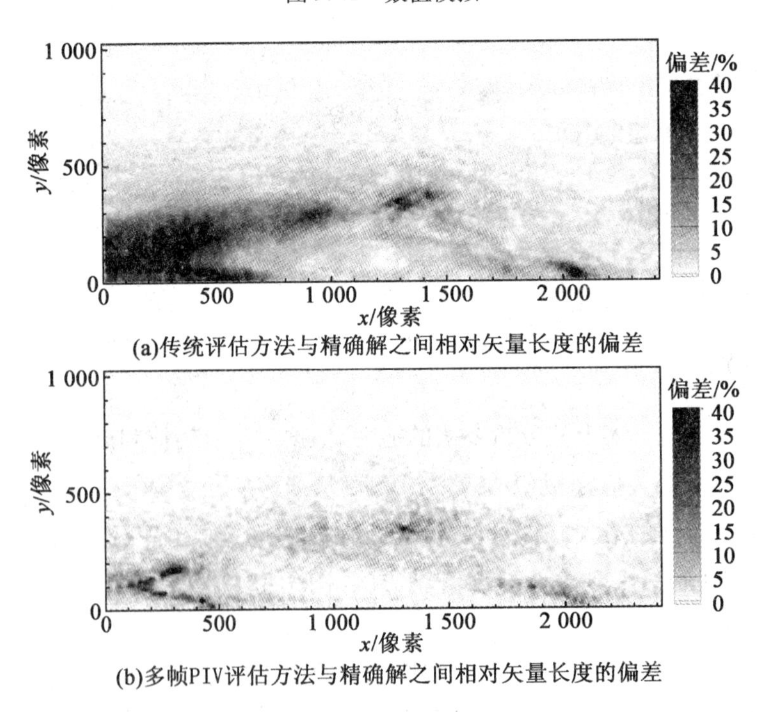

(a)传统评估方法与精确解之间相对矢量长度的偏差

(b)多帧PIV评估方法与精确解之间相对矢量长度的偏差

图 9.42　基于 DNS 数据的标准 PIV 评估和多帧 PIV 评估

9.7.3 SD7003 翼型上流动分离的研究

为了实验验证上述评估方法的性能，对雷诺数 $Re = 2 \times 10^4$ 下 SD7003 翼型吸力面的层流分离进行了实验研究，实验在布伦瑞克工业大学流体力学研究所的水洞中展开，如图 9.43(a)所示。该应用实例中的 PIV 采集参数在表 9.12 中给出。多帧评估方法可以实现约为 $DVR \approx 1\,000$ 的极大动态速度范围。分离泡内部的速度比外部速度小 50 倍左右，而且从图 9.43(b)可以清楚地看出，甚至在实际情况下多帧评估的效果也很好。

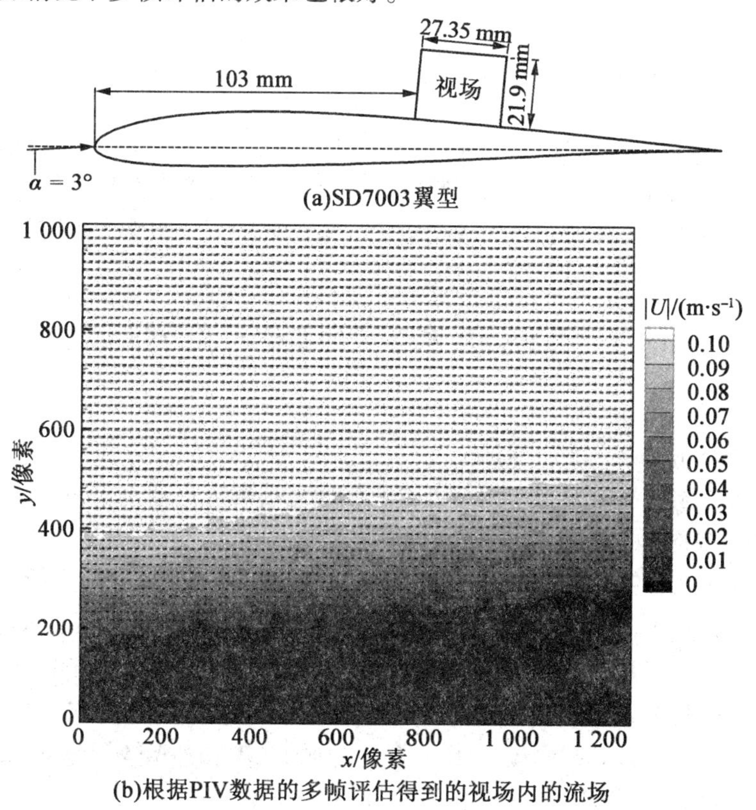

图 9.43 翼型与其流场示意图

表 9.12 SD7003 翼型的时间分辨 PIV 研究的记录参数

流动区域	平行于激光面
平面内最大速度	0.1 m/s
视场	27.35 mm × 21.9 mm
查询体积	0.68 mm × 0.68 mm × 0.5 mm

续表 9.12

动态空间范围	≈40
动态速度范围	≈1 000(多帧评价)
采集方法	单帧/单曝光,等间距时间间隔
采集介质	CMOS 相机(1 200 HS)
采集镜头	$f=108$ mm,$f_{\#}=2.8$
照明	连续 Ar^{+} 激光(8 W)
采集频率	$f=636$ Hz
示踪粒子	空心玻璃球(直径 $d_p\approx30$ μm)

这些结果都清楚地证实了应用多帧 PIV 评估方法可以增大动态速度范围以及提高测量精度。因此该方法特别适合于数值模拟和湍流模型的验证,需要非常高的精度在计算概念之间进行决定。更具体的可以参考文献[323]。

9.8 跨声速三角翼上的速度和压力分布

(由 R. Konrath 和 C. Klein 提供)

实验诊断方法的并行应用可以更完整地描述复杂流动现象,并为数值模拟验证提供高质量的数据。作为示例,给出了压敏涂料(PSP)技术和 PIV 的并行应用。这样的研究已经在国际涡流实验(VFE-2)框架中展开,应用上述技术对亚声速和跨声速下的 65°三角翼进行风洞测试。自从 2003 年以来,VFE-2 一直在 RTO(NATO 研究和技术组织)的 AVT-113 课题组的框架下进行。该研究小组的目标是运用现代测量技术对三角翼开展新型风洞测试,以及将实验数据与先进数值计算程序进行比较[326]。在测试中,由 NASA Langley 提供的三角翼模型具有尖锐和圆滑的两种前缘。

表 9.13 三角翼上速度和压力联合测量的 PIV 记录参数

流动工况	$Ma=0.4, R_{MAC}=3\times10^6$
最大平面内速度	$U_{max}=200$ m/s
查询体积	140 mm×60 mm×294 mm($H\times W\times D$)
动态空间范围	≈30
动态速度范围	≈80

续表 9.13

观察距离	$z_0 \approx 0.6$ m
采集方法	多帧,单曝光
采集介质	PCO SensiCam QE,1 376 × 1 024 像素
采集镜头	$f = 60.0$ mm,$f_{\#} = 5.6$
照明	Nd:YAG 激光①,单脉冲能量 300 mJ
脉动延迟	$\Delta t = 4$ μs
示踪粒子	DEHS 液滴(直径 $d_p = 1$ μm)

①倍频

作为“探路者”型的测试,采用 PSP 可以测量模型表面的压力分布。这些结果首次给出了很大攻角范围内的三角翼上的流动拓扑信息。根据对第一个 PSP 结果的分析,选择了特定的攻角和三角翼上测量平面内的特定位置开展了第二次 PIV 测试。所测得的速度场提供了有关瞬时速度场和时均速度场的具体信息。

立体 PIV 装置(图 9.44)允许对三角翼上不同弦长位置处垂直于模型轴线的平面内的流动速度进行测量。在风洞运行时激光面和相机可以沿模型轴线平移。为了实现不同攻角下的快速调整,上述布置也结合了旋转盘。

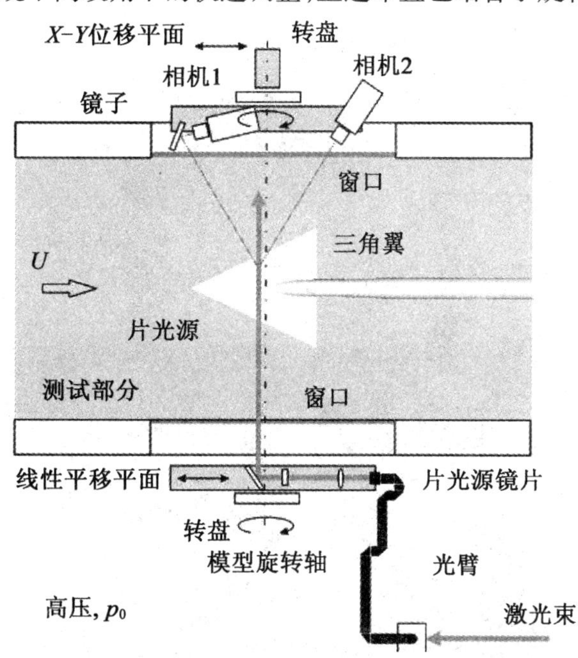

图 9.44　跨声速风洞 DNW - TWG 打孔试验段内部的立体 PIV 布置,同时给出了经过涂覆的三角翼和激光面

对于目前的三角翼结构,在圆滑前缘的情况下会产生特定的流动拓扑结构。除了著名的外侧主涡之外,VFE-2 小组通过 FRITZ 的流动计算(EADS-慕尼黑,参见文献[326])首次证实了 $M=0.4$,$R_{MAC}=3\times10^6$(基于平均气动弦长)和攻角 13°工况下另一个发展起来的内侧主涡。该计算由 PSP 结果引起,并利用测得的压力分布设置模拟参数。随后获得的 PIV 结果与计算得到的流动拓扑结构符合很好。从图 9.45 中可以清楚地看到流动拓扑结构,同时图中也给出了测量得到的模型表面的压力分布以及平面内不同弦长位置处的速度和涡量分布。在此工况下,流动首先在前缘 $x/c_r=0.5$ 的位置处分离,从而形成主涡,并在压力分布中产生很强的吸气峰值。然而,在外侧主涡起源下游的内侧检测到另外一个较弱的具有最大峰值高度的吸气峰值。$x/c_r=0.6$ 处的速度分布表明此吸气峰值是由另一个与外侧主涡具有相同旋转方向的内侧涡结构产生的,该内侧涡由上游 $x/c_r=0.4$ 处表面附近产生的薄层涡结构发展而来。瞬时 PIV 结果[327]表明此涡结构包括若干共同旋转的小涡,这些小涡遍布展向方向,流动在外侧主涡和内侧涡结构之间再附着于表面,并再次发生分离,从而内侧涡结构的涡流从 $x/c_r=0.5$ 处表面分离。这些小涡聚并从而形成圆形的内侧涡,因而在 $x/c_r=0.6$ 处可以观察到两个旋转方向相同、尺寸基本一致的涡结构。随着向下游发展,涡量只输入外侧主涡,因而内侧涡结构强度逐渐减弱,且内侧涡和外侧涡保持分离而不再合并。

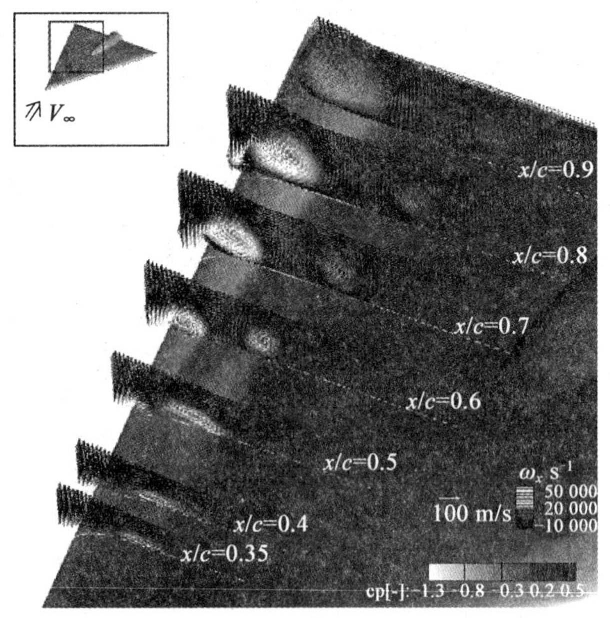

图 9.45　$\alpha=13.3°$、$Ma=0.4$ 和 $R_{MAC}=3\times10^6$ 工况下前缘圆滑的三角翼上的时均压力、速度和涡量分布,给出了垂直于三角翼轴线的平面上的平面内速度矢量,矢量的灰度值对应于平面外涡量,三角翼表面的灰度值对应于局部压力系数

9.9 后台阶流动中相关结构的检测

(由 C. Schram、P、Rambaud 和 M. L. Riethmuller 提供)

9.9.1 引言

本小节提出了一个能自动检测和表征广义二维二分量(2D-2C)速度场内相干结构的算法。该方法基于连续小波变换[329],其在空间域和频域的特征选择允许自动定位和确定速度场内相干结构的核心尺寸。相干结构通常被认为是在一定空间范围和时间内表现出一定相干性的旋转流体内的斑点,其自身比背景湍流更具能量[329,331,335,336]。利用由 PIV 数据计算得到的拟涡能(涡量的平方)场来发展该方法。

9.9.2 涡结构检测算法

检测算法的稳定性在本应用实例中是一个关键问题,需要禁止实验噪声对涡流场的污染,同时将剪切和旋转运动区分开。连续小波变换的滤波特性与拓扑判据结合可以获得最大稳定性。

假设涡量在一个涡的横截面内的分布近似于高斯分布(奥辛涡),从而选用二维 Marr 小波(也称墨西哥帽(Mexican Hat)小波)作为小波基:

$$\Psi(x,y)=(2-x^2-y^2)\exp\left[\frac{-(x^2+y^2)}{2}\right] \tag{9.1}$$

涡结构检测算法在于找到瞬时涡量平方场($\omega^2(x,y)$)或拟涡能经连续小波变换后的局部最大值:

$$\widetilde{\omega^2}(l,x',y') = \iint_{\mathbb{R}^2}\omega^2(x,y)\Psi_{l,x',y'}(x,y)\mathrm{d}x\mathrm{d}y \tag{9.2}$$

式中,$\Psi_{l,x',y'}(x,y)$为对式(9.1)小波基进行平移和适当缩放后得到的子小波。三维小波变换 $\widetilde{\omega^2}(l,x',y')$局部最大值的位置表明了其坐标($x',y'$)和相应候选涡的尺度 l。小波尺度 l 和涡核直径 σ_c 之间的比例系数已在文献[339]中解析获得。

剪切和旋转运动

为了确定流型是由剪切运动还是旋转运动主导,在每个位置都应用了拓扑判据[272,328,330],在此采用了基于 λ_2 参数经二维简化的判据[332]:

$$\lambda_2=\left(\frac{\partial u}{\partial x}\right)^2+\left(\frac{\partial v}{\partial x}\right)\left(\frac{\partial u}{\partial y}\right) \tag{9.3}$$

λ_2 在旋转流动区域的值为负。值得注意的是,式(9.3)只有在流动是局部二维且对齐于测量平面的情况下才适用;否则,$\lambda_2<0$ 判据可能会错误地表示

涡结构的存在(或缺失),这是由全速度梯度张量中分量的缺失造成的。

当对流动的二维性不做假设时可以用另一个判据来忽略剪切层,该判据基于候选涡的各向同性。对转换候选涡模式和各向同性高斯模式之间相关性的系数进行计算:

$$\alpha(l,x',y') = \frac{\widetilde{\omega}^2(l,x',y')_{\max}}{\widetilde{\omega}^2(l,x',y')_{\text{th}}} \tag{9.4}$$

式中,$\widetilde{\omega}^2(l,x',y')_{\max}$是在候选涡位置处的最大小波系数;$\widetilde{\omega}^2(l,x',y')_{\text{th}}$是检测到涡核半径为小波尺度 l 的奥辛涡时小波变换应该具有的理论值。

综上,涡结构检测算法对于涡结构的判据是小波变换 $\widetilde{\omega}^2(l,x',y')$ 具有局部最大值,且同时满足 $\widetilde{\omega}^2(l,x',y') \geqslant \widetilde{\omega}^2(l,x',y')_{\text{thresh}}$,$\lambda_2(x',y') \leqslant \lambda_{2,\text{thresh}}$ 和 $\alpha(l,x',y') \geqslant \alpha_{\text{thresh}}$。

9.9.3 后台阶流动中的应用

1. 实验装置和测量

实验在低速风洞中展开,其中低速风洞的示意图如图 9.46(a)所示。试验段被一个有机玻璃平板分隔成两部分,台阶上游的管道截面大小为 0.2 mm × 0.08 mm。突扩部分的扩张比为 1.25,其定义为台阶下游试验段高度 L_y 与台阶上游试验段高度之比。台阶上游入口的自由来流速度为 U_0 = 3.8 m/s,基于此速度的雷诺数为 $Re_h = \frac{U_0 h}{\nu} \simeq 5\ 100$。

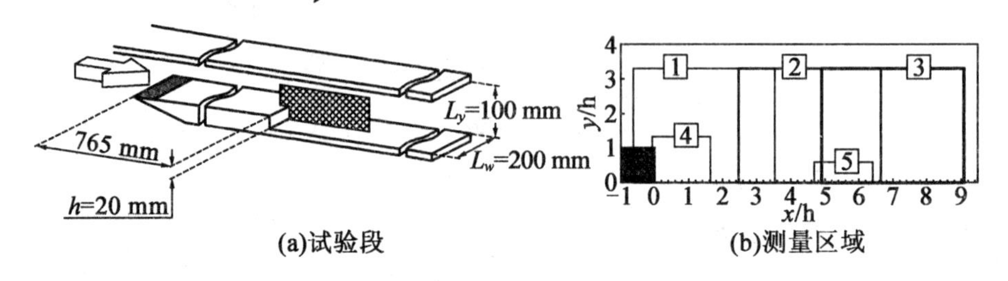

图 9.46 后台阶实验结构

采用单脉冲能量达 200 mJ(脉冲持续时间约为 5 ns)的双脉冲 Nd:YAG 激光器照亮试验段中间平面内流动的细薄垂直面。示踪粒子为直径 1 μm 的油粒子,从离心鼓风机的入口注入流动中。应用 12 位风冷数码 PCO 相机采集粒子图像,全帧分辨率为 1 280 × 1 024 像素。采用了焦距为 f = 50 mm,光圈 $f_{\#}$ = 4 的尼康物镜。通过计算机的采集板卡,结合 PCO 软件,以 4.1 Hz 的帧频可获取 32 对图像。

对图 9.46(b)所示的视场进行了五次 PIV 测量,针对区域 1、2 和 3 进行了涡结构检测。每次测量中获取了 1 024 对图像,并采用冯·卡门流体力学研究所开发的 PIV 互相关软件——窗口失真迭代多重网格(Window Distortion Iterative Multigrid,WIDIM)进行了处理。该软件的具体信息可参见文献[337]。采用 50%

的重复率得到了包含212×169个速度矢量的速度场,空间分辨率为$h/50=0.4$ mm。

2. 统计结果

通过对区域1、2和3的1 024个速度场进行系综平均,得到了如图9.47所示的平均速度场。从文献[340]中提取出了平均速度分布、湍流强度和雷诺应力,与LE等[334]获得的DNS数据符合很好。

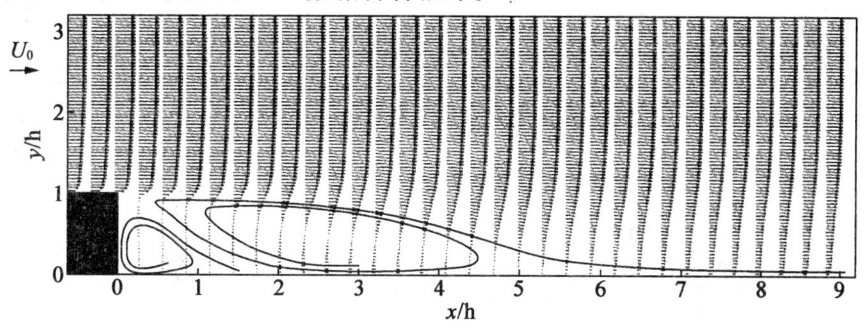

图9.47 系综平均速度场

3. 涡结构检测

图9.49给出了涡结构检测程序的典型结果,其中叠加在涡量场上的圆圈表明了每个检测位置处涡核的大小。将速度场减去涡核区域内的平均速度,可以得到缩略图内显示的旋转运动。

图9.48结合了检测到的相干结构的涡核环量Γ_c和直径D_c,用以模拟傅里叶域的经典能谱。图中给出了基于环量Γ_c的无量纲能量与无量纲波数之间的关系,其中波数以涡核直径D_c的倒数形式给出。图9.48中代表平均能谱的线段的斜率约为−3。而在LE和MOIN的研究[333]中,在($x=5h$,$y=2.03h$)位置处的流向速度分量能谱E_{uu}也获得了此斜率。

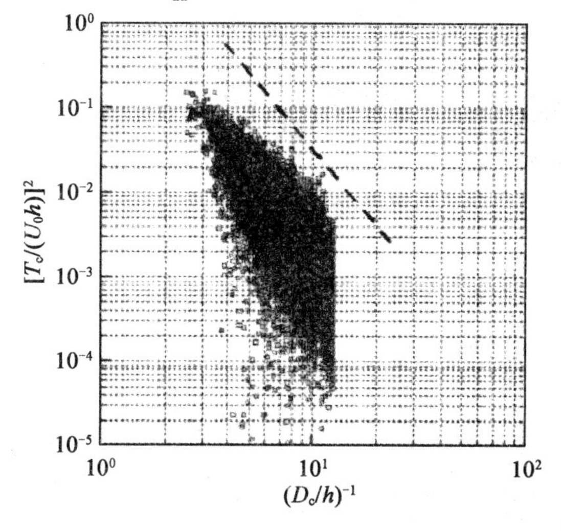

图9.48 基于检测到的涡结构特性进行计算得到的湍流谱

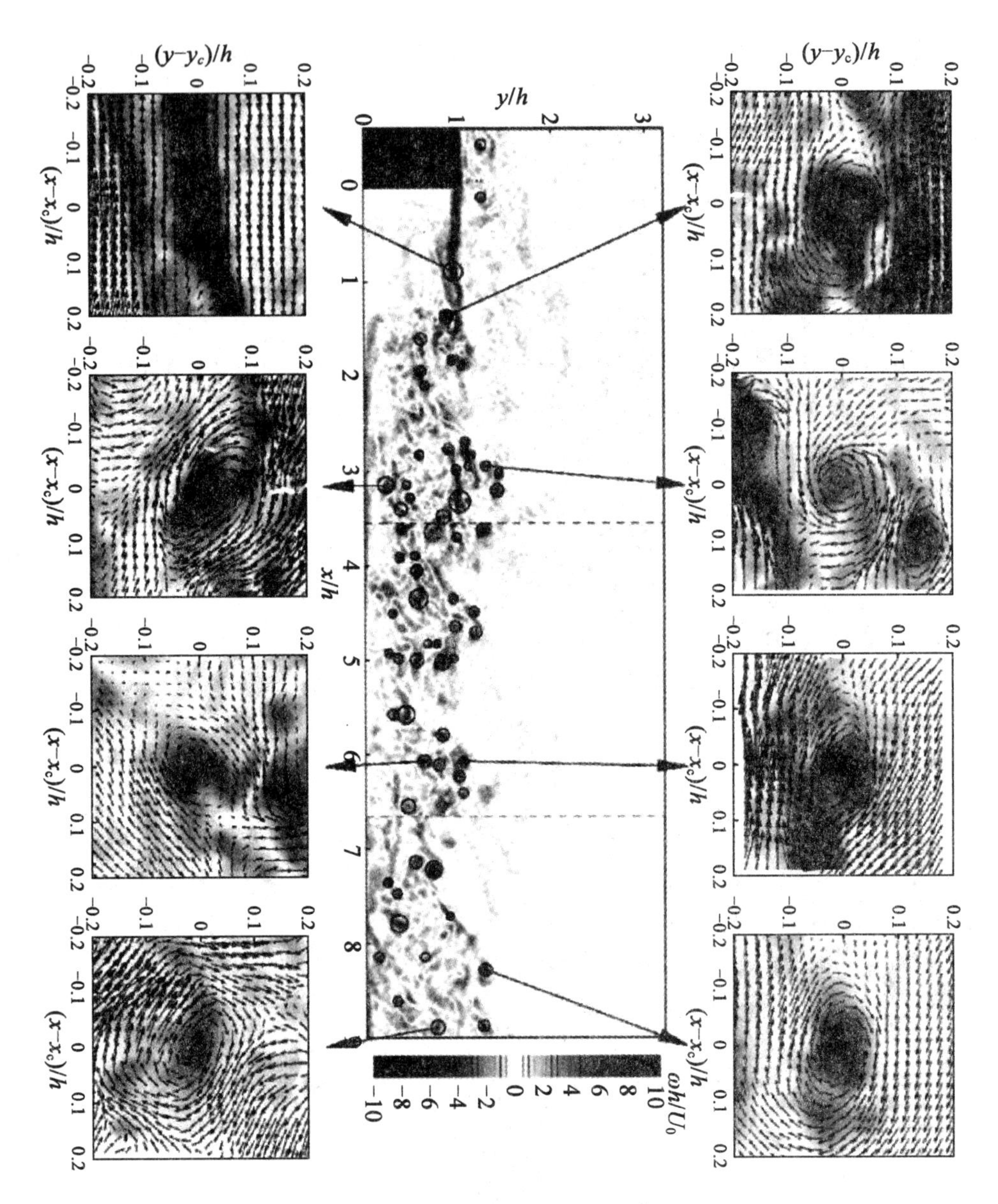

图 9.49　涡结构检测实例，判据为$\frac{\omega_{\text{thresh}}h}{U_0}=2.695$，$\frac{\lambda_{2,\text{thresh}}h^2}{U_0^2}=-4.543$和$\alpha_{\text{thresh}}=0.5$。圆圈代表涡核的大小，一些涡结构的具体速度场是从瞬时速度场中减去涡核区域的平均速度后得到

有关此流动中相干结构的进一步统计结果已在文献[338]中给出。此外，还发现这些结果对判据的变化仍能保持稳定。

9.9.4　结论

基于空间的选择性特性以及连续小波变换的缩放，开发了相干结构检测算法。针对实验数据的应用，需要特别关注算法的稳定性。为了获得统计上的收敛通常需要大量的数据，为此需要实现自动化分析。通过检测算法获得的结果导出了相干结构的统计特性。基于检测得到的涡结构尺寸和环量，获得了伪湍流能谱，此能谱的衰减与已有文献内的数值模拟结果有相似的斜率。

9.10　圆形空气射流中涡配对的定量研究

（由 C. Schram 和 M. L. Riethmuller 提供）

9.10.1　引言

本研究的目的在于预测由低马赫数圆形空气射流中的涡配对所产生的气动噪声。基于 PIV 提供的流场描述，采用气动声学类比法——涡声理论，获得了声远场。利用实验数据作为气动声学预测方法的输入信号即是本研究的独特之处。由于气动声学预测对流动数据中的误差十分敏感，因此测量精度就显得尤为重要[342,345]。

为了重构涡配对的伪时间演化，基于传统的低频 PIV 采集系统设计出了一种同步技术。为了获得空间和相位上稳定的重复涡配对，该技术涉及射流不稳定性的激励。PIV 图像的采集与激励信号同步，可以获得伪时间分辨的图像[346]。

下面集中讨论 PIV 测量的技术细节以及针对随机误差和系统误差的估计。文献[345]、[347]中详细阐述了有关气动声学理论的发展，基于 PIV 的噪声预测与声学测量之间的比较将在 9.10.7 小节给出。

9.10.2　声激励射流设备

声学激励的亚声速射流实验装置的示意图如图 9.50 所示。空气经过蜂窝整流器进入喷管，通过位于喷嘴收缩口上游的网格后，湍流度进一步减弱。收缩口下游端的边界层为层流状态。出口直径为 $D=0.041$ m，排出到消声室内的射流速度为 $U_0=34.2$ m/s。沉降室的壁面覆盖了 10 cm 厚的吸声泡沫以减弱沉降室的声谐振。

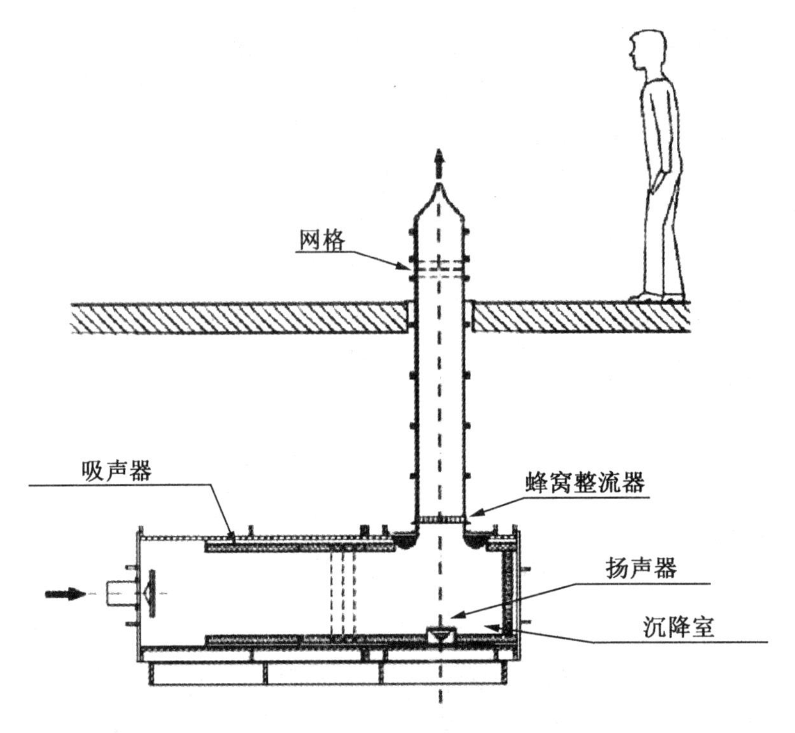

图 9.50　声学激励的亚声速射流实验装置示意图

图 9.51 中的图像展示了通过烟雾显示法得到的涡配对序列。在配对之前的前涡环和尾涡环分别指定为 L 和 T，在对应于声学发射峰值的时刻，二者与图像中心共平面[343]。由前涡环和尾涡环合并产生的涡环定义为 M。

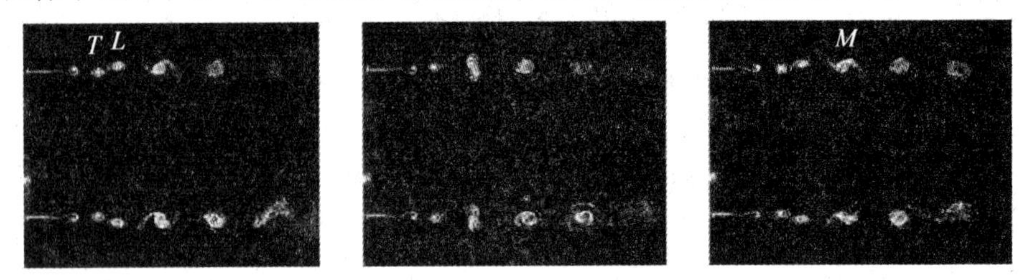

图 9.51　涡配对的烟雾可视化

9.10.3　PIV 测量

示踪粒子为直径 1 μm 的油滴，通过采用加热平板使油加热从而蒸发后，再冷凝而形成。为了在剪切层内获得均匀的粒子分布，对测量空间内的整个体积都布置了示踪粒子。采用双脉冲 Nd:YAG 激光器产生脉冲间隔为 10 μs 的短脉冲(持续时间小于 5 ns)对。采用两个球面透镜和一个圆柱形透镜将激光束变成激光面，用于照亮喷嘴出口区域的射流的子午面。通过采用风冷12位PCO CCD相机和安装在计算机上的图像采集卡获取了32对粒子图像，其中相机内采用了1 280×1 024像素的逐行扫描传感器芯片组，图像采集卡由PCO软件控制；采用了脉冲延迟发生器对相机和激光器进行同步。激光以8.012 Hz的频率激发，CCD相机以该频率的一半，即4.006 Hz获取图像对。应用焦距50 mm的透镜以减小光学畸变。

PIV系统与声激励信号的同步可以产生32个图像的伪时间分辨序列，跨越了两个激励周期以覆盖至少一个完整的配对事件。为了在很好的时间分辨率下对涡配对进行采样，随机地采集了100个序列。

采用冯·卡门流体动力学研究所开发的PIV软件——窗口失真迭代多重网格（WIDIM[157]）对粒子图像进行处理，基于粒子图像对的互相关进行数据分析。采用高斯插值格式在亚像素精度下获得相关峰值的位置。基于多重网格预估－校正方法获得精细的空间分辨率，采用50%的查询窗口重叠率进一步提高空间分辨率。最后，对查询窗口应用一阶变形解决射流剪切层的大速度梯度问题。上述步骤可以在保证高于96%的验证率下获得0.33 mm的空间分辨率。当相关峰值的幅值比第二高峰值至少大50%时，对矢量进行验证。表9.14总结了PIV互相关图像查询算法和不确定性分析的参数。空间分辨率表示射流直径为D和涡核直径为σ_c的一小部分。此处涡核定义为切向速度随到中心距离的增大而增大的区域[339]。

表9.14 PIV互相关图像查询算法和不确定性分析的参数

查询算法	
初始窗口大小	20×20像素
精细步数	1
最终窗口大小W_s	10×10像素
窗口重叠率	50%
空间分辨率$\Delta x=\Delta y$	$0.33\ \text{mm}\simeq\dfrac{D}{125\simeq\dfrac{\sigma_c}{4}}$
验证率	96%
不确定性分析	
$\left(\dfrac{\partial u}{\partial y}\right)_{\max};\left(\dfrac{\partial v}{\partial x}\right)_{\max}$	0.25像素/像素；0.16像素/像素
$\varepsilon_u;\varepsilon_v$	0.1像素；0.06像素

续表 9.14

$\frac{\varepsilon_u}{\delta u};\frac{\varepsilon_v}{\delta v}$	1.4%;1.5%
$\varepsilon_{\frac{\partial u}{\partial y}};\varepsilon_{\frac{\partial v}{\partial x}}$	0.02 像素/像素;0.011 像素/像素
$\frac{\varepsilon_{\frac{\partial u}{\partial y}}}{\left(\frac{\partial u}{\partial y}\right)_{\max}};\frac{\varepsilon_{\frac{\partial v}{\partial x}}}{\left(\frac{\partial v}{\partial x}\right)_{\max}}$	8%;6.9%

9.10.4 PIV 不确定性:随机误差

本研究采用了 Scarano 和 Riethmuller[158]提出的 PIV 软件,基于其性能的综合评估对速度的不确定性进行了估算。其中速度的误差与两个因素有关:

(1)确定亚像素精度内互相关峰值位置时的随机误差。文献[158]给出了粒子位移不确定性的演化与局部位移梯度之间的函数关系。

(2)由查询窗口的有限尺寸引起的误差。这会引起两个重要的限制:①能够测得的位移梯度的最大幅值;②可测得的最小空间波长,这与互相关中的空间积分有关。当前 PIV 算法中应用的一阶窗口变形可以测量高达 0.5 像素/像素的空间梯度。空间滤波效应在文献[158]中已量化为参考正弦速度场的波长 Λ 与查询窗口尺寸 W_s 之间比值的函数。

为了评估最不利情况下的测量精度,应考虑涡核内的局部速度场。图9.52给出了 PIV 得到的粒子位移场,以及正在配对的两个涡环中其中一个涡核内的轴向速度和径向速度分布。

从图中可以看出,在此情况下得到的最大位移梯度不超过 0.25 像素/像素,比可测得的最大梯度小得多,因此不需要梯度截断。相同的速度分布可以用于推断涡核区域内速度脉动的最小波长。文献[339]已经验证了比值$\frac{W_s}{\Lambda}$约为 0.1,从而涡核周围的速度峰值的截断误差为 3%[158]。

文献[158]中位移 ε_u 和 ε_v(以像素为单位)的绝对不确定性是位移梯度$\frac{\partial v}{\partial x}$和$\frac{\partial u}{\partial y}$的函数,其相应的数值在表 9.14 中列出。通过计算绝对不确定性与涡核内相应速度分量变化 δu 和 δv 之间的比值即可得到相应的相对不确定性。采用 6.4.1 小节给出的具有三阶精度的 Richardson 格式的表达式,获得了涡量的不确定性,涡核内涡量的不确定性约为8%。

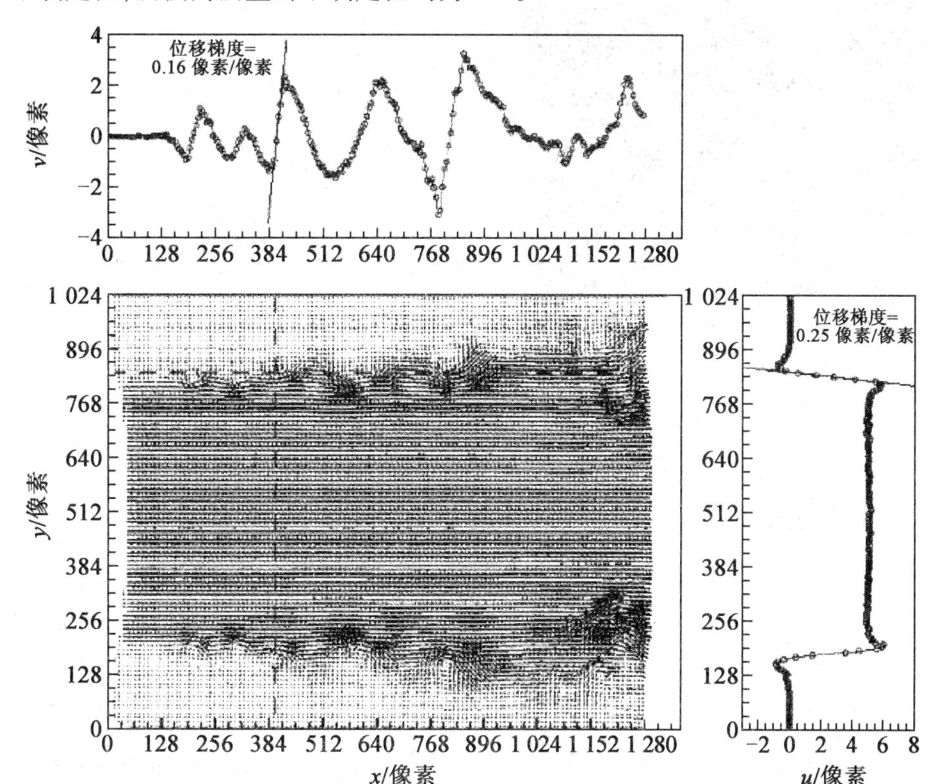

图9.52 速度测量不确定性分析,为了表示清晰,只给出了每隔三个的矢量

对于所测大小约为0.1像素的位移获得了绝对不确定性的最大值。由于最大粒子位移约为10像素,因此可以测量的动态范围约为100,即位移范围扩大超过20倍。

9.10.5 涡核内粒子离心运动:系统误差

假设粒子以与周围流体相同的速度运动,可通过在液体流动中采用中性悬浮粒子来实现。在空气流动中,则需保证拉格朗日加速度不能过大。对于本研究中的旋转流动,当粒子的质量密度大于流体密度时,强旋涡中的径向加速度会导致涡核内粒子的逐渐稀疏。

图9.53给出了由于离心引起的粒子稀疏的实例,即在本研究的射流中测得的涡核的内部,粒子图像被双曝光。

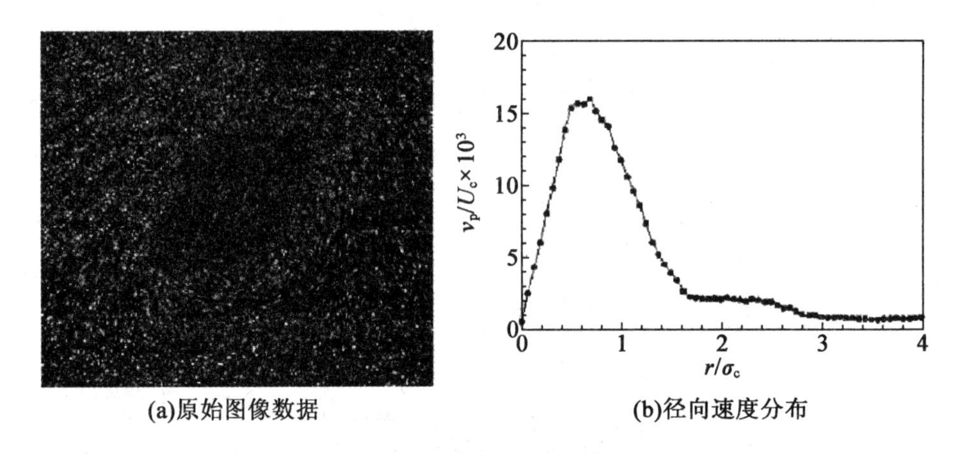

图 9.53 涡核内油粒的离心运动

除其他参数外,涡核内粒子的离心运动依赖于其密度与流体密度之间的比较、粒子的直径和涡核的直径[344]。为此采用可以实现示踪粒子多分散分布的示踪粒子发生器,其中示踪粒子平均直径为 $D_p \sim O(1\ \mu m)$,密度为850 kg/m^{3}的油粒。采用文献[339]中描述的聚焦高分辨率 PIV 采集系统确定涡结构内的流场和涡核半径。在上述条件下,相对于方位角方向上的流动,粒子的滞后性可忽略不计,误差主要与速度的径向分量有关。由于径向速度分量对流场的旋度没有贡献,因此上述结果非常重要。因而涡核内粒子的离心运动不会影响涡量的测量。

图 9.53(b)给出了粒子径向速度 v_p 的分布,其值为 U_c 的 1.5%。尽管其值很小,但在图 9.53(a)中还是能观察到涡核内的消耗。这是由于越小的粒子会在涡核内停留的时间越长,以及粒子散射的光强与粒子直径之间的平方关系[13]。采用更强的照明和具有更大动态强度范围的相机可以获得涡核内的可靠相关性。

9.10.6 后处理:自动涡结构跟踪

当综合考虑由涡声理论定义的声源项时,针对配对涡结构中心积分区域的定义是一个很重要的问题。由于需要实现很多的涡配对以获得声源项的统计学收敛,因此需要采用自动化的、稳定的涡结构检测算法。该方法基于 9.9 节描述的涡结构检测算法,从而可以自动处理 PIV 图像,并定义配对涡结构在视场内演化时位于其中心的积分窗口。

图 9.54 给出了采用涡结构检测算法得到的涡环相互作用时涡环核心的轴

向位置。横坐标相位基于激励信号周期，且在任意前涡环和尾涡环共平面的时刻下设置为0。对这些数据进行线性拟合可以得到积分窗口的轨迹，即以恒定速度 $U_w = 0.57U_0$ 跟随两个涡结构运动，其中 U_0 为出口处的射流速度。积分窗口的轴向范围为 $\Delta x = 0.3D$。针对32个PIV速度场的100个序列计算声源项的伪时间分辨系列，声预测方法的具体细节可参见文献[339]。

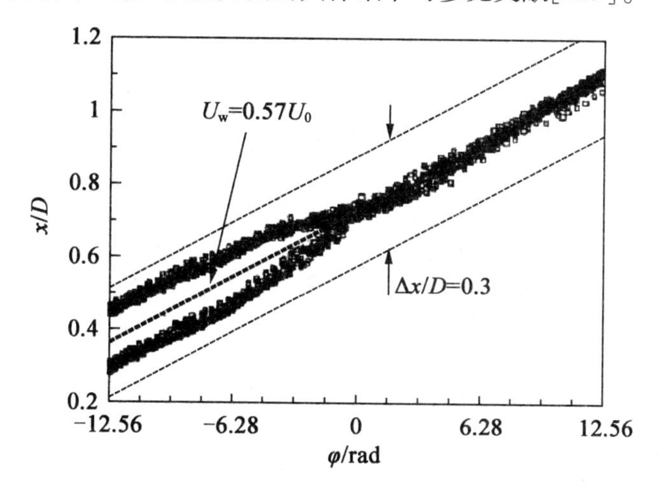

图9.54 涡核轴向位置与涡配对相位之间的函数关系和积分区域的定义

9.10.7 声学预测

图9.55给出了采用PIV声源数据预测的声频谱（在图中用符号表示）以及声学测量结果（在图中用线表示）。从图中可以观察到在未受声激励信号（2.5 kHz）污染的频率下，即1.25 kHz和3.75 kHz，预测幅值与测量幅值有很好的定量符合。在6.25 kHz甚至更高频率下，预测值低于背景噪声的测量值，而且测量得到的声谱表明，在涡配对的频率下，即6.25 kHz和8.75 kHz，背景噪声有明显的峰值。预测值对于这两个峰值的预测明显偏小，可能是由PIV数据求解微分时的平滑处理引起的[347]。

尽管如此，在1.25 kHz和3.75 kHz频率下预测值和测量值还是符合很好。1.25 kHz的频率是前涡环内尾涡环的一次跳跃①。

① 涡量符号相同的两个涡环的轴对称跳跃会导致二者之间相互的毕奥－萨伐尔相互作用，进而引起尾涡环在前涡环内部的一次或者多次滑移通过。如果这两个涡结构可以通过涡丝来进行建模，则这个相互作用是周期性的；而如果采用基于有限尺寸和可变形涡核的物理模型，则该相互作用最终会导致两个涡环的合并。

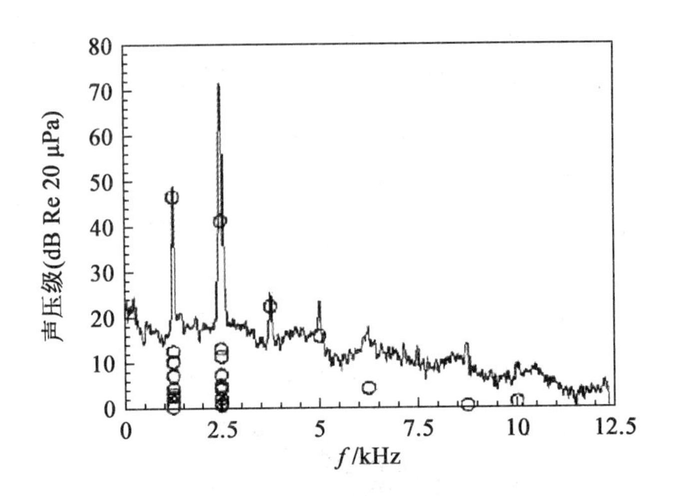

图 9.55　距喷嘴出口 0.9 m,且与射流轴线成 90°位置处声压级频谱的预测结果与测量结果之间的对比

9.10.8　结论

本研究工作的原创性在于基于流场实验描述的气动噪声预测。由于气动声学对于流动描述中小误差的敏感性强,因此该方法存在问题[341]。但是,上述结果表明,通过对高分辨率的准确 PIV 数据进行处理,以及采用涡结构检测算法可以很好地预测涡配对产生的噪声。

9.11　直升机空气动力学特性的立体和体积方法

(由 H. Richard、B. G. van der Wall 和 M. Raffel 提供)

旋翼术语

a_∞　　声速(m/s)

c　　弦长(m)

C_T　　旋翼推力系数($C_T = \dfrac{T}{\rho\pi\Omega^2 R^4}$)

M_H　　悬停翼尖马赫数($M_H = \dfrac{\Omega R}{a_\infty}$)

N_b 桨叶数

R 桨叶半径(m)

r 径向距离(m)

r_c 涡核半径(m)

T 推力(N)

σ 稠度($\sigma = \frac{N_b c}{\pi R}$)

ψ 桨叶方向角(°)

Ω 旋翼转速(rad/s)

9.11.1 旋翼流研究

随着民用直升机使用的增加,在过去的几十年内噪声辐射问题日益重要。桨叶涡的相互作用(Blade Vortex Interactions,BVI)被认为是脉冲噪声的主要来源。由于BVI噪声是由翼尖涡的诱导速度产生的,因而依赖于涡强度和偏差,此外BVI还依赖于涡结构的位置、旋涡方向和相对于前行桨叶路径的对流速度。BVI可以发生在旋翼平面内的不同位置,这取决于飞行速度和桨叶尖端路径平面的朝向。

在过去的几十年里,为了更好地了解旋翼桨叶翼尖涡的发展并对其建模,已开展了大量的实验研究[349-360,363]。大部分的研究在悬停状态下进行,这是由于在该状态下流场在方位角方向上是轴对称的,旋涡在旋翼平面下方对流流动,相比于前进飞行和下降飞行,旋涡会在早期被隔离,而在前进飞行或下降飞行中,旋涡会被带入下游且可能与桨叶尾流、其他旋涡以及后面的桨叶相互作用。在较早期的研究中采用侵入式测量技术实现对速度的测量,而近期的实验测量则完全依赖于光学技术,主要有LDV[348,356]和PIV[351,361]。

9.11.2 旋翼桨叶涡的风洞测量

在German Dutch风洞(DNW)的大型低速装置(Large Low - speed Facility,LLF)的开式试验段中对4 m的旋翼模型进行风洞试验,风洞内流速为33 m/s。所采用的直升机旋翼模型为布伦瑞克德国宇航中心飞行系统研究所的MBB Bo 105模型。本研究中的PIV采集参数在表9.15中列出。

表 9.15　HART II PIV 采集参数

流动区域	U_∞ =70 m/s
最大平面内速度	$U_{max}\approx$70 m/s
视场	450 mm×380 mm 和 150 mm×130 mm
查询体积	3.1 mm×3.1 mm×2 mm($H\times W\times D$)
动态空间范围	≈31:1
动态速度范围	≈40:1
观察距离	$z_0\approx$5.6 m
采集方法	双帧/单曝光
模糊去除	帧分离(跨帧)
采集介质	全帧隔行转移 CCD(1 280×1 024 像素)
采集镜头	f=100 mm、300 mm,$f_\#$=2.8
照明	三个 Nd:YAG 激光①,单脉冲能量 320 mJ
脉动延迟	Δt=7~20 μs
示踪粒子	DEHS 液滴(直径 $d_p\approx$1 μm)

①倍频

旋翼由四个弦长为 0.121 m 的无绞桨叶组成,桨叶平面形状为长方形,带 −8°的线性扭曲。翼型为具有卡式后缘的 NACA23012。在测试中,模型主要在下降飞行状态下运行,此时桨叶涡的相互作用主导了噪声辐射。旋翼旋转频率为 17.35 Hz,从而翼尖线速度为 218 m/s。PIV 系统包括五台数码相机及三个单脉冲能量为 320 mJ 的双脉冲 Nd:YAG 激光器,为了在扫描旋翼尾流时保持相机与激光面之间的距离不变,将 PIV 系统安装在一个常见横向移动系统上,如图 9.56 所示。横向移动系统长度的数量级为 10 m,高度接近 15 m,同时采用了两套立体 PIV 系统。第一套系统中有焦距为 300 mm 的透镜,用于拍摄桨叶翼尖涡中心 0.15 m×0.13 m 的小观察区域;第二套系统中透镜的焦距为 100 mm,从而视场大小为 0.45 m×0.38 m。大视场用于总览旋涡及其周围流动,而小视场用于涡结构分析。

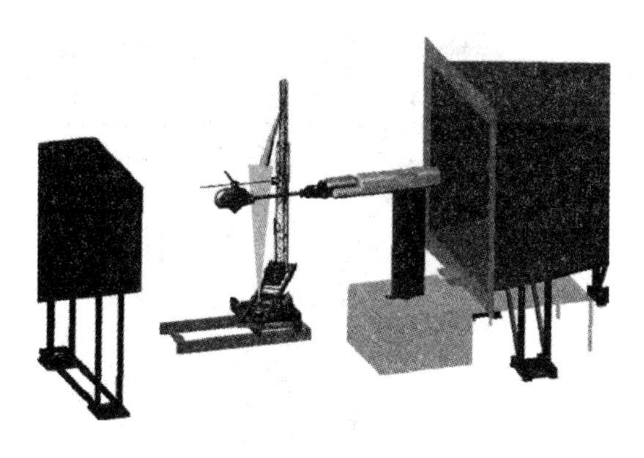

图9.56 HART II 立体 PIV 装置

对于每个位置和旋翼状态都拍摄了100对瞬时PIV图像。在前行侧和后退侧的不同位置处采集了超过650 GB的PIV原始数据。该实验测量在HART II项目[364]框架下展开。

从分析方面来看,从旋转翼尖涡实验中获取三分量PIV数据是非常具有挑战性的。为了考虑模型运动、旋涡漂移、非周期性现象和其他扰动的影响,有必要采用条件平均以正确分析涡结构特性。在大多数情况下,不会沿完全垂直于旋涡轴线的方向对涡结构进行测量,因而测量平面必须重新定向到旋涡轴线系统。文献[361]中描述了若干的后处理方法。

图9.57给出了每个立体PIV系统获得的平均速度场和涡量分布图。为了实现条件平均需要进行涡结构检测,因而采用9.9节描述的小波检测方法进行涡结构检测。

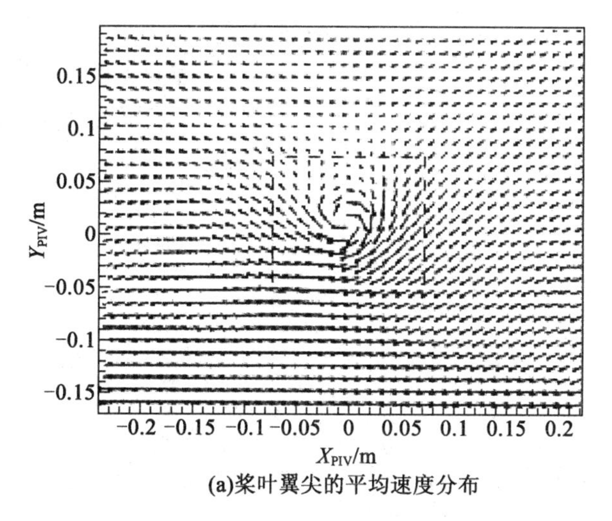

(a)桨叶翼尖的平均速度分布

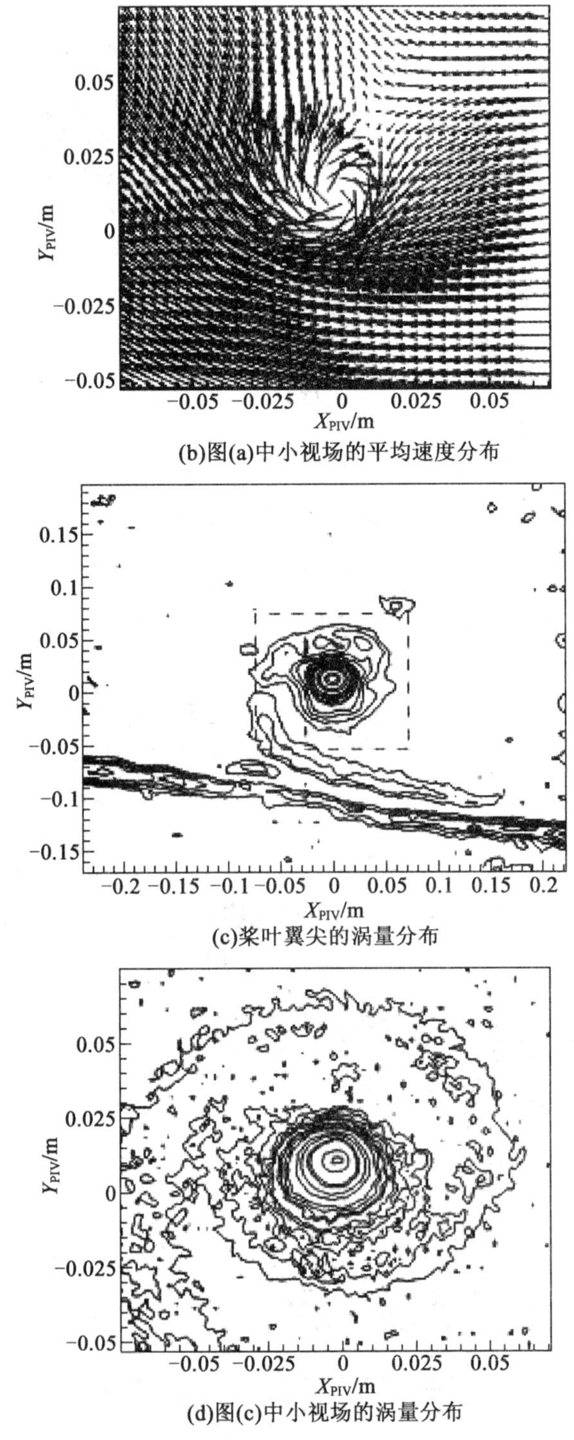

(b)图(a)中小视场的平均速度分布

(c)桨叶翼尖的涡量分布

(d)图(c)中小视场的涡量分布

图 9.57　每个立体 PIV 系统获得的平均速度场和涡量分布图

图(a)(c)中的结果由大视场立体 PIV 系统获得,可以清楚地看到桨叶翼尖涡和前一个桨叶的尾流,而图(b)(d)则给出只能看到涡结构的小视场,但其空间分辨率更高。

9.11.3 悬停下的旋翼桨叶涡测量

为了研究不同旋翼状态下桨叶翼尖涡的发展规律,如不同的推力和转速状态,因此对悬停状态下经 40% 马赫数缩放的相同 Bo105 模型旋翼进行了二分量 PIV 和三分量 PIV 测量。以 1° ~10°的方位角步长和不同的空间分辨率,从桨叶尾缘的旋涡产生处到桨叶后面半圈的空间范围内对这些旋涡进行追踪。此外,为了生成桨叶翼尖涡的三维体积数据集,在旋涡产生的后方以更精细的 0.056°方位角步长进行了一系列的三分量测量,研究了 PIV 图像分析参数对推导出的涡结构参数的影响,特别是采样窗口尺寸和窗口重叠率的选择。在此给出的测量是 HOTIS(悬停翼尖涡结构)项目的一部分。

在 HOTIS 项目中,在布伦瑞克德国宇航中心飞行系统研究所的旋翼准备大厅里采用二分量(2C)和三分量(3C)PIV 测量了四桨叶旋翼在具有地面影响的悬停状态下的速度场,研究了不同旋翼参数(转速分别为 200 r/min、540 r/min和 1 041 r/min,推力为 0 ~3 500 N)和 1° ~150°下叶片尖端涡结构老化过程以及旋翼参数对涡结构特性的影响。对不同空间分辨率的桨叶翼尖涡进行测量,即对于低分辨率和极高分辨率工况采用二分量 PIV 测量系统,对于高分辨率工况采用三分量 PIV 测量系统。图 9.58 给出了采用二分量 PIV 测量系统测得的涡结构发展的示例。在检测涡结构特性时,如最大旋转速度和涡核半径,根据视场和查询窗口尺寸定义的空间分辨率是一个重要参数[361]。除了上述测量,对于 3.4° ~7°的涡年龄,以非常精细的年龄间隔0.056°进行了三分量 PIV 测量,用以生成涡结构的体积平均分辨率的速度数据集。

1. 实验装置

将 9.11.2 小节描述的旋翼模型安装在布伦瑞克德国宇航中心的 12 m × 12 m × 8 m 旋翼测试大厅的中心。旋翼在地面影响存在的情况下运行,轮毂中心距离地面 2.87 m,采用的转速有 200 r/min、540 r/min 和 1 041 r/min,相应的翼尖马赫数 Ma_H 分别为 0.122、0.329 和 0.633,选取 0 ~0.72 的不同推力系数 $\frac{C_T}{\sigma}$。由于是封闭空间,因此存在回流且回流会生成本质上的非定常流场。

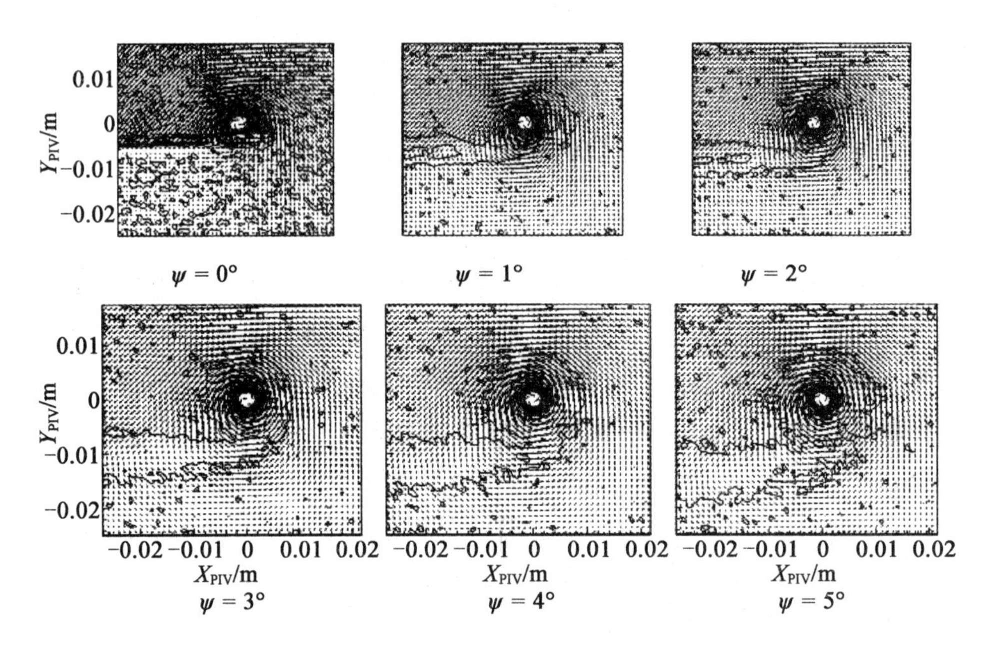

图 9.58　二分量 PIV 测得的年轻桨叶翼尖涡的平均速度和涡量分布

PIV 装置中的光源为双振荡器倍频 Nd:YAG 激光器和激光面成形元件，其中激光脉冲波长为 532 nm，其单脉冲能量为 320 mJ，激光面成形元件用螺栓固定在旋翼下方地面上。激光面垂直地面向上，平行于旋翼桨叶的尾缘，在测量平面内的厚度为 1～2 mm，宽度约为 30 cm。采用三台热电冷却的 CCD 相机，其中一台为常规 PCO 相机（1 280×1 024 像素），另外两台为加强 PCO 相机（1 360×1 076 像素）。一台相机用于二分量 PIV 测量，采集桨叶翼尖的位置；另外两台相机为立体设置，用于三分量 PIV 测量。相机安装在一个带标准光学导轨的支撑构件上，光学导轨采用螺栓固定在测试大厅的壁面上。完整的 PIV 和旋翼模型示意图如图 9.59 所示。相机支撑构件位于图中左边，相机距离旋翼轮毂 4.5 m，立体相机以 47°的立体视角进行安装。激光器和相机由旋翼参考桨叶发出的每转一个信号实现同步，为了在所需的桨叶方位角上进行测量，采用移相器对此信号进行了延迟。

采用中间相机进行二分量 PIV 测量，相机先后配置 $f=85$ mm 和 $f=600$ mm的透镜，分别获得 281 mm×357 mm 的低分辨率视场和 58 mm×45 mm 的高分辨率视场。立体 PIV 系统配置一对 $f=300$ mm 的透镜，产生 126 mm×96 mm 的常见视场。

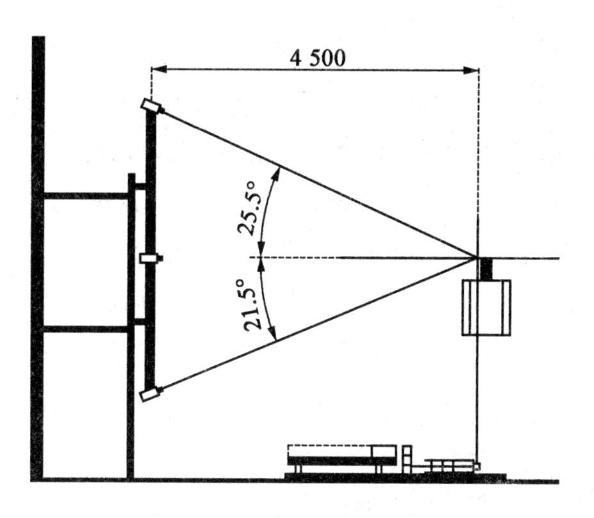

图 9.59　PIV 装置和旋翼模型的示意图

图 9.60 给出了测量中的不同视场。两个激光脉冲之间的时间延迟为2～40 μs,具体数值取决于视场的大小和需要测量的速度。对于每个设置都获取约 200 对测量图像。采用 Laskin 喷嘴粒子生成器将示踪粒子引入到测量区域内,粒子生成器内填充有 DEHS 流体,产生的示踪粒子为平均直径小于1 μm的 DEHS 液滴。

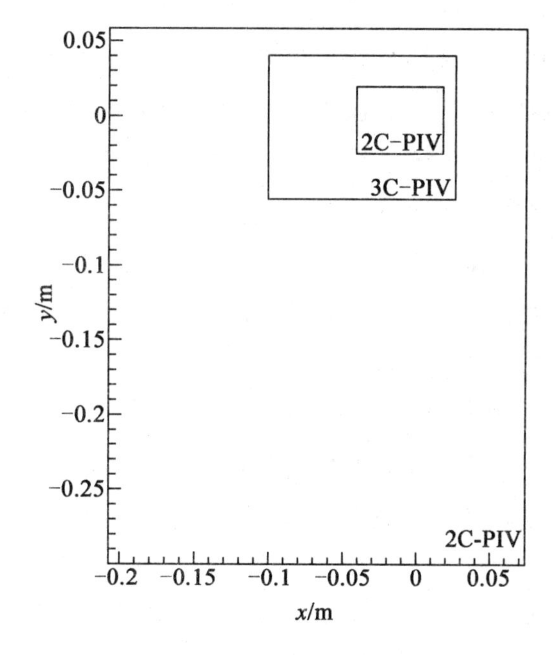

图 9.60　测量中的不同视场示意图

2. 评估与分析

为了在常规网格内绘制出立体图像,应从标定图像中减去校正系数。为了解决标定目标和激光面之间可能的错位,应用一种所谓的视差校正方法处理实际 PIV 图像。通过对两个视图(上方相机和下方相机)采集的图像同时进行互相关,从而实现上述校正。校正后残留错位的数量级为 100 像素,对应于目标空间的大小为几毫米。随后采用得到的速度场校正原映射系数,原映射系数用于在 PIV 查询之前校正原始 PIV 数据。为了提高信噪比,采用高通滤波器(3 像素)处理测量得到的图像,然后进行二值化,最后采用低通滤波器(0.7 像素)进行处理。应用基于四棱锥网格精细化和全图像变形的多重网格 PIV 算法处理图像,首先对粗网格采用大查询窗口,然后在每通下细化窗口和网格。具体流程如下:首先采用 64 ×64 像素的采样窗口,然后逐渐细化至最终的 24 ×24 像素的采样窗口,其采样重叠率为 75% ,对应于三分量测量中的查询区域大小为2.3 mm ×2.3 mm,对应于非常高精度的二分量测量中的查询区域大小为 1.05 mm ×1.05 mm。采用 Whittaker 重构方法估计子像素峰值的位置。所有后处理都由 PIV 视图软件完成,该软件可利用 5.4.4 小节给出的先进算法。

这些测量的主要目的在于更好地了解桨叶翼尖涡的发展。从速度矢量场中提取出涡结构特性,如最大旋转速度、涡核半径和涡量峰值。在对 PIV 图像进行全处理之前,研究 PIV 查询窗口大小和重叠率对这些特性的影响。

作为最重要的 PIV 参数之一,采样窗口大小是指查询或采样窗口的尺寸,对于其他测量技术来说,它定义了探测体积。在针对涡结构特性的研究中,窗口尺寸的减小会导致最大旋转速度的增加和涡核半径的减小[358,361]。

采样窗口重叠率:文献[361]中采用 Vatistas 模型[362]针对相关窗口重叠率对涡结构特性的影响进行了数值模拟研究。本研究采用真实 PIV 图像复现了与上述数值模拟相同的研究($\psi=5°$,$\Omega=56.55$ rad/s,推力 $T=550$ N)。

首先采用 96 ×96 像素和 128 ×128 像素的窗口尺寸处理图像,其中 x 方向上的重叠率在 2 像素(98% 重叠率)至窗口大小(0% 重叠率)之间的范围内,而 y 方向上的重叠率保持在 50% 的窗口尺寸。图 9.61 给出了从水平速度分布中提取出的最大切向(旋转)速度和涡核半径(一维分析)。

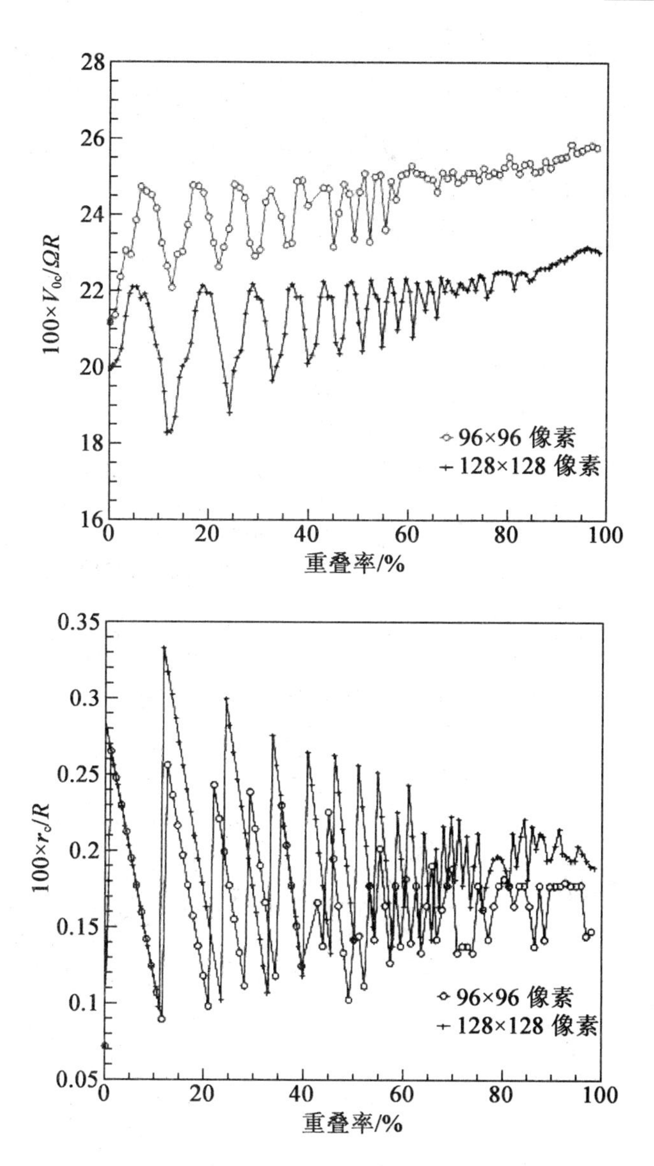

图9.61　最大切向速度和涡核半径随重叠率的变化

图中的曲线与上文提到的数值模拟结果符合很好。最大切向速度和涡核半径收敛于不同数值，具体数值取决于窗口尺寸，且二者的振动随着重叠率的增加而减弱。旋转速度的大小始终等于或小于最大采样获得的数值，而涡核半径则在最大采样获得的结果周围振动。当查询窗口的中心点位于速度分布的最大值上时，旋转速度达到最大，且其可能随着重叠率的增加而增大。

在第二步处理中，采用重叠率在2像素至窗口尺寸值之间的48像素、

64 像素、96 像素和 128 像素窗口，对相同图像进行处理。通过对不同 r 处切向速度沿圆周方向进行平均（二维分析），计算最大旋转速度和涡核半径，其中 r 为距旋涡中心的径向距离。众所周知，径向平均方法具有更好的稳定性。图 9.62 给出了所得到的曲线。

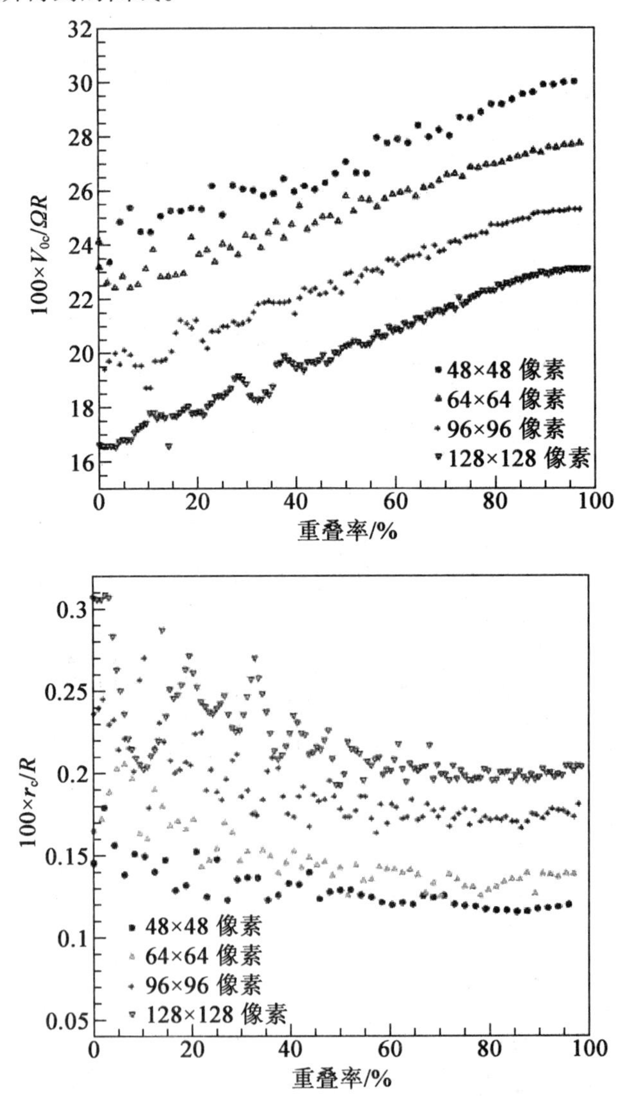

图 9.62　最大切向速度和涡核半径随重叠率的变化

窗口尺寸仍然具有显著的影响，但是曲线更为平滑，且图 9.62 所示的振动几乎完全衰减。此研究结果表明在获取涡结构特性时，重叠率会具有重要影响，而且为了避免随机影响，应当采用尽量大的重叠率以避免这些采样假象。

最小查询窗口的尺寸受限于实验参数，比如示踪粒子的分布、平面内图像对的丢失（主要通过多重网格算法来补偿）、图像背景噪声等，而重叠率参数则不受此限制。使用大采样重叠率的唯一限制在于处理时间和所得数据集的尺寸。事实上，当重叠率增加50%时，处理时间和所得数据集的尺寸会增大4倍。采用多重网格算法，以64×64像素的初始窗口尺寸和24×24像素的最终窗口尺寸以及22像素（重叠率98%）的重叠率，在奔腾Ⅳ（Pentium Ⅳ）处理器（主频3.0 GHz，1 GB RAM）上处理1 360×1 076像素的二分量PIV图像需要耗时2.5 min，生成14 MB的文件。在这些条件下，对于非常大量的图像采用这些参数是不现实的，在HOTIS项目中对拍摄图像的处理需要几个月的时间和近1 TB的硬盘空间来存储结果。为了解决这些问题，以及能够采用较大的采样重叠率，在处理软件中基于物理性质采用多区域查询参数。具体步骤包括：

（1）采用大窗口尺寸和小重叠率处理PIV图像，例如，窗口尺寸为64×64像素，重叠率为50%，采用由此获得的速度矢量场计算微分算子。对于涡流计算涡量和λ_2算子。

（2）采用涡量或/和λ_2算子估计涡结构中心的位置，并以此定义新的感兴趣区域的位置。然后采用更精细的窗口尺寸和更大的重叠率对该区域进行处理，例如，24×24像素的窗口尺寸和90%的重叠率。

（3）在该区域提取涡结构特性（图9.63所示的实线）。

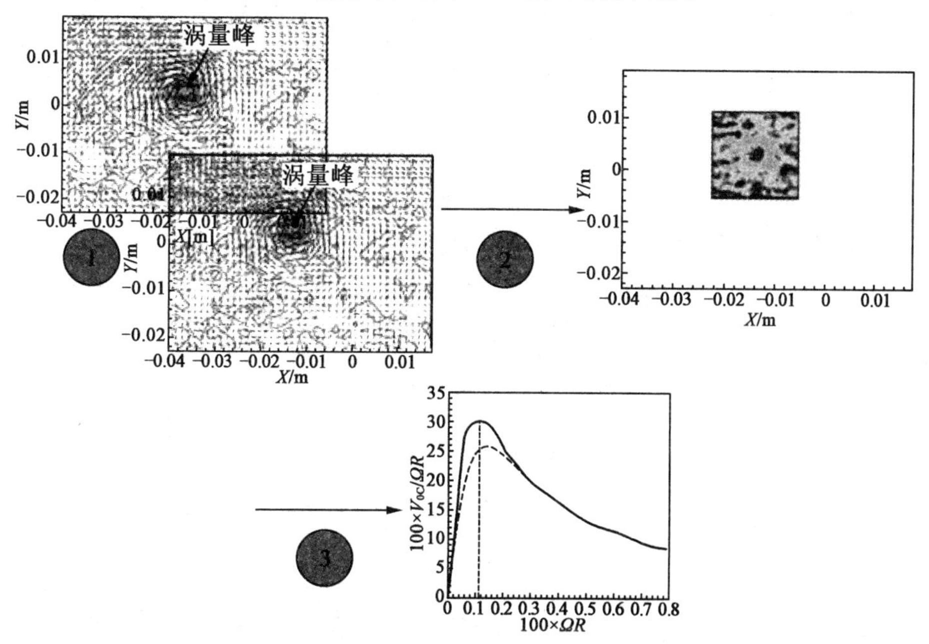

图9.63　涡流分析的多区域原理

在图 9.63 所示的实例中，采用小窗口尺寸处理 PIV 图像不到 1/6 的区域，以此优化对时间和存储的要求。

除了 1°～10°的方位角，在不同旋翼状态下以约为 0.056°的涡年龄间隔对涡年龄为 3.4°～7°的工况进行图像序列的三分量测量。由于流场在方位角方向上的轴对称性，这些小间隔可以实现涡结构的三维立体重构。基于 u、v 和 w 的平面外导数，根据所得到的立体结构可以对涡量矢量的两个分量（ω_x 和 ω_y）进行计算。立体结构的重构只能通过采用平均结果才能完成，这是因为形成立体结构的每个平面都是在不同时刻下进行拍摄的。经过条件平均后，考虑步距角，对每个平面的朝向进行了修正。图 9.64 给出了合并所有三分量 PIV 测得的速度场后得到的涡量的三个分量，在图中可以清晰地看到涡管和桨叶尾流。

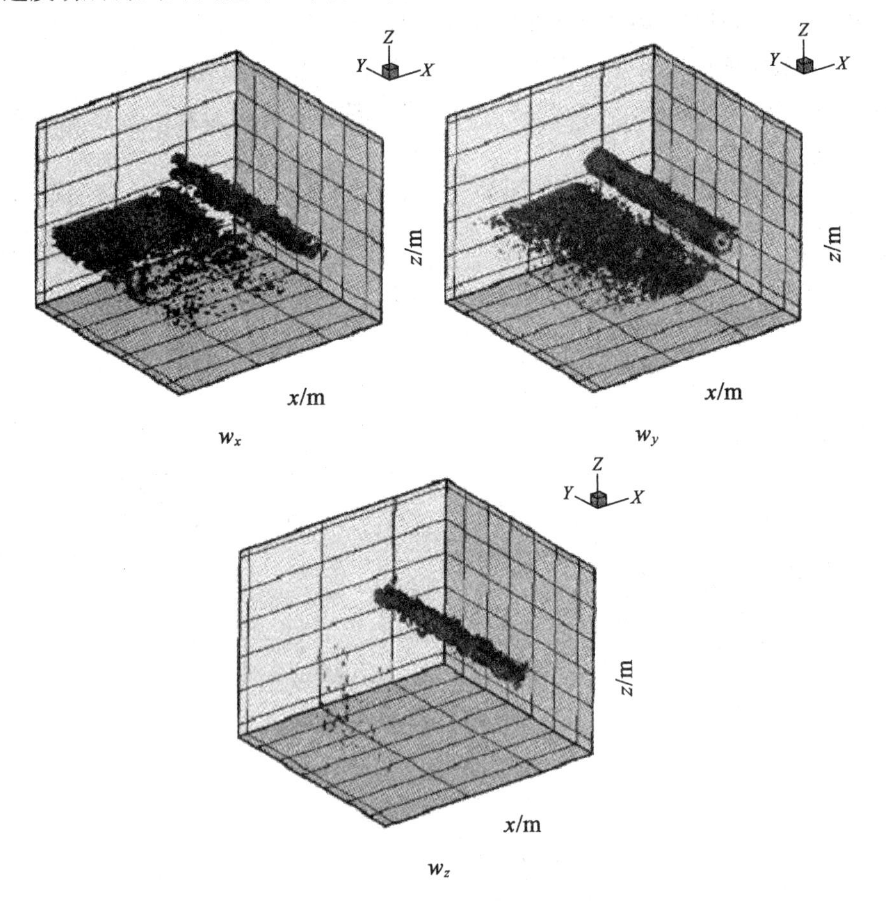

图 9.64　涡量的三个分量的云图

9.11.4 结论

在大低速风洞和悬停测试间内对经40%马赫数缩放的Bo105旋翼进行了直升机模型测试。以小涡年龄间隔从涡结构产生的位置到半转的范围内对桨叶翼尖涡进行追踪,对两个主要的PIV参数——相关窗口尺寸和重叠率进行参数研究。结果表明,为了避免随机影响以及提高从结果中提取涡结构特性的精度,应采用尽量大的重叠率。此外,需要高空间分辨率以求解涡结构特性,特别是正确地求解年轻涡结构的涡核半径。采用非常精细的年龄间隔,$\Delta\psi_v=0.056°$,对涡年龄$\psi=3.4°\sim7°$的桨叶翼尖涡进行三维重构。立体重构可以实现所有微分量的计算,而这些微分量无法通过单个平面的三分量PIV测量获得。初步的后处理和分析表明,至少在实验的测量范围($0.122\leqslant Ma_H\leqslant0.633$)内,旋转速度、涡核半径和轴向速度等涡结构特性似乎与桨叶翼尖速度无关。

9.12 跨声速涡轮立体PIV测量

(由J. Woisetschläger、H. Lang和E. Göttlich提供)

采用立体拍摄技术详细研究跨声速涡轮内转子与定子之间的非定常相互作用。测试部分的示意图如图9.65所示。采用的涡轮共有24个定子叶片和36个转子叶片,转速为9 600~10 600 r/min。流动的入口温度为360~403 K。涡轮控制系统(Bently Nevada)每转可提供12个TTL和一个模拟脉冲。结合二者可以获得高精度的触发信号。

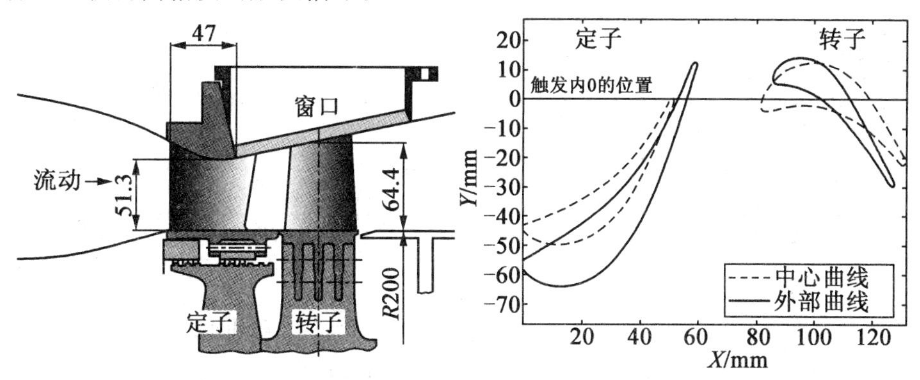

图9.65 测试部分示意图

9.12.1 光学配置

该应用实例最具挑战性的地方在于流动处于非定常的高速和高度紊流流动状态,导致其不允许观察窗口、激光面探头和示踪粒子释放管道对其产生任何干扰。因此需要采用大量的示踪粒子,最后由于弯曲观察窗口的存在需要对拍摄区域进行仔细标定。PIV 获得瞬时非定常流场数据的优点是可以解决上述难点。

具体的流动拍摄参数在表 9.16 中给出。图 9.66 给出了相机布置的具体信息,其中一台相机的轴与激光面垂直,由于受到涡轮壳体区域的限制,第二台相机的轴与第一台相机之间的夹角为 27°。根据 Scheimpflug 条件对相机进行安装(图 9.66)。激光面探头固定在相机底座上,采用活动的硅胶管密封涡轮内的空气。此刚体系统可缓解聚焦和标定。激光通过一个关节臂导入到激光面探头。采用高温树脂对各单独元件进行黏合,尤其是玻璃罩(三组分树脂,R&G GmbH)。此玻璃罩将屏蔽已对准的光学棱镜,以使其不受流动引起的压力脉动的干扰。激光面穿过大小为 123 mm × 75 mm × 15 mm,一侧曲率为 R = 264 mm 的平凹石英玻璃窗口(HERASIL,防反射涂层)。示踪粒子在定子叶片上游约 500 mm 处由特殊形状的管道("S"形,内径为 7 mm)释放。管道上游的绝大部分区域钻有大量直径为 1.8 mm 的小孔("喷头"),该部分长度为 130 mm,其走向与激光面上部相切。

表 9.16 跨声速涡轮流动 PIV 采集参数

流动区域	垂直于尾缘
最大平面内速度	$U_{max} \approx 450$ m/s
视场(两台相机)	47.5 mm × 37.5 mm
查询体积	1.2 mm × 1.2 mm × 2 mm($H \times W \times D$)
观察距离	260 mm
采集方法	双帧/单曝光
采集介质	1 280 × 1 024 像素,逐行扫描 CCD
采集镜头	f = 60 mm,$f_{\#}$ = 2.8
照明	双腔 Nd:YAG 激光器①,单脉冲能量 120 mJ
脉动延迟	Δt = 0.7 μs
示踪粒子	DEHS,Palas - AGF 5.0D(直径 $d_p \approx 0.3 \sim 0.7$ μm)

①倍频

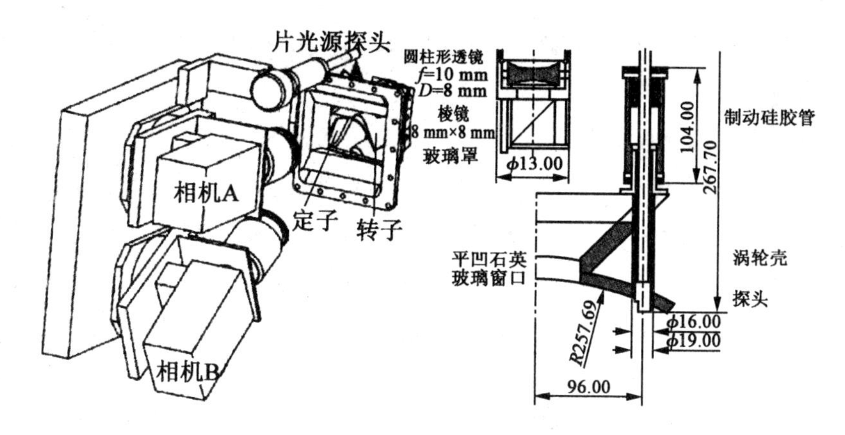

图9.66 光学设备(尺寸单位:mm)

9.12.2 结果

由于通过涡轮的流动是高度定向的,仅二次流效应(旋涡脱落,转子相互作用)需要特别注意,因此在主流方向上采用图像偏移技术(达到11像素)。此外,为了提高示踪粒子的对比度,从每个单独的拍摄图像中都减去不含示踪粒子的背景图像。在某些情况下,从图像中可以观察到峰值锁定效应(参见5.5.2小节),采用步进电机驱动装置可以实现相机镜头的轻微散焦,这将有助于避免上述效应,其中步进电机驱动装置用于相机镜头对焦。

对于所研究的每个转子-定子位置都拍摄了近200对图像(双帧)。然后应用64×64像素查询窗口和50%重叠率的互相关技术得到了独立的矢量场。对于子像素精度采用了3×3像素矩阵内的标准二维高斯拟合。采用峰值高度,最大和最小位移范围以及移动平均滤波器(5×5节点)对单独的矢量场进行验证。该滤波器将平均值和中心矢量的标准偏差进行比较,其中中心矢量大小为周围矢量除去偏差值过大的矢量后的矢量值。

由于流动的大湍流度,有时只验证相对较少的矢量(50%)。随后,必须采用更大数量的拍摄图像来进行平均。此外,通常尾流区内的示踪粒子较少,这是由于从涡轮叶片尾缘脱落的涡结构含有不带示踪粒子的边界层流体。在一个给定的旋涡脱落相位下对大量图像进行平均后,相比于主流,涡核含有较少经过验证的矢量。相比于流场的其他区域,这些区域内对平均值进行估计时的不确定性会增加10%甚至更多。

由于激光面穿过了弯曲的窗口区域,因此需要采用更高精度的方法来校正两台相机图像[212]。在获取图像后,窗口区域固定于两台相机的底座(激光面探头也固定在底座上）。因此，所有部件从涡轮中一同撤除以实现在涡轮实验装置外的标定。

由于激波区域只有在中跨最显著，在激波区域内实现粒子的聚焦是更小的问题。不幸的是，位移梯度恰好会对结果产生影响，特别是标定目标未对准时。此影响依赖于梯度的强度，以及由标定目标的错位引起的两台相机投影的错位。当将两个矢量场背向投影至测量平面时，一台相机投影会给出给定位置处距离激波上游的位移值，而另一台相机投影将给出激光面所在平面内相同位置处距离激波下游的位移值。这将引起测量误差，该误差可通过极大的平面外分量而被轻易地分辨出来。该影响可通过图 9.67 看出。

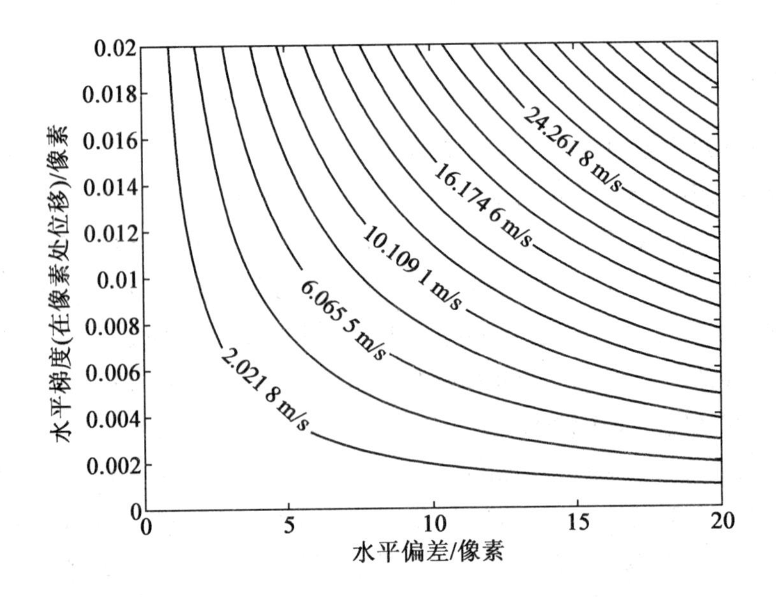

图 9.67　标定过程中由于未对准而引起的激波附近的出平面分量的误差

最终得到如下误差估计：

(1) 每个图像 ±(2~4)m/s(主流区域)，10~12 像素的粒子位移，0.1 像素的不确定性(高斯拟合)，每个查询区域内超过 10 个粒子。

(2) 相比于平面内分量，平面外分量的敏感度降低为原来的 1/5(由于相机轴之间的角度仅为 27°)。

(3) 激波附近额外 ±3m/s(5 像素的错位)。

(4) 平均后，平面内分量 ±1m/s 的统计误差和平面外分量 ±5m/s 的统计误差，且每个查询区域内最少 100 个验证后的矢量(尾流外部区域)。

在最后一步中,平面内和平面外分量需要转化为轴向、切向和径向分量,从而给出完整的数据集,并与计算流体动力学得到的数据进行比较。图9.68给出了平均速度(所有三个分量)和涡量(由两个平面内分量得到)的结果。

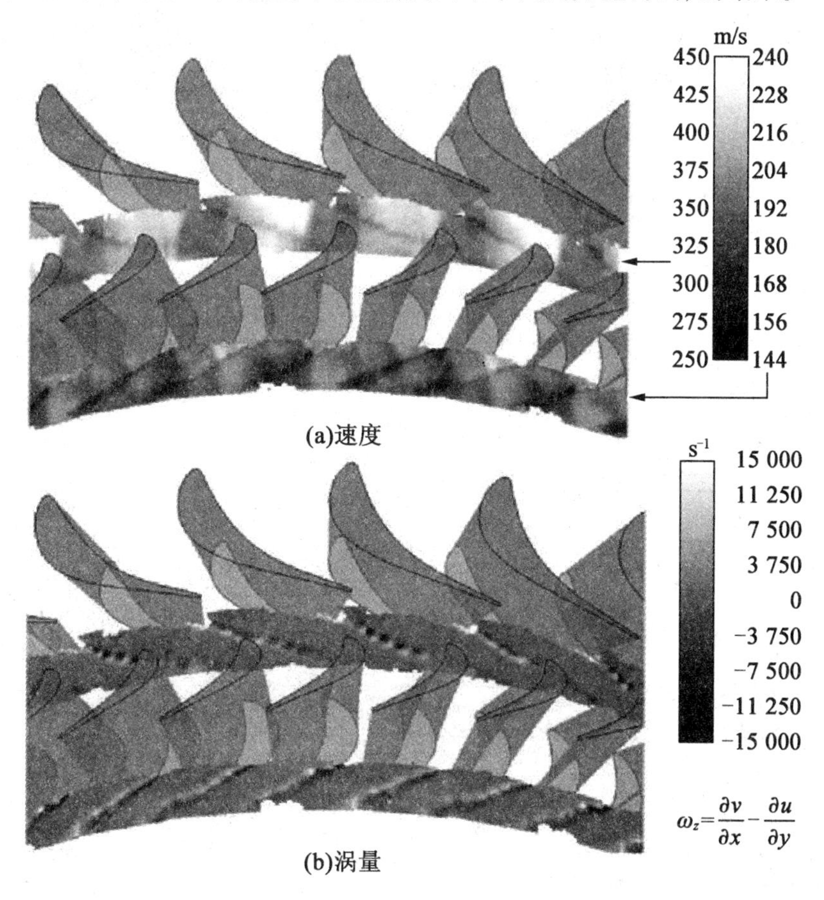

图9.68　跨声速涡轮级(10 600 r/min)中跨的速度和涡量

从图9.68(b)中可以看出,在一个叶片通过周期内可观察到旋涡脱落的七个相位,这意味着旋涡脱落频率约为40 kHz。与干涉测量之间的具体比较表明,采用的示踪粒子开始以约80 kHz的频率充当低通滤波器。因此,在PIV结果中只能发现旋涡运动的一次谐波。高精度CFD方法可以预测不同形状的涡结构,而由于采用带通滤波,因此PIV结果只能给出大致为圆形的涡结构。另外,PIV能够独特地研究湍流和跨声速流动中激波、激波反射、旋涡脱落以及尾流与尾流相互作用之间的相互作用。对结果的进一步讨论可以参见文献[365]~[369]。

9.13 跨声速离心式压缩机 PIV 测量

(由 M. Voges 和 C. Willert 提供)

表 9.17 跨声速离心压缩机 PIV 采集参数

流动区域	Ma = 0.4 ~ 1.2,平行于激光面
最大平面内速度	$U_{max} \approx 300 \sim 700$ m/s
视场	48 mm × 33 mm
查询体积	1 mm × 1 mm × 1 mm($H \times W \times D$)
动态空间范围	$DSR \approx 80:1$
动态速度范围	$DVR \approx 200:1$
观察距离	≈500 mm
采集方法	双帧/单曝光
采集介质	1 280(H) × 1 024(V)像素①,逐行扫描 CCD
采集镜头	f = 105 mm,$f_{\#}$ = 4.0
照明	双腔 Nd:YAG 激光器②,单脉冲能量 120 mJ
获取速率	15 Hz(每个序列 188 个图像对)
脉动延迟	Δt = 1.5 ~ 2.5 μs
示踪粒子材料	液状石蜡(直径 $d_p \approx 0.3 \sim 1.2$ μm)

①只利用了 1 100(V)电压线;

②倍频

在本应用实例中,采用 PIV 分析了新型跨声速离心压缩机叶片扩压器内的复杂流动现象(表 9.17),PIV 技术可以检测非定常流动结构,以求解大速度梯度和非定常激波的形状,而在此之前采用逐点技术,比如激光 - 2 - 焦点测速(Laser - 2 - Focus Velocimetry,L2F),则无法检测到非定常激波的形状[370]。测量转速范围为 35 000 ~ 50 000 r/min,表 9.18 总结了其操作条件。针对 6:1 的压缩比设计了压缩机级。采用先进的叶轮几何形状,扩压器区域为圆锥形,其通道高度恒为 8.1 mm(图 9.69)。

表 9.18　扩压器通道内 PIV 研究的操作条件

转速/($r\cdot min^{-1}$)	35 000	44 000	50 000	50 000
压力比	2.5:1	4.0:1	5.6:1	5.3:1
质量流量/($kg\cdot s^{-1}$)	1.4	2.15	2.6	2.83
平均温度/℃	110	175	245～255	230～235
PIV 脉冲间隔 $\Delta t/\mu s$	2.5	2.0	1.5	1.5

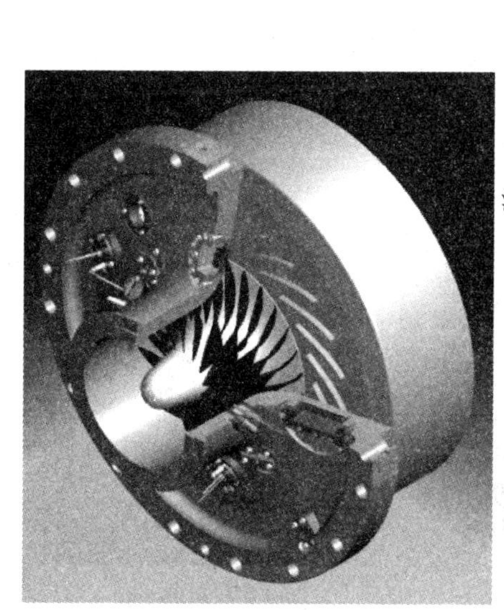

(a)径向压缩机试验装置　　(b)横截面视图

图 9.69　径向压缩机试验装置及其横截面视图

考虑到激光的传递以及成像侧，针对扩压器平面的圆锥形状需要采用专业的工程解决方案。通常现成的激光面探头有 90°的光束偏转，且在一般情况下探头不是主动冷却或耐热的，对此专门设计了一个特殊的可以精准满足扩压器和壳体几何形状条件的潜望式探头。图 9.70 给出了激光面探头以及内部的光束路径。潜望式探头可以实现激光面在旋转方向和轴向位置上的调整以及相对于叶片弦长的角度的调整。结合扩压器壳体内的探头支撑构件，可以将激光面调整至需要进行流动研究的三个叶片展向位置，即中间平面（翼展的 50%）、接近轮毂的平面（翼展的 19%）和靠近叶尖的平面（翼展的 74%）。靠近扩压器出口的探头支撑构件不垂直于涡轮外壳体，而是倾斜放置以匹配圆锥形扩压器区域。探头内自由光束路径的直径为 6 mm,采用了一对圆柱形透镜以形成厚度 1 mm 和发散角为 6°的激光面。在潜望式探头的出口布置一面镜子,将激光面偏移 97°,以此实现在扩压器叶片通道内的调整。在进入激光面探头之前,需要减小 PIV 激光的光束直径,从而光束可以在不打到内部金属管壁面的情况下在潜望式探头内传递。在望远镜搭建中采用一对球形透镜。持续地采用干燥压缩空气对潜望镜进行清洗,以防止示踪粒子沉积,同时用存在于开式出口端的空气对探头及其光学组件进行冷却。

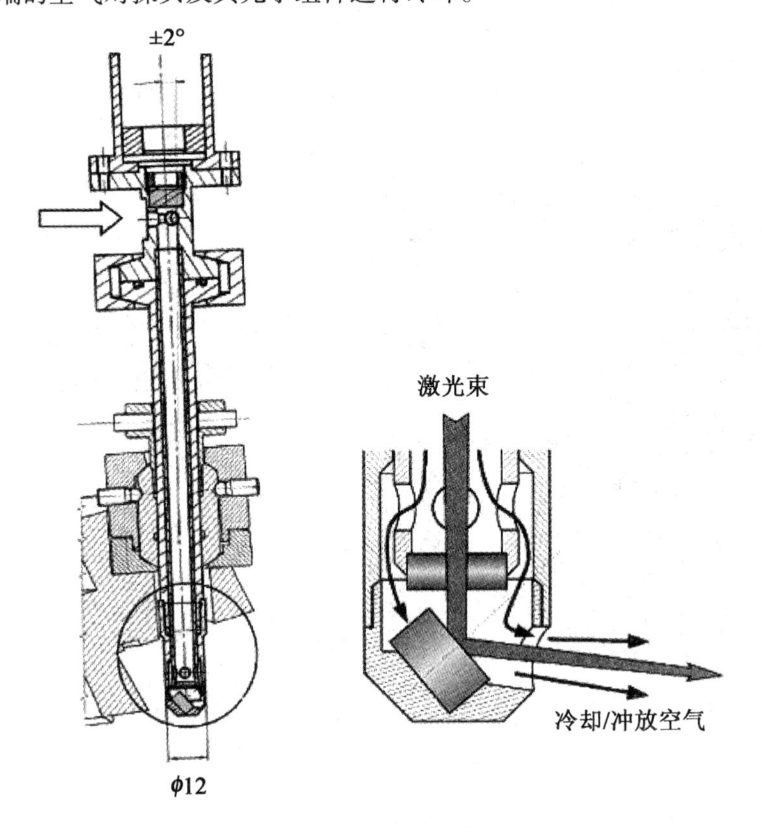

图 9.70 潜望式激光面探头的设置

为了对平面 PIV 测量提供足够的光学通路,在扩压器壳体内需要采用相对较大的石英窗口。预先准备的接入端口提供了一个完整扩压器叶片通道大小的相机观察区域,包括叶轮出口区域在内(图 9.71)。因此花费相当大的精力制造了石英窗口和一个金属窗口支撑架,以精准匹配扩压器壳体的内部形状,从而减小近壁面流动的干扰。玻璃的外表面是平整的,而内表面则是根据圆锥形扩压器的形状进行数控球磨,之后又经过手工抛光。为了承受压缩机运行时的高温和高压力应变,以及减小玻璃破裂的可能性,窗口的笨重设计是有必要的。为了减小压缩应力和保证叶片通道之间的可靠密封,在窗口区域内叶片的接触面上应用硅胶密封。采用倍频双腔 Nd:YAG 激光器和热电冷却的双快门 CCD 相机(14 位/像素,1 600×1 200 像素),以 15 Hz 的帧频对流动进行观察。相比于之前的 PIV 相机,帧频增加近五倍后可显著减少总测量时间,从而减小实验装置的运行成本。此外,只需要针对减少的时间段释放示踪粒子,这样可以大大减少窗口污染。相机安装在 Scheimpflug 适配器上,以优化相机光学元件关于激光面的对齐。为了进一步提高所研究的扩压器通道内的相机空间分辨率,将相机横向移动从而产生两台相机位置,其中一台用于观察叶轮出口,另一台用于观察扩压器喉部下游的流动(图 9.71)。在每个操作条件下和激光面位置处都进行了测量。

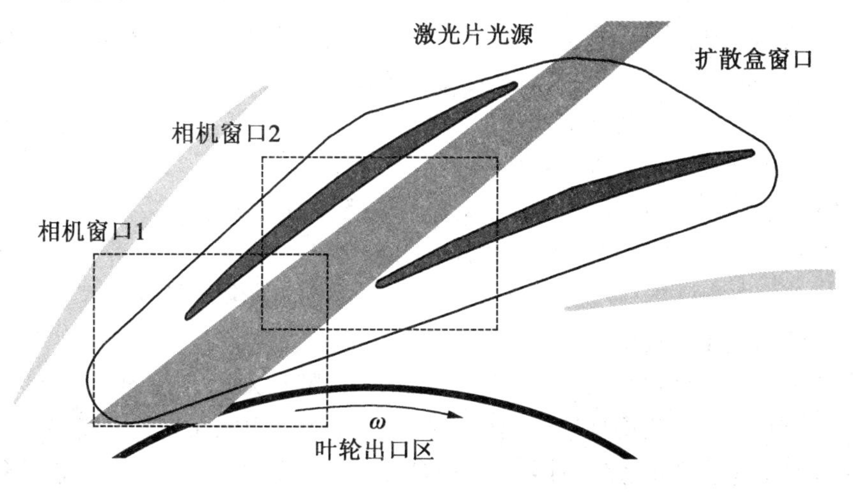

图 9.71 观察窗口和相机位置

采用可重复定位于扩压器通道导叶之间的一个目标进行标定和激光面的定位。考虑到由玻璃窗口厚度引起的折射影响,需要采用已安装的窗口进行标定。目标由薄铝板制成,其表面布置了精确的 2.0 mm×2.0 mm 的点状网格。通过三个紧定螺丝实现网格在叶片通道内的调整。

为了减小装置振动的影响,所有的 PIV 设备都安装在单独的刚性支撑构件上。采用铰接式激光导向臂将激光传递给激光面成型元件和激光面探头,激光面成型元件和激光面探头刚性地连接到压缩机装置上。在叶轮前方收缩口的上游引入示踪粒子。一个沿圆周方向布置的横梁支撑四个径向位置不同的示踪粒子释放探头,从而可以在管流的指定区域内实现几乎均匀的示踪粒子分布。液滴型的示踪粒子由一连串的三个填充有液状石蜡的 Laskin 喷嘴发生器产生。值得注意的是,尽管液状石蜡的蒸发温度接近 200 ℃,蒸发温度会随压力的增大而提高,从而在一定程度上解释了当温度高于 250 ℃时,示踪粒子仍能保持可见。此外也曾考虑使用固体示踪粒子,不过在没有其他研究的情况下这太过于冒险。然而,Wernet[371,372]曾报道固体示踪粒子在先前的涡轮机械研究中的成功应用。

由于在 Laskin 喷嘴发生器的下游采用冲击器,示踪粒子的尺寸控制在 0.3 ~0.8 μm。当压缩机在较高温度下运行时,较小的示踪粒子可能会蒸发,而较大的示踪粒子会在流场内存在更长的时间。关闭冲击器后,示踪粒子的尺寸可以增大到 0.8 ~1.2 μm,这不仅对在压缩机级的设计工况下进行测量时的 PIV 信号有显著的积极影响,而且不会污染窗口。

通过采用高通滤波器,减去背景图像和遮挡住没有速度信息的图像区域(如扩压器壳体、窗口支撑构件和阴影区域)对图像进行前处理,之后对 PIV 图像数据进行评估。采用标定网格实现从 CCD 传感器坐标到物理空间的变换。幸运的是,由于激光面所在平面接近窗口表面,粒子成像的变形(模糊)和窗口内侧的弯曲形状引起的几何变形(透镜效应)并不明显。因此,不需要对图像采取单独的非线性映射步骤。基于自适应的 PIV 处理,具有连续图像变形的网格精细互相关格式,该格式在 5.4.4 小节进行了描述。在最后的算法中采用 50% 重叠率(最终网格尺寸为 0.5 mm × 0.5 mm)下 32 × 32 像素(1.0 mm × 1.0 mm)的查询样本,以及由 Whittaker 重构得到的子像素峰值位置。异常值检测先后采用了标准中值滤波[275]和异常矢量的线性插值,最终可得到 50% 甚至更高的相关平面信噪比,所有成像平面内的伪矢量数量小于 3%。

在利用常用标定网格进行 PIV 数据后处理的过程中,可以轻易实现两台相机视图得到速度场的重组,这是因为两台相机的视图在一个区域内重叠。采用在 13 像素(对应于 35 000 r/min)至 20 像素(对应于 50 000 r/min)范围内变化的平均像素偏移,可以估算相应的相对测量误差为 0.5% ~0.8%(2.7 ~3.5 m/s)。给定查询区域的最终尺寸为 1.0 mm × 1.0 mm,从而在所测量的速度范围内(300 ~700 m/s)结构通过频率为 600 kHz ~1.4 MHz。在此粒子的尺寸对所获得的速度有重要的影响。由于直径约 1 μm 的粒子的响应时间的数量级为 10 μs(参见 2.1.1 小节),因此粒子表现为 100 kHz 的截止频率施加在流动上的低通滤波器。在给定的约 20 kHz 的叶片通过频率下,只能真实地捕捉到大尺度结构,小尺度结构则衰减掉。在此或许可以考虑使用亚微米粒子,但是这将显著减小粒子的光散射系数(瑞利散射机制)。在此情况下需要注意的是,PIV 只能捕捉到空间能谱的某一部分,该范围的上、下限分别对应于最大尺度(由流场大小给出)和最小尺度(查询窗口尺寸)的波数。Foucault 等[80]详细分析了 PIV 获取的速度谱对测量精度的影响。

图 9.72 ~9.74 给出了在径向压缩机扩压器通道内由 PIV 获得的一些实验

数据样本。对于 PIV 结果更深入的讨论、有关压缩机装置更详细的信息以及进一步的立体 PIV 研究可参见 Voges 等[373]的文献。

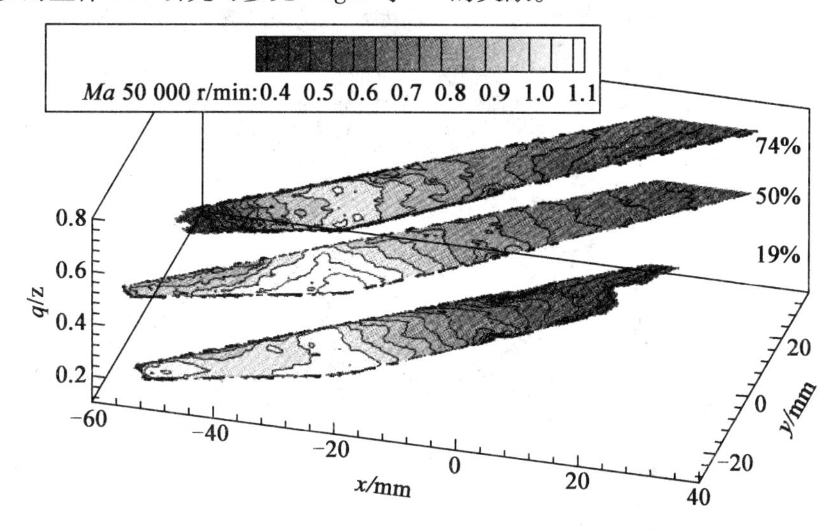

图 9.72 在 19%、50% 和 74% 的扩压器通道高度处由平均速度场计算得到的马赫数分布（操作条件：50 000 r/min，质量流量为 2.6 kg/s）

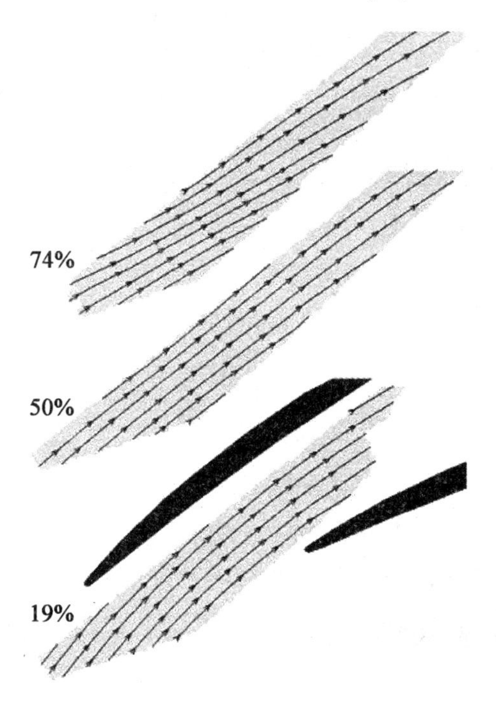

图 9.73 19% 翼展处（轮毂）的流线很好地遵循扩压器叶片施加的偏移，通道核心的流动直接通过通道；74% 翼展处（叶尖区域）的流线展示了叶尖间隙流，这是由于此处流动迹线的方向与轮毂处的流动方向相反

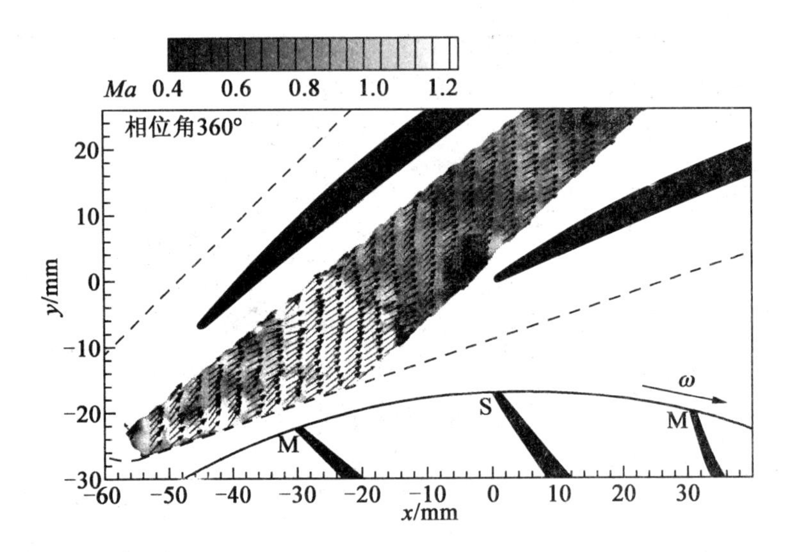

图9.74　对于一个相位角在50 000 r/min下和50%翼展处的瞬时马赫数分布，表征了分路通道流，前面叶轮通道内的流型可以在扩压器喉部内看到（图中只给出了1/12的矢量）

9.14　化学反应流场PIV测量

（由C. Willert提供）

PIV在反应流中的应用存在典型空气动力学应用中未曾发现的其他挑战。重要的是，示踪粒子需要承受高温且不会蒸发汽化，也不能与研究中的流动发生化学反应。而金属氧化物粉末，如硅的氧化物、铝的氧化物、钛的氧化物，因其熔点高和实用性，通常可以很好地适用于本研究。这些粉末最好采用2.2.2小节描述的流化床释放器来引入流动中。

另一个难点是由火焰亮度引起的，火焰亮度通常会随压力的升高和燃料空气比的增大而增大，主要是由发光的烟尘引起。火焰亮度通过在传感器或聚光透镜前面布置调整至PIV激光波长的窄带干涉滤波器减小。然而由于现代PIV相机中第二个图像帧的快门曝光时间长，在火焰亮度受到压制时只采用该滤波器可能还不够，在此就需要快速反应的机电或电气－光学快门[375,377]。另外也可以采用一对CCD，每个都与两个PIV激光脉冲中的一个同步[111]。加压燃烧室内的化学反应PIV采集参数见表9.19。

图9.75所示的加压单区燃烧室可以在压力高达20 bar、空气预热温度850 K和质量流量1.5 kg/s的条件下运行。在临界节流阀下游对喷嘴充气室采用一次预热空气进行供气。一次空气以2:1的比例分开，分别输送到双涡流喷嘴和内部窗口冷却缝中。腔室内的压力和质量流量由出口处的声速喷口控制。位于250 mm长燃烧室内大约中部位置处的交叉流动射流可以提供预热混合空气，且将初次燃烧区设置为近似立方体的形状。

表9.19　加压燃烧室内的化学反应流PIV采集参数

流动区域	喷嘴附近具有大出平面分量的旋转流动
最大平面内速度	$U_{max} \approx 70$ m/s
视场	70 mm × 40 mm($W \times H$)
查询体积	1.7 mm × 1.7 mm × 1.0 mm($W \times H \times D$)
动态空间范围	$DSR \approx 40:1$
动态速度范围	$DVR \approx 120:1$
观察距离	$z_0 \approx 500$ mm
采集方法	双帧/单曝光
模糊去除	帧分离(跨帧)
采集介质	全帧隔行转移CCD,1 280 × 1 024像素(770根照明线)
采集镜头	$f = 55$ mm, $f_{\#} = 8$
照明	倍频Nd:YAG激光,532 nm,单脉冲能量120 mJ
脉动延迟	$\Delta t = 4$ μs
示踪粒子	Si_2O_3和Al_2O_3(直径$d_p \approx 200 \sim 800$ nm)

光学通路由三侧的窗口提供，包括一个厚的压力窗口和一个薄的内衬窗口，窗口之间的间隙由冷却空气进行清洗，内衬窗口的内部则采用一部分加压空气进行薄膜冷却。PIV激光面与燃烧室的轴对齐，在燃烧室的轴上，相机布置在激光面法向视图的典型位置。将激光面直接通入燃烧室中，使得成像窗口和壁面上的激光光斑数量保持在可接受的水平。示踪粒子为非晶体氧化硅粒子，通过一个多孔环形管释放到燃烧室上游的充气室内。由于窗口的薄膜冷却由充气室内的空气直接供给，因此示踪粒子会在窗口上加速积聚，最好将薄膜

冷却的空气与主燃烧室的空气分开。用煤油点燃后,燃烧室会给 PIV 图像提供很强的 Mie 散射,这会将煤油喷雾散射掉,同时还能提供很强的火焰亮度。图 9.76 给出了在具有少量煤油喷雾的较差运行条件下获得的相应的 PIV 结果。在进行 PIV 处理之前,对图像采取加强处理,如图 9.77 所示,图像加强可以减小液滴速度对空气流动速度估算的影响,而空气流动速度通过均衡液滴图像强度以及弱得多的示踪粒子强度进行估算[377]。

对此种形式的装置应用立体 PIV 并不简单,尽管光学通路看上去是足够的。除了由两台相机通过共同窗口后倾斜视图引起的共同可视区域的丢失之外,激光面通过正交窗口进入试验区域时会产生激光光斑的反射,从而引起进一步的问题。因此,最可取的布置方式是取通过与激光面平行的窗口的激光面的法向视图。在立体观察中,第二台相机受到之前描述过的反射和遮挡的影响,从而在减小的区域内对三分量速度数据进行重构将是可行的。

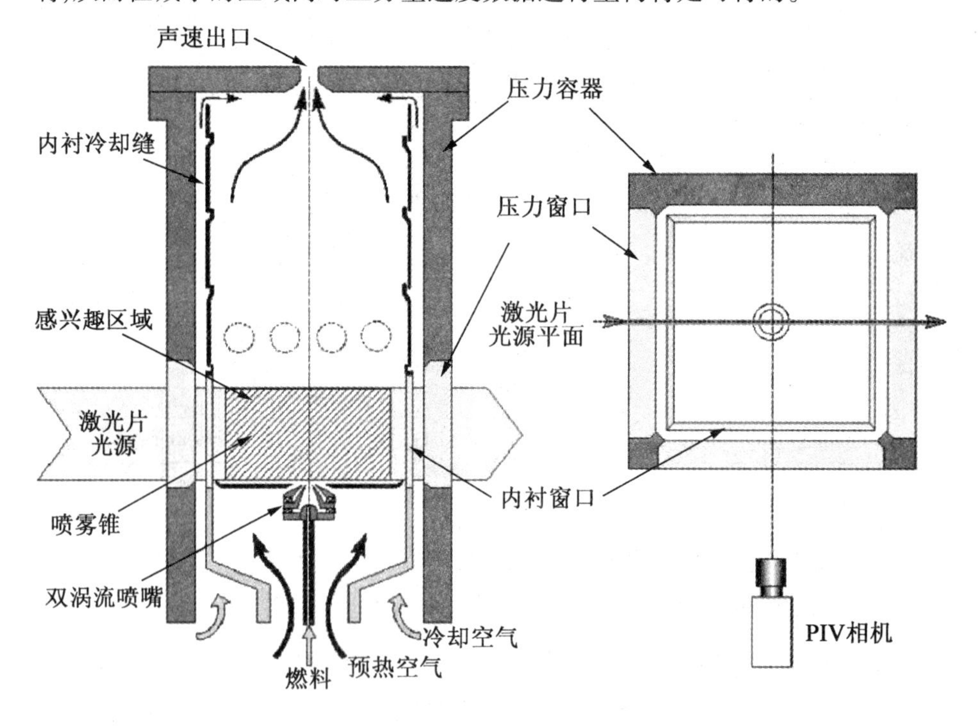

图 9.75　单区加压燃烧室装置,右图为轴向横截面视图

多相机 PIV 成像的光学通路受限问题的一个解决方案是将标准二分量 PIV 与对平面外分量敏感的多普勒全场测速(Doppler Global Velocimetry,

DGV)[468,471]技术结合起来。采用所谓的DGV－PIV方法可以恢复单区燃烧室掺混区内的速度场[378]。由于掺混区只有通过两个互相相反的窗口才能进行观察,因此激光面从燃烧室的顶部引入。整个采集系统可以恢复10 bar高压下的掺混区时间平均体积分辨数据集[378]。

在此特殊应用实例中,由于用于照明的激光技术的限制,相继采用了DGV和PIV。Wernet[472]针对自由射流实验介绍了真正的DGV－PIV同时测量技术。

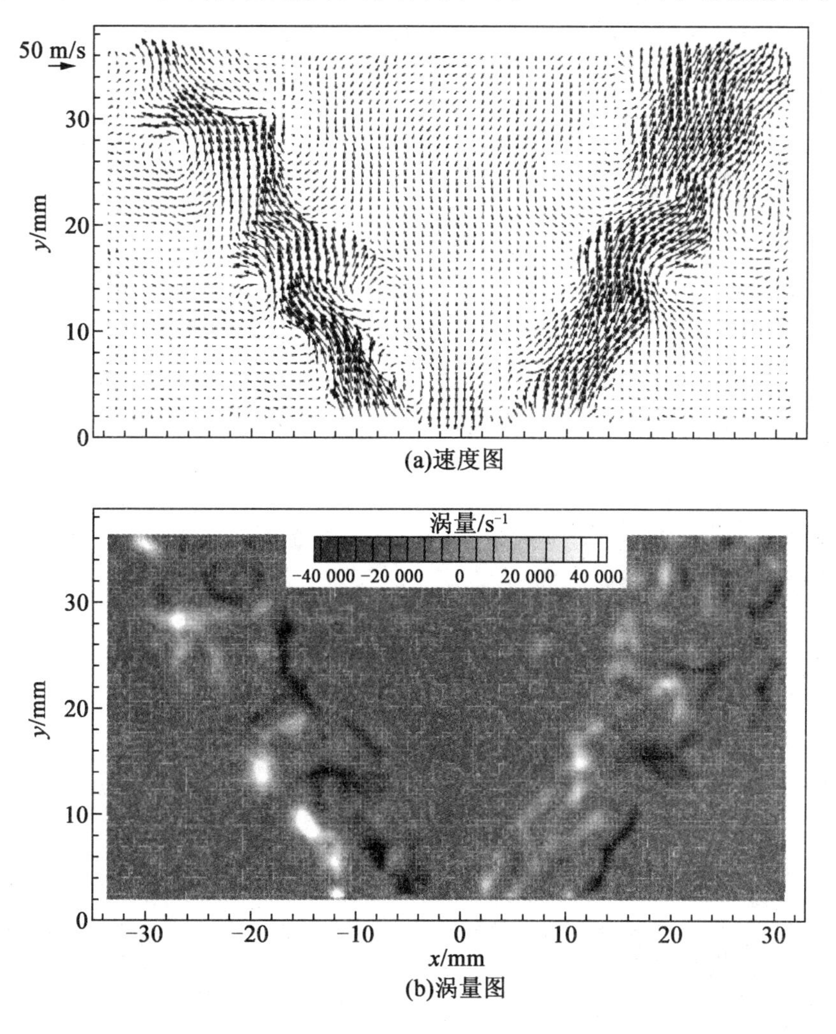

图9.76　压力为3 bar下获得的速度图和涡量图

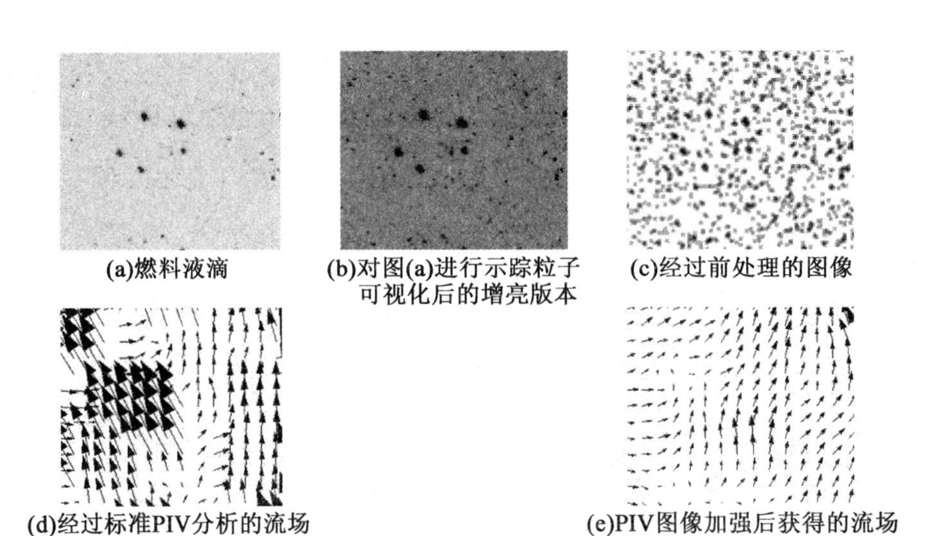

图 9.77 PIV 拍摄图像的一部分(120×100 像素)(为了清晰显示进行了灰度反转)以及处理过的 PIV 数据(由文献[377]得来)

9.15 机翼后缘噪声源高速 PIV 测量研究

(由 A. Schröder、U. Dierksheide、M. Herr 和 T. Lauke 提供)

表 9.20 平板尾缘高速 PIV(HS-PIV)测量的 PIV 采集参数

流动区域	垂直于尾缘
最大速度	50 m/s
视场	140 mm×37 mm
查询体积	4 mm×4 mm×0.7 mm
动态速度范围	0~50 m/s
观察距离	1.2 m
采集方法	双帧/单曝光/4 kHz
模糊去除	帧分离(跨帧)
采集介质	CMOS 相机
采集镜头	$f = 105$ mm, $f_{\#} = 1.8$
照明	Nd:YLF 激光器,单脉冲能量 7 mJ

续表 9.20

脉动延迟	$\Delta t = 20\ \mu s$
示踪粒子材料	DEHS(直径 $d_p \approx 1\ \mu m$)

9.15.1 引言

机身噪声主要是由非定常湍流与飞机结构的相互作用引起的,特别是边缘附近的旋转流动和开式腔体上的流动。该领域的经典问题是后缘噪声,涉及不同噪声形成机理。很多研究都针对翼型和平面机翼后缘展开。文献[380]、[382]指明噪声的主要贡献来自于涡量的展向分量,相应的偶极子(主要边缘噪声偶极子)为垂直于平板平面的摄动兰姆矢量。基于 HS - PIV(表 9.20)输入数据可以对机翼后缘噪声进行数值模拟。

9.15.2 实验装置、测量及过程

具有翼型前缘和机翼后缘的平板(基于弦长的雷诺数为 $Re = 5.3 \times 10^6$ 和 $Re = 6.6 \times 10^6$)垂直地安装于布伦瑞克气动声学风洞(AWB)中,这是一个开式射流消声实验装置(图 9.78)。平板边界层在前缘被截断,而在机翼后缘的两侧边界层厚度达到 $\delta = 0.03$ m,对应的自由流速度 $U = 40 \sim 50$ m/s,弦长为2 m。平板对称并轻微地向后缘收敛(锥度 5°),但没有产生流动分离。实验装置的完整描述在文献[379]、[383]中给出。为了以 y 方向 256 像素和 x 方向1 024 像素(对应于 135 mm)的分辨率追踪流动结构,PIV 测量区域位于后缘湍流边界层内的 xy 平面内。采用的高速 PIV 系统包括一个 New Wave Pegasus 高重频双腔 Nd:YLF 激光器,产生激光面的光学元件和一个 High Speed Star 4(HSS4) CMOS 高速相机。其中,激光器的输出光束波长为 527 nm,脉冲长度为 135 ns,每个谐振器在 1 kHz 频率下的能量为 2 × 10 mJ,在 4 kHz 频率下的能量接近 2 × 7 mJ;相机在 2 kHz 帧频下的最大空间分辨率为 1 024 × 1 024 像素。在本应用实例中实现了 4 kHz 的双倍帧频,从而可在 8 kHz 下,以 1 024 × 256 像素和 10 位灰度动态获取图像。相机的存储空间为 2.6 GB,从而每次运行可以获取 4096 个图像对。相机镜头为光圈 $f_{\#} = 1.8$,焦距 $f = 105$ mm 的尼康镜头。采用多通(四个迭代步)、图像变形、查询窗口移位和重叠率 75%、32 × 32 像素最终窗口尺寸(在两个方向上的分辨率可达 3 mm)的标准 FFT 模式对粒子图像进行了互相关格式评估。针对变形格式采用了 Whittaker 重构,通过三点高斯拟合进行了峰值检测。在后处理中采用了中值滤波器去除异常值。作为实例,图 9.79 给出了根据 1 s 内测得的 4 096 个速度矢量场获得的瞬时速度场。

实验应用了可以对源项直接计算从而对整个声场进行重构的“直接”方法:根据测得的 HS - PIV 速度场变量(即瞬时速度、瞬时涡量和平均流动),直

接计算作为主要涡结构源项的摄动兰姆矢量,即声类比源项[380-382]。对后缘在随体分块结构化网格上进行线性插值,然后将上述源项值输入到后续计算气动声学(CAA)模拟中。假设一个静止状态($Ma=0$)下的平均流动,采用哥根廷德国宇航中心声学代码 PIANO(气动噪声摄动研究)进行计算,求解声学扰动方程。

(a)AWB高速PIV系统的设置

(b)集中于后缘测量区域的定向麦克风

图 9.78 射流消声实验装置

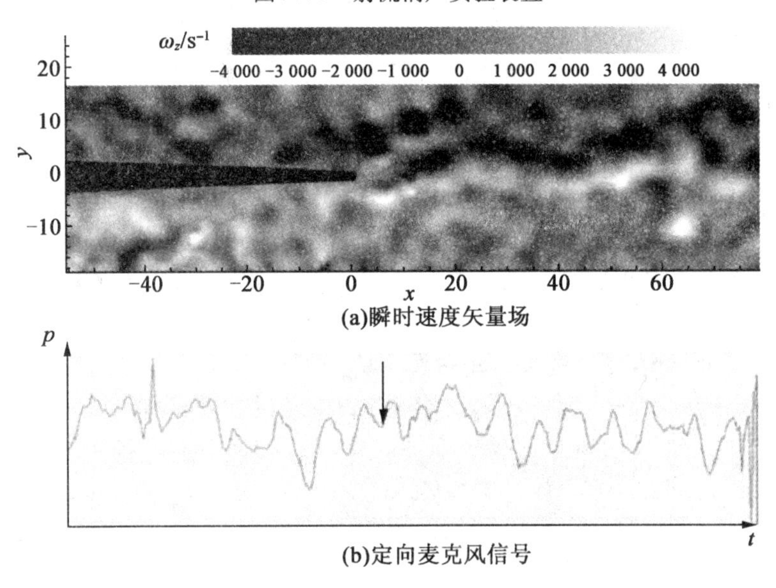

(a)瞬时速度矢量场

(b)定向麦克风信号

图 9.79 以 4 kHz 运行时后缘区域的瞬时速度矢量场(用灰度值标明的 v' 标量场)以及对应的定向麦克风信号(箭头位置所指的真实值)

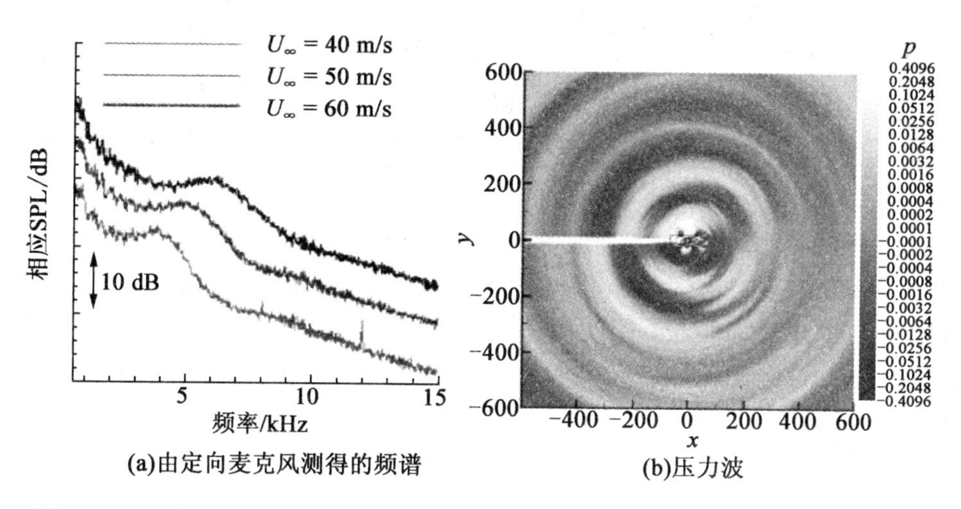

图9.80　不同流动速度下由定向麦克风测得的频谱和基于HS-PIV数据通过CAA代码PIANO计算得到的压力波

9.15.3　结论

当前给出的研究是最先将高时间分辨PIV应用到工业相关雷诺数级别下的经典气动声学问题的实例之一，提出了一种预测后缘噪声的新方法，旨在通过将PIV数据(即气动声学源项变量)输入到CAA计算中对噪声场和方向性进行计算。对气动声学风洞中的平板模型进行了高速PIV测量和声学实验(对上述提出的方法进行验证)。在4 kHz的双倍帧频下，采用足够大的视场和足够高的空间分辨率获取了PIV数据集，以求解声流动的所有主要特征。

时间分辨PIV可以对相关流动参数进行非侵入式量化，以辅助针对旋涡-结构之间相互作用的研究。就现有飞机部件的气动声学优化而言，此种对于气动声学源项的“光学”检测是有利的，可以在不需要安静测试装置的情况下以较低成本研究很多(至少是低速情况)问题。

9.16　体积PIV

(由A. Schröder、G. E. Elsinga、F. Scarano和U. Dierksheide提供)

层流边界层流动内湍斑的形成和发展由通用子结构的自组织主导，通用子结构包括发卡涡和沿展向变化的壁面低速和高速条带，这些通用子结构可以有效地从迎面而来的层流中产生新的湍流结构，从而在后缘形成湍斑。尽管对主流结构进行了识别，并且对湍斑内壁面法向方向上的交换拓扑结构进行了大致描述，但是对于湍斑最根本的发展机理还没有完全了解[242]。同时针对该发展过程的分析也有助于了解充分发展湍流边界层中相似结构对湍流交换的作用[384]。

在可行性研究中，为了捕捉流动结构的发展，尤其是整个边界层流动的一个时序内湍斑后缘处发卡涡的快速形成过程，对时间分辨的 PIV 实验应用了体积（层析成像）PIV 技术[230]。此测量方法提供了在测量区域内确定完整的三维速度梯度张量的唯一可能性。

采用四台高速 CMOS 相机对示踪粒子进行拍摄，两台高重复性的 Nd:YAG 脉冲激光器以 5 kHz 的频率对边界层内一个区域内的示踪粒子进行照明（图 9.81）。采用四台相机瞬时采集的单个粒子图像，对一个体元（体积单元）体积（实际上代表的是测量区域）内粒子图像的光强分布进行三维层析重构。为了确定一个时间序列的瞬时三维三分量速度矢量场，采用带体积变形的迭代多重网格格式在小查询体积内对两个后续采集和重构的粒子图像分布都进行了互相关。34 mm × 19 mm × 30 mm 的测量区域位于零压力梯度平板边界层中局部扰动源下游的壁面附近。在 $U = 7\text{m/s}$ 的自由流速度下，在短暂的初始流动注入后，湍斑在平板层流边界层的下游发展，对流穿过测量区域。时间分辨层析成像 PIV 方法可以捕捉到完整流动结构的时空发展，特别是湍斑后缘处发卡涡的快速形成过程（图 9.82）。

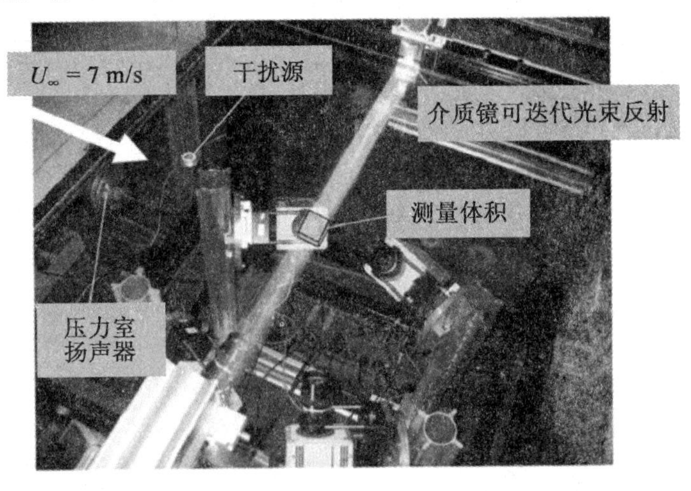

图 9.81　自由流速度 $U = 7$ m/s 下平板边界层流动实验装置，包括四台 Photron APX - RS CMOS 相机，可以实现对湍斑的时间分辨层析 PIV 测量，实验在哥廷根德国宇航中心 1 m 风洞的开式实验段中展开

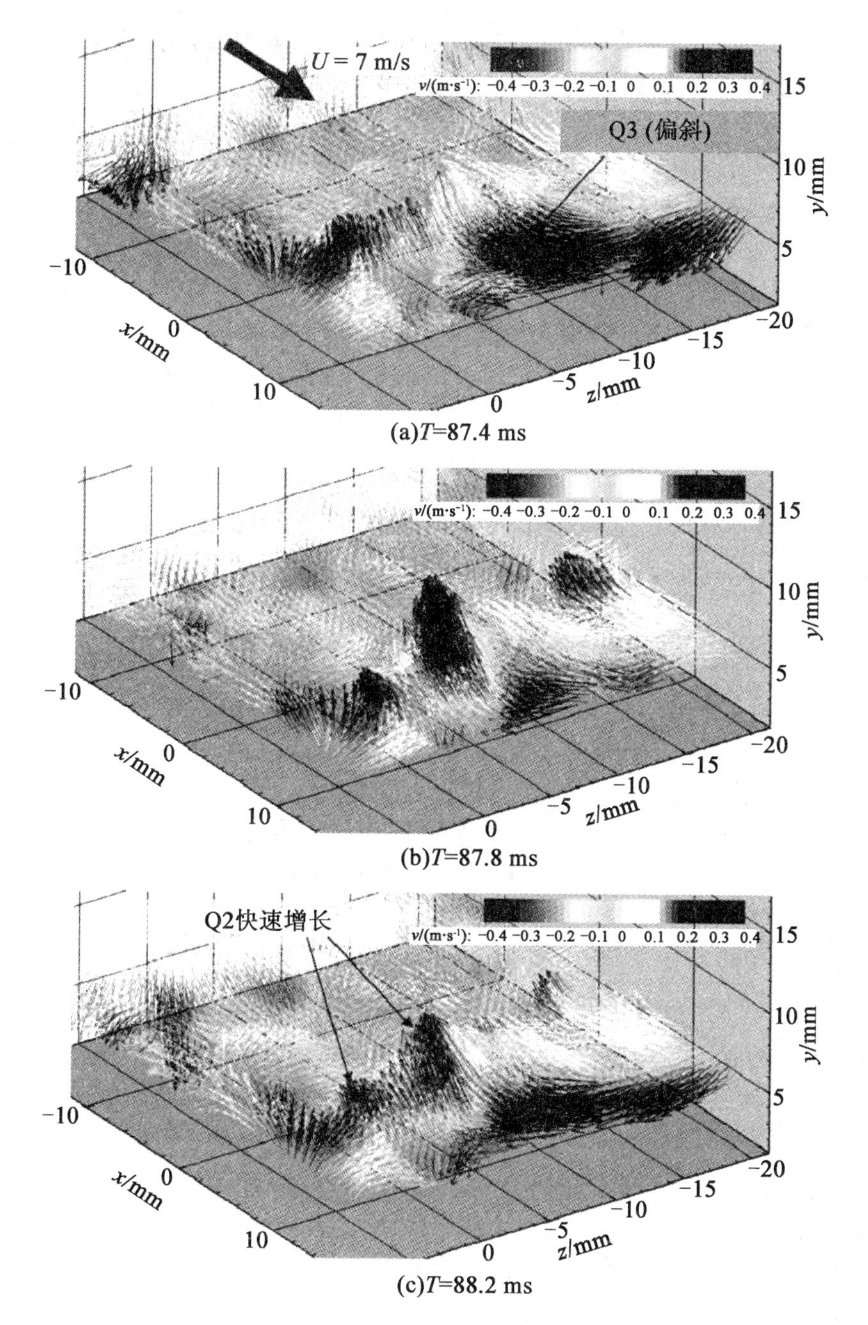

图9.82　在TE处初始扰动表现出Q2事件或发卡涡的快速发展后 $T = 87.4$ ms(图(a)),87.8 ms(图(b))和88.2 ms(图(c))时刻相同湍斑在 $y = 5.6$,6.1和6.6 mm处瞬时三维三分量速度矢量场($u_{\infty} = u - 6.6$ m/s,灰度值表示 y 方向速度分量的大小)

本实例中三维三分量和时间分辨PIV测量技术证实了光学测量技术作为

了解高雷诺数壁湍流和流体力学中更为一般的复杂和非定常现象的重要工具和 CFD 数据补充来源的适用性。

9.17 航天飞机模型超声速 PIV 测量

（由 J. T. Heineck、E. T. Schairer 和 S. M. Walker 提供）

表 9.21 NACA0012 翼型跨声速流动的 PIV 采集参数

流动区域	扫过与流动法向成 15°平面的激光面
最大跨平面速度	$U_{max}=585$ m/s
最大平面内速度	$V_{max}=130$ m/s
视场	870 mm × 380 mm
查询体积	20 mm × 10 mm × 4 mm($H\times W\times D$)
观察距离	1.8 ~ 3.2 m
采集方法	双帧/单曝光
采集介质	1 386 × 1 024 像素 CCD
采集镜头	$f=35$ mm,$f_{\#}=2.0$ 和 $f=50$ mm,$f_{\#}=1.2$
照明	2 个 Nd:YAG 激光器①,单脉冲能量 250 mJ
示踪粒子	油滴(直径 $d_p\approx0.3\sim0.5$ μm)

①倍频

在哥伦比亚号航天飞机事故后，美国国家航空航天局（NASA）被要求在航天飞机可以返回飞行状态前，对用于预测发射过程中从飞行器脱落的碎片的轨迹的计算流体动力学（CFD）程序进行验证。为了满足此要求和其他要求，NASA 在其 Ames 的9 ft × 7 ft 超声速风洞中（9 × 7 SWT）对发射上升状态下的按 3% 比例缩放的航天飞机模型开展了两次测试。在测试中，采用双平面 PIV 测量了航天飞机机翼上游的三个速度分量，机翼处从外部燃料箱（ET）脱落的碎片会向下游对流。这样对位于航天飞机上游 ET 上方四个不同轴向位置处的横向流动垂直平面进行了测量，并且对两个马赫数（1.55 和 2.5）下一定模型姿态范围内的工况进行了测量。较大的气流速度要求实验必须采用双平面技术。这些测量揭示了相互作用的激波形成了复杂的网络，以及航天飞机与 ET 连接点（两脚架）上游 ET 上的湍流分离流动区域，在哥伦比亚号的最后飞行中正是连接点处的泡沫挣脱导致了故障的发生。图 9.83 给出了典型工况下最上游测量平面内的轴向平均速度。对 ET 内侧燃料箱上方的分离流动区域内的单个垂直平面进行了更高空间分辨率的测量,在单个实验工况下采集了超过 7 000 个样本以计算湍流统计量。图 9.84 给出了在该位置处测得的总体速度分布。

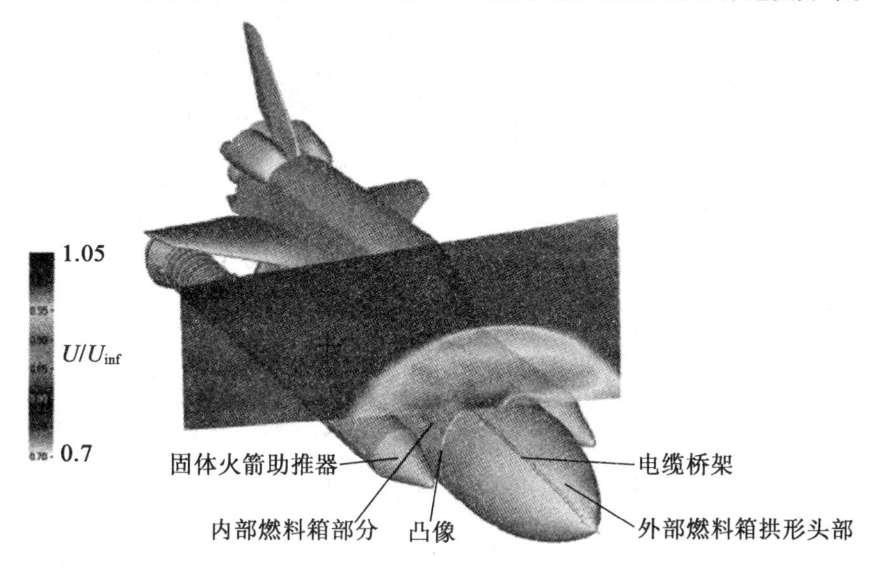

图 9.83 最上游测量平面($Ma_{\infty}=2.5,\alpha=0°,\beta=0°$)内的无量纲化轴向速度样图

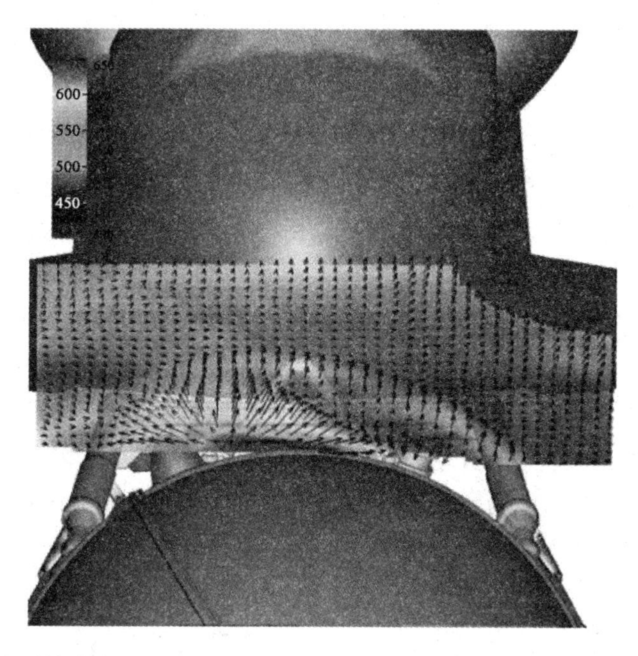

图 9.84 轴向平均速度云图以及表示展向和垂向平均速度的矢量(m/s)($Ma_{\infty}=2.5$, $\alpha=0°,\beta=0°$)

图9.83 清晰地展示了 ET 前缘的弓形激波。由于测量平面不垂直于流动方向(倾斜 15°),因此结果不是左右对称的。此外,ET 拱形头部(图9.83)右舷侧的电缆桥架也可能引起流动不对称。图 9.84 给出了内侧燃料箱上游边缘凸缘处的激波。正如图 9.83 所示,测量平面相对于自由流方向倾斜。表面附近的低速区域是一个分离泡。根据此数据集得到了湍流统计量。

实验需要采用可调整的双平面激光投影系统,这样可以实现测试运行时第二个平面位置向下游远程移动。由于马赫数范围过大而无法实现第一个和第二个激光面之间的距离保持固定,因此上述操作是必需的。每个激光面由单独的激光头产生,每个激光头可提供 250 mJ 的单脉冲。每个激光头相对于另一个激光头旋转了 90°,从而通过采用偏振分光棱镜可以将两个激光束结合起来。第二个激光器的光束被安装在高分辨率平移台上的镜子反射到立方体中。通过这样的布置,激光面的分离对应于平移台控制器的读数,支撑了两个激光器和所有光学元件的平板可在流向方向上 1 m 的位移范围内进行线性横向移动。此横向移动允许对测量平面的流向位置进行远程控制。

9.18 多平面立体 PIV 测量

(由 C. J. Kähler 提供)

9.18.1 引言

当速度的空间分布及其导数有助于了解流动的物理现象时,粒子图像测速(PIV)就成为广泛应用的技术。然而,通常根据在一个时刻的单个平面内获取的速度分布无法得到足够的信息来解答流体力学问题。为了克服这些限制,发展了立体 PIV 技术,适合于确定任意流动速度下测量具有高精度和高空间分辨率的许多流体力学变量[200,390,392,393]。该技术可靠、稳定且易于控制。此外,该技术基于标准 PIV 装置和评估步骤,因此可轻易扩展到现有 PIV 系统。

特别针对气体流动研究中的应用而开发的多平面立体 PIV 系统包括一个传递正交偏振光的四脉冲激光系统,一对具备 Scheimpflug 校正和角度成像配置的高分辨率逐行扫描 CCD 相机,两个高反射率的平面镜和一对如图 9.85 所示的偏振分光棱镜。

在对示踪粒子采用正交线性偏振光进行照明后,偏振分光棱镜 7 根据偏振态将粒子前向散射的入射波分成两部分。只要球形粒子的半径与激光波长相当(见2.1节和文献[72]、[73]对生成合适示踪粒子的描述)且观察方向正确地定位于偏振矢量的方向,偏振的分离就能完好实现。当上述要求无法满足时,可以应用基于频率的多平面立体PIV方法,但是此时需要修改激光系统以形成所需的频率漂移[395]。

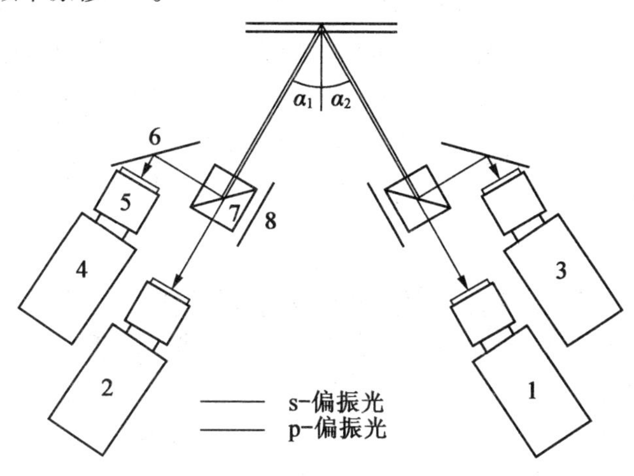

图9.85 拍摄系统设置示意图

1~4—数码相机;5—镜头;6—平面镜;7—两个直角棱镜之间带介电涂层的偏振分光棱镜;8—吸波材料;α—张角

针对示踪粒子的照明,需要将四个独立的激光振荡器的光束以如下方式结合:线性偏振激光面可以相对其他激光面独立定位。通过图9.86所示的四个脉冲系统可以轻易而精准地实现上述步骤。

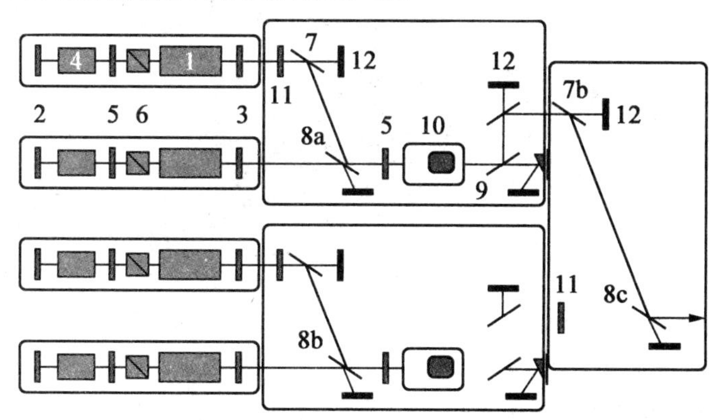

图9.86 四脉冲四频率多普勒激光系统

1—泵腔;2—全反射镜面;3—部分透过镜;4—Pockels盒;5—$\frac{\lambda}{4}$延迟板;6—Glan激光偏振器;7—平面镜;8—介电偏振器;9—分色镜;10—带相位角调整的倍频晶体;11—$\frac{\lambda}{2}$延迟板;12—光束收集器

调整正交偏振激光面之间的位移的合适方法依赖于所需的距离[389,390]。一对正交偏振激光面之间的较小间隔(几毫米)通过重组光学元件中平面镜 8c 的简单旋转即可形成[393],其中重组光学元件位于垂直于激光束平面的轴线附近。对于更宽范围内的激光面间距(几厘米)和光束对的独立定位,可以将平面镜 7b 连同光束收集器 12 一起移除,从而产生两束空间分隔的正交偏振辐射的激光束。采用两个分开的激光面光学元件(一个用于每个偏振),可以通过移动平面镜而实现位于各位置[389],其中,每个激光面光学元件都有一个 45°平面镜位于前一个透镜的后方。经过校准后,能以微米精度确定每对激光面的实际位置。

多平面立体系统适合于仅通过改变时间序列或激光面位置从而确定不带角度误差的不同流体力学变量。对于恒定脉冲间隔($\Delta t = t_2 - t_1 = t_3 - t_2 = t_4 - t_3$)和重叠的激光面(图 9.87),通过将第一个采集的灰度值分布与第二个进行互相关,第二个与第三个互相关,第三个与最终照明获得的灰度值分布互相关,即可测得任意流动速度下三个速度场的时间序列。在此模式下,通过采用 9.7 节和文献[323]给出的多帧 PIV 评估方法提高速度测量的精度也是可能的。增加第二个与第三个照明之间的时间延迟($\Delta t = t_2 - t_1 = t_4 - t_3 < t_3 - t_2$)可以对拉格朗日和欧拉形式的加速度场进行一阶估计,以研究移动流动结构的动态行为和相互作用过程[388]。当采集的图像对之间的时间延迟较大($\Delta t = t_2 - t_1 = t_4 - t_3 \leqslant t_3 - t_2$)时,可测量时间相关性[389]。

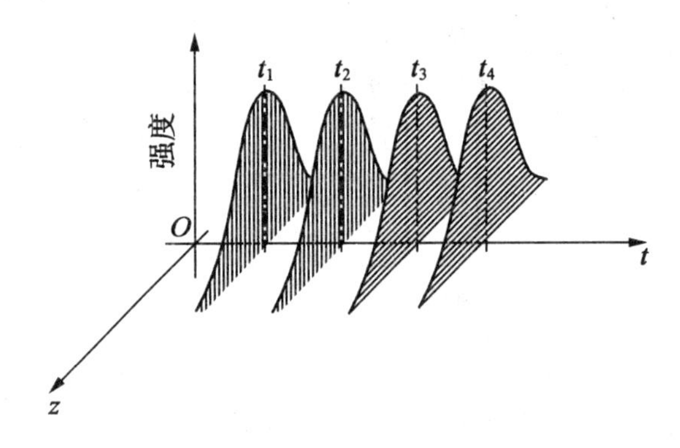

图 9.87　所有三个速度分量的时间分隔测定的时序图,激光面强度曲线下的不同阴影表示不同的偏振态

当具有同等偏振的激光面对在空间上被分隔开时,可获得有关流场的进一步信息,如图 9.88 所示。对于小间隔或部分重叠的激光面,当同时($t_1 = t_3$ 和

$t_2=t_4$)发射正交偏振激光脉冲时可以测得所有三个涡量分量的空间分布。此外,可估算所有速度梯度张量分量以及该张量的不变量[390,396]。以此结合流动拓扑分析可以对涡结构进行更可靠的识别。通过增加一对激光面之间的距离,可测得流场内不同位置处的空间相关张量[394]。此外,可精准地确定穿过平面的涡结构方向,该方向对于诸如飞行器尾流涡结构等研究非常重要。通过改变水平图像对和垂直图像对之间的时间间隔可以从数据中推断出时间相关性[389]。

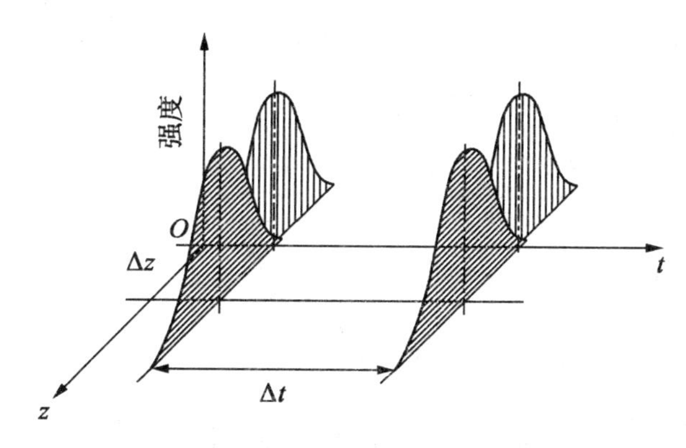

图9.88　空间分隔平面内的所有三个速度分量同时测定的时序图

9.18.2　应用

为了证实该技术的功能,对平板边界层 $y^+=10$,$y^+=20$ 和 $y^+=30$ 处的法向平面进行测量。在法国里尔力学实验室(LML)的温度稳定闭式风洞内对平板前缘后方18 m处的流场进行了实验研究。表9.22列出了流动和拍摄参数。

表9.22　平板前缘后方18 m处湍流边界层 xz 平面内流动实验的相关表征参数

Re_θ	7 800	[1]
Re_δ	74 000	[1]
Re_x	3.6×10^6	[1]
U_∞	3	[m/s]
u_τ	0.121	[m/s]
δ	0.37	[m]
δ^+	3 000	[1]

续表 9.22

$t^+ = \frac{tu_\tau^2}{\nu}$		[1]
视场	67 × 35	[mm^2]
视场	0.18 × 0.09	[δ^2]
视场	544 × 284	[$\Delta x^+ \Delta z^+$]
空间分辨率	1.42 × 0.6 × 1.42	[mm]
空间分辨率	11.5 × 5.0 × 11.5	[$\Delta x^+ \Delta y^+ \Delta z^+$]
脉冲间隔 Δt	200	[μs]
$y^+ = 10$ 处动态范围	1.00 ~ 9.330	[像素]
$y^+ = 20$ 处动态范围	1.37 ~ 11.74	[像素]
$y^+ = 30$ 处动态范围	2.61 ~ 11.84	[像素]
每个样本矢量数	7 936	
样本数	4 410	

对于与湍流产生相关的现象，在不同 y^+ 处同时测得的流向速度分量 u 的脉动和壁面法向速度分量 v 之间的互相关非常重要，这是因为 R_{vu} 反映了流动相干结构的尺寸和形状，相干结构主导了具有相对较小动量的流体向外部较高流速区域的运动，以及具有大动量的流体朝壁面向较低流速区域的运动。

图 9.89 给出了脉动速度分量之间的统计关系。图 9.89(a)(b)给出了互相关函数 $R_{v(y^+=20)u(y^+=10)}$ 和 $R_{u(y^+=20)v(y^+=10)}$。从相关性的符号(由虚线表示)可以看出上抛和下扫确定为主导过程，不同尺寸、形状和强度的函数($R_{v(y^+=20)u(y^+=10)} > R_{u(y^+=20)v(y^+=10)}$)表明在这些壁面位置处上抛的主导作用。此外，从图 9.89(a)中最大值的位置可以估计小动量区域为 y 方向剪切层，而同一个图中的强的正值侧峰值表明了小动量流体的外流与二次流相关。图 9.89(c)(d)给出了相同的互相关函数，但是是在 $y^+ = 20$ 和 $y^+ = 30$ 处测得的，即 $R_{v(y^+=30)u(y^+=20)}$ 和 $R_{u(y^+=30)v(y^+=20)}$。图 9.89(e)(f)给出了条件互相关函数，即 $u > 0$ 下的 $R_{v(y^+=20)u(y^+=10)}$ 和 $u > 0$ 下的 $R_{v(y^+=30)u(y^+=20)}$。尤其需要注意图 9.89(f)中 R_{vu} 的幅值。为了估算不同流动中相干结构的对流速度，从而进一步得到通过采用标准、立体和全息 PIV 技术无法获得的动态行为，另外测量了空间－时间相关性。具体信息可参见文献[389]～[391]。

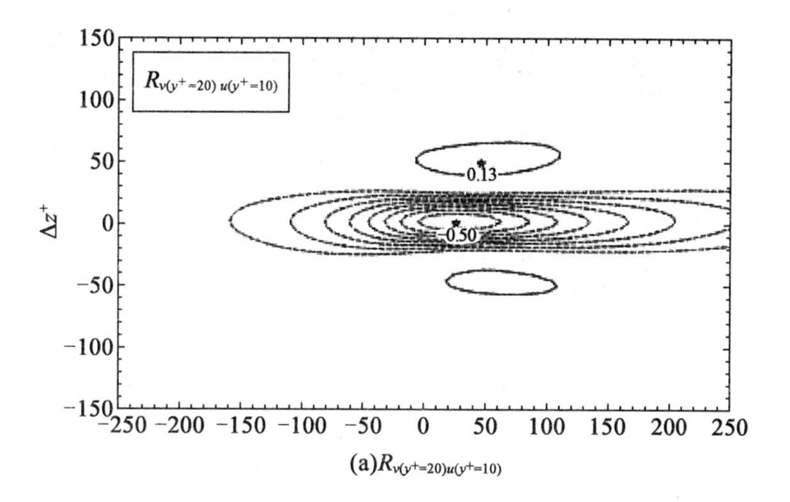

(a)$R_{v(y^+=20)u(y^+=10)}$

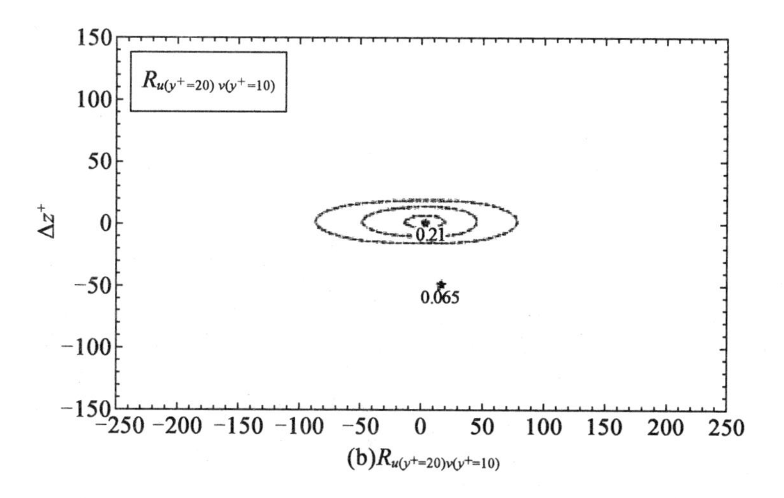

(b)$R_{u(y^+=20)v(y^+=10)}$

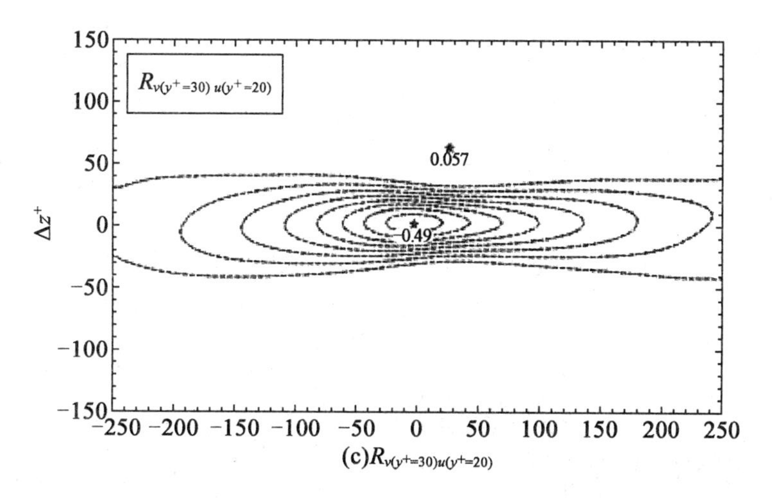

(c)$R_{v(y^+=30)u(y^+=20)}$

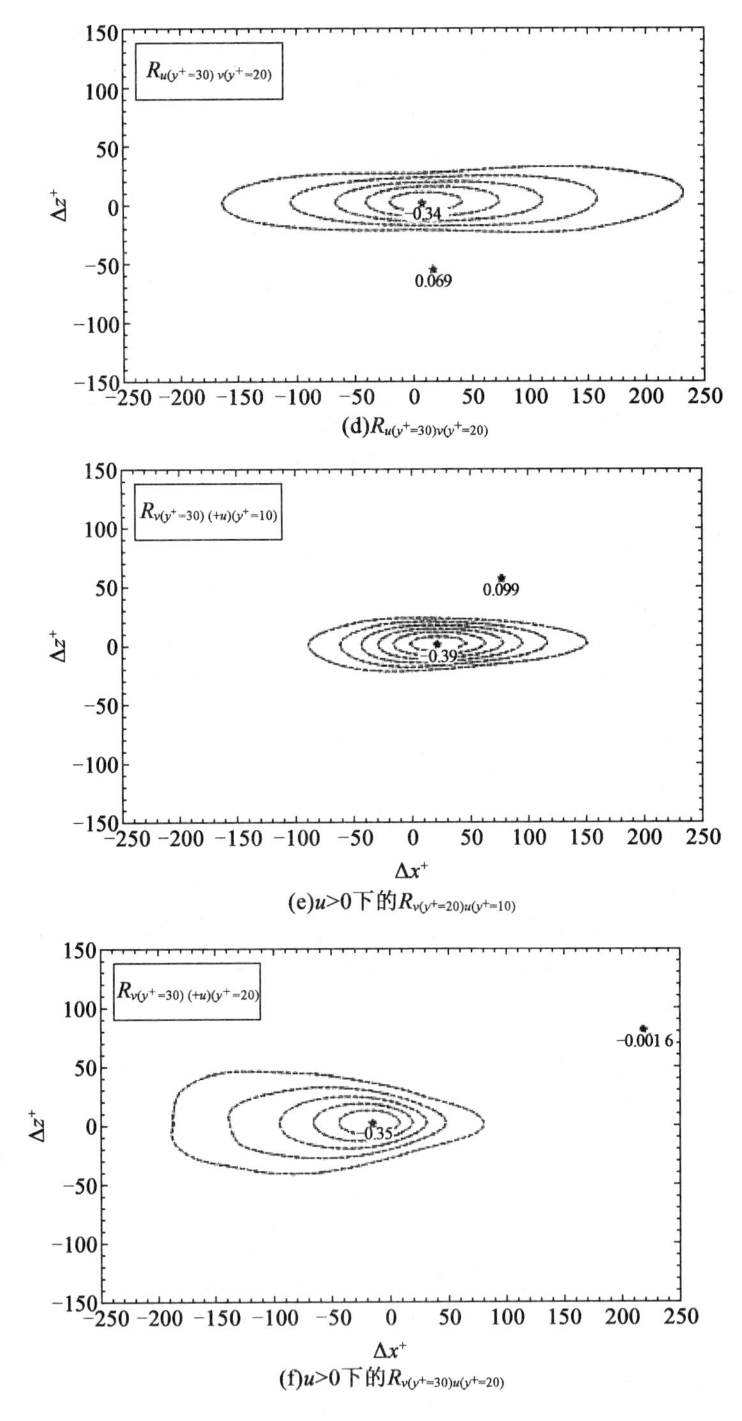

图 9.89　Re_θ =7 800 下测得的脉动流向速度(u)和壁面法向速度(v)之间的二维空间互相关函数

9.18.3 结论

对于采集时间、光学通路和观察距离均受限的大型风洞内的各种应用，以及纯科学研究和工业推动的研究，多平面立体 PIV 系统都是可靠、稳定且适用的。此外，基于传统 PIV 设备和熟悉的评估步骤均可以轻易扩展到现有 PIV 系统。相对于其他成像技术，此测量系统的优势在于其可以简单通过改变时间序列或激光面位置以高精度（无角度误差）来确定一系列重要的流体力学变量。由于此系统相对于其他传统 PIV 的优势，得到了全世界领先研究小组日益增加的应用[385,387,396]。

9.19 微尺度 PIV 风洞研究

（由 M. Raffel、C. Rondot、D. Favier 和 K. Kindler 提供）

采用二分量 PIV 对边界层速度分布和直升机桨叶前缘附近的流动速度分布特征进行详细研究。较小尺度的流动结构与动态失速有关，因此对其流场采用较高的空间分辨率进行测量。已成功证实了在风洞中采用反射望远镜进行 μPIV 测量的可行性（表 9.23）。接近 50 μm 的空间分辨率可以对用于提高 CFD 预测性能的不同湍流模型和阻尼系数进行评估。

表 9.23 微尺度风洞研究的 PIV 采集参数

流动区域	OA209 桨叶翼尖模型上的边界层
最大平面内速度	$U_{max}=10$ mm/s
视场	1.658 mm × 1.358 mm
查询体积	96 × 96 像素
观察距离	$z_0=35.5$ cm
采集方法	双帧/单曝光
采集介质	1 280 × 1 024 像素 CCD 相机
采集镜头	反射式物镜，$M=4.86$，$f_{\#}=6$
照明	Nd:YAG 激光器①，单脉冲能量 2 × 250 mJ
脉冲延迟	$\Delta t=10$ ms
示踪粒子	油滴（直径 $d_p\approx1$ μm）

①倍频

9.19.1 引言

在过去十年内,对于单个直升机部件性能预测能力的发展已取得了显著的进步。现代 CFD 方法对于中等运行条件可产生很好的结果。而对于高速和大负载工况的预测仍需要针对非定常黏性流动现象开展更多的实验研究,比如旋翼后退侧的动态失速和桨叶翼尖附近失速的复杂机理。目前,针对上仰翼型和上仰有限桨叶模型的总体流场测量,以及悬停室和风洞内旋转桨叶的总体流场测量已经在不同地点成功开展。

本小节主要集中于针对稳定的 11.5°攻角已经实现的测量,这是因为所涉及的流动现象具有最好的了解和采集。该攻角对应于最大升力点,略小于此攻角时会发生严重的流动分离。通过边界层的转捩和吸力面的流动分离可以确定在此雷诺数范围内的 OA209 翼型绕流、展向位置和攻角。其中,吸力面的流动分离会导致涡量的生成,而涡量又主导着尾流和机翼的性能。这对于有限机翼和二维翼型亦是如此。对于当前的中等雷诺数和大攻角工况,层流分离会发生在前缘后方不远处,且向湍流的转捩立即发生在分离之后。所得到的湍流强度迫使流动在很短的距离内再附着,从而引起相对于低雷诺数工况的最大升力的显著提高。流动分离和再附着形成了含有回流区域的层流分离泡(图 9.90)。分离泡后面的湍流边界层甚至允许流动在相对较高的逆压梯度下保持附着。

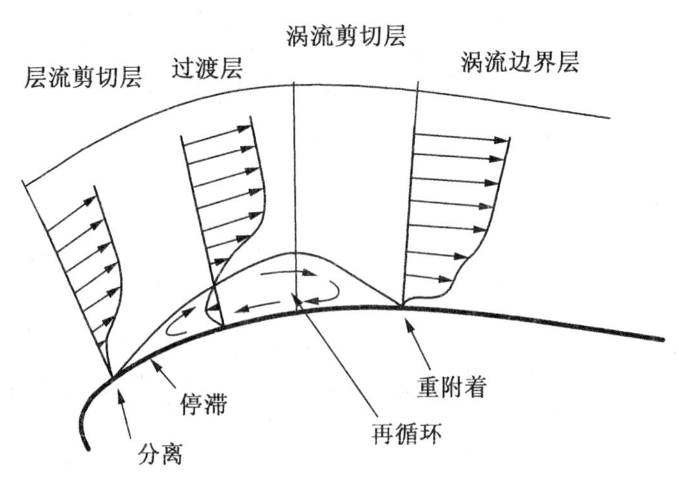

图 9.90　分离泡示意图

为了验证能够更准确地预测动态失速发展阶段的 CFD 程序,需要详细研究前缘处流动结构的湍流强度、尺寸以及随时间的发展,因此采用立体 PIV 和压力测量,对处于定常状态和俯仰运动的旋翼桨叶翼尖附近的总体流动特征进行量化。为了求解定常和非定常状态下失速启动不久之前的阶段内的相关流动特征,进一步采取观察区域大小为 1 mm 和分辨率为 50 μm 的二分量 PIV 测量。将定常工况的结果与 ELDV(嵌入式激光多普勒测速[431])和 CFD 的结果进行对比。

9.19.2 测试装置

采用的激光系统在波长为 532 nm 下的脉冲能量为 2×200 mJ,且装备有传统激光面光学元件。相机分辨率为 1 280×1 024 像素。

高分辨率 PIV 系统的设置与文献[432]中描述的相似,但是用于风洞内相对粗糙的条件下。测试中采用的显微镜头为 Questar Corporation 的反射式物镜 QM100,针对 150 ~ 180 mm 范围内的工作距离 G 进行优化,其张角为 $\omega = \arctan\left(\frac{D}{2G}\right)$,其中 D 为孔径。工作距离 $G=355$ mm(已选为实验条件)时的数值光圈为 $A=n\cdot\sin\omega=0.083$,其中 n 为空气的折射率。光圈 $f_{\#}=1/2A=6$,放大倍数 $M=4.86$,从而校正系数为 754 像素/mm。受衍射限制的最小图像直径为 $d_{\mathrm{diff}}=2.44f_{\#}(M+1)=45.6\ \mu\mathrm{m}$,估算得到的焦深为 $\delta Z=\frac{2f_{\#}d_{\mathrm{diff}}(M+1)}{M^2}=136\ \mu\mathrm{m}$。激光面厚度也为 400 μm。观察到的立体图像直径在为 50 ~ 130 μm(8 ~20像素),与文献[283]、[284]中的观察相似。在下面给出的结果中可以清楚地看到边界层的发展、回流区域和朝向外部流动的剪切层。

实验在马赛大学法国研究中心 CNRS 生物力学和流动空气动力学实验室(LABM)中的 S2 Luminy 风洞中展开。对 OA209 桨叶翼尖模型前缘附近垂直于翼展约 200 mm 处的平面进行了 PIV 测量。

大多数 PIV 测量在稳定的 11.5°攻角下进行,并与相同工况下的 CFD 和 ELDV 结果进行了比较。

9.19.3 结果和讨论

采用反射望远镜物镜获得的图像质量允许在≈50 μm 的空间分辨率下分

析非定常流动特征。异常值数量 ~ $O(5\%)$。由于其粒子图像约比传统 PIV 的大 5 倍,因而其相对精度要稍低一点。然而,假设由噪声引起的不确定性的数量级为 0.1 m/s,则可以精确地确定每个测量位置处距壁面的距离,这是由于在每次拍摄中表面是可见的。因此,边界层的发展、逆流区域以及朝向外部流动的剪切层可以在图 9.91 所示的结果中清晰地看到。

图 9.92 给出了 SA 和 SST 湍流模型的 CFD、ELDV、PIV 和 μPIV 得到的层流分离泡内的切向速度分布。从图中可以看出,不同方法得到的外部区域(≥20 mm)自由流速度的符合程度相对较高(约 98%)。但是,从放大图中更具体的结果可以看出,不同实验结果之间的差距以及不同 CFD 结果之间的差距非常明显。造成 PIV 与 μPIV 结果之间差距的原因可简单地解释为 100 mm镜头造成的图像的低空间分辨率。ELDV 和 μPIV 之间的差距更显著,但不是在测得的流动速度上有较大差距,而是壁面法向方向上分离泡的尺寸有较大的差距。造成该现象的一个可能原因是每个测试中攻角调整得不一致。但是,湍流模型求解流场得到的分离泡则有最好的结果,可由 SA 湍流模型得到。

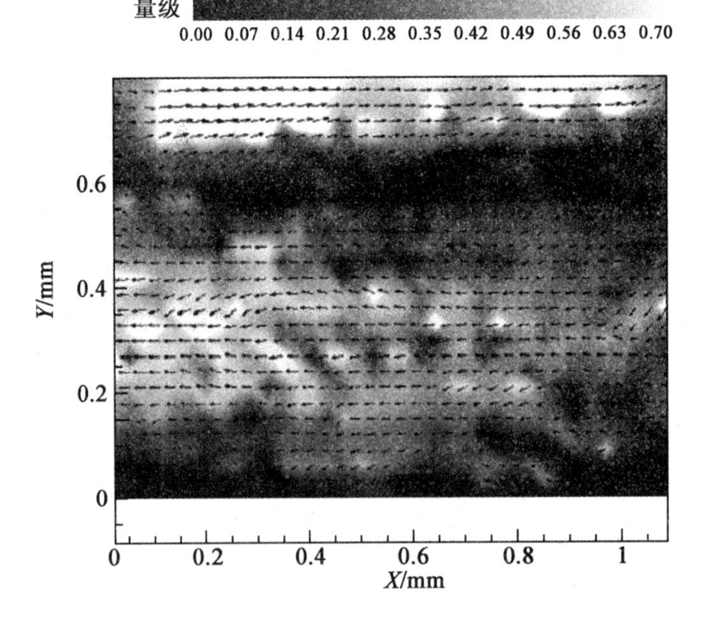

图 9.91　采用反射望远镜物镜在稳定的 $\alpha = 15°$ 工况下获得的 PIV 结果,速度的大小由灰度值给出,坐标 X 和 Y 的单位为 mm,原点位于模型表面(Y),前缘后方 5% 弦长的位置处(X)

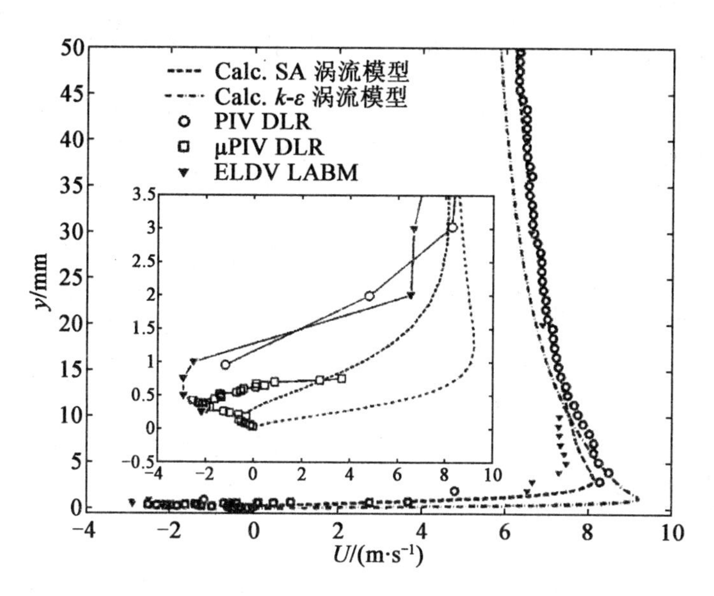

图 9.92　$\alpha = 15°$定常工况下 $x/c = 0.05$ 处层流分离泡的 CFD、ELDV 和 PIV 结果

9.19.4　结论

本实例中观察到了由不同测量方法得到的直升机桨叶上分离泡尺寸的差异，速度大小在可接受程度上是一致的。当前的结果可认为是为数值程序的验证提供了一个很好的数据基础。但是二维计算还未充分地预测到大攻角下观察到的旋涡的精细结构及其在俯仰运动的一些阶段下的复杂演化过程。PIV 在高空间分辨率下确定的瞬时速度场证实其可用于对湍流模型和数值阻力系数的选择。首次在风洞试验中以高分辨率测得的层流分离泡的强度、尺寸和分布，对于数值模拟技术的验证是必要的。

9.20　微 PIV（Ⅰ）

（由 M. Oshima 和 H. Kinoshita 提供）

9.20.1　微尺度流动 PIV 测量

目前，处理微尺度流体流动现象的微流控正成为发展微流控装置或系统的重要研究课题[405]。在化学、生物化学和生物领域，为了发展小尺寸的生物/化学分析装置（通常被称为微型全分析系统（μTAS）或芯片实验室），已设计并证实了不同类型的微流控装置[397,409]。分析系统的小型化可以带来许多潜在好处,比如样本和试剂数量的减少、敏感度高、分析时间短、过程自动化、并行处理等[399-402]。为了有效利用这些优势,并制造出基于流体动力学设计的系统或几何结构,需要更好地理解发生在微流控装置中的流体流动现象。

在过去的几十年,μPIV 已经研究和发展,且被用作微观流场的诊断工具。μPIV 的理念非常简单:采用一个光学显微镜替代宏观尺度下的摄影镜头,对微尺度流动中的示踪粒子进行拍摄。以工作流体中悬浮的纳米荧光微球作为示踪粒子,随后采用荧光显微镜和摄像机依次对示踪粒子的分布模式进行拍摄。采用与标准宏观 PIV 中相同的分析方法对获取的粒子图像进行分析。

9.20.2 微 PIV 实例

Santiago 等[410]采用一个带大数值光圈(NA)物镜的落射荧光显微镜和一个强化 CCD 相机开发了一套微 PIV 系统。此系统采用一个连续照明的汞灯和一个低帧频相机对粒子图像进行采集,因此图像之间的时间间隔相对较大。Santiago 等采用显微 PIV 系统成功测量了速度接近 50 μm/s 的低速 Hele - Shaw 流动(图 9.93)。连续照明光和 CCD 摄像机的结合使用适合于测量低速流动,如电渗流[411]。

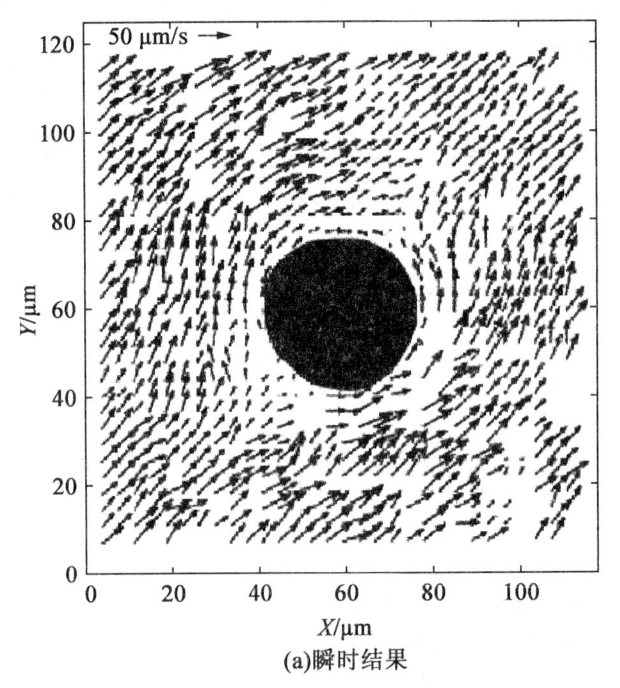

(a)瞬时结果

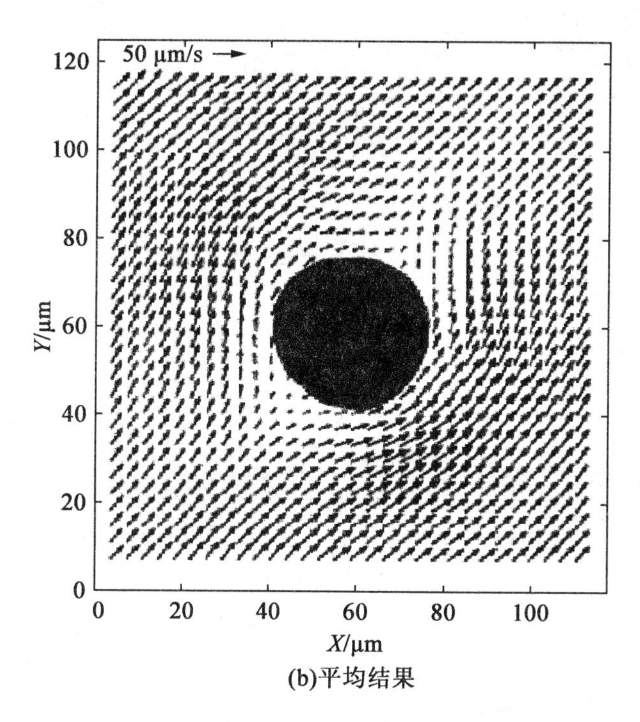

(b)平均结果

图9.93 宽30 μm的障碍物周围由表面张力驱动的Hele－Shaw流动的速度矢量场[410]

Meinhart等[406]通过改进照明系统，采用反射光显微镜和双脉冲Nd：YAG激光器开发了跨帧μPIV系统。图9.94给出了采用反射光照明和高能双脉冲Nd：YAG激光器的一套标准μPIV系统[403]。PIV的动态范围可通过在传统PIV中常见的跨帧方法进行扩展。如果不采用反射光照明，跨帧μPIV也可以通过采用脉冲Nd：YAG激光束从外面直接向流场照明来实现。

PTV技术可代替基于图像相关方法的PIV算法，也应用于显微粒子成像[412]。在微尺度下，追踪算法（如PTV）不仅对流体流动研究有显著贡献，而且对固体粒子行为研究也有显著贡献，如细胞，这是因为PTV可以以时间序列检测单个粒子的运动。

9.20.3 与宏观尺度PIV的差别

μPIV在一些显著方面与标准宏观尺度PIV存在不同。其中的一个不同是示踪粒子对布朗运动的影响。在μPIV中，由于示踪粒子的直径小于1 μm，因此对布朗运动的影响不能忽略。由于显微镜下的布朗运动，这些亚微米级粒子表现出相对较大的随机运动。由于PIV技术本身基于示踪粒子严格随流体运动的假设，因此示踪粒子的布朗运动对PIV中速度估算的影响显著。为了减小布朗运动的影响,通常会采取时间平均,如时间平均相关方法[398,407]。尽管时间平均方法有助于减小与布朗运动相关的测量误差,但是不适用于非定常流动现象。

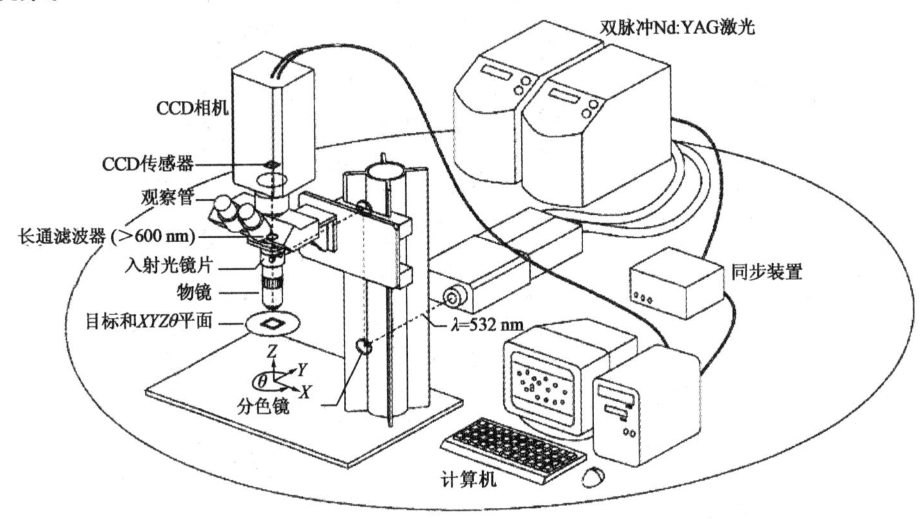

图 9.94 μPIV 系统示意图,采用高能脉冲 Nd:YAG 激光器通过落射荧光显微镜对荧光示踪粒子进行照明[403]

另外一个主要区别在于拍摄示踪粒子时采用的照明方法。在传统宏观尺度 PIV 中,流动中的示踪粒子通常由一个薄的平面激光进行照明,从而对测量区域的横截面进行可视化。另外,当采用显微镜时,激光面证明是不实用的,这是由于槽道和观察区域必然小于 1 mm,产生厚度小于 100 μm 的激光面并精准定位于显微镜的焦平面是十分困难的。基于这个原因,几乎所有的 μPIV 系统都采用带体积照明方法的荧光显微镜,比如用反射光或透射光代替激光面。因此,显微镜的景深(DOF)在 μPIV 测量中起重要作用。Meinhart 等[408]特别将测量深度(MD)定义为 μPIV 的平面外测量分辨率,依赖于示踪粒子直径和物镜的数值光圈。只有测量深度内的粒子会影响 PIV 分析,而焦距外的粒子不会对评估产生贡献。因此,获得的速度认为是焦平面内的二维投影平面速度场。

9.20.4 先进技术:共聚焦 μPIV

最近开发了一种新型 μPIV 技术,旨在解决与体积照明和 μPIV 景深有关的问题,被称为共聚焦 μPIV。共聚焦显微镜[414]是一种可提供一些优于传统光学显微镜优点的先进技术,比如浅景深和焦距外光线的光学截断。共聚焦成像技术在 μPIV 上的应用可以对含示踪粒子的流体区域进行切片,正如在宏观尺度 PIV 中采用薄的片激光。由于扫描速率过慢,共聚焦显微镜直到最近才应用到 μPIV 中。PIV 在几纳秒至几毫秒之间的短时间间隔内需要至少两个连续的对含有示踪粒子流体流动的曝光,但传统共聚焦显微镜需要几秒到几分钟的时间以完成对整个平面区域的扫描。最近已发展了一种高速共聚焦扫描仪[413],能够以每秒 2 000 帧的速度在仅仅 0.5 ms 内扫描单个横截面。

图 9.95 给出了共聚焦 μPIV 系统的示意图。测量目标固定在倒置型显微镜的机械平台上,操作人员从底部进行观察。共聚焦成像单元安装在倒置型显微镜的侧面相机端口,包括一台高度共聚焦扫描仪,一个连续半导体激光器和一台高速相机。由共聚焦扫描仪生成的共聚焦图像通过带 800×600 像素和 12 位单色 CMOS 图像传感器的高速、高敏感度相机进行采集。在此情况下,帧频固定在每秒 2 000 帧,每帧的曝光时间为 0.5 ms。该系统能以 1.8 μm 的共聚焦深度测量面积为 228 μm×171 μm 区域内微流动的横截面速度分布。共聚焦深度表示共聚焦 μPIV 系统的平面外测量分辨率,实际上是通过在不同焦点位置处拍摄真实示踪粒子,从而对共聚焦深度进行测量。共聚焦 μPIV 的关键优势在于焦距外粒子发出的光被光学截断,只有焦平面中心处非常浅的深度下的粒子才能在高对比度水平下可视化。

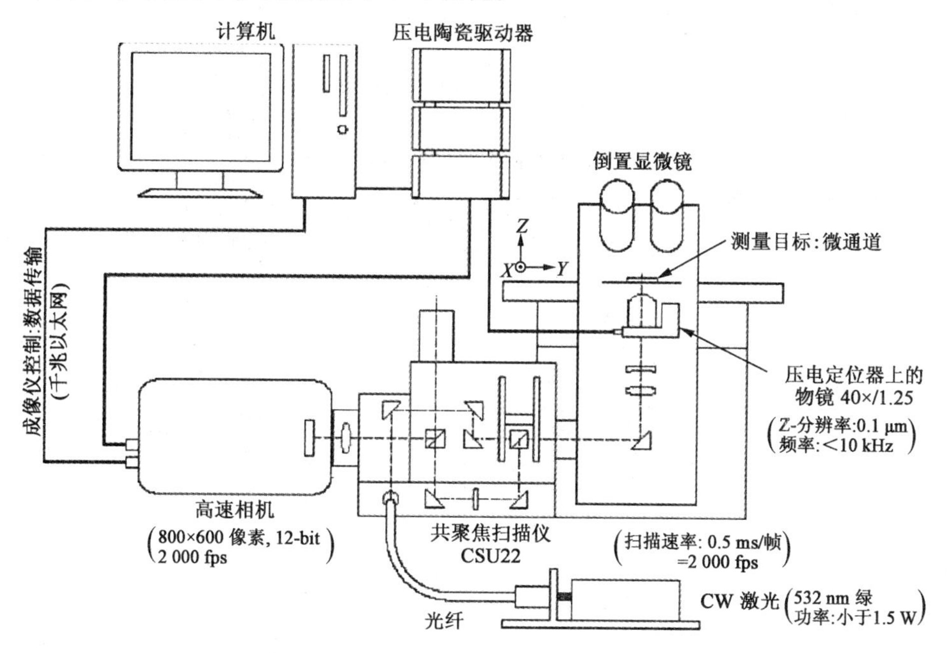

图 9.95 共聚焦 μPIV 系统的示意图,系统包括一个倒置型显微镜,一台共聚焦扫描仪,一台高速相机,连续激光器和计算机,目标装置固定在显微镜上,从底部进行观察

共聚焦 μPIV 已经应用到在正方形微通道内输运的小液滴内部的流动中[404]。图 9.96 给出了每个横截面内的瞬时速度分布。为了说明液滴内部的流动现象，估算了相对于液滴移动速度的速度值，并在图 9.96 中给出。在任意横截面内都观测到轴对称循环流动，尽管上下壁面区域和槽道中心的流动方向不同。该结果表明当液滴通过一个正方形微通道时，由于受到与周围壁面接触的表面上的阻力，闭合液滴内的流动在三维空间中循环。

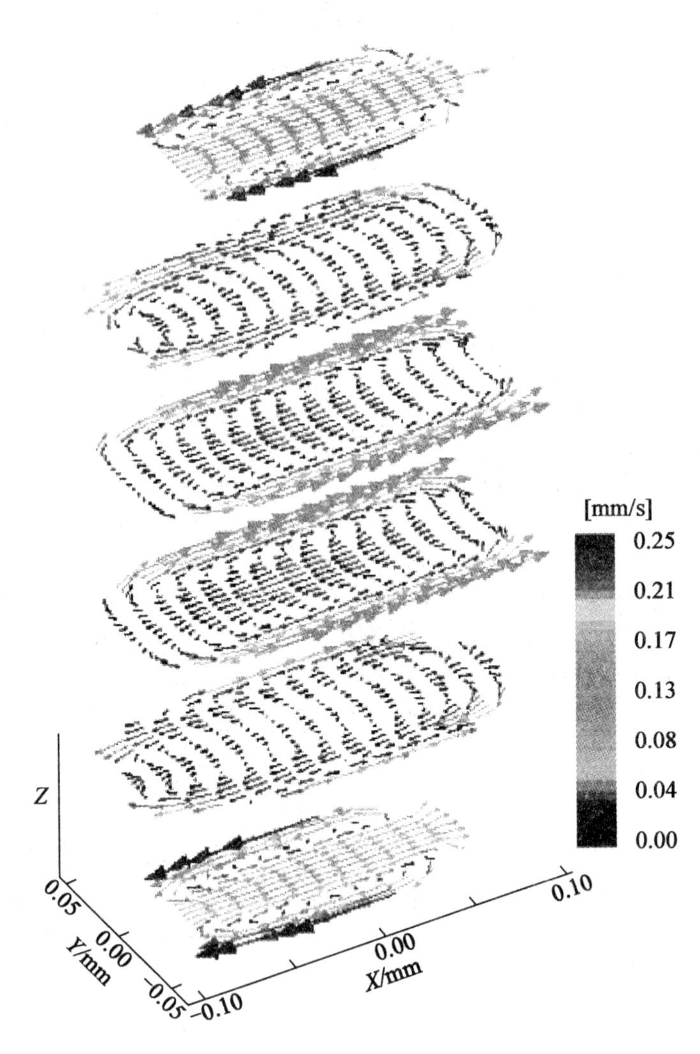

图 9.96　运动液滴内相对于移动速度的速度分布

9.21 微PIV(Ⅱ)

(由S. T. Wereley和C. D. Meinhart提供)

9.21.1 微通道流动

横截面恒定的直通道内的压力驱动流是最基本的流动。由于大多数这种流动都有解析解,因此该流动在衡量μPIV的精度方面是无价的。

1. 槽道流解析解

尽管圆形毛细管内速度分布的解析解是众所周知的抛物线型,长方形截面毛细管内流动的解析解则没有那么被人所知。由于本小节的目的之一在于通过与已知解的比较说明μPIV的精度,因此在此简要地讨论解析解是大有用处的。长方形管道内流动的速度场可以通过求解Stokes方程(低雷诺数Navier - Stokes方程),并针对壁面处的无滑移速度边界条件[6]采用傅里叶级数方法进行计算。图9.97给出了一个宽度W远大于高度H的长方形槽道的示意图。在离壁面足够远处(即$Z \geqslant H$)的Y方向(Z值不变)上的解析解收敛于无限大平行平板之间流动的抛物线型速度分布。而Z方向(Y值不变)上的速度分布比较特殊,在近壁面处($Z < H$)有非常陡峭的速度梯度,且速度梯度在远离壁面处($Z \geqslant H$)达到定值。

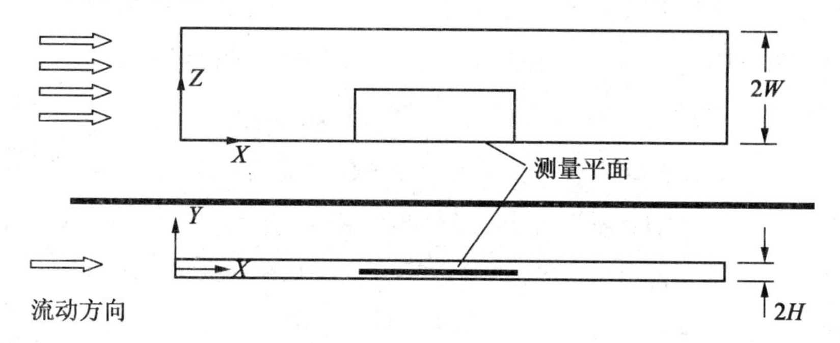

图9.97 微通道的几何结构。微通道的高度为$2H$,宽度为$2W$,且假设在轴向方向上无限长。感兴趣的测量平面位于XZ平面以及$Z=0$处的微通道壁面。槽道的中心线坐标为$Y=0$。显微镜物镜图像位于试验段下方,即图中的下部。

2. **实验测量**

由 Wilmad Industries 公司制造的 30 μm × 300 μm × 25 μm 的玻璃材质长方形微通道平整地安装在一个 170 μm 厚的盖玻片和一个载玻片上。通过小心旋转盖玻片和 CCD 相机,通道定位于显微镜的光学平面上,且三个角度上的值在 0.2°以内。通过将 CCD 相机聚焦于微通道壁面对上述定位进行了光学确认。采用高精度 *XY* 平台对微通道进行水平定位,并采用荧光成像和图像加强在 400 nm 的范围内进行光学验证。实验布置的示意图如图 9.97 所示。

采用一个倒置型荧光显微镜,以及一个放大倍数 $M = 60$ 和数值光圈 $NA = 1.4$ 的尼康 Plan 复消色差油浸物镜对玻璃微通道内的流动进行了拍摄。物面位于距离 30 μm 厚的微通道底部近(7.5 ± 1) mm 位置处。由于 Plan 复消色差物镜是高质量的显微镜物镜,其针对低曲率场和低失真度而设计,且针对球面像差和色差进行了校正,因而在实验中选用该物镜。

由于采用去离子水(折射率 $n_w = 1.33$)作为工作流体,但是浸泡镜头的流体为油(折射率 $n_i = 1.515$),物镜的有效数值光圈限制在 $NA \approx \frac{n_w}{n_i} = 1.23$[14]。

采用一个过滤的连续白色光源将试验段与 CCD 相机对齐,并对合适的粒子浓度进行测试。在实验中,连续光源由脉冲 Nd:YAG 激光器替代。采用一个美国哈佛仪器公司的注射泵在微通道内产生 200 mL/h 的流量。

采用自定义编写的针对微流控应用开发的 PIV 查询程序分析粒子图像场。该程序通过:①对从 20 个瞬时图像中得到的粒子图像进行互相关;②互相关函数的系综平均和;③确定系综平均相关函数的峰值,从而采用系统平均相关技术估算单个测量点的速度矢量。不同于在峰值检测之后对速度矢量进行系综平均以及在相关之前对粒子图像场进行系综平均,通过在峰值检测之前对相关函数进行系综平均可以显著增大信噪比。系综平均相关技术严格限定于定常、准定常或周期性流动,在这些实验中均是这样的情况。5.4.2 小节具体描述了此过程。对于当前实验选择了 20 个图像,这是因为 20 个图像超过了能给出良好信号所需的数量,即使是在第一个查询窗口仅为 120 × 8 像素的情况下。

由系综平均相关技术得到的信噪比足够大,从而不存在错误的速度测量。

因此，对于查询后的数据不需要进行矢量验证后处理。采用在两个方向上都有一个网格间距的标准偏差的 3×3 高斯核函数对速度场进行光顺。

图 9.98(a)给出了微通道内的系综平均速度矢量场。在速度梯度较低的远离壁面区域采用低空间分辨率，在壁面法向速度梯度最大的近壁区采用高空间分辨率。选用流向方向尺寸大于壁面法向方向尺寸的查询点，当在壁面法向方向上提供尽可能最大的空间分辨率时，可以在一个查询点采集到足够多的粒子图像。由第一个查询窗口定义的空间分辨率在远离壁面区域的大小为120×40 像素，在近壁面区域的大小为 120×8 像素，相对应的物理空间的空间分辨率分别为 13.6 μm×4.4 μm 和 13.6 μm×0.9 μm。查询点的重叠率为 50%，以此根据 Nyquist 采样准则针对选定的查询区域尺寸提取尽可能多的信息。因此，近壁区壁面法向的速度矢量之间的间距为 450 nm。通过对测得的流向方向上的速度进行线平均，从而估算流向速度分布。图 9.99 比较了由 PIV 测量估算得到的流向速度分布(图中符号所示)以及长方形槽道内牛顿流体层流的解析解(图中实线所示)。符合程度在满刻度分辨率的 2% 以内。因此，对于这些实验工况，μPIV 的精度最差为满刻度的 2%。通过匹配远离壁面的自由流速度确定解析解曲线上的主流流动速率。通过在近壁面处将速度分布外推至零来确定解析解曲线的壁面位置。

由于微通道流动为充分发展，速度矢量的壁面法向分量预期接近于零。速度场的平均倾斜角很小，为 0.004 6 rad，表明试验段在 CCD 阵列平面内相对于 CCD 阵列上的一行像素有轻微旋转。此旋转通过将速度场的坐标系旋转 0.004 6 rad即可从数学上进行修正。由于壁面焦距外部分引起的衍射和模糊，通过对图像的直接观察，在约 400 nm 的范围内可以确定壁面的位置。通过应用无滑移边界条件可以更精准地确定壁面的位置，对于水流过玻璃和在 16 个不同流向位置处将速度分布外推至零的结合，期望在这些长度尺度下流速可以得到保持(图 9.98(a))。在每个流向位置处的壁面位置与其他流向位置处的壁面位置的符合程度在 8 nm 之内，表明壁面是极为平整的，光学系统的失真度小，且 PIV 测量精度高。

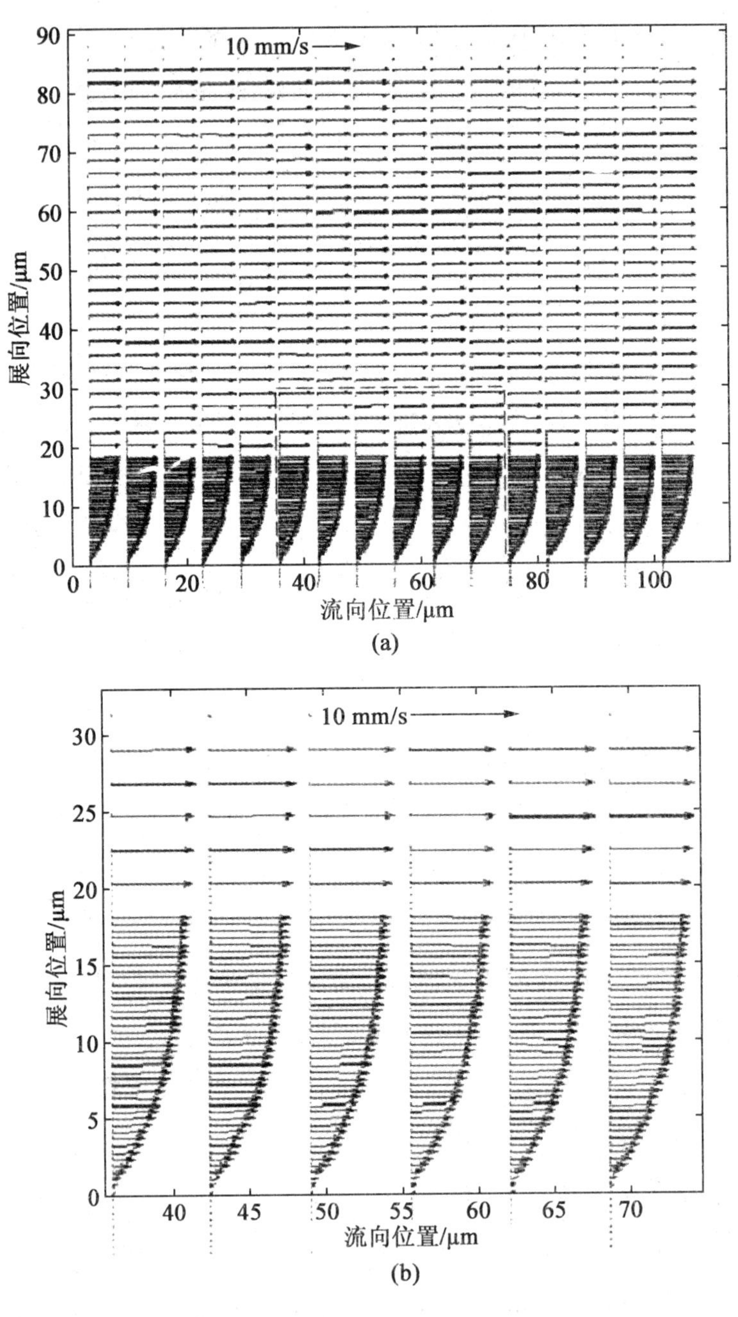

图 9.98　在微通道内测得的平均矢量场

(图(b)为图(a)中近壁区的矢量场)

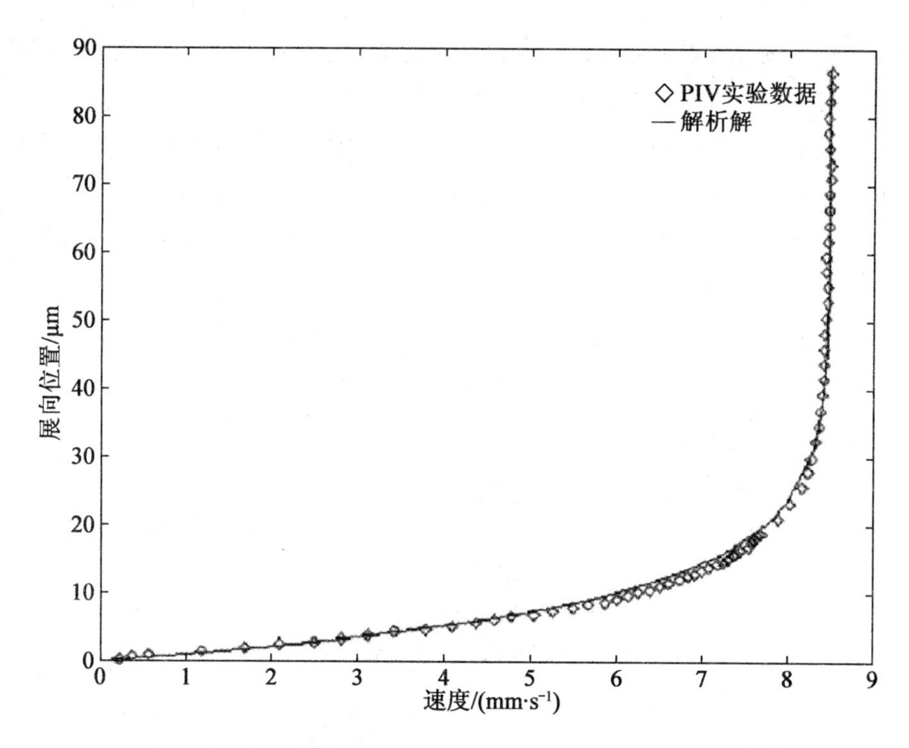

图 9.99 名义上在 30 μm×300 μm 槽道内测得的速度分布[406]

大多数 PIV 实验都很难对非常靠近壁面的速度矢量进行测量。在很多情况下,粒子与壁面之间的水动力学相互作用会阻止粒子向靠近壁面的方向迁移,或者壁面的背景反射会掩盖粒子图像。通过采用直径为 200 nm 的粒子和激发荧光以去除背景反射,可以在距壁面约 450 nm 的范围内进行准确的速度测量,如图 9.98 所示。

9.21.2 微喷管流动

这些新的成像和处理算法连同 μPIV 技术本身的利用可以通过测量微喷管内的流动进行证实,因此设计了在超声速气流下运行的微喷管。然而,在本研究的初始阶段,为了在不迫使同时促进时间包络的情况下评估 μPIV 空间分辨率性能,微喷管在液体中运行。因此,一个具有收缩－扩张几何结构的微喷管可以作为一个小的文丘里管。微喷管于 1998 年由 Bayt 和 Breuer(现在在布朗大学)在麻省理工学院(MIT)制成。通过在 300 μm 厚的硅晶片内使用 DRIE 对喷管的二维外形进行了刻蚀。这些实验采用的喷管在硅晶片内刻蚀了 50 μm的深度,在晶体的顶部阳极键合了一个 500 μm 厚的玻璃晶体以形成一个端壁。晶体安装在宏观尺度的铝制歧管上，采用“O”形圈和真空润滑脂进行压力密封，并与 Harvard Apparatus 注射泵的塑料导管连接。

在液体（去离子水）流动中布置了相对较大的直径为 700 nm 的荧光标记的聚苯乙烯颗粒（由 Duke Scientific 提供）作为示踪粒子。采用空气浸没的 $NA=0.6$ 的 40 倍物镜以及第 8 章中描述的荧光成像系统对示踪粒子进行拍摄。通过注射泵传递给喷管的流量为 4 mL/h。

图 9.100 给出了半角 15°和喉部为 28 μm 的喷管内的速度场。采用带图像重叠（10 个图像对）和图像修正的 CDI 技术估算了速度场，如上文所述。查询窗口在 x 和 y 方向上的大小为 64×32 像素。当投影到流体中时，相关窗口在 x 和 y 方向上的大小为 10.9 μm×5.4 μm。根据 Nyquist 准则，查询点的重叠率为 50%，从而可以产生流向方向间距为 5.4 μm 和展向方向间距为2.7 μm 的速度矢量。基于主流速度和喉部宽度的雷诺数为 $Re=22$。

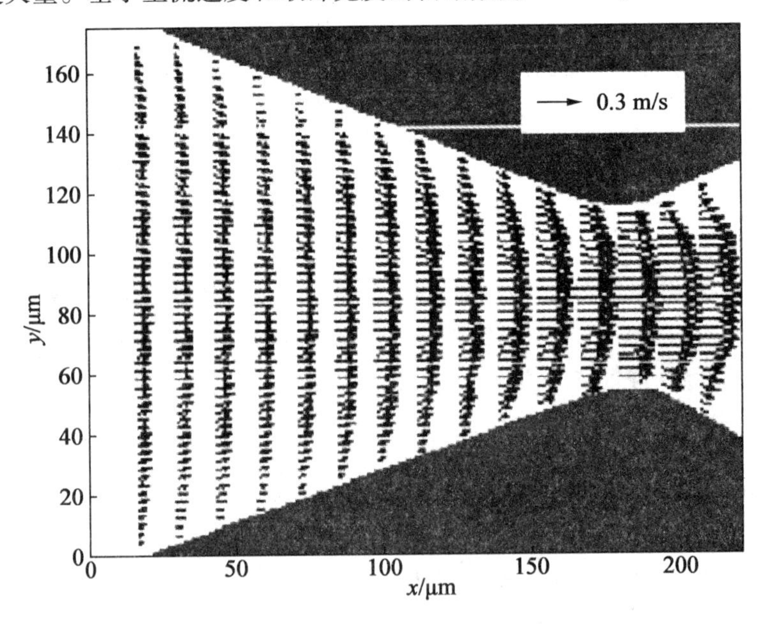

图 9.100　由 10 个重叠的图像对得到的速度场。水平方向和垂直方向的空间分辨率分别为 10.9 μm 和 5.4 μm。为了清楚地表示，这是只给出了每隔四列的结果[299]（AIAA 2002 版权所有，经许可后转载）

现在由收缩区域转到扩张区域，可以探究在宏观长度尺度下由雷诺数预测得到的不稳定性是否与在小长度尺度下由雷诺数预测得到的不稳定性一致。扩散器喉部宽度为 28 μm，厚度为 50 μm。扩张半角很大，为 40°。该区域内预期的流动行为为:在低雷诺数下为完全的 Stokes 流动(即没有流动分离);而在较高雷诺数下,惯性作用变得重要,因而会发生流动分离。实际上这也正是实验中所发生的流动现象。在雷诺数为 22 时,喷管扩张区域内的流动始终附着在壁面上(没有给出),而雷诺数为 83 时,出现了如图 9.101 所示的流动分离。此图由单个图像对得到,因此代表了流动的瞬时图像。查询区域尺寸为 32×32 像素或 5.4 μm×5.4 μm。通过对图 9.101 的仔细检查可以发现,流动分离在分离点处生成了一个稳定、定常的旋涡。当流动在旋涡中耗散掉部分能量后,不再具有足够多的动量维持其以射流的形式存在,而是重新附着在旋涡的下游处。这无疑是有史以来测得的最小涡结构。考虑到通常 Kolmogorov 尺度的数量级为 0.1~1.0 mm,因此 μPIV 有足够高的空间分辨率来测量 Kolmogorov 尺度甚至更小尺度下的湍流。所展示的示例在 60 μm 的旋涡范围内测得了 25 个矢量。

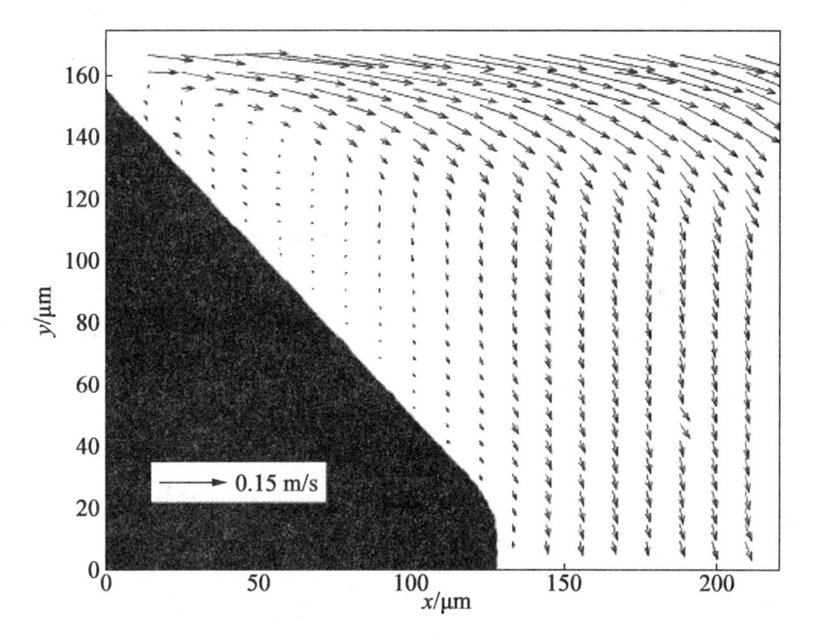

图 9.101　微扩散器内以 5.4 mm×5.4 mm 空间分辨率得到的回流区域:为了清楚地显示,这是只给出了每隔三列和隔行的速度矢量[299](AIAA 2002 版权所有,经许可后转载)

9.21.3　血细胞绕流

在 500 μm 厚的显微镜载玻片和 170 μm 厚的盖玻片之间放置去离子水,

去离子水中布置了直径为 300 nm 的聚苯乙烯粒子作为示踪粒子，可以得到雷诺数为 3×10^{-4}的表面张力驱动的 Hele - Shaw 流动。将由自动放血得到的人体红细胞涂布到载玻片上。经过平移显微镜物镜使其聚焦在紧挨着液体层上面和玻璃表面的下面位置，可测得显微镜载玻片和盖玻片之间液体层的高度约为 4 μm。调整显微镜的平移台直至在视场中心可以看见单个红细胞（采用白色光）。选择这种类型的流动是由于其具有良好的光学通路、易于安装以及 4 μm的厚度，此厚度可以减小焦距外示踪粒子对背景噪声的影响。此外，也由于红细胞具有最大耐受剪切应力，超过该值便会发生溶血，因而此流动对于生物医学界具有潜在的兴趣。

通过将相机快门打开 2 ms 以拍摄流动，然后在采集下一个图像之前等待 68.5 ms，以串行方式采集图像。以这种方式共采集了 21 个图像。由于在每个视频帧的开头将相机曝光在粒子反射光下，每个图像均可以与后续图像相关。因此，21 个图像可以产生 20 个图像对，每个都具有相同的曝光时间间隔 Δt。大小为 28×28 像素的查询区域在水平和垂直方向上都用每七个像素进行分隔以得到 75% 的重叠率。尽管从技术上来说样本图像上的重叠率大于 50%，但还是能有效地提供更多的速度矢量以更好地了解速度场。

图 9.102 给出了两个速度场。图 9.102(a)是前向差分查询（FDI）的结果，图 9.102(b)是中心差分查询（CDI）的结果。两个图之间的差别将在下文提出二者的共同点时进行讨论。流动给出了预期从 Hele - Shaw 流动中得到的特征。由于 Hele - Shaw 流动中的不同尺度，且其厚度远小于流动的特征长度和宽度，因此一个理想 Hele - Shaw 流动将极为近似于一个二维势流[1]。然而，由于一个典型红细胞的大小约为 2 μm，而玻片之间的液体层的总高为 4 μm，在 Hele - Shaw 流动形态中，部分流动可能会从细胞的上方通过，而不是绕流。由于图 9.102 中所示的速度场与绕正圆柱体的势流极为相似，从而可以认为该流动基本上是 Hele - Shaw 流动。在远离圆柱的地方，速度场均匀向上，且在水平面上以约 75°的角度向右。在红细胞的另一侧存在速度为零的驻点。速度场关于垂直于纸面且穿过驻点的平面内的反射对称。速度场与势流的不同之处在于在靠近红细胞的地方能观察到无滑移边界条件的存在。这些观察与 Hele - Shaw理论一致。

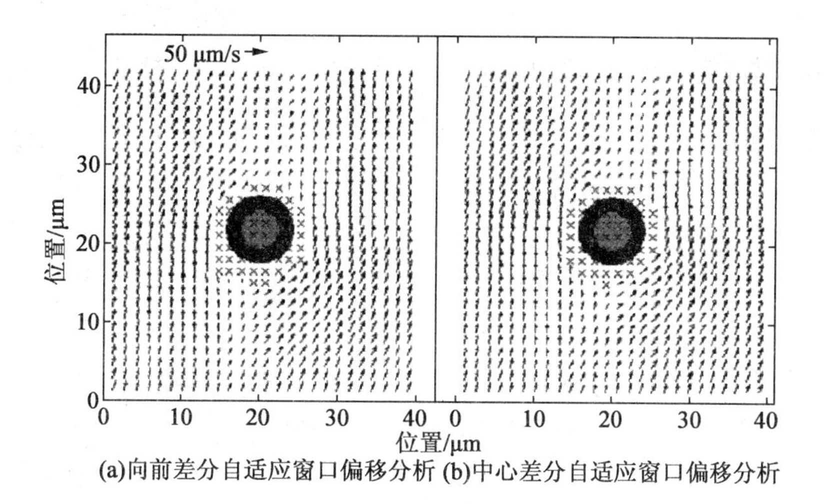

图9.102　单个人体红细胞绕流

（交叉符号“×”表示由于距离细胞太近而无法诊断的点[169]）

对于两种算法,测量区域引起了红细胞内部超过20%的第一个和第二个查询窗口的结合区域的消除,而且由于会产生带严重错误的速度测量,因此用符号“×”代替。相比于前向差分查询（FDI）格式,中心差分查询（CDI）格式可以准确测量更靠近细胞壁面区域的速度。CDI格式总共有55个无效测量点,等价于59.4 μm^2 的图像区域无法查询,而FDI则有57个无效测量点,等价于61.6 μm^2 的图像区域无法查询。尽管两个测量点之间的差距似乎并不显著,但相当于FDI算法无法查询的区域比CDI算法无法查询的区域大3.7%。此外,FDI算法无效测量点的分布显著。通过仔细比较图9.102（a）和图9.102（b）可以明显看出,FDI格式在红细胞上游的无效测量点个数比CDI格式多三个,而CDI格式在红细胞下游的无效测量点个数要多出一个。FDI算法下（0.66 μm或细胞直径的7.85%）从远离红细胞中心平移到无效区域中心的无效点分布是CDI算法下（0.34 μm或细胞直径的4.05%）的近两倍。此差距意味着红细胞周围FDI测量结果的对称性分布弱于CDI的测量结果。事实上,二者均偏向于第一个图像的采集时间。对于无效测量点和红细胞表面之间的平均距离的计算表明了每个算法可以对图像进行准确查询可达到靠近红细胞表面的程度。平均来说,采用FDI格式产生的邻近红细胞的无效测量点离细胞的距离比采用CDI格式产生的无效测量点远12%。因此,自适应CDI算法比自适应FDI算法更对称,也允许测量离细胞表面更近的速度场。

9.21.4 微流控生物芯片流动

微流控生物芯片是用于传递、处理和分析生物物质(分子和细胞)的微加工设备。Gomez 等[400]成功采用 μPIV 测量了针对生物物质阻抗谱而设计的微流控生物芯片内的流动。文献[415]给出了进一步的研究。采用 450 μm 厚的硅晶体加工出了生物芯片。在一侧有一系列尺寸在数十到数百微米之间的长方形测试腔,并通过 10 μm 宽的窄通道相连通。整个图形是在单晶硅上进行单一各向异性刻蚀至 12 μm 的深度而形成的。每个测试腔都有一对或一系列安装在底部的电极。测试腔阵列用一片约 0.2 mm 厚的玻璃进行密封,从而可以实现流动的光学通路。在实验中,将含有平均直径为 1.88 μm 的荧光标记乳胶粒子的水性悬浮液注入生物芯片中,流动由恒定强度的汞灯照亮。通过落射荧光显微镜,采用 CCD 相机以视频帧率(30 Hz)采集图像。PIV 图像的其中之一以 360 × 720 像素的数字分辨率覆盖了芯片上 542 μm × 406 μm 的区域,如图 9.103 所示。通过采用系综相关方法、CDI 算法和图像相关技术评估了超过 100 个 μPIV 图像对,从而确定了生物芯片长方形测试腔内的流动,其结果如图 9.104 所示。选择了 88 像素的查询窗口用于 PIV 图像评估,从而相应的空间分辨率约为 12 μm × 12 μm。测试腔内测得的速度范围为1 600 μm/s ~ 100 mm/s。

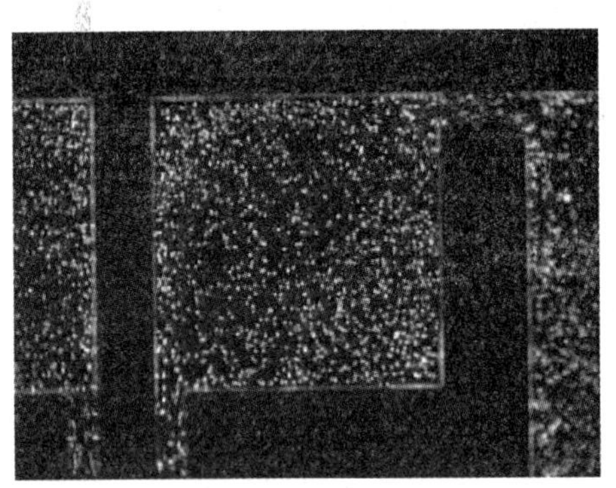

图 9.103 生物芯片测试腔和通道内含示踪粒子的流动的数字图像(360 × 270 像素,542 μm × 406 μm)[415](AIAA 2001 版权所有,经许可后转载)

该生物芯片可以在若干模式下运行,其中之一是将针对寻求特定抗原的抗体固定在电极上。抗体捕获抗原的速度是溶液内抗原浓度和通过电极的溶液通量的函数。因此,关于速度场的认识对生物芯片性能的表征非常重要。由于

这只是 μPIV 技术的应用实例，读者可以参见文献[400]以得到更多有关生物芯片性能表征的具体信息。

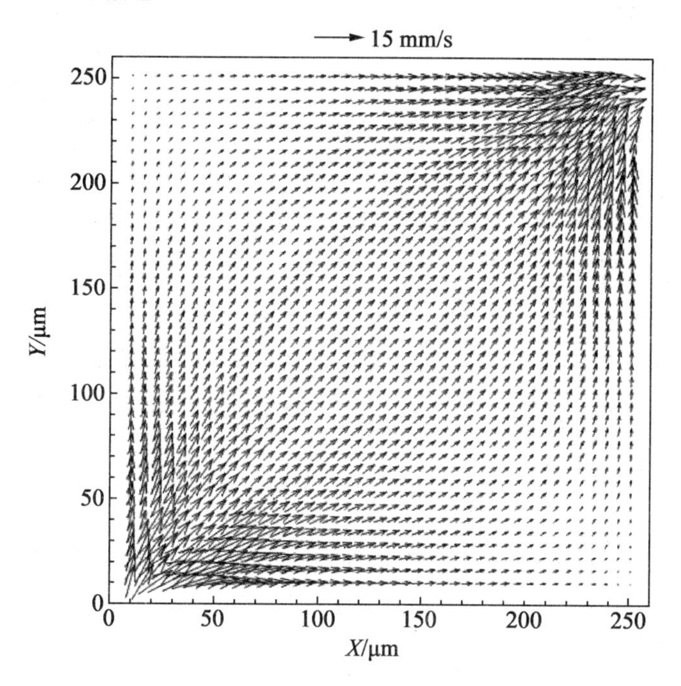

图9.104　以 12 μm×12 μm 的空间分辨率得到的生物芯片长方形测试腔内 PIV 测量结果[299]（AIAA 2001 版权所有，经许可后转载）

9.22　纳米 PIV

（由 M. Yoda 提供）

9.22.1　背景

在 μPIV 中采用的体积照明通常会产生低对比度的图像，尤其是在近壁面区域，近壁区内壁面反射光和焦平面外粒子散射的光都会对背景产生贡献。针对近壁面流动微尺度测速的另一种方法是倏逝波照明。例如，当一束光入射到玻璃和水之间的平面折射率界面上时，在入射角 θ 超过临界角（对于玻璃和水的界面 $\theta \approx 63°$）的情况下，光束会在玻璃内发生全内反射（TIR）。但是，当光以"倏逝波"的形式存在时，具有复数波数的电磁波也可以传播到水中，并沿平行于折射率界面的方向传播。这些非均匀波的强度 $I \propto \exp\left\{\frac{-z}{z_p}\right\}$,式中 z 为垂直于壁面的距离;z_p 为(基于强度的)穿透深度,其值略小于照明波长[416]:

$$z_p = \frac{\lambda_0}{4\pi}(n_2^2 \sin^2 \Theta - n_1^2)^{-\frac{1}{2}} \tag{9.5}$$

式中,n_1 和 n_2 分别是水和玻璃的折射率,且 $n_1 < n_2$。对于可见光波长下的照明,在几百纳米厚的界面内的倏逝波照明基本上是可以忽略的。

倏逝波可以用于照明 μPIV 中采用的相同的胶体聚苯乙烯荧光球,从而获得平行于壁面的两个速度分量。由此产生的测速技术(称之为纳米 PIV (nPIV)[422])只查询离壁面非常小的距离范围内(基于示踪粒子中心位置的距离仅为 250 nm)的示踪粒子。此技术沿光轴方向(即垂直于图像平面的方向)的空间分辨率由照明强度(和相机敏感度)确定,且通常明显小于典型 μPIV 近壁面测量的空间分辨率(沿 z 轴的分辨率约为 900 nm)。由于照明被限制在如此小的区域内,因此倏逝波图像的背景噪声也要小于体积照明的图像(可参考图 9.105)。然而,nPIV 受到倏逝波照明近壁面(相对于主流流动)流动研究的特性的限制,因此只是补充了 μPIV 的功能。在此通过研究微尺度电渗流阐述了 nPIV 的近壁面功能(表 9.24)。

表 9.24　微通道电渗流的 nPIV 采集参数

流动区域	平行于壁面且邻近壁面的平面
最大平面内速度	$U_{max} = 300$ μm/s
视场	115 μm × 15 μm
查询体积	28 μm × 15 μm × 0.3 μm($H \times W \times D$)
观察距离	$z_0 < 1.5$ mm
采集方法	多帧,单曝光
采集介质	强化 CCD 相机
采集镜头	显微镜物镜($M = 63$,$NA = 0.7$),相机适配器($NA = 0.5$)
照明	氩离子激光器,$P \simeq 0.2$ W
脉冲延迟	$\Delta t = 5.6$ ms
示踪粒子	荧光聚苯乙烯球(直径 $d_p = 100$ nm)

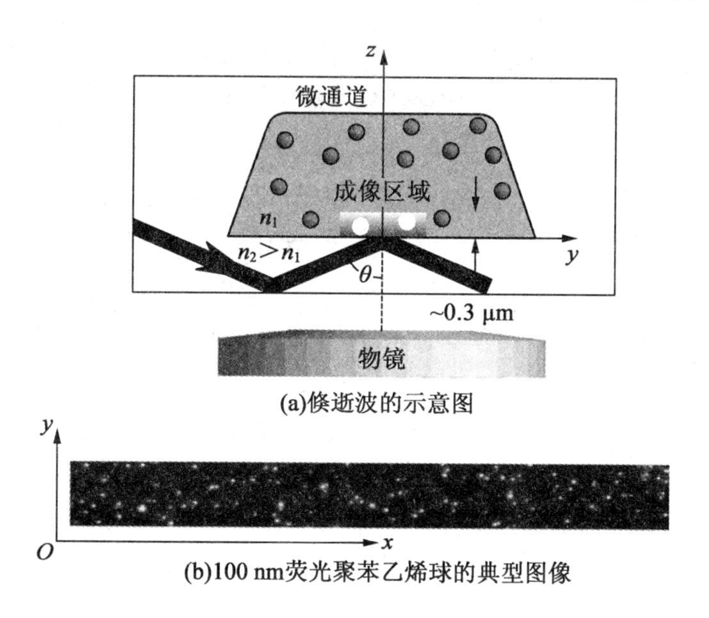

图9.105 微通道横截面和采用棱镜生成倏逝波的示意图，以及由 $\lambda_0=488$ nm 和 $z_p\approx$ 100 nm 的倏逝波照明的100 nm 荧光聚苯乙烯球的典型图像。流动方向为 x 轴未在图中给出。图(b)的视场大小约为115 μm(x) ×12.3μm(y)

9.22.2 微尺度电渗流纳米 PIV 研究

电渗流(EOF)是通过微通道和纳米通道泵送流体的重要技术，在其中导电流体受到外加电场的驱动。严格来说，电场驱动薄的抗衡离子屏蔽层里的流体，该现象被称为双电层(EDL)，其中抗衡离子以静电方式屏蔽带电壁面。EDL的特征尺度为德拜长度 λ_D，对于大多数水溶液其值小于100 nm。对于298 K下的单价电解质溶液有[417]

$$\lambda_D\approx\frac{0.3\ \mathrm{nm}}{\sqrt{\dfrac{C}{1\ \mathrm{M}}}} \tag{9.6}$$

因此0.1 M(摩尔浓度)水溶液中的德拜长度约为1 nm。在完全发展的一维定常电渗流中，其速度分布几乎是均匀的，除了在邻近壁面的非常薄的区域内，对应于EDL是唯一带非零电荷的流动区域。此“边界层”的范围 δ 定义为速度恢复到99%主流速度值 U_{EO} 处离壁面的距离，约为 $4.6\lambda_D$。

求解EDL内的流动所需的长度尺度大大限制了该领域的实验研究。采用了原子力显微镜和表面张力仪探测了静态电解质溶液中EDL的结构[418,419]，但是目前不能在大多数微尺度 EOF 研究中使用这样的侵入式技术。尽管流动的出现不会影响 EDL 本身,但是电解质对流通过微通道壁面时,不同种类电解质的表面吸附会大大影响 EDL 的结构,从而影响 EDL 内的流动。

nPIV 最近已用于测量非常稀的水溶液中 EDL 内的速度。单价电解质溶液由 3 kV/m 的直流电场驱动通过石英玻璃微通道,微通道的横截面大致为梯形,其公称尺寸为 47 μm(y) ×23 μm(x)(图 9.105)。由氩离子激光束在密封通道的石英玻璃盖玻片与工作流体之间的界面处发生 TIR,从而产生倏逝波。穿透深度为 $z=(100\pm10)$ nm,拍摄区域的 z 值范围为 $2.5z_p$ 或约为250 nm。对于定常充分发展流动,在给定的 z 值位置处的拍摄区域内的速度应该在 x 和 y 方向上都是均匀分布的。

工作流体为四硼酸钠水溶液($Na_2B_4O_7\cdot10H_2O$ 溶于纳米纯净水中),其中以 0.07% 的体积比布置了直径为 100 nm 的聚苯乙烯荧光球作为示踪粒子。采用倒置型荧光显微镜通过带芯片增益的 CCD 相机以 178 Hz 的帧频和 1 ms 的曝光时间对荧光示踪粒子进行了拍摄,其中 CCD 相机配置有放大倍数为 63,数值光圈为 0.55 的物镜和放大倍数为 0.5 的相机适配器。采用基于 FFT 相关算法和基于曲面拟合的高斯峰值检测算法[421,418]获取了示踪粒子位移。由于图像平面内的流动基本上是均匀的,因此每个图像对中第二个图像的诊断窗口尺寸为 160(x) ×68(y)像素,而图像大小为 653(x) ×70(y)像素。为了改进 nPIV 处理,对代表性数据测试了窗口偏移和在 16 ×10 像素的窗口上的互相关平均,但是所得到的位移是未经窗口偏移和互相关平均获得的位移的 2% 以内。在所有工况中,处理了 1 000 幅连续图像以从 999 个图像对中获得位移,然后对结果进行了时间平均以减小布朗运动的影响,同时鉴于流动的均匀性(例如,基于在小得多的查询窗口上进行互相关平均得到的结果),对结果在整个视场内进行了空间平均以获得平均速度$\overline{U}$。

图 9.106 给出了不同摩尔浓度($C=0.02$ mM①(○)、0.037 mM(△)、0.19 mM(□)、1.9 mM(◇)、3.6 mM(▽)、18.4 mM(▲)和 36 mM(×))的四硼酸钠溶液中上述平均速度$\overline{U}$与外加电场 E 之间的函数关系[420]。这些数据上的误差均表示一个标准差。正如预期的那样,平均速度随电场线性变化,其斜率为(恒定)电渗迁移率。对于 $C\geqslant0.19$ mM 的工况,式(9.6)得到的 $\lambda_D\leqslant$

① mM 表示摩尔浓度的单位,为 mM/L。

22 nm，相应的$\delta<100$ nm或少于z方向上nPIV数据空间分辨率的一半。因此较高浓度值下的平均速度基本上等于主流速度U_{OE}。然而，当$C=0.02$ mM和0.037 mM时，$\delta=310$ nm和230 nm，表明这些在EDL内获得的数据以及由此得到的速度应当小于U_{OE}。

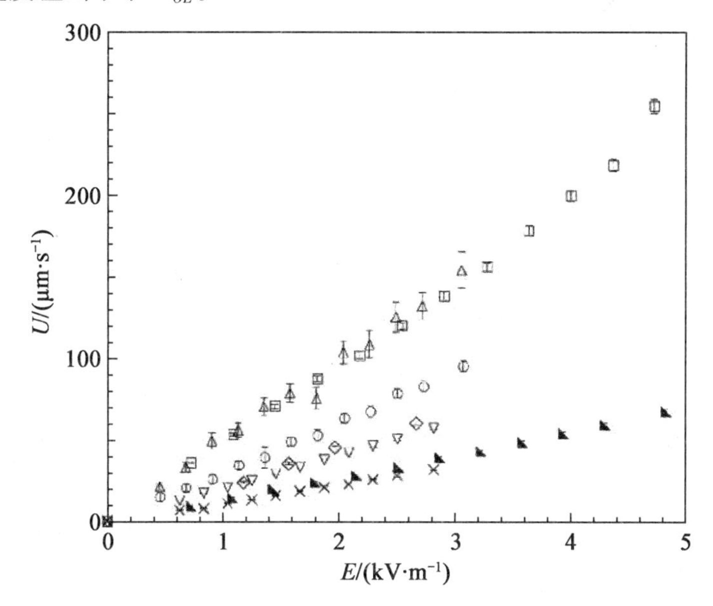

图9.106 不同四硼酸钠水溶液浓度下平均速度与驱动电场之间的函数关系（误差棒表示标准差）

由于布朗运动的影响，nPIV的结果不能与已知的EDL内速度分布的解析解进行比较。转而采用由nPIV数据得到的电渗迁移率对该技术进行验证。图9.107给出了对图9.106中的数据采用线性回归得到的迁移率μ_{ex}（○）与溶质摩尔浓度C之间的函数关系（误差棒表示95%置信区间）以及主流电渗迁移率的解析模型预测结果μ_{∞}（△）[420]。对于$C\geqslant0.19$ mM的工况，μ_{ex}和μ_{∞}之间的差距在8%以内。然而，由最低的两个浓度的nPIV数据获得的μ_{ex}则明显小于μ_{∞}，且$C=0.02$ mM时的差距更大，与预期相同。

严格来说，由nPIV得到的位移和速度是示踪粒子（相对于流体）的位移和速度。这需要示踪粒子对流动的跟随性好，图9.106所示的nPIV得到的平均速度$\overline{U}$是由直径为100 nm的示踪粒子平均得到的流体速度u_z，从而可以在倏逝波照明的诊断区域z值范围内对$\overline{U}$进行平均，估算由nPIV技术采样得到的EDL内的不均匀速度分布对迁移率产生的影响。非加权平均给出了以下修正因子：

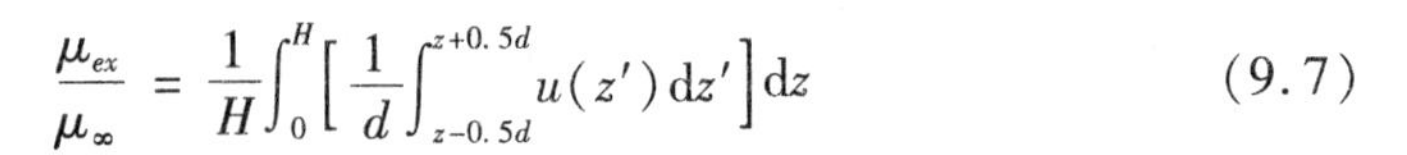

$$\frac{\mu_{ex}}{\mu_{\infty}} = \frac{1}{H}\int_{0}^{H}\left[\frac{1}{d}\int_{z-0.5d}^{z+0.5d}u(z')\,\mathrm{d}z'\right]\mathrm{d}z \tag{9.7}$$

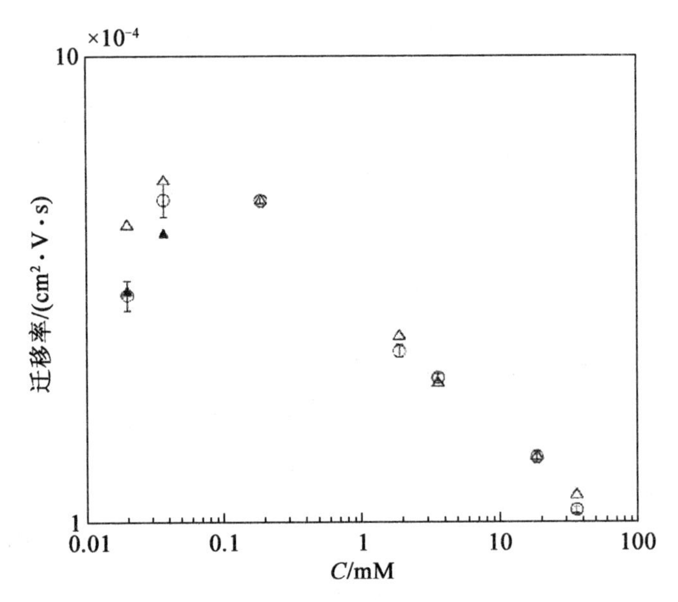

图 9.107　基于图 9.106 给出的 nPIV 数据得到的流动性与四硼酸钠水溶液摩尔浓度之间的函数关系(○),主流 EOF 解析模型预测(△),以及针对 EDL 内不均匀速度分布进行修正后的模型预测(▲,只给出了最小的两个摩尔浓度下的结果)。误差范围代表 μ_{ex} 的 95% 置信区间

式中,示踪粒子直径 $d=100$ nm,nPIV 示踪粒子采样区域 z 值范围 $H=250$ nm。图 9.107 中由▲表示的 $C=0.02$ mM 和 0.037 mM 下的数值是采用式(9.7)修正后的 μ_{∞} 值(采用相同的解析模型预测 EDL 内的速度分布)。

$C=0.02$ mM 和 0.037 mM 下模型修正后的值与 μ_{ex} 之间的差距分别为 3% 和 15%。nPIV 数据(不像模型预测结果)受示踪粒子电泳、布朗运动和粒子 - 壁面 EDL 相互作用(在其他现象中)的影响。此外,nPIV 示踪粒子可能会非均匀性地对倏逝波照明区域内的速度进行采样。鉴于上述考虑,可认为实验数据与模型预测结果之间的符合程度是可接受的。

总之,上述结果说明了基于倏逝波粒子图像测速的一些功能。采用 nPIV 得到了由单价水溶液电渗流中扩散双电层的存在而引起的近壁面迁移率的减小,相信这也是对此现象的首次实验验证,且解析模型的预测支持了 nPIV 结果。同时该技术固有的非对称示踪粒子扩散和非均匀照明对该技术的精度及稳定性的提高提出了挑战。

9.23 微 PIV 在生命科学中的应用

(由 A. Delgado、H. Petermeier 和 W. Kowalczyk 提供)

9.23.1 引言

生命科学中的大多数生物过程与微尺度对流现象有关。为了更好地了解由自然演化优化的自然现象,生物流体力学必须克服新生物对微尺度的影响研究产生的全新挑战。在这种情况下,强大的光学整场系统(如 PIV 或 PTV)的使用是非常重要的。尤其是在对于微生物流动的研究中,本实例对由活的微生物引起的流动进行研究和讨论。然而,为了避免系统误差,任何测量方法必须严格满足由其在生物系统内的生物相容性提出的要求,这大大限制了实验设置和流动评估方法。直到目前的本实例中,此问题还是没有得到很好的处理,因此本实例集中于必须与很多生命科学中的应用保持相似的相应方面。

在此采用 μPIV 和 μPTV 研究的微生物流动由周毛纤毛虫 Opercularia Asymmetrica(其个体的典型尺寸约为 30 μm)产生,此纤毛虫不仅在自然界中有重要作用,而且在用于水净化的生物膜反应器中也有很重要的作用。这些纤毛虫通过纤毛跳动产生流动以从周围流体获取营养,如图 9.108 所示。

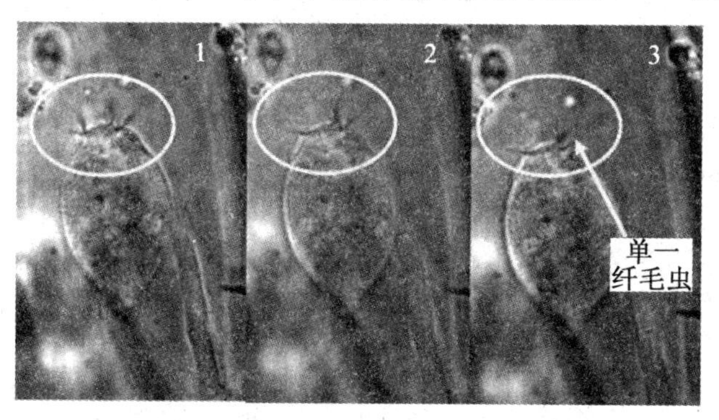

图 9.108 所研究的纤毛虫(盖虫对称性)在三个不同水平面内的纤毛运动图片(放大 40 倍),水平面之间的距离约为 5 μm

产生的流型为涡环,可在流体中引起很强的拉伸和剪切效应,如图 9.109

所示，这会影响生物膜的质量输运，从而影响生物膜的营养[424,425]。实验测试装置的主要部件包括倒置式相差显微镜（放大倍数有 10、20 和 40）和 CCD 相机。其中显微镜上的载物台包括带盖玻片和不带盖玻片的玻璃平板（距离分别为 200 μm 和 300 μm），CCD 相机有宏观变焦物镜，最大帧频为每秒 500 帧，由计算机采集。所得到的图像帧的分辨率为 860 × 1 024 像素（即 200 μm × 300 μm）。基本采用二分量 PIV 确定流场（表 9.25），二分量 PIV 中采用统计相关算法。使用快速傅里叶变换加速诊断算法对图像进行查询。查询窗口尺寸为 32 × 32 像素，查询网格为 16 × 16 像素。

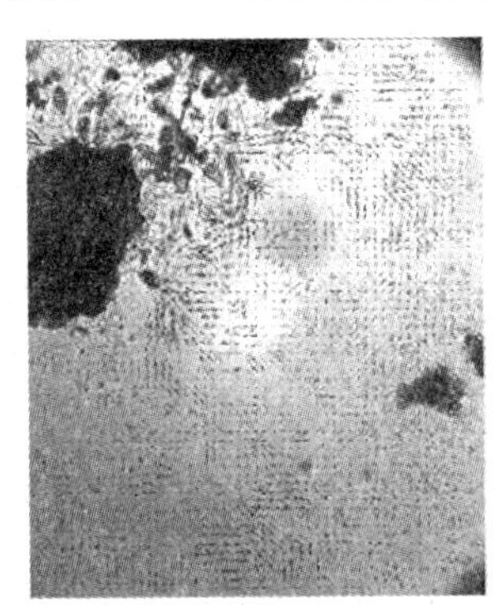

(a)纤毛虫生物环境示意图　(b)单个纤毛虫的具体图片(放大20倍)　(c)相应的流场评价

图 9.109　纤毛虫周围的流场

表 9.25　生命科学中的 μPIV 采集参数

流动区域	颗粒活性污泥（GAS）表面的附近
最大平面内速度	U_{max} = 40 μm/s
视场	602 μm × 505 μm
查询体积	12 μm × 6 μm
观察距离	z_0 = 100 ~ 300 μm
采集方法	双帧/单曝光
采集介质	CCD 相机
采集镜头	蔡司“Epiplan”物镜，M = 20，$f_\#$ = 0.40，HD 蔡司“Epiplan”物镜，M = 10，$f_\#$ = 0.20，HD
照明	显微镜内建立的光
脉冲延迟	40 ms
示踪粒子	啤酒酵母细胞（直径 d_p = 3 ~ 10 μm）

9.23.2 生物相容的微 PIV 和微 PTV

生物相容性意味着需要避免对纤毛虫的生活环境产生任何变化,因为纤毛虫对这些变化的反应非常敏感。因此,对大量测量的需求会导致图像传送系统需要特殊设计,甚至会对流场的实验确定性产生负面影响。

对于纤毛虫产生的微生物运动,生物相容性只能采用生物相容的示踪粒子,不会改变微生物环境的照明和对微生物流场影响可忽略不计的足够的观察区域。此外,必须要考虑到所形成的微生物流动是由黏性力(Stokes 区域)主导。因此,必须特殊考虑黏性对示踪粒子的影响以避免由可能的自行运动引起的示踪粒子偏离流道的现象。

因此,很显然,选择能满足生物相容性引起的宽频谱要求的示踪粒子是非常重要的。事实上,已经发现通常的人工示踪粒子(德国 Microparticles GmbH 提供的直径为4.8 μm 的聚苯乙烯颗粒)能够被检测到(显然是通过趋化性),但被纤毛虫拒绝。人工示踪粒子会导致纤毛虫的人工运动,从而导致相对于所要观测的自然运动的系统偏差。这些系统偏差可以通过采用可被纤毛虫接受为自然营养的生物粒子来避免。然而,这会要求运行一个生物反应器[423]作为示踪粒子源。

全面地研究表明酵母细胞(酿酒酵母)具有最好的适宜性。酵母细胞为椭圆形,典型长度为3~10 μm,密度稍大于水的密度($\rho = 1\ 050\ \mathrm{kg/m^3}$),且具有良好的折射特性,因此可以满足示踪粒子的基本要求。但是,为了保证生物相容性,即防止纤毛虫的过度喂养,只有中等酵母细胞浓度是合适的。由于通常无法获得普通 PIV 相关算法所需的最小空间信息密度,因此采用 PTV 可能是一个合适的替代方法。然而,一般来说,纤毛虫在自然环境中所包含的生物和非生物结构会显著提高光学系统提供流动图像的难度,这同所需的稀疏示踪粒子分布一起会导致图像伪影。文献[428]、[429]建议采用一个基于神经数值混合的系统以抑制图像伪影并自动修正伪速度矢量,其中神经数值混合基于人工神经网络的协同使用,并受到事先采用数值方法获取的结果的支持。在这种情况下,对速度场进行的基于模型的图像处理单元(GPU)重构和流动拓扑结构的交互式可视化可带来显著的进步[429,430]。

考虑到黏性对示踪粒子的影响,最突出的是布朗运动,粒子偏离球形引起的运动、剪切,由拉伸梯度的可用性引起的轨道漂移,速度分布曲线的弯曲和粒子沉降。幸运的是,这些影响对于采用的酵母细胞而言似乎均是可以忽略的[426]。

目前仍不能完全了解照明对纤毛虫引起的微生物流动的影响。但是,本实例将会仔细阐述微生物系统对光辐射(由趋光性引起)的敏感性,因此限制了PIV中常用的片激光的采用。由于照明强度保持在较低的水平,通过基因改造对酵母细胞进行标记的荧光显微镜可以作为一个选择。但是,已经证明了纤毛虫对激发所需要的辐射的荧光波长(紫外线)非常敏感[426]。更关键的是,采用光透射显微镜甚至似乎会压迫纤毛虫。与此相反,采用的倒置式相差显微镜似乎对生物相容性的影响最小。在此,清晰度的深度(近 11 μm)确定了测量平面的厚度。光折变新型滤镜显微镜(NFM)[427,428]也已证实能很好地满足生物相容性带来的要求。

正如上文所述,实现生物相容性甚至需要详细考虑足够的观察区域,该观察区域需能够阻止显微镜载物台壁面所施加的黏性力对纤毛虫行为产生影响,以及对纤毛虫形成的流场造成失真。在此情况下,纤毛虫个体的典型长度和流场的大小与到载物台玻璃平板的距离之间的比值是非常重要的。通过比较载物台带玻璃盖板和不带玻璃盖板情况下的结果可以得出,当玻璃平板的距离达到微生物引起的涡环的波长的数量级(约为纤毛虫个体典型尺寸的10倍,即接近300 μm)时,黏性力对生物系统的影响可以忽略不计。

9.23.3 实验结果

所发现的微生物运动的最突出特征是:①三种不同的运动和休息情况;②具有对应于两个相邻纤毛虫之间距离的波长的运动涡对;③由间歇性活跃的两个纤毛虫引起的协同强调的营养物质输运。

图9.109 给出了纤毛虫在活跃期引起的流动、可用的生物环境和通过显微PIV 确定的速度场。

对流场更详细的评估表明,由纤毛虫引起的微生物对流的耗散效应仅为流动动能的1%。这说明自然进化已经进行到高效能量转化阶段。因此,纤毛虫的生存由不可思议的能量顺差来保证,纤毛虫利用能量顺差获取营养和流动中含有的能量。此外,相邻个体的间歇性纤毛运动会显著增大混合效应,从而增大从周围流体获取营养物质的可能性。

第10章 相关技术

第1章介绍了PIV来源于激光散斑干涉。因此,在粒子图像测速建立之前,这种方法称为激光散斑测速。激光散斑干涉(或激光散斑摄像)的开发主要用于确定工程结构的位移与应变。激光斑点由相干光照明光学粗糙表面产生的随机干扰构成。在公开出版物中,Burch和Tokarski[436]研究表明,来自一个物体的两个散射光斑,不论是否采集这两个光斑的位移,只要对其进行光学变换,就可以得到代表位置位移的条纹。这些条纹在5.3节称为Young条纹,代表斑点图案傅里叶转换的平方强度,也就是能谱。通过傅里叶逆变换可以获得原始图像的相关函数,这种方法仍然是几乎所有散斑摄像的现代"相关"基础。

对于PIV系统,其激光是有利的,因为它能够生成薄且明亮的片光源,不同于PIV,斑点变形测量通常选择白光照明。白光斑点代替激光斑点具有两个优点:激光斑点在位移超过一定范围时,其形状会发生变化,这样图像对可能失去相关性从而使评估变得更加困难。其次对于体积较大、较高的物体,对其照明需要小采集孔,这样就需要高能量并且昂贵的激光器。因此,20世纪80年代频繁使用白光照明。通过这种方法得到的斑点图案,可以通过简单的由喷雾、涂漆或投影在背景上的随机点图案形成。这些点需要具有较高的对比度,以及合适的空间分辨率,既要尽可能大,也要足够小,从而满足对比度的需要。逆反射涂料,由细小的悬浮玻璃珠组成,Asundi和Chiang[433]使用它来增强对比度。van der Draai等[441]已经成功将图案投影技术用于风洞模型面型测量。在拓扑分析中可以使用多相机系统解决复杂的物体形状。脉冲白光光源可以用于观察表面的移动。本书后面的参考文献也给出了一些关于这种变形测量技术的出版物。在这些不同的方法中,数字图像相关(DIC)显然是过去十年中最常见的一种。因此本章将介绍 DIC 变形测量方法。

然而,不仅变形可以简单地通过与 PIV 相似的采集和评估系统进行测量,透明介质的密度梯度也可以通过相似方法测量。这种方法已经出现很久了,但是直到几年前才开始受到关注。该技术被很多学者称为合成纹影[438]和背景纹影(BOS)[454]。与传统的纹影方法相比,BOS 方法不需要使用复杂的照明光学器件。唯一需要的光学器件是安装在摄影相机上的物镜。如图 10.4 所示,相机聚焦在背景上一个随机的点图案,产生一个非常近似于粒子图像或斑点图案的图像。这里主要介绍这种方法的背景。相比传统的纹影技术,这种方法在应用时会发生明显减少的现象。而密度效果的光路是集成的,彼此之间各不相同。使用大视角时可能产生明显的缺点,但是对于实验测量距离超过30 m的装置,其影响不大,详见 10.2 节。由 Raffel 等[455]提出的背面朝向光学断层分析(BOOT),可以通过评估算法补偿光路的发散[443,447]。

流动中密度梯度的测量以及模型变形和位置的检测都备受关注,并且可以基于 PIV 成像系统的硬件、软件轻松获得。

10.1 变形测量使用的数字图像相关法(DIC)

流体动力学测量的主要目标之一是测定由流体中相互作用产生的力与力矩的结构。这些流体中的动态力经常会导致模型变形以及装置发生部分位移。由于尺度和形状因素都是重要的实验参数,实验过程中必须反复检测模型的形状和位置。为了达成此目的,通常会使用逐点方法,但有时会相当费力,并可能错过关键区域。整场光学方法可以用于模型的变形与位移的非侵入式测量。云纹干涉就是这样的一种技术,它可以一次性获得大区域的高精度结果。云纹技术的主要缺点就是其实验的复杂性,并且事实上,对于大多数情况下的干涉,评估软件都不能充分地自主运行。因此,从 20 世纪 70 年代开始,已经开发了用于变形、位移、应变分析的基于相关性的程序,并频繁使用。

高压设备中的变形测量

考虑全尺寸条件实验的高成本和复杂激光测量的局限性,大多数对于高速列车的空气动力学实验研究是在风洞中使用小尺度进行的。然而,在很多情况下,实验模型的雷诺数和马赫数并不能与全尺寸列车的数据在同一时间匹配。

如今大多数低速风洞可以达到马赫数为0.1～0.3。然而，如果模型与全尺寸火车的相对空气速度一致，风洞中模型的雷诺数会比全尺寸列车的小很多。对于设计良好的空气动力学装置，雷诺数不匹配会导致测量阻力和力矩值的差异。这样一些专门用于高雷诺数研究的装置开始发挥作用，如高压装置。这些装置可以在小尺寸下实现匹配的马赫数和雷诺数。由于模型的负载会随压力的增加而增加，因此必须在实验过程中仔细检测模型的变形和偏斜。

如图10.1所示，高压风洞DNW(HDG)是一个封闭回路的低速风洞，可以加压至100 bar。测试段的横截面为0.6 m×0.6 m，长为1 m。经常使用1:50或1:60的模型确保阻塞率低于10%。35 m/s的最大速度和100 bar的最大压力，可以使风洞内模型达到与全尺寸列车相同的雷诺数(例如，$Re=O[10^7]$)。在整个雷诺数变化范围内流动都是保持不可压缩。

首段列车的模型和列车挂车的第一部分如图10.2所示，设计为六分量内部平衡。应变仪的平衡是相对紧凑的，可测量的力高达1 000 N。力和力矩的所有组件都是可用的，并且可以在偏转角 $-30°<\beta<+30°$ 的范围内进行测量。第一节车和挂车的侧面安装了刺。

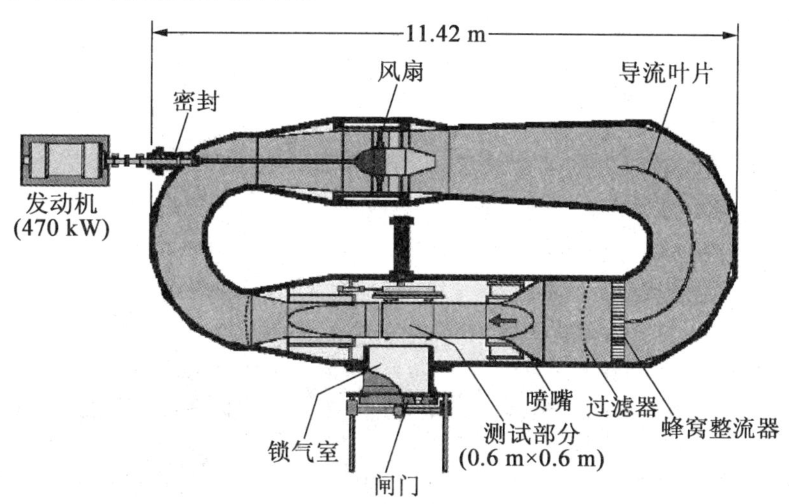

图10.1　高压风洞DNW(HDG)的简图

数字图像相关法(DIC)已经应用到常用的高速列车模型中，用于测量风载荷下的模型变形与模型偏斜。高压风洞中模型的刚度一般更为重要，因为风洞的尺寸较小，相比于常规风洞其风载荷更高。正如前文所述，DIC法是通过相关技术计算随机点图案位移的一种图形处理技术——在某种程度上需要研究物体相连或投影。如今，DIC、BOS和PIV的数字相关算法都很成熟，并且相对误差低于0.1%。对于这里提出的模型变形量测量，DIC 法可以确定很小的变形，其使用的 CCD 传感器只有约 0.1 像素的标准偏差。这与 HDG 风洞中列车模型位置测量的 0.01 mm 精度对应。已经绘出该模型随机的黑色墨水点，同时该模型安装刺并配有一个内置的六分量平衡（图 10.2）。安装一个附加的接地板从而切断风洞的边界层以确保良好的边界条件。通过测量中心的压力分布（偏航角 $\beta = 0°$）使该板与风洞底板并行。在高压风洞中进行力的测量，并且使用 DIC 技术校正偏航角。可以很容易从图 10.3 中看到，尽管有非常坚硬的刺以及支撑，对于不同的自由流速度，模型的偏航角仍然有显著变化（例如 $\pm 1.3°$，速度为 20 m/s）。

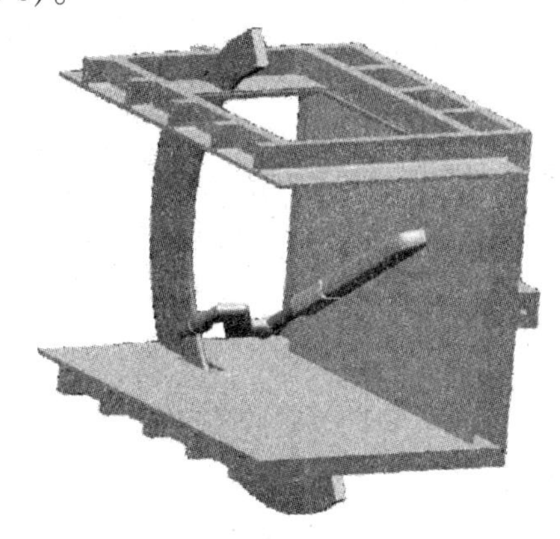

图 10.2　HDG 实验段火车模型装置简图

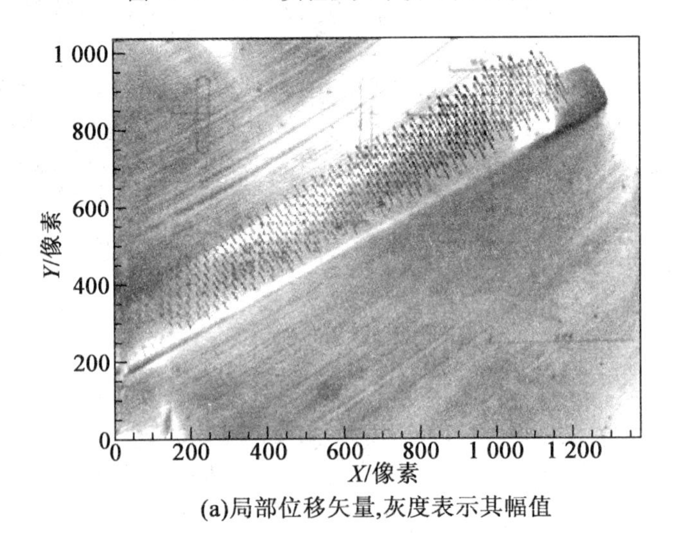

(a)局部位移矢量，灰度表示其幅值

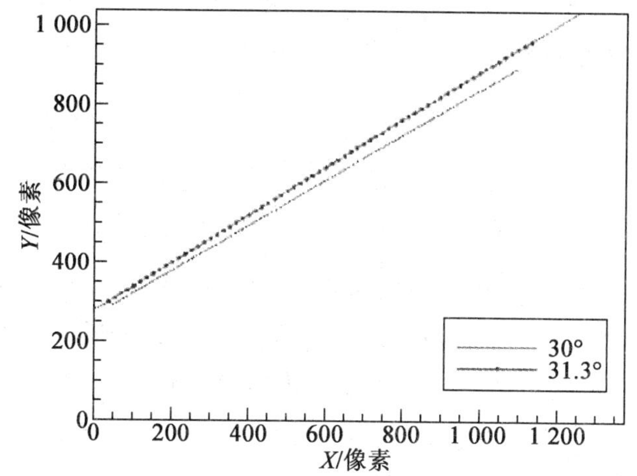

(b)随机点的测量位置在α=30°的参考数据(直线);风洞装载为P_0=30 bar和U_∞=20 m/s,位置的测量(虚线)

图 10.3　瞬时 DIC 结果

图 10.3(a)给出了瞬时图案的相关示例。100 幅矢量场用于处理平均角度,如图 10.3(b)所示。可以看出由于刺弯曲,位移线性增加,由此产生了更复杂位移模式的附加模型变形,这里并没有观察到。以这种方式施加的 DIC 技术,只能确定 xz 平面的变形。然而,如果使用 2 ~ 3 台相机,这种技术将非常适用于三维测量。

10.2　背景纹影技术

10.2.1　引言

光密度可视技术,如纹影摄像、阴影法或干涉法是众所周知的,并且在几十年内得到广泛应用。这项技术主要分辨由流体密度变化引起的折射率变化。尽管已经有一些学者使用大区域的聚焦纹影摄像以及阴影法(如文献[435]、[459]、[466]),但这些技术大多数局限于实验室或风洞,它们不适合大尺寸或全尺寸实验。但是,如果流动强烈依赖于马赫数与雷诺数,全尺寸测量还是需要的。本节描述一种可以确定密度梯度的方法,该方法不需要使用任何复杂的光学设备。该技术已经成功应用于盘旋飞行的直升机以及气缸后部的跨音速流动。

10.2.2 BOS 技术的原理

由 Gladstone - Dale 方程：$(n-1)/\rho = \text{const}$ 得出，背景纹影技术基于气体折射率 n 与密度 ρ 之间的关系。根据 Debrus 等[439]和 Köpf 等[449]描述，在最好的情况下其可以与激光密度散斑摄像相比，并且由 Wernekinck 和 Merzkirch[465]以及 Viktin 和 Merzkirch[464]给出了改进版本。与干涉法相似，激光散斑密度摄像依赖于扩展的平行激光束，当激光穿过跨音速流场（更普通地说，物体对象）时，折射率会发生变化（如相物体）。然而，相比于干涉法，产生的激光散斑图案代替了干涉条纹。因为用于确定流体密度梯度的白光技术通常称为纹影①技术[19]，本章所描述的技术称为背景纹影技术。与之前提到的光学技术相比，BOS 方法简化了采集过程。散斑图案通常由扩展的激光束和毛玻璃生成，在测试体积的背景上替代表面的随机点图案。这个模式需要较高的空间分辨率以得到高对比度的图像。

通常，数据采集按如下方式进行：首先实验之前得到一个参考图案，该图案是通过静止空气观察到的背景图案。第二步，在实验条件下（即风洞运行期间）通过流动的附加曝光产生背景图案的图像移动。所有曝光图像可以通过相关方法进行评估。无须进一步工作，使用现有的评估方法，例如已经开发并优化的 PIV 算法（或其他形式的散斑摄像），可以用于确定光斑的位移。如先前所述，单一光束的偏转包含了视线方向折射率的空间梯度信息（图 10.4）。通过梯度折射率介质的光线追踪理论的详细内容可以参见文献[461]和[440]。

BOS 方法的思想是通过随机点图案代替激光斑点从而简化光学装置，图案可以简单地由油墨或涂料液滴飞溅到背景表面形成（图 10.4）。背景图案也可以通过示踪粒子的一次曝光图像生成。

假设轴向平行采集并且偏转角很小，可以得到图像位移 Δy 的公式（该公式对密度散斑摄像和 BOS 技术同时有效）：

$$\Delta y = Z_D M \varepsilon_y \tag{10.1}$$

式中，背景的放大倍率 $M = z_i / Z_B$，点图像和密度梯度之间的距离为 Z_D，同时有

---

① 德语词“纹影”为透明介质中局部光学不均匀性。

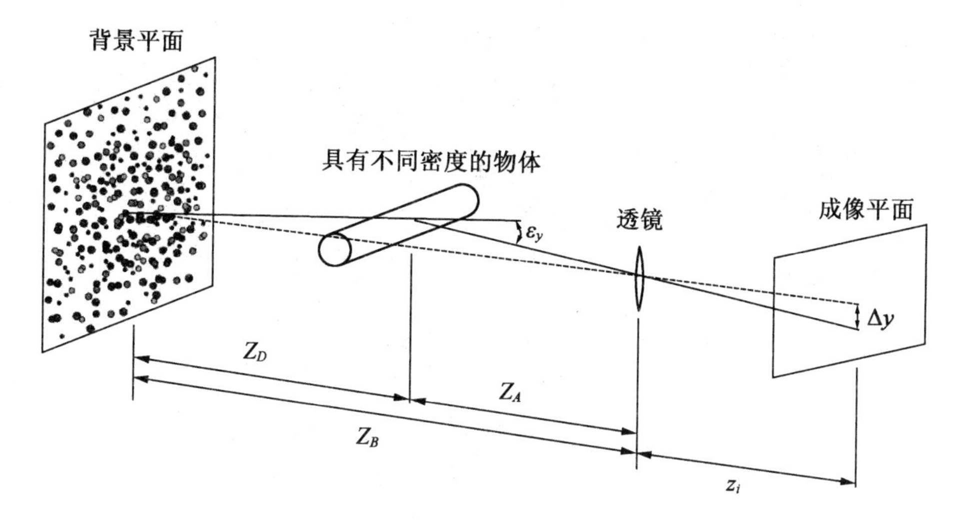

图10.4　BOS装置的简图

$$\varepsilon_y = \frac{1}{n}\int \frac{\partial n}{\partial y}\mathrm{d}z \tag{10.2}$$

图像位移 Δy 可以表示为

$$\Delta y = f\left(\frac{Z_D}{Z_D + Z_A - f}\right) \tag{10.3}$$

式中，Z_A 是透镜到物体的距离；f 为透镜的焦距。因为图像系统是聚焦在背景面，于是有

$$\frac{1}{f} = \frac{1}{z_i} + \frac{1}{Z_B} \tag{10.4}$$

式(10.4)表明，大的图像位移可以通过增加 Z_D 减小 Z_A 获得。Z_D 达到的最大图像位移为 $\Delta y = f \cdot \varepsilon_y$。另外，为了使流场图像足够明确，$Z_A$ 减小也有一定限制。光学系统聚焦在背景表面也是为了在高分辨率下获得最大对比度，以便之后的查询，式(10.4)的应用也为了此目的。此外，密度梯度的尖锐图像也最好在 z_i 满足：

$$\frac{1}{f} = \frac{1}{z_i'} + \frac{1}{Z_A} \tag{10.5}$$

通过引入孔直径 d_A 以及密度梯度成像的放大倍率 $M' = z_i'/Z_A$、模糊 d_i（图10.5）在点 Z_A 处的公式为

$$d_i = d_A\left[1 + \frac{1}{f}M'(f - Z_A)\right] \tag{10.6}$$

因为相关技术会对查询窗口区域平均，只要图像模糊 d_i 远小于查询窗口尺寸，就不会导致显著的信息缺失。

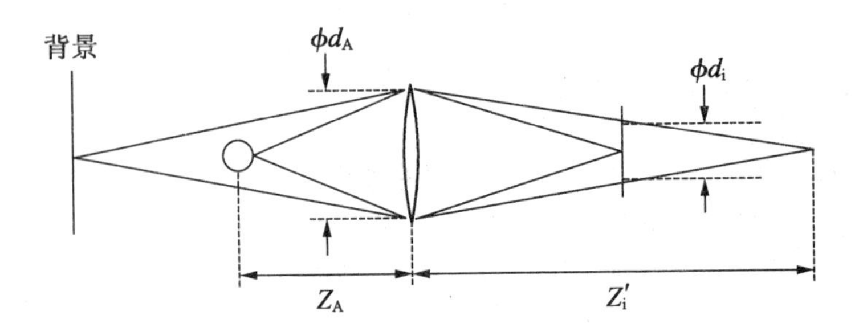

图 10.5　BOS 聚集位置与图像模糊

10.2.3　BOS 技术在可压缩旋涡中的应用

1. 桨叶转子叶尖涡

背景纹影技术已经成功应用于许多不同类型的流动研究中[454,438]。本小节的两个实验为:直升机桨叶尖端涡流研究和气缸后部尾流研究。第一个实验是为了验证 BOS 技术在大尺度空气动力学研究领域的可行性。实验用直升机为欧洲直升机公司 BK117,在哥廷根德国宇航中心飞离地面。逐行扫描 CCD 相机的参数为每秒 8 帧,1 280 × 1 024 分辨率,安装在与飞机水平距离 32 m、高度为11.2 m的建筑物玻璃上。随机点图案通过溅射在白色墙漆的微小液滴(直径为1 ~ 10 mm)生成。在 20 s 的悬停飞行时间内采集超过 50 幅数字图像。曝光时间设定为 100 μs。在直升机离开后直接采集参考数据。图 10.6 给出了获得的图像示例。图 10.6(a)是在直升机离开后获得的参考图像;图 10.6(b)给出了对应的叶片尖端的 BOS 图像(移动速度约为 280 m/s)。

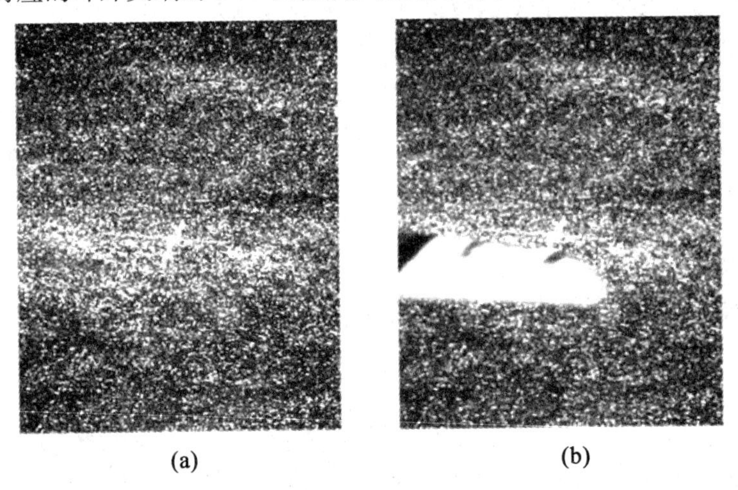

图 10.6　悬停飞行直升机叶片尖端的参考图像和数据图像示例(详见正文)

尽管使用标准互相关位移测量软件也能获得可接受的结果,但对于PIV的发展,更复杂的计算程序有助于峰值拟合程序对点图像尺寸的适应。对于10×10像素区域,使用迭代的Levenberg－Marquardt拟合可以获得最好的结果,其中相关值是通过费希尔变换加权得到的(详见文献[155])。查询窗口尺寸是20×20像素,1.8 cm的转子平面对应于位于64×64像素窗口的2.4像素。评估得到的向量图如图10.7所示,这是使用五个像素步宽的过采样得到的速度场,可以提高研究中流动单元的可视性。

由图10.7(a)可知,很容易检测出通过观察区域的刚从叶片脱离的涡以及叶片之前形成的涡。对于较大的转子转速,叶片尖端的涡在生成之后都不会消散或扩散。透视投影会使平面图像上的涡流呈椭圆形。密度较低的线可以定义为涡中心,在缩放视图中清晰可见(图10.7(b))。由于相机与直升机转子叶片不同步,叶片不会出现在采集图像中,因此无法区别刚刚由叶片生成脱离的涡和叶片之前生成的涡。如果涡与相机的视场重叠,则BOS技术不会获得定义路径。

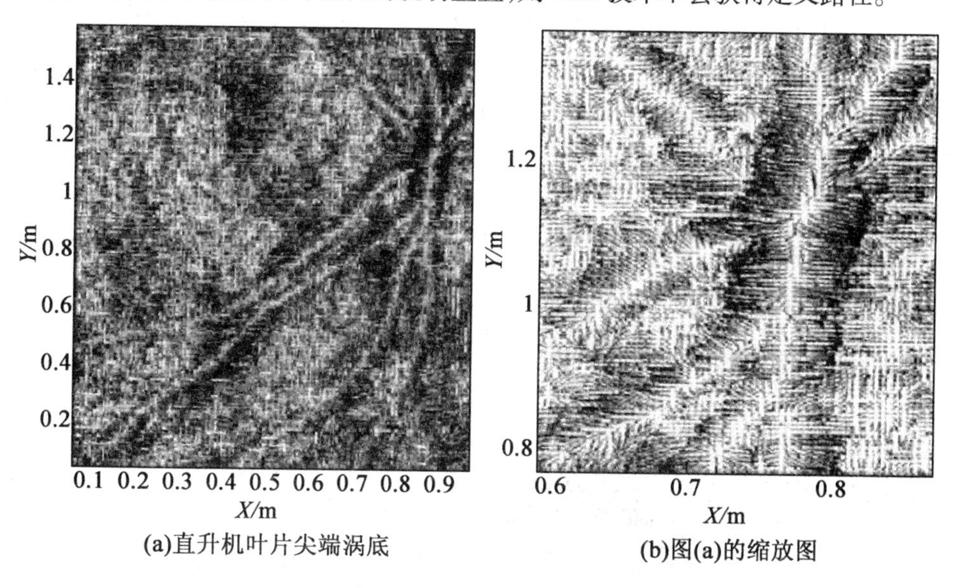

图10.7　BOS方法结果

2. 圆柱尾流

下面介绍的实验装置是为了研究直升机旋翼中可压缩涡流进入叶片涡流的相互作用(BVI)现象。因此,在哥根廷德国宇航中心的VAG高速风洞中,从直径$d=25$ mm气缸中脱离的涡,在相同速度与密度梯度下,测量不同自由马赫数对涡的影响。该信息可以通过测量沿风洞不同位置上不稳定压力波动来补充。相比于单独位置的连续测量,这种测量的数据可以获得可压缩涡的一个更详细分析。此外,可压缩涡的详细描述对于数值模拟起着重要作用,其目的是在直升机噪声排放预测中做出进一步改善。有涡流引起的速度变化是需要测量的,因为由叶片涡相互作用产生的压力波动的幅度正比于涡量(Γ)。之前的速度信息可以通过同时测量压力与密度导出(如文献[451])。这样人们必须假设涡以恒定的对流速度移动,并且相对于涡的轴线对称,这样涡流就可以通过静止系欧拉方程描述,也可以不考虑耗散的影响。但是,即使这些假设合理,也会限制实验的准确性。与此同时,为了推导出诱导速度,需要计算压力信号的时空衍生物,这也会增加噪声以及数据的不准确度。

这种情况可以通过同时测量压力、密度和速度场来改善。BOS 方法测量所需的装置为一个可以拍摄到实验段的相机,以及可以照亮背景面上点图案的光源(图 10.4)。点图案通过一次曝光的 PIV 图像获得。点尺寸约为 1 mm,投影在观察区域的查询窗口尺寸是平均 25 mm^2。

使用两个不同的光源:一束连续的白色光以及与相机同步的闪频激光。显示的结果首先是使用连续白光获得的平均密度场。图 10.8 给出了 $Ma=0.79$ 下使用连续白光获得的位移场。在气缸上方和下方的剪切层区域可以清晰检测到密度梯度,其雷诺数为 $Re=335\ 000$。但是,并没有观察到间歇的压缩冲击波(预期 $Ma=0.6\sim0.8$),这是由于长时间曝光图像的模糊效应。但是在该雷诺数下可以清楚地得到强密度梯度以及气缸后部预期减少的密度(图 10.11)。比较平均结果和瞬时结果,也可以看到该装置参数下涡尾流的不确定性(图 10.8 和图 10.9)。这表明同时测量是必要的,并且同时测量速度和密度梯度也是可取的,这将在之后进一步介绍。

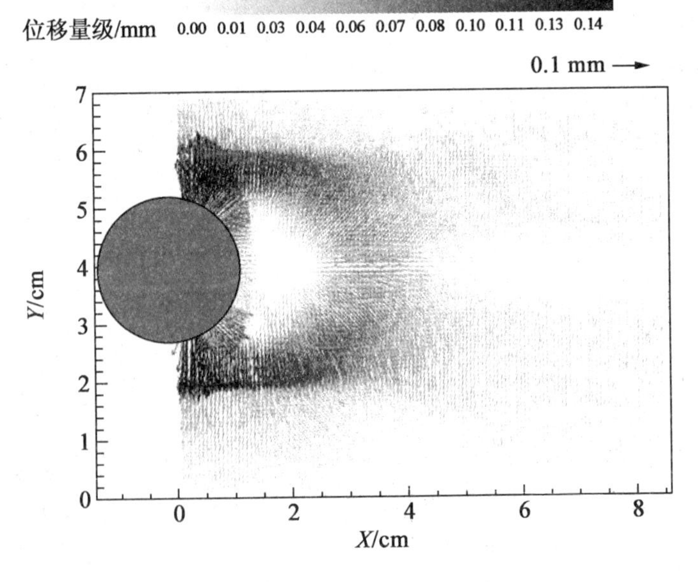

图 10.8　长曝光时间下的密度梯度($Ma=0.79$)

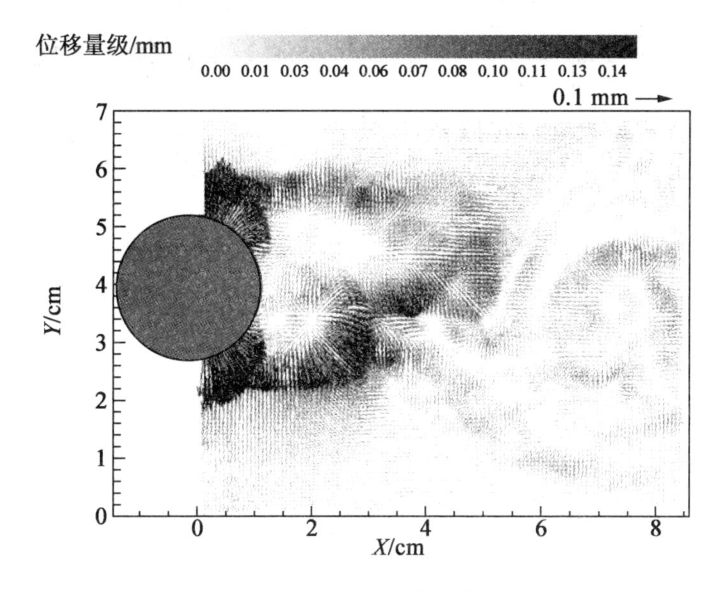

图10.9　短曝光时间下的密度梯度($Ma=0.79$)

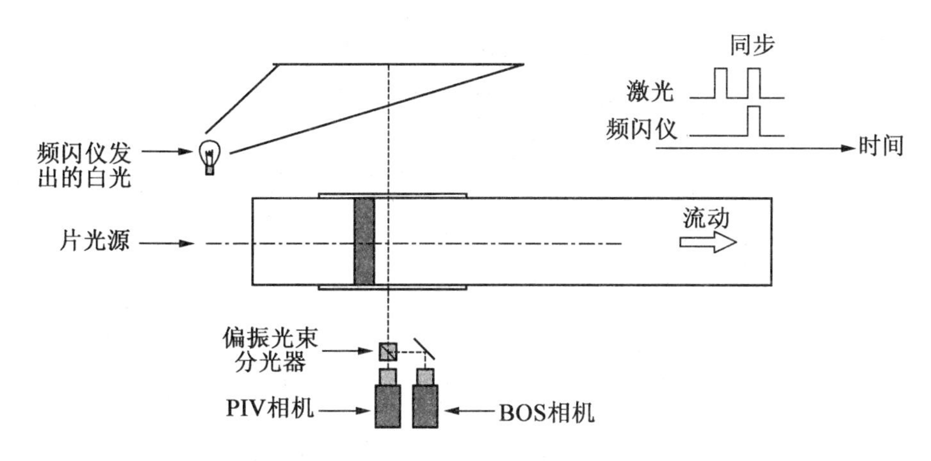

图10.10　可同时用于PIV和BOS测量的光学装置

位移场可以进行合成获得一个与密度梯度成正比的分布,由此假定一个二维流场。可以使用两种积分方法:泊松方程[456]或线性积分。第二种方法更容易实现,但是会产生干扰。图10.11(a)是在$x=1.5$ cm处不同雷诺数下时间平均的位移场以及位移场合成的结果(图10.11(b))。可以看出,位移随雷诺数增加而增加,密度随雷诺数增加而减小,并且其形状几乎是完美对称,在缸中心处$y=4$ cm具有最低的密度。可以按照气缸直径d与其跨度s的比值($d/s=1/4$)选择气缸直径。通过比较平均结果与瞬时结果(图10.8和图10.9)可以看出,该装置参数下涡尾流高度不确定。这证明了测量瞬时值的必要性，并且同时测量速度与密度是可取的。BOS 技术的优点在于可以很容易与 PIV 耦合。

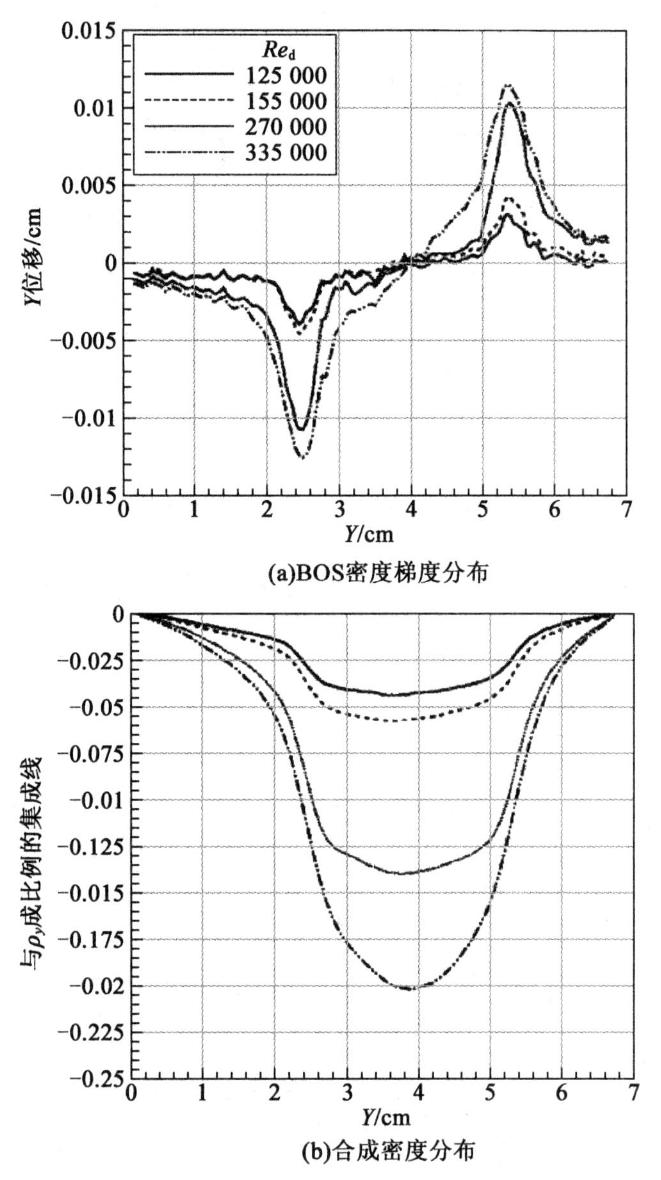

图 10.11　BOS 密度梯度分布及合成密度分布

图 10.10 给出了可以同时进行 BOS 和 PIV 测量的实验装置图，这样可以同时捕捉速度与密度信息。它使用两台相机，一台用于 PIV，另一台用于 BOS。两台相机具有相同的视场并且都通过偏振光分离器，这样可以阻止激光器的光

进入BOS相机。PIV相机聚焦在激光的光平面上，而BOS相机聚焦在背景点图案上。闪频光与激光的第二次脉冲同步。因此第二幅图像的背景要比第一幅图像亮，但图像的质量并没有明显减弱。

图10.12给出了可以看见涡流区域的放大图。BOS结果中矢量从涡流的中心发散，也对应了密度较低的区域。

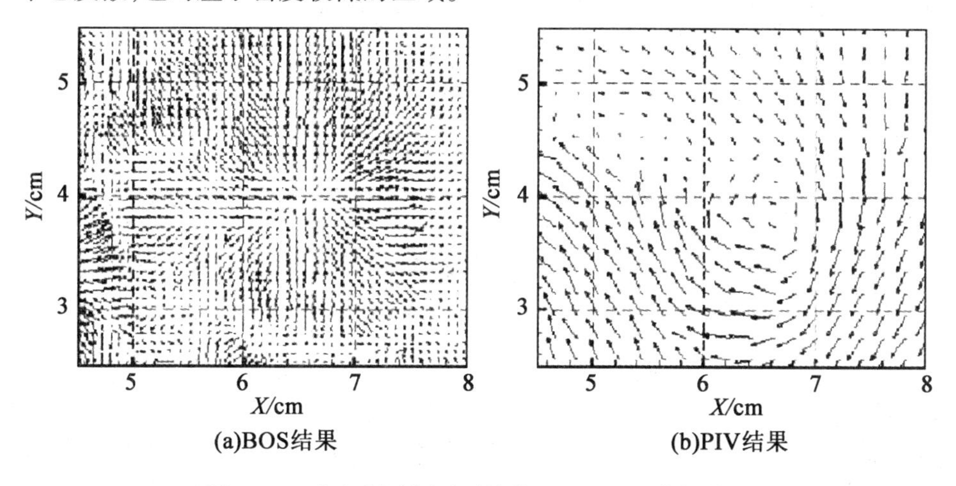

图10.12　气缸尾流同时测量的BOS和PIV数据结果

10.2.4　结论

通过可视化飞行中直升机叶片尖端涡流的测量证明了BOS技术对于不同应用(甚至是大尺寸)的可行性。据估计，可以导出相关几何参数，例如涡相对旋翼平面的位置以及空间中涡轴的方向和涡流的强度[448]。尽管在困难的实验条件下还是获得了密度梯度数据，并且可以在所希望的空间分辨率下得到可视化的密度场。和以前的测量相比，设置装置和采集数据的时间大大减少。然而，由于一台相机只能测量沿光路集成的空间密度梯度的两个分量，在不改变观察方向的前提下，无法进一步得到涡轴在三维空间的方向以及位置信息。假设涡流是一个径向对称的密度分布，在立体空间布置第二台相机可以获得密度分布的空间位置。这种技术相关的应用已经证明了该技术的可行性，但是仍存在流体机械的复杂问题，对于气缸后部的涡流要进行更详细的研究，以减少研究涡流结构的复杂性以及同时进行速度测量。在未来的直升机航空声学预测编码中，这些可以获得更精确的涡流模型。此外，BOS只通过简单的传感器单元与自然形成的背景结合，呈现了全尺寸飞行旋翼尖端涡流的形态。与此同时，断层BOS数据评估可以实现空气中涡核密度的评估[447]。

数学附录

附录 A

A.1 狄拉克函数卷积

对于一个变量 $\boldsymbol{x}$ 和给定矢量 $\boldsymbol{x}_i$ 的实函数 f,有

$$f(\boldsymbol{x}-\boldsymbol{x}_i)=f(\boldsymbol{x})\delta(\boldsymbol{x}-\boldsymbol{x}_i)$$

式中,* 表示卷积;δ 为狄拉克函数。

A.2 粒子图像

对于非常小的几何粒子图像,其粒子图像的强度分布可以由点扩散函数 $\tau(\boldsymbol{x})$ 得到,该函数可以以假设为高斯函数的形式给出:

$$\tau(\boldsymbol{x})=K\exp\left(-\frac{8|\boldsymbol{x}|^2}{d_\tau^2}\right)$$

且

$$K=\frac{8\tau_0}{\pi d_\tau^2} \tag{A.1}$$

A.3 高斯图像强度分布的卷积

如果假定高斯图像强度分布由式(A.1)给出,两个位移图像的增量则为

$$\tau(\boldsymbol{x}-\boldsymbol{x}_i)\tau(\boldsymbol{x}-\boldsymbol{x}_i+\boldsymbol{s})$$
$$=K^2\exp[-8(|\boldsymbol{x}-\boldsymbol{x}_i|^2+|\boldsymbol{x}-\boldsymbol{x}_i+\boldsymbol{s}|^2)/d_\tau^2]$$

对于两个矢量 $\boldsymbol{a}$ 和 $\boldsymbol{b}$ 可以表示为

$$|\boldsymbol{a}|^2+|\boldsymbol{a}+\boldsymbol{b}|^2=|\boldsymbol{b}|^2/2+2|\boldsymbol{a}+\boldsymbol{b}/2|^2$$

因此

$$\int_{aI} \tau(\boldsymbol{x}-\boldsymbol{x}_i)\tau(\boldsymbol{x}-\boldsymbol{x}_i+\boldsymbol{s})\,\mathrm{d}\boldsymbol{x}$$

$$= \exp\left(-\frac{4|\boldsymbol{s}|^2}{d_\tau^2}\right) \times \int_{aI} K^2 \exp(-16|\boldsymbol{x}-\boldsymbol{x}_i+\boldsymbol{s}/2|^2/d_\tau^2)\,\mathrm{d}x$$

$$= \exp\left[-\frac{8|\boldsymbol{s}|^2}{(\sqrt{2}d_\tau)^2}\right] \times \int_{aI} \tau^2(\boldsymbol{x}-\boldsymbol{x}_i+\boldsymbol{s}/2)\,\mathrm{d}x$$

A.4 期望值

在式(3.8)中定义$f_l(\boldsymbol{X}) = V_0(\boldsymbol{X})V_0(\boldsymbol{X}+\boldsymbol{D})$。这里可以确定

$$E\left\{\sum_{i=1}^{N} f_l(\boldsymbol{X}_i)\right\}$$

总和可以由 N 个随机变量 $\boldsymbol{X}_1, \boldsymbol{X}_2, \cdots, \boldsymbol{X}_N$ 的公式得出。因此

$$E\left\{\sum_{i=1}^{N} f_l(\boldsymbol{X}_i)\right\} = \sum_{i=1}^{N} E\{f_l(\boldsymbol{X}_i)\} = \sum_{i=1}^{N} \frac{1}{V_F}\int f_l(\boldsymbol{X}_i)\,\mathrm{d}\boldsymbol{X}_i$$

$$\Rightarrow E\left\{\sum_{i=1}^{N} f_l(\boldsymbol{X}_i)\right\} = \frac{N}{V_F}\int_{V_F} f_l(\boldsymbol{X})\,\mathrm{d}\boldsymbol{X}$$

符 号 表

a　光圈半径

$\boldsymbol{a}$　局部加速度矢量

C_I　空间自协方差

C_{II}　空间互协方差

C_R　相关函数的常数因子

c_I　空间相关系数

c_{II}　空间互相关系数

D　扩散系数

$\boldsymbol{D}$　流场中粒子位移

D_I　查询区域

D_a　孔径

$D_{\max}$　最大粒子位移

D_{Photo}　照相乳剂密度

$\boldsymbol{d}$　粒子图像位移

$\bar{d}$　测量图像位移的平均值

d'　图像直径近似值

d_{diff}　受衍射限制的图像直径

$d_{\max}$　最大粒子图像位移

$d_{\min}$　最小粒子图像位移

d_{opt}　最优粒子图像位移

d_{p}　粒子直径

d_{r}　实际粒子与理想粒子图像直径的差距

d_{s}　艾里图形的直径

d_{shift}　旋转镜片系统的粒子图像位移

d_τ　粒子图像直径

E　采集数据时的曝光

$E\{\cdot\}$　期望值

e　显微镜的分辨极限

F_i　平面内的互相关损失

F_o　平面外的互相关损失

f　镜头焦距

$f_\#$　镜头焦距数

$\boldsymbol{g}$　重力加速度

$g(x,y)$　灰度值分布

I　第一次曝光的图像亮度分布

I'　第二次曝光的图像亮度分布

$I_0(Z)$　Z 方向上的片光源强度分布

I_{lnc}　图像采集查询区域的光强度分布

I_{trans}　通过图像采集本地传输的光强度分布

I_Z　片光源的最大强度

I^+　光强度场自身的相关性

$\hat{I}$、$\hat{I}'$　I 和 I' 的傅里叶变换

J_B　光通量

J_n　第一类贝塞尔函数

K　玻耳兹曼常数

l_ω　成像深度

M　放大系数

$\widetilde{M}_{TF}(r')$　在确定空间频率(r')下的调制传递

N　总数

NA　数值孔径

N　粒子图像密度(在每个单元区域内)

N_I　每个查询窗口内粒子图像的数量

n_{exp}　每次数据采集拍摄的数量

n　折射率

n_0　玻璃的折射率

n_ω　水的折射率

Pr　普朗特数

QE　量子效率

QL　量化等级的数目

r'　空间频率

Ra　瑞利数

R_C　平均背景相关

R_D　位移相关峰值

R_{D+}　正位移相关峰值

R_{D-}　负位移相关峰值

R_F　随机粒子相关产生的干扰项

R_I　空间自相关

R_{II}　空间互相关

R_P　粒子图像自相关峰值

R_τ　粒子图像的相关性

$\mathbf{s}$　相关平面的分离矢量

$\mathbf{s}_D$　相关平面的位移矢量

s_0　物体距离

T_a　绝对温度

$T(x,y)$　感光乳剂的局部透射率强度

t　第一次曝光时间

t'　第二次曝光时间

t''　第三次曝光时间

t_e　激光脉冲时间

t_f　帧转移时间

Δt　曝光延迟时间

Δt_{min}　最小时间延迟

$\Delta t_{\mathrm{transfer}}$　CCD 传感器的电荷转移时间

U、V　速度 $\boldsymbol{U}$ 平面上的分量

$\boldsymbol{U}$　流速矢量

$\boldsymbol{U}_g$　重力影响的速度

$U_{\max}$　流线方向上最大速度

U_{mean}　流线方向上平均速度

$U_{\min}$　流线方向上最小速度

$U_n(u,v)$　隆美尔函数

$\boldsymbol{U}_P$　粒子速率

$\boldsymbol{U}_s$　滞后速率

U_{shift}　转移速率

U_τ　摩擦速率，$U_\tau = \sqrt{\tau_w/\rho}$

U_∞　自由流动速率

u、v　无量纲衍射变量

$V_0(x_i)$　各个粒子图像的强度转移函数

V_F　加入粒子的流体体积

V_I　流动中的查询区域体积

$V_n(u,v)$　隆美尔函数

v_I　查询区域(图像平面)

W　速度 $\boldsymbol{U}$ 平面外的分量

$W_0(X,Y)$　反投射到片光源的查询窗口函数

X、Y、Z　流场坐标系

$\boldsymbol{X}_p$　流场中粒子位置

$\boldsymbol{X}_v$、$\boldsymbol{X}'_v$　虚拟片光源平面上的点

x、y、z　图像平面坐标系统

$x^\star$、$y^\star$、$z^\star$　镜片坐标系

$\boldsymbol{x}$　图像平面上的点，$\boldsymbol{x}=\boldsymbol{x}(x,y)$

Δx_0、Δy_0　查询区域尺寸

ΔX_0、ΔY_0　片光源内的横向、纵向查询区域尺寸

Δx_{step}、Δy_{step}　两个查询区域之间的距离

ΔX、ΔY　物体平面的网格间距

Z_0　物体平面和透镜平面之间的距离

Z_m　物体平面和反射镜轴之间的距离

z_0　图像平面和透镜平面之间的距离

z_{corr}　相关深度

ΔZ_0　片光源厚度

希腊符号

$\delta(\boldsymbol{x})$　位置 x 处的狄拉克函数

δ_Z　焦点深度

ε　图像强度临界值

ε_{tot}　总位移误差

ε_{bias}　位移偏置误差

ε_{sys}　系统误差

ε_{resid}　剩余(非系统)误差

ε_{resid}　三维 PIV 矢量重构残差

ε_{thresh}　异常检测阈值

ε_U　速度测量不确定性

γ　摄影伽马

$\boldsymbol{\Gamma}$　系综的状态

λ　光波长

λ_0　光的真空波长

μ　动力黏度

μ_I　I 的空间平均

ν　运动黏度，$\nu=\mu/\rho$

ω_m　旋转镜片的角速度

ρ　流体密度

ρ_m　数据采集过程中空间分辨率的极限

ρ_P　粒子密度

σ　高斯钟形曲线的宽度参数

σ_I　I 的空间参数

θ　孔径对着的半角

$\tau(\boldsymbol{x})$　拍摄透镜的点扩散函数

τ_s　松弛时间

$\boldsymbol{\omega}$　涡矢量

ω_x、ω_y、ω_z　涡分量

缩略语

Mod　图像调节

pixel、px　像素

rms　均方根

Tu　流动中的湍流水平

BOS　背景纹影导向

CBC　基于相关性的修正[139,141]

CCD　电荷耦合器件

CCIR　视频传输标准

CIV　相关图像测速

CMOS　互补金属氧化物半导体

CW　连续波

DLR　Deutsches Zentrum fur Luft – und Raumfahrt(德国宇航中心)

DEHS　二乙基已基癸二酸酯(失踪用液滴投放 CAS – No. 122 – 62 – 3)

DGV　多普勒全场测速

DIC　数码数字图像相关

DPIV　数字码粒子图像测速

DSPIV　数字码三维粒子图像测速

DSR　动态空间变化[54]

DVR　动态流速变化[54]

FFT　快速傅里叶变换

FOV　视场

FT　傅里叶变换

HPIV　全息粒子图像测速

IPCT　图像图形相关技术

LFC　局部区域校正[150]

LDA,LDV　激光多普勒测速仪

LSV　激光散斑测速

LTA、L2F　激光转移测速仪,激光双对焦测速仪

MTF　调制传递函数

NTSC　国家电视系统委员会(涉及视频标准)

PAL　三相交流电路(视频水平)

PIDV　粒子图像位移测速(PIV 早期的名字)

PIV　粒子图像测速

PTF　相位传递函数

PTV　粒子跟踪测速

PDV　平面多普勒测速仪

QE　量子效率

SNR　信噪比

SPIV　立体粒子图像测速

SPOF　对称纯相位过滤

TR－PIV　时间分辨粒子图像测速

参考文献

用★标识的参考文献也包含在文献[35]中。

物理及技术背景

[1] Batchelor G. K. (2000): *An Introduction to Fluid Dynamics*, Cambridge University Press, Cambridge, England.

[2] Bendat J. S., Piersol A. G. (2000): *Random Data: Analysis and Measurement Procedures*, Wiley - Interscience, New York.

[3] Born M., Wolf, E. (2000): *Principles of Optics*, Cambridge University Press, Cambridge.

[4] Bracewell R. N. (1999): *The Fourier transform and its applications, 3nd Edition*, McGraw-Hill Science McGraw - Hill Science.

[5] Brigham E. O. (1974): *The fast Fourier transform*, Prentice - Hall, Englewood Cliffs, New Jersey.

[6] Deen W. (1998): *Analysis of Transport Phenomena*, Oxford University Press, New York.

[7] Fomin N. A. (1998): *Speckle Photography for Fluid Mechanics Measurements*, Springer, Berlin.

[8] Goldstein R. J. (1996): *Fluid Mechanics Measurements, 2nd Edition*, Taylor & Francis, Washington, DC.

[9] Gonzalez R. C., Wintz P. (1987): *Digital image processing, 2nd Edition*, Addison - Wesley Publishing Company, Reading, Massachusetts.

[10] Goodman J. W. (2004): *Introduction to Fourier optics*, Roberts & Company Publishers, Greenwood village.

[11] Hecht E., Zajac A. (2001): *Optics*, Addison - Wesley Pub. Company, Massachusetts.

[12] Horner J. L. (1987): *Optical Signal Processing*, Academic Press, Orlando.

[13] van de Hulst H. C. (1957): *Light scattering by small particles*, John Wiley & Sons, Inc., New York (republished 1981 by Dover Publications, New York).

[14] Inoué S., Spring K. R. (1997): *Video Microscopy: The Fundamentals, 2nd Edition*, Plenum Press, New York.

[15] Jähne B. (2005): *Digitale Bildverarbeitung*, *6th Edition*, Springer - Verlag, Berlin Heidelberg (also available in English: *Digital image processing*).

[16] Jain A. K. (1989): *Fundamentals of digital image processing*, Prentice Hall, Englewood Cliffs, New Jersey.

[17] Kneubühl F. K., Sigrist M. W. (1999): *Laser*, Teubner Studienbücher, Stuttgart.

[18] Lauterborn W., Kurz T., Wiesenfeldt M. (2003): *Coherent optics - Fundamentals and applications*, Springer Verlag, Berlin.

[19] Merzkirch W. (1987): *Flow Visualization*, New York: Academic.

[20] Papoulis A. (1977): *Signal Analysis*, Mc Graw Hill, New York.

[21] Papoulis A., Pillai, S. (2002): *Probability, Random Variables and Stochastic Processes*, Mc Graw Hill, New York.

[22] Pratt W. K. (2007): *Digital Image Processing: PIKS Scientific Inside, 4th Edition*, Wiley - Interscience, John Wiley & Sons, New York.

[23] Press W. H., Teukolsky S. A., Vettering W. T., Flannery B. P. (1992): *Numerical recipes in C, 2nd Edition*, Cambridge University Press, Cambridge.

[24] Rastogi, P. K. (2001): *Digital Speckle Pattern Interferometry and Related Techniques*, John Wiley and Sons, ISBN 0 - 471 - 49052 - 0.

[25] Rosenfeld A., Kak A. C. (1982): *Digital picture processing*, *2nd Edition*, *Volumes* 1 & 2, Academic Press, Orlando.

[26] Rotta J. (1990): *Die Aerodynamische Versuchsanstalt in Göttingen, ein Werk Ludwig Prandtls*, Vandenhoek & Ruprecht, Göttingen (Germany).

[27] Settles G. S. (2006): *Schlieren and Shadowgraph Techniques*, Berlin: Springer.

[28] Solf K. D. (1986): *Fotografie: Grundlagen*, *Technik*, *Praxis*, Fischer Taschenbuch Verlag, Frankfurt.

[29] Yaroslavsky L. P. (1985): *Digital Picture Processing*, Springer Verlag, Berlin.

关于 PIV 的综述和书籍

[30] Adrian R. J. (1986): Multi - point optical measurements of simultaneous vectors in unsteady flow - a review, *Int. Journal of Heat and Fluid Flow*, **7**, pp. 127-145 (★).

[31] Adrian, R. J. (1991): Particle - imaging techniques for experimental fluid mechanics, *Ann. Rev. Fluid Mech.*, **23**, pp. 261-304 (★).

[32] Adrian R. J. (1996): Bibliography of particle image velocimetry using imaging methods: 1917 - 995, TAM Report 817, UILU - ENG - 96 - 6004, University of Illinois (USA).

[33] Adrian R. J. (2005): Twenty years of particle image velocimetry, *Exp. Fluids*, **39**, pp. 159 - 169.

[34] Dracos Th., ed. (1996): *Three - Dimensional Velocity and Vorticity Measuring and Image Analysis Techniques*, Kluwer Academic Publishers, Dordrecht (the Netherlands).

[35] Grant I., ed. (1994): *Selected papers on particle image velocimetry* SPIE Milestone Series **MS 99**, SPIE Optical Engineering Press, Bellingham, Washington.

[36] Grant I. (1997): Particle image velocimetry: A review, *Proceedings Institute of Mechanical Engineers*, **211**, pp. 55-76.

[37] Hinsch K. D. (1993): Particle image velocimetry, in *Speckle Metrology*, ed. R. S. Sirohi, Marcel Dekker, New York, pp. 235 - 323.

[38] Hinsch K. D. (1995): Three - dimensional particle velocimetry, *Meas. Sci. Tech.*, **6**, pp. 742 - 753.

[39] Hinsch K. (2002): Holographic particle image velocimetry, *Meas. Sci. Tech.*, **13**, pp. R61 - R72.

[40] Kompenhans J., Raffel M., Willert C., Wiegel M., Kähler C., Schröder A., Bretthauer B., Vollmers H., Stasicki B. (1996): Investigation of unsteady flow fields in wind tunnels by means of particle image velocimetry, in *Three - Dimensional Velocity and Vorticity Measuring and Image Analysis Techniques* ed. Th. Dracos, Kluwer Academic Publishers, Dordrecht (the Netherlands), pp. 113 - 127.

[41] Lauterborn W., Vogel A. (1984): Modern optical techniques in fluid mechanics, *Ann. Rev. Fluid Mech.*, **16**, pp. 223 - 244 (★).

[42] Meynart R. (1983): Mesure de champs de vitesse d' ecoulements fluides par analyse de suites d' images obtenues par diffusion d' un feuillet lumineux, Ph. D. thesis, Faculté des Sciences Appliquées, Universite Libre de Bruxelles.

[43] Riethmuller M. L., ed. (1996): Particle Image Velocimetry, *von Karman Institute for Fluid Dynamics*, *Lecture Series* 1996 – 03, Rhode – St – Genèse (Belgium).

[44] Riethmuller M. L., ed. (2000): Particle Image Velocimetry and Associated Techniques, *von Karman Institute for Fluid Dynamics*, *Lecture Series* 2000 – 01, Rhode – St – Genèse (Belgium).

[45] Scarano F., Riethmuller M. L., ed. (2005): Advanced Measuring Techniques for Supersonic Flows, *von Karman Institute for Fluid Dynamics*, *Lecture Series* 2005 – 01, Rhode – St – Genèse (Belgium).

[46] Samimy M., Wernet M. P. (2000): Review of planar multiplecomponent velocimetry in highspeed flows, *AIAA Journal*, **38**, pp. 553 – 574.

[47] Stanislas M., Kompenhans J., Westerweel J. (Eds.) (2000): *Particle image velocimetry: Progress towards industrial application*, Kluwer Academic Publishers, Dordrecht (the Netherlands).

[48] Stanislas M., Okamoto K., Kähler C. J. (2003): Main results of the first international PIV challenge, *Meas. Sci. Tech.*, **14**, pp. R63 – R89.

[49] Stanislas M., Westerweel J., Kompenhans J. (eds) (2004): *Particle Image Velocimetry: recent improvements. Proceedings of the EUROPIV 2 workshop, Zaragoza, Spain, March/April 2003*, Springer, Berlin Heidelberg New York. (ISBN 3 – 540 – 21423 – 2)

[50] Stanislas M., Okamoto K., Kähler C. J., Westerweel J. (2005): Main results of the second international PIV challenge, *Exp. Fluids*, **39**, pp. 170 – 191.

[51] Westerweel J. (1993): *Digital particle image velocimetry – Theory and application* Ph. D. Dissertation, Delft University Press, Delft.

[52] Willert C., Raffel M., Kompenhans J., Stasicki B., Kähler C. (1997): Recent applications of particle image velocimetry in aerodynamic research, *Flow. Meas. Instrum.*, **7**, pp. 247 – 56.

针对 PIV 的物理和技术背景

[53] Adrian R. J. , Yao C. S. (1985): Pulsed laser technique application to liquid and gaseous flows and the scattering power of seed materials, *Appl. Optics*, **24**, pp. 44 -52 (★).

[54] Adrian R. J. (1995): Limiting resolution of particle image velocimetry for turbulent flow, in *Advances in Turbulence Research - 1995*, Proc. 2nd Turbulence Research Assoc. Conf. Pohang Inst. Tech. , pp. 1 - 19.

[55] Bryanston - Cross P. J. , Epstein A. (1990): The application of submicron particle visualisation for PIV (particle image velocimetry) at transonic and supersonic speeds, *Prog. Aerospace Sci.* , **27**, pp. 237 -265.

[56] Grant I. , Smith G. H. , Liu A. , Owens E. H. , Yan Y. Y. (1989): Measuring turbulence in reversing flows by particle image velocimeter, Proc. *ICALEO '89*, *L. I. A.* , **68**, pp. 92 - 100.

[57] Hinsch K. , Arnold W. , Platen W. (1987): Turbulence measurements by particle imaging velocimetry, Proc. *ICALEO '87 — Optical Methods in Flow and Particle Diagnostics*, *L. I. A.* , **63**, pp. 127 - 134 (★).

[58] Höcker R. , Kompenhans J. (1991): Application of Particle Image Velocimetry to Transonic Flows, in *Application of Laser Techniques to Fluid Mechanics*, ed. R. J. Adrian et al. , Springer Verlag, pp. 416 -434.

[59] Kompenhans J. , Reichmuth J. (1986): Particle imaging velocimetry in a low turbulent wind tunnel and other flow facilities, Proc. *AGARD Conference on Advanced Instrumentation for Aero Engine Components*, *19 - 23 May*, *Philadelphia (USA)*, (*AGARD - CP 399 -35*).

[60] Kompenhans J. , Raffel M. (1993): Application of PIV technique to transonic flows in a blow - down wind tunnel, Proc. SPIE 2005, *Intl. Symp. on Optics*, *Imaging and Instrumentation*, *11 -16 July*, *San Diego (USA)*, *Optical Diagnostics in Fluid and Thermal Flow*, ed. S. S. Cha, J. D. Trollinger, pp. 425 -436.

[61] Lourenço L. M. , Krothapalli A. , Buchlin J. M. , Riethmuller M. L. (1986): A non - invasive experimental technique for the measurement of unsteady velocity and vorticity fields, *AIAA Journal*, **24**, pp. 1715 - 1717.

[62] Lourenço L. M. (1988): Some comments on particle image displacement velocimetry, *von Karman Institute for Fluid Dynamics*, *Lecture Series* 1988 -

06, Particle Image Displacement Velocimetry, Rhode – St – Genèse (Belgium).

[63] Machacek M. (2003): A quantitative visualization tool for large wind tunnel experiments, Ph. D. thesis, ETH Zürich.

[64] Molezzi M. J., Dutton J. C. (1993): Application of particle image velocimetry in high – speed separated flows, *AIAA Journal*, **31**, pp. 438 – 446.

[65] Prandtl, L. (1905): Über Flüssigkeitsbewegung bei sehr kleiner Reibung, Proc. *Verhandlungen des III. Internationalen Mathematiker – Kongresses, Heidelberg, 1904, Teubner, Leipzig*, pp. 404 – 491.

[66] Sinha S. K. (1988): Improving the accuracy and resolution of particle image or laser speckle velocimetry, *Exp. Fluids*, **6**, pp. 67 – 68 (★).

[67] Thomas P. (1991): Experimentelle und theoretische Untersuchungen zum Folgeverhalten von Teilchen in kompressibler Strömung, *Deutsche Forschungsanstalt für Luft – und Raumfahrt, Research Report* DLR – FB 91 – 25.

[68] Towers C. E., Bryanston – Cross P. J., Judge T. R. (1991): Application of particle image velocimetry to large – scale transonic wind tunnels, *Optics and Laser Technology*, **23**, pp. 289 – 295.

PIV 投放方法

[69] Echols W. H., Young J. A. (1963): Studies of portable air – operated aerosol generators, NRL Report 5929, Naval Research Laboratory, Washington D. C.

[70] Humphreys W. M., Bartram S. M., Blackshire J. L. (1993): A survey of particle image velocimetry applications in Langley aerospace facilities, Proc. *31st Aerospace Sciences Meeting, 11 – 14 January, Reno, Nevada, (AIAA Paper 93 – 041)*.

[71] Hunter W. W., Nichols C. E. (1985): Wind tunnel seeding systems for laser velocimeters, Proc. *NASA Workshop, 19 – 20 March, NASA Langley Research Center (NASA Conference Publication 2393)*.

[72] Kähler C. J., Sammler B., Kompenhans J. (2002): Generation and control of particle size distributions for optical velocity measurement techniques in fluid mechanics, *Exp. Fluids*, **33**, pp. 736 – 742.

[73] Kähler C. J. (2003): General design and operating rules for seeding atomisers, Proc. *5th International Symposium on Particle Image Velocimety, Bus-*

an (*Korea*).

[74] Melling A. (1986): Seeding gas flows for laser anemometry, Proc. *AGARD Conference on Advanced Instrumentation for Aero Engine Components*, *19 – 23 May*, *Philadelphia* (*USA*), *AGARD – CP 399 – 8*.

[75] Melling A. (1997): Tracer particles and seeding for particle image velocimetry, *Meas. Sci. Tech.*, **8**, pp. 1406 – 1416.

[76] Meyers J. F. (1991): Generation of particles and seeding, *von Karman Institute for Fluid Dynamics*, *Lecture Series* 1991 – 05, Laser Velocimetry, Rhode – St – Genèse (Belgium).

[77] Wernet J. H., Wernet M. P. (1994): Stabilized alumina/ethanol colloidal dispersion for seeding high temperature air flows, Proc. *ASME Symposium on Laser Anemometry*: *Advances and Apllications*, *Lake Tahoe*, *Nevada* (*USA*), *19 – 23 June*.

统计 PIV 评估的数学背景

[78] Adrian R. J. (1988): Statistical properties of particle image velocimetry measurements in turbulent flow, in *Laser Anemometry in Fluid Mechanics III*, Springer – Verlag, Berlin Heidelberg, pp. 115 – 129 (★).

[79] Adrian R. J. (1997): Dynamic ranges of velocity and spatial resolution of particle image velocimetry, *Meas. Sci. Tech.*, **8**, pp. 1393 – 1398.

[80] Foucaut J. M., Carlier J., Stanislas M. (2004): PIV optimization for the study of turbulent flow using spectral analysis, *Meas. Sci. Tech.*, **15**, pp. 1046 – 1058.

[81] Guezennec Y. G., Kiritsis N. (1990): Statistical investigation of errors in particle image velocimetry, *Exp. Fluids*, **10**, pp. 138 – 146 (★).

[82] Keane R. D., Adrian R. J. (1990): Optimization of particle image velocimeters. Part I: Double pulsed systems, *Meas. Sci. Tech.*, **1**, pp. 1202 – 1215.

[83] Keane R. D., Adrian R. J. (1991): Optimization of particle image velocimeters. Part II: Multiple pulsed systems, *Meas. Sci. Tech.*, **2**, pp. 963 – 974.

[84] Keane R. D., Adrian R. J. (1992): Theory of cross – correlation analysis of PIV images, *Appl. Sci. Res.*, **49**, pp. 191 – 215 (★).

[85] Westerweel J. (2000): Theoretical analysis of the measurement precision

in particle image velocimetry, *Exp. Fluids*, **29**, pp. S3 - S12.

PIV 采集技术

[86] Adrian R. J. (1986): Image shifting technique to resolve directional ambiguity in double - pulsed velocimetry, *Appl. Optics*, **25**, pp. 3855 - 3858 (★).

[87] Brücker C. (1996): Spatial correlation analysis for 3 - D scanning PIV: simulation and application of dual - color light - sheet scanning, Proc. *89th Intl. Symp. on Laser Techniques to Fluid Mechanics*, *Lisbon (Portugal)*.

[88] Dieterle L. (1997): *Entwicklung eines abbildenden Messverfahrens (PIV) zur Untersuchung von Mikrostrukturen in turbulenten Strömungen*, PhD thesis, Deutscher Universitäts Verlag GmbH, Wiesbaden (Germany).

[89] Gauthier V., Riethmuller M. L. (1988): Application of PIDV to complex flows: Resolution of the directional ambiguity, *von Karman Institute for Fluid Dynamics*, *Lecture Series* 1988 - 06, Particle Image Displacement Velocimetry, Rhode - St - Genèse (Belgium).

[90] Gogineni S., Trump D., Goss L., Rivir R., Pestian D. (1996): High resolution digital two - color PIV (D2CPIV) and its application to high free stream turbulent flows, Proc. *89th Intl. Symp. on Laser Techniques to Fluid Mechanics*, *Lisbon (Portugal)*.

[91] Goss L. P., Post M. E., Trump D. D., Sarka B. (1989): Two - color particle velocimetry, Proc. *ICALEO* '89, *L. I. A.*, **68**, pp. 101 - 111.

[92] Grant I., Smith G. H., Owens E. H. (1988): A directionally sensitive particle image velocimeter, *J. Phys. E: Sci. Instrum.*, **21**, pp. 1190 - 1195.

[93] Grant I., Liu A. (1990): Directional ambiguity resolution in particle image velocimetry by pulse tagging, *Exp. Fluids*, **10**, pp. 71 - 76 (★).

[94] Hain R., Kähler C. J., Tropea C. (2007): Comparison of CCD, CMOS and intensified cameras, *Exp. Fluids*, **42**, pp. 403 - 411.

[95] Heckmann W., Hilgers S., Merzkirch W., Wagner T. (1994): PIVMessungen in einer Zweiphasenströmung unter Verwendung von zwei CCD - Kameras, Proc. *4. Fachtagung Lasermethoden in der Strömungsmesstechnik*, *12 - 14 September*, *Aachen (Germany)*.

[96] Houston A. E. (1978): High - speed photography and photonic recording,

Journal of Physics E, **11**, pp. 601 - 609.

[97] Huang H. T. , Fiedler H. E. (1994): Reducing time interval between successive exposures in video PIV, *Exp. Fluids*, **17**, pp. 356 - 363.

[98] Landreth C. C. , Adrian R. J. , Yao C. S. (1988): Double - pulsed particle image velocimeter with directional resolution for complex flows, *Exp. Fluids*, **6**, pp. 119 - 128 (★).

[99] Landreth C. C. , Adrian R. J. (1988): Electrooptical image shifting for particle image velocimetry, *Appl. Optics*, **27**, pp. 4216 - 4220 (★).

[100] Lecordier B. , Mouquallid M. , Vottier S. , Rouland E. , Allano D. , Trinite (1994): CCD recording method for cross - correlation PIV development in unstationary high speed flow, *Exp. Fluids*, **17**, pp. 205 - 208.

[101] Lourenço L. M. (1993): Velocity bias technique for particle image velocimetry measurements of high speed flows, *Appl. Optics*, **32**, pp. 2159 - 2162.

[102] Reynolds G. O. , DeVelis J. B. , Parrent G. B. , Thompson B. J. (1989): *The New Physical Optics Notebook: Tutorials in Fourier Optics*, SPIE Optical Engineering Press, Washington.

[103] Raffel M. , Kompenhans J. (1993): PIV measurements of unsteady transonic flow fields above a NACA 0012 airfoil, Proc. *5th Intl. Conf. on Laser Anemometry, Veldhoven (the Netherlands), pp. 527 - 535.*

[104] Raffel M. , Kompenhans J. (1995): Theoretical and experimental aspects of image shifting by means of a rotating mirror system for particle image velocimetry, *Meas. Sci. Tech.* , **6**, pp. 795 - 808.

[105] Reuss D. L. (1993): Two - dimensional particle - image velocimetry with electrooptical image shifting in an internal combustion engine, Proc. SPIE 2005, *Optical Diagnostics in Fluid and Thermal Flow*, ed. S. S. Cha, J. D. Trollinger, pp. 413 - 424.

[106] Rouland E. , Vottier S. , Lecordier B. , TrinitéM. (1994): Crosscorrelation PIV development for high speed flows with a standard CCD camera, Proc. *2nd Int. Seminar on Opt. Methods and Data Processing in Heat and Fluid Flow, London.*

[107] Sebastian B. (1995): Untersuchung einer Motorinnenströmung mit der Particle Image Velocimetry, Proc. *4. Fachtagung Lasermethoden in der*

Strömungsmesstechnik, *12 – 14 September*, *Rostock* (*Germany*).

[108] Turko B. T., Yates G. J., King N. S. (1995): Processing of multiport CCD video signals at very high frame rates, *SPIE Proceedings of Ultra – and High – Speed Photography*, *Videography and Photonics*, **2549**, pp. 11 – 15.

[109] Vogt A., Baumann P., Gharib M., Kompenhans J. (1996): Investigations of a wing tip vortex in air by means of DPIV, Proc. *19th AIAA Advanced Measurements and Ground Testing Technology Conference*, *June* **17 – 20**, *New Orleans* (*USA*), *AIAA 96 – 2254*.

[110] Wernet M. P. (1991): Particle displacement tracking technique applied to air flows, Proc. *4th Intl. Conf. on Laser Anemometry*, *Advances and Applications*, *Cleveland*, *Ohio* (*USA*).

[111] Willert C., Stasicki, B., Raffel M., Kompenhans J. (1995): A digital video camera for application of particle image velocimetry in high – speed flows, Proc. SPIE 2546 *Intl. Symp. on Optical Science*, *Engineering and Instrumentation*, *9 – 14 July*, *San Diego* (*USA*), pp. 124 – 134.

[112] Willert C., Raffel M., Stasicki B., Kompenhans J. (1996): High – speed digital video camera systems and related software for application of PIV in wind tunnel flows, Proc. *89th Intl. Symp. on Laser Techniques to Fluid Mechanics*, *Lisbon* (*Portugal*).

[113] Wormell D. C., Sopchak J. (1993): A particle image velocimetry system using a high – resolution CCD camera, Proc. SPIE 2005, *Optical Diagnostics in Fluid and Thermal Flow*, ed. S S Cha, J D Trollinger, pp. 648 – 654.

摄影 PIV 采集过程

[114] Ashley P. R., Davis J. H. (1987): Amorphous silicon photoconductor in a liquid crystal spatial light modulator, *Appl. Optics*, **26**, pp. 241 – 246.

[115] Bjorkquist D. C. (1990): Particle image velocimetry analysis system, Proc. *59th Intl. Symp. on Laser Techniques to Fluid Mechanics*, *Lisbon* (*Portugal*).

[116] Efron U., Grinberg J., Braatz P. O., Little M. J., Reif P. G., Schwartz R. N. (1985): The silicon liquid – crystal light valve, *J. Appl. Phys.*, **57**, pp. 1356 – 1368.

[117] Gabor A. M. , Landreth B. , Moddel G. (1993): Integrating mode for an optically addressed spatial light modulator, *Appl. Optics*, **37**, pp. 3064 - 3067.

[118] Grant I. , Liu A. (1989): Method for the efficient incoherent analysis of particle image velocimetry images, *Appl. Optics*, **28**, pp. 1745 - 1748 (★).

[119] HumphreysW. M. (1989): A histogram - based technique for rapid vector extraction from PIV photographs, Proc. *4th Intl. Conf. on Laser Anemometry, Advances and Applications, Cleveland, Ohio (USA)*.

[120] Lee J. , Farrell P. V. (1992): Particle image velocimetry measurements of IC engine valve flows, Proc. *69th Intl. Symp. on Laser Techniques to Fluid Mechanics, Lisbon (Portugal)*.

[121] Morck T. , Andersen P. E. , Westergaard C. H. (1992): Processing speed of photorefractive optical correlators in PIV - processing, Proc. *69th Intl. Symp. on Laser Techniques to Fluid Mechanics, Lisbon (Portugal)*.

[122] Pickering C. J. D. , Halliwell N. A. (1984): Speckle photography in fluid flows: signal recovery with two - step processing, *Appl. Optics*, **23**, pp. 1128 - 1129 (★).

[123] Pickering C. J. D. , Halliwell N. A. (1984): Laser speckle photography and particle image velocimetry: photographic film noise, *Appl. Optics*, **23**, pp. 2961 - 2969.

[124] Willert, C. (1996): The fully digital evaluation of photographic PIV recordings, *Appl. Sci. Res.* , **56**, pp. 79 - 102.

数字 PIV 过程

[125] Agüi J. C, Jiménez J. (1987): On the performance of particle tracking, *J Fluid Mech.* , **185**, pp. 447 - 468 (★).

[126] Astarita T. , Cardone G. (2005): Analysis of interpolation schemes for image deformation methods in PIV, *Exp. Fluids*, **38**, pp. 233 - 243.

[127] Cenedese A. , Querzoli G. (1995): PIV for Lagrangian scale evaluation in a convective boundary layer, in *Flow Visualisation, vol. VI*, (eds. Tanida Y, Miyshiro H.), Springer Verlag, Berlin, pp. 863 - 867.

[128] Chen J. , Katz J. (2005): Elimination of peak - locking error in PIV analysis using the correlation mapping method, *Exp. Fluids*, **16**, pp.

1605 – 1618.

[129] Cowen E. A. , Monismith S. G. (1997): A hybrid digital particle tracking velocimetry technique, *Exp. Fluids*, **22**, pp. 199 – 211.

[130] Di Florio D. , Di Felice F. , Romano G. P. (2002): Windowing, reshaping and re – orientation interrogation windows in particle image velocimetry for the investigation of shear flows, *Meas. Sci. Tech.* , **13**, pp. 953 – 962.

[131] Fincham A. M. , Delerce G. (2000): Advanced optimization of correlation imaging velocimetry algorithms, *Exp. Fluids*, **29**, pp. S013 – S022.

[132] Frigo M. , Johnson S. G. (1998): FFTW: An adaptive software architecture for the FFT, *Proc. IEEE Intl. Conf. Acoustics Speech and Signal Processing*, **3**, pp. 1381 – 1384.

[133] Frigo M. , Johnson S. G. (2005): The design and implementation of FFTW3, *Proc. IEEE*, **93**(2), pp. 216 – 231.

[134] Grant I. , Pan X. (1995): An investigation of the performance of multi layer neural networks applied to the analysis of PIV images, *Exp. Fluids*, **19**, pp. 159 – 166.

[135] Gui L. , Merzkirch W. , Shu J. Z. (1997): Evaluation of Low Image Density PIV Recordings with the MQD Method and Application to the Flow in a Liquid Bridge, *J. Flow Vis. and Image Proc.* , **4**(4), pp. 333 – 343.

[136] Gui L. , Wereley S. T. (2002): A correlation – based continuous window-shift technique to reduce the peak – locking effect in digital PIV image evaluation, *Exp. Fluids*, **32**, pp. 506 – 517.

[137] Gui L. , Wereley S. T. , Kim Y. H. (2003): Advances and application of the digital mask technique in particle image velocimetry experiments, *Meas. Sci. Tech.* , **14**, pp. 1820 – 1828.

[138] Hart D. P. (1996): Sparse array image correlation, Proc. 89*th Intl. Symp. on Laser Techniques to Fluid Mechanics*, *Lisbon* (*Portugal*).

[139] Hart D. P. (1998): The elimination of correlation errors in PIV processing, Proc. 99*th Intl. Symp. on Laser Techniques to Fluid Mechanics*, *Lisbon* (*Portugal*).

[140] Hart D. P. (2000): Super – resolution PIV by recursive local – correla-

tion, *J. Visualization*, **3**(2), pp. 187 - 194.

[141] Hart D. P. (2000): PIV error correction, *Exp. Fluids*, **29**, pp. 13 - 22.

[142] Huang H. T., Fiedler H. F., Wang J. J. (1993): Limitation and improvement of PIV, part II. Particle image distortion, a novel technique, *Exp. Fluids*, **15**, pp. 263 - 273.

[143] Jambunathan K, Ju X. Y., Dobbins B. N., Ashcroft - Frost S. (1995): An improved cross correlation technique for particle image velocimetry, *Meas. Sci. Tech.*, **6**, pp. 507 - 514.

[144] Lecordier B. (1997): Etude de l' interaction de la propagation d' une flamme premelangée avec le champ aerodynamique, par association de la tomographie laser et de la vélocimétrie par images de particules, Ph. D. thesis, Université de Rouen (France).

[145] Lecordier B., Lecordier J. C., Trinité M. (1999): Iterative sub - pixel algorithm for the cross - correlation PIV measurements, Proc. *3rd International workshop on particle image velocimetry (PIV' 99), Santa Barbara, California (USA)*.

[146] Lecordier B., TrinitéM. (2004): Advanced PIV algorithms with image distortion for velocity measurements in turbulent flows, in *Stanislas M., Westerweel J., Kompenhans J. (eds) Particle Image Velocimetry: recent improvements. Proceedings of the EUROPIV 2 workshop, Zaragoza, Spain, March/April 2003*, Springer, Berlin, Heidelberg, New York, pp. 115 - 142.

[147] Lourenço L. M. Gogineeni S. P., Lasalle R. T. (1994): On - line particle image velocimeter: an integrated approach, *Appl. Optics*, **33**, pp. 2465 - 2470.

[148] Nobach H., Honkanen M. (2005): Two - dimensional Gaussian regression for sub - pixel displacement estimation in particle image velocimetry or particle position estimation in particle tracking velocimetry, *Exp. Fluids*, **38**, pp. 511 - 515.

[149] Nogueira J., Lecuona A., Rodriguez P. A. (1999): Local field correction PIV: On the increase of accuracy in digital PIV systems, *Exp. Fluids*, **27**, pp. 107 - 116.

[150] Nogueira J., Lecuona A., Rodriguez P. A. (2001a): Identification of a

new source of peak locking, analysis and its removal in conventional and super – resolution PIV techniques, *Exp. Fluids*, **30**, pp. 309 – 316.

[151] Nogueira J., Lecuona A., Rodriguez P. A. (2001b): Local field correction PIV, implemented by means of simple algorithms and multigrid versions, *Meas. Sci. Tech.*, **12**, pp. 1911 – 1921.

[152] Prasad A. K., Adrian R. J., Landreth C. C., Offutt P. W. (1992): Effect of resolution on the speed and accuracy of particle image velocimetry interrogation, *Exp. Fluids*, **13**, pp. 105 – 116.

[153] Roesgen T. (2003): Optimal subpixel interpolation in particle image velocimetry, *Exp. Fluids*, **35**, pp. 252 – 256.

[154] Rohaly J., Frigerio F., Hart D. P. (2002): Reverse hierarchical PIV processing, *Meas. Sci. Tech.*, **13**, pp. 984 – 996.

[155] Ronneberger O., Raffel M., Kompenhans J. (1998): Advanced evaluation algorithms for standard and dual plane particle image velocimetry, Proc. *9th Intl. Symp. on Laser Techniques to Fluid Mechanics, Lisbon (Portugal)*. 13 – 16 July.

[156] Roth G., Katz J. (2001): Five techniques for increasing speed and accuracy of PIV interrogation, *Meas. Sci. Tech.*, **12**, pp. 238 – 245.

[157] Scarano F., Riethmuller M. L. (1999): Iterative multigrid approach in PIV image processing with discrete window offset, *Exp. Fluids*, **26**, pp. 513 – 523.

[158] Scarano F., Riethmuller M. L. (2000): Advances in iterative multigrid PIV image processing, *Exp. Fluids*, **29**, pp. S051 – S060.

[159] Scarano F. (2002): Iterative image deformation methods in PIV, *Meas. Sci. Tech.*, **13**, pp. R1 – R19.

[160] Scarano F. (2003): Theory of non – isotropic spatial resolution in PIV, *Exp. Fluids*, **35**, pp. 268 – 277.

[161] Shavit U., Lowe R. J., Steinbuck J. V. (2007): Intensity Capping: a simple method to improve cross – correlation PIV results, *Exp. Fluids*, **42**, pp. 225 – 240.

[162] Siu Y. W., Taylor A. M. K. P., Whitelaw J. H. (1994): Lagrangian tracking of particles in regions of flow recirculation, Proc. *First International Conference on Flow Interaction, Hong Kong*. 330 – 333.

[163] Thévenaz P. , Blu T. , Unser M. (2000): Interpolation Revisited, *IEEE Trans. Medical Imaging*, **19**, pp. 739 – 758.

[164] Thomas M. , Misra S. , Kambhamettu C. , Kirby J. T. (2005): A robust motion estimation algorithm for PIV, *Meas. Sci. Tech.* , **16**, pp. 865 – 877.

[165] Unser M. (1999): Splines: a perfect fit for signal and image processing, *IEEE Sign. Proces. Mag.* , **16**, pp. 22 – 38.

[166] Unser M. , Aldroubi A. , Eden M. (1993a): B – spline signal processing: part I – theory, *IEEE T. Sign. Proces.* , **41**, pp. 821 – 832.

[167] Unser M. , Aldroubi A. , Eden M. (1993b): B – spline signal processing: part II – efficient design and applications, *IEEE T. Sign. Proces.* , **41**, pp. 834 – 848.

[168] Vogt A. , Raffel M. , Kompenhans J. (1992): Comparison of optical and digital evaluation of photographic PIV recordings, Proc. 69*th Intl. Symp. on Laser Techniques to Fluid Mechanics*, *Lisbon* (*Portugal*).

[169] Wereley S. T. , Meinhart C. D. (2001): Second – order accurate particle image velocimetry, *Exp. Fluids*, **31**, pp. 258 – 268.

[170] Wernet M. P. (2001): New insights into particle image velocimetry data using fuzzy – logic – based correlation/particle tracking processing, *Exp. Fluids*, **30**, pp. 434 – 447.

[171] Wernet P. (2005): Symmetric phase – only filtering: a new paradigm for DPIV data processing, *Meas. Sci. Tech.* , **16**, pp. 601 – 618.

[172] Westerweel J. , Dabiri D. , Gharib M. (1997): The effect of a discrete window offset on the accuracy of cross – correlation analysis of PIV recordings, *Exp. Fluids*, **23**, pp. 20 – 28.

[173] Westerweel J. , Geelhoed P. F. , Lindken R. (2004): Single – pixel resolution ensemble correlation for micro – PIV applications image velocimetry, *Exp. Fluids*, **37**, pp. 375 – 384.

[174] Willert C. E. , Gharib M. (1991): Digital particle image velocimetry, *Exp. Fluids*, **10**, pp. 181 – 193 (★).

[175] Yaroslavsky L. P. (1996): Signal sinc – interpolation: a fast computer algorithm, *Bioimaging*, **4**, pp. 225 – 231.

超分辨率 PIV

[176] Bastiaans R. J. M. , van der Plas G. A. J. , Keift R. N. (2002): The performance of a new PTV algorithm applied in super - resolution PIV, *Exp. Fluids*, **32**, pp. 346 - 356.

[177] Cowen E. A. , Monismith S. G. (1997): A hybrid digital particle image velocimetry technique, *Exp. Fluids*, **22**, pp. 199 - 211.

[178] Dracos Th. (1996): Particle tracking velocimetry (PTV) - basic concepts, in *Three - Dimensional Velocity and Vorticity Measuring and Image Analysis Techniques* ed. Th. Dracos, Kluwer Academic Publishers, Dordrecht (the Netherlands), pp. 155 - 160.

[179] Keane R. D. , Adrian R. J. , Zhang Y (1995): Super - resolution particle image velocimetry, *Meas. Sci. Tech.* , **6**, pp. 754 - 768.

[180] Maas H. G. , Grün A. , Papantoniou D. (1993): Particle tracking in threedimensional turbulent flows - Part I: Photogrammetric determination of particle coordinates, *Exp. Fluids*, **15**, pp. 133 - 146.

[181] Ohmi K. , Hang Yu L. (2000): Particle tracking velocimetry with new algorithms, *Meas. Sci. Tech.* , **11**, pp. 603 - 616.

[182] Scarano F. (2004): A super - resolution particle image velocimetry interrogation approach by means of velocity second derivatives correlation, *Meas. Sci. Tech.* , **15**, pp. 475 - 486.

[183] Stitou A. , Riethmuller M. L. (2001): Extension of PIV to super resolution using PTV, *Meas. Sci. Tech.* , **12**, pp. 1398 - 1403.

[184] Takehara K. , Adrian R. J. , Etoh G. T. , Christensen K. T. (2000): A Kalman tracker for super - resolution PIV, *Exp. Fluids*, **29**, pp. S034 - S041.

[185] Gharib M. , Willert C. E. (1990): Particle tracing - revisited, in *Lecture Notes in Engineering: Advances in Fluid Mechanics Measurements* ***45***, ed. M. Gad - el - Hak, Springer - Verlag, New York, pp. 109 - 126.

光学流动

[186] Barron J. L. , Fleet D. J. , Beauchemin S. S. (1994): Performance of optical flow techniques, *International Journal of Computer Vision*, **12**, pp. 43 - 77.

[187] Horn B. K. P. , Schunck B. G. (1981): Determining Optical Flow, *Artifi-*

cial Intelligence, **17**, pp. 185 –203.

[188] Quenot G. M. Pakleza J., Kowalewsky T. A. (1998): Particle image velocimetry with optical flow, *Exp. Fluids*, **25**, pp. 177 –189.

[189] Ruhnau P., Kohlberger T., Schnörr C., Nobach H. (2005): Variational optical flow estimation for particle image velocimetry, *Exp. Fluids*, **38**, pp. 21 –32.

[190] Ruhnau P., Schnörr C. (2007): Optical Stokes flow estimation: an imaging –based control approach, *Exp. Fluids*, **42**, pp. 61 –78.

[191] Tokumaru P. T., Dimotakis P. E. (1995): Image Correlation Velocimetry, *Exp. Fluids*, **19**, pp. 1 –15.

三分量 PIV

[192] Abdel – Aziz Y. I., Karara H. M. (1971): Direct linear transformation from comparator coordinates into object space coordinates in close – range photogrammetry, Proc. *Symposium on Close – Range Photogrammetry. Falls Church, VA (U. S. A.), American Society of Photogrammetry, pp. 1 –18.*

[193] Arroyo M. P., Greated C. A. (1991): Stereoscopic particle image velocimetry, *Meas. Sci. Tech.*, **2**, pp. 1181 –1186.

[194] Coudert S., Schon J. P. (2001): Back projection algorithm with misalignment corrections for 2D – 3C stereoscopic PIV, *Meas. Sci. Tech.*, **12**, pp. 1371 –1381.

[195] Ehrenfried K. (2002): Processing calibration grid images using the Hough transformation, *Meas. Sci. Tech.*, 13, pp. 975 –983.

[196] Faugeras O., Toscani, G. (1987): Camera calibration for 3D computer vision, Proc. *International Workshop on Industrial Applications of Machine Vision and Machine Intelligence, Silken, Japan*, pp. 240 –247.

[197] Fournel L., Lavest J. M., Coudert S., Collange F. (2004): Selfcalibration of PIV video cameras in Scheimpflug condition, in *Stanislas M., Westerweel J., Kompenhans J. (eds) Particle Image Velocimetry: recent improvements. Proceedings of the EUROPIV 2 workshop, Zaragoza, Spain, March/April 2003*, Springer, Berlin Heidelberg New York, pp. 391 –405.

[198] Gaydon M., Raffel M., Willert C., Rosengarten M., Kompenhans J.

(1997): Hybrid stereoscopic particle image velocimetry, *Exp. Fluids*, **23**, pp. 331 - 334.

[199] Gauthier V., Riethmuller M. L. (1988): Application of PIDV to complex flows: Measurement of the third component, *von Karman Institute for Fluid Dynamics*, *Lecture Series* 1988 - 06, Particle Image Displacement Velocimetry, Rhode - St - Genèse (Belgium).

[200] Kähler C. J (2000): Multiplane stereo PIV - recording and evaluation methods, Proc. *EUROMECH 411: Application of PIV to turbulence measurements University of Rouen (France)*.

[201] Kähler C. J., Adrian R. J., Willert C. E. (1998): Turbulent boundary layer investigations with conventional and stereoscopic particle image velocimetry, Proc. *99th Intl. Symp. on Laser Techniques to Fluid Mechanics*, *Lisbon (Portugal)*.

[202] Kent J. C., Eaton A. R. (1982): Stereo photography of neutral density He - filled bubbles for 3 - D fluid motion studies in an engine cylinder, *Appl. Optics*, **21**, pp. 904 - 912.

[203] Klein F. (1968): *Elementarmathematik vom höheren Standpunkt aus*, *Zweiter Band*: *Geometrie*, Springer Verlag, Berlin.

[204] Prasad A. K., Adrian R. J. (1993): Stereoscopic particle image velocimetry applied to liquid flows, *Exp. Fluids*, **15**, pp. 49 - 60.

[205] Prasad A. K., Jensen K. (1995): Scheimpflug stereocamera for particle image velocimetry to liquid flows, *Appl. Optics*, **34**, pp. 7092 - 7099.

[206] Prasad A. K. (2000): Stereo particle image velocimetry, *Exp. Fluids*, **29**, pp. 103 - 116.

[207] Raffel M., Gharib M., Ronneberger O., Kompenhans J. (1995): Feasibility study of three - dimensional PIV by correlating images of particles within parallel light sheet planes, *Exp. Fluids*, **19**, pp. 69 - 77.

[208] Raffel M., Westerweel J., Willert C., Gharib M., Kompenhans J. (1996): Analytical and experimental investigations of dual - plane particle image velocimetry, *Optical Engineering*, **35**, pp. 2067 - 2074.

[209] Ronneberger O. (1998): Measurement of all three velocity components with particle image velocimetry using a single camera and two parallel light sheets, Diploma thesis / DLR Research Report 98 - 40, Göttingen, Ger-

many (Text in German).

[210] Royer H., Stanislas M. (1996): Stereoscopic and holographic approaches to get the third velocity component in PIV, *von Karman Institute for Fluid Dynamics, Lecture Series* 1996 – 03, Particle Image Velocimetry, Rhode – St – Genèse (Belgium).

[211] Scheimpflug T. (1904): Improved Method and Apparatus for the Systematic Alteration or Distortion of Plane Pictures and Images by Means of Lenses and Mirrors for Photography and for other purposes, British Patent No. 1196.

[212] Soloff S., Adrian R. J., Liu Z. C. (1997): Distortion compensation for generalized stereoscopic particle image velocimetry, *Meas. Sci. Tech.*, **8**, pp. 1441 – 1454.

[213] Dadi M., Stanislas M., Rodriguez O., Dyment A. (1991): A study by holographic velocimetry of the behaviour of free particles in a flow, *Exp. Fluids*, **10**, pp. 285 – 294.

[214] Tsai R. Y. (1987): A versatile camera calibration technique for highaccuracy 3D machine vision metrology using off – the – shelf TV cameras and lenses, *IEEE J. Robot. Autom.*, **RA – 3**, pp. 323 – 344.

[215] van Doorne C. W. H. (2004): Stereoscopic PIV on transition in pipe flow, Ph. D. thesis, Delft University of Technology, the Netherlands.

[216] van Doorne C. W. H., Westerweel J. (2007): Measurement of laminar, transitional and turbulent pipe flow using stereoscopic – PIV, *Exp. Fluids*, **42**, pp. 259 – 279.

[217] van Oord J. (1997): The design of a stereoscopic DPIV – system, Report MEAH – 161 Delft University of Technology, Delft (the Netherlands).

[218] Westerweel J., Nieuwstadt F. T. M. (1991): Performance tests on 3 – dimensional velocity measurements with a two – camera digital particle – image velocimeter, in *Laser Anemometry Advances and Applications*, *Vol. 1* (ed. Dybbs A. and Ghorashi B.), ASME, New York, pp. 349 – 355.

[219] Wieneke B. (2005): Stereo – PIV using self – calibration on particle images, *Exp. Fluids*, **39**, pp. 267 – 280.

[220] Willert C. (1997): Stereoscopic particle image velocimetry for application in wind tunnel flows, *Meas. Sci. Tech.*, **8**, pp. 1465 – 1479.

[221] Willert C. (2006): Assessment of camera models for use in planar velocimetry calibration, *Exp. Fluids*, **41**, pp. 135 – 143.

[222] Zhang Z. (2000): A flexible new technique for camera calibration, *IEEE Trans. Pattern Analysis and Machine Intelligence*, **22**, pp. 1330 – 1334.

体积粒子成像方法

[223] Barnhart D. H. (2001): *Whole – field holographic measurements of three – dimensional displacement in solid and fluid mechanics* Ph. D. Dissertation, PhD Thesis Loughborough University, UK.

[224] Barnhart D. H., Adrian R. J., Papen G. C. (1994): Phase – conjugate holographic system for high – resolution particle image velocimetry, *Appl. Optics*, **33**, pp. 7159 – 7170.

[225] Brücker C. (1996): 3 – D PIV via spatial correlation in a color – coded light sheet, *Exp. Fluids*, **21**, pp. 312 – 314.

[226] Brücker C. (1996): 3 – D scanning particle image velocimetry: technique and application to a spherical cap wake flow, *Appl. Sci. Res.*, **56**, pp. 157 – 179.

[227] Choi W. C., Guenzennec Y. G., Jung I. S. (1996): Rapid evaluation of variable valve lift strategies using 3 – d in – cylinder flow measurements, Proc. *SAE Paper 960951*.

[228] Coupland J. M., Halliwell N. A. (1992): Particle image velocimetry: three – dimensional fluid velocity measurements using holographic recording and optical correlation, *Appl. Optics*, **31**, pp. 1005 – 1007.

[229] Dracos Th. (1996): Particle tracking in three – dimensional space, in *Three – Dimensional Velocity and Vorticity Measuring and Image Analysis Techniques* ed. Th. Dracos, Kluwer Academic Publishers, Dordrecht (the Netherlands), pp. 209 – 227.

[230] Elsinga G. E., Scarano F., Wieneke B., van Oudheusden B. W. (2006): Tomographic particle image velocimetry, *Exp. Fluids*, **41**, pp. 933 – 947.

[231] Guezennec Y. G., Brodkey R. S., Trigui N., Kent J. C. (1994): Algorithms for fully automated three – dimensional particle tracking velocimetry, *Exp. Fluids*, **17**, pp. 209 – 219.

[232] Herman G. T., Lent A. (1976): Iterative reconstruction algorithms,

Compt Biol Med, **6**, pp. 273 -294.

[233] Herrmann S. F. , Hinsch K. D. (2004): Light - in - flight holographic particle image velocimetry for wind - tunnel applications, *Meas. Sci. Tech.* , **15**, pp. 613 -621.

[234] Humble R. A. , Scarano F. , van Oudheusden B. W. (2007): Instantaneous 3D flow organization of a shock wave/turbulent boundary layer interaction using Tomo - PIV, Proc. *37th AIAA Fluid Dynamics Conference and Exhibit. Miami (USA)*.

[235] Konrath R. , Schröder W. , Limberg W. (2002): Holographic particleimage velocimetry applied to the flow within the cylinder of a fourvalve IC engine, *Exp. Fluids*, **33**, pp. 781 -793.

[236] Malek M. , Allano D. , Coetmellec S. , Özkul C. , Lebrun D. (2004): Digital in - line holography for three - dimensional - two - components particle tracking velocimetry, *Meas. Sci. Tech.* , **15**, pp. 699 -705.

[237] Meng H. , Pan G. , Pu Y. ,Woodward S. H. (2004): Holographic particle image velocimetry: from film to digital recording, *Meas. Sci. Tech.* , **15**, pp. 673 -685.

[238] Michaelis D. , Poelma C. , Scarano F. , Westerweel J. , Wieneke B. (2006): A 3D - time resolved cylinder wake survey by tomographic PIV, Proc. *12th Int. Symposium on Flow Visualization, ISFV12, Göttingen, Germany*.

[239] Pereira F. , Stüer H. , Graff E. C. , Gharib M. (2006): Two - frame 3D particle tracking, *Meas. Sci. Tech.* , **17**, pp. 1680 - 1692.

[240] Pu Y. , Meng H. (2000): An advanced off - axis holographic particle image velocimetry (HPIV) system, *Exp. Fluids*, **29**, pp. 184 - 197.

[241] Scarano F. , Elsinga G. E. , Bocci E. , van Oudheusden B. W. (2006): Three - dimensional turbulent cylinder wake structure investigation with Tomo - PIV, Proc. *139th Intl. Symp. on Laser Techniques to Fluid Mechanics, Lisbon (Portugal)*.

[242] Schröder A. , Kompenhans J. (2004): Investigation of a turbulent spot using multi - plane stereo particle image velocimetry, *Exp. Fluids*, **36**, pp. 82 -90.

[243] Schröder A. , Geisler R. , Elsinga G. E. , Scarano F. , Dierksheide U.

(2006): Investigation of a turbulent spot using time – resolved tomographic PIV, Proc. *139th Intl. Symp. on Laser Techniques to Fluid Mechanics*, *Lisbon* (*Portugal*).

[244] Svizher A., Cohen J. (2006): Holographic particle image velocimetry system for measurements of hairpin vortices in air channel flow, *Exp. Fluids*, **40**, pp. 708 – 722.

[245] Virant M. (1996): Anwendung des dreidimensionalen "Particle – Tracking – Velocimetry" auf die Untersuchung von Dispersionsvorg-ängen in Kanalströmungen, Ph. D. thesis, Institut für Hydromechanik und Wasserwirtschaft, ETH Zürich (Switzerland).

[246] Virant M., Dracos Th. (1996): Establishment of a videogrammetic PTV system, in *Three – Dimensional Velocity and Vorticity Measuring and Image Analysis Techniques* ed. Th. Dracos, Kluwer Academic Publishers, Dordrecht (the Netherlands), pp. 229 – 254.

[247] Watanabe Y., Hideshima Y., Shigematsu T., Takehara K. (2006): Application of three – dimensional hybrid stereoscopic particle image velocimetry to breaking waves, *Meas. Sci. Tech.*, **17**, pp. 1456 – 1469.

[248] Zhang J., Tao B., Katz J. (1997): Turbulent flow measurement in a square duct with hybrid holographic PIV, *Exp. Fluids*, **23**, pp. 373 – 381.

PIV 数据的后处理

[249] Abrahamson S., Lonnes S. (1995): Uncertainty in calculating vorticity from 2D velocity fields using circulation and least – squares approaches, *Exp. Fluids*, **20**, pp. 10 – 20.

[250] Carasone F., Cenedese A., Querzoli G. (1995): Recognition of partially overlapped particle images using the Kohonen neural network, *Exp. Fluids*, **19**, pp. 225 – 232.

[251] Etebari A., Vlachos P. P. (2005): Improvements on the accuracy of derivative estimation from DPIV velocity measurements, *Exp. Fluids*, **39**, pp. 1040 – 1050.

[252] Foucaut J. M., Stanislas M. (2002): Some considerations on the accuracy and frequency response of some derivative filters applied to particle image velocimetry vector fields, *Meas. Sci. Tech.*, **13**, pp. 1058 – 1071.

[253] Fouras A. , Soria J. (1998): Accuracy of out – of – plane vorticity measurements derived from in – plane velocity field data, *Exp. Fluids*, **25**, pp. 409 – 430.

[254] Fujisawa N. , Tanahashi S. , Srinivas K. (2005): Evaluation of pressure field and fluid forces on a circular cylinder with and without rotational oscillation using velocity data from PIV measurement, *Meas. Sci. Tech.* , **16**, pp. 989 – 996.

[255] Gurka R. , Liberzon A. , Hefetz D. , Rubinstein D. , Shavit U. (1999): Computation of Pressure distribution using PIV velocity data, Proc. 3*rd Intl. Workshop on PIV, 16 – 18 Sept.* , *Santa Barbara* (*USA*), pp 671 – 676.

[256] Imaichi K. , Ohmi K. (1983): Numerical processing of flowvisualization pictures – measurement of two – dimensional vortex flow, *J Fluid Mech.* , **129**, pp. 283 – 311.

[257] Kurtulus D. F. , Scarano F. , David L. (2007): Unsteady aerodynamic forces estimation on a square cylinder by TR – PIV, *Exp. Fluids*, **42**, pp. 185 – 196.

[258] Landreth C. C. , Adrian R. J. (1988): Measurement and refinement of velocity data using high image density analysis in particle image velocimetry, Proc. *49th Intl. Symp. on Laser Techniques to Fluid Mechanics*, *Lisbon* (*Portugal*).

[259] Lecuona A. , Nogueira J. I. , Rodriguez P. A. (1997): Flowfield vorticity calculation using PIV data, Proc. 2*nd Intl. Workshop on PIV*, *8 – 11 July*, *Fukui* (*Japan*).

[260] Liu X. , Katz J. (2006): Instantaneous pressure and material acceleration measurements using a four – exposure PIV system, *Exp. Fluids*, **41**, pp. 227 – 240.

[261] Lourenço L. , Krothapalli A. (1995): On the accuracy of velocity and vorticity measurements with PIV, *Exp. Fluids*, **18**, pp. 421 – 428.

[262] Lourenço L. M. (1996): Particle image velocimetry: post – processing techniques, *von Karman Institute for Fluid Dynamics*, *Lecture Series* 1996 – 03, Particle Image Velocimetry, Rhode – St – Genèse (Belgium).

[263] Noca F. , Shiels D. , Jeon D. (1999): A comparison of methods for eval-

uating time - dependent fluid dynamic forces on bodies, using only velocity fields and their derivatives, *J Fluids Struct*, **13**, pp. 551 - 578.

[264] Nogueira J., Lecuona A., Rodriguez P. A. (1999): Data validation, false vectors correction and derived magnitudes calculation on PIV data, *Meas. Sci. Tech.*, **8**, pp. 1493 - 1501.

[265] Raffel M., Kompenhans J. (1996): Post - processing: data validation, *von Karman Institute for Fluid Dynamics*, *Lecture Series* 1996 - 03, Particle Image Velocimetry, Rhode - St - Genèse (Belgium).

[266] Raffel M., Leitl B., Kompenhans J. (1993): Data validation for particle image velocimetry, in *Laser Techniques and Applications in Fluid Mechanics*, R. J. Adrian et al., Springer - Verlag, pp. 210 - 226.

[267] Schröder A. (1996): Untersuchung der Struktur des laminaren Zylindernachlaufs mit Hilfe der Particle Image Velocimetry, Diplomarbeit, Universität Göttingen (Germany).

[268] Shinneeb A. M., Bugg J. D., Balachandar R. (2004): Variable threshold outlier identification in PIV data, *Meas. Sci. Tech.*, **15**, pp. 1722 - 1732.

[269] Unal M. F., Lin J. C., Rockwell D. (1997): Force prediction by PIV imaging, a momentum based approach, *J Fluids Struct*, **11**, pp. 965 - 971.

[270] van Oudheusden R. W., Scarano F., Casimiri E. W. F. (2006): Nonintrusive load characterization of an airfoil using PIV, *Exp. Fluids*, **40**, pp. 988 - 992.

[271] van Oudheusden R. W., Scarano F., Roosenboom E. W. M., Casimiri E. W. F., Souverein L. J. (2007): Evaluation of integral forces and pressure fields from planar velocimetry data for incompressible and compressible flow, accepted for publication *Exp. Fluids*, online first, DOI 10. 1007/s00348 - 007 - 0261 - y.

[272] Vollmers H. (2001): Detection of vortices and quantitative evaluation of their main parameters from experimental velocity data, *Meas. Sci. Tech.*, **12**, pp. 1199 - 1207.

[273] Wernet M. P., Pline A. D. (1991): Particle image velocimetry for the surface tension driven convection experiment using a particle displacement

tracking technique, Proc. *4th Intl. Conf. on Laser Anemometry, Advances and Applications, Cleveland, Ohio (USA)*.

[274] Westerweel J. (1994): Efficient detection of spurious vectors in particle image velocimetry data, *Exp. Fluids*, **16**, pp. 236 – 247.

[275] Westerweel J., Scarano F. (2005): Universal outlier detection for PIV data, *Exp. Fluids*, **39**, pp. 1096 – 1100.

[276] Wiegel M., Fischer M. (1995): Proper orthogonal decomposition applied to PIV data for the oblique transition in a Blasius boundary layer, Proc. SPIE 2546 *Intl. Symp. on Optical Science, Engineering and Instrumentation, 9 – 14 July, San Diego (USA)*, pp. 87 – 97.

微 PIV

[277] Bayt R. L., Breuer K. S. (2001): Fabrication and testing of micron – sized cold – gas thrusters in micropropulsion of small spacecraft, *Advances in Aeronautics and Astronautics, Eds. Micci M. & Ketsdever A., AIAA Press., Washington, D. C. (USA)*, **187**, pp. 381 – 398.

[278] Beskok A., Karniadakis G. E., Trimmer W. (1996): Rarefaction and compressibility, *Journal of Fluids Engineering*, **118**, pp. 448 – 456.

[279] Bourdon C. J., Olsen M. G., Gorby, A. D. (2004): Validation of an analytical solution for depth of correlation in microscopic particle image velocimetry, *Meas. Sci. Tech.*, **15**, pp. 318 – 327.

[280] Chen Z., Milner T. E., Dave D., Nelson J. S. (1997): Optical Doppler tomographic imaging of fluid flow velocity in highly scattering media, *Optics Letters*, **22**, pp. 64 – 66.

[281] Cummings E. B. (2001): An image processing and optimal nonlinear filtering technique for PIV of microflows, *Exp. Fluids*, **29** [Suppl.], pp. 42 – 50.

[282] Einstein A. (1905): On the movement of small particles suspended in a stationary liquid demanded by the molecular – kinetic theory of heat, in *Theory of Brownian Movement*, Dover, New York, pp. 1 – 18.

[283] Kähler C. J., Scholz U., Ortmann J. (2006): Wall – shear stress and near – wall turbulence measurements up to single pixel resolution by means of long – distance micro – PIV, *Exp. Fluids*, **41**, pp. 327 – 341.

[284] Kähler C. J., Scholz U. (2006): Transonic jet analysis using longdistance

micro - PIV, Proc. 12*th Int. Symp. on Flow Visualization - ISFV* 12, *Göttingen, Germany, 10 - 14 Sept.*.

[285] Kim Y. H., Wereley S. T., Chun C. H. (2004): Phase - resolved flow field produced by a vibrating cantilever plate between two endplates, *Phys. Fluids*, **16**, pp. 145 - 162.

[286] Koutsiaris A. G., Mathioulakis D. S., Tsangaris, S. (1999): Microscope PIV for velocity - field measurement of particle suspensions flowing inside glass capillaries, *Meas. Sci. Tech.*, **10**, pp. 1037 - 1046.

[287] Lanzillotto A. M., et al. (1995): Applications of X - ray micro - imaging, visualization and motion analysis techniques to fluidic microsystems, Proc. Technical Digest of the IEEE Solid State Sensor and Actuator Workshop, 3 - 6 *June*, *Hilton Head Island*, *SC*, pp. 123 - 126.

[288] Meinhart C. D., Wereley S. T., Santiago J. G. (2000): Micron - resolution velocimetry techniques, in *Laser Techniques Applied to Fluid Mechanics*, *R. J. Adrian et al.* (*eds.*), Springer - Verlag, New York, pp. 57 - 70.

[289] Meinhart C. D., Wereley S. T. (2003): Theory of diffraction - limited resolution in micro particle image velocimetry, *Meas. Sci. Tech.*, **14**, pp. 1047 - 1053.

[290] Meinhart C. D., Hart D., Wereley S. T. (2005): Optimum particle size and correlation strategy for sub - micron spatial resolution, Proc. *Joint International PIVNET II / ERCOFTAC Workshop on Micro PIV and Applications in Microsystems*, 7 - 8 *April*, *Delft* (*the Netherlands*).

[291] Meinhart C. D., Zhang H. (2000): The flow structure inside a microfabricated inkjet printer head, *J. Microelectromechanical Systems*, **9**, pp. 67 - 75.

[292] Minsky M. (1988): Memoir on Inventing the Confocal Scanning Microscope, *Journal of Scanning Microscopies*, **10**, pp. 128 - 138.

[293] Northrup M. A., et al. (1995): A MEMS - based DNA analysis system, Proc. *Proceedings of Transducers* '95, 8*th International Conference on Solid - State Sensors and Actuators*, *16 - 19 June*, *Stockholm* (*Sweden*), pp. 764 - 767.

[294] Olsen M. G., Adrian R. J. (2000): Out - of - focus effects on particle

image visibility and correlation in particle image velocimetry, *Exp. Fluids*, **29**, pp. 166 – 174.

[295] Olsen M. G., Adrian R. J. (2000): Brownian motion and correlation in particle image velocimetry, *Optics and Laser Tech.*, **32**, pp. 621 – 627.

[296] Probstein R. F. (2003): *Physicochemical Hydrodynamics: An Introduction*, Wiley, New York.

[297] Santiago J. G., Wereley S. T., Meinhart C. D., Beebe D. J., Adrian, R. J. (1998): A particle image velocimetry system for microfluidics, *Exp. Fluids*, **25**, pp. 316 – 319.

[298] Van Kampen N. G. (2007): *Stochastic Processes in Physics and Chemistry*, North – Holland Publishing Co., Amsterdam.

[299] Wereley S. T., Gui L., Meinhart, C. D. (2002): Advanced algorithms for microscale particle image velocimetry, *AIAA J.*, **40**, pp. 1047 – 1055.

[300] Wereley S. T., Meinhart C. D. (2005): Micron – resolution particle image velocimetry, in *Microscale Diagnostic Techniques*, *ed. K. S. Breuer*, Springer – Verlag, New York, pp. 51 – 112.

应用实例

液体流动

[301] Böhm C., Wulf P., Egbers C., Rath H. J. (1997): LDV – and PIVmeasurements on the dynamics in spherical Couette flow, Proc. *Int. Conf. on Laser Anemometry – Advances and Appl.*, *8 – 11 May*, *Karlsruhe* (*Germany*).

[302] Garg V. K. (1992): Natural convection between concentric spheres, *Int. J. Heat Mass Transfer*, **35**, pp. 1938 – 1945.

[303] Mack L. R., Hardee H. C. (1968): Natural convection between concentric spheres at low Rayleigh numbers, *Int. J. Heat Mass Transfer*, **11**, pp. 387 – 396.

[304] Weigand A., Gharib M. (1994): On the decay of a turbulent vortex ring, *Phys. Fluids*, **6**, pp. 3806 – 3808.

[305] Willert C. E. (1992): The interaction of modulated vortex pairs with a free surface, Ph. D. thesis, Department of Applied Mechanics and Engineering Sciences, University of California, San Diego (USA).

[306] Willert C., Gharib M. (1997): The interaction of spatially modulated

vortex pairs with free surfaces, *J Fluid Mech.*, **345**, pp. 227 - 250.

超音速流动

[307] Dolling D. S. (2001): Fifty years of shock wave/boundary layer interaction research: what next?, *AIAA J.*, **39**(8), pp. 1517 - 1531.

[308] Elsinga G. E., van Oudheusden B. W., Scarano F. (2005): Evaluation of aero - optical distortion effects in PIV, *Exp. Fluids*, **39**, pp. 246 - 256.

[309] Kähler C. J. (1997): Ortsaufgelöste Geschwindigkeitsmessungen in einer turbulenten Grenzschicht, *Deutsche Forschungsanstalt für Luftund Raumfahrt*, *Research Report* DLR - FB 97 - 32.

[310] Raffel M., Höfer H., Kost F., Willert C., Kompenhans J. (1996): Experimental aspects of PIV measurements of transonic flow fields at a trailing edge model of a turbine blade, Proc. *89th Intl. Symp. on Laser Techniques to Fluid Mechanics*, *Lisbon* (*Portugal*).

[311] Samimy M., Lele S. K. (1991): Motion of particles with inertia in a compressible free shear layer, *Phys. Fluids A*, **3**, pp. 1915 - 1923.

[312] Scarano F., van Oudheusden, B. W. (2003): Planar velocity measurements of a two - dimensional compressible wake flow, *Exp. Fluids*, **34**, pp. 430 - 441.

[313] Schrijer F. F. J., Scarano F., van Oudheusden B. W. (2006): Application of PIV in a Mach 7 double - ramp flow, *Exp. Fluids*, **41**, pp. 353 - 363.

[314] Urban W. D., Mungal M. G. (1997): Planar velocity measurements in compressible mixing layers, Proc. 35*th Aerospace Sciences Meeting*, *Reno*, *Nevada* (*USA*), *AIAA Paper 97 - 0757*.

大尺度瑞利 - 伯纳德热对流

[315] Bosbach J., Kühn M., Wagner C., Raffel M., Resagk C., du Puits R., Thess A. (2006): Large - scale particle Image velocimetry of natural and mixed convection, Proc. *139th Intl. Symp. on Laser Techniques to Fluid Mechanics*, *Lisbon* (*Portugal*).

[316] Bosbach J., Penneçot J., Wagner C., Raffel M., Lerche T., Repp S. (2006): Experimental and numerical simulations of turbulent ventilation in aircraft cabins, *Energy*, **31**, pp. 694 - 705.

[317] Lin C. H., Horstman R. H., Ahlers M. F., Sedgwick L. M., Dunn K. H., Topmiller J. L., Benett J. S., Wirogo S. (2005): Numerical simulation of airflow and airborne pathogen transport in aircraft cabins – Part II: Numerical simulation of airborne pathogen transport, *ASHRAE Transactions*, **111**, pp. 764 – 768.

[318] Niemela J. J., Skrbek L., Sreenivasan K. R., Donelly R. J. (2000): Turbulent convection at very high Rayleigh numbers, *Nature*, **404**, pp. 837 – 840.

[319] Okuno Y., Fukuda T., Miwata Y., Kobayashi T. (1993): Development of three – dimensional air flow measuring method using soap bubbles, *JSAE Review*, **14**, pp. 50 – 55.

[320] Sun Y., Zhang Y., Wang A., Topmiller J. L., Benett J. S. (2005): Experimental Characterization of Airflows in Aircraft Cabins, Part I: Experimental System and Measurement Procedure, *ASHRAE Transactions*, **111**, pp. 45 – 52.

[321] Tilgner A., Belmonte A., Libchaber A. (1993): Temperature and velocity profiles of turbulent convection in water, *Phys. Rev. E*, **47**, pp. 2253 – 2256.

[322] Qiu X. L., Tong P. (2001): Large – scale velocity structures in turbulent thermal convection, *Phys. Rev. E*, *2001*, **64**, pp. 036304.1 – 13.

PIV 图像序列分析

[323] Hain R., Kähler C. J. (2007): Fundamentals of multiframe particle image velocimetry (PIV), *Exp. Fluids*, **42**, pp. 575 – 587.

[324] Kähler C. J. (2004): Dynamic evaluation of time resolved PIV image sequences, Proc. *International Workshop on Dynamic PIV*, *University of Tokyo* (*Japan*).

[325] Marxen O., Rist U., Wagner S. (2004): The effect of spanwisemodulated disturbances on transition in a 2 – D separated boundary layer, *AIAA*, **42**, pp. 937 – 944.

跨音速流动中三角翼上的速度和压力分布

[326] Hummel D. (2005): The Second International Vortex Flow Experiment (VFE – 2) – Objectives and First Results, Proc. *2nd International Symposium on Integrating CFD and Experiments in Aerodynamics*, *Cranfield Uni-*

versity, Shrivenham, UK, 5 – 6 September.

[327] Konrath R., Klein C., Schröder A., Kompenhans J. (2006): Combined application of Pressure Sensitive Paint and Particle Image Velecimetry to the flow above a delta wing, Proc. *12th International Symposium on Flow Visualization, Göttingen, Germany, 10 – 14 September, ISBN 0. 9533991 – 8 – 4, ISFV12 – 67. 2.*

后台阶流动中相干结构检测

[328] Chacin J. M., Cantwell B. J. (2000): Dynamics of a low Reynolds number turbulent boundary layer, *J Fluid Mech.*, **404**, pp. 87 – 115.

[329] Farge M. (1992): Wavelet transforms and their applications to turbulence, *Ann. Rev. Fluid Mech.*, **24**, pp. 395 – 457.

[330] Hunt J., Wray A., Moin P. (1988): Eddies, stream and convergence zone in turbulent flows, Stanford Center for Turbulence Research, Technical Report CTR – S88, p. 193.

[331] Hussain A. K. M. F. (1986): Large – scale organized motions in jets and shear layers, in *A. Krothapalli and C. S. Smith, editors, Recent advances in aerodynamics*, Springer, pp. 1 – 30.

[332] Jeong J., Hussain F. (1995): On the identification of a vortex, *J Fluid Mech.*, **285**, pp. 69 – 94.

[333] Le H., Moin P. (1994): Direct numerical simulation of turbulent flow over a backward – facing step, Report TF, vol. 58. Thermosciences Division, Department of Mechanical Engineering, Stanford University.

[334] Le H., Moin P., Kim J. (1997): Direct numerical simulation of turbulent flow over a backward – facing step, *J Fluid Mech.*, **330**, pp. 349 – 374.

[335] Robinson S. K. (1991): Coherent motions in the turbulent boundary layer, *Ann. Rev. Fluid Mech.*, **23**, pp. 601 – 639.

[336] Robinson S. K., Kline S. J., Spalart P. R. (1989): A review of quasicoherent structures in a numerically simulated turbulent boundary layer, NASA Technical Memorandum, vol. 102191.

[337] Scarano F. (2000): Particle image velocimetry development and application – Investigation of coherent structures in turbulent shear flows, Ph. D. thesis, Universitá Degli Napoli "Federico II" & von Karman Institute for

Fluid Dynamics.

[338] Schram C. (2002): Application of wavelet transform in vortical flows, *von Karman Institute for Fluid Dynamics*, *Lecture Series* 2002 - 04, Rhode - St - Genèse (Belgium).

[339] Schram C. (2003): Aeroacoustics of subsonic jets: prediction of the sound produced by vortex pairing based on particle image velocimetry, Ph. D. thesis, Technische Universiteit Eindhoven (the Netherlands).

[340] Schram C., Rambaud P., Riethmuller L. M. (2004): Wavelet based coherent structure eduction from a backward facing step flow investigated using particle image velocimetry, *Exp. Fluids*, **36**, pp. 233 - 245.

用于空气声学预测的空气射流中的涡对研究

[341] Bridges J. E. (1990): Application of coherent structure and vortex sound theories to jet noise, Ph. D. thesis, University of Houston, Texas (USA).

[342] Bridges J. E., Hussain A. K. M. F. (1992): Direct evaluation of aeroacoustic theory in a jet, *J Fluid Mech.*, **240**, pp. 469 - 501.

[343] Kambe T., Minota T. (1981): Sound radiation from vortex systems, *Journal of Sound and Vibration*, **74**, pp. 61 - 72.

[344] Lecuona A., Ruiz - Rivas U., Nogueira J. (2002): Simulation of particle trajectories in a vortex - induced flow: application to seed - dependent flow measurement techniques, *Meas. Sci. Tech.*, **13**, pp. 1020 - 1028.

[345] Schram C., Hirschberg A. (2003): Application of vortex sound theory to vortex - pairing noise: sensitivity to errors in flow data, *Journal of Sound and Vibration*, **266**, pp. 1079 - 1098.

[346] Schram C., Riethmuller M. L. (2001): Evolution of vortex rings characteristics during pairing in an acoustically excited air jet using stroboscopic particle image velocimetry, Proc. *4th International Symposium on Particle Image Velocimetry*, *Göttingen* (*Germany*), *17 - 19 September*.

[347] Schram C., Taubitz S., Anthoine J., Hirschberg A. (2005): Theoretical/ empirical prediction and measurement of the sound produced by vortex pairing in a low mach number jet, *Journal of Sound and Vibration*, **281(1 - 2)**, pp. 171 - 187.

直升机空气动力学

[348] Boutier A., Lefevre J. B., Micheli F. (1996): Analysis of helicopter

blade vortex structure by laser velocimetry, *Exp. Fluids*, **21**, pp. 33 - 42.

[349] Heineck J. T. , Yamauchi G. H. , Woodcock A. J. , Lourenco L. (2000): Application of three - component PIV to a hovering rotor wake, Proc. *56th Annual Forum of the American Helicopter Society*, *Virginia Beach (USA)*.

[350] Kato H. , Watanabe S. , Kondo N. , Saito S. (2003): Application of stereoscopic PIV to helicopter rotor blade tip vortices, Proc. *20th Congress on Instrumentation in Aerospace Simulation Facilities*, *Göttingen (Germany)*.

[351] Martin P. B. , Pugliese J. G. , Leishman J. G. , Anderson S. L. (2000): Stereo PIV measurements in the wake of a hovering rotor, Proc. *56th Annual Forum of the American Helicopter Society*, *Virginia Beach (USA)*.

[352] McAlister K. W. (2004): Rotor wake development during the first revolution, *Journal of the American Helicopter Society*, **49**, pp. 371 - 390.

[353] Murashige A. , Kobiki N. , Tsuchihashi A. , Inagaki K. , Nakamura H. , Tsujiutchi T. ,Hasegawa Y. , Yamamoto Y. , Yamakawa E. (2000): Second ATIC aeroacoustic model rotor test at DNW, Proc. *26th European Rotorcraft Forum*, *The Hague (the Netherlands)*.

[354] Murashige A. , Kobiki N. , Tsuchihashi A. , Nakamura H. , Inagaki K. , Yamakawa E. (1998): ATIC aeroacoustic model rotor test at DNW, Proc. *24th European Rotorcraft Forum*, *Marseille (France)*.

[355] Raffel M. , Seelhorst U. ,Willert C. , Vollmers H. , Bütefisch K. A. , Kompenhans J. (1996): Measurement of vortical structures on a helicopter rotor model in a wind tunnel by LDV and PIV, Proc. *89th Intl. Symp. on Laser Techniques to Fluid Mechanics*, *Lisbon (Portugal)*.

[356] Raffel M. , Seelhorst U. ,Willert C. (1998): Vortical flow structures at a helicopter rotor model measured by LDV and PIV, *The Aeronautical Journal of the Royal Aeronautical Society*, **102**, pp. 221 - 227.

[357] Richard H. , Raffel M. (2002): Full - scale and model tests, Proc. *58th Annual Forum of the American Helicopter Society*, *Montreal (Canada)*.

[358] Richard H. , van der Wall B. G. (2006): Detailed investigation of rotor blade tip vortex in hover condition by 2C and 3C - PIV, Proc. *32nd European Rotorcraft Forum*, *Maastricht (the Netherlands)*.

[359] Splettstößer W. R. , van der Wall B. G. , Junker B. , Schultz K. J. , Beau-

mier P., Delrieux Y., Leconte P., Crozier P. (1999): The ERATO programme: Wind tunnel results and proof of design for an aeroacoustically optimized rotor, Proc. 25*th European Rotorcraft Forum*, *Rome* (*Italy*).

[360] van der Wall B. G., Junker B., Yu Y. H., Burley C. L., Brooks T. F., Tung C., Raffel M., Richard H., Wagner W., Mercker E., Pengel K., Holthusen H., Beaumier P., Delrieux Y. (2002): The HART II test in the LLF of the DNW – a major step towards rotor wake understanding, Proc. 28*th European Rotorcraft Forum*, *Bristol* (*England*).

[361] van der Wall B. G., Richard H. (2005): Analysis methodology for 3C PIV data, Proc. *31st European Rotorcraft Forum*, *Florence* (*Italy*).

[362] Vatistas G. H., Kozel V., Mih W. C. (1991): A simpler model for concentrated vortices, *Exp. Fluids*, **11**, pp. 73 – 76.

[363] Yamauchi G. K., Burley C. L., Mercker E., Pengel K., Janakiram R. (1999): Flow measurements of an isolated model tilt rotor, Proc. *55th Annual Forum of the American Helicopter Society*, *Montreal* (*Canada*).

[364] Yu Y. H. (2002): The HART II test – rotor wakes and aeroacoustics with higher – harmonic pitch control (HHC) inputs – the joint German/French/Dutch/US project, Proc. *58th Annual Forum of the American Helicopter Society*, *Montreal* (*Canada*).

超音速涡轮中立体 PIV 的应用

[365] Göttlich E., Neumayer F., Woisetschläger J., Sanz W., Heitmeir F. (2004): Investigation of stator – rotor interaction in a transonic turbine stage using Laser Doppler Velocimetry and pneumatic probes, *ASME J. Turbomach.*, **126**, pp. 297 – 305.

[366] Göttlich E., Woisetschläger J., Pieringer P., Hampel B., Heitmeir F. (2005): Investigation of vortex shedding and wake – wake interaction in a transonic turbine stage using laser Doppler velocimetry and particle image velocimetry, Proc. *ASME Turbo Expo 2005*.

[367] Lang H., Mφrck T., Woisetschläger J. (2002): Stereoscopic particle image velocimetry in a transonic turbine stage, *Exp. Fluids*, **32**, pp. 700 – 709.

[368] Woisetschläger J., Lang H., Hampel B., Göttlich E., Heitmeir F. (2003): Influence of blade passing on the stator wake in a transonic tur-

bine stage investigated by particle image velocimetry and laser vibrometry, *Proc. Instn. Mech. Engrs.* : *J. Power and Energy*, **217 A**, pp. 385 - 391.

[369] Woisetschläger J. , Mayrhofer N. , Hampel B. , Lang H. , Sanz W. (2003): Laser - optical investigation of turbine wake flow, *Exp. Fluids*, **34**, pp. 371 - 378.

超音速离心压气机中 PIV 的应用

[370] Förster W, Karpinski G, Krain H, Röhle I. , Schodl R. (2002): 3 - Component Doppler laser - two - focus velocimetry applied to a transonic centrifugal compressor, in *Adrian et al.* (*eds.*) "*Laser Techniques for Fluid Mechanics*", *Selected Papers from the* 10*th Intern. Symp.* , *10 - 13 July 2000*, *Lisbon* (*Portugal*), Springer Verlag, Berlin, Heidelberg, New York, pp. 55 - 74.

[371] Wernet M. P. (2000): Development of digital particle imaging velocimetry for use in turbomachinery, *Exp. Fluids*, **28**, pp. 97 - 115.

[372] Wernet M. P. (2000): A flow field investigation in the diffuser of a high - speed centrifugal compressor using digital particle imaging velocimetry, *Meas. Sci. Tech.* , **11**, pp. 1007 - 1022.

[373] Voges M. , Beversdorff M. , Willert C. , Krain H. (2007): Application of Particle Image Velocimetry to a Transonic Centrifugal Compressor, accepted for publication *Exp. Fluids*, *DOI 10. 1007/s00348 - 007 - 0279 - 1.*

反应流动中 PIV 的应用

[374] Anderson D. J. , Greated C. A. , Jones J. D. C. , Nimmo G. , Wiseall S. (1996): Fibre optic PIV studies in an industrial combustor, Proc. *89th Intl. Symp. on Laser Techniques to Fluid Mechanics*, *Lisbon* (*Portugal*).

[375] Honoré D. , Maurel S. , Quinqueneau (2001): Particle image velocimetry in a semi - industrial 1 MW boiler, Proc. 4*th Intl. Symp. on Particle Image Velocimetry*, *17 - 19 Sept.* , *Göttingen* (*Germany*).

[376] Lecordier B. , Mouqallid M. , Trinité M. (1994): Simultaneous 2D measurements of flame front propagation by high speed tomography and velocity field by cross correlation, Proc. *79th Intl. Symp. on Laser Techniques to Fluid Mechanics*, *Lisbon* (*Portugal*).

[377] Willert C. , Jarius M. (2002): Planar flow field measurements in atmos-

pheric and pressurized combustion chambers, *Exp. Fluids*, **33**, pp. 931 - 939.

[378] Willert C., Hassa C., Stockhausen G., Jarius M., Voges M., Klinner J. (2006): Combined PIV and DGV applied to a pressurized gas turbine combustion facility, *Meas. Sci. Tech.*, **7**, pp. 1670 - 1679.

后缘噪声源的高速 PIV 研究

[379] Herr M., Dobrzynski W. (2004): Experimental investigations in low noise trailing edge design, Proc. *10th AIAA/CEAS Aeroacoustics Conference, Manchester (England), 2004*.

[380] Howe M. S. (1978): A review of the theory of trailing edge noise, *J. of Sound and Vibr.*, **61**, pp. 437 - 465.

[381] Möhring W. (1979): *Modelling low mach number noise*, E. A. Müller, Ed., Springer Verlag, Berlin.

[382] Powell A. (1964): Theory of vortex sound, *Journal of the Acoustical Society of America*, **36**, pp. 177 - 195.

[383] Schroeder A., Herr M., Lauke T., Dierksheide U. (2004): A study on trailing edge noise sources using high - speed particle image velocimetry, Proc. *129th Intl. Symp. on Laser Techniques to Fluid Mechanics, Lisbon (Portugal)*.

体积 PIV

[384] Robinson S. K. (1989): A review of vortex structures and associated coherent motions in turbulent boundary layers., Proc. *2nd IUTAM Symp. Struct. Turbul. and Drag Reduct., Zürich (Switzerland)*.

多平面立体 PIV

[385] Braud C., Heitz D., Braud P., Arroyo G., Delville J. (2004): Analysis of the wake - mixing - layer interaction using multiple plane PIV and 3d classical POD, *Exp. Fluids*, **37**, pp. 95 - 104.

[386] Carlier J., Stanislas M. (2005): Experimental study of eddy structures in a turbulent boundary layer, *J FluidMech.*, **535**, pp. 143 - 188.

[387] Hu H., Saga T. Kobayashi T., Taniguchi N., Yasuki M. (2001): Dualplane stereoscopic particle image velocimetry: system set - up and its application on a lobed jet mixing flow, *Exp. Fluids*, **31**, pp. 277 - 293.

[388] Jakobsen M. L., Dewhirst T. P., Greated C. A. (1997): Particle image

velocimetry for predictions of acceleration force within fluid flows, *Meas. Sci. Tech.*, **8**, pp. 1502 – 1516.

[389] Kähler C. J. (2004): Investigation of the spatio – temporal flow structure in the buffer region of a turbulent boundary layer by means of multiplane stereo PIV, *Exp. Fluids*, **36**, pp. 114 – 130.

[390] Kähler C. J (2004): The significance of coherent flow structures for the turbulent mixing in wall – bounded flows, Ph. D. thesis, Georg – August – University zu Göttingen (Germany). http://webdoc. sub. gwdg. de/diss/2004/kaehler/kaehler. pdf, also: research report, DLR – FB – 2004 – 24.

[391] Kähler C. J. (2004): The significance of turbulent eddies for the mixing in boundary layers, Proc. *IUTAM Symposium "One Hundred Years of Boundary Layer Research", Göttingen (Germany)*.

[392] Kähler C. J., Kompenhans J. (1999): Multiple plane stereo PIV – technical realization and fluid – mechanical significance, Proc. *3rd International Workshop on PIV, Santa Barbara (USA)*.

[393] Kähler C. J. Kompenhans J. (2000): Fundamentals of multiple plane stereo PIV, *Exp. Fluids*, **29**, pp. S70 – S77.

[394] Kähler C. J., Stanislas M., Dewhirst T. P., Carlier J. (2001): Investigation of the spatio – temporal flow structure in the log – law region of a turbulent boundary layer by means of multi – plane stereo particle image velocimetry, in *Developments in Laser Techniques and Applications to Fluid Mechanics, R. J. Adrian et. al, editors*, Springer – Verlag, Berlin Heidelberg, pp. 39 – 53.

[395] Mullin J. A., Dahm W. J. A. (2004): Direct experimental measurements of velocity gradient fields in turbulent flows via high – resolution frequency – based dual – plane stereo PIV (DSPIV), Proc. *129th Intl. Symp. on Laser Techniques to Fluid Mechanics, Lisbon (Portugal)*.

[396] Mullin J. A., Dahm W. J. A. (2005): Dual – plane stereo particle image velocimetry (DSPIV) for measuring velocity gradient fields at intermediate and small scales of turbulent flows, *Exp. Fluids*, **38**, pp. 185 – 196.

微 PIV

[397] Auroux P. A., Iossifidis D., Reyes D. R., Manz A. (2002): Micro total analysis systems. 2. Analytical standard operations and applications, *Jour-*

nal of Analytical Chemistry, **74**, pp. 2637 – 2652.

[398] Delnoij E., Westerweel J., Deen N. G., Kuipers J. A. M., van Swaaij W. P. M. (1999): Ensemble correlation PIV applied to bubble plumes rising in a bubble column, *Chemical Engineering Science*, **54**, pp. 5159 – 5171.

[399] Devasenathipathy S., Santiago J. G., Wereley S. T., Meinhart C. D., Takehara K. (2003): Particle imaging techniques for microfabricated fluidic systems, *Exp. Fluids*, **34**, pp. 504 – 514.

[400] Gomez R. et al. (2001): Microfluidic biochip for impedance spectroscopy of biological species, *Biomedical Microdevices*, **3**, pp. 201 – 209.

[401] Hong J. W., Quake S. R. (2003): Integrated nanoliter systems, *Journal of Nature Biotechnology*, **21**, pp. 1179 – 1183.

[402] Lindken R., Westerweel J., Wieneke B. (2006): Stereoscopic micro particle image velocimetry, *Exp. Fluids*, **41**, pp. 161 – 171.

[403] Kinoshita H., Oshima M., Kaneda S., Fujii T., Saga T., Kobayashi T. (2003): Application of micro PIV to measurement of flow in various designs of microchip, Proc. *7th International Symposium on Fluid Control, Measurement and Visualization, Sorrento (Italy)*.

[404] Kinoshita H., Oshima M., Kaneda S., Fujii T. (2003): Confocal micro – PIV measurement of internal flow in a moving droplet, Proc. *μTAS Symposium, Boston, Massachusetts (USA)*.

[405] McDonald J. C., Duffy D. C., Anderson J. R., Chiu D. T., Wu H. Schueller O. J. A., Whitesides G. M. (2000): Fabrication of microfluidic systems in poly (dimethylsiloxane), *Journal of Electrophoresis*, **21**, pp. 27 – 40.

[406] Meinhart C. D., Wereley S. T., Santiago J. G. (1999): PIV measurements of a microchannel flow, *Exp. Fluids*, **27**, pp. 414 – 419.

[407] Meinhart C. D., Wereley S. T., Santiago J. G. (2000): A PIV algorithm for estimating time – averaged velocity fields, *Journal of Fluids Engineering*, **122**, pp. 285 – 289.

[408] Meinhart C. D., Wereley S. T., Gray M. H. B. (2000): Volume illumination for two – dimensional particle image velocimetry, *Meas. Sci. Tech.*, **11**, pp. 809 – 814.

[409] Reyes D. R. , Iossifidis D. , Auroux P. A. , Manz A. (2002): Micro total analysis systems. 1. Introduction, theory, and technology, *Journal of Analytical Chemistry*, **74**, pp. 2623 -2636.

[410] Santiago J. G. , Wereley S. T. , Meinhart C. D. , Beebe D. J. , Adrian R. J. (1998): A particle image velocimetry system for microfluidics, *Exp. Fluids*, **25**, pp. 316 -319.

[411] Sato Y. , Hishida K. , Maeda M. (2002): Quantitative measurement and control of electrokinetically driven flow in microspace, Proc. *μTAS Symposium, Nara New Public Hall, Nara (Japan)*.

[412] Sato Y. , Inaba S. , Hishida K. , Maeda M. (2003): Spatially averaged time - resolved particle - tracking velocimetry in microspace considering Brownian motion of submicron fluorescent particles, *Exp. Fluids*, **35**, pp. 167 -177.

[413] Tanaami T. , Otsuki S. , Tomosada N. , Kosugi Y. , Shimizu M. , Ishida H. (2002): High - speed 1 - frame/ms scanning confocal microscope with a microlens and Nipkow disks, *Appl. Optics*, **41**, pp. 4704 -4708.

[414] Webb R. H. (1996): Confocal optical microscopy, *Reports on Progress in Physics*, **59**, pp. 427 -471.

[415] Wereley S. T. , Gui L. , Meinhart C. D. (2001): Flow Measurement Techniques for the Microfrontier, Proc. *AIAA*, Aerospace Sciences Meeting and Exhibit, *39th, Reno, NV (USA), Jan. 8 -11, AIAA Paper 2001 - 0243*.

纳米 PIV

[416] Axelrod D. , Burghardt T. P. , Thompson N. L. (1984): Total internal reflection fluorescence, *Annual Reviews of Biophysics and Bioengineering*, **13**, pp. 247 -268.

[417] Hunter R. J. (1981): *Zeta Potential in Colloid Science*, Academic Press, London.

[418] Liang D. F. , Jiang C. B. , Li Y. L. (2002): A combination correlation-based interrogation and tracking algorithm for digital PIV evaluation, *Exp. Fluids*, **33**, pp. 684 -695.

[419] Sadr R. , Li H. , Yoda M. (2005): Impact of hindered Brownian diffusion on the accuracy of particle - image velocimetry using evanescent -

wave illumination, *Exp. Fluids*, **38**, pp. 90 – 98.

[420] Sadr R., Yoda M., Zheng Z., Conlisk A. T. (2004): An experimental study of electro – osmotic flow in rectangular microchannels, *J Fluid Mech.*, **506**, pp. 357 – 367.

[421] Sadr R., Yoda M., Gnanaprakasm P., Conlisk A. T. (2006): Velocity measurement inside the diffuse electric double layer in electro – osmotic flow, *Applied Physics Letters*, **89**, pp. 044103/1 – 3.

[422] Zettner C. M., Yoda M. (2003): Particle velocity field measurements in a near – wall flow using evanescent wave illumination, *Exp. Fluids*, **34**, pp. 115 – 121.

生命科学中微 PIV 的应用

[423] Diez L., Zima B. E., Kowalczyk W., Delgado A. (2007): Investigation of multiphase flow in sequencing batch reactor (SBR) by means of hybrid methods, *Chem. Eng. Sci.*, **62**, pp. 1803 – 1813.

[424] Eisenmann, H., Letsiou, I., Feuchtinger, A., Beisker, W., Mannweiler, E., Hutzler, P., Arnz, P. (2001): Interception of small particles by flocculent structures, sessile ciliates, and the basic layer of a wastewater biofilm, *Appl. Env. Microbiology*, **67**, pp. 4286 – 4292.

[425] Fried, J., Mayr, G., Berger, H., Traunspurger, W., Psenner, R., Lemmer, H. (2000): Monitoring protozoa and metazoa biofilm communities for assessing wastewater quality impact and reactor scale – up effects, *Water Sci. Technol.*, **41**(4), pp. 309 – 316.

[426] Hartmann C., özmutlu ö., Petermeier H., Fried J., Delgado A. (2007): Analysis of the flow field induced by the sessile peritrichous ciliate Opercularia asymmetrica, *J. Biomech.*, **40**, pp. 137 – 148.

[427] Krishnamachari V. V., Denz C. (2003): Real – time phase measurement with a photorefractive novelty filter microscope, *J. Optics A: Pure and Applied Optics*, **5**, pp. 239 – 243.

[428] Petermeier H., Kowalczyk W., Delgado A., Denz C., Holtmann F. (2007): Detection of microorganismic flows by linear and nonlinear optical methods and automatic correction of erroneous images artefacts and moving boundaries in image generating methods by a neuronumerical hybrid implementing the Taylor hypothesis as a priori knowledge, accepted for publica-

tion *Exp. in Fluids*.

[429] Petermeier H., Delgado A., Kondratieva P., Westermann R., Holtmann F., Krishnamachari V., Denz C. (2006): Hybrid Approach Between Experiment and Evaluation for Artefact Detection and Flow Field Reconstruction - a Novel Approach Exemplified on Microorganismic Induced Fluid Flows, Proc. *12th International Symposium on Flow Visualization (ISFV 2006), Gttingen (Germany)*.

[430] Schiwietz T., Westermann R (2004): GPU - PIV, Proc. *Proceedings of the 9th International Fall Workshop Vision, Modeling and Visualization 2004, Stanford, California (USA)*.

微尺度 PIV 风洞研究

[431] Berton E., Favier D., Nsi Mba M., Maresca C., Allain C. (2001): Embedded LDV measurements methods applied to unsteady flows investigation, *Exp. Fluids*, **30**, pp. 102 - 110.

[432] Lindken, R., Di Silvestro, F., Westerweel, J., Nieuwstadt, F. (2002): Turbulence measurements with μPIV in large - scale pipe flow, Proc. *119th Intl. Symp. on Laser Techniques to Fluid Mechanics, Lisbon (Portugal)*.

相关技术

[433] Asundi A., Chiang F. P. (1982): Theory and application of the white light speckle method to strain analysis, *Opt. Eng.*, **21(4)**, pp. 570 - 580.

[434] Asundi A., North H. (1998): White - light speckle method - Current trends, *Optics and Lasers in Engineering*, **29**, pp. 159 - 169.

[435] Bagai A., Leishman J. G. (1993): Flow visualization of compressible vortex structures using density gradient techniques, *Exp. Fluids*, **15**, pp. 431 - 442.

[436] Burch J. M., Tokarski J. M. J. (1968): Production of multiple beam fringes from photographic scatterers, *Opt. Acta*, **15(2)**, pp. 101 - 111.

[437] Chen D. J., Chiang F. P., Tan Y. S., Don H. S (1993): Digital speckledisplacement measurement using a complex spectrum method, *Appl. Optics*, **32**, pp. 1839 - 1849.

[438] Dalziel S. B., Hughes G. O., Sutherland B. R. (2000): Whole - field density measurements by synthetic schlieren, *Exp. Fluids*, **28**, pp. 322 - 335.

[439] Debrus S., Francon M., Grover C. P., May M., Robin M. L. (1972): Ground glass differential interferometer, *Appl. Optics*, **11**, pp. 853 - 857.

[440] Doric S. (1990): Ray tracing through gradient - index media: recent improvements, *Appl. Optics*, **29**, pp. 4026 - 4029.

[441] van der Draai R. K., van Schinkel R. P. M., Lelesca A. (1999): A new approach to measuring model deflection, Proc. *18th International Congress on Instrumentation in Aerospace Simulation Facilities (ICIASF), 14 - 17 June, Toulouse (France)*.

[442] Forno C. (1975): White - light speckle photography for measuring deformation, strain, and shape, *Opt. Laser Technol.*, **7(5)**, pp. 217 - 221.

[443] Goldhahn E., Seume J. (2006): Background oriented schlieren technique - sensitivity, accuracy, resolution and application to three - dimensional density fields, submitted to *Exp. Fluids*.

[444] Jin H., Bruck H. A. (2005): Theoretical development for pointwise digital image correlation, *Optical Engineering*, **44**, pp. 067003.

[445] Kaufmann, G. H. (1984): Double pulsed white - light speckle photography, *Appl. Opt.*, **23(2)**, pp. 194 - 196.

[446] Kenneth P. Z., Goodson E. (2001): Subpixel displacement and deformation gradient measurement using digital image speckle correlation (DISC), *Optical Engineering*, **40**, pp. 1613 - 1620.

[447] Kindler K., Goldhahn E., Leopold F., Raffel M. (2006): Recent developments in background oriented schlieren methods for rotor blade tip vortex measurements, submitted to *Experiments in Fluids*, online first, DOI 10.1007/s00348 - 007 - 0328 - 9.

[448] Klinge F., Raffel M., Hecklau M., Kompenhans J., Gömann U. (2006): Measurement of the position of rotor blade vortices generated by a helicopter in free flight by means of stereoscopic Background Oriented Schlieren Method (BOS), Proc. *139th Intl. Symp. on Laser Techniques to*

Fluid Mechanics, *Lisbon* (*Portugal*).

[449] Köpf U. (1972): Application of speckling for measuring the deflection of laser light by phase objects, *Opt. Commun.*, **5**, pp. 347 - 350.

[450] Lecompte D, Smits A., Bossuyt S., Sol H., Vantomme J., Van Hemelrijck D., Habraken A. M. (2006): Quality assessment of speckle patterns for digital image correlation, *Optics and Lasers in Engineering*, **44**, pp. 1132 - 1145.

[451] Mandella M., Bershader D. (1987): Quantitative study of the compressible vortex: Generation, structure and interaction with airfoils, AIAA Paper 87 - 328.

[452] Meier G. E. A. (1999): Hintergrund Schlierenme 遶 erfahren, Deutsche Patentanmeldung (German patent pending), DE 199 42 856 A1.

[453] Pan B., Xie H., Xu B., Dai F. (2006): Performance of sub - pixel registration algorithms in digital image correlation, *Meas. Sci. Tech.*, **17**, pp. 1615 - 1621.

[454] Raffel M., Tung C., Richard H., Yu Y., Meier G. E. A. (2000): Background oriented stereoscopic schlieren for full - scale helicopter vortex characterization, Proc. *9th Int. Symp. on Flow Visualization*, *Edinburgh* (*Scotland*).

[455] Raffel M., Richard H., Meier G. E. A. (2000): The applicability of background oriented optical tomography, *Exp. Fluids*, **28**, pp. 477 - 481.

[456] Richard H., Raffel M., Rein M., Kompenhans J. and Meier G. E. A. (2000): Demonstration of the applicability of a background oriented schlieren (BOS) method, Proc. *109th Intl. Symp. on Laser Techniques to Fluid Mechanics*, *Lisbon* (*Portugal*).

[457] Roux S., Hild F., Berthaud Y. (2002): Correlation image velocimetry: a spectral approach, *Appl. Optics*, **41**, pp. 108 - 115.

[458] Schreier H. W., Braasch J. R., Sutton M. A. (2000): Systematic errors in digital image correlation caused by intensity interpolation, *Optical Engineering*, **39**, pp. 2915 - 2921.

[459] Settles G. S. (1999): Schlieren and shadowgraph imaging in the great

outdoors, Proc. *PSFVIP - 2 Schlieren and Shadowgraph Techniques; Visualizing Phenomena in Transparent Media, Honolulu (USA)*.

[460] Shaopeng M., Guanchang J. (2003): Digital speckle correlation improved by genetic algorithm, *Acta Mechanica Solida Sinica*, **16**, pp. 367 - 373.

[461] Sharma A., Kumar D. V., Ghatak A. K. (1982): Tracing rays through graded - index media: a new method, *Appl. Optics*, **21**, pp. 984 - 987.

[462] Tay C. J., Quan C., Huang Y. H., Fu Y. (2005): Digital image correlation for whole field out - of - plane displacement measurement using a single camera, *Optical Engineering*, **251**, pp. 23 - 36.

[463] Vikram, C. S., Vedam, K. (1983): Complete 3 - d deformation analysis in the white light speckle method, *Appl. Opt.*, **22(2)**, pp. 213 - 214.

[464] Viktin D., Merzkirch W. (1998): Speckle - photographic measurements of unsteady flow processes using a highspeed CCD camera, Proc. *8th Int. Symp. on Flow Visualization, Sorrento (Italy)*.

[465] Wernekinck U., Merzkirch W. (1987): Speckle photography of spatially extended refractive - index fields, *Appl. Optics*, **26**, pp. 31 - 32.

[466] Weinstein L. M. (2000): Large field schlieren visualization - from wind tunnels to flight, *J. Visualization*, **2**, pp. 3 - 4.

其他光学测速技术

[467] Dahm W. J. A., Su L. K., Southerland K. B. (1992): A Scalar Imaging Velocimetry Technique for Fully Resolved Four - Dimensional Vector Velocity Field Measurements in Turbulent Flows, *Physics of Fluids A (Fluid Dynamics)*, **4**(10), pp. 2191 - 2206.

[468] Elliot G. S., Beutner T. J. (1999): Molecular filter based planar Doppler velocimetry, *Prog. Aero. Sci.*, **35**, pp. 799 - 845.

[469] Koochesfahani M. M., et al. (1997): Molecular Tagging Diagnostics for the Study of Kinematics and Mixing in Liquid Phase Flows, in *Developments in Laser Techniques in Fluid Mechanics, R. J. Adrian et al. (eds.)*, Springer - Verlag, New York, pp. 125 - 134.

[470] Meyers J. F., Komine H. (1991): Doppler global velocimetry - a new way to look at velocity, Proc. *ASME Fourth International Conference on*

Laser Anemometry, *Cleveland* (*USA*).

[471] Röhle I. (1997): Three - dimensional Doppler global velocimetry in the flow of a fuel spray nozzle and in the wake region of a car, *Flow Measurement and Instrumentation*, **7**, pp. 287 - 294.

[472] Wernet P. (2004): Planar particle imaging Doppler velocimetry: a hybrid PIV/DGV technique for 3 - component velocity measurements, *Meas. Sci. Tech.*, **15**, pp. 2001 - 2028.

其他资料

[473] Höcker R., Kompenhans J. (1989): Some technical improvements of particle image velocimetry with regard to its application in wind tunnels, Proc. *Intl. Congr. on Instrumentation in Aerospace Facilities* (*ICIASF' 89*), *Göttingen* (*Germany*).

[474] Kompenhans J., Raffel M., Willert C. (1996): PIV applied to aerodynamic investigations in wind tunnels, *von Karman Institute for Fluid Dynamics*, *Lecture Series* 1996 - 03, Particle Image Velocimetry, Rhode - St - Genèse (Belgium).

[475] Lai W. T. (1996): Particle Image Velocimetry: A new approach in experimental fluid research, in *Th. Dracos* (*ed.*), *Three - Dimensional Velocity and Vorticity Measuring and Image Analysis Techniques*, Kluwer Academic Publishers, Dordrecht (the Netherlands), pp. 61 - 92.

[476] Pierce W. F., Delisi D. P. (1995): Effects of interrogation window size on the measurement of vortical flows with digital particle image velocimetry, in *J. Crowder* (*ed.*), *Flow Visualization VII*, Begell House, New York, pp. 728 - 732.

[477] Raffel M., Kompenhans J. (1994): Error analysis for PIV recording utilizing image shifting, Proc. *79th Intl. Symp. on Laser Techniques to Fluid Mechanics*, *Lisbon* (*Portugal*).

[478] Raffel M., Kompenhans J., Stasicki B., Bretthauer B., Meier G. E. A. (1994): Velocity measurement of compressible air flows utilizing a high - speed video camera, *Exp. Fluids*, **18**, pp. 204 - 206.

[479] Kompenhans J., Reichmuth J. (1987): 2 - D flow field measurments in wind tunnels by means of particle image velocimetry, Proc. *6th Intl. Con-*

gr. on Appl. of Lasers and Electro – Optics, 8 – 12 Nov., San Diego (USA).

[480] Kompenhans J., Höcker R. (1988): Application of particle image velocimetry to high speed flows, *von Karman Institute for Fluid Dynamics, Lecture Series* 1988 – 06, Particle Image Displacement Velocimetry pp. 67 – 84 (★), Rhode – St – Genèse (Belgium).

[481] Kompenhans J., Raffel M., Vogt A., Fischer M. (1993): Aerodynamic investigations in low – and high – speed wind tunnels by means of particle image velocimetry, Proc. *15th Intl. Congr. on Instrumentation in Aerospace Simulation Facilities (ICIASF), 20 – 23 Sept., St. Louis (France)*.

[482] Kompenhans J., Raffel M. (1994): The importance of image shifting to the applicability of the PIV technique for aerodynamic investigations, Proc. *79th Intl. Symp. on Laser Techniques to Fluid Mechanics, Lisbon (Portugal)*.

[483] Kompenhans J., Raffel M., Wernert P., Schäfer H. J. (1994): Instantaneous flow field measurements on pitching airfoils by means of particle image velocimetry, Proc. *Optical Methods and Data Processing in Heat and Fluid Flow, 14 – 15 April, London*, pp. 117 – 121.

[484] Kompenhans J., Raffel M., Willert C. (1996): PIV applied to aerodynamic investigations in wind tunnels, *von Karman Institute for Fluid Dynamics, Lecture Series* 1996 – 03, Particle Image Velocimetry, Rhode – St – Genèse (Belgium).

[485] Liu Z. C., Landreth C. C., Adrian R. J., Hanratty T. J. (1991): High resolution measurement of turbulent structure in a channel with particle image velocimetry, *Exp. Fluids*, **10**, pp. 301 – 312 (★).

[486] Liu Z. C., Adrian R. J., Hanratty T. J. (1996): A study of streaky structures in a turbulent channel flow with particle image velocimetry, Proc. *89th Intl. Symp. on Laser Techniques to Fluid Mechanics, Lisbon (Portugal)*.

[487] Meinhart C. D. (1994): Investigation of turbulent boundary – layer structure using particle – image velocimetry, Ph. D. thesis, Department of Theoretical and Applied Mechanics, University of Illinois, Urbana, Illinois

(USA).

[488] Raffel M. (1993): PIV – Messungen instationärer Geschwindigkeitsfelder an einem schwingenden Rotorprofil, Ph. D. thesis, Universität Hannover (Germany), DLR – FB 93 – 50.

[489] Roesgen T., Totaro R. (1995): Two – dimensional on – line particle imaging velocimetry, *Exp. Fluids*, **19**, pp. 188 – 193.

[490] Somerscales E. F. C. (1980): Fluid velocity measurement by particle tracking, in *Flow, its Measurement and Control in Science and Industry, Vol. I*, ed. R. E. Wendt, Instrum. Soc. Amer., pp. 795 – 808.